JN409702

알기쉬운 일반기계공학

김기주 저

1886년 독일의 칼 벤츠와 다임러에 의해서 개발된 자동차는 120여 년의 짧은 역사에도 불구하고, 비약적인 발전을 거듭하여 인간 삶의 패러다임을 변화시켰다. 이렇듯 최근에 이르러 과학기술은 놀랄 만큼 급속도로 발전을 거듭하고 있으며 다만 급속한 발전에 그치는 것이 아니라 그 내용에 있어서 질적인 변화도 눈부신 바 있다. 우주개발의 기술이라든가 해양기술, 로봇기술, 자동차 설계기술 등 과거에는 꿈에도 생각하지 못했던 여러 가지 기술이 현실적 사실로 눈앞에 전개되고 있다.

기계는 과거 순수한 기계공학의 대상으로 삼아온 정의를 벗어나 자동차, 로봇, 해양, 금속, 전기, 화학, 건설, 생명과학분야 등 모든 산업에 있어서 확장된 정의에 의한 기계들이 사용되고 있는가 하면, 한편으로는 물품의 제작이 거의 현실적으로 대부분 기계에 의해서 이루어지고 있다는 것을 볼 때, 기계는 과학기술의 발전과 더불어 더욱 진한 생명력을 지니고 있다.

따라서 이 책은 기계공학을 단시간에 그 개요를 파악해야 할 모든 분들에게 가장 적절한 교과서가 될 것으로 믿는다. 뿐만 아니라 미리 기계공학 전반의 내용을 알고자하는 기계공학도에게는 안내서로서 또는 관련 계통에 종사하는 현장기술자에게도 기계공학의 입문 및 참고지침서로서 적절하리라 믿어 의심치 않는 바이다. 광범위한 기계공학의 내용을 한정된 지면에 축소하여 기술한 만큼 이 책으로 기계공학을 마스터할 수 없으므로 보다 깊은 내용의 것은 각각의 장(Chapter) 제목으로 출판된 전공도서들을 참고하기 바란다.

끝으로 이 책이 자동차 및 기계공업 발전에 다소나마 기여할 수 있기를 기원하면서 뜻하지 않은 오류가 있으면 독자 여러분들의 기탄없는 질책과 조언을 받아 수정해 나갈 것을 약속드린다. 아울러 항상 저자의 뒷바라지에 수고가 많은 아내와 이 책의 출간을 위해 수고해 주신 기한재 김형근사장님과 임직원 여러분께 감사드린다.

저자

CHAPTER 01 기계재료

CHAPTER 02 기계요소

CHAPTER 03 기계 공작방법

CHAPTER 04 재료역학

CHAPTER 05 유체기계

01 기계재료

1-1 기계재료의 분류

기계는 그 종류와 형상에 따라 많은 부품들로 구성되어 있으며, 이들 부품들은 여러 가지 재료로 제작된다. 기계재료란 기계나 그 구조물의 설계·제작에 필요한 일반적인 재료를 말한다. 따라서 기계제작에 필요한 공구재료들도 기계재료에 속한다. 현재 사용되고 있는 기계재료에는 순수한 금속뿐만 아니라 여러 가지 원소를 포함하고 있으며, 금속(metal)재료와 비금속(no metal)재료로 분류된다.

자연계에는 100여종 이상의 원소가 있으며, 이들 원소 중 공통적인 성질을 지니고 있는 약 60여종을 금속이라 하고, 금속의 공통적인 성질을 지니지 못한 것을 비금속이라 한다. 금속은 또 철 금속과 비철금속으로 분류된다.

철 금속은 철(Fe)을 주성분으로 하고 이것에 여러 가지 원소를 첨가하여 필요로 하는 여러 가지 성질을 나타낸다. 철 금속에는 탄소강, 합금강(또는 특수강), 주철 등이 있으며, 주철이나 탄소강은 철 이외에 탄소(C)와 작은 양의 규소(Si), 망간(Mn), 인(P), 황(S) 등이 포함되어 있다. 또 비철금속에는 구리(Cu)와 구리합금, 알루미늄(Al)과 알루미늄합금, 마그네슘(Mg)과 마그네슘합금, 베어링 합금 등이 있다. 비금속재료에는 합성수지(플라스틱), 다이아몬드, 내화 재료, 보온 재료, 윤활 재료, 절삭제, 나무, 시멘트, 페인트 등이 있다.

기계재료는 실용상의 용도에 따라 기계구조용, 기계요소용, 공구용, 금형용, 전자기구용 등으로 구분하며, 주요 성질에 따라서 내열 재료, 내부식성 재료, 내산성 재료, 내마멸성 재료, 고강도 재료 등으로 구분된다.

1-2 기계재료의 성질

1. 금속의 성질

금속의 성질을 물리적으로 보면, 비중, 용융온도, 열전도율, 전기전도율, 선팽창계수, 자성 등에 대한 성질이 있으며, 화학적으로는 산·알칼리와 산소 등에 대한 성질을 중요시한다. 그러나 기계의 설계, 제작 등에서는 강도, 경도, 연성, 전성, 탄성, 가공성 등의 기계적 성질에 중점을 두고 고려한다. 그리고 금속이라 함은 공업재료로 사용하는 금속 및 합금의 총칭이며, 다음과 같은 특징을 지니고 있다.

① 상온에서 고체이며, 결정체이다. 단, 수은(Hg)은 제외이다.

② 불투명하며, 금속 특유의 색깔을 지닌다.

③ 비중이 비교적 크며, 연성과 전성이 풍부하다.

④ 열과 전기의 양도체이다.

⑤ 용융점이 높고, 경도가 크다.

2. 금속의 물리적 성질

① 비중 : 4℃에서 어떤 물체의 무게와 그 물체와 같은 체적의 물의 무게와의 비율을 말한다. 아래 표는 순금속 및 합금의 비중을 나타낸 것이다.

순금속 및 합금의 비중 (단위 : g/cm³)

순금속 재료	비중	합금	비중
마그네슘(Mg)	1.74	선철(회선철)	6.7~7.6
알루미늄(Al)	2.7	보통주철	7.1~7.3
철(Fe)	7.86	탄소강	7.7~7.87
백금(Pt)	21.4	황동	8.35~8.8
수은(Hg)	13.6	두랄루민	2.6~2.8

② 용융온도(용융점) : 금속에 열을 가하면 녹아서 액체로 된다. 이때의 온도를 용융온도 또는 용융점이라 한다. 같은 금속에서 용융점과 응고점은 같으며, 합금에서는 용융(또는 응고)이 시작되는 온도와 끝나는 온도가 다르다.

③ 비열 : 단위 무게의 물체 온도를 14.5℃에서 15.5℃로 1℃ 높이는 필요한 열량을

말한다.

④ 선팽창 계수 : 물체의 단위 길이에 대하여 온도 1℃가 상승하였을 때 늘어난 길이와 늘어나기 전의 길이와의 비율을 말한다. t_0℃에서 길이 l_0인 물체를 온도 t℃로 가열하였을 때 그 길이가 l로 늘어났다면 선팽창 계수 E는 다음과 같이 표시한다(선팽창계수 순서는 납(Pb)>알루미늄(Al)>구리(Cu)>연강>경강>인바강).

$$E=\frac{l-l_0}{l_0}(t-t_0)$$

⑤ 열전도율 : 길이 1㎝에 대해 1℃의 온도 차이가 있을 때 1㎠의 단면을 통하여 1초 동안에 전달되는 열량의 비율을 말한다. 열전도율은 순금속일수록 좋고, 불순물의 양이 증가함에 따라 불량해지며, 열전도율 순서는 은(Ag)>구리(Cu)>백금(Pt)>알루미늄(Al)>아연(Zn)>니켈(Ni)>(Fe)철이다.

⑥ 전기 전도율 : 일반적으로 열전도율이 큰 것이 전기 전도율도 크며, 순금속일수록 크고 불순물의 양이 증가하면 그 값은 감소한다. 열전도율 순서와 비슷하다.

⑦ 자성 : 철을 자계에 놓으면 유도되어 자기를 띠어 자석이 된다. 또 자화의 강도가 증가함에 따라 자화의 정도는 증가하지만, 자계의 강도를 계속하여 증가하여도 자화의 강도는 어느 포화점에 도달하는 금속을 상자성체라 하며, 그렇지 못한 것을 반자성체라 한다. 또 상자성체 중 자화의 강도가 뚜렷하게 큰 것을 강자성체라 한다.

3. 금속의 기계적 성질

① 강도(strength) : 재료가 외부의 작용력에 대한 저항력을 말하며, 기계적 성질 중 가장 중요하다. 즉 인장(tension), 압축(compression), 굽힘(bending), 비틀림(torsion), 충격(impact), 피로(fatigue) 등의 힘에 저항하는 세기를 강도로 표시한다. 강도는 소정의 형상과 치수로 제작한 시험편을 이용하여 위의 여러 가지 항목에 대해 시험하여 측정한다.

② 연성(ductility) : 재료가 외부의 작용력을 받고도 파괴되지 않고 늘어나서 소성 변형되는 성질을 말한다. 금(Au), 은(Ag), 백금(Pt), 구리(Cu) 등은 연성이 풍부하며, 합금이 되면 연성은 감소한다.

③ 전성(malleability) : 재료를 눌렀을 때 넓게 펴지는 성질을 말한다. 금(Au), 알루미늄(Al), 구리(Cu) 등은 전성이 크다.

④ 취성(메짐, brittleness) : 재료에 힘을 가했을 때 부스러지는 정도. 즉 강도가 크면서 연성이 없어지는 것을 말한다. 취성의 종류는 다음과 같다.

㉮ 냉간 취성(cold shortness) : 인(P)은 강의 결정입자를 거칠게 하여 강을 여리게 만든다.

㉯ 적열취성(red shortness) : 황(S)을 많이 함유한 강이 적열 상태에서 취성을 일으키는 성질을 말한다.

㉰ 청열 취성(blue shortness) : 강이 200~300℃ 정도에서 취성을 일으키는 성질을 말한다.

⑤ 인성(toughness) : 재료의 질긴 성질을 말한다. 즉 충격에 대한 재료의 저항을 나타내는 성질을 말한다. 즉 충격에 대해 금속이 저항하는 성질로서 굽힘이나 비틀림 작용을 반복적으로 가할 때 이 힘에 저항하는 성질이다.

⑥ 소성 : 재료에 가한 힘이 크면 변형을 일으키며 이때 힘을 제거하여도 본래의 상태로 완전히 복귀되지 않고 변형이 남게 되는 성질을 말한다.

⑦ 탄성 : 재료에 가한 힘이 적은 경우에는 외부의 작용력을 제거하면 늘어났던 길이가 완전히 원래의 상태로 복귀되어 아무런 변형이 없는 성질을 말한다.

1-3 금속재료 시험과 검사

1. 기계적 성질과 그 시험방법

[1] 인장시험(tensile test)

인장시험의 목적은 인장강도, 항복점, 연신율, 단면수축률, 최대 인장하중 등을 측정하는 것이다. 인장시험은 만능재료 시험기를 사용하며, 시험편을 인장시험기로 축 방향으로 인장하중을 증가시키면서 시험편의 연신율을 기록하면 그림 1-2와 같은 연강의 응력-연신율 선도를 얻을 수 있다. 최대하중을 시험편의 본래의 단면적으로 나눈 값을 인장강도라 하는데, 재료의 강도를 나타내는 기초적 값이다. 또 이 시험에서 연신율과 단면수축률을 구할 수 있다. 연신율은 재료가 절단될 때 늘어난 양, 즉 절단된 후 표점거리와 본래의 표점거리의 차이를 본래의 표점거리로 나눈 값을 백분율(%)로 나타낸 것이다. 이와 같은 값으로 재료의 연성과 전성의 크기를 알 수 있다.

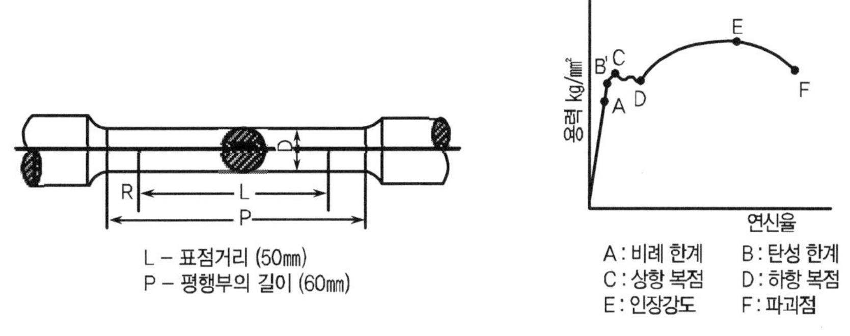

그림 1-1 인장 시험편

그림 1-2 연강의 응력-연신율 선도

(1) 항복점(yielding point)

재료의 인장시험에서 하중을 0으로부터 증가시키면 응력의 근소한 증가나 또는 증가 없이도 변형이 급격히 증가하는 점에 도달하게 되는데, 이 점을 항복점이라 하며, 즉, 그림 1-2에서 C점을 초과한 하중이 작용하면 연신율과 비례 관계없이 시험편이 늘어난다. 이때 C 및 D점을 각각 상항복점, 하항복점이라 한다. 연강에는 있으나 경강이나 주철에는 거의 없다.

(2) 인장강도(tensile strength)

최대하중(P_{max})을 표시하는 E점의 하중을 시험편의 본래 단면적(A_0)으로 나눈 값이며, 다음과 같이 나타낸다.

$$\sigma_B = \frac{P_{max}}{A_0}[\mathrm{kgf/cm^2}] = \frac{\text{최대하중}}{\text{본래의 단면적}}$$

(3) 연신율(elongation ratio)

시험편이 절단된 후 다시 접촉시켜 측정한 표점거리 L_1과 시험편 본래의 표점거리 L과의 차이(늘어난 길이)를 L로 나눈 값을 백분율로 표시한 것이다.

$$\epsilon = \frac{L_1 - L}{L} \times 100 = \frac{\text{시험 후 늘어난 길이}}{\text{표점거리}} \times 100$$

(4) 단면수축률(reduction of area)

단면수축률 Φ는 시험 전의 단면적 A_0와 시험 후의 단면적 A의 차이를 A_0로 나눈 값을 백분율로 표시한다.

$$\Phi = \frac{A_0 - A}{A_0} \times 100$$

(5) 세로탄성계수(영률)

탄성한계 이하에서 응력(σ)과 연신율(ε)은 비례(후크의 법칙)하는데 응력을 연신률로 나눈 상수이다.

$$E = \frac{\sigma}{\varepsilon}$$

[2] 경도 시험방법

(1) 브리넬 경도(Brinell Hardness, H_B)

고탄소강의 볼(ball)에 일정한 하중을 걸어서 시험편의 시험 면에 30초 동안 눌러주어 이때 시험 면을 눌러 생긴 오목부분의 단면적으로 나누어 경도를 나타낸다. 가공하기 전 재료의 경도를 시험하는데 많이 사용된다. 볼의 지름은 10㎜이며, 하중은 철과 강은 3000kg, 구리 1000kg, 알루미늄 500kg이다.

$$\text{브리넬 경도} = \frac{\text{하중(kg)}}{\text{오목부분의 표면적}(\text{mm}^2)} (\text{kg/mm}^2)$$

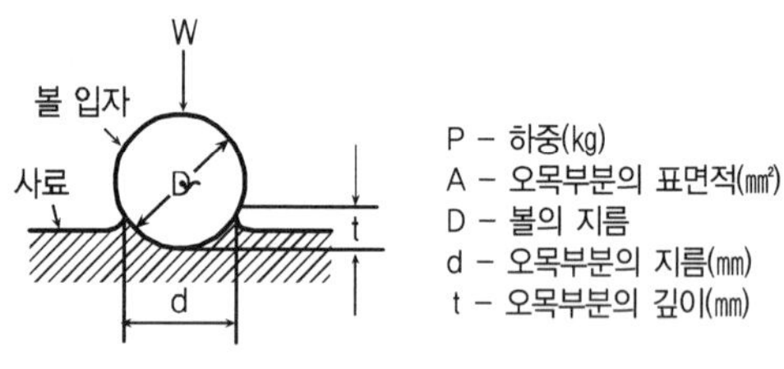

그림 1-3 브리넬 경도시험

(2) 비커스 경도(Vickers Hardness, H_V)

다이아몬드 사각뿔형(꼭지각 136°)을 지닌 피라미드형 압입자를 사용하여 시험 편을 눌러 생긴 피라미드 모양의 오목부분의 대각선을 측정하여 표로서 경도를 구한다. 하중은 120kg 이하이다.

$$\text{비커스 경도} = \frac{\text{하중(kg)}}{\text{자국의 표면적}(\text{mm}^2)} (\text{kg/mm}^2)$$

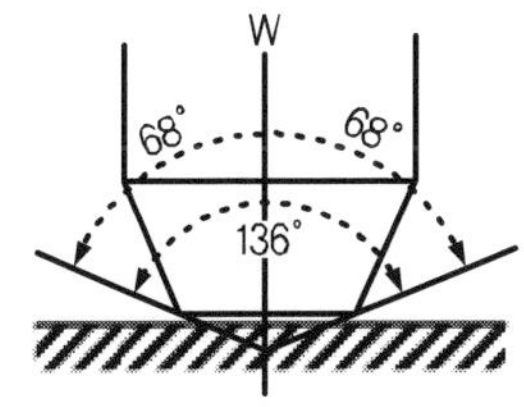

그림 1-4 비커스 경도의 압입자와 그 자국

(3) 로크웰 경도(Rockwell Hardness, H_R)

로크웰 경도는 B스케일(100kgf의 하중에 1.588㎜의 볼)과 C스케일(150kgf의 하중에 다이아몬드 꼭지각 120°의 원뿔)이 있으며, 압입자에 하중을 걸어 홈 깊이로 측정한다.

① B 스케일(H_RB) $= 130 - 150 \cdot h$

② C 스케일(H_RC) $= 100 - 500 \cdot h$

여기서, h : 압입 자국의 깊이

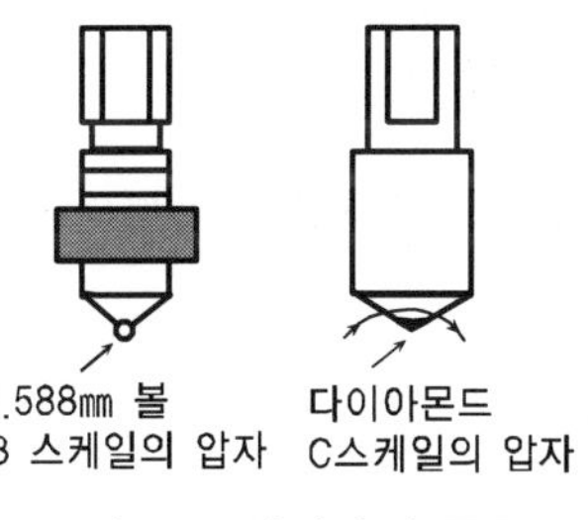

그림 1-5 압입자의 종류

(4) 쇼어 경도(Shore Hardness, H_S)

쇼어 경도는 경도 시험기 중 현장에서 사용되는 것으로, 작은 다이아몬드를 끝에 고정시킨 낙하체를 일정한 높이 h_0에서 시험편 위에 떨어뜨렸을 때 반발하여 올라온 높이 h를 측정한다. 이 시험은 롤러, 다이스, 기어 등 눈에 잘 띄지 않는 자국이 남는 재료의 시험에 사용된다.

$$쇼어\ 경도(H_S) = \frac{1000}{65} \times \frac{h}{h_0}$$

여기서, h: 반발높이, h_0 : 낙하높이

[3] 충격시험(impact test)

충격시험은 재료가 충격에 대해 저항하는 성질인 인성(toughness)을 측정하는 시험이며, 해머를 일정한 높이에서 낙하시키면 시험편에 충격이 가해져 파단되고 나머지의 힘으로 해머는 반대쪽으로 상승하게 되는데, 이 상승하는 높이로 재료에 대한 인성의 크기를 측정한다. 시험기에는 샤르피 충격 시험기(charpy impact test ; 단순 보(simple beam) 시험편 사용)와 아이조이드 충격 시험기(izod impact test ; 외팔 보(cantilevers)의 시험편 사용)가 있다.

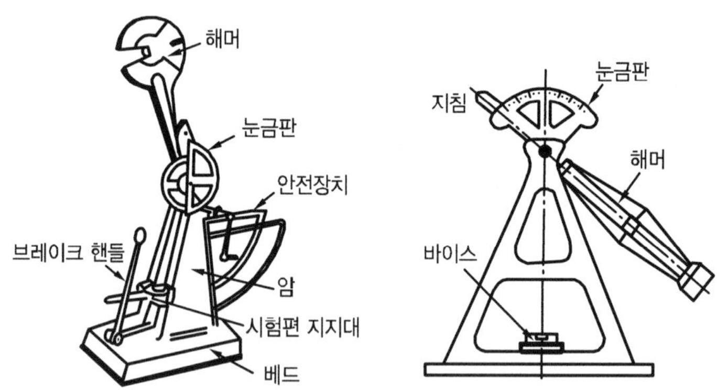

그림 1-6 샤르피와 아이조이드 시험기

[4] 피로시험(fatigue test)

피로시험은 재료의 인장강도 및 항복점으로 계산한 안전하중 상태에서도 작은 힘이 지속적으로 반복하여 작용하였을 때 재료에 파괴를 일으키는 경우가 있는데 이와 같은 파괴를 피로파괴라 하며, 크랭크축, 차축, 스프링 등의 기계부품에서 볼 수 있다. 그러나 하중이 어떤 값보다 작을 때 수많은 반복 하중이 작용하여도 재료가 파괴되지 않으며, 재료가 영구히 파괴되지 않는 응력 중에서 가장 큰 것을 피로한도라 하며, 이것을 구하는 시험을 피로시험이라 한다.

2. 비파괴 검사(nondestructive inspection)

[1] 침투 탐상법(penetration inspection)

제품의 표면에 나타나는 결함이 적거나 보이지 않는 곳에 있는 경우에 시험할 제품에 염료나 형광을 발생하는 액체를 뿌리거나 그 속에 시험할 제품을 담가서 액체를 결함이 있는 곳에 충분히 침투시키고, 표면에 묻은 여분의 액체를 잘 닦은 다음 여기에 백색 가루를 알코올로 녹인 현상제를 뿌린 후 건조시키면 침투 액체가 현상제에 비쳐 나와 결함 부분이 확대된다.

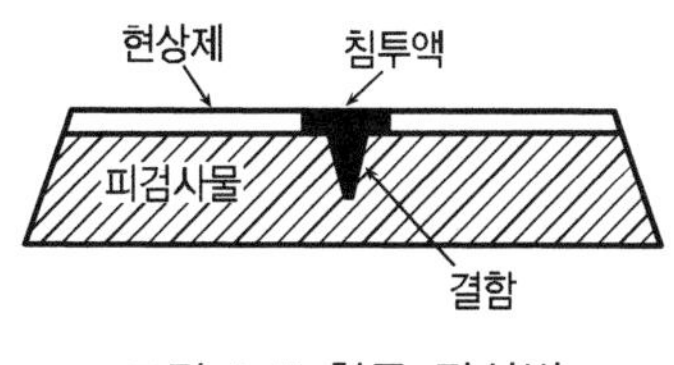

그림 1-7 침투 탐상법

[2] 자기 분말 탐상법(magnetic inspection)

재료 표면에 결함이 있을 경우에 그 재료를 자화시키면 결함이 있는 부분에서 자력선이 누출된다. 이와 같이 자화된 부분에 산화철 가루에 기름 또는 물을 탄 액체를 바르면 자력선이 누출되는 부분에 산화철 가루가 붙으면서 결함이 검출된다.

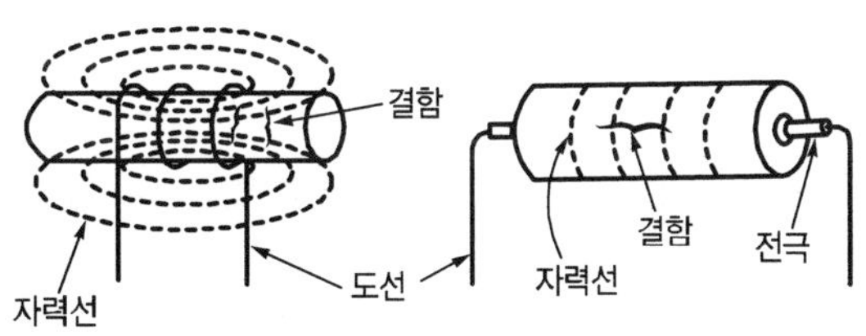

그림 1-8 자기분말 탐상법

[3] 초음파 탐상법(ultrasonic inspection)

초음파를 재료 중에 투사하면 초음파는 결함이 있는 부분과 끝 면에서 반사한다. 이 반사파를 전압으로 변환시켜 증폭하여 브라운관에 나타내면 파형이 나오기 때문에 결함의 위치와 크기를 알 수 있다.

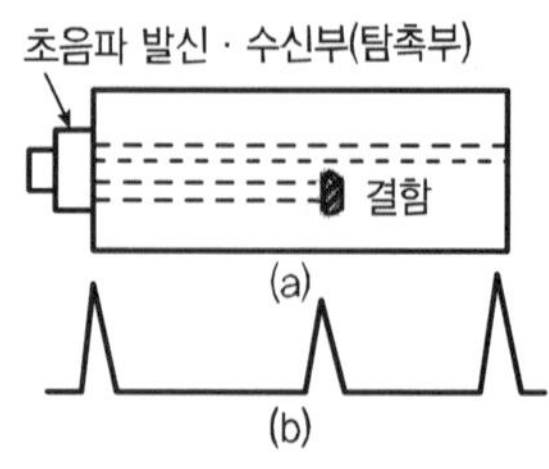

그림 1-9 초음파 탐상법

[4] 방사선 탐상법(radio graphic inspection)

X-선 또는 코발트 60에서 나오는 방사선은 금속 재료 속을 통과하는 능력이 있다. 재료 속을 통과한 X-선이나 방사선을 사진 필름에 감광시켜 현상하면 기포가 있는 부분 또는 깨진 부분에는 진하게 나타나므로 내부 결함을 검출할 수 있다.

3. 금속의 조직시험

[1] 매크로 조직시험(macro test)

매크로 조직시험은 재료의 결정 입도, 개재물, 기공 및 결함 등을 시험하기 위해 육안으로 검사하거나, 10배로 확대하는 시험이다. 이 시험은 파단면의 기름기를 제거하고 부식제를 사용하여 시험편 표면을 부식시킨다. 철과 강의 시료로 가장 널리 사용되는 부식제는 염산 50mℓ에 섞은 용액이다.

[2] 현미경 조직시험

금속 내부조직은 현미경을 사용하는 경우가 많다. 시험편을 절단하여 표면을 깨끗하게 연마한 후 금속 부식제를 사용하여 부식시켜 조직을 검사한다.

1-4 금속의 조직과 변태

1. 금속의 조직

어떤 물질을 구성하고 있는 원자가 규칙적으로 배열되어 있을 때 이것을 결정체라 한다. 일반적으로 금속은 매우 많은 크고 작은 결정의 집합체로 되어 있다. 금속을 구성하고 있는 결정들은 무질서하게 집합을 이루고 있으며, 이와 같은 결정 집합을 다결정체라 하고, 그 1개 1개의 결정체를 결정입자(crystal grain)라 한다. 결정입자와 결정입자의 경계를 결정경계라 한다. 이와 같은 배열을 결정격자라 하며, 금속은 각각 고유의 결정격자를 지닌다.

2. 금속의 결정구조

금속의 결정격자는 단위세포(unit cell)로 구성되어 있으며, 금속의 단위세포 중에 있는 원자를 볼(ball)로 표시하고 그 배열의 특징을 나타내는데 필요한 최소한도의 원자수로 표시하면 그림 1-10에 나타낸 바와 같이 체심 입방 격자(B.C.C), 면심 입방 격자(F.C.C), 조밀 육방격자(H.C.P) 등이 있다.

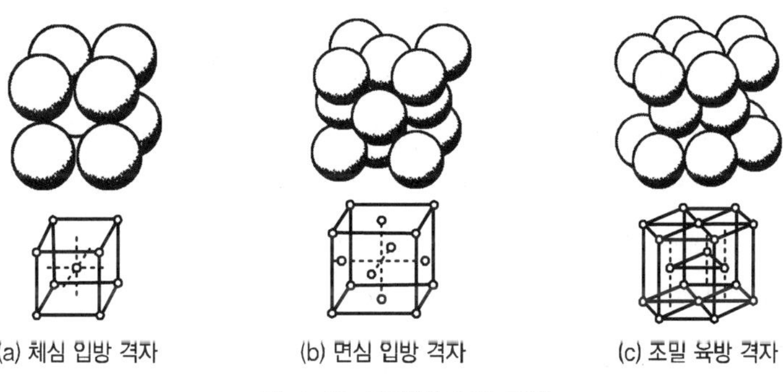

그림 1-10 결정격자의 모형

[1] 체심 입방 격자(Body Centered Cubic lattice)

입방체의 각 모서리와 입방체의 중심에 1개의 원자가 배열된 결정격자 구조이며, 순철의 경우 1400℃ 이상 910℃ 이하에서 이 구조를 갖는다. 체심 입방 격자의 금속에는 철(Fe), 크롬(Cr), 몰리브덴(Mo), 텅스텐(W) 등이 있다.

[2] 면심 입방 격자(Face Centered Cubic lattice)

입방체의 각 모서리와 면의 중심에 1개의 원자가 배열된 결정격자 구조이며, 순철에서는 900~1400℃에서 생긴다. 면심 입방 격자의 금속에는 알루미늄(Al), 구리(Cu), 은(Ag), 니켈(Ni), 칼슘(Ca)이 있다.

[3] 조밀 육방 격자(Hexagonal Close packed Cubic lattice)

6각기둥의 상·하 면의 각 모서리와 그 중심에 1개의 원자가 있고 6각기둥을 이루는 6개의 3각기둥 중 하나씩 거른 3각기둥의 중심에 1개의 원자배열을 갖는 결정격자이다. 조밀육방 격자의 금속에는 아연(Zn), 티타늄(Ti), 마그네슘(Mg) 등이 있다.

3. 금속의 변태

[1] 동소 변태

고체는 열을 가함에 따라 액체, 기체로 변화하는 것은 대부분의 금속원소에서 볼 수 있는 상태변화이며, 이것을 변태(變態)라 한다. 이때 변태하는 온도를 변태점이라 한다. 동소 변태는 고체 내에서의 결정격자의 형상이 변화하는 것이며, 철(Fe), 코발트(Co), 티탄(Ti), 주석(Sn) 등의 원소가 변태 된다.

예를 들면 순철(pure iron)에 α, γ, δ의 3개의 동소체가 있다. α철은 910℃ 이하에서는 체심 입방 격자이고, γ철은 910℃에서 1400℃사이에서 면심 입방 격자이며, δ철은 1400℃에서 1530℃사이에서는 체심 입방 격자이다. 이 두 변태를 각각 A_3, A_4변태라 부른다. A_3변태점은 가열할 때의 변태 온도를 A_{C3}, 냉각될 때의 변태 온도를 Ar_3로 나타낸다. 그리고 순철의 변태점은 다음과 같다.

① A_0변태점 : 210℃

② A_1변태점 : 720℃(순철의 퀴리점이라고도 함)

③ A_2변태점(자기 변태점) : 768℃

④ A_3변태점(동소 변태점) : 910℃

⑤ A_4변태점 : 1400℃

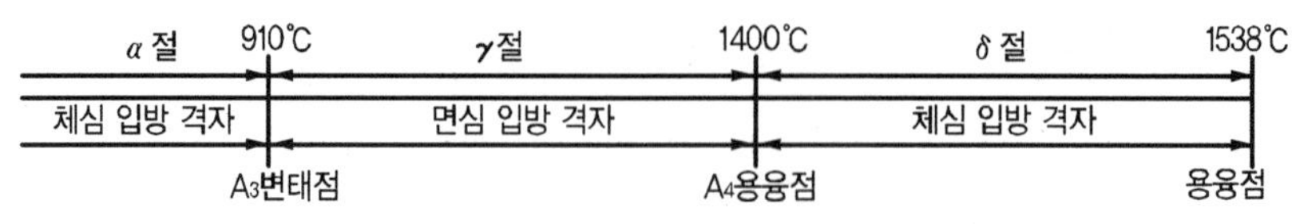

그림 1-11 순철의 동소 변태

[2] 자기 변태

동소 변태에서는 결정격자의 배열에 변화가 발생한다. 그러나 원자 배열에는 변화가 일어나지 않고 원자 내부에 어떤 변화를 일으키는 경우가 있다. 예를 들면 어떤 자장에 놓여진 순철의 자기 크기는 실제 온도에서 온도를 상승시킴에 따라 서서히 변화가 일어나며, 768℃ 부근에서는 급격히 자기의 크기에 변화를 일으킨다. 이를 자기변태라 하고 이변 온도를 자기 변태점(Curie point)라 한다.

4. 합금의 조직

[1] 합금의 특징

① 전성과 연성이 작아진다.

② 경도와 강도는 높아진다.

② 담금질 효과, 내열성, 내산성이 증가한다.

③ 용융점이 낮아져 주조성이 커진다.

④ 전기저항은 증가하고, 열전도율은 낮아진다.

⑤ 성분을 이루는 금속보다 우수한 성질을 나타내는 경우가 많다.

⑥ 색깔이 변화한다.

[2] 합금의 상태도

합금 성분이 고체 및 액체상태에서의 융합에는 공정, 고용체, 금속간의 화합물 등 여러 가지가 있다.

(1) 자유도

어떤 상태에서 온도가 자유롭게 변화할 수 있는지를 알아보는 것이다(F = 0일 때에는 불변상태이다.).

$$F = n + 1 - P$$

여기서, F : 온도의 자유도, n : 성분 수, P 상수

(2) 평행 상태도

공존하고 있는 것의 상태를 온도와 성분의 변화를 나타낸 것을 말한다.

[3] 공정(eutectic)

2개의 성분 금속이 용융 상태에서는 균일한 액체를 형성하나 응고 후에는 성분 금속이 각각 결정으로 분리, 기계적으로 혼합된 것을 말한다(액체⇄고체 A = 고체 A). 미세한 입상, 층상을 형성하며, 분리가 가능한 상태로 존재하며 철강에서는 4.3%C점에서 공정을 나타내는데, 이 공정을 레데부라이트라 한다.

> 레데부라이트(ledeburite)
> 오스테나이트(austenite)와 시멘타이트(cementite)의 혼합 조직이며, 포화되어 있는 탄소 함유량 1.7%의 γ고용체와 탄소함유량 6.67%의 Fe_3C와의 공정이다.

[4] 고용체(solid solution)

고체 A + 고체 B ⇄ 고체 C(성분 금속이 완전히 융합되어 기계적 방법으로는 분리할 수 없는 상태로 존재하는 것을 말한다.

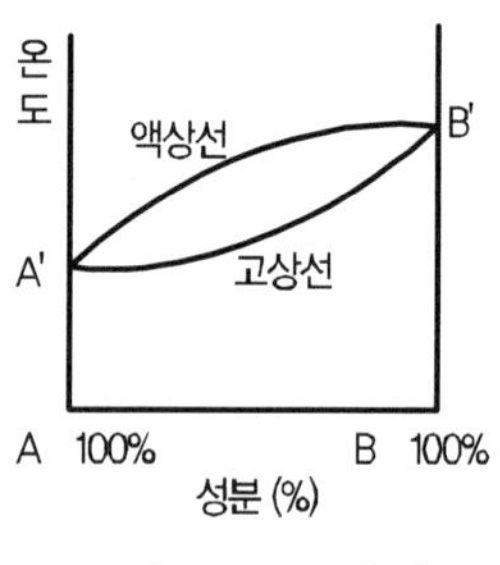

그림 1-12 고용체

[5] 공석(eutectoid)

고체상태에서 공정과 같은 현상으로 생성되며, 철강의 경우 0.85%C점에서 오스테나이트(α)와 시멘타이트(Fe_3C)의 공석을 석출(펄라이트 조직)한다.

[6] 포정 반응

고체 A + 액체 ⇄ 고체 B로 변화(편정 반응: 고체 + 액체 A ⇄ 액체 B)하는 것을 말한다.

1-5 철강(鐵鋼) 재료

1. 제철법과 제강법

[1] 제철법

철강재료는 기계재료 중에서 가장 많이 사용하고 있는데 이것은 철이 강하고 값이 싸며, 비교적 쉽게 생산할 수 있기 때문이다.

철강재료는 크게 강철과 주철로 나누며, 강철은 압연(rolling) 및 단조(forging) 등으로 소성 변형시켜 사용하며, 주철은 용해하여 주형에 부어 주물로 사용된다. 철은 철광석을 원료로 하여 용광로(blast furnace)에서 생산되는데, 철 성분이 55~60% 정도 포함되어 있는 철광석의 불순물을 제거하는 용제(flex)로서, 석회석과 열원 및 환원제로서의 코크스를 번갈아 용광로에 넣고 뜨거운 바람을 보내어 코크스를 연소시킨다.

이 연소열에 의해 철광석을 용해, 환원하면서 선철(2.5~6.67%C)이 생산되는데 이와 같이 하여 선철을 만드는 것을 제선이라 한다. 그리고 용광로의 크기 표시는 24시간 동안 산출된 선철의 무게(ton)로 한다.

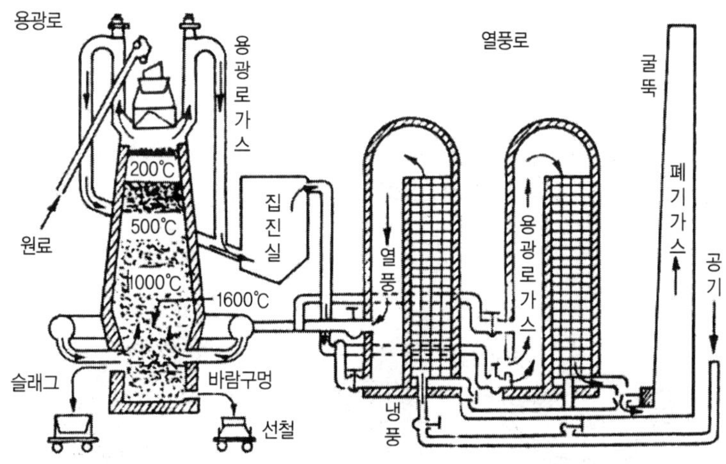

그림 1-13 용광로와 그 부속설비

[2] 제강법

용광로에서 생산된 선철은 탄소와 불순물이 많아 경도가 높고 취성이 크기 때문에 그대로 사용할 수 없다. 따라서 선철 속에 함유된 탄소나 불순물을 산화시켜 제거한 것이 강철(steel)이며, 이런 조작을 정련(smelling)이라 하며, 강철을 만드는 공정을 제강이라 한다.

정련에는 평로(open hearth), 전로(converter), 전기로(electric furnace) 등을 사용한다. 그리고 제강로에서 만든 용해된 강철을 주형에 부어 넣고 자연히 굳힌 후, 주형에서 빼낸 기둥모양으로 된 것을 강괴(steel ingot)이라 한다. 노(furnace)의 종류는 다음과 같다.

(1) 평로 제강법

평로는 일종의 반사로이며, 이 속에 선철 또는 고철, 철광석, 석회석 등을 넣고 연소가스를 보내어 정련한다. 탄소(C), 규소(Si), 망간(Mn) 등은 산화에 의하여, 황(S)은 슬래그에 의해 제거되며, 조작시간이 비교적 길지만(4~12시간), 성분이 조정되기 때문에 고철 등도 사용할 수 있는 이점이 있다. 평로의 용량은 1회당 용해할 수 있는 쇳물의 무게를 톤(ton)으로 표시한다.

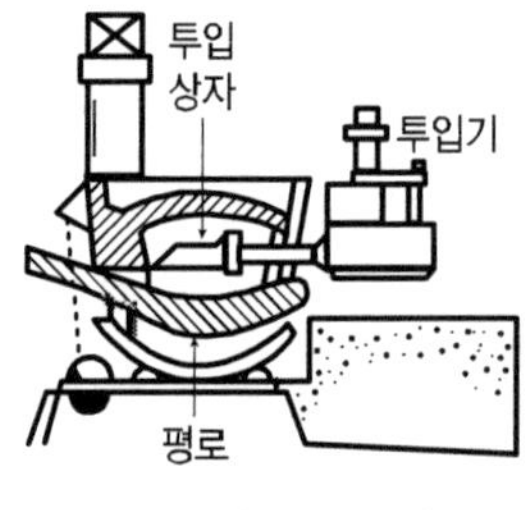

그림 1-14 평로

(2) 전로 제강법

전로는 용해된 선철을 이 속에 넣고 산소를 불어넣으면, 탄소는 산화하고, 규소와 망간은 연소 제거하는 제강방법으로 산성 내화물을 이용하는 베세머법과 염기성 내화물을 이용하는 토마스법이 있다. 용량은 1회당 용해할 수 있는 쇳물의 무게를 톤(ton)으로 표시한다.

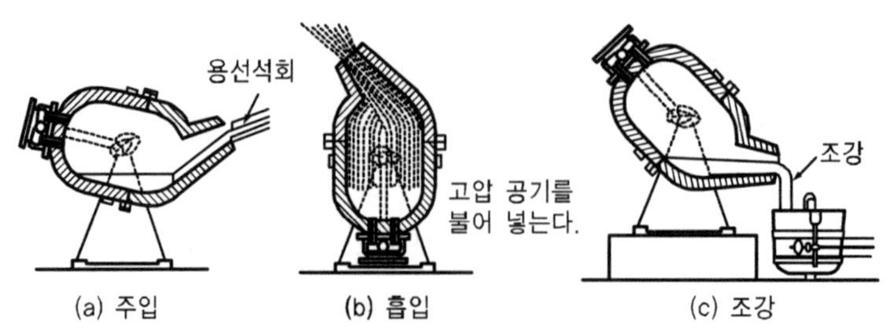

그림 1-15 전로의 작업순서

(3) 전기로 제강법

전극 사이의 아크열을 이용하여 선철, 파쇠 등을 용해하여 강이나 합금강을 제조하는 방법이다. 용량은 1회당 용해할 수 있는 쇳물의 무게를 톤(ton)으로 표시한다.

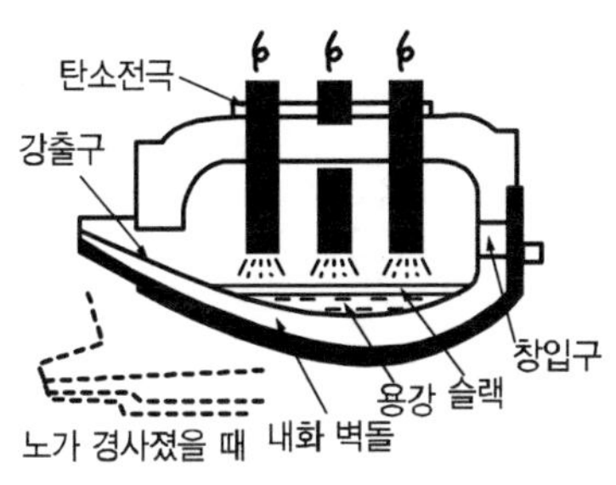

그림 1-16 전기로

(4) 반사로

노의 천장과 옆벽으로부터 반사열을 이용하여 금속을 용해하여 정련하는 노이며, 용해 온도가 낮은 구리, 황동, 청동 등 비철금속을 용해시키는데 주로 사용된다.

(5) 도가니로

도가니 속에 제강 원료를 주입한 후 불꽃이 직접 원료 닿지 않도록 하여 간접 용해하는 방법이다. 주로 구리합금, 비철주물, 합금 주물 등에서 사용하며 용량은 1회 용해하는 구리의 무게로 표시한다.

2. 철강의 분류 및 성분

[1] 철강의 분류

철광석으로부터 직접 또는 간접적으로 철강재료를 제조하게 되는데, 직접 제조한 것이 선철이며, 이것으로부터 다시 탄소를 산화 제거시켜 제조한 것이 강이다. 일반적으로 철강은 철과 탄소를 합금 한 것으로 탄소의 함유량을 비교해 보면 순철은 0~0.03%C, 강은 0.03~1.7%C이고, 선철은 1.7~6.67%C 정도이다. 그 밖에도 강철을 압연하여 만드는 압연 강과 모래로 만든 거푸집에 주입하여 만든 주강이 있는데 주강의 탄소함유량은 0.1~0.5% 정도이다.

(1) 순철(純鐵)

순철은 탄소함유량이 0.03% 이하이며, 순도가 99.7% 이상이다. 특징은 강도가 낮으며, 매우 유연하므로 전성과 연성이 커 압연이 가능하고, 탄소함유량이 낮아 기계재료로는 부적당하지만 전기재료로는 적합하다.

(2) 강철(鋼)

강철은 공업재료로 널리 사용되며, 탄소함유량, 경도 등에 따라 여러 가지로 분류된다.

(3) 주철(鑄鐵)

주철은 탄소를 1.7~6.67% 정도 함유하고 있어 경도와 취성이 크기 때문에 그대로 가공할 수 없다. 따라서 이를 용해하여 여러 가지 물품을 주조하는데 사용된다. 대체로 주조가 가능한 탄소함유량은 2.5~4.5%이다.

(3) 철강의 성분

철강재료는 제철이나 제강을 할 때 불순물들이 제거되거나 유입되는데, 이들 원소 중에는 철강에 유익한 것도 있고, 나쁜 영향을 미치는 것도 있다. 철강재료의 혼합물에는 탄소(C) 이외에 규소(Si), 망간(Mn), 인(P), 황(S) 등이 있으며 이들 중에서 철강에 가장 큰 영향을 주는 것은 탄소이다. 그리고 철강에는 이 5성분 이외에 다른 원소가 첨가되는 경우는 특수강, 특수주철, 합금강, 합금주철이라 한다. 철강재료에는 함유된 탄소의 상태에 따라 하나는 백색의 탄화물(Fe_3C, 시멘타이트)로 된 것이 있어 재질이 단단하고 취성이 크며, 다른 하나는 흑색의 유리탄소로서 절삭이 쉬운데 이것을 흑연 탄소라 한다.

[2] 탄소강(carbon steel)

탄소강은 철과 탄소의 합금으로 탄소함유량은 0.03~1.7%가 포함되어 있으나 실용적으로는 0.05~1.7% 포함된 것이 많다. 탄소강은 탄소함유량이 많으므로 강도는 크나 연신율과 충격값이 낮다. 따라서 풀림, 불림, 담금질, 뜨임 등의 열처리에 의해 기계적 성질을 개선할 수 있다.

(1) 탄소강의 특징

저탄소강은 연질이어서 가공이 쉬우나, 담금질효과가 거의 없고, 고탄소강은 경질이어서 가공이 어려우나, 담금질효과가 매우 좋다. 그리고 탄소함유량이 많아질수록 연신율이 감소하며, 경도 증가, 항복점 증가, 충격 값 감소 등이 일어난다.

(2) 탄소강에 함유된 성분과 영향

탄소강에는 탄소(C) 이외에 규소(Si), 망간(Mn), 인(P), 황(S) 등이 포함되어 있고, 그밖에 비철재료나 가스 등이 다소 함유되어 있는데 이들이 미치는 영향은 다음과 같다.

① 인(P) : 강의 결정입자를 거칠게 하며, 상온 취성(냉간 취성)을 일으키며, 기공이 없는 주물을 만들 수 있다. 또 경도와 강도를 증가시키지만 가공할 때 균열을 일으킨다. 절삭성능은 향상시키며, 철과 화합하여 인화철(Fe_3)이 된다.

② 황(S) : 적열(고온) 취성을 일으키며, 인장강도, 연신율, 충격 값을 저하시키고, 강의 유동성을 방해하여 용접성을 저하시킨다. 또 기공이 발생하지만 망간(Mn)과 화합하여 절삭성능을 개선한다.

③ 망간(Mn) : 황의 피해를 제거하며, 고온 가공을 쉽게 하고, 강도, 경도, 인성을 증가시키며, 고온에서 결정입자의 성장을 방해한다. 또 소성을 증가시키고 주조성능을 향상시키며, 담금질 효과를 크게 한다. 연성을 약간 감소시키나 제강할 때 망간을 첨가하면 황, 산소, 질소 등과 화합하여 슬래그를 만들어 제거시킨다. 그리고 탄소의 흑연화를 방지한다.

④ 규소(Si) : 강의 경도, 탄성한계, 인장강도를 증가시키고, 연신율 및 충격 값을 감소시킨다. 그리고 상온에서 가단성, 전성을 감소시키며, 결정입자가 거칠어진다.

⑤ 가스 : 가스에는 산소, 질소, 수소 등이 있으며, 산소는 적열 취성을 일으키고 질소는 경도와 강도를 증가시키며, 수소는 헤어 크랙(hair clack, 균열)의 원인이 된다.

[3] 탄소 함유량에 따른 분류

(1) 아공석강

탄소 함유량이 0.85% 이하이고, 인장강도, 경도, 항복점 등은 탄소 함유량에 따라서 증가한다. 페라이트와 펄라이트의 공석강이다.

(2) 공석강

탄소 함유량이 0.85%이고, 이것을 경계로 하여 인장강도, 경도의 증가, 연신률, 단면 수축률, 충격 값의 감소가 완만해 진다. 펄라이트 조직이다.

(3) 과공석강

탄소 함유량 0.85% 이상이며, 인장강도가 점차 증가하여 탄소 함유량 1.2%에서 최대가 된다. 시멘타이트와 펄라이트의 공석강이다

[4] 제강 방법에 따른 분류

(1) 킬드 강(killed steel)

킬드 강은 평로, 전기로에서 제조된 용강을 철-규소(Fe-Si), 철-망간(Fe-Mn), 알루미늄(Al) 등을 탈산제로 사용하여 완전히 탈산시킨 강이며 진정 강이라고도 부른다. 조용히 응고되며, 수축 관이 생기나 질이 양호하고 고탄소강, 합금강 제조에 사용되며, 값이 비싸다.

(2) 림드 강(rimmed steel)

림드 강은 평로나 전로에서 제조된 것을 철-망간(Fe-Mn)을 탄산제로 사용하여 불완전 탈산시킨 탄소 함유량 0.3% 이하인 일반적인 탄소강이다. 과잉 산소와 탄소가 반응하여 리밍 액션(rimming action)이 발생하며, 기공 및 편석이 생기고 질이 불량하다.

> <u>리밍 액션(rimming action)</u>
> 림드 강을 제조할 때 산소와 탄소가 반응을 하여 이산화탄소가 발생하는데 이 가스가 빠져 나오는 현상(끓는 것처럼 보임)을 말한다.

(3) 세미 킬드 강

세미 킬드 강은 알루미늄(Al)을 탈산제로 사용하여 거의 탈산시킨 저탄소강이다. 즉 림드와 킬드의 중간 정도로 탈산시켜 중간 성질을 유지시킨 것이며 용접 구조물에서 주로 사용되고 기포나 편석은 없다.

[5] 강철의 표준조직

(1) 페라이트(Ferrite)

페라이트는 강철의 현미경 조직에 나타나는 것으로, 탄소를 고용한 α고용체이며,

상온에서는 강자성체인 체심입방격자이나, 768℃에서 자기 변태를 일으킨다. 가장 순철에 가까운 조직으로 매우 연하다.

(2) 펄라이트(Pearlite)

726℃에서 오스테나이트가 페라이트와 시멘타이트(α고용체와 Fe_3C)의 층상이 공석정으로 변태한 것이며 탄소 함유량은 0.85%이고, 강도와 경도는 페라이트보다 크고 자성이 있다.

(3) 시멘타이트(Cementite)

고용한계 이상으로 탄소가 고용되면 탄소와 철이 화합하여 탄화철(Fe_3C)이 된다. 즉 고온의 강철 중에서 생성되며, 경도가 높고, 취성이 크며 상온에서 강자성체이다.

[6] 탄소강의 종류와 용도

탄소강은 가공변형이 쉽고, 기계적 성질이 우수하여 강철 중에서 가장 널리 사용된다. 일반적으로 탄소함유량이 적은 것은 기계부품의 여러 가지 구조용 재료로 사용되고, 탄소함유량이 높은 것은 스프링이나 공구강의 재료로 사용된다. 탄소강을 주요 용도별로 분류하면 냉간 압연 강판, 열간 압연 강판, 일반 구조용 압연 강재, 기계 구조용 강재, 탄소 공구강 등이 있다.

1-6 강철의 열처리

1. 열처리 조직

금속이나 합금은 일반적으로 고체 상태에 있으면서 어느 일정한 온도에 도달하면 갑자기 성질이나 조직이 변화하는 경우가 있다. 특히 강철은 가열하여 일정한 온도로 유지하다가 냉각하는 방법에 따라 여러 가지 성질을 지니게 할 수 있다. 즉, 강철을 가열과 냉각방법으로 확산이나 변태를 일으켜 조작을 조정하거나 내부의 변형을 제거할 수 있으며, 그밖에 변태의 일부를 방지하고, 적당한 조직으로 만들어 목적하는 성질이나 상태를 얻을 수 있는데 이 조작을 열처리(heat treatment)라 한다. 강철은 열처리를 하면 기계적 성질의 개선이 뚜렷해진다. 탄소강을 변태점 이상의 높은 온도로 가열하면 조직이 오스테나이트가 되고 이것을 서서히 노속에서 냉각하면 펄라이트가 되며, 물속에서 급랭시키면 마르텐사이트가 된다. 담금질 조직에는 다음과 같은 것들이 있다.

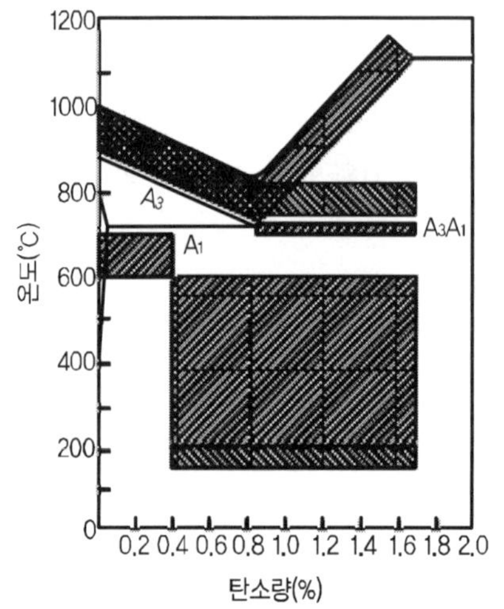

그림 1-17 강의 열처리 온도

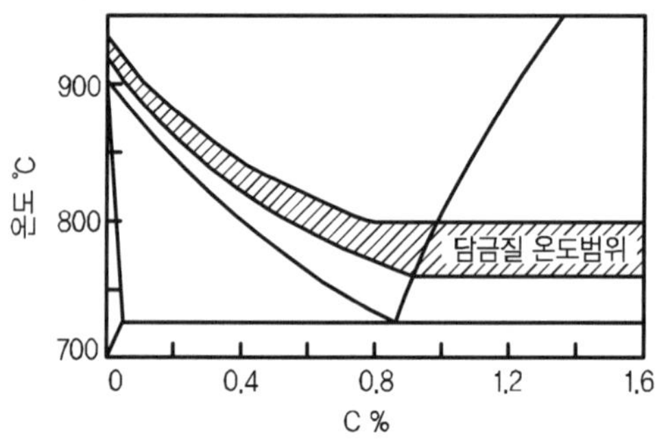

그림 1-18 탄소강의 담금질 온도

① 오스테나이트(Austenite) : 강철을 가열하였을 때 나타내는 조직으로, γ철에 1.7% 이하의 탄소를 고용(금속의 결정격자 사이에 다른 금속의 원자가 침투하는 현상)한 것이다.

② 마르텐사이트(Martensite) : 탄소강을 물 속(水中)에서 급랭시켰을 때 금속의 중앙에 발생하는 조직이며, 담금질 조직 중 경도가 가장 높고, 부식에 강하다. 마르텐사이트가 얻어지는 변태를 Ar″변태라 한다.

③ 트루스타이트(Troostite) : 마르텐사이트보다 냉각속도가 느린 경우에 생긴다. 기름 속(油中)이나 온탕에서 급랭할 때 재료 중앙에 발생하며, α철과 시멘타이

트가 혼재된 조직이다. 마르텐사이트보다 경도는 낮으나 강인성 있으며, 부식에 약하다. 트루스타이트가 얻어지는 변태를 Ar′변태라 한다.

④ 솔바이트(Sorbite) : 트루스타이트보다 냉각속도가 느린 경우에 생긴다. 트루스타이트보다 경도는 낮으나 강인성과 탄성이 요구되는 스프링 등에 사용된다.

각 조직의 경도순서
시멘타이트>마르텐사이트>트루스타이트>솔바이트>펄라이트>오스테나이트>페라이트

2. 열처리의 종류

[1] 일반적인 열처리

(1) 담금질(Quenching)

담금질은 재질을 단단하게 하거나 강하게 하기 위해 높은 온도로 가열하여 급속히 냉각하는 조작을 말한다. 높은 온도로 가열된 탄소강을 천천히 냉각시켜 상온에 도달하면 안정된 표준상태의 탄소강이 된다. 그러나 0.85%C(공석강)를 경계로 하여 이보다 탄소함유량이 적은 강철(아공석강)은 A_3변태점 이상 30~50℃ 또는 이보다 탄소함유량이 많은 강철(과공석강)에서는 723℃(A_1변태점) 이상 30~50℃로 가열하여 이것을 물속이나 기름 속에서 급랭시키면, 도중의 변태가 정상적으로 이루어지지 않아 표준상태와 다른 매우 단단한 성질의 탄소강이 된다. 탄소강에서 담금질 효과가 좋은 것은 0.6~1.5%의 탄소를 함유한 경우이다.

(2) 뜨임(Tempering)

담금질한 강철은 경도가 증가되는 반면 취성(여린 성질, 메짐)을 지니게 되므로 다소 경도가 감소되더라도 인성(질긴 성질)을 증가시키기 위해 담금질한 강철을 변태점 이하의 적당한 온도로 가열하여 재료 알맞은 속도로 급랭시켜 인성을 지니도록 하는 열처리를 뜨임이라 한다. 탄소강의 뜨임 온도는 공구강에서 150~250℃, 구조용 탄소강에서는 450~600℃ 정도이다.

(3) 불림(Normalizing)

용해상태에서 응고시켜 높은 온도로 장시간 유지한 것이나 높은 온도로 장시간 유지한 것 등의 재료는 오스테나이트 입자가 크게 성장되어 조직이 거칠어지거나

내부 응력이 축적되어 기계적 성질이 좋지 못하게 된다. 이에 따라 적당한 강도와 경도로 만들기 위해 재료를 A_3변태점 이상에서 40~60℃의 온도로 가열한 후 대기 중에서 서서히 냉각시켜 조직을 미세화하고 내부 응력을 제거하는 것을 불림이라 한다.

(4) 풀림(Annealing)

재료를 단조·주조 및 기계가공을 하면 가공 경화나 내부 응력이 발생하게 되는데 이를 제거하기 위해 A_3, A_1 이상에서 20~50℃의 온도로 가열한 후 노(爐) 속에서 서서히 냉각시키는 열처리를 풀림이라 한다. 풀림의 목적은 다음과 같다.

① 열처리로 가공된 재료를 연화시킨다.

② 가공 경화된 재료를 연화시킨다.

② 가공 중의 내부 응력을 제거시킨다.

또 풀림 중 재결정 풀림은 냉간 가공한 재료를 가열하면 600℃ 정도에서 응력이 감소하며 재결정이 발생하며, 재결정은 결정 입자의 크기, 가공 정도, 석출물, 순도 등에 큰 영향을 받는다.

재결정(Recrystallization)

가공을 받아 변형된 결정 중에 내부응력이 없는 새로운 결정의 핵이 생겨서 이것이 점차로 성장하여 옛 결정립이 새로운 결정립으로 교체되어 가는 변화과정을 재결정이라고 한다.

위 상온 가공된 연강의 기계적 성질과 풀림온도 그림의 결과는 결정의 회복, 재결정 및 결정립성장을 일으키는 풀림온도와 그때의 조직변화를 표시한다. 이 중에서 특히 재결정이 일어나기 시작하는 온도에서 강도와 경도는 급격히 저하하고, 연신율, 단면 수축률은 증가한다. 이온도를 재결정온도라고 하며, 이것은 재결정이 시작하여 1시간 이내로 결정 전체에 걸쳐 재결정이 완료되는 온도를 말한다.

재결정온도는 각 금속에 따라 다르며, 그 재료의 고유성질에 해당한다. 재결정온도 이상에서 재료를 가공하면, 가공에 의해 스트레인이 생겨 경화되어도 금방 재결정에 의해 연화되므로 경화가 일어나지 않는다. 그래서 재결정온도 이상에 하는 가공을 열간가공이라 하고, 그 이하에서의 가공을 냉간가공이라 하는 것이다.

금속의 재결정온도

금속	Fe	Ni	Cu	Al	W	Mo
재결정온도	450	600	200	180	1000	900
금속	Au	Ag	Pt	Zn	Pb	Sn
재결정온도	200	200	450	18	-3	-10

금속을 가열하여 회복이나 재결정을 일어나게 하는 저온에서의 풀림처리를 응력 제거 풀림(stress relief annealing) 또는 저온풀림(low temperature annealing)이라고 한다.

재결정이 일어날 때 새로운 결정핵의 발생은 결정 내에서 특히 스트레인이 큰 위치, 예를 들면 결정립계라든지 또는 결정립 내의 슬립선상 등에서 잘 생긴다. 이것은 재결정핵의 형성에 필요한 에너지가 적게 되기 때문이다.

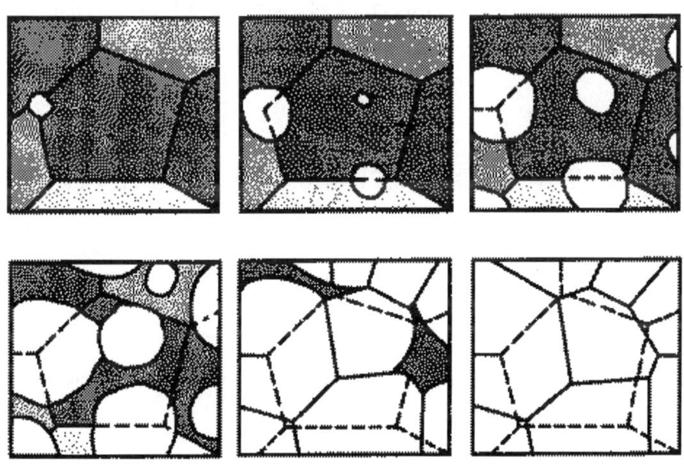

그림 1-19 재결정 과정의 설명도

위 그림은 재결정의 과정을 설명하는 것으로, 해칭한 부분은 가공에 의해 변형된 결정이다. 여기서 새로운 핵의 발생과 성장으로 옛 결정립은 소실되고 새로운 결정립이 형성되어 간다. 그림에서 점선은 구결정립의 입계를 표시한다. 재결정이 생기면 내부 응력이 없는 결정립으로 변환되므로, 냉간가공으로 바뀌어 진 성질은 급격히 정상으로 돌아간다.

재결정이 생긴 것은 현미경조직 관찰로도 알 수 있으나, X선 회절에서 새로운 결정의 반점이 나타나므로 명백히 알 수 있다.

(5) 서브 제로(sub-zero, 심냉)처리

담금질 직후 잔류 오스테나이트를 없애기 위해 0℃ 이하로 냉각하는 것을 말한다. 액체 질소나 드라이아이스로 -80℃까지 냉각한다.

[2] 항온 열처리

강을 Ar_1변태점 이상으로 가열한 후 변태점 이하의 어느 일정한 온도로 유지된 항온 담금질 욕조 중에 넣어 일정한 시간동안 일정한 온도를 유지 후 냉각시키는 열처리이다.

(1) 항온 열처리의 특징

① 계단 열처리보다 균열 및 변형감소와 인성이 향상된다.

② 니켈(Ni), 크롬(Cr) 등을 함유하는 특수강이나 공구강에 좋다.

③ 고속도강의 경우 1250~1300℃에서 580℃의 염욕(鹽浴)에 담금질하여 일정시간 유지 후 공랭시킨다.

(2) 항온 열처리의 종류

① 오스템퍼 : 염욕 담금질을 하여 점성이 큰 조직을 얻고, 뜨임이 필요 없으며, 담금질 균열과 변형이 없다.

② 마템퍼 : 항온 변태 후 열처리하여 혼합조직을 얻으며, 충격에 견디는 힘이 커진다.

③ 마퀜칭 : 항온 열처리 한 후 뜨임을 하여 담금질 균열과 변형이 적은 조직으로 하는 것이다.

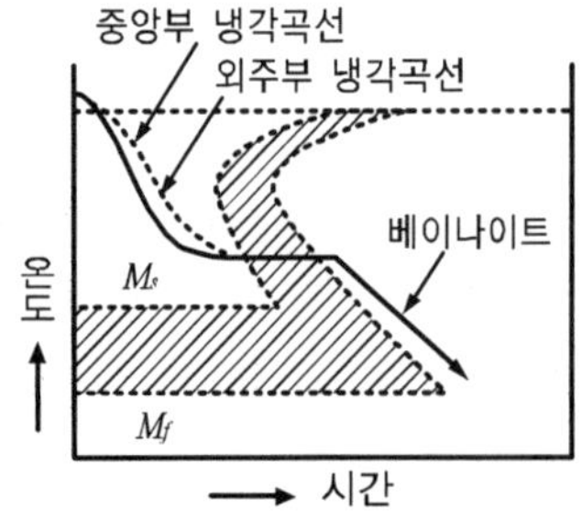

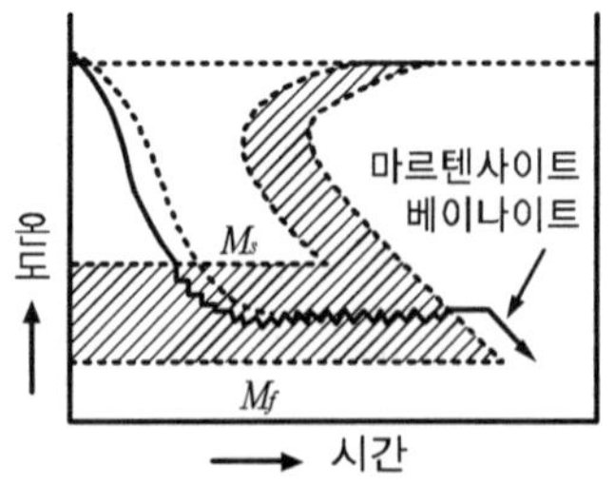

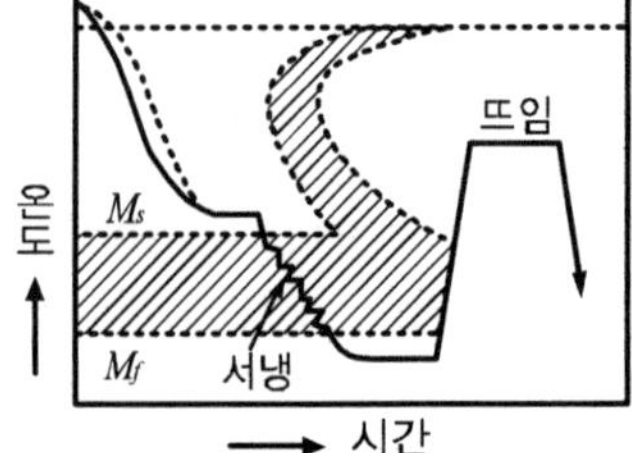

그림 1-20 항온 열처리의 종류

[3] 표면경화 방법(surface hardening)

기계의 축이나 기어 등은 충격에 대해 강인한 성질을 지녀야 하고, 베어링은 마멸에 견딜 수 있어야 하므로 표면만 단단하게 하고 내부는 강인한 성질을 지니도록 하는 열처리를 말한다. 즉, 마멸되기 쉬운 재료 표면은 경도가 높은 것이 요구되는데, 고탄소강을 표면의 경도를 높이기 위하여 담금질을 하면 재료 전체가 단단해져서 파손되기 쉽다. 이때 재질이 강인한 강재(鋼材)에 표면경화 방법을 이용하여 표면을 경화하면 표면은 마멸에 강해지고 내부에는 원재료의 재질대로 있으므로 충격에 견딜 수 있다.

(1) 침탄법(carburizing)

탄소함유량이 적은 저탄소강의 표면에 탄소 또는 탄소를 많이 함유하는 재료(목탄, 골탄, 혁탄)로 표면을 감싼 후에 노(爐) 속에 넣고 밀폐시키고 800~900℃ 정도에서 3~4시간 가열하면 탄소가 재료표면에서 05~2.0㎜ 정도까지 침투하여 표면은 탄소 함유량이 많고 내부로 들어감에 따라 적어진다. 이에 따라 표면은 단단한 강철이 되고, 내부는 연한 강철이 된다. 이것을 다시 담금질하면 표면은 고탄소강이므로 열처리가 되고, 내부는 저탄소강이므로 그대로 연강이 된다.

(2) 질화법(nitriding)

합금강을 암모니아 가스 520℃에서 50~100시간 가열하면 철과 질소가 작용하여 강철의 표면을 질화철이 되도록 하는 방법이다. 침탄법에 비해 경화층이 얇고 조작시간이 길다. 질화법에 적합한 합금강은 합금원소로서 알루미늄(Al), 크롬(Cr), 몰리브덴(Mo), 바나듐(V)등을 함유한 것이다. 크랭크축, 피스톤 핀 등에 이용된다.

침탄법과 질화법의 비교

침탄법	질화법
경도가 낮다.	경도가 높다.
침탄 한 후의 열처리가 필요하다.	열처리가 필요 없다.
경화에 의한 변형이 발생한다.	경화에 의한 변형이 적다.
질화층보다 여리지 않다.	질화층이 여리다.
수정이 가능하다.	수정이 불가능하다.
높은 온도로 가열할 때 뜨임이 되고 경도가 낮아진다.	높은 온도로 가열을 하여도 경도가 낮아지지 않는다.

(3) 청화법(cyaniding)

NaCN, KCN 등의 청화 물질이 철과 작용하여 금속 표면에 질소와 탄소가 동시에 침투되게 하는 방법이다.

(4) 화염 경화법(flame hardening)

0.4%C 정도의 강철을 산소-아세틸렌 불꽃으로 표면만 담금질 온도로 가열한 다음 급랭시켜 표면만 담금질하는 것으로 경화층 깊이는 불꽃의 온도, 불꽃의 이동시간으로 결정한다.

(5) 고주파 경화법(induction hardening)

고주파 전류를 이용하여 일정한 두께의 표면만을 가열한 후 급랭시키는 방법으로, 기어 또는 복잡한 형상의 부품들을 부분적으로 경화시킬 수 있다. 또 경화시간이 짧고 탄화물을 고용하기 쉬우며, 주로 대량생산에서 이용된다.

1-7 합금강(특수강)

1. 합금강의 분류와 합금원소의 영향

[1] 합금강의 분류

합금강이란 우수한 기계적 성질을 지닌 강을 필요로 할 때 그 목적에 따라 합금원소를 넣은 것을 말한다. 합금원소의 함유량에 따라 고합금강과 저합금강, 성분에 따라서 니켈강, 망간강, 텅스텐강, 몰리브덴강 등으로 분류하기도 하며, 용도에 따라서 구조용 합금강, 공구용 합금강, 내식-내열용 합금강, 특수용도용 합금강으로 나누기도 한다.

[2] 합금원소의 영향

탄소강에 여러 가지 목적으로 합금원소를 첨가하는데 그 중에서 중요한 목적은 다음과 같다.

① 강철을 경화시킬 수 있는 깊이를 증가시켜 기계적 성질을 개선하기 위해

② 높은 강도와 연성을 유지하기 위해

③ 높은 온도와 낮은 온도에서의 기계적 성질을 개선하기 위해

④ 내부식성, 내고온성, 내산화성 등을 개선하기 위해

⑤ 내마멸성 및 피로 특성 등의 특수한 성질을 개선하기 위해

그리고 합금강에 첨가되는 원소의 특성은 다음과 같다.

① 니켈(Ni) : 강성과 인성, 내부식성, 내산성, 저온 충격값을 증가시킨다.

② 크롬(Cr) : 함유량이 적어도 강도와 경도를 증가시키며, 함유량이 많아지면 내부식성, 내마멸성 및 자경성을 크게 증가시키는 것 이외에, 탄화물의 생성을 쉽게 하여 내마멸성도 증가시킨다.

③ 텅스텐(W) : 함유량이 적으면 크롬과 거의 비슷한 작용을 하지만, 함유량이 많아지면 탄화물 생성을 쉽게 하여 경도와 내마멸성을 크게 증가시킨다. 특히, 고온 강도와 경도를 증가시킨다.

④ 몰리브덴(Mo) : 담금질 깊이를 크게 하고, 크리프 저항과 내부식성을 증가시킨다. 또 뜨임 취성을 방지한다.

⑤ 규소(Si) : 함유량이 적으면 강도와 경도를 조금 향상시키나, 함유량이 많아지면 내마멸성을 크게 증가시키고, 전자기적 성질도 개선시킨다.

자경성
특수원소를 첨가하여 가열 후 공기 중에서 냉각시켜도 자연히 경화하여 담금질 효과를 얻는 것으로 크롬(Cr), 니켈(Ni), 망간(Mn), 텅스텐(W), 몰리브덴(Mo) 등이 있다.

2. 구조용 합금강

구조용 합금강은 기계를 구성하는 주요부품 또는 구조물을 제작하는데 사용하는 강철 재료이며, 인장강도, 탄성한도, 연신율, 단면수축률, 충격 값, 피로한도 등의 기계적 성질이 우수하여야 한다. 또, 주조성, 단조성, 절삭성 등의 가공성도 좋아야 한다.

[1] 강인강

강인강은 탄소강에서 얻을 수 없는 강성과 인성을 지니는 재료를 얻기 위해 탄소강에 니켈(Ni), 크롬(Cr), 텅스텐(W), 망간(Mn), 티탄(Ti), 몰리브덴(Mo), 규소(Si) 등을 첨가한 것이다. 이 중에는 합금 된 상태 그대로 사용하는 경우도 있으나 적당

히 담금질, 뜨임 등의 열처리를 하여 그 성질을 개선시켜 사용하는 경우가 많다. 강인강은 볼트, 너트, 축, 기어 등에 사용되며 탄소 함유량은 0.28~0.48% 정도이다.

(1) 니켈 강(Ni steel)

강성과 인성, 열처리성, 내마멸성, 내부식성 등을 향상시키기 위해 탄소강에 니켈을 첨가시킨 것이다. 니켈강을 적절히 열처리하면 인성이 탄소강의 5~6배 정도 증가되고, 내부식성과 내마멸성도 개선된다. 용도는 기어, 스핀들, 크랭크축, 추진축 등에서 사용된다.

(2) 크롬 강(Cr steel)

크롬은 Fe_3C 중에 녹아 들어가$(Fe \cdot Cr)_3C$를 형성하여 경도를 증가시켜 내마멸성을 향상시킨다. 결정립은 인장강도, 항복점을 증가시키며, 인성이 크다. 또, 임계 냉각속도를 느리게 하여 공기 중에서 냉각하여도 경화되는 자경성이 있다. 크롬 2% 이하의 저탄소 크롬강은 침탄용 강으로, 고탄소 크롬강은 베어링, 줄, 다이스 등으로 이용된다. 크롬 12% 이상의 저탄소인 것은 매우 안정된 피막을 형성하므로 내부식강, 내열강으로 이용된다.

(3) 니켈-크롬 강(Ni-Cr steel, SNC)

니켈-크롬강은 탄소강에 니켈과 크롬을 첨가하여 각각의 효과를 이용한 것이다. 니켈은 페라이트 기지의 인성 증가를, 크롬은 탄화물에 의한 경도를 증가시킨다. 따라서 강성과 인성이 있고 연신율 및 단면수축률이 크게 감소되지 않고 강도가 큰 특성이 있어 대표적인 구조용 강으로 사용된다. 구조용 강으로 사용되고 있는 것은 펄라이트 조직이지만 내마멸성과 내부식성이 우수하고 또 높은 온도에서 장시간 가열하여도 결정립이 거칠어지지 않는다. 그러나 이 합금은 열전도성이 불량하기 때문에 서서히 가열하여야 한다. 또, 뜨임을 할 경우에는 600℃에서 물 또는 기름에 급랭한다.

(4) 크롬-몰리브덴 강(Cr-Mo steel)

니켈-크롬 강에서 니켈 대신 몰리브덴을 적은 양 첨가하여 성질을 향상시킨 것이다. 기계적 성질, 질량효과도 니켈-크롬 강에 비해 큰 차이가 없으며, 용접성이 우수하다. 크롬 이외에 몰리브덴을 함유하면 강의 경화성능이 커지고, 뜨임 취성도 적어지므로 고온 가공성이 좋고, 가공 면이 깨끗하여 얇은 강판이나 파이프 제조에 많이 사용된다. 각종 축(shaft), 기어, 강력 볼트 등에도 사용된다.

(5) 니켈-크롬-몰리브덴 강(Ni-Cr-Mo steel)

구조용 니켈-크롬 강에 0.3% 정도의 몰리브덴을 첨가하면 강성과 인성을 증가시킬 뿐만 아니라, 담금질한 경우에는 질량 효과를 감소시키고, 뜨임 취성을 방지하는 효과가 크다. 몰리브덴은 높은 온도에서 점성이 좋으므로 단조 및 압연이 쉽고, 스케일(scale)분리가 잘되므로 표면이 매끈하다. 이 강철은 엔진의 크랭크축, 강력볼트, 기어 등에 사용된다.

(6) 망간 강(Mn steel)

망간은 탄소 강에 자경성을 주며, 많은 양을 첨가한 망간 강은 공기 중에서 냉각하여도 쉽게 마르텐사이트나 오스테나이트 조직으로 된다.

① 저망간 강 : 일반적으로 사용되는 저망간 강은 탄소 0.2~0.2%, 망간 1.2~2%, 저탄소, 저망간 강으로 듀콜(ducol) 강이라 한다. 강하고 연신율도 양호하므로 선박, 차량, 건축, 교량 등 일반 구조용 강으로 사용한다.

② 고망간강 : 망간 10~14%, 탄소 0.9~1.3%의 고탄소, 고망간 강으로 하드필드(hard field) 강 또는 상온에서 오스테나이트 조직을 지니고 있어 오스테나이트 망간 강이라고도 한다. 완전한 오스테나이트 조직은 공랭에 의해서는 얻을 수 없으므로 1000~1100℃에서 수중 냉각하는 방법을 사용한다. 이 강은 내마멸성과 내충격성이 크고, 특히 인성이 크다.

3. 공구용 합금강

공구는 금속가공에서 절삭, 전단 등에 사용되는 칼 또는 측정에 사용하는 기구를 말한다. 공구재료로서의 구비조건은 용도에 따라서 다르나 대략 다음과 같다.

① 상온과 높은 온도에서 경도가 높을 것

② 내마멸성, 강성과 인성이 클 것

③ 열처리와 공작이 쉬울 것

④ 값이 쌀 것

따라서 각종 공구재료로 사용되는 합금강은 탄소 공구강보다 강도, 경도, 인성, 내마멸성이 커야 한다. 공구용 합금강은 높은 탄소함유량 이외에 크롬, 텅스텐, 니켈, 망간 등의 1종류 또는 그 이상 첨가되며 고급 합금강에서는 성질을 개선하기 위해 몰리브덴, 바나듐(V), 코발트(Co) 등이 더 첨가된다.

[1] 합금 공구강(STS)

탄소강은 높은 온도에서의 경도가 낮고, 고속절삭과 강력 절삭공구 또는 단조, 주조 등에 부적당하다. 이와 같은 결점을 보완하기 위해 탄소 공구강에 특수원소로서 크롬, 텅스텐, 망간, 니켈, 바나듐 등을 1종류 또는 2종류 이상 첨가하여 성능을 개선한 것을 합금 공구강이라 한다.

[2] 고속도강(SKH)

고속도강은 절삭 공구강의 일종이며, 500~600℃까지 가열하여도 뜨임에 의해서 연화하지 않고, 또 높은 온도에서도 경도 감소가 적은 것이 특징이다. 텅스텐(W) 18%, 크롬(Cr) 4%, 바나듐(V) 1% 형과 텅스텐(W) 14%, 크롬(Cr) 4%, 바나듐(V) 1% 형이 있다.

[3] 소결 초경합금

소결 초경합금은 WC, TiC, TaC 등의 금속 탄화물을 코발트(Co)로 소결한 비철합금이며, 소결 탄화물 공구라고도 한다. 이 소결 초경합금은 크게 WC－Co계열과 WC－TiC－Co계열의 2종류로 나누어진다. WC－Co계열의 공구재료는 인성이 적어 충격을 받는 부분에는 부적당하다. 그러나 주철, 강철, 황동 및 경합금용의 공구로 사용하면 고속도강의 2배 이상의 속도로 절삭할 수 있다. 또 높은 온도에서 내구력이 커 석재, 유리, 도자기 등과 같이 고속도강으로 절삭하기 어려운 재료도 절삭할 수 있고, 공구수명도 길다. WC－Co계열에 TiC 또는 TaC을 첨가한 것은 고탄소 강, 니켈-크롬 강, 망간 강 등 강한 재질의 절삭용으로 사용한다. TiC은 내마멸성과 높은 온도의 경도가 커 공구수명을 증가시킨다.

[4] 스텔라이트(stellite, 주조합금 공구재료)

경질주조 합금 공구재료로서, 주조한 상태 그대로 연삭하여 사용하는 비철합금이다. 또, 열처리를 하지 않아도 충분한 경도를 지닌다. 코발트(Co)를 주성분으로 한 코발트(Co)-크롬(Cr)-텅스텐(W)-탄소(C) 계열의 이 합금은 단조가 불가능하므로 금형 주조에 의해 소정의 모양으로 만들어 사용한다. 상온에서는 담금질한 고속도강보다 다소 연하나 600℃ 이상에서는 고속도강보다 단단하므로, 절삭능력이 고속도강의 1.5~2.0배 정도 크다. 그러나 취약하여 충격에 의해 쉽게 파손되는 큰 결점이 있다.

[5] 세라믹스(ceramics)

세라믹스는 알루미나(Al_2O_3)를 주성분으로 결합제를 사용하지 않고 소결시킨 공구이다. 제조방법은 알루미나를 1600℃ 이상에서 소결 성형시키며, 특성은 내열성이 가장 높고, 고온경도 및 내마멸성은 크나 비자성, 비전도체이며 충격에 약하다. 용도는 고온절삭, 고속 정밀가공, 강자성 재료 가공용이다.

4. 내부식 및 내열 합금강

[1] 내부식강

내부식강은 금속의 부식을 방지하기 위해 합금원소를 첨가하여 부식이 어려운 조직으로 하거나 또는 특수 표면처리를 하여 진행을 저지한다. 스테인리스강은 합금원소 첨가에 의한 방법을 이용한 대표적인 것이다. 철(Fe)에 크롬(Cr)을 첨가하면 결정격자 내에서 철(Fe)원자가 크롬(Cr)원자에 의해 보호되어 화학작용을 발생하지 않아 부식이 방지된다.

(1) 페라이트계열 스테인리스강(고 크롬계열)

크롬 13%인 것과 크롬 18%인 것이 대표적이지만, 최고 25% 크롬인 것도 제조되고 있다. 탄소함유량을 가능한 한 적게 하여 페라이트 조직으로 한 것으로 내부식성이 크다. 탄소함유량이 많아지면 철(Fe), 코발트(Co), 크롬(Cr)의 복합 탄화물을 형성하여 내부식성과 가공성이 낮아진다.

(2) 오스테나이트계열 스테인리스강(고 크롬, 고 니켈계열)

고 크롬(Cr)계열 스테인리스강에 니켈(Ni)을 10% 정도 첨가한 것으로 크롬 18%, 니켈 8%인 것이 가장 대표적인 성분으로 18-8스테인리스강이라고도 부른다. 고 크롬계열보다도 내부식성과 내산화성이 크다. 상온에서 오스테나이트 조직으로 연하여 가공성이 좋다. 그러나 400℃ 이상에서는 $Cr_{23}C_6$ 등의 탄화물이 결정 입자의 경계에서 석출하기 쉽다. 그 때문에 입자경계의 부식을 일으켜 내부식성을 저하시키고 입자사이의 균열을 일으키게 된다. 이를 방지하기 위해 높은 온도에서 담금질하여 탄화물을 고용시키면 좋다. 용접을 하면 용접부분에 석출이 일어나 균열이 일어나기 쉽고, 또 절삭성도 나빠진다.

(3) 마르텐사이트계열 스테인리스강(고 크롬, 고 탄소계열)

12~17%의 크롬(Cr)과 충분한 탄소(C)를 함유하므로 담금질하였을 때 마르텐사이트 조직을 형성한다. 이 합금의 조성은 높은 강도와 경도를 목적으로 조정하였으므로 내부식성은 고 크롬 및 고 크롬-고 니켈계열에 비해 불량하다.

[2] 내열강

내열재료는 단지 높은 온도에서 경도, 강도가 유지되는 것만 아니라 조직이 안정되어 산화가스 등의 침식에도 견딜 수 있어야 한다. 내열성을 증대시키기 위해 첨가하는 대표적인 성분은 크롬(Cr)이지만 규소(Si), 알루미늄(Al), 니켈(Ni), 몰리브덴(Mo), 텅스텐(W), 티탄(Ti) 등도 강도를 증대시킬 목적으로 첨가한다. 크롬계열 내열강은 페라이트 조직이지만 이것의 사용온도는 650℃ 정도이다. 온도를 초과하면 급격히 강도가 감소한다. 이 상의 온도에 견딜 수 있는 것은 많은 양의 니켈과 망간을 첨가하여 오스테나이트 조직으로 한 것이 있다.

5. 특수목적 합금강

[1] 쾌삭강

강에 황(S), 납(Pb) 등의 특수원소를 첨가하여 절삭할 때, 칩(chip)을 잘게 하고, 피삭 성능을 향상시킨 강을 쾌삭강(free cutting steel)이라 한다.

[2] 스프링 강

스프링 재료는 탄성한도와 항복점이 높고 충격이나 반복 응력에 대해 잘 견딜 수 있는 것이 필요하다. 따라서 고탄소강을 사용하기도 하지만 대부분은 망간강, 규소-망간강, 크롬강, 크롬-바나듐강 등의 합금강을 사용한다.

[3] 불변강

주위의 온도변화에 따라 선팽창 계수나 탄성률 등의 특정한 성질이 변화하지 않는 강을 말하며, 불변강(invariable steel)은 비자성강으로 니켈(Ni) 26%에서 오스테나이트 조직을 갖는다. 불변강의 종류는 다음과 같다.

(1) 인바(invar)강

인바강은 탄소함유량 0.2% 이하, 니켈 35~36%, 망간 0.4%가 함유된 철(Fe) 합금이며, 200℃ 이하에서의 선팽창 계수가 매우 작다. 20℃에서의 선팽창 계수가 1.2×10^{-6} 정도이며, 줄자, 표준 자, 시계 추 등의 재료로 사용된다.

(2) 슈퍼 인바(super invar, 초인바)강

니켈 30.5~32.5%, 코발트 4.0~6.0%가 함유된 철(Fe)합금이며, 20℃에서의 선팽창 계수가 0.1×10^{-6} 정도로 인바의 1/12 밖에 되지 않으며, 정밀기계 부품 재료로 사용된다.

(3) 엘린바(elinvar)

니켈(Ni) 36%, 크롬(Cr) 12%가 함유된 철(Fe) 합금이며, 온도변화에 따른 탄성률 변화가 거의 없다. 20℃에서는 선팽창 계수가 8.0×10^{-6} 정도이다.

(4) 코엘린바(coelinvar)

니켈 16.5%, 크롬 10~11%, 코발트 26~58%가 함유된 철(Fe)합금이며, 온도변화에 따른 탄성률 변화가 매우 작고, 공기나 물속에서 부식되지 않는 특성이 있다.

그밖에 니켈을 75~80% 함유한 퍼멀로이(permalloy)와 철(Fe)-니켈(Ni) 42~46%, 코발트(Co) 18%를 함유한 플래티나이트(platinite)가 있다.

1-8 주철(Cast Iron)

1. 주철의 조직

주철은 탄소함유량이 1.7~6.67%인 철(Fe)과 탄소(C)의 합금이다. 인장강도가 강철(steel)에 비해 작고 취성이 크며 높은 온도에서도 소성 변형이 되지 않는 결점이 있으나 주조성능이 우수하여 복잡한 형상도 쉽게 주조되며, 값이 싸기 때문에 널리 사용된다. 주철 중에 함유된 탄소함유량은 일반적으로 2.5~4.5% 정도인데 그 일부분은 유리상태로 존재하는 유리탄소(free carbon)또는 흑연(graphite)이며, 다른 일부분은 화합상태로 펄라이트 또는 시멘타이트로 존재하는 화합탄소로 되어 있다. 주철에 함유되는 탄소량은 흑연과 화합탄소를 합한 전체 탄소로 나타내며, 주철의 특성은 다음과 같다.

① 용융점이 낮고, 유동성이 좋다.

② 압축강도는 크나 인장강도가 부족하다.

③ 가단성·전성 및 연성이 적고, 취성이 크다.

④ 마찰저항이 크며, 값이 싸다.

⑤ 녹이 잘생기지 않는다.

⑥ 내마모성이 크고, 절삭성능이 좋다.

⑦ 가공은 가능하나, 용접성이 불량하다.

주철 중의 탄소는 용융상태에서는 모두 균일하게 용융되어 있으나, 응고될 때 급랭하면 시멘타이트로, 서서히 냉각시키면 흑연으로 석출된다. 흑연이 석출될 때를 안정 평형상태라 하고, 시멘타이트가 나올 때를 준안정 평형상태라 한다. 주철 조작을 크게 지배하는 상은 철(Fe)의 고용체와 흑연 및 시멘타이트이다. 그리고 주철의 조직을 지배하는 중요한 요소는 탄소(C), 규소(Si)의 양과 속도이며, 이들의 요소와 조직의 관계를 나타낸 것이 마울러 조직도(Maurer's diagram)이다.

<u>주철의 평행 상태도</u>

① 공정 주철 : 탄소 함유량 4.3%
② 아공정 주철 : 탄소 함유량 1.7~4.3%
③ 과공정 주철 : 탄소 함유량 4.3% 이상

2. 주철의 종류

주철의 종류와 조직

주철의 종류	조직
백주철(극경 주철)	펄라이트+시멘타이트
반주철(경질 주철)	펄라이트+시멘타이트+흑연
펄라이트 주철(강력 주철)	펄라이트+흑연
회주철(주철)	펄라이트+페라이트+흑연
페라이트 주철(연질 주철)	페라이트+흑연

[1] 보통주철

보통주철은 회주철이 대표적이며, 인장강도가 98~196MPa(10~20kg/㎟) 정도이며,

성분은 탄소 3.2~3.8%, 규소 1.4~2.5%, 망간 0.4~1,0%, 인 0.3~0.8%, 황 0.01~0.12% 정도이다. 조직은 주로 편상 흑연과 페라이트로 되어 있는데, 약간의 펄라이트를 함유하고 있다. 기계 가공성이 좋고 값이 싸다.

[2] 고급주철

편상 흑연 주철 중에서 인장강도가 245MPa 정도 이상인 주철을 말한다. 이 주철의 조직은 흑연이 미세하고 활 모양으로 구부러져 고르게 분포되어 있고, 그 바탕이 펄라이트 조직이므로 이를 펄라이트 주철이라고도 한다. 가장 널리 알려진 고급주철에는 미하나이트 주철(meehanite cast iron)이 있다. 미하나이트 주철은 연성과 인성이 매우 크고, 두께 차이에 의한 성질 변화가 매우 작은 특징을 지니고 있으며, 피스톤 링에 가장 적합하다.

[3] 특수주철

보통 주철이나 합금 주철에 비해 기계적 성질이나 기능성이 우수한 주철을 얻기 위해 배합성분이나 주조 처리 및 열처리 등의 특별한 방법으로 제조되는 주철을 특수주철이라 한다.

(1) 가단주철(malleable cast iron)

가단주철은 탄소 2.0~3.2%, 규소 0.1~1.5% 범위의 것으로, 백주철을 열처리 노(爐)에 넣고 가열하여 탈탄 또는 흑연화 방법으로 제조한 것이다. 이 주철의 흑연은 뜨임 탄소라 하는 불규칙한 덩어리(lump)상태로 강도, 인성 및 내부식성 등이 우수하다.

① 흑심 가단주철

저탄소, 저규소의 백주철을 풀림 상자 속에서 열처리하여 시멘타이트를 분해시켜 흑연을 입상(粒狀)으로 석출시킨 것이다. 백주철을 850~950℃로 30~40시간 가열하는 제1단계의 흑연화와, A_1변태점에서 오스테나이트가 많은 양의 펄라이트로 변화하고, 이 펄라이트를 680~720℃에서 30~40시간 유지하여 흑연을 분해시키는 제2단계의 흑연화로 이루어진다. 이와 같은 2단계의 흑연화에 의해 응집된 덩어리 상태의 뜨임 탄소가 혼합된 조직으로 된다.

② 백심 가단주철

백주철을 적철광 및 산화철 분말과 함께 풀림 상자에 넣고 900~1000℃에서 40~

100시간 가열하여 시멘타이트를 탈탄시켜 주철에 가단성을 부여한 것이다. 두꺼운 주물에는 부적합하며, 표준 조성은 탄소 2.8~3.2%, 규소 0.6~1.1%, 망간 0.5% 이하이다.

③ 펄라이트 가단주철

펄라이트 가단주철은 흑심 가단주철 공정에서 제1단계의 흑연화 처리만 한 후 955℃정도까지 가열하여 뜨임 탄소를 구상화하고, 시멘타이트가 오스테나이트 내에 용해되도록 7시간 정도 유지하며, 2시간 안에 900℃로 노(爐) 속에서 냉각시킨 후 급속히 공기 중에 냉각한다. 높은 탄소의 오스테나이트는 급랭되는 동안 펄라이트로 변태한다. 펄라이트를 구상화하여 필요한 기계적 성질을 얻기 위해 일정한 온도에서 뜨임 하거나, 공랭(空冷)하여 870℃까지 다시 가열한 후 기름 속에서 냉각시키거나 뜨임한다.

(2) 구상 흑연주철(nodular cast iron)

구상 흑연주철은 주조성능, 가공성능 및 내마모성이 우수할 뿐만 아니라 인장강도가 주철의 종류 중에서 가장 높고 인성, 연성, 가공성능 및 경화성능이 강의 성질과 비슷하다. 구상 흑연주철의 경우에는 인(P)과 황(S)의 양이 회주철보다 약 10% 정도 낮게 하여야 하고, 다른 흑연 구상화 방해 원소도 낮아야 한다. 이 주철은 황(S)이 적은 선철을 용해하여 주입 전에 마그네슘(Mg), 세륨(Ce), 칼슘(Ca) 등을 첨가하여 제조한다. 그리고 조직은 주조된 상태에서 시멘타이트형, 펄라이트형 및 페라이트형 등으로 구분된다. 구상 흑연주철은 열처리에 의해 조직을 개선하거나 니켈, 크롬, 몰리브덴, 구리 등을 첨가하여 강도, 내마멸성, 내열성, 내부식성 등을 향상시켜 재질을 개선한다.

(3) 칠드 주철(chilled cast iron, 냉경 주철)

보통주철보다 규소 함유량을 적게 하고, 적당한 양의 망간의 쇳물을 금형이나 칠메탈(chill metal)이 붙어 있는 모래형에 주입하여 필요한 부분만 급랭시킨다. 이에 따라 표면만 단단하게 되고 내부는 회주철이 되므로 강인한 성질을 지니게 된다. 칠드(chill)된 부분은 내마멸성이 크고, 내열성이 좋으며, 높은 온도에서 오랫동안 사용하여도 경도가 크게 저하되지 않는다.

1-9 비철금속 및 그 합금

1. 알루미늄 및 그 합금

[1] 알루미늄 및 알루미늄 합금의 특징

① 비중이 2.7로 작고, 용융점은 600℃ 정도이다.

② 전성과 연성이 좋다.

③ 표면에 산화 막이 형성되어 있어 내부식성이 우수하다.

④ 열전도성 및 전기 전도성이 구리 다음으로 좋다.

[2] 알루미늄 합금의 종류

① 하이드로날륨 : 알루미늄에 마그네슘 4~7%를 함유한 것이다.

② 두랄루민의 특징

㉮ 알루미늄, 구리, 마그네슘의 합금이며, 시효 경화를 일으킨다.

㉯ 담금질 시효경화 처리에 의하여 기계적 성질을 개선하여 강도가 크고 성형성이 좋다.

㉰ 알루미늄 합금 중에서도 열처리에 의해 재질 개선이 가능한 합금이다.

㉱ Al-Cu-Mg-Mn 합금으로 항공기, 자동차 등의 재료로 널리 사용된다.

㉲ 두랄루민은 비강도가 연강의 약 3배 정도이다.

③ 초 두랄루민 : 알루미늄, 구리, 망간에 마그네슘을 0.5~1.5% 정도 첨가한 것이다.

④ 로 엑스 : 알루미늄, 규소, 니켈, 구리의 합금이며 내열성이 크고 열팽창 계수가 적어 피스톤의 재료로 사용된다.

⑤ 실루민 : 알루미늄에 규소를 첨가시킨 것이며 주조성, 내부식성, 기계적 성질이 우수하다.

⑥ Y합금 : 알루미늄, 구리, 마그네슘, 니켈의 합금이며 내열성이 커 피스톤, 실린더 헤드의 재료로 사용한다.

⑦ 라우탈 : 알루미늄, 구리, 규소의 합금이며, 주조성, 기계적 성질, 열처리 효과가

우수하다.

2. 구리 및 그 합금

[1] 구리의 특성

① 전기 및 열의 전도성이 매우 우수하다.

② 아연(Zn), 주석(Sn), 니켈(Ni), 은(Ag) 등과 쉽게 합금을 만들 수 있다.

③ 아름다운 광택과 귀금속 적인 성질이 우수하다.

④ 표면에 녹색의 염기성 탄산구리의 녹이 생겨 보호 피막의 역할로 내부식성이 크다.

⑤ 유연하고 전성과 연성이 커 가공이 쉽다.

[2] 구리 합금의 종류

(1) 황동

① 황동의 특징

㉮ 황동은 구리(Cu)와 아연(Zn)의 합금이다.

㉯ 아연이 5% 함유된 황동은 예로부터 화폐, 메달 등에 사용되었기 때문에 도금용 금속(gilding metal)이라 한다.

㉰ 아연이 10% 정도의 황동은 색깔이 청동과 비슷하므로 청동 대용으로도 사용되었다.

㉱ 아연 20%의 황동은 황금색의 아름다운 색깔을 띠게 되므로 순금의 모조품, 장식용 제품, 악기 등에 사용된다.

② 황동의 종류

㉮ 7-3황동 : 구리 70%+아연 30%이며, 냉간 가공성이 좋다.

㉯ 6-4황동 : 구리 60%+아연 40%이며, 주조성, 열간 가공성이 좋다.

㉰ 톰 백(tam bac) : 구리 85%+아연 15%인 황동이다.

㉱ 네이벌 황동 : 6-4황동에 주석 1%를 첨가한 황동이다.

(2) 청동

청동은 구리(Cu)와 주석(Sn)의 합금이 그 종류는 다음과 같다.

① 인청동 : 청동에 인을 첨가한 것이며 내부식성, 내마모성, 인성, 내피로성이 크기 때문에 베어링, 기어, 펌프 부품, 선박용 부품 등에 사용된다.

② 포금 : 구리(88%), 주석(10%), 아연(2%)의 합금이다.

③ 납(연)청동 : 청동에 납을 40% 첨가한 것으로 주로 베어링 합금으로 사용된다.

④ 알루미늄 청동 : 인장강도, 내식성, 내열성, 내마모성, 내피로성은 황동이나 청동보다 우수하지만 단조성, 가공성, 용접성이 떨어지므로 특수 화학 기기, 선박, 항공기, 자동차 부품에만 사용된다.

⑤ 규소 청동 : 청동에 규소를 1.5~3.0%를 첨가한 것으로 인청동과 거의 비슷한 기계적 성질을 가지며, 산에 대한 내식성도 양호하고 또 주조 합금으로서 이용되고 있다.

3. 니켈 합금

① 모넬 메탈 : 니켈, 구리, 철의 합금이다.

② 양은 : 구리, 아연, 니켈의 합금이며 내열성, 내부식성, 가공성이 우수하나.

③ 콘스탄탄 : 40~50% 정도의 니켈을 함유한 니켈-구리 계열 합금으로 전기 저항이 크고, 온도계수가 작아서 전기 저항선이나 열전대로 많이 사용된다.

4. 베어링 합금

베어링 합금재료에는 화이트 메탈, 배빗 메탈, 켈밋 합금, 인청동, 연청동 등이 있으며, 구비조건은 다음과 같다.

① 마찰 계수가 적고, 내마모성이 클 것

② 내부식성 및 열전도성이 클 것

1-10 합성수지

1. 합성수지의 개요

천연 유기물(有機物) 재료는 동물이나 식물의 몸체 중에서 큰 분자들로 만들어지나, 합성 고분자 재료는 분자량이 작은 분자를 인위적으로 결합시켜 제조한다. 이와 같이 합성 고분자 재료를 총칭하는 것이 플라스틱(plastic)이다. 외부의 힘을 가하면 그 형상을 변화시킬 수 있는 성질을 가소성(可塑性)이라 하며, 유기물질로 합성된 가소성이 큰 물질을 플라스틱 중에서 좁은 의미의 합성수지(synthetic resin)라 한다. 합성수지는 기계적 성질, 내열성 등은 금속재료보다 떨어지지만, 비중이 작고 탄성, 소성, 화학적 저항, 전기절연 특성, 가공성 등은 금속재료보다 우수하다. 합성수지의 공통성질은 다음과 같다.

① 가볍고 튼튼하며, 가공성이 크고, 성형이 간단하다.

② 전기 절연성이 크며, 산, 알칼리, 오일, 약품 등에 강하다.

③ 단단하지만 열에 약하다.

④ 투명한 것이 많으며, 착색이 자유롭다.

⑤ 비중과 강도의 비율인 비강도가 비교적 높다.

2. 합성수지의 분류

합성수지는 가소성과 온도와의 관계에 기준을 둔 분류방법으로 열경화성 수지와 열가소성수지로 나눈다. 열경화성 수지는 열고정성 수지라고도 하며, 가열하면서 가압 및 성형을 하면 다시 가열하여도 연하게 되거나 용융되지 않는다. 열가소성 수지는 열연화성 수지라고도 하며, 성형 후에도 가열하면 연해지고, 냉각하면 다시 본래의 상태로 굳어진다. 일반적으로 열경화성 수지는 페놀수지, 요소수지 등이 있으며, 가열하면 화학적 변화가 발생하고 유동성을 상실하게 되나, 강하게 가열하면 용융되지 않고 분해된다. 한편, 열가소성 수지는 가열하면 작은 힘으로도 유동하고 화학적 변화가 발생하지 않으며, 가열과 냉각을 반복하여도 상온에서 물리적 성질변화를 볼 수 없다. 열가소성 수지에는 스티렌 수지, 염화비닐 수지, 아크릴 수지, 폴리에스테르 등이 있다.

[1] 열경화성(熱硬化性) 수지

이 수지는 기계적 강도가 크고, 내열성이 좋아서 기계재료로서 기어, 베어링 하우징, 핸들 등이 사용된다.

(1) 페놀수지(Phenol resin)

페놀, 크레졸 등과 포르마린을 반응시켜 제조한 것으로 베이클라이트(bakelite)라는 상품명으로 널리 알려져 있다. 페놀수지는 기계적 성질이 우수하고 비교적 값이 싸며, 전기 절연성이 좋다. 착색은 자유롭지 않으며, 성형한 후 선반가공이나 드릴가공 등도 쉽지 않다. 용도는 전기 절연물, 전화기, 핸들, 기어, 가재도구, 프로펠러, 광고 간판 등이며, 액체 상태의 것은 페인트 또는 접착제로도 사용된다.

(2) 요소수지(尿素樹脂, Urea resin)

요소수지는 우레아 수지라고도 하며, 강도, 내수성, 내열성, 전기 절연성 등에서는 다소 떨어지나, 가공성 및 착색이 쉽고 아름다운 상품을 제작하는데 적당하다. 내수성과 내열성은 멜라민을 첨가하면 성질이 많이 개선된다.

(3) 멜라민 수지(melamine resin)

멜라민은 석회질소로 만드는 백색 결정질 화합물이며, 무색의 가벼운 침상(針狀) 결정이다. 요소수지보다 강도, 내수성, 내열성이 우수하다, 멜라민 수지는 사용목적에 따라 멜라민과 포르말린, 석탄산, 요소 등을 합성하여 각종 성형부품, 접착제, 페인트 섬유조제에 사용된다.

(4) 실리콘 수지(silicon resin)

실리콘 수지는 내열성과 내수성이 우수하고, 전기 절연성이 좋다. 일반 합성수지보다 내열성이 100℃ 이상 우수하며, 기계 가공성도 좋다.

[2] 열가소성(熱可塑性) 수지

(1) 염화비닐(vinyl chloride)

염화비닐은 석회석, 석탄, 소금 등을 원료로 하기 때문에 원료를 구하기 쉽다. PVC라고도 하며, 내산성, 내알칼리성이 풍부하며, 황산·염산·수산화나트륨 등의 약품이나 바닷물에 녹거나 부식되는 경우가 없으며, 오일이나 흙에 파묻혀도 침식되지 않는다. 제품은 내·외부의 면이 모두 매끈하다.

(2) 스티렌 수지(styrene resin)

스티렌의 중합(重合)물체이며, 스트롤 수지라고도 부른다. 비중이 1.05~1.07로서 합성수지 중에서 가벼운 편이다. 성형이 쉽고, 화학약품에 대하여 안정하므로 전기재료, 장식품 등으로 사용되는 대표적인 열가소성 수지이다. 일반적으로 폴리스티렌(polystrene)은 150℃에서 연화하고, 250℃ 이상에서는 분해 중합되어 단일체(單一體)의 스티렌으로 된다.

(3) 폴리에틸렌(polyethylene)

폴리에틸렌은 무색 투명하며, 내수성과 전기 절연성이 크고, 산과 알칼리에도 강하다. 또 120~180℃로 가열하면 끈끈한 액체가 되기 때문에 사출성형이 쉽다. 비중이 0.92~0.96으로 염화비닐보다 가볍고, 유연성이 있으며 -60℃에서도 경화되지 않는다. 충격에도 강하여 해머로 때려도 파손되지 않고 내화성도 고무나 염화비닐보다 좋다.

(4) 아크릴 수지(acrylic resin)

아크릴 수지는 중합물체로서 투명성이 좋고, 탄성이 크며, 햇빛에 노출되어도 변색이 잘 되지 않으므로 안전유리의 중간층 재료, 케이블의 피복재료, 페인트 등에 사용된다. 벤젠, 아세톤, 유기산 등에는 용해되나 알코올, 물, 사염화 탄소 등에는 용해되지 않는다.

1-11 신소재

기존의 재료보다 우수한 특성을 지녔거나 새로운 기능, 성질을 가진 재료를 신소재라 하며, 파인 세라믹, 섬유강화 복합재료, 형상기억합금, 초전도 합금, 초탄성합금, 방지합금, 초내열 합금, 아모르파스 합금 등이 있다.

1. 파인 세라믹(fine ceramic)

순도를 높게 정제하고 곱게 분쇄한 알루미나, 탄화규소 등을 가압 소결한 자기재료이며, 반도체 IC회로, 내열 재료, 세라믹 축전기, 각종 절삭공구와 전자, 기계 등 산업용 기능 소재로 사용된다. 경도가 높고, 내열, 내부식성 등은 우수하나 충격 저항성이 약하다.

2. 섬유강화 플라스틱(FRP, fiber reinforced plastic)

모재로 사용되는 재료는 열경화성 수지나 열가소성 수지이다. 보강 섬유로 유리 섬유를 주로 사용하며, 고성능의 것은 탄소 섬유를 사용한다. 섬유강화 플라스틱의 특징은 다음과 같다.

섬유강화 플라스틱의 장점	섬유강화 플라스틱의 단점
① 비중은 강의 약 1/3~1/4 정도이다. ② 비탄성 에너지가 크다. ③ 내식성이 우수하다. ④ 설계 자유도가 크다.	① 이방성이다. ② 피로강도가 낮다. ③ 층간 전단강도가 낮다. ④ 가로탄성계수가 낮다. ⑤ 내열강도가 낮다.

3. 형상기억 합금(shape memory alloy)

적당한 열처리를 하여 코일 모양 등의 형상을 부여한 다음 인장 등 소성 변형시켜도 그 합금에 대해 정해진 변태 온도 이상으로 가열하면 처음 형상으로 되돌아가는 합금이다. 즉, 조직의 변태가 본래의 상태로 돌아가기 때문이다. 티탄(Ti)-니켈(Ni)합금, 구리(Cu)-아연(Zn)-알루미늄(Al)합금, 구리(Cu)-아연(Zn)-규소(Si)합금 등이 이에 속한다.

4. 초전도 합금(super conductivity alloy)

초전도 상태는 합금의 매우 저온인 임계온도 이하에서 전기저항이 0으로 되는 현상으로 초전도 상태에서는 재료에 전류가 흘러도 에너지 손실이 없고, 전력소비 없이 큰 전류를 흐르게 한다. 초전도 합금에는 니오브(Nb)-티탄(Ti)합금과, 니오브(Nb)-아연(Zn) 등이 있다.

연/습/문/제

01. 금속재료의 물리적 성질이 아닌 것은?

㉮ 비중　㉯ 열전도율
㉰ 취성　㉱ 선팽창계수

해설 금속재료의 물리적 성질에는 비중, 용융온도, 비열, 선팽창 계수, 열전도율, 전기 전도율, 자성 등이 있다.

02. 다음 중에서 비중이 작은 순서 것부터 차례대로 나열된 것은?

㉮ Fe<Cu<Pb　㉯ Cu<Mg<Pb
㉰ Mg<Pb<Fe　㉱ Fe<Pb<Mg

해설 Mg : 1.74 < Fe : 7.8 < Cu : 8.96 <Pb : 11.36

03. 다음 금속 중 용융점이 가장 높은 것은?

㉮ Al　㉯ Cu　㉰ Pt　㉱ Fe

해설 Pt : 1554.5℃ > Fe : 1536.5℃ > Cu : 1083℃ > Al : 660℃

04. 다음 기계재료를 열팽창 계수가 큰 것부터 순서대로 나열한 것은?

㉮ Al>Cu>탄소강　㉯ Al>탄소강>Cu
㉰ Cu>Al>탄소강　㉱ 탄소강>Al>Cu

해설 아연 > 납 > 알루미늄 > 황동 > 청동 >구리 > 콘스탄탄 > 연강(0.25C) > 경강(0.6%C) > 주철 > 백금 > 인바 > 슈퍼인바

05. 다음 중 온도변화에 대한 길이의 변화(열팽창 계수)가 가장 큰 재료는?

㉮ 합금강　㉯ 초경합금
㉰ 구리　㉱ 알루미늄

06. 다음 금속 중 열전도성이 가장 우수한 것은?

㉮ 주철　㉯ 알루미늄　㉰ 구리　㉱ 연강

해설 은(Ag)>구리(Cu)>금(Au)>알루미늄(Al)>니켈(Ni)>철(Fe)

07. 압축하여 눌렀을 때에 넓게 퍼져 늘어나는 금속재료의 기계적 성질을 의미하는 용어는?

㉮ 강도　㉯ 인성　㉰ 전성　㉱ 취성

해설 전성이란 압축하여 눌렀을 때에 넓게 퍼져 늘어나는 금속재료의 기계적 성질이다.

08. 강(鋼)재료의 200~300℃에서 나타나는 취성인 것은?

㉮ 적열 취성　㉯ 청열 취성
㉰ 고온 취성　㉱ 크리프 취성

해설 청열 취성이란 200~300℃에서 나타나는 취성을 말한다.

09. 다음 중 질긴 성질, 즉 충격에 대한 재료의 저항을 나타내는 성질은?

㉮ 인성　㉯ 전성　㉰ 연성　㉱ 탄성

해설 인성이란 금속의 질긴 성질, 즉 충격에 대한 재료의 저항을 나타내는 성질이다.

10. 금속재료의 시험에서 인장시험에 의해서 산출하는 것이 아닌 것은?

㉮ 항복강도　㉯ 연신율
㉰ 단면수축률　㉱ 피로강도

해설 인장시험의 목적은 인장강도, 항복점, 연신율, 단면수축률, 최대 인장하중을 측정하는 것이다.

11. 인장시험편에서 변형량에 관한 설명으로 올바른 것은?

㉮ 하중에 반비례한다.
㉯ 단면적에 비례한다.
㉰ 길이의 제곱에 반비례한다.
㉱ 탄성계수에 반비례한다.

해설 인장시험편에서 변형량은 탄성계수에 반비례한다.

12. 시험편의 경도를 알아내는 시험 중 해머를 일정 높이에서 시편 위에 떨어뜨려 반발높이에 의한 경도를 측정하는 시험방법은?

㉮ 로크웰 경도시험 ㉯ 브리넬 경도시험
㉰ 비커스 경도시험 ㉱ 쇼어 경도시험

해설 쇼어 경도 시험은 현장에서 사용되는 것으로, 작은 다이아몬드를 끝에 고정시킨 낙하체를 일정한 높이 h_0에서 시험편 위에 떨어뜨렸을 때 반발하여 올라온 높이 h를 측정한다. 이 시험은 롤러, 다이스, 기어 등 눈에 잘 띄지 않는 자국이 남는 재료의 시험에 사용된다.

13. 기계재료의 시험방법 중 동적 시험인 것은?

㉮ 인장시험 ㉯ 압축시험
㉰ 충격시험 ㉱ 굽힘시험

해설 충격시험은 금속재료가 충격에 대해 저항하는 성질인 인성을 측정하는 동적 시험이다.

14. 다음 중 비파괴(非破壞)시험에 해당하지 않는 것은?

㉮ 초음파 탐상 시험법
㉯ 형광 침투 탐상법
㉰ 샤르피 충격 시험법
㉱ 자기결함 탐상법

해설 비파괴 시험방법에는 침투탐상법, 자기결함 탐상법(자기분말 탐상법), 초음파 탐상법, 방사선 탐상법 등이 있다.

15. 다음 중 비자성 재료의 표면에 작은 구멍이나 틈을 검출하는 비파괴 시험법으로 가장 적합한 것은?

㉮ 충격 시험 ㉯ 임프란트 시험
㉰ 자기검사 ㉱ 침투탐상 시험

해설 침투탐상 시험(penetration inspection)이 비자성 재료의 표면에 작은 구멍이나 틈을 검출하는 비파괴 시험법으로 가장 적합하다.

16. 온도변화에 의해 금속의 결정격자가 다른 결정격자로 변하는 현상은?

㉮ 동형변태 ㉯ 동소변태
㉰ 자기변태 ㉱ 소성변형

해설 동소변태란 금속 또는 합금의 온도 변화에 따라 내부의 결정격자(원자의 배열)가 바뀌는 변태를 말한다.

17. 철(Fe)이 상온에서 나타나는 결정 격자는?

㉮ 조밀육방격자 ㉯ 체심입방격자
㉰ 면심입방격자 ㉱ 사방입방격자

해설 순철(pure iron)에 α, γ, δ의 3개의 동소체가 있다. α철은 910℃ 이하에서는 체심입방격자이고, γ철은 910℃에서 1400℃사이에서 면심입방격자이며, δ철은 1400℃에서 1530℃사이에서는 체심입방격자이다.

18. 탄소강의 A_1 변태점은 몇 도인가?

㉮ 684℃ ㉯ 723℃
㉰ 768℃ ㉱ 941℃

해설
- 순철의 변태점 :
A_0변태점 : 210℃, A_1변태점 : 723℃,
A_2변태점 : 768℃, A_3변태점 : 910℃,
A_4변태점 : 1400℃

19. 용해온도가 낮은 동, 황동, 청동 등 비철금속을 용해시키는데 주로 사용하는 용해로는?

㉮ 큐폴라(cupola)

㉯ 전기로(electronic furnace)
㉰ 반사로(reservatory furnace)
㉱ 평로(open heat furnace)

해설 반사로(reservatory furnace)는 노의 천장과 옆벽으로부터 반사열을 이용하여 금속을 용해하여 정련하는 노이며, 용해 온도가 낮은 구리, 황동, 청동 등 비철금속을 용해하는데 주로 사용한다.

20. 다음 중 도가니로의 규격은 어떻게 표시하는가?

㉮ 시간당 용해 가능한 구리의 중량(kgf)
㉯ 시간당 용해 가능한 구리의 부피(m^3)
㉰ 한 번에 용해 가능한 구리의 중량(kgf)
㉱ 한 번에 용해 가능한 구리의 부피(m^3)

해설 도가니로의 규격은 1회 용해 가능한 구리의 중량(kgf)으로 표시한다.

21. 강철 재료를 순철, 강 및 주철의 3종류로 분류할 때 순철로 구분되는 재료의 탄소 함유량으로 적합한 것은?

㉮ 0.01% 이하 ㉯ 0.1% 이하
㉰ 0.02% 이하 ㉱ 0.2% 이하

해설 탄소함유량에 따라 철강을 분류하면 순철은 0~0.03%C이하, 강은 0.03~1.7%C, 주철은 1.7~6.67%C이다.

22. 일반적인 탄소강에 대한 다음 설명 중 틀린 것은?

㉮ 실용되는 탄소강의 탄소 함유량은 0.05~1.7%까지가 일반적이다.
㉯ 저탄소강은 연질이어서 가공이 용이하나, 담금질효과가 거의 없다.
㉰ 고탄소강은 경질이어서 가공이 어려우나, 담금질효과가 매우 좋다.
㉱ 30℃ 이하에서 가공하는 것을 상온가공이라 하고, 0℃ 이하에서 가공하는 것을 저온가공이라 한다.

해설 탄소강의 특징은 실용되는 탄소강의 탄소 함유량은 0.05~1.7%가 일반적이며, 저탄소강은 연질이어서 가공이 용이하나, 담금질효과가 거의 없다. 또 고탄소강은 경질이어서 가공이 어려우나, 담금질효과가 매우 좋다.

23. 탄소강에 포함된 원소 중 인장강도, 연신율, 충격값 등을 저하시키는 대표적인 성분인 것은?

㉮ Mn ㉯ Si ㉰ P ㉱ S

해설 탄소강에 함유된 황(S)은 인장강도, 연신율, 충격값 등을 저하시키며, 흑연화 방해, 유동성의 저하, 재질의 경화 등에 영향을 미치고, 또 적열 취성을 일으키는 등 주철에 매우 유해한 원소이다.

24. 주철에 함유된 원소 중에서 가장 유해한 원소이며, 흑연화의 방해, 유동성 저하, 재질 경화 등의 영향을 끼치는 것은?

㉮ 탄소(C) ㉯ 규소(Si)
㉰ 망간(Mn) ㉱ 황(S)

25. 탄소강에서 황(S)으로 인하여 발생되는 취성은?

㉮ 적열취성 ㉯ 고온취성
㉰ 뜨임취성 ㉱ 풀림취성

26. 다음 성분 중 고온에서 강을 여리게 하는 것으로 가장 대표적인 것은?

㉮ Mn ㉯ Si ㉰ P ㉱ S

27. 탄소강에 어떤 성분을 결합하면 연신율을 그다지 감소시키지 않고 강도 및 소성을 증가시키고, 황에 의한 취성을 방지하는가?

㉮ P ㉯ Mn ㉰ Si ㉱ S

해설 망간(Mn)은 황의 피해(적열 취성)를 제거하며, 고온 가공을 쉽게 하고, 강도, 경도, 인성을 증가시키며, 고온에서 결정입자의 성장을 방해한다. 또 소성을 증가시키고 주조성능을 향상시키며, 담금질 효과를 크게 한다. 연성을 약간 감소시키나 제강할 때 망간을 첨가하면 황, 산소, 질소 등과 화합하여 슬래그를 만들어 제거시킨다. 그리고 탄소의 흑연화를 방지한다.

28. 탄소강에 첨가되어 있는 원소 중에서 선철 및 탈산제에 첨가되며 강의 경도, 탄성 한계, 인장력을 높여주지만 신도(伸度)와 충격 값을 감소시키는 원소는?

㉮ 망간 ㉯ 규소 ㉰ 인 ㉱ 황

해설 규소(Si)는 선철 및 탈산제에 첨가되며 강의 경도, 탄성 한계, 인장력을 높여주지만 신도(伸度)와 충격 값을 감소시키는 원소이다.

29. 절삭, 단조, 주조 및 용접 등이 용이하며 열처리로 재질을 개선시킬 수 있어 볼트, 너트, 축계 및 치차류의 용도로 다양하게 사용할 수 있는 강으로 가장 적합한 것은?

㉮ 연강 ㉯ 반연강
㉰ 경강 ㉱ 고탄소강

해설 반연강은 절삭, 단조, 주조 및 용접 등이 용이하며 열처리로 재질을 개선시킬 수 있어 볼트, 너트, 축 계통 및 기어(치차)의 용도로 다양하게 사용할 수 있다.

30. 탄소량 0.85%에서 생기는 펄라이트 조직만의 탄소강을 무엇이라 부르는가?

㉮ 공석강 ㉯ 아공석강
㉰ 과공석강 ㉱ 시멘타이트

해설 공석강이란 탄소 함유량 0.85%에서 생기는 펄라이트 조직만의 탄소강을 말한다.

31. 강의 펄라이트의 조직을 설명한 것으로 가장 알맞은 것은?

㉮ 침상조직을 형성하며 경도가 가장 높다.
㉯ γ철과 탄화철이 혼합된 조직이다.
㉰ 탄소를 함유하지 않은 철로 백색이며, 강의 조직에 비하여 강도와 경도가 적다.
㉱ 페라이트와 탄화철이 서로 층상으로 배치된 조직이며, 현미경 조직은 흑·백색이고 강하고 질긴 성질이 있다.

해설 펄라이트 조직은 페라이트와 탄화철(시멘타이트)이 서로 층상으로 배치된 조직이며, 탄소함유량은 0.85%, 현미경 조직은 흑·백색이고 강하고 질긴 성질이 있다.

32. 고용한계 이상으로 탄소가 고용되면 탄소와 철이 화합하여 탄화철(Fe_3C)이 되며, 특징은 백색이고 매우 단단하며 여린 결정이고, 210℃에서 자기 변태를 일으키는 탄소강의 조직은?

㉮ 페라이트 ㉯ 펄라이트
㉰ 시멘타이트 ㉱ 오스테나이트

해설 시멘타이트는 고용한계 이상으로 탄소가 고용되면 탄소와 철이 화합하여 탄화철(Fe_3C)이 되며, 특징은 백색이고 매우 단단하며 여린 결정이고, 210℃에서 자기 변태를 일으키며, Fe-C 상태도에서 탄소가 약 6.67% 함유되었을 때 나타나는 조직이다.

33. 다음 중 Fe-C 상태도에서 탄소가 약 6.67% 함유되었을 때 나타나는 조직은?

㉮ 시멘타이트 ㉯ 페라이트
㉰ 오스테나이트 ㉱ 펄라이트

34. 강을 가열했을 때 나타나는 조직으로 910~1,400℃ 사이에서 γ철에 탄소를 잘 고용하는 γ 고용체는?

㉮ 오스테나이트 ㉯ 페라이트
㉰ 펄라이트 ㉱ 시멘타이트

해설 오스테나이트는 강을 가열했을 때 나타나는 조직으로 910~1,400℃ 사이에서 γ철에 탄소를 잘 고용하는 γ고용체이다.

35. 오스테나이트(austenite)를 상온 가공하였을 때 얻어지며 강의 담금질 조직 중 가장 경하며 자성이 강하고 상온에서 불안정한 조직인 것은?

㉮ 베나이트(banite)
㉯ 펄라이트(pearlite)
㉰ 트루스타이트(troostite)
㉱ 마르텐사이트(martensite)

해설 마르텐사이트(martensite)는 오스테나이트(austenite)를 상온 가공하였을 때 얻어지며 강의 담금질 조직 중 가장 경도가 높다.

36. 탄소강의 담금질조직에서 경도가 가장 높은 것은?

㉮ 오스테나이트 ㉯ 마르텐사이트
㉰ 트루스타이트 ㉱ 솔바이트

37. 다음 강(鋼)조직 중에서 경도가 가장 큰 것은?

㉮ 페라이트 ㉯ 오스테나이트
㉰ 시멘타이트 ㉱ 펄라이트

해설 각 조직의 경도 순서 : 시멘타이트 > 마르텐사이트 > 트루스타이트 > 솔바이트 > 펄라이트 > 오스테나이트 > 페라이트

38. 강의 조직 둥 경도가 가장 낮은 것은?

㉮ 오스테나이트 ㉯ 시멘타이트
㉰ 마르텐자이트 ㉱ 펄라이트

39. 강의 경도를 높이기 위한 방법으로 730~800℃로 가열한 후 물이나 기름 속에서 급랭시키는 조작은?

㉮ 담금질 ㉯ 뜨임
㉰ 풀림 ㉱ 불림

해설 담금질이란 강의 경도를 높이기 위한 방법으로 730~800℃로 가열한 후 물이나 기름 속에서 급랭시켜 재질을 경화시키는 조작을 말한다.

40. 탄소강의 담금질에 관한 설명으로 올바른 것은?

㉮ A_1변태점 이상 가열 후 물 등에 급랭시켜 경도를 높이는 조작을 의미한다.
㉯ 잔류응력을 제거하는 작업으로 어닐링이라고도 한다.
㉰ 노멀라이징이라고 하며 경도를 낮추고 인성을 부여하는 작업이다.
㉱ 서냉처리 또는 서브제로 처리와 같은 의미이며 인성을 부여하는 것이 주목적이다.

41. 담금질 후 시간이 경과함에 따라 경도가 커지는 현상을 의미하는 용어는?

㉮ 표면 경화
㉯ 가공 경화
㉰ 담금질 경화
㉱ 시효경화

해설 담금질 후 시간이 경과됨에 따라 경도가 커지는 현상을 시효경화 한다.

42. 담금질(quenching)한 강을 A_1 변태점 이하 온도로 가열하여 공냉 등을 하여 인성을 증가시키는 열처리는?

㉮ 풀림(annealing)
㉯ 불림(normalizing)
㉰ 뜨임(tempering)
㉱ 서브제로(subzero)처리

해설 담금질한 강은 경도가 증가되는 반면 취성(여린 성질, 메짐)을 지니게 되므로 다소 경도가 감소되더라도 인성(질긴 성질)을 증가시키기 위해 담금질한 강을 변태점 이하의 적당한 온도로 가열하여 재료 알맞은 속도로 급랭시켜 인성을 지니도록 하는 열처리를 뜨임이라 한다.

43. 뜨임이란 열처리의 용어 설명으로 가장 적합한 것은?

㉮ 담금질한 것을 풀림 하기 위해 가열하여 서냉한 것을 뜻한다.
㉯ 경도를 높게 하기 위하여 가열 냉각하는 조작을 말한다.
㉰ 담금질한 강철에 인성이 필요할 때 A_1점 이하의 적당한 온도로 가열하여 인성을 증가시키는 것이다.
㉱ 경도는 약간 후퇴시키더라도 취성을 주기 위하여 가열 처리한 것이다.

44. 열간 및 냉간 가공 후의 불균일한 조직과 결정 입자를 조정하기 위하여 A_3변태점 이상 가열 후 대기 중에서 공냉하여 균일하게 하는 열처리 방법은?

㉮ 담금질 ㉯ 불림
㉰ 뜨임 ㉱ 오스템퍼

해설 열간 및 냉간 가공 후의 불균일한 조직과 결정 입자를 조정하기 위하여 A_3변태점 이상에서 40~60℃의 온도로 가열한 후 대기 중에서 서서히 냉각시켜 조직을 미세화하고 내부 응력을 제거하는 것을 불림이라 한다.

45. 강을 열처리하는 방법 중에서 풀림의 일반적인 목적이 아닌 것은?

㉮ 가공에서 생긴 내부 응력을 저하시킨다.
㉯ 조직을 균일화, 미세화 한다.
㉰ 담금질한 강을 강화시킨다.
㉱ 열처리로 인하여 경화된 재료를 연화시킨다.

해설 풀림의 목적은 가공에서 생긴 내부 응력을 저하시키고, 조직을 균일화, 미세화하며, 열처리로 인하여 경화된 재료를 연화시킨다.

46. 풀림(annealing) 열처리에 관한 설명 중 틀린 것은?

㉮ 고순도 금속일수록 저온 풀림으로 재결정이 일어난다.
㉯ 재결정은 결정립 크기에 영향을 준다.
㉰ 재결정 핵의 성장은 석출물과 무관하다.
㉱ 재결정은 가공도에 영향을 받는다.

해설 재결정은 결정입자, 가공도, 석출물, 순도 등에 큰 영향을 받는다.

47. 다음 중 강의 표면 경화법이 아닌 것은?

㉮ 침탄법 ㉯ 화염경화법
㉰ 질화법 ㉱ 방사선 탐상법

해설 표면 경화법에는 침탄법, 질화법, 청화법, 화염 경화법, 고주파 경화법 등이 있다.

48. 마찰부분이 많아 내마모성과 인성이 풍부한 강을 만들기 위한 열처리 방법에 속하지 않는 것은?

㉮ 침탄법 ㉯ 산화법
㉰ 화염 경화법 ㉱ 고주파 경화법

49. 탄소강 표면에 질소를 침투시켜 경화하는 방법으로 이 방법을 사용하면 담금질 조작을 하지 않아도 되는 특징이 있는 것은?

㉮ 질화법 ㉯ 화염경화법
㉰ 침탄법 ㉱ 방전경화법

해설 질화법은 탄소강 표면에 질소를 침투시켜 경화하는 방법이며, 담금질 조작을 하지 않아도 되는 특징이 있다.

50. 강의 표면 경화하는 침탄법과 질화법의 특징 설명으로 틀린 것은?

㉮ 질화법은 담금질할 필요가 없다.
㉯ 경화층이 얇으나 경도는 침탄한 것보다 크다.
㉰ 질화법은 마모 및 부식에 대한 저항이 작다.
㉱ 질화법은 변형이 적으나 경화시간이 많이 걸린다.

해설 침탄법과 질화법의 비교

침탄법	질화법
경도가 낮다.	경도가 높다.
침탄한 후의 열처리가 필요하다.	열처리(담금질)가 필요 없다.
경화에 의한 변형이 발생한다.	경화에 의한 변형이 적다.
질화층보다 여리지 않다.	질화층이 여리다.
수정이 가능하다.	수정이 불가능하다.
높은 온도로 가열할 때 뜨임이 되고 경도가 낮아진다.	높은 온도로 가열을 하여도 경도가 낮아지지 않는다.

51. 탄소강에 하나 또는 여러 종류의 합금 원소를 첨가하여 여러 가지의 목적에 적합하도록 성질을 개선한 강을 무엇이라 하는가?

㉮ 과공석강 ㉯ 고탄소강
㉰ 합금강 ㉱ 중금속

해설 합금강이란 우수한 기계적 성질을 지닌 강을 필요로 할 때 그 목적에 따라 합금원소를 넣은 것을 말한다.

52. 세라믹스의 성질에 대한 설명이다. 맞지 않는 것은?

㉮ 단단하고 취성이 있다.
㉯ 융점이 낮다.
㉰ 내열성, 내산화성이 좋다.
㉱ 열전도율이 낮다.

해설 세라믹스는 알루미나(Al_2O_3)를 주성분으로 결합제를 사용하지 않고 소결시킨 공구이며, 세라믹스의 성질은 단단하고 취성이 있으며, 융점이 높고, 내열성, 내산화성이 좋으며, 열전도율이 낮다.

53. 다음 재료 중 수중에서의 내식성이 가장 좋은 것은?

㉮ 일반 구조용 압연 강재
㉯ 열간 압연 강판
㉰ 기계 구조용 압연 강재
㉱ 스테인레스강

해설 스테인리스강은 내부식성, 내수성, 내산화성이 강하기 때문에 대기중이나 수중에서 거의 녹이 생기지 않는다.

54. 스테인레스 강의 일반적인 특성 설명으로 틀린 것은?

㉮ 내식성이 있다.
㉯ 내수성이 있다.
㉰ 내산화성이 있다.
㉱ 자성이 매우 강하다.

55. 18-8 스테인리스강에서 18-8의 표준 성분은?

㉮ 규소 18%, 니켈 8%
㉯ 니켈 18%, 크롬 8%
㉰ 규소 18%, 크롬 8%
㉱ 크롬 18%, 니켈 8%

해설 18-8 스테인리스강은 크롬 18%, 니켈 8%인 것이 가장 대표적인 성분으로 18-8강이라고도 부른다. 고 크롬계 열보다도 내부식성과 내산화성이 크며, 상온에서 오스테나이트 조직으로 연하여 가공성이 좋다.

56. 온도가 변화하여도 열팽창계수와 탄성계수의 변화가 적은 불변강(不變鋼)인 것은?

㉮ 인바　　㉯ 두랄미늄
㉰ 콘스탄탄　　㉱ 로우엑스

해설 불변강의 종류에는 인바, 슈퍼인바(초인바), 엘린바, 코엘린바, 플래티나이트 등이 있다.

57. 보통 주철과 고급 주철에서 보통 주철에 대한 설명으로 틀린 것은?

㉮ 보통 주철의 탄소 함유량은 3.2~3.8% 정도이다.
㉯ 보통 주철은 인장강도 25kgf/㎟ 이상인 회주철이다.
㉰ 주철은 강에 비하여 인장강도는 약하나 압축강도가 크다.
㉱ 기계 구조물의 몸체 등에 많이 사용된다.

해설 보통주철은 회주철이 대표적이며, 인장강도가 98~196MPa(10~20kgf/mm^2) 정도이며, 성분은 탄소 3.2~3.8%, 규소 1.4~2.5%, 망간 0.4~1,0%, 인 0.3~0.8%, 황 0.01~0.12% 정도이다. 조직은 주로 편상 흑연과 페라이트로 되어 있는데, 약간의 펄라이트를 함유하고 있다. 기계 가공성이 좋고 값이 싸다.

58. 주철 중에서 유리(遊離)된 탄소와 Fe_3C가 혼재하고 있는 주철은 어느 것인가?

㉮ 백주철　　㉯ 회주철
㉰ 반주철　　㉱ 적주철

해설 회주철이란 유리된 탄소와 Fe_3C(탄화철)가 혼재하고 있는 주철을 말한다.

59. 다음 주철 중 인장강도가 높아 차량의 프레임이나 캠 및 기어용 부품 등에 적합한 것은?

㉮ 회주철　　㉯ 칠드 주철
㉰ 백주철　　㉱ 가단 주철

해설 가단주철은 탄소 2.0~3.2%, 규소 0.1~1.5% 범위의 것으로, 백주철을 열처리 노(爐)에 넣고 가열하여 탈탄 또는 흑연화 방법으로 제조한 것이다. 이 주철의 흑연은 뜨임 탄소라 하는 불규칙한 덩어리(lump)상태로 강도, 인장강도 및 내부식성 등이 우수하다.

60. 다음 중 인장강도가 가장 높은 것은 어느 것인가?

㉮ 고급주철　　㉯ 구상흑연주철
㉰ 흑심가단주철　　㉱ 백심가단주철

해설 구상 흑연주철은 주조성능, 가공성능 및 내마모성이 우수할 뿐만 아니라 인장강도가 높고 인성, 연성, 가공성능 및 경화성능이 강의 성질과 비슷하다.
구상 흑연주철의 경우에는 인(P)과 황(S)의 양이 회주철보다 약 10%정도 낮게 하여야 하고, 다른 흑연 구상화 방해 원소도 낮아야 한다. 이 주철은 황(S)이 적은 선철을 용해하여 주입 전에 마그네슘(Mg), 세륨(Ce), 칼슘(Ca) 등을 첨가하여 제조한다.

61. 주물의 필요한 부분만 금형에 접촉시켜 급랭한 표면에서 어느 깊이까지는 매우 단단하고 내부는 서냉되어 연하며 강인한 성질을 갖는 주철은?

㉮ 칠드 주철　　㉯ 합금 주철
㉰ 가단 주철　　㉱ 구상 흑연 주철

해설 칠드 주철은 보통주철보다 규소 함유량을 적게 하고, 적당한 양의 망간의 쇳물을 금형이나 칠 메탈(chill metal)이 붙어있는 모래형에 주입하여 필요한 부분만 급랭시키면 표면만 단단하게 되고 내부는 회주철이 되므로 강인한 성질을 지니게 된다.

62. 다음 기계재료 중 경금속에 속하는 것은?

㉮ 합금 주철　　㉯ 황동
㉰ 규소 강판　　㉱ 알루미늄

해설 경금속이란 비중 5 이하인 금속을 말한다.

63. 알루미늄 및 알루미늄 합금의 특징 설명으로 틀린 것은?

㉮ 두랄루민은 비강도가 연강의 약 3배 정도이다.
㉯ 비중이 2.7로 작고, 용융점이 600℃ 정도이다.
㉰ 열전도성, 전기 전도성이 좋다.
㉱ 표면에 산화 막이 형성되지 않아 부식이 쉽게 된다.

해설 알루미늄 및 알루미늄 합금의 특징
① 비중이 2.7로 작고, 용융점은 600℃ 정도이며, 전성과 연성이 좋다.
② 열전도성 및 전기 전도성이 구리 다음으로 좋다.
③ 표면에 산화막이 형성되어 있어 내부식성이 우수하다.
④ 두랄루민은 비강도가 연강의 약 3배 정도이다.

64. 다음 중 알루미늄(Al)의 특성이 아닌 것은?

㉮ 비중 2.7로 강보다 가볍다.
㉯ 은백색의 전·연성이 좋은 금속이다,
㉰ 주조가 용이하다.
㉱ 전기 및 열의 전도성이 구리보다 높다.

65. 다음 중 알루미늄 합금인 것은?

㉮ 포금(건 메탈)　　㉯ 다우메탈
㉰ 델타메탈　　㉱ 두랄루민

해설 ① 포금(gun metal) : Cu(88%), Sn(10%), Zn(2%)의 합금이다.
② 다우메탈 : Mg에 4~6%의 Al를 첨가한 마그네슘 합금이다.
③ 델타메탈 : 6·4 황동에 1~2%의 Fe를 첨가한 것이다.
④ 두랄루민 : Al-Cu-Mg-Mn 합금이다.

66. 다음 중 고강도(高强度) 알루미늄 합금인 것은?

㉮ 두랄루민(duralumin)
㉯ 바이메탈(bimetal)
㉰ 플래스티나이트(plaztinite)
㉱ 엘린바(elinvar)

해설 두랄루민은 Al+Cu(4%)+Mg(0.5~1.0%)로 구성된 대표적인 고강도 알루미늄 합금이다.

67. 알루미늄 합금인 두랄루민의 표준성분에 해당하지 않는 원소는?

㉮ Cu　　㉯ Co
㉰ Mg　　㉱ Mn

68. 두랄루민(duralumin)을 설명한 것 중 틀린 것은?

㉮ 담금질 시효경화 처리에 의하여 기계적 성질을 개선하여 강도가 크고 성형성이 좋다.
㉯ 알루미늄 합금 중에서도 열처리에 의해 재질 개선이 가능한 합금이다.
㉰ Al-Si-Ni-Mg 합금으로 고온강도가 커서 피스톤 재료로 주로 쓰인다.
㉱ Al-Cu-Mg-Mn 합금으로 항공기, 자동차 등의 재료로 널리 사용된다.

해설 피스톤의 재료로는 구리계열의 Y합금이나 규소계열의 로엑스를 사용한다.

69. 다음 금속의 합금 중 시효경화를 일으킬 수 있는 것은?

㉮ 동 합금　㉯ 알루미늄 합금
㉰ 마그네슘 합금　㉱ 니켈 합금

해설 두랄루민은 500~520℃에서 담금질을 하면 시효 경화하는 특징이 있다. 열처리나 가공에 의하여 조직이 불안정 상태에 있는 금속이나 합금은 안정 상태로 되돌아가려는 경향이 있다. 이 때문에 이들의 여러 가지 성질이 시간이 지남에 따라서 서서히 변화하는 현상을 시효라 하며, 시효에 의해 합금이 단단해 지는 것을 시효경화(aging)라 한다.

70. 다음 중 시효경화(時效 硬化)가 가장 잘 일어나는 금속은?

㉮ Y 합금　㉯ 두랄루민
㉰ 배빗 메탈　㉱ 고속도강

71. Y 합금에 대한 다음의 설명 중 틀린 것은?

㉮ Al+ Cu+ Mg+ Ni의 합금이다.
㉯ 내열성이 큰 알루미늄 합금이다.
㉰ 실린더 헤드에 사용된다.
㉱ 높은 온도에서 열전도율이 작다.

해설 Y 합금은 Al+Cu+Mg+Ni의 합금으로 내열성이 커 실린더 헤드 또는 피스톤 재료로 사용되며, 높은 온도에서 열전도율이 크다.

72. 다음 중 Al 합금으로 자동차나 항공기의 실린더에 많이 사용되는 합금은?

㉮ 고속도강　㉯ KS강　㉰ 실루민　㉱ Y합금

73. Al-Si계 대표적인 합금으로 자동차, 선박기구, 계기의 하우징 등으로 많이 쓰이는 알팩스라고도 하는 합금은?

㉮ 듀랄루민　㉯ 로엑스　㉰ Y합금　㉱ 실루민

해설 실루민은 알팩스라고도 하며, Al-Si계열의 대표적인 합금으로 자동차, 선박기구, 계기의 하우징 등으로 많이 쓰인다.

74. 동 및 동 합금에 대한 다음 설명 중 올바른 것은?

㉮ 황동은 구리와 주석의 합금이다.
㉯ 전기 전도율이 은(Ag) 다음으로 크다.
㉰ 청동은 구리와 아연의 합금이다.
㉱ 인청동은 내마멸성이 나쁘며, 베어링으로 사용할 수 없다.

해설 동과 동합금의 특징
① 황동은 구리와 아연의 합금이다.
② 청동은 구리와 주석의 합금이다.
③ 전기 전도율이 은(Ag) 다음으로 크다.
④ 인청동은 내마멸성과 내부식성이 크며 베어링 재료로 사용된다.

75. 동과 동 합금에 관한 설명 중 틀린 것은?

㉮ 황동은 구리와 아연의 합금이다.
㉯ 인청동은 내식성, 내마모성을 필요로 하는 펌프 부품, 캠, 축, 베어링 등에 사용된다.
㉰ 청동은 구리와 주석의 합금이다.
㉱ 전기 전도율이 알루미늄 다음으로 크다.

76. 황동에는 7:3황동과 6:4황동이 있다. 황동의 주 성분으로 가장 적당한 것은?

㉮ 구리(Cu)+ 망간(Mn)　㉯ 구리(Cu)+ 아연(Zn)
㉰ 구리(Cu)+ 니켈(Ni)　㉱ 구리(Cu)+ 규소(Si)

77. 6·4황동에 1~2%의 철을 첨가한 것으로 강도가 크고 내식성이 좋아 광산, 선박, 화학기계에 쓰이는 것은?

㉮ 7·3황동 ㉯ 톰백 ㉰ 델타메탈 ㉱ 인청동

해설 델타메탈은 6·4 황동에 1~2%의 철을 첨가한 것으로 강도가 크고 내식성이 좋아 산, 선박, 화학기계에서 사용된다.

78. 다음 중 청동(bronze)의 주성분인 것은?

㉮ Cu-Zn ㉯ Cu-Sb ㉰ Cu-Sn ㉱ Cu-Pb

해설 청동은 구리(Cu)에 주석(Sn)을 합금 한 것이다.

79. 고탄성이 요구되는 판, 선 등의 가공재료로 쓰이며, 내식성, 내마모성이 필요한 펌프 부품, 선박용 부품에 쓰이는 구리합금은?

㉮ 인청동 ㉯ 연청동
㉰ 알루미늄 청동 ㉱ 규소청동

해설 인청동은 고탄성이 요구되는 판, 선 등의 가공재료로 쓰이며, 내식성, 내마모성이 필요한 펌프 부품, 선박용 부품에 쓰이는 구리합금이다.

80. 동합금 중에서 가장 높은 강도와 경도를 얻을 수 있는 합금은?

㉮ Cu-Sn ㉯ Cu-Al ㉰ Cu-Si ㉱ Cu-Be

해설 동합금 중에서 가장 높은 강도와 경도를 얻을 수 있는 합금은 Cu-Be이다.

81. 40~50% 정도의 니켈을 함유한 니켈-구리계 합금으로 전기 저항이 크고, 온도계수가 작아서 전기 저항선이나 열전대로 많이 사용되는 것은?

㉮ 인바 ㉯ 모넬메탈
㉰ 엘린바 ㉱ 콘스탄탄

해설 콘스탄탄은 40~50% 정도의 니켈을 함유한 니켈-구리계 합금으로 전기 저항이 크고, 온도계수가 작아서 전기 저항선이나 열전대로 많이 사용된다.

82. 베어링 합금의 구비조건으로 적합한 성질은?

㉮ 마찰계수가 클 것 ㉯ 내마모성이 적을 것
㉰ 내부식성이 적을 것 ㉱ 열전도성이 클 것

해설 베어링 합금의 구비조건은 마찰계수가 작고, 내마모성, 내부식성, 열전도성이 커야 한다.

83. 다음의 비철금속 중 베어링 합금재료로 부적당한 것은?

㉮ 화이트 메탈 ㉯ 배빗 메탈
㉰ 켈밋 합금 ㉱ 서멧

해설 베어링 합금 재료에는 화이트 메탈, 배빗 메탈, 켈밋 합금, 인청동 등이 사용된다.

84. 다음의 금속재료 중에서 베어링 메탈과 가장 관계가 적은 것은?

㉮ 하이트 메탈 ㉯ 배빗 메탈
㉰ 켈밋메탈 ㉱ 모넬메탈

해설 베어링 메탈에는 화이트 메탈, 배빗 메탈, 켈밋메탈, 인청동, 연청동 등이 있다.

85. 다음 중 베어링 메탈로서 가장 많이 사용되는 것은?

㉮ 침탄강 ㉯ 화이트 메탈
㉰ Ni -Cr강 ㉱ 구상흑연 주철

86. 주석, 안티몬, 구리를 주성분으로 하며, 고속·고하중용 베어링 합금으로 사용되는 것은?

㉮ 알루미나 ㉯ 배빗메탈
㉰ 두랄루민 ㉱ 델타메탈

해설 배빗메탈은 주석 80~90%, 안티몬 3~12%, 구리 3~7%가 표준 조성인 베어링 합금이다.

87. 청동이나 인청동의 베어링 합금에 비하여 우수한 성질을 가지고 있으며, 납과 주석을 주성분으로 하는 베어링 합금의 총칭은?

㉮ 알루미나　　㉯ 화이트 메탈
㉰ 다우 메탈　　㉱ Y합금

해설 화이트 메탈은 Al, Pb, Cu, Sb 등의 베어링 합금이다.

88. 다음은 화이트메탈(white metal)에 대한 설명이다. 틀린 것은?

㉮ Pb, Sn을 주성분으로 하고 여기에 적당한 양의 Sb, Cu 등을 첨가한 합금이다.
㉯ Sn, Cu, Sb를 주성분으로 한 베어링 합금이다.
㉰ Babbit metal이라고도 한다.
㉱ Cu에 Pb 25~40% 첨가한 합금으로서 항공기, 자동차의 main bearing에 사용한다.

해설 화이트메탈(white metal)의 특징
㉮ Pb, Sn을 주성분으로 하고 여기에 적당한 양의 Sb, Cu 등을 첨가한 합금이다.
㉯ Sn, Cu, Sb를 주성분으로 한 베어링 합금이다.
㉰ 주석 계열의 화이트 메탈을 Babbit metal 이라고도 한다.

89. Kelmet 메탈을 옳게 설명한 것은?

㉮ 동에 주석을 30~40% 가한 것이다.
㉯ 동에 철물 30~40% 가한 것이다.
㉰ 동에 인을 30~40% 가한 것이다.
㉱ 동에 납을 30~40% 가한 것이다.

해설 Kelmet 메탈은 동(구리) 60~70%에 납을 30~40% 첨가한 것이다.

90. 합성수지에 대한 일반적인 성질 설명 중 틀린 것은?

㉮ 전기 절연성이 좋다.
㉯ 가공성이 낮고 성형이 어렵다.
㉰ 일반적으로 플라스틱이라 한다.
㉱ 열경화성 수지와 열가소성 수지로 분류한다.

해설 합성수지의 공통성질
① 가볍고 튼튼하며, 가공성이 크고, 성형이 간단하다.
② 전기 절연성이 크며, 산, 알칼리, 오일, 약품 등에 강하다.
③ 단단하지만 열에 약하다.
④ 투명한 것이 많으며, 착색이 자유롭다.
⑤ 비중과 강도의 비율인 비강도가 비교적 높다.

91. 금속재료와 대체할 수 있는 기계재료 중에서 합성수지의 공통된 성질이 아닌 것은 무엇인가?

㉮ 가볍고 튼튼하다.
㉯ 비중과 강도의 비인 비강도는 비교적 낮다.
㉰ 전기 절연성이 좋다.
㉱ 가공성이 크고 성형이 간단하다.

92. 플라스틱의 특징으로 외력을 가하면 어느 정도의 저항력으로 그 형태를 유지하는 성질은?

㉮ 소성　㉯ 탄성　㉰ 가소성　㉱ 내성

해설 플라스틱의 특징으로 외력을 가하면 어느 정도의 저항력으로 그 형태를 유지하는 성질을 가소성이라 한다.

93. 합성수지의 일반적인 특성 중 금속 재료보다 우수하여 널리 활용되는 특성은?

㉮ 인장강도　　㉯ 열전도성
㉰ 절연성　　㉱ 내구성

94. 플라스틱으로 경화된 수지로서 수축이 적고, 양호한 화학적 저항, 우수한 전기적 특성, 강한 물리적 성질을 가지고 있으며, 판재제작, 용기성형, 페인트, 접착제 등으로 사용되는 열경화성 수지는?

㉮ 에폭시 수지　　㉯ 페놀 수지
㉰ 비닐 수지　　㉱ 아크릴 수지

해설 에폭시 수지는 플라스틱으로 경화된 수지로서 수축이 적고, 양호한 화학적 저항, 우수한 전기적 특성, 강한 물리적 성질을 가지고 있으며, 판재제작, 용기성형, 페인트, 접착제 등으로 사용되는 열경화성 수지이다.

95. 다음의 재료 중 페놀계 수지로 종이, 면, 석면 등의 적층품은 베어링 재료나 기어재료 등으로 사용되는 것은?

㉮ 두랄루민　　㉯ 염화 비닐
㉰ 배빗메탈　　㉱ 베이클라이트

해설 베이클라이트는 페놀계 수지로 종이, 면, 석면 등의 적층품은 베어링 재료나 기어재료 등으로 사용된다.

96. 다음 중 가열하면 분자간의 결합력이 약해져서 연해지나 냉각시키면 결합력이 강해져서 굳는 열가소성 수지에 해당하지 않는 것은?

㉮ 폴리염화 비닐　　㉯ 폴리에스테르
㉰ 폴리아미드　　㉱ 폴리염화비닐 수지

해설 열가소성 수지의 종류에는 폴리염화 비닐, 폴리아미드, 폴리염화비닐 수지, 아크릴 수지, 폴리스티렌 수지 등이 있다.

97. 열경화성 수지(성형하여 굳어지면 다시 가열하여도 연화되거나 용융되지 않고 연소하는 성질을 가진 수지)가 아닌 것은?

㉮ 페놀 수지　　㉯ 아크릴 수지
㉰ 요소 수지　　㉱ 멜라민 수지

해설 열경화성 수지의 종류에는 페놀 수지, 멜라민 수지, 에폭시 수지, 요소 수지 등이 있다.

98. 비금속 기계재료로 투명성이 좋고 탄성이 크며, 햇빛에 노출되어도 변색이 잘되지 않으므로 안전유리의 중간층 재료로 사용되는 열가소성 수지는?

㉮ 폴리에틸렌　　㉯ 아크릴 수지
㉰ 베이클라이트　　㉱ 폴리에스테르 수지

해설 아크릴 수지는 비금속 기계재료로 투명성이 좋고 탄성이 크며, 햇빛에 노출되어도 변색이 잘되지 않으므로 안전유리의 중간층 재료로 사용되는 열가소성 수지이다.

99. 자동차용 판 스프링을 생산하는 성형법 중 섬유강화플라스틱 성형법에 속하지 않는 것은?

㉮ 매치드 다이법(matched die)
㉯ 필라멘트 와인딩법(filament winding)
㉰ 연속 인발법(連續 引拔法)
㉱ 폭발압접법

해설 자동차용 판 스프링을 생산하는 성형법 중 섬유강화플라스틱 성형법에는 매치드 다이법(matched die), 필라멘트 와인딩법(filament winding), 연속 인발법(連續 引拔法) 등이 있다.

100. 자동차 스프링 등에 응용되는 섬유강화 플라스틱의 특징이 아닌 것은?

㉮ 비중은 강의 약 1/3~1/4 정도이다.
㉯ 비탄성 에너지가 크다.
㉰ 내식성이 우수하다.
㉱ 층간 전단강도가 높다.

해설

섬유강화 플라스틱의 장점	섬유강화 플라스틱의 단점
① 비중은 강의 약 1/3~1/4 정도이다.	① 이방성이다.
② 비탄성 에너지가 크다.	② 피로강도가 낮다.
③ 내식성이 우수하다.	③ 층간 전단강도가 낮다.
④ 설계 자유도가 크다.	④ 가로탄성계수가 낮다.
	⑤ 내열강도가 낮다.

101. 강화유리란 보통판유리를 600℃ 정도의 가열온도로 열처리한 것인데 다음 중 그 특징이라고 볼 수 없는 것은?

㉮ 유리파편의 결정질이 크다.
㉯ 유리의 강도가 크다.
㉰ 곡선유리의 자유화가 쉽다.
㉱ 안전성이 높다.

해설 강화유리의 특징은 유리의 강도가 크고, 곡선유리의 자유화가 쉬우며, 안전성이 높다.

02

기계요소

2-1 체결용 기계요소

1. 나사(screw)

[1] 나사의 기초

그림 2-1과 같이 원통 또는 원뿔 주위에 경사각도 β로 되어 있는 실을 감으면 원통 면에 나선(helix line)이 그려진다. 이 나선을 따라서 홈이나 돌기를 만든 것이 나사이다. 표면에 나산 산이 있는 것을 수나사(male screw)라 하고, 안쪽 면에 나사 산이 있는 것을 암나사(female screw)라 한다.

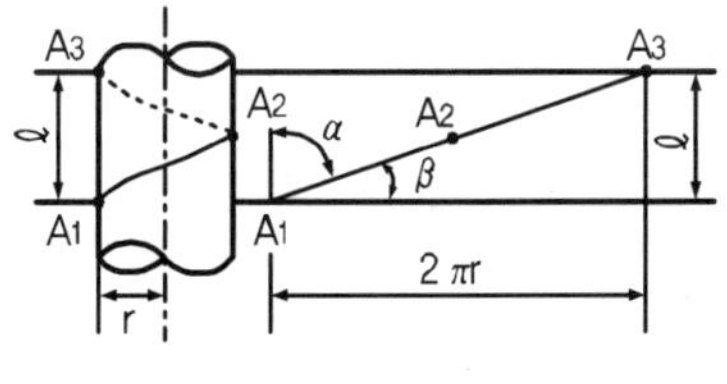

그림 2-1 나사의 원리

(1) 리드와 피치

① 리드(lead)

나사를 1회전하였을 때 나사 산의 1점이 축 방향으로 진행한 거리를 리드라 하며 l 로 나타낸다.

② 피치(pitch)

하나의 나사 산으로부터 이웃하는 나사 산까지의 거리를 피치라 하며, P로 나타낸다.

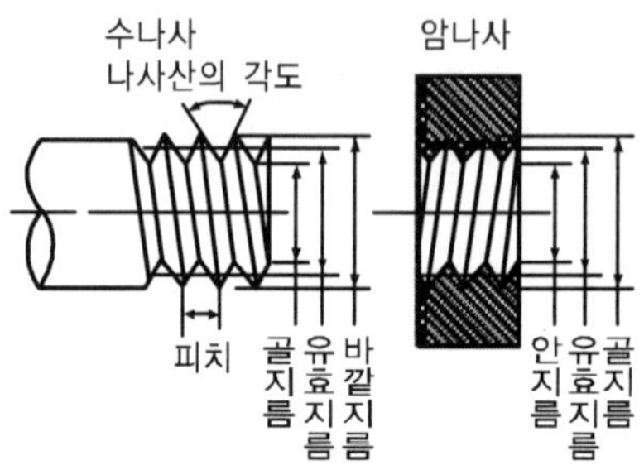

그림 2-2 나사의 각 부분 명칭

(2) 한줄 나사와 여러 줄 나사

① 한줄 나사(single thread screw)

한 개의 나사 곡선(원통에 한 개의 실을 감았을 때)을 따라서 나사 산이 만들어진 것을 말한다.

② 여러 줄 나사(multiple thread screw)

2개 또는 그 이상의 일정한 간격으로 사용하여도 좋은 나사 곡선(원통에 2개 또는 그 이상의 실을 같은 간격으로 감았을 때)을 따라서 나산 산을 만든 것을 말한다. 즉, 나사를 1회전하였을 때 2피치를 움직이는 것이 두줄 나사이며, 3피치를 움직이는 것은 세줄 나사이다. 여러 줄 나사의 특징은 다음과 같다.

㉮ 적은 회전으로 큰 피치를 얻을 수 있으므로, 회전을 적게 하여 빨리 조이고자 할 때 사용한다.

㉯ 끼워 맞추기가 쉬우며, 조이는 힘은 크지만 한줄 나사에 비해 풀리기 쉽다.

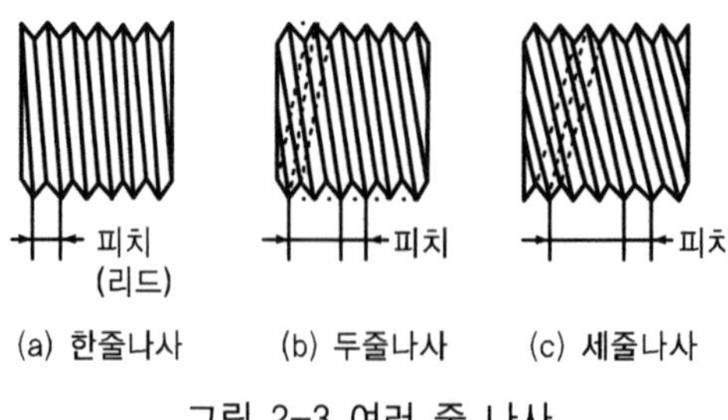

(a) 한줄나사 (b) 두줄나사 (c) 세줄나사

그림 2-3 여러 줄 나사

③ 리드·피치 및 줄 수와의 관계

나사의 줄 수를 n, 리드를 l, 피치를 P라 하면,

$l = nP$, $P = \frac{l}{n}$이 성립된다.

그리고 일반적인 체결용 나사는 모두 한줄 나사(n=1)이며, 리드와 피치가 같다($l = P$).

(3) 오른 나사와 왼 나사

① 오른 나사(right hand screw)

나사를 축방향에서 볼 때 시계방향(오른쪽으로 돌리면)으로 회전하면서 죄어지는 나사를 말한다. 일반적인 나사는 대부분 오른 나사이다.

② 왼 나사(left hand screw)

나사를 축방향에서 볼 때 시계 반대방향(왼쪽으로 돌리면)으로 회전시키면 죄어지는 나사를 말한다.

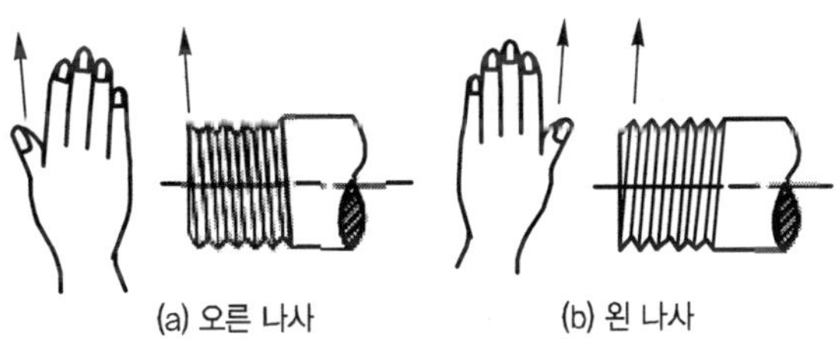

그림 2-4 오른 나사와 왼 나사

(4) 유효지름(effective diameter)

수나사와 암나사가 접촉하고 있는 부분의 평균지름을 말한다. 즉 나사 산의 두께와 골의 틈새가 같은 가상 원통의 지름이다. 바깥지름이 같은 나사에서는 피치가 작은 쪽이 유효지름이 크다.

(5) 호칭지름(normal diameter)

수나사는 바깥지름으로 나타내며, 암나사는 상대하는 수나사의 바깥지름으로 나타낸다.

(6) 리드 각도와 비틀림 각도

① 리드 각도(lead angle)

나사 산의 나사 곡선과 그 곡선 상의 한 점을 지나는 나사의 축에 직각인 평면과 서로 이루는 각도(그림 2-1의 β)를 말한다. 나사의 반지름을 r이라 하면 리드 각도 β는 다음과 같이 표시할 수 있다.

$$\tan\beta = \frac{l}{2\pi r}$$

② 비틀림 각도(helical angle)

나사 산의 나선과 그 곡선 상의 한 점을 지나는 나사의 축에 평행한 평면이 서로 이루는 각도를 말하며, 나사의 반지름을 r이라 하면 비틀림 각도 α는 다음과 같이 표시할 수 있다.

$$\cot\alpha = \frac{l}{2\pi r}$$

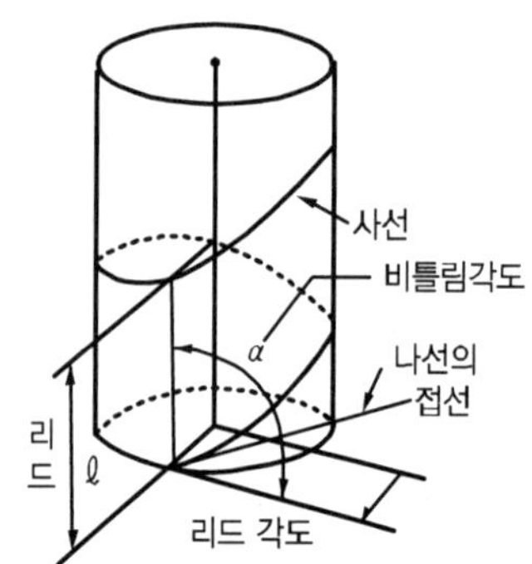

그림 2-5 리드 각도와 비틀림 각도

(7) 플랭크와 플랭크 각도

① 플랭크(flank)

나사 산의 꼭지점과 골을 연결하는 면을 플랭크라 한다. 일반적으로 축선(軸線)을 포함하는 한 단면형에서는 직선으로 되어 있다.

② 플랭크 각도(flank angle)

축선(軸線)을 포함한 단면형에서 축선에 직각인 직선과 플랭크가 이루는 각도를 말한다.

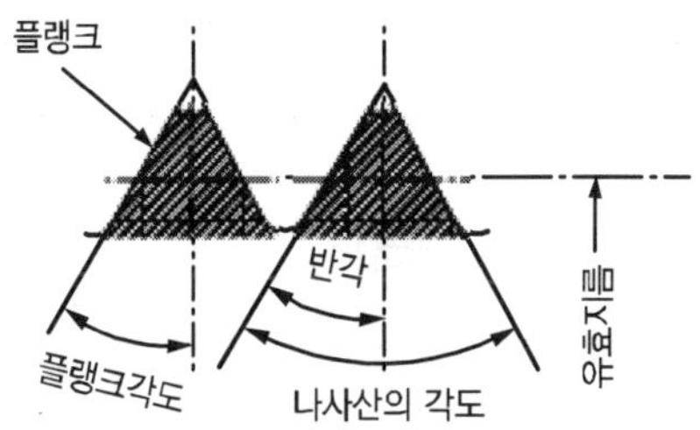

그림 2-6 플랭크와 플랭크 각도

(8) 유효 단면적

수나사의 유효지름과 골 지름과의 평균 지름으로 계산되는 단면적을 말하며 다음 공식으로 나타낸다.

$$\text{유효 단면적} = \frac{\pi}{4}\left(\frac{\text{유효지름} + \text{골지름}}{2}\right)^2$$

[2] 나사의 분류

(1) 체결용 나사

체결용 나사는 나사 산의 단면이 정삼각형에 가까운 삼각나사이며, 미터 보통 나사(coarse thread), 미터 가는 나사(fine thread), 유니파이 보통 나사(unified coarse thread), 유니파이 가는 나사(unified fine thread) 및 휘트워드 나사(whitworth thread) 등이 있다. 이 나사들은 기계부품을 조이거나 조절, 측정하는데 널리 사용된다.

① 체결용 나사의 특징

그림 2-7과 같이 나산 산의 각도는 보통 나사나 가는 나사 모두 60°이지만 호칭지름이 같을 때 보통 나사의 경우가 피치가 크다.

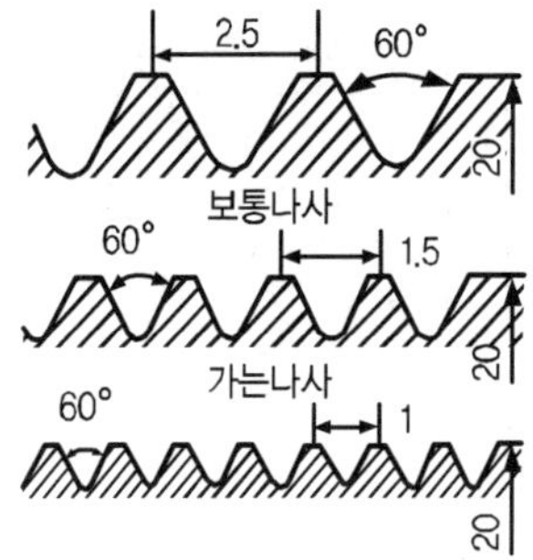

그림 2-7 보통 나사와 가는 나사

㉮ 보통 나사 : 지름에 대해 피치가 1종류이므로 볼트와 너트로 많이 사용되며, 표시는 M20, U$\frac{1}{2}$, W$\frac{3}{4}$ 등으로 한다. 보통 나사의 특징은 다음과 같다.

- 도금이나 부식에 대해 강하다.
- 무르고 갈라지기 쉬운 재료에 태핑(tapping)을 하기 쉽다.
- 나사의 지름이 크고, 강한 나사가 필요할 때 적합하다.

㉯ 가는 나사 : 축이나 두께가 얇은 부분에서 주로 사용되며, 표시는 M8×1.5로 표시하며, 여기서 8은 호칭지름, (바깥지름) 8㎜, 1.5는 피치가 1.5㎜란 뜻이다. 가는 나사의 특징은 다음과 같다.

- 보통 나사보다 강도가 크며, 죄는 힘이 크다.
- 나사 산의 높이가 낮고, 끝이 얕다.
- 얇은 판이나 얇은 살 부분, 단단한 재료 등에 적합하다.
- 나사의 지름이 적고, 강한 나사가 필요할 때 적합하다.
- 바깥지름이 같을 경우에는 보통 나사보다 유효지름이 크다.

② 체결용 나사의 종류

㉮ 미터 나사(metric thread)

- 지름과 피치는 미터 단위(㎜)로 나타내며, 나사 산의 각도는 60°이고, 나사 산의 정점은 평평하며, 골은 둥글게 되어 있다.
- 표시방법은 미터 보통 나사의 기호(미터 나사의 기호 : M)와 호칭지름으로 나타내며, 미터 가는 나사는 기호, 호칭지름×피치의 순서로 표시한다(예, M8, M10×1).

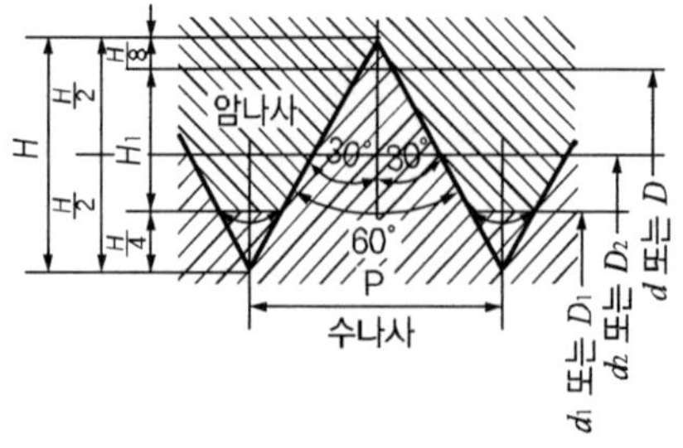

그림 2-8 미터 나사의 기본 산형

㉯ 유니파이 나사(unified thread)

- 나사 산의 각도가 60°이고, 나사 산의 크기는 1inch 안에 있는 나사 산의 수로 표시하며, 나사의 호칭은 수나사의 바깥지름으로 한다. 단위는 inch이며 유니파이 보통 나사(UNC)와 유니파이 가는 나사(UNF)로 나누어 사용한다. 미국, 영국, 캐나다 3국이 공동 제작하였다 하여 ABC나사라고도 한다.
- 표시방법은 나사의 지름을 나타내는 숫자 또는 번호-나사 산의 수, 나사의 종류를 나타내는 기호(유니파이 보통 나사는 UNC, 유니파이 가는 나사는 UNF (나사 산의 수는 1인치당의 산의 수)순서로 표시한다.

  (예, UNC$\frac{3}{8}$-16, No8-36UNF)

㉰ 휘트워드 나사(whit worth thread) : 나사 산의 각도는 55°, 호칭치수는 수나사의 바깥지름으로 표시한 값과 1inch 사이의 산의 수로 표시한다.

삼각나사의 특징

특징 \ 명칭		미터 나사	인치 나사 계열	
			유니파이 나사	휘트워드 나사
나사 산의 각도		60°	60°	55°
나사 산의 정점		평평하다.	평평하다.	평평하거나 둥글다.
골 밑		둥글다.	둥글다.	둥글다.
호칭지름의 단위		mm	번호 또는 인치	보통 나사는 인치, 가는 나사는 mm
피치의 단위		mm	1인치 사이의 산의 수	1인치 사이의 산의 수
등급		1~3급	수나사 : 3A-1A 수나사 : 3B-1B	2~4급
표시 예	보통 나사	M8	1/4-20 UNC	W3/8
	가는 나사	M10×1	No.8-36 UNC	W18산 14

㉱ 관용 나사(pipe thread)

- 관용 나사는 그림 2-9와 같이 피치가 작고 나사 산의 각도는 55°로 되어 있어 다른 나사보다 나사 산의 각도가 적은 편이다. 또 평행나사(PF)와 테이퍼 나사(PT)의 두 종류가 있으며, 나사 산과 골은 둥글다. 테이퍼 나사는 테이퍼가 1/6이며, 기밀을 요하는 부분에서 사용하며 관(pipe)의 축방향에 대해 직각으로 나사가 나 있다.
- 용도는 가스관이나 배관을 연결하는 부분에서 사용하며, 기밀이 요구되는 곳에서는 테이퍼 나사를 사용한다.

- 표시방법은 수나사의 경우에는 결합되는 암나사의 호칭지름(inch)으로 나타낸다. 즉 관의 안지름과 거의 같으며 수나사의 바깥지름과는 같지 않다. 또 테이퍼 나사에서는 축 직각 방식이므로 피치는 이웃하는 산과 산과의 축선에 대해 직각으로 측정한 거리로 나타낸다.

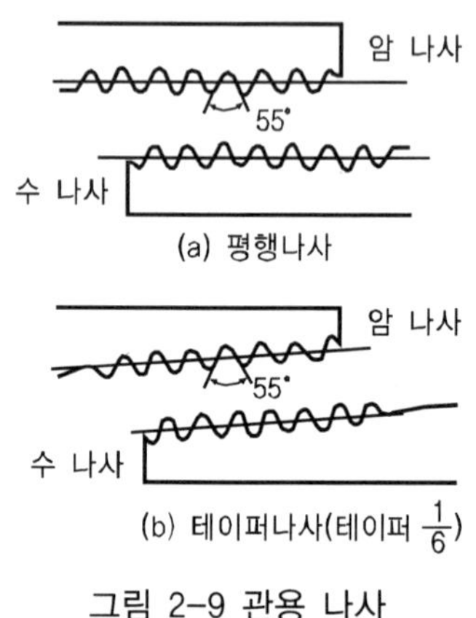

그림 2-9 관용 나사

(2) 동력 전달용 나사

① 사각 나사(square thread)

정사각형(squared thread)에 가까운 단면으로 된 나사이며, 일반적으로 강도를 증가시키고, 모서리의 응력 집중을 피하기 위해 구석부분이나 모서리 등은 둥글게 한다. 사각 나사는 나사 프레스, 나사 잭, 바이스 등에서 사용하며 특징은 다음과 같다.

㉮ 나사 면이 축선에 대하여 거의 직각으로 되어 있으므로 힘이 작용하는 방향이 항상 축선과 평행한다.

㉯ 삼각 나사에 비해 마찰 저항이 적고, 효율이 높다.

㉰ 큰 힘의 전달용이나 이동용으로 적합하다.

㉱ 수 나사의 축심이 어긋나기 쉽다.

㉲ 제작하기가 어렵고, 정밀도가 높은 것을 만들기 어려울 뿐만 아니라 마모되면 조정하기가 어렵다.

㉳ 나사 면이 직각이므로 유효지름이 없다.

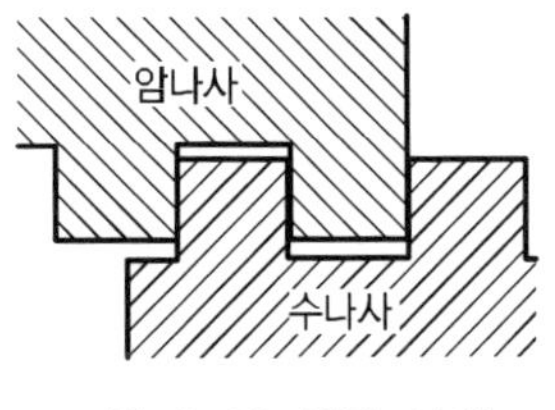

그림 2-10 사각 나사

② 사다리꼴 나사(trapezoidal thread)

애크미 나사(acme thread)라고도 부르며, 단면이 사다리꼴 모양의 나사이며, 정밀도가 높고 가공이 쉬우므로 공작기계의 이송용 나사, 선반의 리드 스크루, 나사 프레스, 바이스 등에서 사용한다. 사다리꼴 나사의 특징은 다음과 같다.

㉮ 나사 산의 각도는 미터계열(TM)이 30°, 인치 계열(TW)이 29°이다.

㉯ 사각 나사보다 가공이 쉽고, 높은 정밀도의 나사를 만들 수 있다.

㉰ 마모에 대한 조정이 쉽다.

㉱ 강도가 크며, 정확한 동력전달을 할 수 있다.

㉲ 나사 산의 각도를 미터계열에서는 30°, 피치는 ㎜로 나타내며, 인치 계열에서는 29°, 1인치(25.4㎜)사이에 있는 산의 수로 나타낸다.

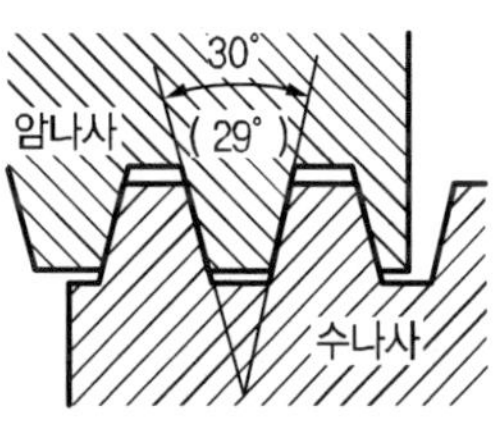

그림 2-11 사다리꼴 나사

③ 톱니 나사(buttress thread)

축에 거의 수직인 나사 면에 한쪽 방향으로만 힘이 작용하는 압착기, 바이스 등에 사용되며. 나사 산의 각도는 30°와 45°가 있다. 압력 쪽은 사각 나사, 반대쪽은 삼각 나사로 되어 있어 이들의 장점을 모두 구비하고 있다.

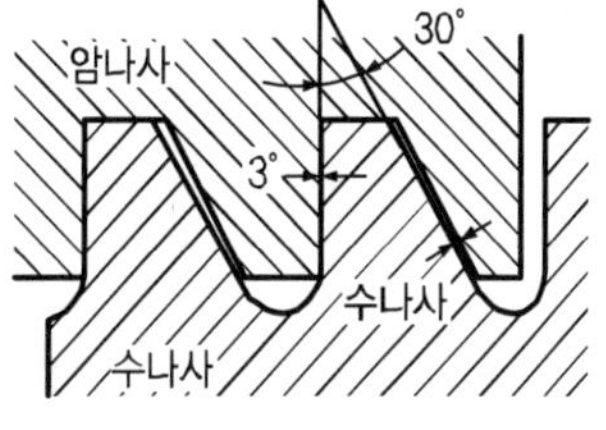

그림 2-12 톱니 나사

④ 둥근 나사(knuckle thread)

나사 산과 골 부분이 둥글게 되어 있어 격동하는 힘이 작용되는 부분이나 전구의 이음 부분과 같은 곳에 사용되며, 먼지나 모래 등이 나사 산에 들어갈 염려가 있는 곳에서 사용된다.

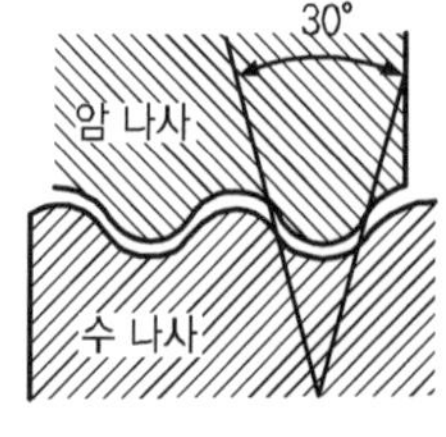

그림 2-13 둥근 나사

⑤ 볼 스크루(ball screw)

나산 산 대신에 나선 모양으로 된 홈을 만들고 여기에 볼을 한줄로 넣은 나사이다. 그리고 너트의 한 끝에서 나온 볼은 너트 본체 속의 구멍을 지나서 다시 너트의 다른 쪽 끝의 홈으로 돌아가도록 되어 있다. 볼 스크루는 마찰이 작고 정밀하여 CNC 공작기계의 리드 스크루, 자동차의 조향기어 박스 등에서 사용한다. 볼 스크루의 장점은 다음과 같다.

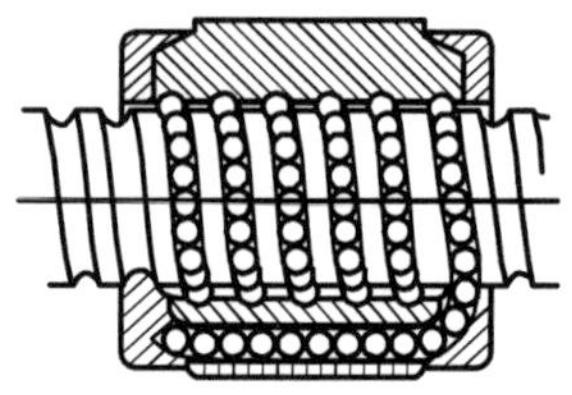
그림 2-14 볼 스크루

㉮ 나사의 효율이 좋다.

㉯ 백래시를 작게 할 수 있다.

㉰ 높은 정밀도를 유지할 수 있다.

[3] 나사의 효율과 자립조건

(1) 나사의 효율

나사가 1회전하는 동안에 실제로 행한 일량 중 몇 %가 유효한 일을 하였는가의 비율을 나사효율(efficiency os screw)이라 한다.

$$\text{나사효율}(\eta)\frac{\text{마찰이 없는 경우의 회전력}}{\text{마찰이 있는 경우의 회전력}}$$

마찰이 없는 경우의 회전력을 P_o라 하면

$$P_o = \frac{Qp}{\pi d_e}$$

$$\eta = \frac{P_o}{P} = \frac{Qp}{2\pi T} = \frac{Qp}{\pi d_e p} = \frac{\tan\alpha}{\tan(\alpha+\rho)}$$

여기서, Q : 축 방향의 힘[kgf]

α : 리드 각도

ρ : 마찰 각도

d_e : 나사의 유효지름

(2) 나사의 자립조건

마찰 각도(ρ)가 리드 각도(α)보다 커야하는 관계 즉 ρ>α를 말하며, 나사가 자립 상태를 유지하는 나사의 효율은 50% 이하여야 하며, 나사가 스스로 풀리지 않는 자립 상태의 한계는 ρ=α이어야 한다. 또 ρ<α가 되면 나사가 자연히 풀리게 된다.

$$\eta = \frac{\tan\alpha}{\tan(\alpha+\rho)} = \frac{\tan\rho}{\tan 2\rho} = \frac{\tan\rho(1-\tan^2\rho)}{2\tan\rho}$$
$$= \frac{1}{2} - \frac{1}{2}tan^2\rho < 0.5$$

[4] 나사의 정밀도와 측정

나사의 정밀도에서 가장 중요한 것은 피치, 유효지름, 나사 산의 각도의 순서로 되어 있다. 그리고 나사를 검사할 경우에는 이 3가지 이외에 바깥지름과 골지름이 추가된다.

(1) 피치 오차

피치의 오차가 있으면 어떤 끼워 맞춤 길이에 있어서 처음으로 나사 산의 면이 접촉되므로 끼워 맞춤이 어려우며, 강도가 저하한다.

(2) 유효지름 오차

유효지름의 크기는 나사의 체결 상태를 좌우하므로 유효지름의 오차가 있으면 체결력이 약해지고, 강도도 저하한다.

(3) 각도 오차

나산 산의 각도 오차가 있으면 나사 산의 면과 면이 바르게 접촉하지 않으므로 강도가 매우 약해진다.

(4) 나사의 정밀도 측정

① 피치 - 피치 게이지, 공구 현미경

② 유효지름 - 나사 마이크로미터, 삼침법(三針法)에 의한 마이크로미터

③ 나사 산의 각도 - 피치 게이지, 공구 현미경, 투영기

④ 바깥지름 - 버니어캘리퍼스, 외경 마이크로미터, 한계 게이지

⑤ 종합 판정 - 나사용 한계 게이지

2. 볼트와 너트(bolt & nut)

일반적으로 가장 널리 사용되고 있는 것으로는 6각 볼트와 너트이다. 재료는 주로 연강을 사용하지만 부식이 될 염려가 있는 부분에는 구리합금이나 내부식성 합금을 사용한다.

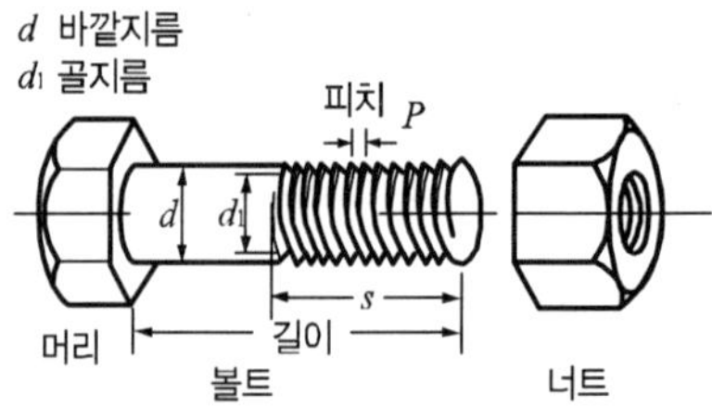

그림 2-15 볼트와 너트

[1] 볼트(bolt)

(1) 일반 볼트

① 관통 볼트(through bolt) : 서로 죄는 부분에 볼트의 바깥지름보다 1~2㎜ 정도 큰 구멍을 뚫고 여기에 볼트를 끼우고 끝에다 너트를 조인 것으로 가장 널리 사용되고 있다.

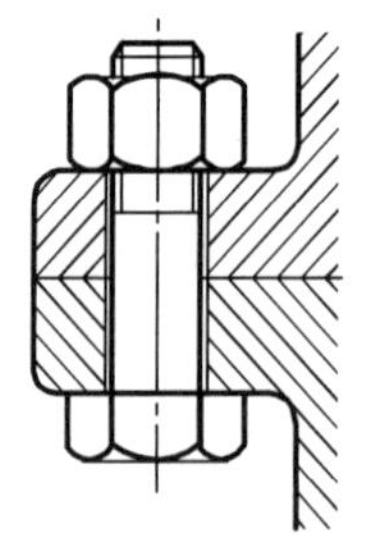

그림 2-16 관통 볼트

② 탭 볼트(tap bolt) : 관통을 시킬 수 없는 경우 한쪽에만 구멍을 뚫고 다른 한쪽에는 중간 정도까지만 구멍을 뚫은 후 탭으로 나사 산을 파고 볼트를 끼우는 것이다.

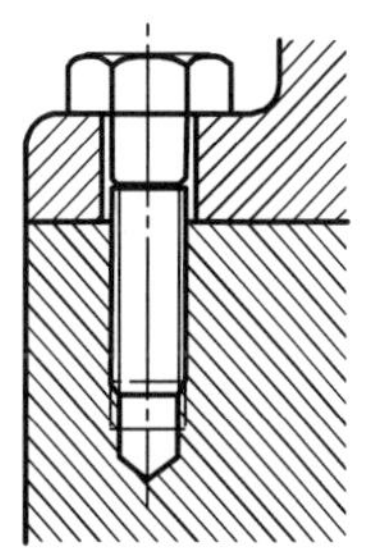
그림 2-17 탭 볼트

③ 스텃 볼트(stud bolt) : 자주 분해 조립하는 부분에서 사용하며, 양끝에 나사 산을 파고 나사 구멍에 끼우고 연결할 부품을 관통시켜 합친 후 너트로 조인 것이다.

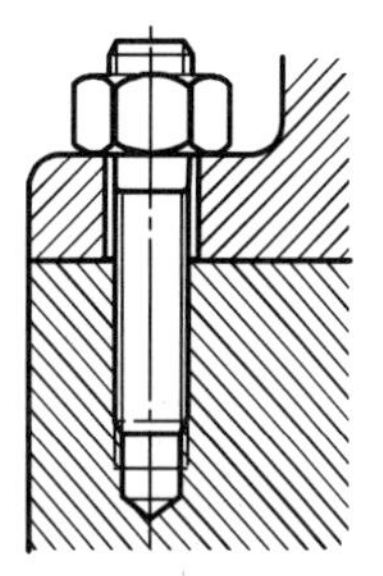
그림 2-18 스텃 볼트

④ 리머 볼트(rcamer bolt) : 기계의 부분이나 부품을 분해하였을 때 위치가 어긋나서 먼저대로 조립이 곤란한 경우나 볼트에 전단하중이 작용할 때에는 리머로 구멍을 뚫고 리머 볼트를 사용한다. 리머 볼트의 재질은 표면은 연마하여 정밀하게 만들기 때문에 단단한 재질의 S45C나 SCM3을 사용하며 담금질, 뜨임 등의 열처리를 한다.

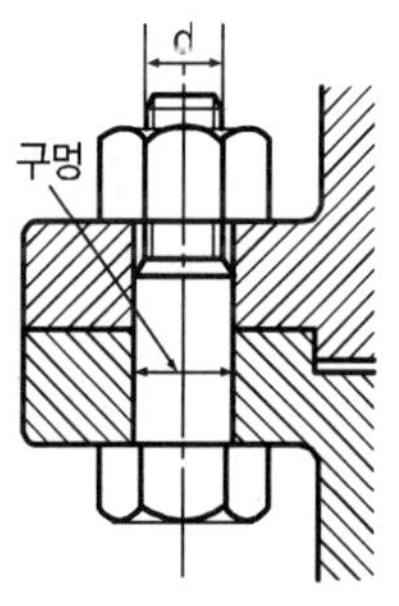

그림 2-19 리머 볼트

⑤ 양 너트 볼트(double nut bolt) : 관통볼트가 들어가지 못하는 구조로 되어 있을 때에는 양끝이 나사로 된 볼트를 사용하며 양쪽 끝에 너트를 끼우고 조인다.

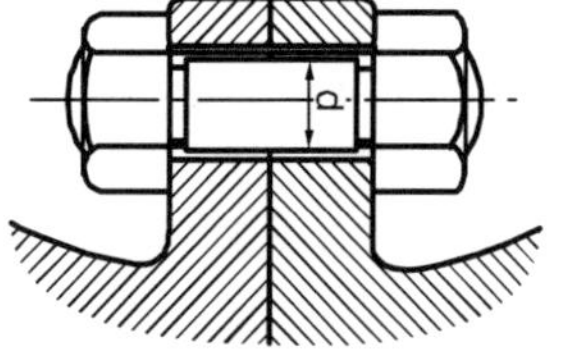

그림 2-20 양 너트 볼트

(2) 특수 볼트

① 기초 볼트(foundation bolt) : 기계 구조물을 콘크리트 등의 기초에 설치할 때 사용한다.

② 스테이 볼트(stay bolt) : 기계의 부품을 일정한 간격을 두고 결합하는데 사용하며, 일정한 거리의 파이프를 잘라서 넣고 사용하기도 한다.

③ 아이(eye) 볼트 : 볼트 머리에 링(ring)을 둔 것으로 물건을 들어 올릴 때 사용하는 볼트이다.

④ T 볼트 : T형의 홈에 볼트 머리를 끼우고 위치를 이동하면서 임의의 위치에 물체를 고정할 수 있다.

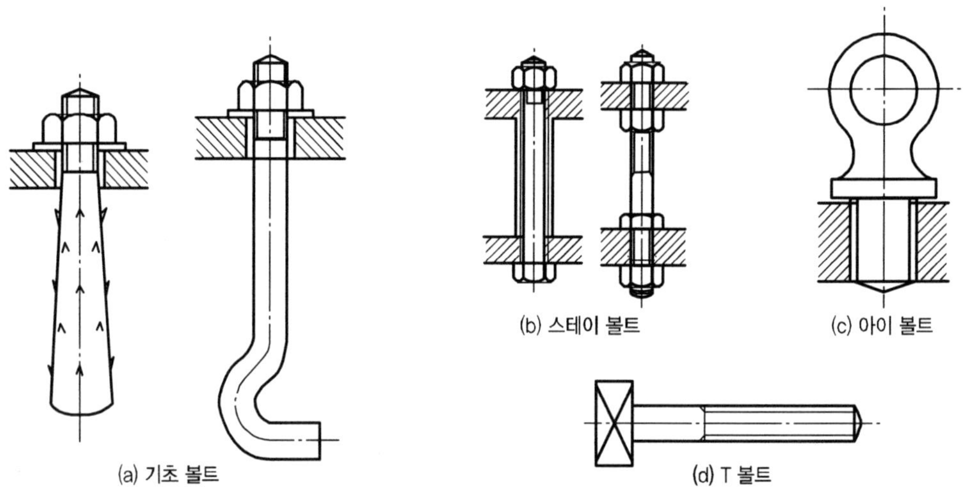

그림 2-21 특수 볼트의 종류

(3) 볼트의 설계

① 축하중(인장하중)만 받는 경우의 볼트 지름

$W=\frac{\pi}{4}d_1^2\sigma t$에서 $d_1=\sqrt{\frac{1.27W}{\sigma t}}$

$d_1=0.8d$이므로

$$W=\frac{\pi}{4}d_1^2\sigma_t=\frac{\pi}{4}(0.8d)^2\sigma_t \fallingdotseq 0.5d^2\sigma_t$$

$\therefore\ d=\sqrt{\dfrac{2W}{\sigma t}}$

여기서, σt : 볼트 재료의 인장 응력[kgf/㎟]

W : 하중[kgf]

d : 바깥지름[㎜]

d_1 : 골지름[㎜]

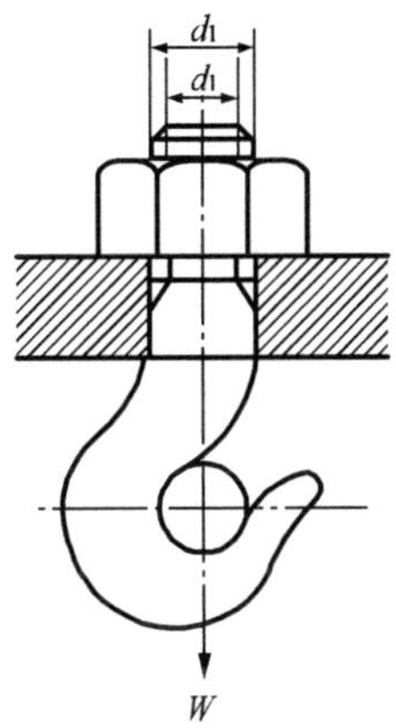

그림 2-22 축 하중만 받는 경우의 볼트 지름

② 인장력과 수평하중을 동시에 받는 경우

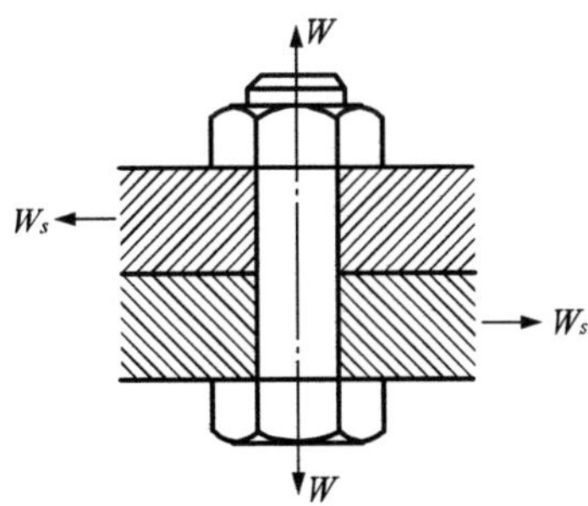

그림 2-23 인장력과 수평하중을 동시에 받는 경우

$$F = W_S - \mu W$$

$$\tau a = \frac{F}{\frac{\pi}{4}d^2} = \frac{4(W_S - \mu W)}{\pi d^2}$$

$$\therefore\ d=\sqrt{\frac{4(W_S-\mu W)}{\pi\cdot\tau_a}}=\sqrt[2]{\frac{W_S-\mu W}{\pi\cdot\tau_a}}$$

- 수평하중(W_S) = 0이면 $d=\sqrt[2]{\frac{W}{\pi\cdot\tau_a}}$

- 인장력(W) = 0이면 $d=\sqrt[2]{\frac{W_S}{\pi\cdot\tau_a}}$

여기서, W_S : 재료의 두 면 사이에 마찰이 있고 수평하중[kgf]

F : 볼트에 작용하는 전단력

μ : 마찰계수

③ 축 하중과 비틀림 모멘트를 동시에 받는 경우

㉮ 볼트에 생기는 전단응력 τ는

- 사각 나사의 경우 : $\tau=\dfrac{T}{\frac{\pi}{16}d_1^3}=\dfrac{W\frac{de}{2}tan(\alpha+\rho)}{\frac{\pi}{16}d_1^3}$

- 삼각 나사의 경우 : $\tau=\dfrac{T}{\frac{\pi}{16}d_1^3}=\dfrac{W\frac{de}{2}tan(\alpha+\rho')}{\frac{\pi}{16}d_1^3}$

볼트의 인장응력 σt는

$$\sigma t=\frac{W}{\frac{\pi}{4}d_1^2}$$

㉯ 볼트 지름

$$d=\sqrt{\frac{8W}{3\sigma_t}}$$

[2] 너트(nut)

너트는 볼트와 함께 물체를 고정하여 사용하는 것이다.

(1) 너트의 종류

① 6각 너트 : 관통 볼트의 머리와 같은 정육각형의 너트이며, 가장 널리 사용된다.

② 4각 너트 : 머리 모양이 사각이며, 주로 건축용이나 목공용으로 사용된다.

③ 캡 너트(cap nut) : 너트의 한 끝이 막힌 것이며, 나사부분에서 유체가 흘러나오는 것을 방지한다.

④ 둥근 너트(링 너트) : 외형이 둥근 것이며, 바깥둘레나 윗면에 홈이나 구멍을 뚫고 여기에 죔 공구가 걸리도록 되어 있다. 선반 주축이나 컴퍼스 손잡이 부분에서 사용되고 있는 원형의 너트이며 별로 힘이 걸리지 않는 부분에서 사용한다.

⑤ 플랜지 너트 : 6각 너트의 대각선보다 큰 자리 면이 부착된 너트이며, 볼트의 구멍이 클 때, 접촉면이 거칠 때, 큰 면압을 피하려고 할 때 사용된다.

⑥ 나비 너트 : 손으로 조일 수 있도록 나비 모양의 손잡이가 달린 것이다.

⑦ 홈붙이 너트 : 너트에 분할 핀을 꽂아 너트의 풀림 방지에 사용된다.

⑧ 아이 너트(eye nut) : 머리에 링(ring)이 달린 것이며 아이 볼트와 같은 목적으로 사용된다.

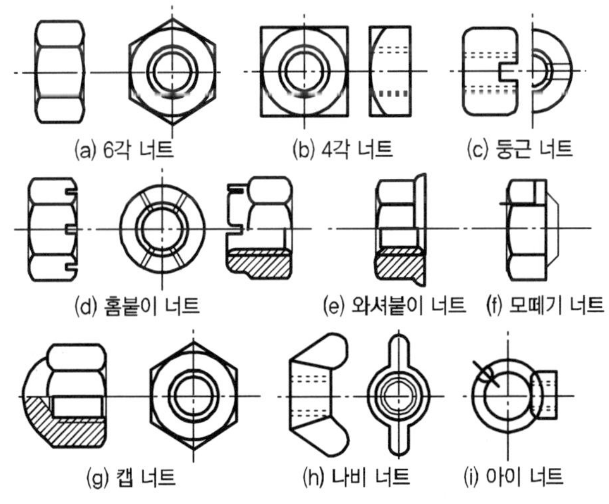

그림 2-24 너트의 종류

(2) 너트의 풀림 방지방법

① 로크 너트(lock nut)를 사용하는 방법

② 분할 핀(split pin)을 사용하는 방법

③ 세트 스크루(set screw)를 사용하는 방법

④ 와셔(washer)를 사용하는 방법

⑤ 자동 죔 너트를 사용하는 방법

⑥ 핀, 작은 나사 등을 사용하는 방법

⑦ 철사를 사용하는 방법

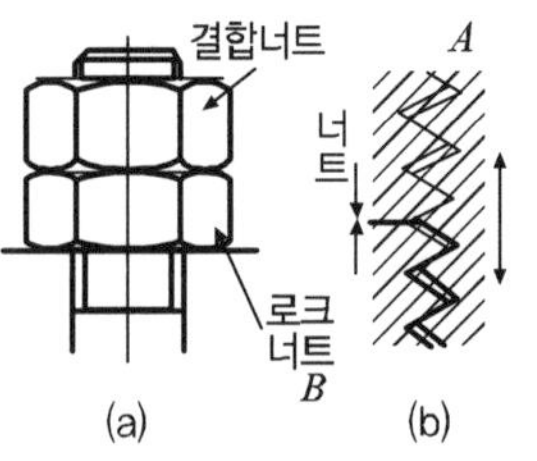

그림 2-25 로크너트

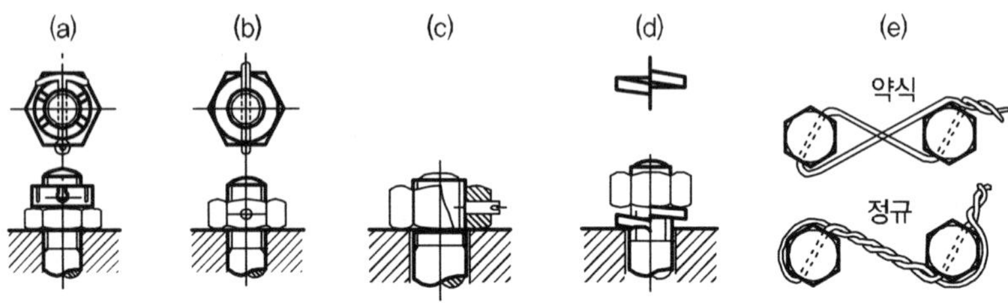

그림 2-26 너트의 풀림 방지방법

(3) 너트의 설계

① 나사 산 수

$$n = \frac{W}{\pi \cdot de \cdot h \cdot q} = \frac{W}{\pi(d^2 - d_1^2)q}$$

$$de = \frac{d + d_1}{2}, \quad h = \frac{d - d_1}{2}$$

여기서, W : 하중[kgf]

p : 피치[mm]

d : 바깥지름[mm]

d_1 : 골지름[mm]

de : 유효 지름[mm]

h : 나사 산이 걸리는 곳의 높이[mm]

q : 허용 접촉면의 압력[kgf/mm²]

n : 나사 산의 수

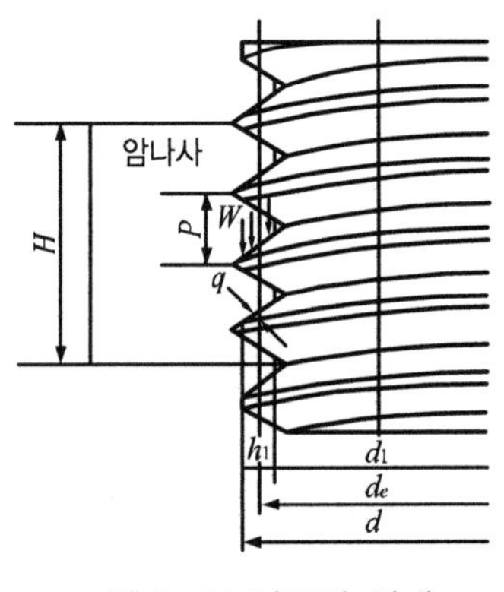

그림 2-27 너트의 설계

② 너트의 높이

$$H = np = \frac{Wp}{\pi \cdot de \cdot h \cdot q}$$

[3] 작은 나사(machine screw, vis screw)

작은 나사는 별로 힘이 걸리지 않는 부분에서 사용된다. 나사는 정밀도 2급의 미터 보통 나사이며, 호칭지름은 1~8㎜이다. 나사 머리 부분에 일자형과 십자형의 홈이 파져 있다.

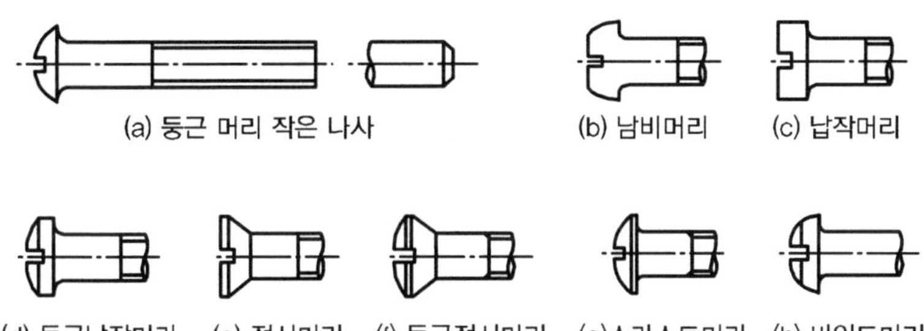

그림 2-28 작은 나사의 종류

[4] 태핑 나사(tapping screw)

모재에 뚫어 놓은 드릴 구멍에 나사를 내지 않고 나사를 틀어박으면 나사 산이 생기면서 죄어지는 나사이며, 재질은 연강 선재(線材)이며, 표면은 경화되어 있다.

[5] 세트 스크루(고정 나사)

그림 2-29 세트 스크루의 종류

나사의 끝을 이용하여 축에 바퀴를 고정하거나 부품의 위치 조정을 하는 역할을 하며, 별로 힘을 받지 않는 곳에 사용되는 작은 나사이다.

[6] 인서트(insert)

인서트는 마름모꼴 단면으로 된 선재(線材)를 나사 곡선모양으로 감은 나사부품인데 모재에 직접 암 나사를 낼 수 없는 약하고 무른 곳에 끼워져 암 나사로 사용된다.

그림 2-30 인서트

[7] 와셔

(1) 와셔의 사용목적

와셔는 볼트에 끼워 사용하는 부품이며, 다음과 같은 경우에 사용된다.

① 볼트구멍이 볼트지름보다 너무 클 때

② 볼트 머리의 시트가 평평하지 않고 거칠거나 경사져서 죄는 힘이 고르게 작용하지 않을 때 또는 시트 면의 재료가 약해서 넓은 면으로 지지하여야 할 때

③ 목재나 고무와 같이 압축에 대해서 약한 것을 조일 때

④ 진동이나 회전으로 인해서 볼트나 너트가 풀어지거나 빠져나가는 것을 방지할 때

(2) 와셔의 종류와 용도

와셔의 재료로는 일반적으로 연강 판이 사용되며, 경강이나 황동, 인청동도 사용된다.

① 평와셔(flat washer) : 강철판으로 제작한 것이며, 다듬질을 한 것과 다듬질을 하지 않은 것이 있다. 형상은 원형으로 된 것이 많으나 목재용은 4각으로 되어 있다.

② 혀붙이 와셔(tongue washer) : 너트를 조이고 난 후 구부려서 너트가 회전하지 않도록 하는데 사용된다.

③ 폴와셔(pawl washer) : 평와셔의 일부분을 폴(pawl)과 같이 하여 구부려서 고정시킨다.

④ 이붙이 와셔(tooth lock washer) : 잇날의 스프링 작용을 이용한 것이며, 풀림 방지에 효과적이다. 잇날이 안쪽으로 나있는 내치형(internal tooth lock washer), 잇날이 밖으로 나있는 외치형(outer tooth lock washer), 잇날이 안팎으로 나있는 내·외치형, 접시형 등이 있으며, 어느 것이든지 열처리가 되어 있다.

⑤ 스프링 와셔(spring washer) : 탄력성이 있기 때문에 볼트나 너트의 진동에 의한 풀림을 방지하는 역할을 하며, 오른 나사에는 왼쪽으로 감긴 것을 사용하고, 왼 나사에는 오른쪽으로 감긴 것을 사용한다.

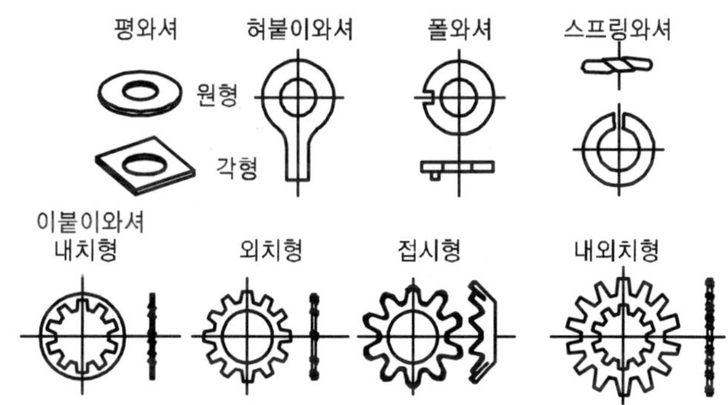

그림 2-31 와셔의 종류

3. 키(key), 핀(pin), 코터(cotter)

[1] 키(key)

기어(gear)나 벨트 풀리(belt pulley) 등의 회전체를 회전축에 설치하여 고정할 때, 또는 회전을 전달함과 동시에 축 방향으로 이동할 수 있도록 할 때 사용하는 것으로 전단력을 받기 때문에 축 보다 약간 강한 S35C, S45C, SF55 등의 강철을 사용한다. 일반적으로 많이 사용하는 키는 직사각형의 단면으로 된 가늘고 긴 4각기둥 모양의 것인데 이것에는 상하 양면이 평행으로 된 평행 키(parallel key)와 윗면이 약간 경사진 테이퍼 키(기울기 1/100)가 있다.

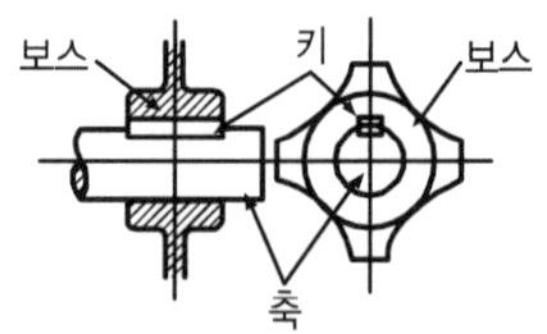

그림 2-32 키에 의한 결합

(1) 키의 종류

① 성크키(sunk key, 묻힘키) : 가장 널리 사용되는 키이며, 축(shaft)과 보스(boss) 양쪽에 키 홈을 파고 여기에 키를 끼우도록 한 것이다. 이것은 회전력 전달이 확실하므로 큰 힘을 전달하는데 사용된다. 그러나 축의 강도가 약간 감소하는 결점이 있다. 성크키에는 드라이빙 키(driving key, 테이퍼 키)와 세트 키(set key, 평행키)의 2종류가 있으며, 호칭은 [종류] [폭×높이×길이] [재질]의 순서로 표시한다. 성크키의 특징은 다음과 같다.

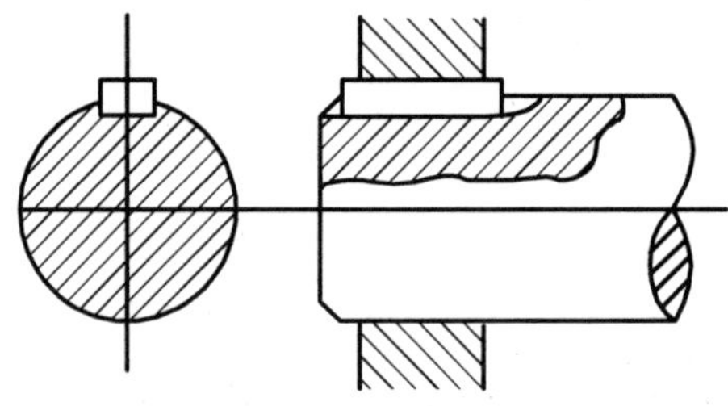

그림 2-33 성크키

㉮ 축에 끼운 후 키를 해머로 때려 넣어 고정한다.

㉯ 축과 키 홈은 축에 평행하며, 보스의 키 홈은 키와 같이 1/100의 테이퍼이다.

㉰ 키 홈의 길이는 키 길이의 2배 정도이어야 한다.

㉱ 윗면과 아랫면은 높은 다듬질, 양쪽 측면은 보통 다듬질로 되어 있다.

㉲ 상하 양면에 가장 많은 조임 여유(interference)를 두고 있다.

② 평키(flat key) : 보스에만 기울기 1/100의 키 홈을 파고, 축은 키의 시트로 하여 키의 폭 만큼 편평하게 절삭한 것이며, 가볍게 때려 넣어 사용한다. 즉 키가 닿는 축을 편평하게 깎아내고 보스에 홈을 판 것이다. 평키의 특징은 다음과 같다.

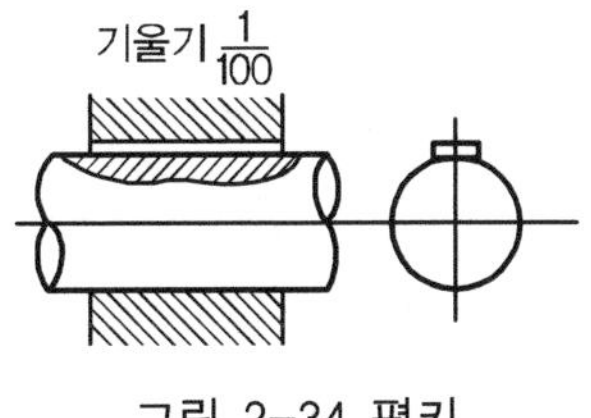

그림 2-34 평키

㉮ 키의 기울기는 1/100이다.

㉯ 새들키(saddle key)보다는 고정하는 힘이 크며, 전동 회전력도 높다.

㉰ 비교적 가벼운 하중용이며, 축의 공작이 간단하다.

㉱ 회전방향이 변화할 때 풀리기 쉽다.

③ 새들키(saddle key, 안장키) : 축에는 전혀 가공을 하지 않고 보스(boss)에만 기울기 1/100의 키 홈을 파고 키를 박아 마찰력에 의하여 회전력 전달하는 것이다. 키의 윗면은 1/100의 기울기를 붙이고, 아랫면은 둥글게 만들에 축 면과 밀착시켜 마찰력에 의해 고정하도록 되어 있다. 새들키의 특징은 다음과 같다.

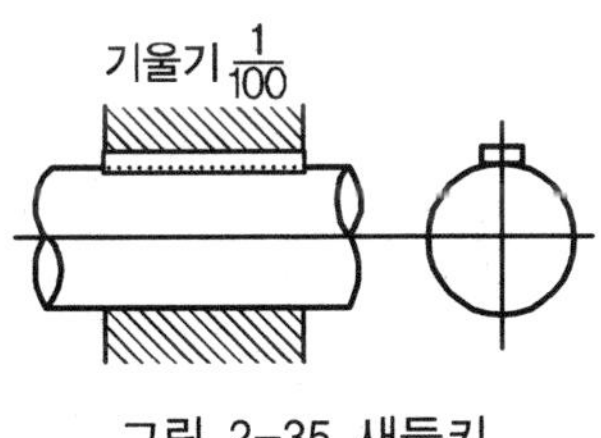

그림 2-35 새들키

㉮ 축의 아무 곳이나 고정할 수 있다.

㉯ 축과 키의 마찰력만으로 회전력을 전달하므로, 평키보다 가벼운 하중인 경우에만 사용한다.

④ 페더키(feather key, 미끄럼 키) : 기울기가 없는 키를 축의 홈이나 보스에 고정시켜 놓고 보스를 축방향으로 이동할 수 있도록 한 것이다. 즉 회전력 전달과 동시에 보스를 축 방향으로 미끄럼 시킬 필요성이 있을 때 사용한다. 페더키는 축에 세트 스크루로 고정하는 경우와 보스에 고정시키는 경우가 있다. 페더 키의 특징은 다음과 같다.

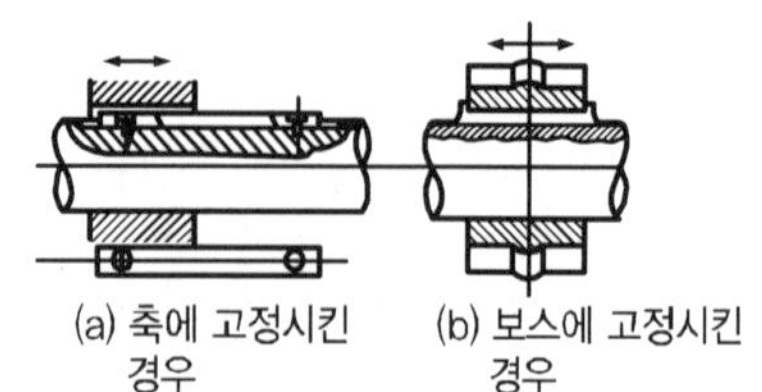

그림 2-36 페더키

㉮ 보스가 축과 함께 회전하면서 축방향으로 미끄럼운동을 할 수 있다.

㉯ 미끄럼운동을 할 수 있도록 키의 길이가 길다.

⑤ 접선키(tangential key) : 키 홈을 축의 접선방향으로 만들어 기울기 1/60~1/100의 2개의 키를 서로 반대방향으로 때려 넣은 것이다. 즉 역회전이 가능하도록 하기 위해 120° 또는 180° 각도를 두고 2개소에 키를 둔 것이다. 이때 키는 압축작용만을 받게 되므로 큰 회전력에도 견딜 수 있다. 그리고 정사각형 단면의 키를 90°로 배치한 것을 케네디 키(kennedy key)라 한다. 접선키의 특징은 다음과 같다.

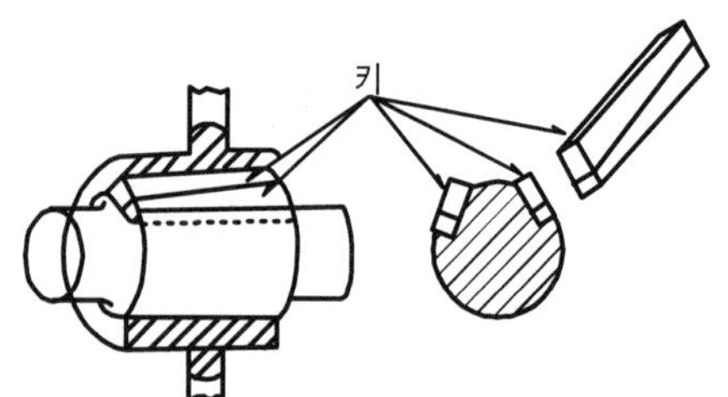

그림 2-37 접선키

㉮ 키 중에서 가장 강력하게 고정시킬 수 있다.

㉯ 무거운 하중(重荷重)의 회전부분에 적합하다.

㉰ 회전방향이 바뀌어도 풀리지 않는다.

⑥ 반달키(woodruff key) : 축에 홈을 깊게 파서 강도가 약해지는 결점이 있으나 키와 키 홈의 가공이 쉽고 키가 자동적으로 자리를 쉽게 잡을 수 있어 테이퍼 축에서 많이 사용한다. 반달키의 특징은 다음과 같다.

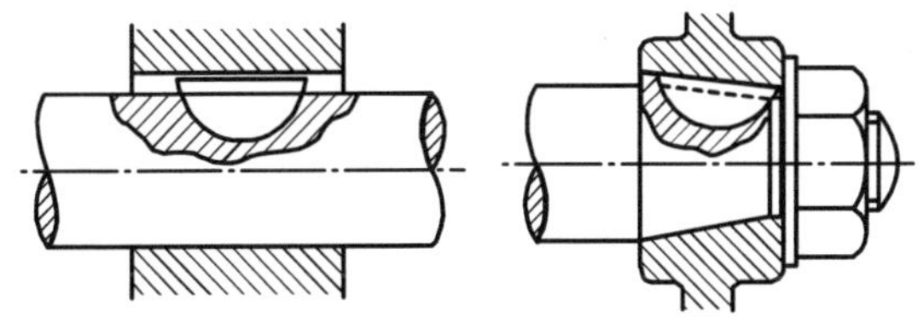

그림 2-38 반달키

㉮ 키가 홈 속에서 움직일 수 있으므로 끼웠다, 빼었다 하기 쉬우며, 기울기를 조정할 수 있고, 보스와 축을 정확하게 설치할 수 있으며, 테이퍼 축에서도 많이 사용된다.

㉯ 키 홈은 밀링머신(milling machine)으로 간단하게 가공할 수 있다.

㉰ 키 홈이 깊기 때문에 축이 약해져 큰 회전력 전달에는 부적당하다.

⑦ 원뿔키(con key) : 축과 보스에 키 홈을 파지 않고, 보스 구멍을 원뿔 모양으로 만들어 3개로 나눈 원뿔 통형의 키를 때려 넣어 마찰력만으로 회전력을 전달한다. 원뿔키의 특징은 다음과 같다.

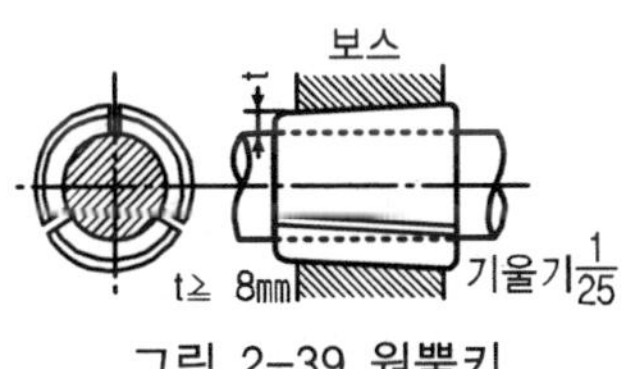

그림 2-39 원뿔키

㉮ 보스를 아무 곳이나 고정할 수 있다.

㉯ 키를 때려 넣을 때 편심이 없다.

㉰ 축에 키 홈을 파기 어려울 때 적합하다.

⑧ 스플라인(spline) : 4~20개의 이(齒)를 같은 간격으로 축에 깎은 것으로 매우 큰 회전력을 전달할 수 있으며, 축방향으로 미끄럼운동을 하고, 축과 보스와의 중심축을 정확하게 맞출 수 있다.

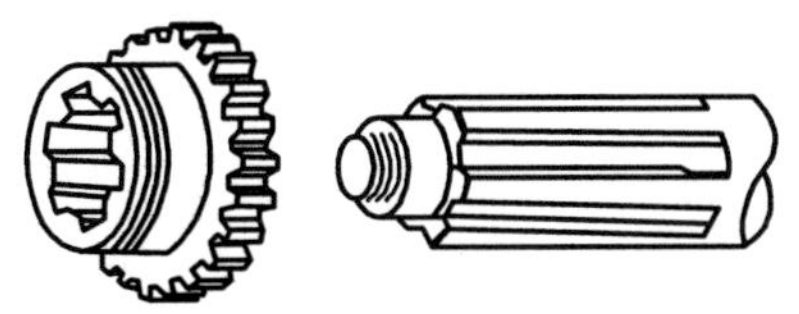

그림 2-40 스플라인과 스플라인 축

⑨ 세레이션(serration) : 축과 보스에 작은 삼각형의 키와 홈을 만들어 고정시킨 것으로 스플라인에 비해 많은 돌기가 있어 큰 회전력을 전달할 수 있다.

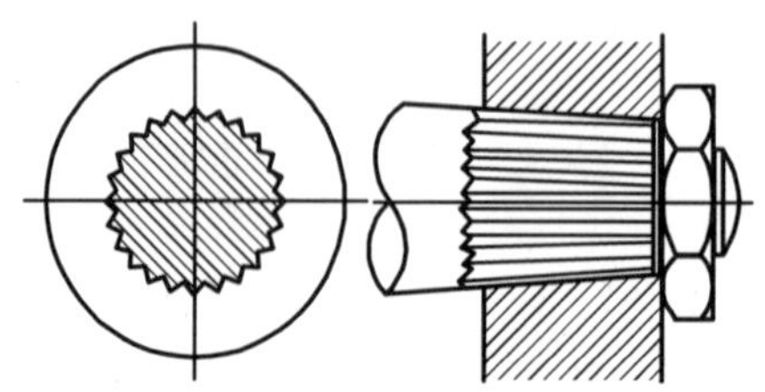

그림 2-41 세레이션

키의 전달토크 크기순서

세레이션 > 스플라인 > 성크키 > 반달키 > 둥근키 > 평키 > 안장키

(2) 키의 강도계산

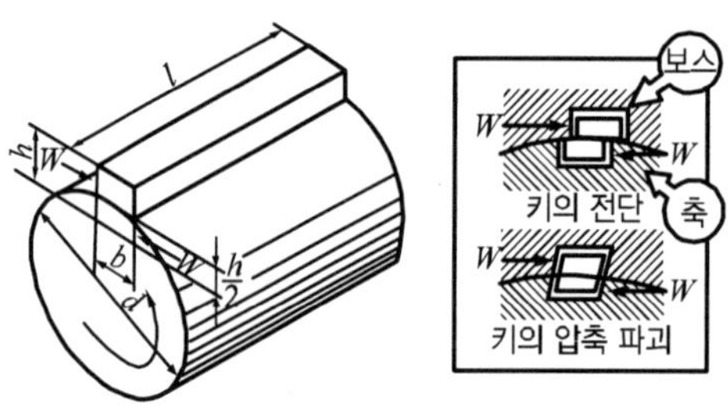

그림 2-42 키의 강도계산

① 키가 축과 보스의 접촉면에서 전단이 될 때

$W = bl\tau = T/(d/2)$의 관계에서 전단응력 τ는

$$\tau = \frac{2T}{bld} = \frac{W}{bl} \text{ [kgf/mm}^2\text{]}$$

또 전단에서 키의 크기는 다음과 같이 계산한다. 축에 발생하는 전단응력을 τ_S라 하면

$$T = bl\tau\frac{d}{2} = \frac{\pi}{16}d^3\tau s$$

축과 키의 재료가 같으면 $\tau = \tau_S$

$$\frac{d}{2}=\frac{\pi d^3}{16bl} \quad \therefore l=\frac{\pi d^2}{8b}$$

$l \geqq 1.5d$라 하면

$$b=\frac{\pi}{12}d \fallingdotseq \frac{d}{4}$$

여기서, W : 키의 옆면에서 작용하는 하중[kgf]

d : 축의 지름[㎜]

h : 키의 높이[㎜]

b : 키의 폭[㎜]

l : 키의 길이[㎜]

T : 키가 전달하는 비틀림 모멘트[kgf·㎜]

② 키의 옆면이 압축력을 받아 압축될 때

$W=(h/2)l\sigma a$의 관계에서 압축응력 σc는

$$\sigma c=\frac{2W}{hl}=\frac{4T}{dhl}[\text{kgf/mm}^2]$$

여기서 압축으로 인한 측압(p)는 다음과 같이 계산한다. 축에 파인 키 홈의 깊이를 t㎜라 하면

$$T=\frac{d}{2}ltp=\frac{\pi d^3}{16}\tau_S$$

$$\therefore p=\frac{2\pi \cdot \tau_S \cdot d^3}{16tld}=\frac{\pi \cdot \tau_S \cdot d^2}{8tl}$$

[2] 코터(cotter)

(1) 코터의 기능

코터는 두께가 일정하며, 폭에 기울기가 있는 일종의 쐐기인데 축과 축을 결합할 경우와 같이 축방향으로 작용하는 압축력이나 인장력에 대해 풀리지 않도록 부품을 결합할 때 사용한다. 이것은 간단하게 탈·부착할 수 있어 편리하며, 기울기의 정도는 수시로 분해하는 경우에는 1/6~1/15 정도로 크게 하고, 거의 분해를 하지 않는 반영구적인 것은 1/20~1/40 정도의 기울기를 준다. 또 코터의 결합력은 코

터를 때려 박을 때의 마찰력에 의해서 좌우되며, 강도는 코터에 발생하는 압축응력과 전단응력이 문제가 된다.

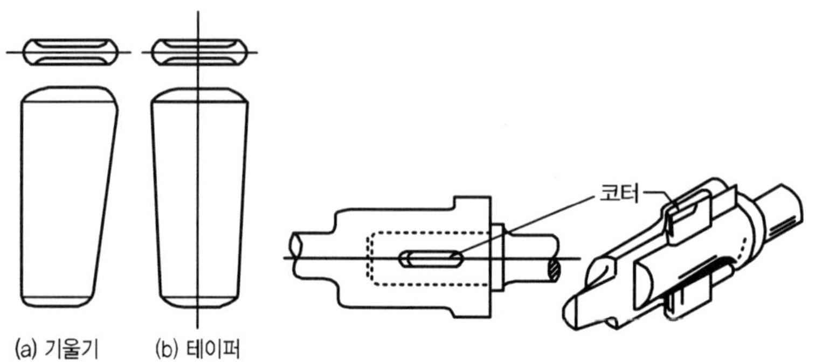

그림 2-43 코터의 형상과 코터 이음

(2) 코터 이음의 강도계산

여기서, W : 하중[kgf]

b : 코터의 폭[㎜]

h : 코터의 높이[㎜]

d : 소켓의 안지름[㎜]

D : 소켓의 바깥지름[㎜]

d_1 : 테이퍼의 지름[㎜]

t : 코터의 두께[㎜]

$\sigma t, \sigma c, \tau$: 로드의 허용 인장, 압축 및 전단응력[kgf/㎟]

$\sigma t', \sigma c' \tau'$: 소켓의 허용 인장, 압축 및 전단응력[kgf/㎟]

$\tau_1, \sigma b$: 코터의 허용 전단 및 굽힘응력[kgf/㎟]

① 코터의 전단 응력 : $\tau = \dfrac{W}{2bh}$ [kgf/㎠]

② 로드의 절단 : $0.785d^2\sigma t$

③ 소켓 내의 로드 절단 : $(0.785d^2 - dt)\sigma t$

④ 로드의 소켓 구멍 벽의 압괴 : $d \cdot t \cdot \sigma c$

⑤ 소켓의 절단 : $[0.785(D^2-d^2)-(D-d)t]\sigma t$

⑥ 소켓의 코터 구멍 벽의 압괴 : $(D-d)t \cdot \sigma c'$

⑦ 소켓 끝의 전단 : $2h_2(D-d)\tau'$

⑧ 로드 끝의 전단 : $2h_1 d\tau$

⑨ 로드의 칼라 전단 : $\pi d t_2 \tau$

⑩ 로드의 칼라 압괴 : $0.785(d_1^2-d^2)\sigma c$

⑪ 코터의 전단 : $2bt\tau_1$

⑫ 코터의 굽힘 : $\dfrac{4tb^2\sigma b}{3D}$

[3] 스냅 링(snap ring)

예전에는 축이 축방향으로 이동하는 것을 나사나 볼트와 칼라(collar)를 사용하여 방지하였으나 최근에는 스냅 링을 사용하여 설계나 구조를 간단하게 할 수 있기 때문에 널리 사용된다. 스냅 링 중에서 간단한 것은 그림 2-44의 (a)와 같이 선재를 원형으로 구부려 열처리 한 것이다. 이것은 축의 끝에 가공된 스냅 링 홈에 끼워서 부품이 축에서 빠져 나오지 않도록 하는 것으로 축의 추력(thrust)이 큰 경우에는 사용하지 못한다. 또 얇은 강철판으로 블랭킹(blanking)하여 만든 스냅 링에는 그림 2-44의 (b)와 같은 C형(편심)스냅 링이 있는데 이것은 축에 사용하는 것과 구멍에 사용되는 것이 있다.

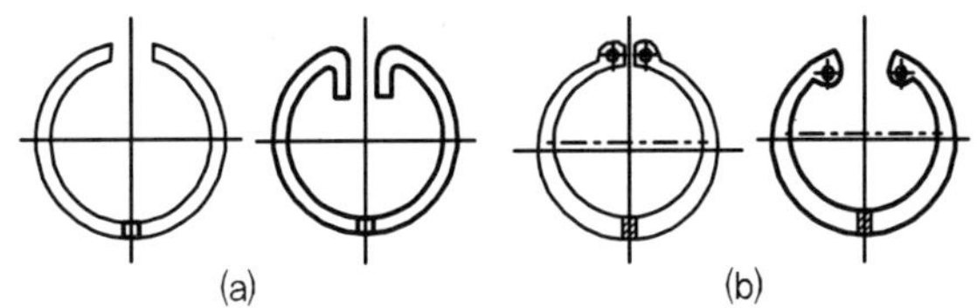

그림 2-44 스냅 링

[4] 핀(pin)

핀은 2개 이상의 기계 부품 결합용이나 보조용으로 사용되며, 하중이 작은 부분의 부품 설치 및 분해·조립을 하는 부품의 위치 결정에 주로 사용된다.

(1) 핀의 종류

① 평행 핀(dowel pin) : 일반적으로 지름이 적은 강철제 둥근 봉으로서 기계 부분을 간단하게 체결하거나 분해·조립을 하는 두 부분의 맞춤 면의 관계 위치를 항상 일정하게 할 필요가 있는 경우에 사용된다. 핀의 크기는 호칭지름 d[㎜]와 길이 l[㎜]로 나타낸다. 이 평행 핀은 노크 핀(knock pin) 또는 자리 맞춤 핀(dowel pin)이라고도 한다.

② 테이퍼 핀(taper pin) : 1/50 정도의 테이퍼로 되어 있으며, 주로 키 대용으로 사용하거나 보스와 축을 테이퍼 리머(taper reamer)로 가공하여 때려 넣어서 고정시키기 위해 사용한다. 앞 끝이 갈라진 테이퍼 핀도 있으며, 테이퍼 핀의 지름은 가장 작은 끝 부분의 지름으로 나타낸다.

③ 분할 핀(split pin) : 너트의 풀림 방지나 축에 끼운 링이 빠지는 것을 방지하기 위하여 사용한다. 이것은 강철이나 황동으로 제작하며 구멍에 끼워 넣은 다음 앞 끝을 두 갈래로 벌려 빠지지 않도록 한다.

④ 스프링 핀(spring pin) : 세로 방향으로 갈라져 있어 구멍의 크기가 정확하다.

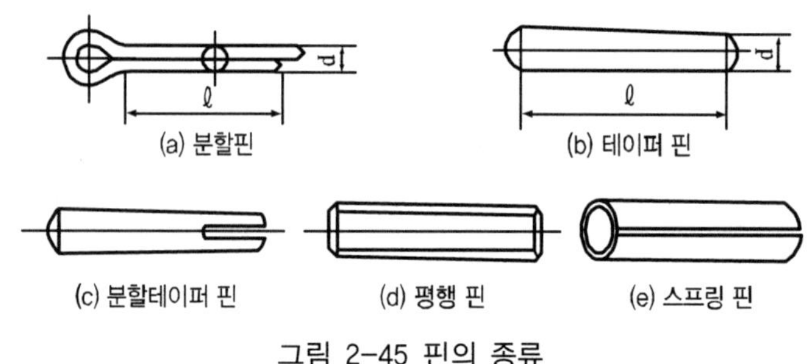

그림 2-45 핀의 종류

(2) 핀의 설계

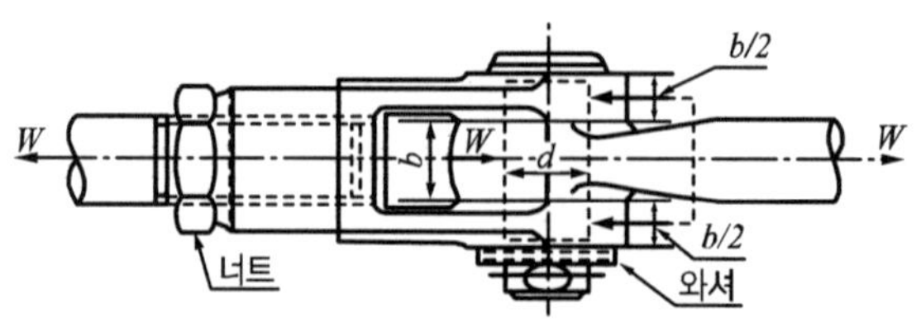

그림 2-46 핀의 설계

여기서, W : 하중[kgf]

d : 핀의 링크와의 접촉 길이[mm]

m : 상수

p : 회전 개소에 사용되는 핀의 투영면에서의 면압력[kgf/mm²]

l : 핀과 이음과의 총 접촉 길이[mm]

① 핀 지름 d는

$$p=\frac{W}{db}$$

$$W=d\cdot b\cdot p=md^2p(b=md,\ m=1\sim1.5)$$

$$d=\sqrt{\frac{W}{mp}}$$

② 핀의 전단강도 : $W=\frac{2\pi}{4}d^2\tau$

③ 핀의 굽힘 강도

$$\frac{Wl}{8}=\frac{\pi}{32}d^3\sigma b\ (l=1.5md,\ l=2b)$$

$$W=0.52\frac{d^2\sigma b}{m}$$

4. 리벳이음(rivet joint)

[1] 리벳의 개요

리벳은 용기(容器), 압력탱크, 건축물, 교량 등을 제작할 때 판이나 형강(形鋼)을 겹쳐서 반영구적으로 결합하는데 사용된다. 즉 리벳이음을 하거나 또는 이에 다른 기계부품을 설치하기 위해 사용하는 기계요소인데 원칙적으로는 리벳의 전단저항에 의해 외부의 힘을 감당할 수 있도록 한 것이다.

[2] 리벳의 종류

리벳은 머리부분의 형상에 따라 그림 2-47과 같은 종류가 있으며, 일반적으로 둥근 머리 리벳이 가장 많이 사용되며, 납작 머리 리벳은 구조용으로 사용되고, 둥근

접시머리 리벳은 표면에 리벳 머리가 돌출 되면 안 되는 부분에서 사용된다. 리벳은 [명칭] [축부분의 지름(d)] [목 밑의 길이(l)] [재질] 순서로 표시한다. [예] 둥근 머리 리벳 25×50S V34 그리고 리벳의 길이(l)= t(판 두께의 합)+(1.3~1.6) d으로 나타낸다.

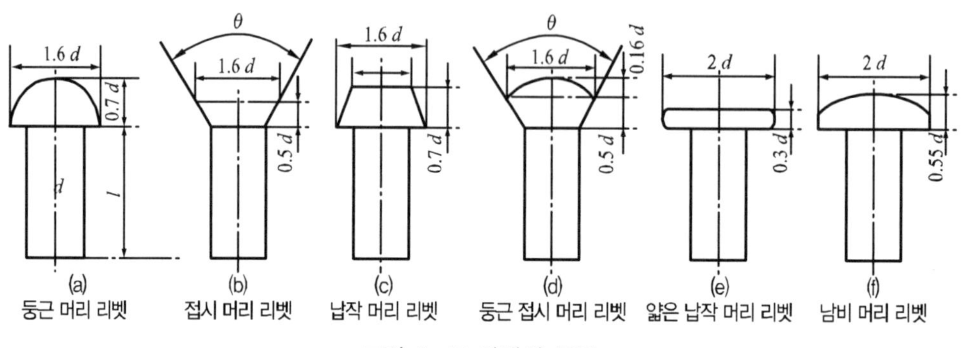

그림 2-47 리벳의 종류

[3] 리벳의 재료

리벳의 재료에는 강철, 구리, 황동, 알루미늄, 두랄루민 등이 있으며, 일반적으로 이어 맞추는 판재(板材)와 같은 종류의 재질을 사용한다. 그리고 리벳은 리벳팅할 때 크게 변형되므로 연성이 큰 재료로 만든다. 일반적으로 연강을 사용하지만, 판재나 경합금이나 구리합금에서는 같은 종류의 재질의 리벳을 사용한다.

[4] 리벳이음 작업순서

① 드릴링 : 강판이나 형강에 리벳이 들어갈 구멍을 뚫는다.

② 리밍 : 뚫린 구멍을 리머로 정밀하게 다듬는다.

③ 리벳팅 : 리벳을 구멍에 넣고 양쪽에 스냅을 대고 때려서 머리 부분을 만든다. 지름이 10㎜ 이상인 것은 열간 리벳팅을 하고, 그 이하는 냉간 리벳팅을 한다.

④ 코킹(cauking) : 보일러와 같이 용기를 리벳이음으로 제작한 후 강판의 가장자리를 끌과 같은 공구로 기밀을 유지하기 위하여 행하는 작업이다. 즉, 리벳팅이 끝난 뒤에 리벳머리 주위나 강판의 가장자리를 정으로 때려 그 부분을 밀착시켜서 틈을 없애는 작업이다. 그러나 강판 두께가 5㎜ 이하인 경우에는 코킹 효과가 없다.

⑤ 플러링(fullering) : 5㎜ 이상의 강판 리벳이음에서 코킹 작업이 끝난 후 더욱 더 기밀을 안전하게 유지하기 위하여 강판을 공구로 때려 붙이는 작업이다. 즉 리벳팅에서 기밀을 요할 때 리벳팅 후 냉각상태에서 판의 끝을 75~85° 정도로 깎아준 후 코킹 작업을 하여 판을 밀착시킨 다음 더욱 기밀을 유지하기 위해 하는 작업이다.

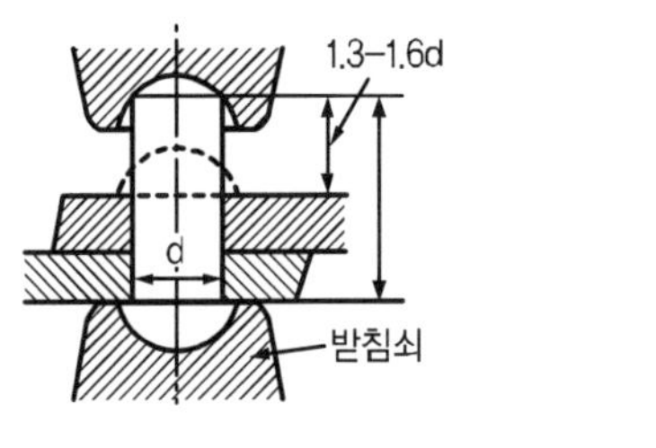

그림 2-48 리벳 작업

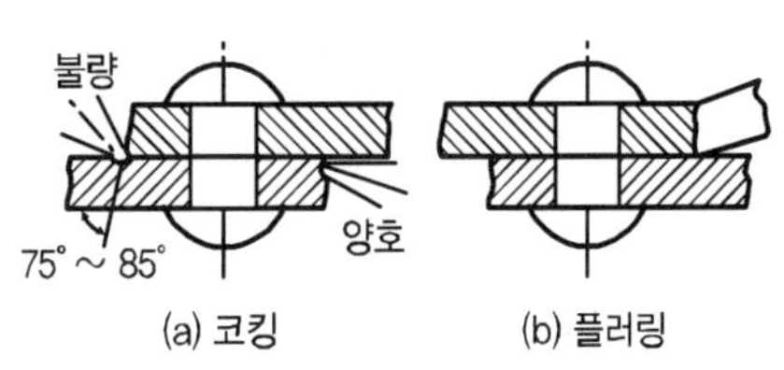

그림 2-49 코킹과 플러링

[5] 리벳 이음

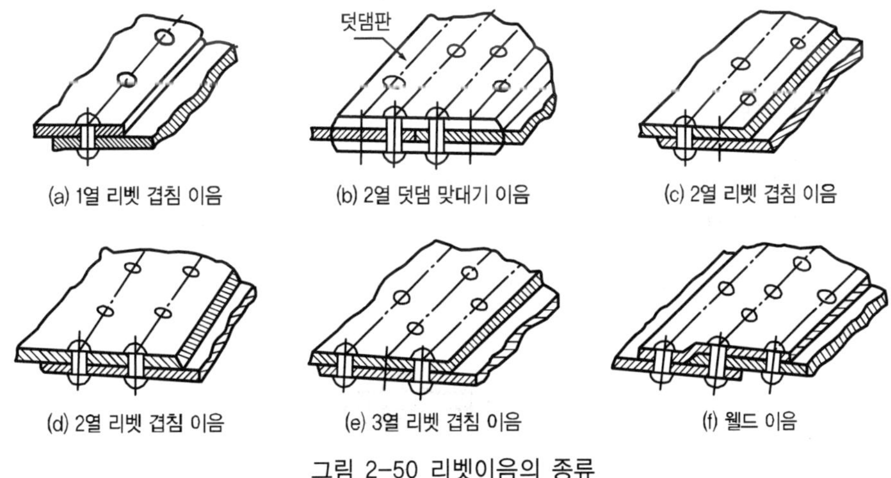

그림 2-50 리벳이음의 종류

리벳 이음에는 겹치기 이음(lap joint)과 맞대기 이음(butt joint)이 있으며, 리벳의 배열에는 평행형과 지그재그(zigzag)형이 있다. 또 그 사용목적에 따라 분류하면 다음 3가지로 분류할 수 있다.

① 높은 압력에 견디고 기밀을 요하는 것······보일러, 고압용기, 고압 파이프

② 압력은 낮으나 기밀을 요하는 것……물탱크, 저압용기

③ 강도만 필요하며, 기밀을 필요로 하지 않는 것……교량, 건축물

[6] 리벳이음의 특징

① 용접작업에서 발생하는 잔류 응력이 발생하지 않는다.

② 현장 조립일 경우 용접이음보다 작업이 쉽다.

③ 경합금 등에 신뢰성이 있다.

④ 강철판 두께에 한계가 있으며, 이음효율이 낮다.

[7] 리벳이음의 강도

여기서, p : 리벳의 피치[㎜]

W : 1피치 당 인장하중[kgf]

t : 판 두께[㎜]

d : 리벳 체결 후의 리벳지름(리벳 구멍지름)[㎜]라 하면

(1) 리벳이 전단되는 경우

리벳의 전단 응력을 τ[kgf/㎟]라 하면

$W = 0.785 d^2 \tau$[kgf]

맞대기 이음의 경우에는 상하에 2개의 덮개 판을 대고 리벳이음을 하므로

$W = 0.785 d^2 n \tau$가 된다. 여기서 $n=2$로 한다.

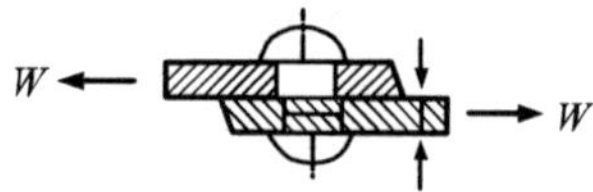

그림 2-51 리벳의 전단

(2) 리벳 구멍사이에서 판이 전단되는 경우

인장 응력을 σt [kgf/㎟]라 하면

$W = t(p - d)\sigma t$[kgf]

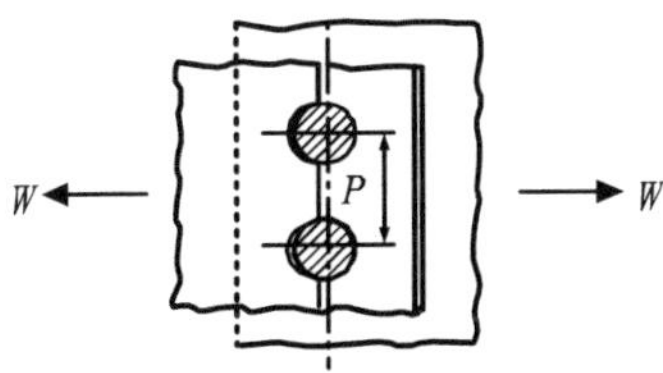

그림 2-52 리벳 구멍사이의 전단

(3) 판 또는 리벳이 압축으로 파괴되는 경우

압축 응력을 σ_c[kgf/㎟]라 하면

$$W = dt\sigma_c \text{[kgf]}$$

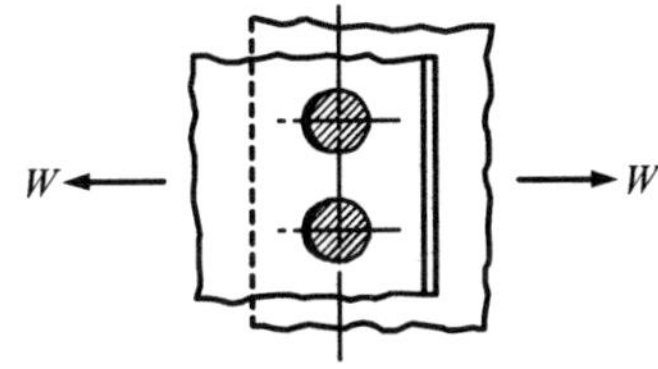

그림 2-53 리벳 축 또는 구멍의 압축판 전단

(4) 판 가장자리가 전단되는 경우

$$W = 2et\tau \text{[kgf]}$$

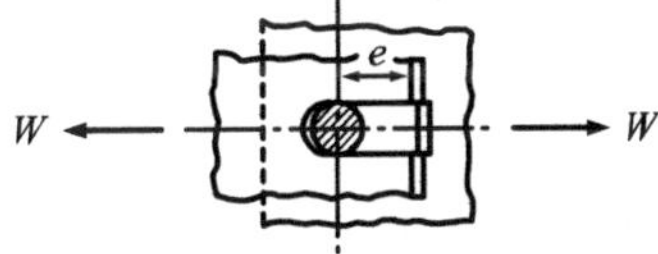

그림 2-54 판의 전단

(5) 판 가장자리가 굽힘에 의해 찢어지는 경우

$$W = \frac{\sigma t}{3} \cdot \frac{t(2e-d)^2}{d}$$

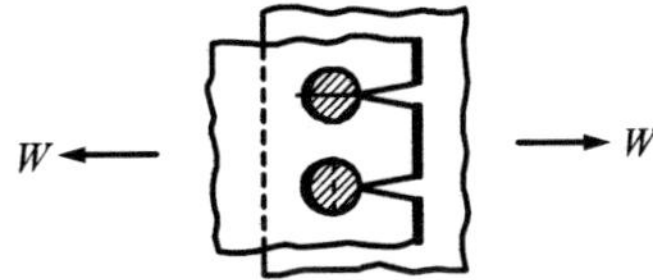

그림 2-55 리벳과 강판의 가장자리 찢어짐

[8] 리벳지름과 피치의 크기

리벳이 전단되는 경우와 압축 파괴되는 경우 전단저항과 압축저항이 같다고 하면

$$\frac{\pi}{4}d^2\tau = dt \cdot \sigma c \qquad \therefore d = \frac{4t \cdot \sigma c}{\pi\tau}$$

또, 리벳이 전단되는 경우의 전단저항과 판이 전단될 때의 인장저항이 같다고 하면

$$\frac{\pi}{4}d^2\tau = (p-d)t \cdot \sigma t \qquad \therefore p = d + \frac{\pi d^2\tau}{4t \cdot \sigma t}$$

전단면의 수가 n개인 경우에는

$$p = d + \frac{\pi d^2 n\tau}{4t \cdot \sigma t}$$

[9] 리벳 효율

(1) 리벳이음에서 판의 효율

리벳이음에서 리벳구멍을 뚫은 판의 강도와 구멍을 뚫기 전 판의 강도와의 비율을 판의 효율이라 한다. 이것을 η_t라 하면 다음과 같다.

$$\eta t = \frac{\text{1피치 폭의 구멍뚫린 판의 인장 파괴하중}}{\text{1피치폭 판의 인장 파괴하중}}$$

$$= \frac{t(p-d_1)\sigma t}{tp \cdot \sigma t} = \frac{p-d_1}{p}$$

여기서, d_1 : 리벳구멍 지름[㎜]

σt : 판재의 인장강도[kgf/㎟]

(2) 리벳 효율

리벳 전단강도와 구멍을 뚫기 전의 판 강도와의 비율을 리벳효율이라 한다. 이것을 η라 하면

$$\eta = \frac{\text{1피치 내에 있는 리벳의 전단 파괴하중}}{\text{1피치 폭 판의 인장 파괴하중}}$$

$$= 0.785d^2\tau \quad \frac{n}{tp \cdot \sigma t}$$

여기서, σt : 강판 재료의 허용 인장응력[kgf/㎟]

t : 강판 두께[㎜]

d : 리벳 지름[㎜]

τ : 리벳 재료의 허용 전단응력[kgf/㎟]이다.

(3) 1줄 겹치기 리벳이음에서 강판의 인장응력

$$\sigma a = \frac{W}{t(p-d)}$$

[10] 보일러용 리벳 이음의 설계

여기서, D : 보일러 몸통 안지름[㎜]

σt : 보일러 강판 인장장도[kgf/㎟]

p : 보일러의 최고 사용압력[kgf/㎟]라 하면

(1) 용기의 세로이음의 판 단면에 발생하는 응력(후프의 응력)은

$$pDl = 2tl \cdot \sigma t$$

$$\sigma t = \frac{pDl}{2tl}$$

$$\therefore t = \frac{pD}{2\sigma t}$$

(2) 둘레방향의 판 단면에 발생하는 응력은

$$\sigma t' = \frac{0.785 D^2 p}{\pi D t} = \frac{Dp}{4t}$$

$$\therefore \ t = \frac{pD}{4\sigma t'}$$

(3) 판의 허용 인장응력을 σa[kgf/㎟], 안전계수를 S, 리벳이음 효율을 η라 하면

$$t = \frac{pDS}{200\sigma t \cdot \ \eta} + c$$

$$t = \frac{pD}{200\sigma t \cdot \ \eta} + c$$

여기서, c: 부식에 대한 상수 [1㎜ 정도]

2-2 축(shaft) 계열 기계요소

1. 축(軸, shaft)

[1] 작용하는 힘에 의한 분류

① 차축(axle) : 기차나 자동차의 두 바퀴를 연결한 축과 같이 차체나 하물의 중량을 지지하며, 주로 휨을 받는 회전축 또는 정지 축이다.

② 스핀들(spindle) : 동력을 전달하면서 실제의 일을 하는 비교적 짧은 축이며, 기계부품의 하나이다. 주로 비틀림 작용을 받으며, 모양이나 치수가 정밀하고 변형이 적으며, 내마모성이 있어야 한다.

③ 전동축 : 동력전달을 목적으로 하는 축으로서, 주로 비틀림과 휨을 받으며, 주축(main shaft), 선축(line shaft), 중간 축(counter shaft)으로 분류된다.

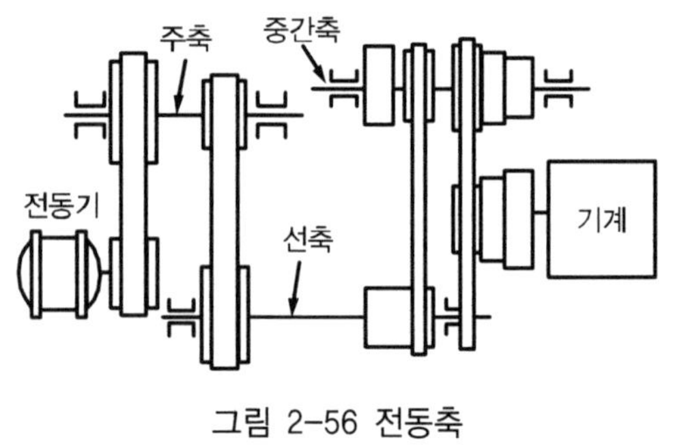

그림 2-56 전동축

[2] 모양에 따른 분류

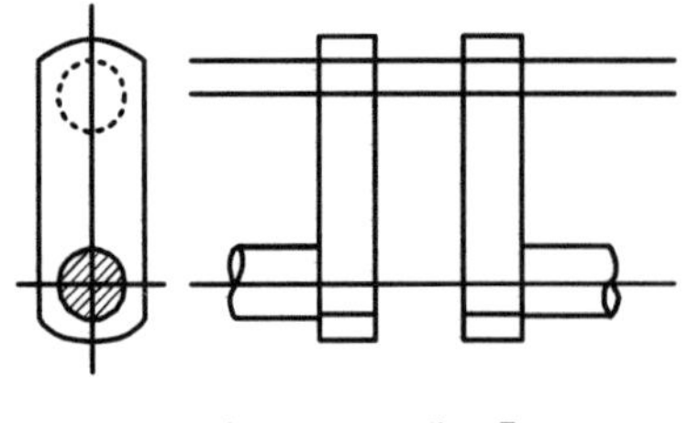

그림 2-57 크랭크축

그림 2-58 플렉시블 축

① 직선축 : 일반적으로 사용하는 곧은 축이다.

② 크랭크축 : 왕복운동 기관의 직선운동을 회전운동으로 바꾸는데 사용된다.

③ 플렉시블 축(flexible shaft) : 축의 방향이 자유롭게 변화할 수 있는 축이며, 주로 작은 동력 전달용으로 사용된다.

[3] 축을 설계할 때 고려할 사항

① 강도(strength) : 축은 주로 비틀림과 굽힘을 받는 경우가 많고, 인장이나 압축 등도 동시에 받는 경우가 있으므로 이 응력에 대해 충분한 강도를 줄 필요성이 있다.

② 휨 변형(bending deflection) : 굽힘을 받는 축에서 강도가 충분하여도 처짐이 어느 한계를 넘으면 베어링 압력의 불균일, 기어 물림이 부정확하므로 처짐량이 일정 한계이내이어야 한다.

③ 비틀림 변형(torsion deflection) : 확실한 동력전달을 요구하는 축에 비틀림이 작용하여 축의 비틀림 각도가 크면 기계적인 불균형이 발생하므로 축의 비틀림 작도를 제한하여 설계하여야 한다.

④ 진동(vibration) : 축이 굽힘 작용이나 비틀림 작용에 의해 진동할 경우에는 어느 회전속도가 되면 급격히 이상 진동을 일으키고 나중에는 파괴된다. 이때의 회전속도를 임계속도(critical speed) 또는 위험속도라 한다.

⑤ 부식(corrosion) : 액체와 접촉하는 축은 부식되기 쉬우므로 방식 처리나 재료 선정에 주의하여야 한다.

⑥ 열 응력(thermal stress) : 열기관에서 사용하는 회전축은 높은 온도와 접촉하고 있으므로 출을 설계할 때 열응력 및 열팽창 등을 고려하여야 한다.

[4] 축의 설계

(1) 강도에 의한 축 지름 설계

1) 굽힘 모멘트만을 받는 축

① 실체축(實體軸)의 경우

$$M=\sigma_a \cdot Z=\frac{\pi}{32}d^3\sigma_a=\frac{d^3}{10.2}\sigma_a$$

$$\therefore\ d=\sqrt[3]{\frac{10.2}{\sigma_a}M}=2.17\sqrt[3]{\frac{M}{\sigma_a}}$$

여기서, M : 축의 굽힘 모멘트[kgf·㎜]

σa : 축의 허용 굽힘 응력[kgf/㎟]

Z : 단면계수[㎣]

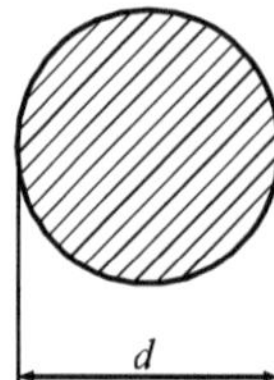

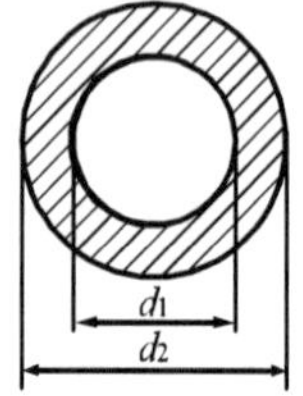

그림 2-59 실체축과 중공축

② 중공축(中空軸)의 경우

$$M=\frac{\pi}{32}\left(\frac{d_2^4-d_1^4}{d_2}\right)\sigma_a=\frac{d_2^3}{10.2}(1-x^4)\sigma_a$$

여기서, $x=\frac{d_1}{d_2}$

$$\therefore\ d_2=\sqrt[3]{\frac{10.2M}{(1-x^4)\sigma_a}}\fallingdotseq 2.17\sqrt[3]{\frac{M}{(1-x^4)\sigma_a}}$$

2) 비틀림 모멘트만 받는 축

① 실체축의 경우

$$T=\frac{\pi}{16}d^3\tau_a\fallingdotseq\frac{d^3}{5.1}\tau_a$$

$$\therefore\ d=\sqrt[3]{\frac{16T}{\pi\cdot\ \tau_a}}\fallingdotseq\sqrt[3]{\frac{5.1T}{\tau_a}}=1.72\sqrt[3]{\frac{T}{\tau_a}}$$

여기서, T : 축의 비틀림 모멘트[kgf·㎜]

d : 축의 지름[㎜]

τ_a : 축의 비틀림 허용 응력[kgf/㎟]

또 H[마력], N[rpm]으로 전달시키는 축의 지름 d[㎝]는 다음과 같다.

$$H_{ps}=\frac{T\omega}{75\times 100}=\frac{2\pi N}{75\times 60\times 100}$$

$\therefore\ T = \frac{71620H_{ps}}{N}$

$\frac{\pi}{16}d^3\tau_a = \frac{71620H_{ps}}{N}$

㉮ PS(마력)인 경우 : $d = 71.5\sqrt[3]{\frac{H_{ps}}{\tau a \cdot N}}$ [cm], $d = 154\sqrt[3]{\frac{H_{ps}}{\tau a \cdot N}}$ [mm]

㉯ kW(전력)인 경우 : $d = 79.2\sqrt[3]{\frac{H_{kW}}{\tau a \cdot N}}$ [cm], $d = 170\sqrt[3]{\frac{H_{kW}}{\tau a \cdot N}}$ [mm]

② 바깥지름을 d_2, 안지름을 d_1이라 할 때 안지름/바깥지름의 비율 $x = \frac{d_1}{d_2}$라 하면

$d_2 = \sqrt[3]{\frac{5.1T}{(1-x^4)\tau_a}} = 1.72\sqrt[3]{\frac{T}{(1-x^4)\tau_a}}$ [cm]

㉮ PS(마력)인 경우 : $d_2 = 71.5\sqrt[3]{\frac{H_{ps}}{(1-x^4)\tau a \cdot N}}$ [cm]

㉯ kW(전력)인 경우 : $d_2 = 79.2\sqrt[3]{\frac{H_{kW}}{(1-x^4)\tau a \cdot N}}$ [cm]

3) 굽힘과 비틀림을 동시에 받는 축

$$Me = \frac{1}{2}(M + \sqrt{M^2 + T^2}) = \frac{M}{2}\left[1 + \sqrt{1 + \left(\frac{T}{M}\right)^2}\right] = \frac{1}{2}(M + Te)$$

$$Te = \sqrt{M^2 + T^2} = M\sqrt{1 + \left(\frac{T}{M}\right)^2}$$

일반적으로 강(鋼)과 같이 연성인 재료의 축은 최대 전단 응력설이 가장 잘 일치되고 $\left(Te = \frac{\pi}{16}d^3\tau_a\right)$, 주철과 같이 취성인 재료는 최대 주응력설(最大 主應力說) 잘 일치된다.

$\left(Me = \frac{\pi}{32}d^3\sigma_a\right)$ 따라서 축 지름은 다음과 같다.

① 상당 비틀림 모멘트에 의한 경우

㉮ $d = \sqrt[3]{\frac{5.1\,Te}{\tau_a}}$ (실체축)

㉯ $d_2 = \sqrt[3]{\frac{5.1\,Te}{(1-x^4)\tau_a}}$ (중공축)

② 상당 굽힘 모멘트에 의한 경우

㉮ $d = \sqrt[3]{\frac{10.2Me}{\sigma_a}}$ (실체축)

㉯ $d_2 = \sqrt[3]{\frac{10.2Me}{(1-x^4)\sigma_a}}$ (중공축)

(3) 축의 강도

1) 축의 비틀림 강도

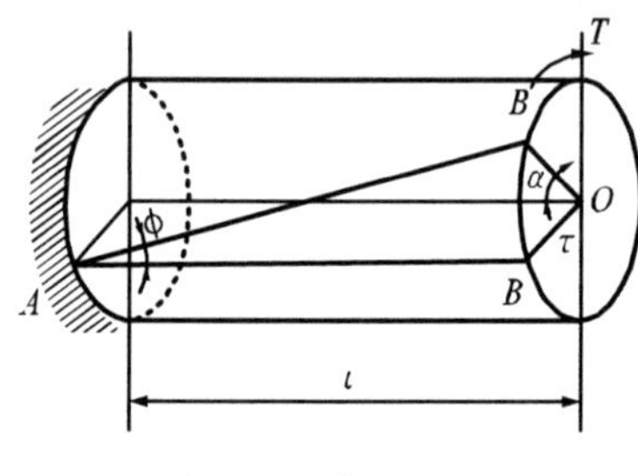

그림 2-60 축의 비틀림

① 실체축인 경우

그림 2-60과 같이 비틀림을 받았을 때 OB가 각도 α만큼 위치가 변화하였다면

$\alpha = \frac{32}{\pi d^4} \cdot \frac{Tl}{G}$ [rad]

여기서, G는 축 재료의 가로탄성계수이다.

α를 각도로 표시한 값을 θ라 하면

$\theta° = \frac{180}{\pi}\alpha$ 이므로 $\theta = 583.6\frac{Tl}{d^4 G}$ [°]

다시 $T = \frac{\pi}{16}d^3\tau$ 이므로 $\theta = 114.6\frac{\tau l}{dG}$ [°]

또 $T = \frac{71620H_{ps}}{N}$ 이므로 $\theta = \frac{41797400H_{ps}}{GNd^4}$ [°]

② 중공축인 경우

$\theta = \frac{583.6\,Tl}{\left(d_2^4 - d_1^4\right)G}$ [°]

2) 바하의 축 공식

① 실제축인 경우

$$축의\ 강도 = \frac{비틀림\ 각도}{단위\ 길이} = \frac{\theta}{l}$$

$\theta = 57.3\frac{Tl}{G_p}$에 $T = \frac{71620H_{ps}}{N}$을 대입하고 축 지름 d를 구할 때 l = 1㎜에 대하여 $\theta \leq \frac{1}{4}°$로 설계한다. 또, 연강에 대하여 $G = 8.3 \times 10^3 kgf/mm^2$이므로

㉮ PS(마력)인 경우 : $d = 120\sqrt[4]{\frac{H_{ps}}{N}}$ [mm]

㉯ kW(전력)인 경우 : $d = 130\sqrt[4]{\frac{H_{kW}}{N}}$ [mm]

② 중공축인 경우

㉮ PS(마력)인 경우 : $d = 120\sqrt{\frac{(1-x^4)H_{ps}}{N}}$ [mm]

㉯ kW(전력)인 경우 : $d = 130\sqrt{\frac{(1-x^4)H_{kW}}{N}}$ [mm]

3) 축의 비틀림 강성

① 실제축인 경우

$T = \frac{\pi}{32}d^4G\theta$에서 $d = \sqrt[4]{\frac{32T}{\pi G\theta}} = \sqrt[4]{\frac{10.2T}{G\theta}}$

② 중공축인 경우

$T = \frac{\pi}{32}\left(d_2^4 - d_1^4\right)G\theta = \frac{\pi}{32}d_2^4(1-x^4)G\theta$에서

$$d_2 = \sqrt[4]{\frac{32T}{\pi(1-x^4)G\theta}} = \sqrt[4]{\frac{10.2T}{\pi(1-x^4)G\theta}}$$

4) 축의 굽힘 강성

양단 지지 보에서 중앙에 집중하중이 작용하면 보의 처짐 δ는 다음과 같다.

$$\delta = \frac{Wl^3}{48EI}$$

여기서, E : 탄성계수　　　　　　I : 2차 모멘트

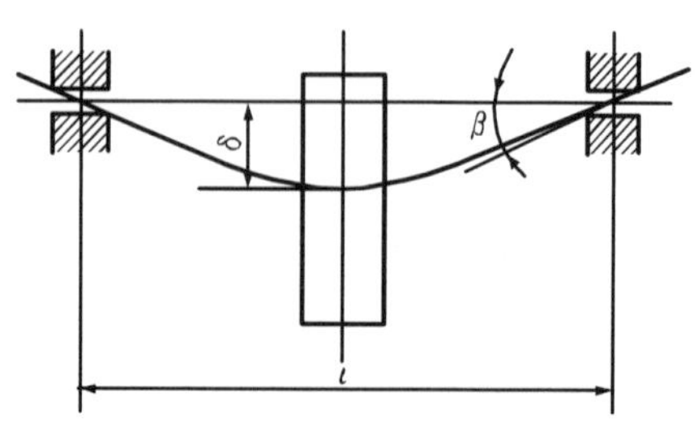

그림 2-61 축의 굽힘 강성

또 처짐 각도 β는 다음과 같다.

$$\beta = \frac{Wl^2}{16EI}$$

그러므로 처짐과 처짐 각도사이는

$$\frac{\delta}{\beta} = \frac{1}{3}l$$

베벨기어 축에서는 $\beta = \frac{1}{1000}$ 을 한도로 하므로

$$\delta = \frac{1}{3000}l$$

즉 축의 길이 1m에 대하여 처짐은 0.3㎜ 이하로 제한한다.

(4) 축의 위험속도

축의 중심(重心)과 중심(中心)은 일치될 수 없으므로 항상 편심(偏心)이 되어 고속 회전을 하면 편심에 의해 원심력이 발생하여 축이 변형되며 회전속도가 어느 점에 도달하면 파손된다. 이 회전속도를 위험속도라 한다. 축의 중앙에 1개의 회전 질량을 가진 축의 경우 위험속도는 다음 공식으로 계산한다.

$$Nc = \frac{30}{\pi}\omega c = \frac{30}{\pi}\sqrt{\frac{g}{\delta}} \fallingdotseq 300\sqrt{\frac{1}{\delta}}$$

여기서,

Nc : 축의 위험회전속도[rpm]　　　ωc : 위험 각속도[rad/s]

g : 중력가속도(980cm/s^2)　　　δ : 축의 처짐(cm)

2. 커플링(Coupling, 축 이음)

[1] 커플링의 종류

(1) 슬리브 커플링(sleeve coupling or muff coupling)

주철로 만든 원통 또는 분할 원통 속에 2개의 축을 양쪽에서 각각 집어넣고 키로 고정시킨 것이며, 가장 간단한 구조이다. 이것은 작은 지름(30㎜ 이하)에서 사용한다. 슬리브 커플링의 특징은 다음과 같다.

① 값이 싸다
② 축방향으로 인장력이 걸릴 경우에는 부적당하다.
③ 중심 맞추기를 정밀하게 하여야 한다.
④ 큰 동력전달이나 고속회전에서는 사용하지 못한다.

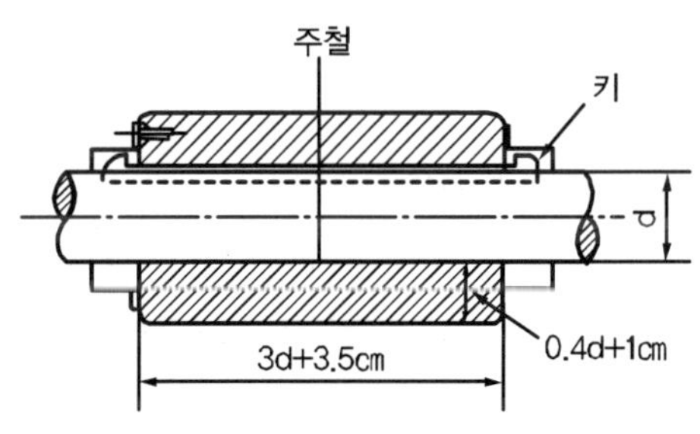

그림 2-62 슬리브 커플링

(2) 플랜지 커플링(flange coupling)

일반적으로 널리 사용하는 커플링이며, 양축 끝에 주철 또는 강철로 만든 플랜지를 고정하고 이것을 볼트로 조인 것이다. 플랜지의 지름이 크거나 축의 중심이 변위되어 있으면 원심력으로 진동하기 쉽다.

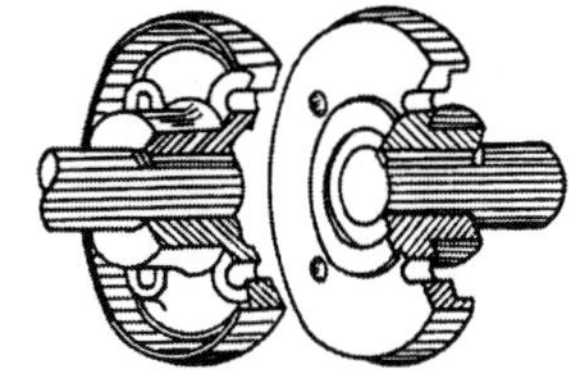

그림 2-63 플랜지 커플링

(3) 플렉시블 커플링(flexible coupling)

두 축의 중심선이 어느 정도 어긋났거나 경사졌을 때 사용하는 것으로 결합부분에 합성고무, 가죽, 스프링 등 탄성이 있는 재료를 사용하여 양축 사이의 회전력은 이들을 통하여 전달되도록 한 것과 스프로킷(sprocket)-체인(chain)-스프로킷의 순서로 연결한 체인 커플링이 있다. 플렉시블 커플링의 특징은 다음과 같다.

① 탄성물체를 플랜지의 중간에 넣고 연결시켜 진동이나 충격을 완화시킨다. 따라서 전기절연에도 효과적이다.

② 중·대형 축 지름용이며, 고속회전 중하중용에 적합하다.

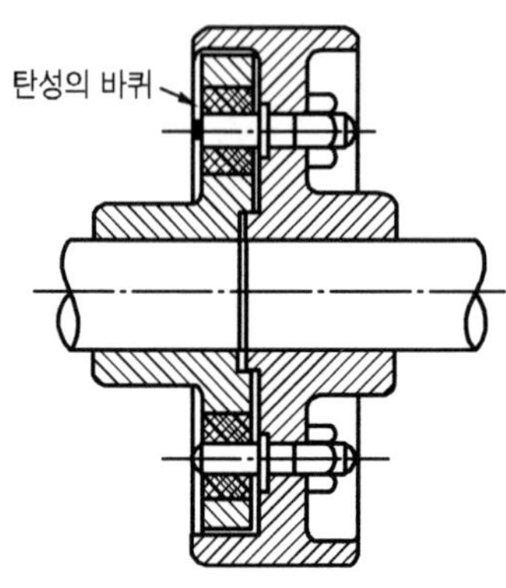

그림 2-64 플렉시블 커플링

(4) 올담 커플링(oldham's coupling)

두 축이 평행하고 축의 중심이 어긋나 있을 때 사용한다. 양축 끝에 설치한 플랜지 사이에 90°의 각도로 키(key)모양의 돌출부분이 양쪽에 있는 원판이 있으며, 이 돌출부분이 플랜지의 홈에 끼워져 동력을 전달한다. 올담 커플링은 진동을 일으키기 쉬우며, 마찰이 크고, 고속회전에는 부적합하다.

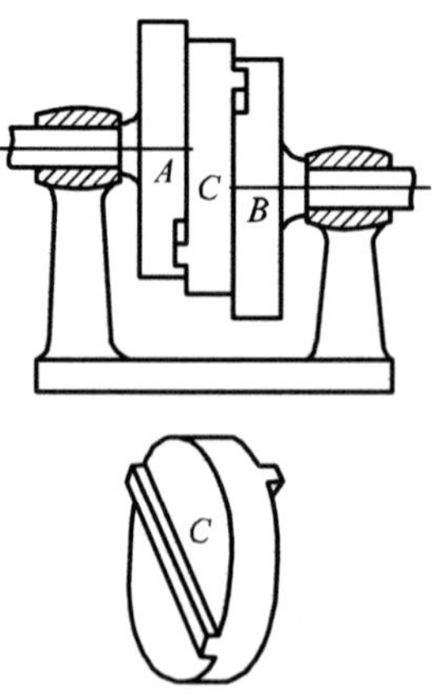

그림 2-65 올담 커플링

(5) 유니버설 조인트(universal joint, 자재이음)

두 축이 어떤 각도로 교차되는 경우에 사용하는 것이며, 그 구조는 양축 끝에 설치한 요크(yoke) 끝을 십자축으로 연결하여 회전할 수 있도록 한 것이다. 원동축이 일정한 속도로 회전하여도 두 축의 경사각도가 커질수록 종동축의 회전에 부등속 회전이 발생한다. 따라서 경사각도는 일반적으로 30° 이하로 사용하며 종동축의 회전변동을 피하도록 하고 있다. 유니버설 조인트의 특징은 다음과 같다.

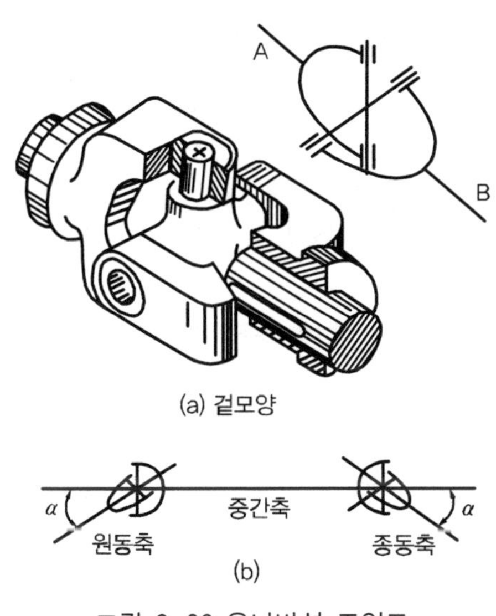

(a) 겉모양

(b)

그림 2-66 유니버설 조인트

① 동력전달이 원활하고 조용하다.

② 진동 흡수성과 내구성이 있다.

③ 회전 중에도 경사각도를 변화시킬 수 있다.

(6) 클러치(clutch)

클러치는 회전 중에도 두 축의 결합 및 차단을 할 수 있는 커플링이며, 원동축의 회전을 중지시키지 않고도 종동축의 회전을 제어할 때 사용한다.

1) 맞물림 클러치(claw clutch or dog clutch)

클러치의 한쪽은 축에 키로 고정하고, 다른 쪽은 페더키(feather key) 등으로 축에 끼워서 축의 위를 미끄럼 운동하여 양쪽 접촉면에 있는 맞물림 기구(claw)를 물리거나 풀어 동력을 연결·차단한다. 클러치의 연결·차단장치는 클러치의 한쪽을 좌우로 움직이는 기구로 된 클러치 물림 요크(clutch shifting yoke)를 사용한다. 또 맞물림 기구는 강철로 제작하며, 열처리되어 있다. 맞물림 기구의 형상에 따라 회전방향이 일정한 것과 변화할 수 있는 것 등이 있으며, 단속은 정지하고 있을 경우나 저속의 경우가 아니면 할 수 없다.

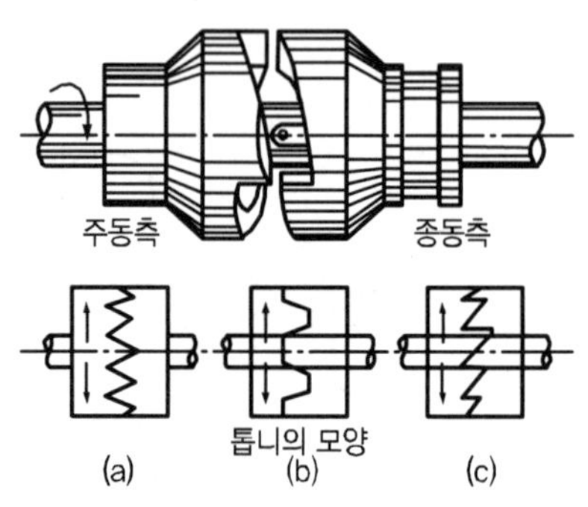

그림 2-67 맞물림 클러치

2) 마찰 클러치(friction clutch)

축 방향으로 밀어붙이는 힘으로 발생하는 마찰력에 의하여 동력을 전달하는 클러치이며, 회전 중에 단속작용이 가능하다. 마찰 면의 재질은 한쪽은 금속판으로 하고, 다른 한쪽은 가죽, 경질고무, 석면 등으로 한다.

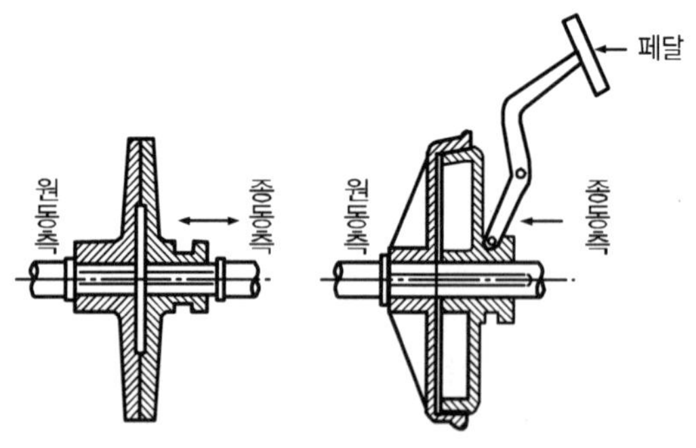

그림 2-68 마찰 클러치

① 클러치 마찰재료의 구비조건

㉮ 마찰계수가 크고, 또 그의 값이 온도, 압력, 속도의 변화에 대해 일정할 것

㉯ 내마모성이 크며, 상대 쪽을 손상시키지 않을 것

㉰ 제작이 쉽고, 강도가 클 것

㉱ 내열성이 크고, 열전도성이 클 것

② 마찰 클러치를 설계할 때 고려해야 할 사항

㉮ 관성을 줄이기 위해 소형이어야 하며 가벼울 것

㉮ 마멸이 발생하여도 이를 알맞게 수정할 수 있을 것

㉱ 단속 작용이 원활하여야 한다.

③ 마찰 클러치의 특징

㉮ 회전 중인 원동축에 연결하면 처음에는 마찰 면의 압착력이 적기 때문에 미끄럼이 있으므로 종동축에 충격을 주는 일이 없고 양축이 다 같이 급격한 하중에 의한 무리가 없이 원활하게 연결된다.

㉯ 클러치의 단속이 간단하고 확실하지만 회전 전달의 즉시 성능이 좋지 못하다.

㉰ 일정 이상의 부하가 종동축에 걸리면 마찰 면에서 미끄럼이 생겨 과다한 하중을 원동축에 전달할 수 없다.

[2] 커플링을 설계할 때 주의사항

① 중심(center)의 맞춤이 완전히 이루어질 것

② 회전균형이 완전하도록 할 것

③ 설치 및 분해가 쉽도록 할 것

④ 진동에 의해 늘어나지 말 것

⑤ 회전력 전달에 충분한 강도를 지닐 것

⑥ 회전부분에 돌출물이 없도록 할 것

3. 베어링(bearing)

회전축 또는 왕복운동을 하는 축을 지지하고 있는 기계부분을 베어링(bearing)이라 하고, 베어링과 접촉하고 있는 축 부분을 저널(journal)이라 한다. 베어링의 종류에는 베어링과 저널을 접촉상태에 따라 미끄럼 베어링과 구름베어링으로 구분하고, 하중의 방향에 따라 레이디얼 베어링과 스러스트 베어링으로 구분한다.

[1] 하중 작용방향에 따른 분류

① 레이디얼 베어링(radial bearing) : 축에 직각방향으로 하중을 받는 베어링이다.

② 스러스트 베어링(thrust bearing) : 축 방향으로 하중을 받는 베어링이다.

③ 원뿔 베어링(conical bearing) : 축 방향과 축 직각방향으로 하중을 동시에 받는 베어링이다.

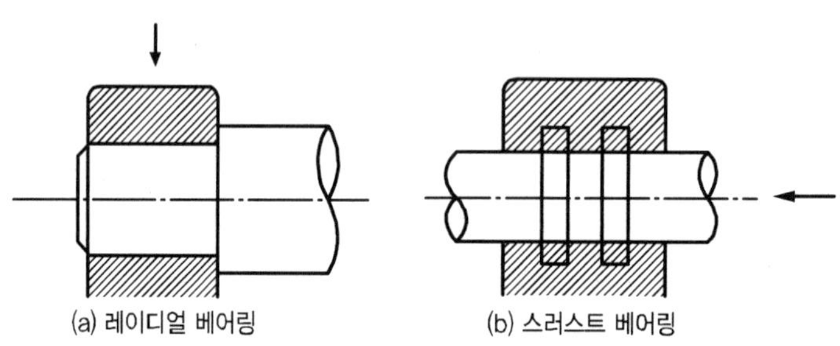

(a) 레이디얼 베어링 (b) 스러스트 베어링

그림 2-69 하중 작용방향에 따른 분류

[2] 접촉 방법에 따른 베어링의 분류

(1) 미끄럼 베어링(sliding bearing)

미끄럼 베어링은 축의 저널과 베어링 면이 직접 접촉하며 미끄럼 운동을 하는 것으로 오일이 마찰 감소작용을 한다. 베어링 재료로는 일반적으로 화이트 메탈(배빗메탈), 켈밋 합금, 인청동 등이 사용된다. 지름이 큰 베어링은 2개로 분할한 레이디얼 베어링을 사용하는 것이 편리하다.

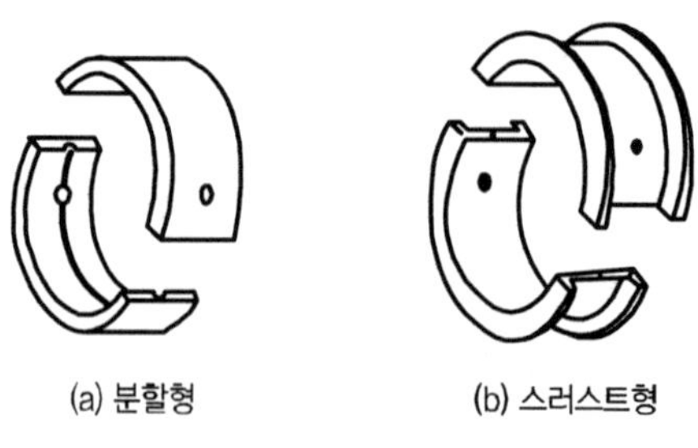

(a) 분할형 (b) 스러스트형

그림 2-70 미끄럼 베어링

1) 미끄럼 베어링 특징

① 구조가 간단하고, 값이 싸다

② 베어링 수리가 쉽다.

③ 충격에 견디는 힘이 크다.

④ 베어링에 작용하는 하중이 클 때 사용한다.

⑤ 진동·소음이 작다.

⑥ 시동할 때 마찰저항이 크다.

⑦ 윤활유 급유에 주의하여야 한다.

2) 미끄럼 베어링의 종류

① 레이디얼 베어링(radial bearing)

플레인 베어링(plain bearing) 또는 저널 베어링(journal bearing)이라고도 하며, 예전부터 사용하였다.

㉮ 부싱(bushing) : 베어링 부분이 마모되었을 때 교환할 수 있는 것과 베어링 마찰을 감소하기 위한 목적으로 원통형의 부싱을 넣은 것이며, 베어링 본체는 주철이며, 부싱은 청동이나 황동을 사용한다. 일반적으로 가벼운 하중, 서속 회전용으로 사용된다.

㉯ 분할 베어링(split bearing) : 베어링 본체를 상하로 나누고 2~3조각으로 된 베어링 합금을 사용하여 축과의 간극을 조정할 수 있도록 한 것이며, 간극 조정은 베어링 합금의 이음새에 얇은 황동판으로 된 심(shim)을 끼워서 조정한다.

② 원뿔 베어링(conical bearing)

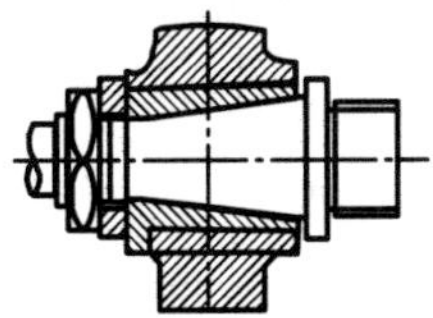

그림 2-71 원뿔 베어링

축 방향(thrust)과 축 직각방향(radial)으로 하중을 동시에 받는 부분에 적합한 베어링이다. 바깥둘레를 원뿔모양으로 가공한 베어링 합금을 그 양 끝에 조임 나사를 이용하여 조임 나사에 있는 너트를 조여서 마모를 조정한다. 공작기계의 주축 등에 주로 사용한다.

③ 스러스트 베어링(thrust bearing)

㉮ 플랜지 베어링(flange bearing) : 수평형의 스러스트 베어링이며, 축방향의 추력이 강할 때 사용한다.

㉯ 피벗 베어링(pivot bearing) : 수직형의 스러스트 베어링으로, 축의 끝 부분이 절구모양으로 된 베어링 합금으로 지지하며, 큰 하중을 지지할 수 있다.

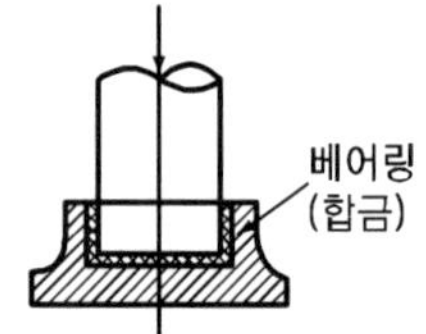

그림 2-72 피벗 베어링

⑤ 오일리스 베어링(oilless bearing) : 소결 합금 베어링의 대표적인 것이며, 분말 모양으로 된 구리입자에 10%의 주석분말과 흑연을 2~3%를 혼합하여 프레스(press)로 가압 소결하여 다공질로 만들어 오일을 진공 충전시킨 것이다. 구리 계열 이외에 철 계열 인 것(철분 90%, 흑연 3~5%, 납 3~5%)과 합성수지 등이 있다. 오일리스 베어링은 사용 중 마찰열에 의해 발생하는 온도상승으로 입자사이에 침투된 오일이 스며 나와 접촉면을 윤활 하며 특징은 다음과 같다.

㉮ 가공 정밀도가 좋으며, 강도가 크다.

㉯ 함유된 오일이 없어질 때까지, 장시간 급유할 필요가 없다.

㉰ 윤활 성능이 별로 좋지 않으므로 고속 중하중의 경우나 높은 온도에서 연속 운전하는 경우에는 부적합하다.

3) 미끄럼 베어링 재료의 구비조건

① 마찰이 적고, 내마모성이 클 것

② 마찰열 등으로 타붙음이 생기지 않으며, 길들임성이 좋을 것

③ 압축강도, 피로강도가 크고, 내부식성이 클 것

④ 축을 손상시키지 않도록 하기 위하여 축 재료보다 연한 재질일 것

⑤ 가공 및 제작이 쉬우며, 값이 쌀 것

4) 미끄럼 베어링 설계

① 끝 저널(end journal)의 지름

저널에 가해지는 하중을 P, 저널 지름을 d, 저널의 길이를 l, 허용 굽힘 응력을 σa라 하면

$$M = \frac{Pl}{2} = \sigma_a \cdot Z = \frac{\pi d^3}{32}\sigma_a \quad \therefore d = \sqrt[3]{\frac{5.1Pl}{\sigma_a}}$$

② 끝 저널(end journal)의 폭-지름비율

저널과 베어링과의 접촉면에서 받는 압력을 허용수압력(許容受壓力)이라 하고 pa로 표시한다.

$$p_a = \frac{P}{A} = \frac{P}{dl}$$

$$M_{max} = \frac{Pl}{2} = \sigma_a Z\text{이므로 } \frac{l}{d} = \sqrt{\frac{\sigma_a}{5.1p_a}}$$

③ 중간 저널의 지름

$$M_{max} = \frac{PL}{8} = \frac{\pi}{32}d^3\sigma_a$$

$$\therefore\ d = \sqrt[3]{\frac{4PL}{\pi\sigma_a}} \fallingdotseq \sqrt[3]{1.27\frac{PL}{\sigma_a}}$$

④ 중간 저널의 폭-지름비율

전체길이 L과 저널의 길이 l과의 비율을 $\frac{L}{l} = e$라 하면 $L = el = 1.5l$이 일반적이므로

$$d = \sqrt[3]{1.27\frac{P \times 1.5l}{\sigma_a}} = \sqrt[3]{\frac{1.27 \times 1.5p_a \times dl^2}{\sigma_a}}$$

$$\therefore \frac{l}{d} = \sqrt{\frac{\sigma a}{1.9p_a}}$$

⑤ 마찰열

레이디얼 저널의 단위시간의 마찰일 W_f, 축의 회전속도 N[rpm], 원주속도 v [m/s]라 하면 마찰력 $F=\mu P$이므로

$$W_f = Fv = \mu Pv = \mu P\frac{\pi dN}{60\times 1000}\,[\text{kgf}\cdot\text{m/s}]$$

단위 면적당의 마찰일 w_f는

$$wf = \frac{Wf}{dl} = \mu\frac{P}{dl}v = \mu pv[\text{kgf}\cdot\ \text{mm}^2\text{m/s}]$$

여기서, pv : 최대 허용 압력 속도 계수

μ : 마찰계수

베어링의 과열을 방지하기 위해서는 pv를 허용 값으로 정하면 저널의 길이는

$$pv = \frac{P}{dl},\ \frac{\pi dN}{60\times 1000} = \frac{\pi PN}{60\times 1000\times l}$$

$$l = \frac{\pi PN}{60\times 1000pv}$$

(2) 구름 베어링((rolling bearing)

축의 저널과 베어링 면 사이에 전동체인 롤러나 볼을 끼워 구름 운동을 하는 베어링이다. 구조는 인너 레이스(내륜, inner race), 아우터 레이스(외륜, outer race), 볼(또는 롤러), 리테이너(retainer)로 되어 있다. 리테이너는 볼을 원둘레에 고르게 배치하여 상호간의 접촉을 피하고 마멸과 소음을 방지하는 역할을 한다. 볼의 배열에 따라 단열(single row), 복열(double row)이 있으며, 전동체에 따라 볼 베어링(ball bearing)과 롤러 베어링(roll bearing)이 있다.

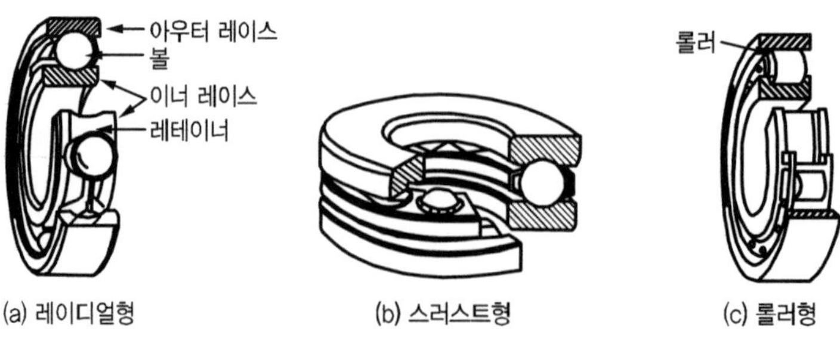

그림 2-73 구름 베어링

1) 구름 베어링의 장점

① 마찰저항이 적어 동력 손실이 적고 시동할 때 저항이 적다.

② 급유가 편리하고 밀봉 장치의 교정이 쉽다.

③ 베어링 저널의 길이를 짧게 할 수 있다.

④ 과열의 위험이 적고, 기계를 소형화할 수 있다.

⑤ 축의 중심을 정확히 유지할 수 있다.

⑥ 베어링 교환과 선정이 쉽다.

⑦ 고속회전이 가능하다.

2) 구름 베어링의 단점

① 값이 비싸고, 충격에 약하다.

② 축 사이가 매우 짧은 곳에서는 사용할 수 없다.

③ 진동이나 소음이 발생하기 쉽다.

④ 정밀도를 유지하기 위하여 조립이나 취급에 주의를 요한다.

⑤ 바깥지름이 다소 커진다.

3) 구름 베어링의 호칭 번호

형식 번호	치수 기호(너비와 지름 기호)	안지름 번호	등급 기호

① 형식 번호(첫번째 숫자)

1 ·········· 복렬 자동 조심형

2, 3 ······ 복렬 자동 조심형(큰 너비)

6 ········· 단열 홈형

7 ········· 단열 앵귤러 접촉형

N ········ 원통 롤러형

② 치수 기호(두번째 숫자)

0, 1 ······ 특별 경하중형

2 ·········· 경 하중형

3 ·········· 중간 하중형

③ 안지름 번호(세 번째, 네 번째 숫자)

00 ········· 안지름 10㎜

01 ········· 안지름 12㎜

02 ········· 안지름 15㎜

03 ········· 안지름 17㎜

안지름 20㎜ 이상 500㎜ 미만은 안지름을 5로 나눈 수가 안지름 번호(2자리)이다.

[보기]

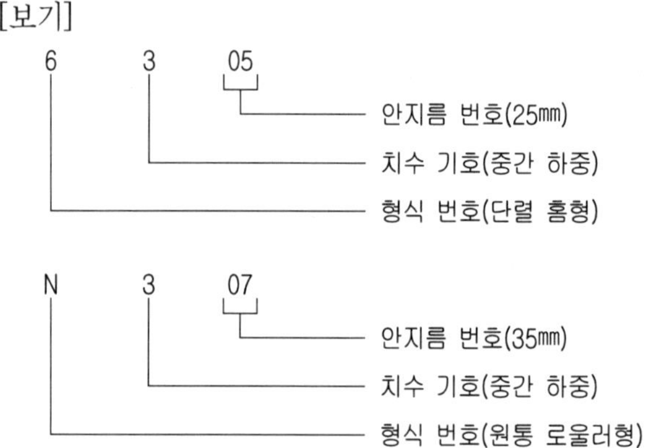

④ 등급 기호(다섯째 이후의 기호)

무 기호 ····· 보통급

H ··············· 상급

P ··············· 정밀급

SP ············· 초정밀급

4) 구름 베어링의 설계

① 정격하중과 수명

㉮ 각각의 베어링 수명은 레이스(race) 또는 전동체의 어느 것이든 피로에 의해 표면에 플레이킹(flaking)이 발생할 때까지의 총회전수로 정의한다.

㉯ 같은 조건에서 사용되는 같은 베어링 그룹(group)의 90%가 피로에 의해 플레이킹을 일으키지 않고 회전한 총회전수를 계산수명 또는 정격수명이라 한다.

㉰ 이 총회전수가 꼭 100만 회전으로서 정격수명이 되는 하중을 베어링의 기본동 정격하중이라 부른다.

㉱ 수명을 시간으로 나타낼 경우에는 일반적으로 500시간을 기준으로 한다. 그러므로 100만 회전의 수명과 맞게 하기 위해서는 33.3×60×500=100만이므로 33.3rpm에서 500시간의 수명에 견디는 하중이 되는데 이것을 기본부하 용량이라 부른다.

② 구름 베어링의 수명 계산공식

여기서, Ln : 베어링의 계산수명[10^6회전단위]

Lh : 베어링의 수명시간 P : 베어링의 하중[kgf]

C : 기본동 정격하중[kgf]

$$\mathrm{Ln} = \left(\frac{C}{P}\right)^{\gamma} \times 10^6\,[\mathrm{rev}]$$

γ : 베어링의 인너 및 아우터 레이스와 전동체의 접촉상태에서 결정되는 정수

다시 수명을 시간으로 표시할 때가 편리한 경우가 있으므로

$$Ln = N \times 60 \times Lh$$

$$Lh = \frac{Ln}{60N} = \left(\frac{C}{P}\right)^{\gamma} \cdot \frac{10^6}{60N}$$

$$\therefore\ Lh = 500\left(\frac{C}{P}\right)^{\gamma} \frac{33.3}{N}$$

또 fh를 수명계수(壽命係數)라 하면 $Lh = 500 f_h^{\gamma}$의 관계가 있다.

$$\therefore fh = \frac{C}{P}\sqrt[\gamma]{\frac{33.3}{N}} = \frac{C}{P} \times fn$$

여기서, fn은 속도계수(speed factor)라 한다.

한편, γ의 값은 볼 베어링에서는 3, 롤러 베어링에서는 $\frac{10}{3}$으로 한다.

㉮ 볼 베어링 : $Lh = 500\left(\frac{C}{P}\right)^3 \cdot \frac{33.3}{N} = \frac{16670}{N}\left(\frac{C}{P}\right)^3$

㉯ 롤러 베어링 : $Lh = 500\left(\frac{C}{P}\right)^{\frac{10}{3}} \cdot \frac{33.3}{N} = \frac{16670}{N}\left(\frac{C}{P}\right)^{\frac{10}{3}}$

㉰ 구름베어링의 수명계수 및 속도계수

베어링의 형식	볼 베어링	롤러 베어링
수명 시간	$Lh = 500f_h^3$	$Lh = \dfrac{500f_h^{10}}{3}$
수명 계수	$fh = fn\dfrac{C}{P}$	$fh = fn\dfrac{C}{P}$
속도 계수	$fn = \sqrt[3]{\dfrac{33.3}{N}}$	$fn = \sqrt[\frac{10}{3}]{\dfrac{33.3}{N}}$

2-3 전동용 기계요소

1. 기어(Gear)전동

기어는 두 접촉면이 미끄러지면서 회전력을 전달하는 장치이며, 바깥둘레의 접촉면에 동일한 간격으로 요철(凹凸)을 설치한 바퀴이며, 이 돌기(凸)부분을 이(tooth)라 한다.

[1] 기어 전동의 특징

① 동력전달이 확실하고, 큰 동력을 전달할 수 있다.

② 축 압력이 작으며, 동력전달 효율이 높다.

③ 회전비가 정확하고 큰 감속을 얻을 수 있다.

④ 충격음을 흡수하는 성질이 약하므로 소음과 진동이 발생된다.

[2] 기어의 각 부분 명칭

① 피치면(pitch surface) : 기어의 물림운동을 하기 위하여 가상되는 각 기어에 고정되어 서로 구름 접촉을 하는 곡면(원통 또는 원뿔면)을 말한다.

② 피치원(pitch circle) : 축에 대하여 수직인 평면과 피치면이 서로 교차하여 이루는 원이며, 기어의 기준이 되는 원이다. 기어의 크기는 피치원의 지름으로 나타낸다.

③ 원주피치(circular pitch) : 피치원 사이나 피치선 상에서 측정한 서로 이웃하는 이와 대응하는 부분 사이의 거리를 말한다. 즉 피치원 상의 이에서 이 사이의 거리를 말한다.

④ 이끝 높이(addendum) : 기어의 피치원에서 이끝 원까지의 거리를 말한다.

⑤ 이뿌리 높이(dedendum) : 기어의 피치원에서 이뿌리 원까지의 거리를 말한다.

⑥ 총 이 높이(height of tooth) : 이끝 높이와 이 뿌리 높이의 합한 크기를 말한다. 즉 이 전체의 크기이다.

⑦ 이 두께(tooth thickness) : 피치원 상에서 측정한 이의 두께를 말한다.

⑧ 이 너비(tooth width) : 이의 축방향 길이를 말한다.

⑨ 이끝원(addendum circle) : 기어의 이 끝을 연결한 원이며, 이 지름을 이 끝원 지름(바깥지름)이라 한다.

⑩ 이뿌리 원(tooth circle) : 기어의 이뿌리를 연결하는 원이며, 이 지름을 이뿌리 원 지름이라 말한다.

⑪ 기초 원(base circle) : 이 모양의 곡선을 만드는 원을 말한다. 압력각도가 커지면 기초원은 적어지고, 이뿌리는 두꺼워진다.

⑫ 유효 이 높이(working depth) : 서로 물린 한 쌍의 기어에서 두 기어의 이끝 높이의 합을 말한다.

⑬ 백래시(back lash) : 한 쌍의 기어가 물렸을 때 이의 뒷면에 생기는 간극을 말한다.

⑭ 기어와 피니언(gear & pinion) : 한 쌍의 기어가 서로 물려 있을 때 큰 쪽을 기어라 하고, 작은 쪽을 피니언이라 한다.

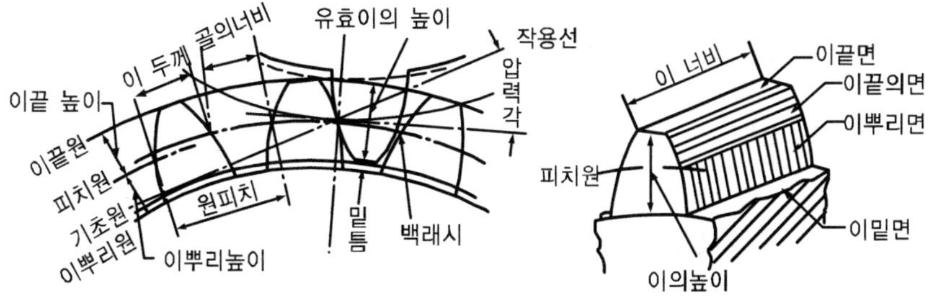

그림 2-74 기어의 각 부분 명칭

[3] 기어의 이 크기를 표시하는 방법

기어의 이의 크기는 모듈, 원주피치, 지름피치에 의해서 결정된다.

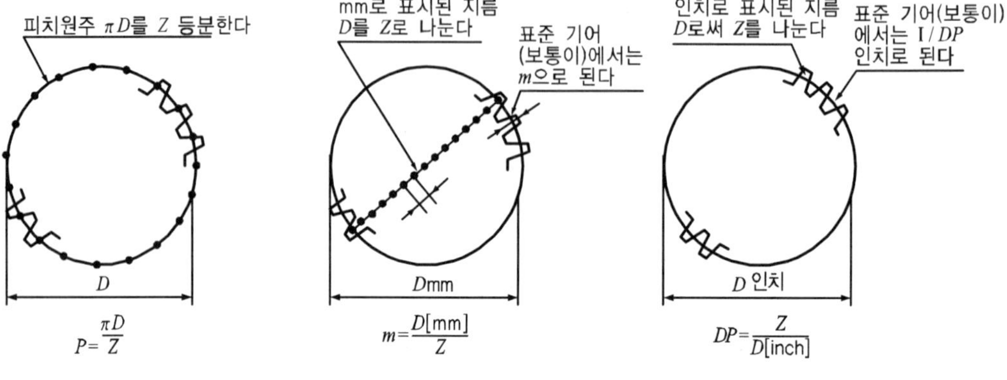

그림 2-75 이의 크기 비교

(1) 모듈(module, M)

피치 원의 지름(D)을 잇수(Z)로 나눈 값이며, 같은 기어에서 모듈이 클수록 잇수는 적어지고, 이는 커진다. 즉, $M=\frac{D}{Z}$이다.

(2) 지름 피치(diameter pitch, D.P.)

모듈과 반대되는 것이며 피치원의 지름(지름 피치의 경우는 피치원의 지름을 inch로 나타낸다.)으로 잇수를 나눈 값이다.

$$D.P.=\frac{25.4}{M}=\frac{25.4Z}{D}=\frac{25.4\pi}{p}$$

(3) 원주 피치(circular pitch, C.P)

피치원 상에서 이에서 서로 인접하고 있는 이까지의 거리이다. 즉 피치원의 둘레를 잇수로 나눈 값을 말한다.

$$C.P=\frac{\pi D}{Z}$$

[4] 기어의 치형 곡선(齒形 曲線)

기어의 치형(tooth form)곡선에는 인벌루트 치형과 사이클로이드 치형이 있으며, 특수한 경우를 제외하고 대부분 인벌루트 치형을 사용한다.

(1) 인벌루트 곡선(involute curve)

그림 2-76과 같이 원기둥(기초원)에 감은 실을 팽팽하게 잡아당기면서 풀 때 그 실의 한 점이 그리는 곡선이 인벌루트 곡선이다. 이 곡선에 의한 치형을 인벌루트 치형이라 하며 특징은 다음과 같다.

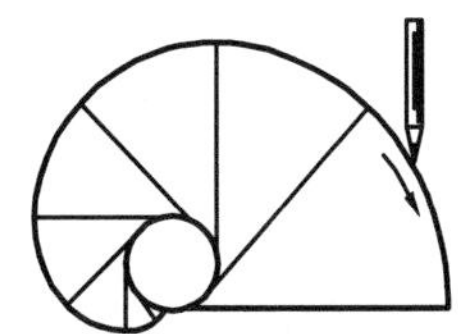

그림 2-76 인벌루트 곡선

① 잇면이 같은 곡선이므로 중심거리가 다소 틀리더라도 바르게 물린다.

② 치형을 만들기 쉬우며, 제작이 쉽기 때문에 값이 싸며, 호환성이 있다.

③ 이뿌리가 두껍고 튼튼하다.

(2) 사이클로이드 곡선(cycloid curve)

그림 2-77과 같이 피치 원둘레 상에 다른 원을 외접시키면서 굴릴 때 다른 원의 원둘레 상의 한 점이 그리는 곡선을 에피사이클로이드 곡선(epicicloid curve)이라 하며, 내접시키면서 굴릴 때 그리는 선을 하이포 사이클로이드(hypo cycloid curve) 하고, 이 2가지 곡선에 의한 치형을 사이클로이드 치형이라 한다. 주로 계기나 시계, 정밀기계 등에서 사용되며, 특징은 다음과 같다.

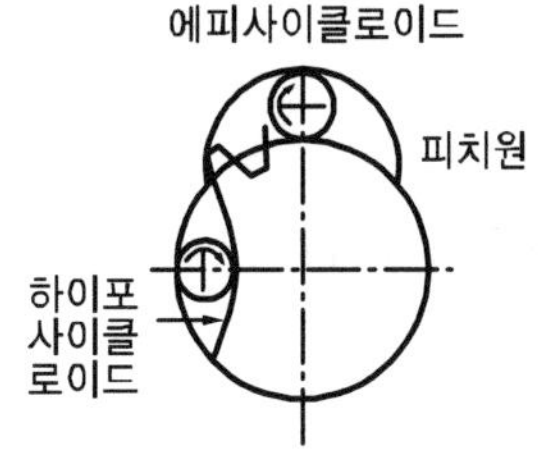

그림 2-77 사이클로이드 곡선

① 2개의 곡선이 피치원의 양쪽에서 접합하는 치형이므로 피치원이 완전하게 일치하지 않으면 물림이 부정확하게 된다.

② 가공이 어렵다.

③ 이뿌리가 가늘어지기 때문에 강도가 떨어진다.

④ 물림을 할 때 미끄럼이 없으므로 회전이 원활하며 잇면이 잘 마모되지 않는다.

⑤ 효율이 좋으며, 소음이 적다.

기준 래크(basic rack)

인벌루트 치형의 스퍼 기어(super gear)로 피치원 반지름을 무한대로 하면 피치원은 직선이 되어 직선 치형의 래크가 된다. 이와 같은 래크의 치형은 정확하게 만들기 쉬우므로 호브(hob)나 래크 공구에 응용되고 있다. 기어에 호환성을 주기 위해서는 이의 크기와 치형 곡선을 정해두어야 하는데 같은 원주피치의 일벌루트 기어라도 잇수가 틀리면 이의 모양도 달라진다. 그러나 래크 공구나 호브를 사용하면 1개의 공구로 잇수가 틀린 기어를 절삭할 수 있어 호환성을 줄 수 있다.

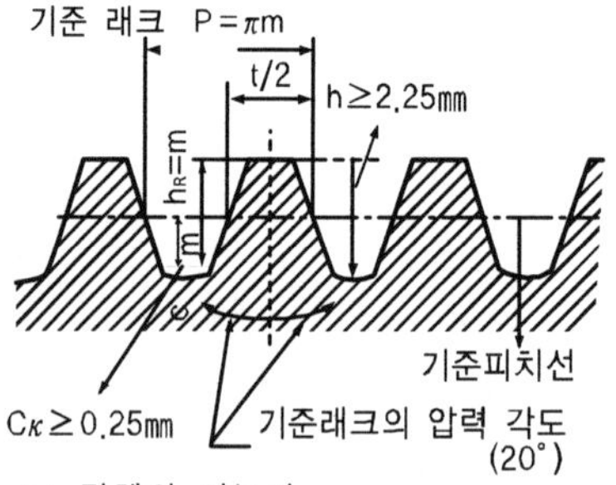

그림 2-78 기준 래크

[5] 기어의 압력각도 및 치형의 간섭

(1) 기어의 압력각도

압력각도란 그림 2-79와 같이 기초원의 공통접선(작용선이라고도 함)과 피치원의 공통접선이 이루는 각도 α를 말한다. 기어의 압력각도의 특징은 다음과 같다.

① 압력각도가 커질수록 기어의 중심에 거리는 분력이 커지므로 즉 베어링에 걸리는 힘이 커지기 때문에 동력손실이 커진다.

② 압력각도가 커지면 기어의 물림률이 적어지고 한번에 물리는 잇수가 적어져 진동이나 소음이 일어나기 쉽다.

③ 압력각도가 커지면 피치원 상의 이 두께는 같아도 기초원이 작아지기 때문에 이뿌리가 굵어지며, 반대로 압력각도가 적으면 이뿌리는 가늘어진다. 일반적으로 압력각도는 14.5°와 20°를 가장 많이 사용하고 있으나 치형의 언더 컷(under cut)현상 때문에 이뿌리가 얇아지는 것을 방지하기 위해서 KS에서는 압력각도를 20°로 규정하고 있다.

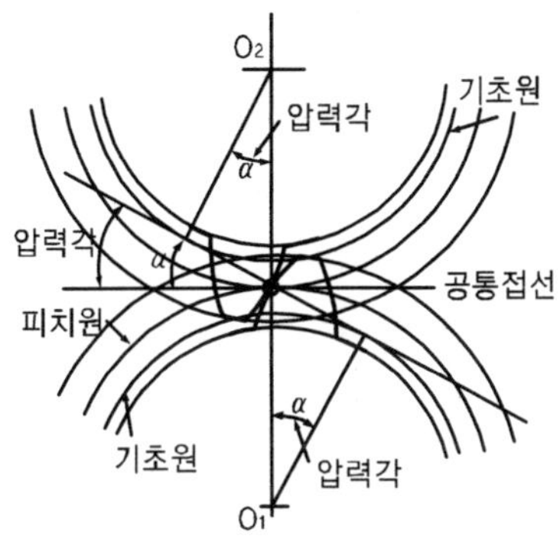

그림 2-79 기어의 압력각도

물림률

기어의 이와 이가 물리기 시작하여 끝날 때까지의 피치원 상의 원호를 접촉호라 하며 그 접촉호의 길이를 원주피치로 나눈 값을 물림률이라 한다. 그러나 인벌루트 기어에서는 물림길이를 법선피치(기초원의 원호에 따라 측정한 피치)로 나눈 값과 같으므로 실제로는 $\text{물림률} = \frac{\text{물림길이}}{\text{법선피치}}$라고 생각하여도 상관없다. 일반적으로 그 값은 1.2~2.5 정도이나 실제로는 2.0~2.5가 가장 원활하게 물린다.

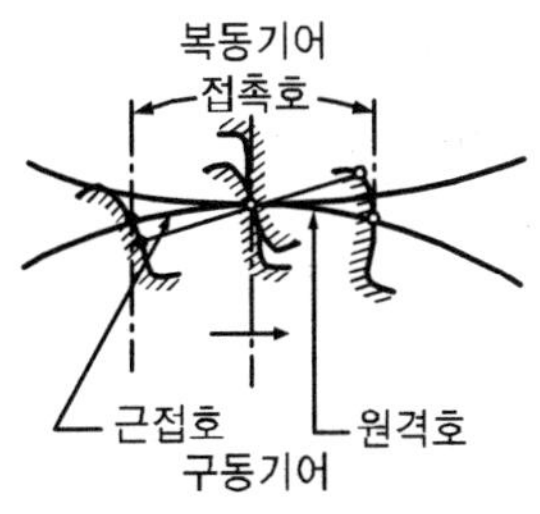

그림 2-80 접촉호

(2) 이의 간섭(interference)

인벌루트 기어에서는 잇수가 적은 경우나, 잇수비율이 매우 클 때에는 한쪽 기어의 이 끝이 상대쪽 기어의 이뿌리에 닿아서 정상적인 물림이 되지 않는 경우가 있다. 즉 서로 맞물리고 있는 기어의 한쪽 끝이 상대 기어의 이 뿌리부분에 닿아 정상적인 회전을 방해하는 것이며 방지 방법은 다음과 같다.

① 이의 높이(어덴덤)를 낮추고 압력각도를 20° 이상으로 크게 한다.

② 치형의 이끝 면을 깎아내고, 피니언의 반지름 방향의 이뿌리 면을 파낸다.

(3) 언더 컷(under cut)

래크 공구나 호브로 기어를 절삭할 때 잇수가 적으면 이의 간섭이 일어나 이뿌리를 깎아 먹게된다. 이것을 언더 컷이라 하며 언더 컷이 생긴 잇날은 사용할 수 있는 잇면이나 물림길이가 짧아지며 이의 강도도 감소한다. 즉 이의 간섭으로 이끝 부분이 이뿌리 부분에 파고 들어갈 때 깎여지는 현상이며, 언더 컷을 방지하기 위한 한계 잇수는 압력각도를 크게 하거나 이끝 높이를 표준보다 낮게 하여야 한다. 언더 컷을 일으키는 한계는 압력각도와 기어의 잇수에 관계되므로 기어의 한계 잇수는 다음 공식으로 계산한다.

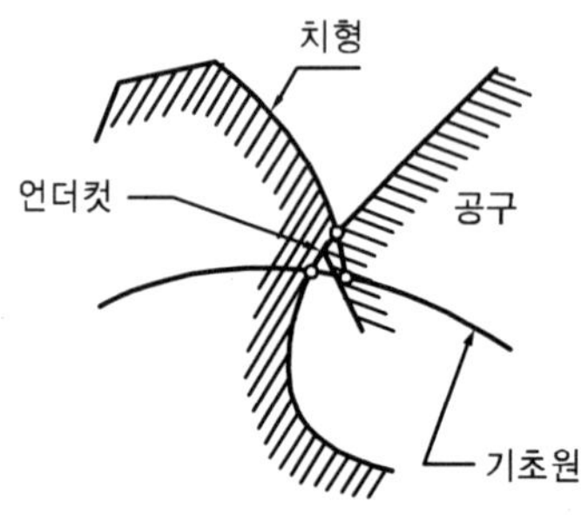

그림 2-81 언더 컷

$$Z_g = \frac{2a}{m(1-\cos^2\alpha)} = \frac{2a}{m \cdot \sin^2\alpha}$$

여기서, a : 이끝 높이 m : 모듈

α : 압력각도 Z_g : 표준기어의 이론적 최소 잇수

일반적인 기어에서는 $m = a$이므로 $Z_g = \dfrac{2}{\sin^2\alpha}$

그리고 이와 같은 언더 컷을 일으키지 않는 한계 잇수는 아래 표와 같으며 래크와 피니언을 짝지우는 것과 같은 특별한 경우를 제외하고는 실용상의 한계 잇수까지 사용하여도 된다.

언더 컷의 한계 잇수

압력각도	20°의 경우	14.5°의 경우
이론상	17개	32개
실용상	14개	26개

(4) 전위기어(shifted gear)

2개의 기어 중에서 큰 기어의 이뿌리의 높이를 높게 그리고 이끝 높이를 낮게 하거나 반대로 작은 기어의 이뿌리 높이를 낮게 하고 이끝 높이를 높게 절삭하면 언더 컷을 피할 수 있다. 이와 같은 방법으로 만든 기어를 전위(轉位)기어라 하며, 사용목적은 다음과 같다.

① 중심거리를 자유롭게 변화시키고자 할 때

② 언더 컷을 방지하고 할 때

③ 이의 강도를 개선하고자 할 때

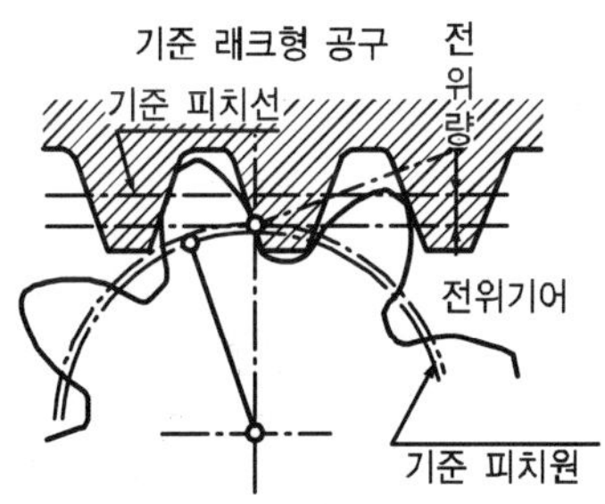

그림 2-82 전위기어

그리고 전위기어를 제작하는 데는 그림 2-82와 같이 치형을 만들 때 래크 공구의 기준 피치선을 기거의 기준 피치원에서 모듈의 x배만큼 전위시키면 된다. 이때의 xM(M은 모듈)을 전위량이라 하며, x를 전위계수라 한다. 전위기어의 특징은 다음과 같다.

① 잇수가 적을 때 발생하는 언더 컷을 방지할 수 있다.

② 표준 모듈에서는 주어진 축간거리를 얻을 수 없는 경우라도 전위를 하면 희망하는 축간거리를 얻을 수 있다.

③ 잇수 비율이 크게 틀리는 한 쌍의 기어에서 빨리 마모되기 쉬운 피니언(pinion)을 (+)전위로 하여 이 두께를 두껍게 하고, 큰 기어는 (-)전위로 하여 이 두께를 얇게 하면 서로 수명을 균일하게 할 수 있다.

④ 호환성 없으며, 압력각도의 증가로 베어링에 대한 압력이 커지는 결점이 있다.

> (+)전위와 (–)전위
>
> (+)전위는 래크의 기준 피치선을 기준 피치원보다 바깥쪽으로 잡게되면 이 두께가 두꺼워지고 이끝이 뾰족하게 된다. (-)전위는 기준 피치선을 기준 피치원의 안쪽으로 잡는다.

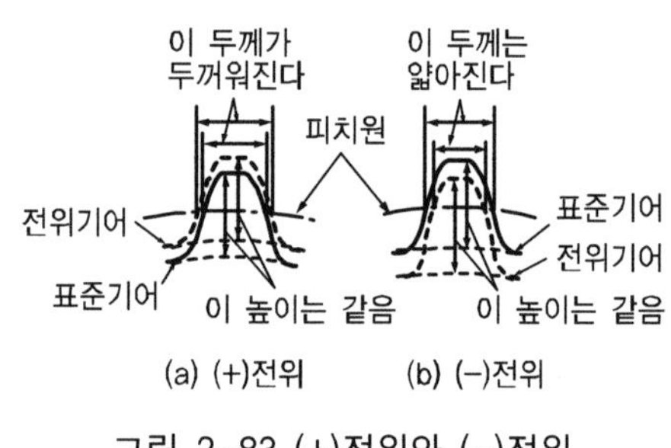

그림 2-83 (+)전위와 (–)전위

(5) 백래시(back lash, 뒤틈새)

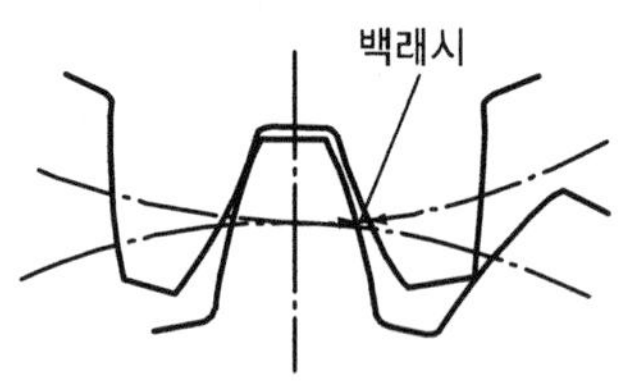

그림 2-84 백래시

한 쌍의 기어를 맞물렸을 때 원둘레 방향으로 발생하는 잇면 사이의 틈새를 백래시라 하며, 피치원 상에 있어서 기어의 이 홈의 너비가 이것과 물리는 상대 쪽의 이 두께보다도 큰 틈새를 말한다. 백래시의 필요성은 다음과 같다. 실제의 기어에서는 기어의 제작 공차, 중심거리의 오차, 작동 중의 부하에 따른 이의 변형, 열팽창, 축의 휨 등의 여러 가지 요인으로 인해서 이론적으로는 바르게 물릴 수 있어도 원활하게 회전하지 되지 못한다. 따라서 기어의 원활한 회전을 위해서 이와 이 사이에 다소의 백래시를 두어야 한다. 그러나 백래시를 크게 하면 소음이나 진동의 원인이 되므로 최소한으로 하여야 한다. 또 백래시는 잇면을 오일막 형성에도 큰 역할을 한다.

[6] 기어의 종류

(1) 두 축이 서로 평행한 기어

① 스퍼 기어(spur gear, 평 기어) : 기어 이가 똑바른(축과 평행) 것이며, 평행한 2개의 축 사이에서 회전운동을 전달하는 기어이다. 가장 많이 사용되며, 특징은 다음과 같다.

㉮ 가장 간단하며, 만들기가 쉽다.

㉯ 축에 대하여 경사지게 힘이 작용하지 않는다.

㉰ 고속회전에서 소음이 발생하기 쉽다.

② 내접(internal gear)기어 : 2축의 회전방향이 같고, 큰 감속비율을 필요로 할 때 사용하며 특징은 다음과 같다.

㉮ 스퍼 기어의 경우에는 같은 방향으로 회전하기 위해서는 중간에 공전기어(idle gear)가 필요하지만 내접기어는 필요 없으므로 자리를 차지하지 않는다.

㉯ 링 기어(ring gear)와 피니언(pinion)의 잇수의 차이에 제한이 따른다.

㉰ 피니언으로 링 기어를 구동하는 것을 원칙으로 한다.

③ 헬리컬 기어(helical gear) : 물림을 원활하게 하기 위해서 잇날이 축에 대하여 경사진 것이며, 여러 개의 이를 물릴 수 있어 충격, 소음, 진동이 적으며 큰 회전력을 전달할 수 있고, 하중에 의한 굽힘 작용은 적으나 축방향으로 측압이 걸리는 결점이 있다. 헬리컬 기어의 특징은 다음과 같다.

㉮ 스퍼 기어보다 강도가 크다.

㉯ 고속회전에서도 작동이 원활하고 충격이 적다.

㉰ 잇날이 경사져 있기 때문에 물림률이 크고, 진동과 소음이 적다.

㉱ 물림에 있어 부분적인 마모가 잘 일어나지 않는다.

㉲ 제작이 어렵다.

㉳ 한 쌍의 기어에서 비틀림 각도는 같으나 비틀림 방향은 반대이다.

④ 더블 헬리컬 기어(double helical gear) : 방향이 서로 반대인 헬리컬 기어를 같은 축에 일체로 한 것이며 축방향의 압력을 제거할 수 있고, 효율이 매우 좋은 기어이다. 더블 헬리컬 기어의 특징은 다음과 같다.

㉮ 속도비율이 커도 고속으로 원활한 회전을 할 수 있다.

㉯ 강도가 높다.

㉰ 동력전달이 조용하며, 효율이 매우 좋다.

㉱ 축의 측압이 서로 제거되기 때문에 축방향의 측압이 없다.

㉲ 제작이 어렵다.

⑤ 래크와 피니언(rack & pinion) : 스퍼 기어의 피치원 반지름을 무한대로 한 것의 일부이며, 래크는 직선 운동을 하고, 피니언은 회전운동을 한다. 그리고 래크는 기어의 지름이 무한대(∞)이며, 특징은 다음과 같다.

㉮ 회전운동을 직선 왕복운동으로 바꾸거나 또는 그 반대의 경우에 사용된다.

㉯ 잇날은 직선으로 된 것과 헬리컬로 된 것이 있으며, 헬리컬로 된 것이 강도가 크다.

(a) 스퍼 기어 (b) 내접 기어 (c) 헬리컬 기어 (d) 더블헬리컬 기어 (e) 래크와 피니언

그림 2-85 두 축이 서로 평행한 기어

(2) 두 축이 만나는(교차) 기어

베벨 기어를 말하는 것으로, 직각으로 교차 또는 임의의 각도로 교차하는 두 축 사이에 회전을 전달하는 것으로 그 원리는 양쪽 축이 교차하는 점을 꼭지점으로 하는 원뿔을 피치면으로 하여 그 피치 원뿔에 잇날을 만든 것이다. 베벨 기어에서는 피치, 모듈, 이 두께, 이 높이 등은 이의 대단부에서 고려하도록 되어 있다.

① 직선 베벨 기어(straight bevel gear or super bevel gear) : 잇날이 원뿔의 꼭지점을 향해서 직선으로 된 베벨 기어이다. 즉 잇날이 피치 원뿔의 모선(母線)과 일치한 것으로 특징은 다음과 같다.

㉮ 축 방향으로 걸리는 힘이 적다.

㉯ 제작이 비교적 쉽다.

㉰ 동력을 전달하는 힘이 큰 경우에는 스큐 베벨 기어나 스파이럴 베벨 기어를 사용하여야 한다.

② 스큐 베벨 기어(skew bevel gear) : 잇날은 직선이지만, 원뿔의 꼭지점을 향하고 있지 않은 기어이다. 즉 잇날과 피치 원뿔의 모선(母線)이 일치하지 않는 기어이며, 특징은 다음과 같다.

㉮ 직선 베벨 기어보다 이의 접촉면적이 크다.

㉯ 강도가 크다.

㉰ 동력전달이 비교적 조용하다.

③ 스파이럴 베벨기어(spiral bevel gear) : 잇날이 곡선으로 된 것으로 직선 베벨 기어보다 장점이 많아 그 용도가 넓지만 축방향의 측압이 큰 결점이 있다. 이 기어의 특징은 다음과 같다.

㉮ 이의 접촉면적, 강도, 내구성이 크다.

㉯ 감속비율을 크게 할 수 있다.

㉰ 소음이 없으며, 동력전달 효율이 높다.

㉱ 제작이 다소 어렵다.

④ 제롤 베벨 기어(zerol bevel gear) : 비틀림 각도가 "0"인 스파이럴 베벨 기어를 말하며, 축방향의 측압이 스파이럴 베벨 기어보다 작다.

⑤ 크라운 기어(crown gear) : 피치면이 원뿔이 아니라 평면으로 된 베벨 기어이다.

⑥ 마이터 기어(miter gear) : 직각으로 교차하는 두 축 사이에 운동을 전달하는 서로 잇수가 같은 한 쌍의 베벨 기어를 말한다.

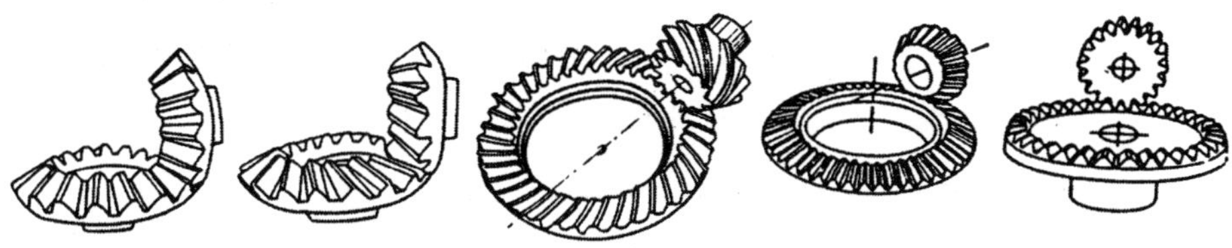

(a) 직선 베벨 기어 (b) 스큐 베벨 기어 (c) 스파이럴 베벨 기어 (d) 제롤 베벨 기어 (e) 크라운 베벨 기어

그림 2-86 두 축이 만나는 기어

(3) 두 축이 만나지도 평행하지도 않는 기어

① 하이포이드 기어 : 일종의 스파이럴 베벨 기어이며, 기어의 이가 쌍곡선으로 되어 있으며, 피니언이 중심선 상 아래쪽에 설치된 것이다. 이 기어의 특징은 다음과 같다.

㉮ 이의 접촉 면적이 크다.

㉯ 동력전달이 조용하다.

㉰ 어느 범위 내에서 축간거리를 임의로 결정할 수 있다.

㉱ 제작이 어렵다.

② 스크루(screw)기어 : 헬리컬 기어의 축을 엇갈리게 하여 물림 시킨 것으로 한 쌍의 기어의 축이 평행하지 않으며, 교차하지 않는 경우에 사용한다. 이 기어의 특징은 다음과 같다.

㉮ 점 접촉이므로 마모되기 쉽다.

㉯ 큰 출력의 동력전달에는 부적합하다.

㉰ 감속 이외에 증속도 가능하며 효율도 좋다. 그러나 감속비율은 적다.

(a) 하이포이드 기어　(b) 스크루 기어　(c) 웜 기어

그림 2-87 두 축이 만나지도 평행하지도 않은 기어

③ 웜 기어 : 웜은 1~2줄 이상의 줄 수를 가진 나사 모양의 것이며, 이것과 물리는 것이 웜 기어이다. 동일 평면 내에 있지 않은 두 축이 서로 직각일 때의 동력전달에 사용된다. 이 기어의 특징은 다음과 같다.

㉮ 소형으로 큰 감속비율을 얻을 수 있다.

㉯ 물림이 조용하고, 원활하다.

㉰ 역회전이 불가능하다

㉣ 동력전달 효율이 낮다.

㉤ 양 축의 중심거리나 관계위치를 바르게 조립하지 않으면 마찰이나 헐거움이 커지게 되므로 주의하여야 한다.

[7] 표준 스퍼 기어의 계산 공식

(1) 회전비율

각 기어의 회전속도를 N_1, N_2, 지름을 D_1, D_2라 하면 회전비율 ε은

$$\epsilon = \frac{N_2}{N_1} = \frac{D_1}{D_2} = \frac{mZ_1}{mZ_2} = \frac{Z_1}{Z_2}$$

(2) 기초원 지름

기초 원의 지름을 D_g, 압력각도를 α, 기초원의 피치를 p_g라 하면

$$D_g = Zm\ \cos\alpha = D\ \cos\alpha$$

$$p_g = \frac{\pi D_g}{Z} = \frac{\pi D}{Z} cos\alpha = \pi m\ \cos\alpha$$

(3) 법선 피치(normal pitch)

기초 원의 지름의 원둘레를 잇수로 나눈 것을 법선 피치(p_n) 또는 기초원 피치라 한다.

$$p_n = p_g = \pi m\ \cos\alpha = \frac{\pi D_g}{Z} = p\ \cos\alpha = \frac{\pi D}{Z} cos\alpha$$

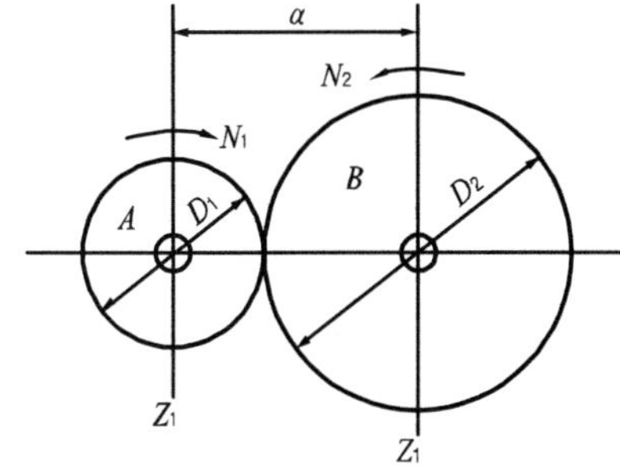

그림 2-88 속도비율

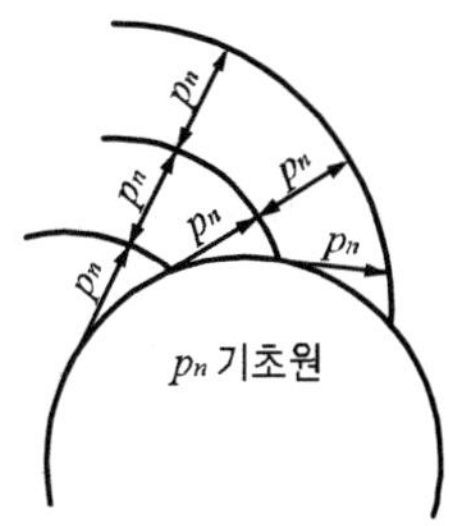

그림 2-89 법선피치

(4) 바깥 지름(D_O)

바깥 지름은 표준 기어에서 이끝 높이의 2배를 피치 원의 지름에 합한 것이다.

$$D_O = M(2+Z) = \frac{(2+Z)}{D.P}$$

(5) 기어의 중심거리(C)

$$C = \frac{D_1 + D_2}{2} = \frac{M(Z_1 + Z_2)}{2}$$

[8] 헬리컬 기어의 잇수 계산공식

치(齒)직각 치형에 비해 축 직각 치형은 이 높이 방향의 치수는 같으나 가로의 너비 방향 즉 피치 방향의 치수는 $\frac{1}{\cos\beta}$배로 된다. β가 클수록 치형은 너비가 넓어진다.

(1) 모듈

$$m_s = \frac{m}{\cos\beta}$$

(2) 압력각도

$$\tan\alpha_s = \frac{\tan\alpha_n}{\cos\beta}$$

(3) 피치원 지름

$$D_s = Zm_s = Z\frac{m}{\cos\beta} = \frac{D}{\cos\beta}$$

(4) 바깥지름

$$D_k = D_s + 2m = Zm_s + 2m$$
$$= Z\frac{m}{\cos\beta} + 2m = \left(\frac{Z}{\cos\beta} + 2\right)m$$

(5) 중심거리

$$C = \frac{D_{s1} + D_{s2}}{2} = \frac{Z_1 m_s + Z_2 m_s}{2} = \frac{(Z_1 + Z_2)m_s}{2}$$
$$= \frac{Z_1 + Z_2}{2} \cdot \frac{m}{\cos\beta} = \frac{(Z_1 + Z_2)m}{2\cos\beta}$$

[9] 기어의 동력전달

(1) 기어의 회전비율

한 쌍이 서로 물려 있는 기어에서 원통차를 A, 종동차를 Z의 기호로 나타낼 때 기어의 회전비율을 i라 하면 다음 공식과 같다.

$$i=\frac{N_Z}{N_A}=\frac{D_A}{D_z}=\frac{Z_A}{Z_Z}$$

여기서, D : 피치원의 지름[㎜]

Z : 잇수

N : 회전속도

(2) 2단 물림 기어장치

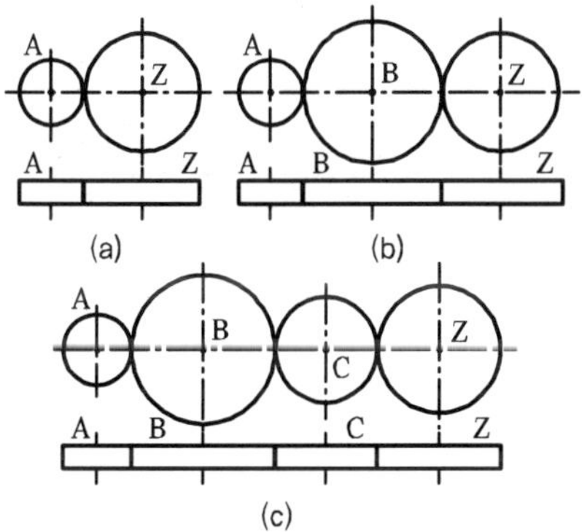

그림 2-90 2단 물림 기어장치

2단 물림 기어장치는 그림 2-90 (b)의 B, (c)의 B 및 C는 공전기어(idle gear)이며 이와 같은 경우 회전비율은 모두

$i=\frac{N_Z}{N_A}=\frac{Z_A}{Z_Z}$ 으로 나타내며, 공전기어의 존재는 관계없다. 그러나 회전방향은 공전기어가 들어가면 변화한다.

(3) 다단 물림 기어장치

그림 2-91과 같이 기어장치를 다단 물림 기어장치라 하며, B, C, D, E ……를 중간기어라 한다. 또 BC축과 DE축을 중간축이라 하며 이와 같은 경우의 기어 회전비율은 다음과 같다.

① 그림 2-91(a)의 경우

$$i=\frac{N_Z}{N_A}=\frac{Z_A\times Z_C}{Z_B\times Z_Z}$$

② 그림 2-91(b)의 경우

$$i=\frac{N_Z}{N_A}=\frac{Z_A\times Z_C\times Z_E\times Z_G}{Z_B\times Z_D\times Z_F\times Z_Z}$$

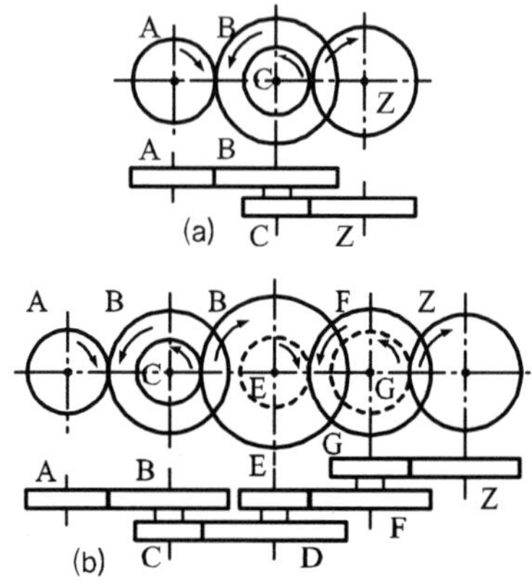

그림 2-91 다단 물림 기어장치

2. 벨트(Belt)전동

원동축과 종동축에 설치한 벨트 풀리(belt pulley)에 벨트를 걸고 이들의 마찰력으로 동력을 전달하는 것이다. 벨트전동은 2축사이의 거리가 멀거나 또는 정확한 속도비율을 필요로 하지 않는 곳의 동력전달에 사용된다. 벨트는 형상으로 보아 평벨트와 V-벨트가 있으며, 평벨트 전동의 축간 거리는 10m 이하, 속도비율은 1:1~6, 속도는 10~30m/s이다. 또한 V-벨트 전동의 축간 거리는 5m 이하, 속도비율은 1:1~7, 속도는 10~15m/s에 적합하다. 벨트 전동장치의 특징은 다음과 같다.

① 벨트와 벨트 풀리 사이의 마찰력에 의해 동력을 전달한다.

② 비교적 정숙한 운전이 가능하다.

③ 작은 크기의 회전력을 전달하는 데 쓰인다.

④ 정확하고 일정한 속도비율을 얻을 수 없다.

⑤ 벨트 풀리는 벨트가 벗겨지는 것을 방지하기 위하여 벨트 풀리의 바깥 면을 편평하게 하지 않고 중앙을 볼록하게 하여야 한다.

[1] 평벨트

평벨트의 재료에는 가죽, 고무, 직물, 강철 등이 있으며, 벨트를 거는 방법에는 두 축이 평행할 경우에는 평행 걸기(open belting)와 십자 걸기(엇걸기, crossed belting)가 있으며, 두 축이 수직일 경우에는 역회전이 불가능하므로 역회전을 해야 할 경우에는 안내 풀리를 두어야 한다.

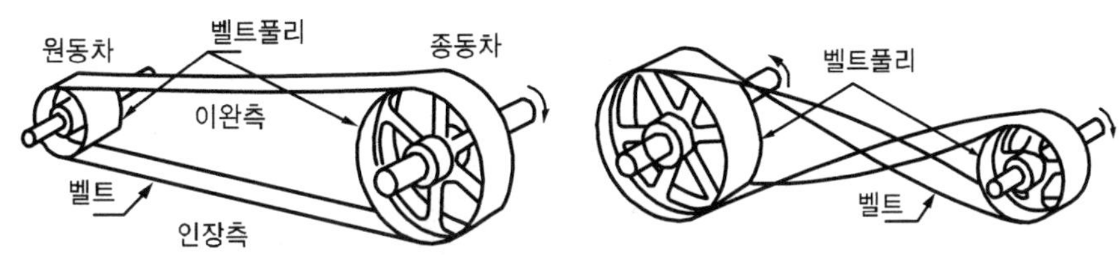

그림 2-92 벨트 거는 방법

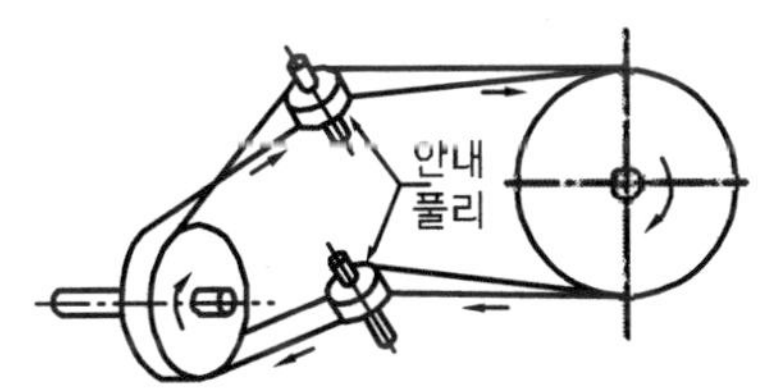

그림 2-93 안내 풀리

그리고 그림 2-94에서 θ_1, θ_2를 감아 걸기 접촉각도라 하며, 이 각도 θ가 커질수록 벨트의 미끄럼이 적어지며, 큰 동력을 전달할 수 있다. 접촉각도가 평벨트일 경우에는 160°가 최소한도이며, 180°가 일반적이다. 또 벨트 풀리의 지름이 작으면 미끄럼이 일어나기 쉬우며, 동력전달 효율이 낮아지므로 접촉각도가 커지도록 인장 풀리를 설치한다.

또 벨트가 원동차(A)로 들어가는 쪽을 인장측, 원동차에서 나오는 쪽을 이완측이라 한다. 평행 걸기에서는 인장측을 위로하고 이완측을 아래로 하면 접촉각도가 적어져 동력전달 효율이 감소된다.

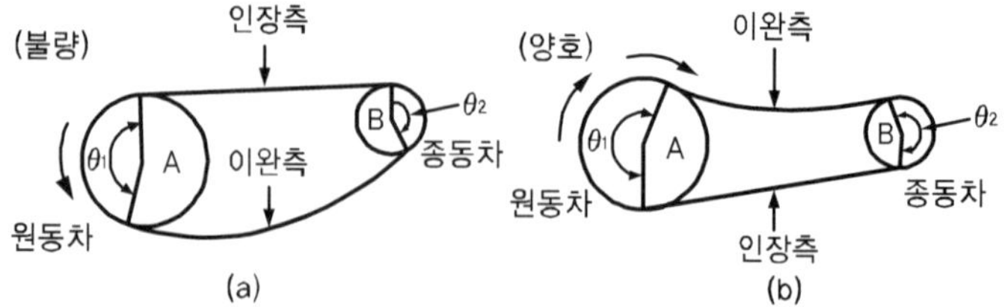

그림 2-94 벨트의 인장측과 이완측

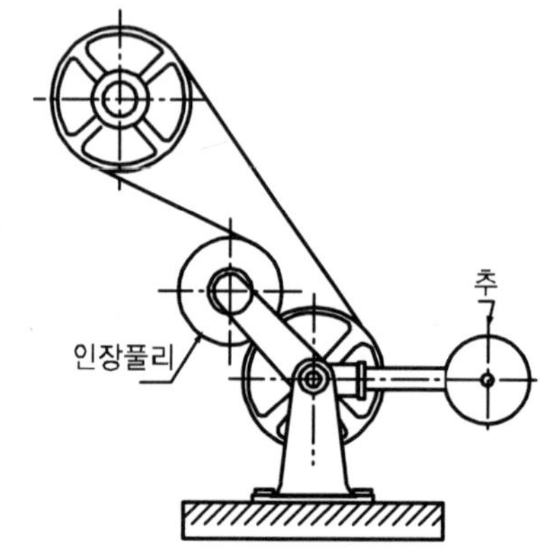

그림 2-95 인장 풀리를 설치한 벨트 전동

(1) 벨트 풀리의 속도비율

원동차의 지름, 회전수를 D_1, N_1, 종동차의 지름, 회전속도를 D_2, N_2라 하면 이때의 속도비율은

$$i = \frac{N_2}{N_1} = \frac{D_1}{D_2}$$

(2) 벨트 폭 산출 공식

$$\mathrm{b} = \frac{\mathrm{T}}{\sigma\eta\mathrm{t}}$$

여기서, b : 벨트의 폭

T : 벨트 장력

t : 벨트의 두께

σ : 벨트에 생기는 응력

η : 이음 효율

(3) 평벨트 길이 산출 공식

① 평행 걸기의 경우 : $L \fallingdotseq 2C + \frac{\pi}{2}(D_2 + D_1) + \frac{(D_2 - D_1)^2}{4C}$

② 십자 걸기(엇걸기)의 경우 : $L \fallingdotseq 2C + \frac{\pi}{2}(D_2 + D_1) + \frac{(D_2 + D_1)^2}{4C}$

여기서, C : 벨트의 중심거리

D_1, D_2 : 두 풀리의 지름

(4) 평벨트의 유효장력

$$T_e = T_s(e^{\mu\theta} - 1)$$

여기서, T_e : 유효장력

T_s : 이완측 장력

θ : 벨트의 접촉각도

μ : 벨트와 풀리 사이의 마찰계수

(5) 평벨트의 전달마력

$$H_{ps} = \frac{T_t v}{75} \cdot \frac{e^{\mu\theta} - 1}{e^{\mu\theta}}$$

여기서, T_t : 인장측 장력

v : 벨트의 속도[m/s]

[2] V-벨트

V-벨트는 V 홈이 있는 풀리에 걸어서 평행한 두 축 사이에 동력을 전달하고 회전속도를 바꾸어는 장치를 V-벨트 전동이라 한다. 이 전동장치는 V-벨트와 홈 사이에서 쐐기작용에 의해 마찰력이 증가하므로 축 사이의 거리가 짧고 속도비율이 클 때도 미끄럼이 작게 일어난다. 또 운전할 때 조용하고 충격을 완화시키는 작용도 한다.

(1) V-벨트의 규격

V-벨트의 크기는 단면의 크기와 전체 길이로 나타내는데 벨트의 굵기는 단면 각 부분의 치수로 나타내며, 각 부분 치수에 의해서 M, A, B, C, D, E의 6가지 형식

이 있으며 M에서 E쪽으로 갈수록 크다. 각도는 40°이며, 길이는 두께의 가운데 부분의 길이(유효둘레를 inch로 표시한다.)로 호칭하도록 되어 있으나 때로는 바깥 둘레나 안둘레의 길이로 표시하기도 한다.

$$즉,\ 호칭번호 = \frac{벨트의\ 유효둘레(mm)}{25.4}$$

예를 들면, V-벨트에서 A30이란 단면이 A형이고 유효둘레가 30inch라는 의미이다.

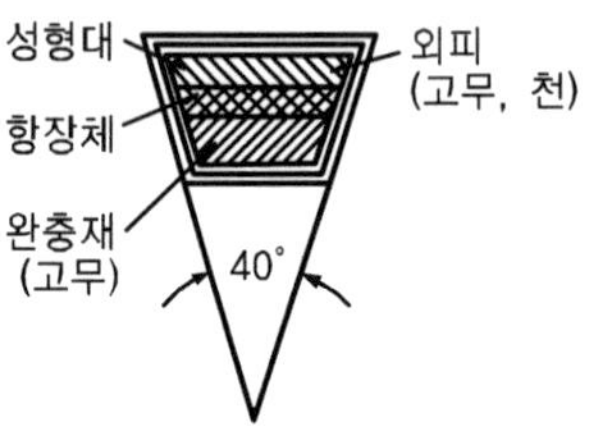

그림 2-96 V-벨트의 단면도

(2) V-벨트의 특징

① 미끄럼이 적고, 속도비율이 크다.

② 고속 회전을 시킬 수 있다.

③ 장력이 작아, 베어링에 가해지는 부담이 적다.

④ 운전이 정숙하고, 벨트가 풀리에서 벗겨지는 일이 없다.

⑤ 이음이 없어 전체가 균일한 강도를 지닌다.

(3) V-벨트의 전달마력

① PS(마력)인 경우

$$H_{ps} = \frac{Z\ T_e \cdot v}{75}\left(1 - \frac{wv^2}{T_t \cdot g}\right)\left(\frac{e^{\mu\theta} - 1}{e^{\mu\theta}}\right)$$

② kW(전력)인 경우

$$H_{kW} = \frac{Z\ T_e \cdot v}{102}\left(1 - \frac{wv^2}{T_t \cdot g}\right)\left(\frac{e^{\mu\theta} - 1}{e^{\mu\theta}}\right)$$

여기서, Z : 벨트 가닥 수

T_e : 벨트의 유효장력

T_t : 벨트의 인장측 장력

w : 단위 길이 당 벨트의 무게[kgf]

v : 벨트의 속도[m/s]

θ : 벨트의 접촉각도

μ : 벨트와 풀리 사이의 마찰계수

g : 중력가속도[9.8 m/s^2]

3. 체인과 로프(chain & rope)전동

[1] 체인 전동

체인 전동은 체인이 스프로킷의 이에 걸려서 확실하게 동력을 전달하므로 큰 동력을 전달 할 수 있다. 그러나 진동이나 소음을 발생하기 쉬우므로 고속회전에는 부적합하다. 체인의 종류에는 롤러 체인과 사일런트 체인이 있다.

(1) 체인 전동의 특징

① V-벨트 길이보다는 체인길이를 쉽게 조절할 수 있다.

② 미끄럼이 없어 속도비율이 일정하다.

③ 큰 동력을 전달할 수 있으며, 전동효율(95% 이상)이 높다.

④ 유지 및 수리가 쉽다.

⑤ 내유성, 내열성, 내습성이 크다.

⑥ 어느 정도 충격을 흡수할 수 있다.

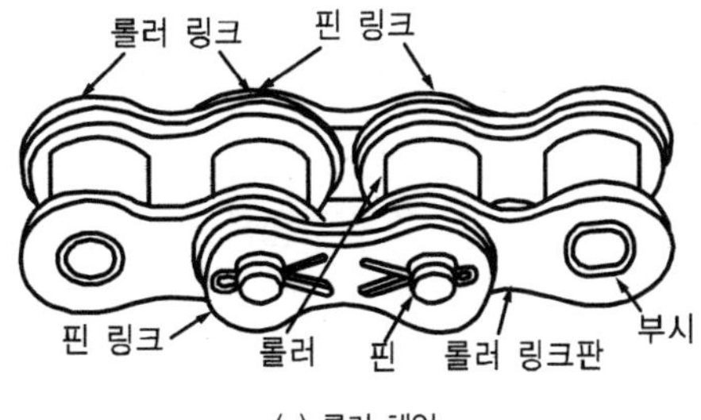

(a) 롤러 체인

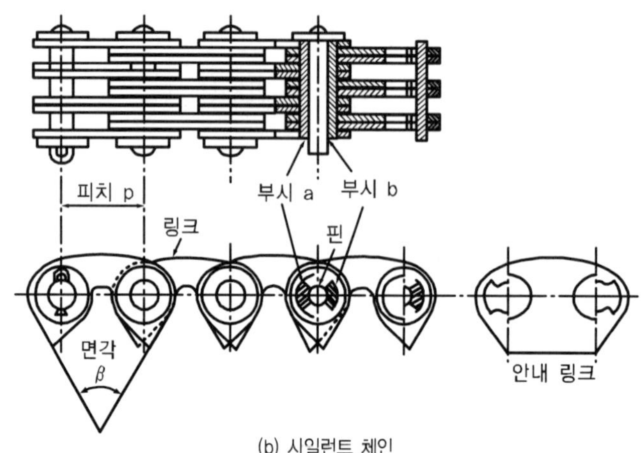

(b) 사일런트 체인

그림 2-97 롤러 체인과 사일런트 체인의 구조

(2) 체인 전동을 속도비율

체인전동의 속도비율 i는

$$i=\frac{Z_1}{Z_2}=\frac{N_2}{N_1}$$

여기서, Z_1, Z_2 : 원동차와 종동차의 잇수

N_1, N_2 : 원동차와 종동차의 회전속도

(3) 체인의 평균속도

체인의 속도는 1피치 길이를 주기로 변화하므로 체인의 평균속도 v_m[m/s]는

$$v_m=\frac{N_1 p Z_1}{60\times 1000}=\frac{N_2 p Z_2}{60\times 1000}$$

(4) 체인의 전달마력

체인전동에서 장력을 P[kgf], 전달마력을 H라 하면

① $H_{ps}=\frac{Pv_m}{75}$ ② $H_{kW}=\frac{Pv_m}{102}$

[2] 로프(rope) 전동

동력전달용으로 사용되는 로프에는 삼, 면, 강철로 만든 것이 있으며, 로프는 풀리 홈의 양쪽 빗면에 접촉하며, 홈의 밑면에는 닿지 않도록 되어 있기 때문에 홈에

끼어서 마찰력이 크며, 또 전달 회전력도 크다.

(1) 로프 전동의 특징

① 축간 거리가 비교적 먼 곳에서 사용한다.

② 벨트에 비해 미끄럼이 많고, 수명이 짧다.

③ 전동 효율은 80~90% 정도이다.

(2) 로프 꼬임 방법

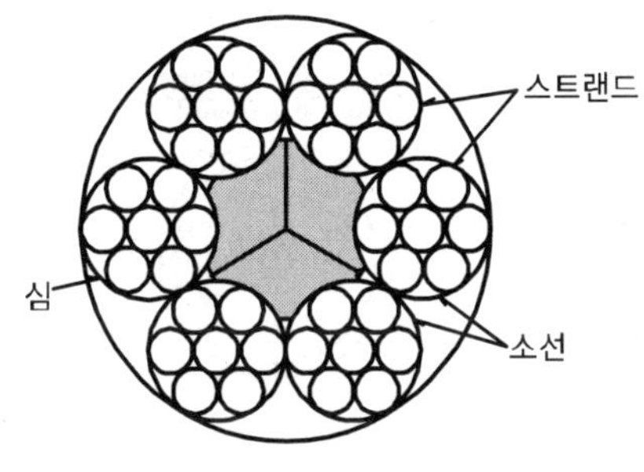

그림 2-98 로프의 구조

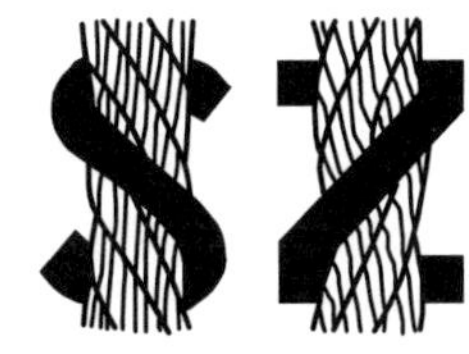

그림 2-99 로프의 꼬임

① 보통 꼬임(ordinary lay)

㉮ 스트랜드의 꼬임 방향과 로프의 꼬임 방향이 반대이다.

㉯ 킹크(kink, 엉킴)발생이 적고, 취급이 쉽다.

㉰ 소선의 외부 접촉길이가 짧아 마모가 크다.

② 랭 꼬임(lang lay)

㉮ 스트랜드의 꼬임 방향과 로프의 꼬임 방향이 같다.

㉯ 마모가 적고, 유연성이 크며, 수명이 길다.

㉰ 꼬임이 풀리기 쉽고, 킹크 발생이 크다.

4. 마찰차(friction wheel)

원통형, 원뿔형 바퀴를 서로 밀어붙여서 양쪽 바퀴의 마찰력으로 동력을 전달하는 것이며, 종류에는 원통 마찰차, 원뿔 마찰차, 홈붙이 마찰차, 변속 마찰차(에번스 마찰차)등이 있다.

[1] 마찰차의 사용 범위

① 전달할 회전력이 비교적 적은 곳

② 일정 속도비율이 요구되지 않는 곳

③ 회전속도가 큰 곳

④ 기어를 사용하기가 곤란한 곳

⑤ 양 축 사이를 자주 단속할 필요성이 있는 곳

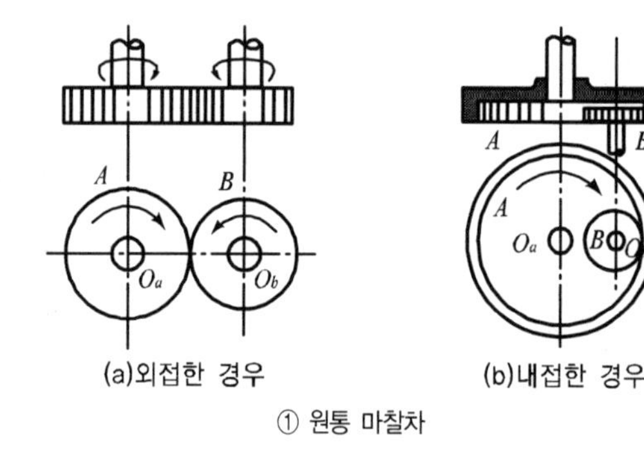

(a)외접한 경우　(b)내접한 경우

① 원통 마찰차

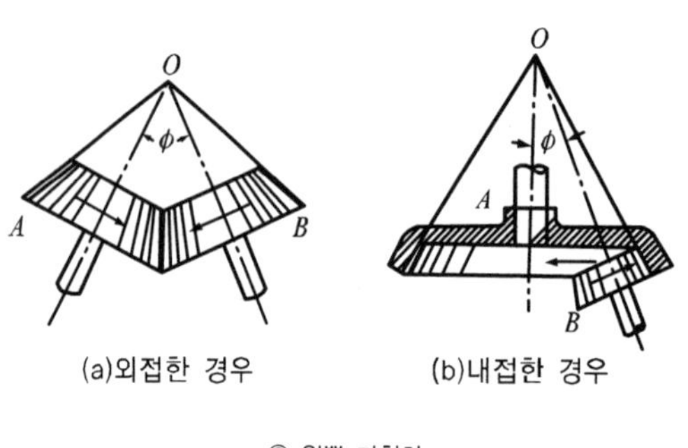

(a)외접한 경우　(b)내접한 경우

② 원뿔 마찰차

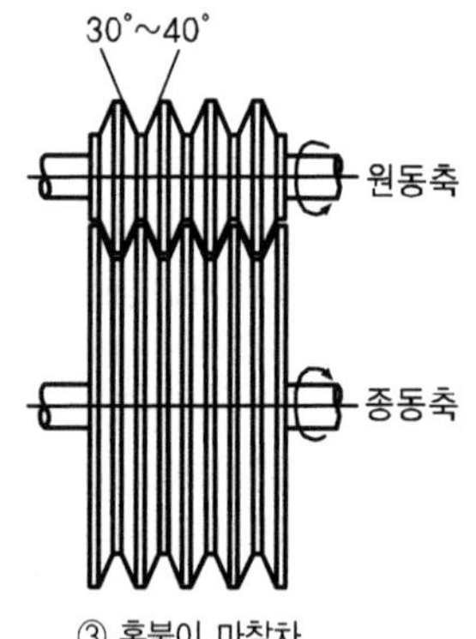

③ 홈붙이 마찰차

그림 2-100 마찰차의 종류

[2] 마찰차의 특성

① 운전이 정숙하다.

② 전동의 단속(斷續)이 무리 없이 실행된다.

③ 무단 변속하기 쉬운 구조로 할 수 있다.

④ 효율이 그다지 좋지 못하다.

⑤ 일정한 속도비율을 얻을 수 없다.

⑥ 과부하가 걸릴 경우 미끄럼에 의해 다른 부분의 손상을 방지할 수 있다.

[3] 마찰차의 설계

(1) 속도비율

$$i = \frac{D_1}{D_2} = \frac{N_2}{N_1}$$

여기서, D_1, D_2 : 원동차와 종동차의 지름

N_1, N_2 : 원동차와 종동차의 회전속도

(2) 축 중심 사이의 거리

$$C = \frac{D_1 \pm D_2}{2}$$ [+는 외접, -는 내접]

(3) 전달마력

$$H_{ps} = \frac{v\mu F}{75}$$

여기서, v : 원주속도[m/s]

μ : 마찰계수

F : 마찰력

2-4 제어용 기계요소

1. 스프링(spring)

[1] 스프링의 기능

① 하중 측정 및 조정

② 에너지 축적

③ 복원성 이용

④ 진동 완화

⑤ 충격 에너지 흡수

[2] 스프링의 휨과 하중

(1) 스프링 하중

스프링에 하중을 가하면 하중에 비례하여 인장 또는 압축, 휨 등이 발생한다. 지름 하중을 W[kgf], 변위량 δ[㎜]라 하면

$W=k\delta$(여기서, k는 스프링 상수)

(2) 하중에 의해 발생하는 일 U[kgf·m]는

$$U=\frac{1}{2}W\delta=\frac{1}{2}k\delta^2$$

(3) 스프링 상수 k_1, k_2의 2개를 접속할 때 스프링 상수 k는

① 병렬일 경우 : $k=k_1+k_2$

② 직렬일 경우 : $\frac{1}{k}=\frac{1}{k_1}+\frac{1}{k_2}$

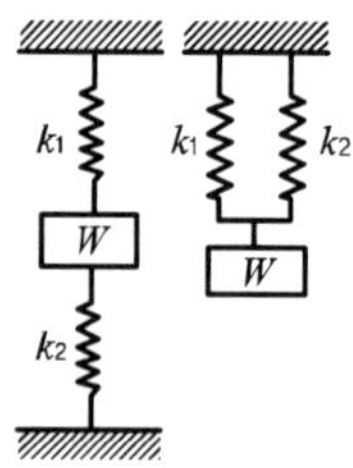

그림 2-101 병렬 연결

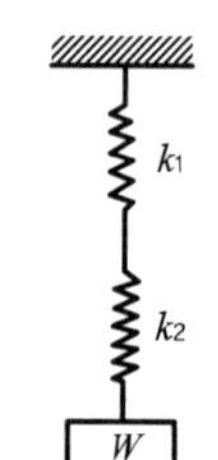

그림 2-102 직렬 연결

[3] 스프링 설계

(1) 코일 스프링 설계

① 스프링의 강도

여기서, d : 소선(素線)의 지름[㎜]　　D : 코일의 평균지름[㎜]

W : 하중[kgf]　　δ : 스프링의 처짐[㎜]

p : 스프링의 피치　　θ :비틀림 각도

n : 유효권수라 하면

㉮ τ를 소선의 비틀림에 대한 전단응력이라 하면

$T=\tau Z_p=\frac{\pi}{16}d^3\tau$이므로 $\tau=\frac{8WD}{\pi d^3}$

㉯ R을 코일의 평균 반지름, G를 가로탄성계수라 하면 스프링의 처짐 δ는

$$\delta=\frac{8nD^3W}{Gd^4}=\frac{64nR^3W}{Gd^4}$$

② 스프링 지수(指數)

$$C=\frac{2R}{d}=\frac{D}{d}$$

C를 스프링 지수라 부르며 $12>C>5$의 범위에 있다.

③ 스프링 상수

훅(Hook)의 법칙에 의한 스프링의 비례상수와 스프링의 세기를 나타내며, 스프링 상수가 크면 잘 늘어나지 않는다.

$$k=\frac{W}{\delta}=\frac{Gd^4}{64nR}$$

④ 에너지 계산

$$U=\frac{W\delta}{2}=\frac{32nR^3W^3}{Gd^4}=\frac{V\tau^2}{4K^2G}$$

여기서, K는 와알의 수정계수, V는 스프링 재료의 부피이며, $V=\frac{\pi d^2}{4}\cdot 2\pi rn$이 된다.

⑤ 서징(surging)

스프링에 작용하는 진동수가 스프링의 고유 진동수와 같거나 정수배가 되면 공진을 하여 부분적으로 큰 응력이 발생하는 현상이며, 서징의 1차 고유 진동수를 f_1이라 하면

$$f_1=\frac{2}{2\pi nD^3}\cdot\sqrt{\frac{gG}{2r}}\ \text{[cycle/s]}$$

스프링 강의 경우에는

$$f_1=3.56\times10^5\frac{d}{nD^2}$$

여기서, g : 중력 가속도

r : 스프링 재료의 비중량

G : 전단 탄성계수

(2) 판 스프링 설계

① 삼각 판 스프링의 경우

그림 2-103과 같이 평등(平等)강도의 보(beam)에서의 응력 일정으로 계산한다. 고정 단의 폭 b[㎜], 두께 h[㎜], 길이 l[㎜]로 끝에 W[kgf]의 하중이 가해졌을 때 다음과 같다.

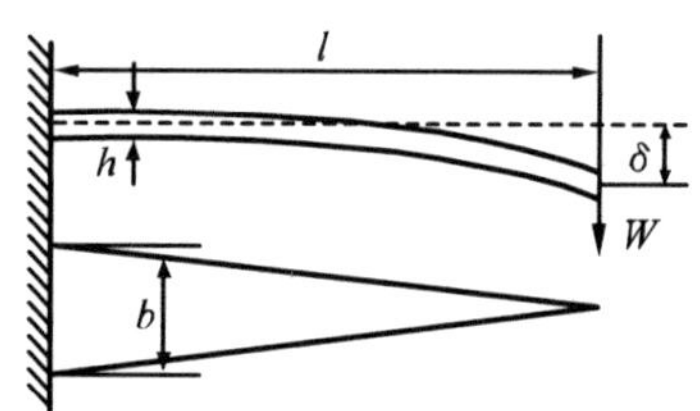

그림 2-103 삼각 판 스프링의 경우

㉮ 굽힘 응력 $\sigma b = \dfrac{6WL}{bh^2}$

㉯ 자유 단에 발생하는 처짐 $\delta = \dfrac{6Wl^3}{bh^3E}$

㉰ 고정 단의 너비 $b = \dfrac{6WL}{\sigma bh^2}$

② 겹판 스프링의 경우

㉮ 겹판 스프링은 그림 2-104와 같이 내다지 보로 생각하면 굽힘 응력과 처짐은

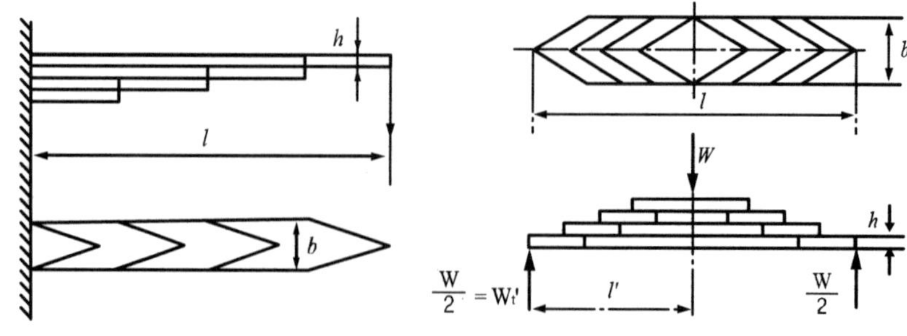

그림 2-104 겹판 스프링의 경우

- 굽힘 응력 $\sigma b = \dfrac{6Wl}{nbh^2}$

- 처짐 $\delta = \dfrac{6Wl^3}{Enbh^3}$

㉯ 겹판 스프링이 양단 지지 보로 되어있는 경우 가운데 부분에 발생하는 굽힘 응력과 처짐은

- 굽힘 응력 $\sigma b = \dfrac{3}{2}\dfrac{Wl}{nbh^2}$

- 처짐 $\delta = \dfrac{3}{8}\dfrac{Wl^3}{Enbh^3}$

[4] 스프링의 완충작용

최대 행정 L에서 물체의 질량 m[kgf]이 v_0의 속도로 낙하할 때 완충 장치가 흡수한 에너지는 에너지 보존의 법칙에 따라

$$E_0 = \frac{1}{2}mv_0^2 = \frac{1}{2}kL^2$$(여기서, k는 스프링 상수)

① 수직 낙하 충돌의 경우에는 위치 에너지를 가산하여야 하므로

$$E_0 = \frac{1}{2}mv_0^2 = mgL = FL$$(여기서, g는 중력가속도)

② 최대하중 F는 강도 상의 이유로 가능한 작아야 하며, 흡수 에너지 E_0와 FL과의 비율을 완충효율이라 한다. 즉 완충효율 η는

$$\eta = \frac{1}{2}mv_0^2/FL$$

2. 브레이크(brake)

[1] 브레이크의 종류

① 반지름 방향으로 밀어붙이는 것 : 블록 브레이크, 밴드 브레이크, 내확장 브레이크

② 축 방향으로 밀어붙이는 것 : 원판 브레이크, 원추 브레이크

③ 자동적으로 걸리는 것 : 나사 브레이크, 캠 브레이크, 원심력 브레이크

[2] 브레이크 토크

여기서, T : 브레이크 토크[kgf·mm]

f : 브레이크 마찰력(제동력)[kgf]

D : 브레이크 드럼의 지름[mm]

F : 브레이크 레버 조작력[kgf]

W : 드럼과 블록 사이의 작용력[kgf]

μ :드럼과 블록 사이의 마찰계수

a,b,c : 각 브레이크 레버의 치수[mm]라 하면

제동력을 f라 할 때 브레이크 토크는 $T=f\frac{D}{2}=\mu\frac{WD}{2}$

(1) 제1형식(내작용선 c〉0)

① 우회전의 경우

$$Fa-Wb-\mu Wc=0 \quad \therefore F=\frac{W}{a}(b+\mu c)=\frac{f}{\mu a}(b+\mu c)$$

② 좌회전의 경우

$$Fa-Wb+\mu Wc=0 \quad \therefore F=\frac{W}{a}(b-\mu c)=\frac{f}{\mu a}(b-\mu c)$$

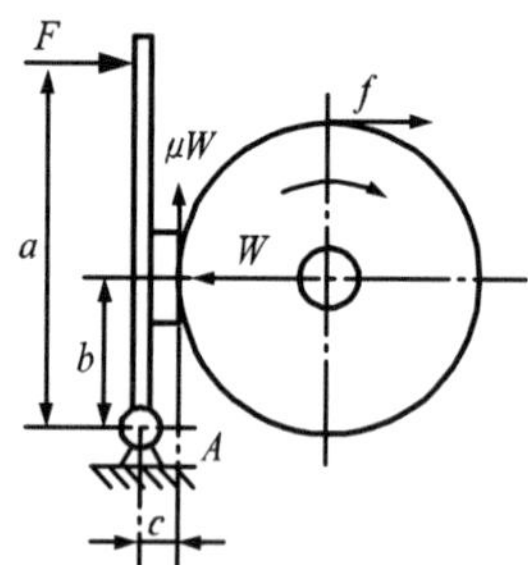

그림 2-105 제1형식

(2) 제2형식(외작용선 c〈0)

① 우회전의 경우

$$Fa-Wb+\mu Wc=0 \quad \therefore F=\frac{W}{a}(b-\mu c)=\frac{f}{\mu a}(b-\mu c)$$

② 좌회전의 경우

$$Fa - Wb - \mu Wc = 0 \quad \therefore F = \frac{W}{a}(b + \mu c) = \frac{f}{\mu a}(b + \mu c)$$

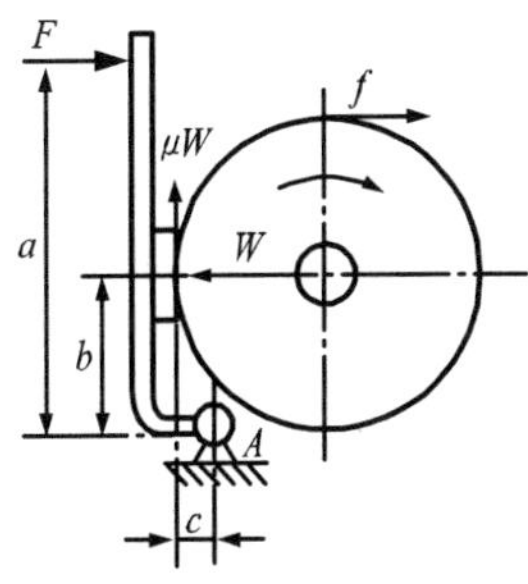

그림 2-106 제2형식

(3) 제3형식(중작용선 c=0)

좌회전이나 우회전 모두

$$Fa - Wb = 0 \quad \therefore F = \frac{Wb}{a} = \frac{fb}{\mu a}$$

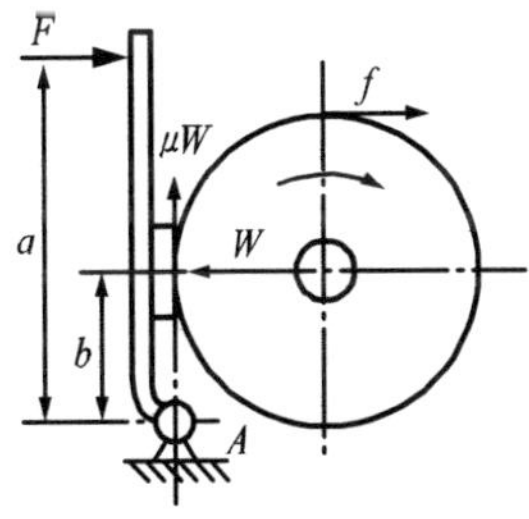

그림 2-107 제3형식

[3] 브레이크 압력과 용량

(1) 브레이크 압력

W : 블록을 브레이크 드럼에 미는 힘[kgf], b : 브레이크 블록의 폭[㎜], e : 브레이크 블록의 길이[㎜], D : 드럼의 지름, A : 블록의 마찰면적[㎟]라 하면

블록과 브레이크 드럼 사이의 제동압력 q[kgf/㎟]는

$$q = \frac{W}{A} = \frac{W}{be}$$

(2) 브레이크 용량

v : 드럼의 원주속도[m/s], f : 제동력[kgf], H : 제동마력[PS]라 하면

$$H = fv = \frac{\mu Wv}{75} = \frac{\mu qAv}{75}$$

따라서 마찰 면의 단위 면적마다의 일량은

$$\frac{75H}{A} = \frac{\mu Wv}{A} = \mu qv \ [\text{kgf}-\text{m}/\text{mm}^2-\text{s}]$$

이 μqv는 마찰계수, 브레이크 압력, 속도의 상승적으로 브레이크 용량이라 한다. 즉, 브레이크 블록의 접촉면적 1[㎟]마다 1초 동안에 흡수하고 또 열로 방출되는 에너지이다.

연/습/문/제

01. 다음은 나사에 대한 설명이다. 틀린 것은?

㉮ 나사를 1회전시켰을 때 축 방향으로 진행한 거리를 리드라고 한다.
㉯ 오른 나사는 시계방향으로 회전할 때 전진하는 나사이다.
㉰ 유효지름은 수 나사의 최대 지름이며, 나사의 크기를 나타낸다.
㉱ 사각 나사는 힘이 작용하는 방향이 축선과 평행하며, 나사효율이 좋다.

해설 유효지름이란 수 나사와 암 나사가 접촉하고 있는 부분의 평균지름을 말한다. 즉 나사 산의 두께와 골의 틈새가 같은 가상 원통의 지름이다. 바깥지름이 같은 나사에서는 피치가 작은 쪽이 유효지름이 크다.

02. 나사의 피치가 3㎜인 2줄 나사가 1회전하면 리드는?

㉮ 3㎜ ㉯ 4㎜ ㉰ 5㎜ ㉱ 6㎜

해설 $l = nP$ [여기서, l : 리드, n : 나사의 줄 수, P : 피치]
∴ 2×3㎜ = 6㎜

03. 두줄 나사의 피치가 0.75㎜일 때 5회전시키면 축 방향으로 몇 ㎜ 이동하는가?

㉮ 1.5 ㉯ 7.5 ㉰ 3.75 ㉱ 37.5

해설 $l = nPR$ [여기서, R: 회전수] ∴ 2×0.75㎜×5=7.5㎜

04. 리드가 36㎜인 3줄 나사가 있다. 이 나사의 피치는 몇 ㎜인가?

㉮ 3 ㉯ 12 ㉰ 24 ㉱ 108

해설 $P = \frac{l}{n} = \frac{36}{3} = 12$㎜

05. 다음 중 나사 산 단면이 3각형 형태가 아닌 것은?

㉮ 미터 나사 ㉯ 휘트워드 나사
㉰ 유니파이 나사 ㉱ 애크미 나사

해설 체결용 나사는 나사 산의 단면이 정삼각형에 가까운 삼각 나사이며, 미터 보통 나사(coarse thread), 미터 가는 나사(fine thread), 유니파이 보통 나사(unified coarse thread), 유니파이 가는 나사(unified fine thread) 및 휘트워드 나사(whitworth thread) 등이 있다.

06. 기계요소에서 KS 규격 볼트 M20의 설명으로 올바른 것은?

㉮ 미터 나사이며, 유효지름이 20㎜이다.
㉯ 나사 산의 각도가 60°이며, 볼트의 외경이 20㎜이다.
㉰ 나사 산의 각도가 60°이며, 볼트의 유효지름이 20㎜이다.
㉱ 사다리꼴 나사이며, 나사 산의 각도가 20°이다.

해설 볼트 M20이란 나사 산의 각도가 60°이며, 볼트의 외경이 20㎜이다.

07. 다음 중 유니파이 보통 나사 설명으로 가장 적합한 것은?

㉮ 산의 각도 60° - 기호 UNC
㉯ 산의 각도 55° - 기밀유지용 나사
㉰ 산의 각도 60° - 미터단위로 표시
㉱ 산의 각도 55° - 1인치 내 산의 수로 표시

해설 유니파이 보통 나사는 나사 산의 각도가 60°이고, 나사 산의 크기는 1inch 안에 있는 나사 산의 수로 표시하며, 나사의 호칭은 수 나사의 바깥지름으로 한다.

08. 4각 나사와 비교한 3각 나사의 일반적인 특징으로 틀린 것은?

㉮ 이송효율이 나쁘다.
㉯ 체결용으로 적합하다.
㉰ 마찰계수가 작다.
㉱ 자립(self lock)작용이 있다.

해설 3각 나사의 특징은 마찰계수가 커 체결용으로 적합하며, 자립(self lock)작용이 있으며, 이송효율이 나쁘다.

09. 삼각 나사보다 마찰이 적어 바이스, 잭, 프레스 등과 같이 힘을 전달하거나 부품을 이동하는 기구용에 가장 적합한 나사는?

㉮ 사각 나사　　㉯ 사다리꼴 나사
㉰ 톱니 나사　　㉱ 둥근 나사

해설 정사각형(squared thread)에 가까운 단면으로 된 나사이며, 일반적으로 강도를 증가하고 모서리의 응력 집중을 피하기 위해 구석부분이나 모서리 등은 둥글게 한다. 사각 나사는 나사 프레스, 나사 잭, 바이스 등에서 사용한다.

10. 다음 중 동력 전달용으로 가장 적합한 나사는?

㉮ 삼각 나사　　㉯ 관용(pipe) 나사
㉰ 둥근 나사　　㉱ 사다리꼴 나사

해설 사다리꼴 나사는 애크미 나사(acme thread)라고도 부르며, 단면이 사다리꼴 모양의 나사이며, 정밀도가 높고 가공이 쉬우므로 공작기계의 이송용 나사, 선반의 리드 스크루, 나사 프레스, 바이스 등에서 사용한다.

11. 추력이 한 방향으로만 작용할 때 사용되는 것으로 주로 바이스, 압착기 등에 사용되는 나사로 가장 적합한 것은?

㉮ 톱니 나사　　㉯ 너클 나사
㉰ 볼 나사　　㉱ 삼각 나사

해설 톱니 나사는 축에 거의 수직인 나사 면에 한쪽 방향으로만 힘이 작용하는 압착기, 바이스 등에 사용되며. 나사 산의 각도는 30°와 45°가 있다.

12. 시멘트 기계와 같이 모래, 먼지 등이 들어가기 쉬운 부분에 주로 사용되는 나사는?

㉮ 유니파이 나사　　㉯ 톱니 나사
㉰ 둥근 나사　　㉱ 관용 나사

해설 둥근 나사는 나사 산과 골 부분이 둥글게 되어 있어 격동하는 힘이 작용되는 부분이나 전구의 이음 부분과 같은 곳에 사용되며, 먼지나 모래 등이 나사 산에 들어갈 염려가 있는 곳에서 사용된다.

13. 볼 스크루는 볼이 스크루와 너트 사이에서 물리적인 접촉을 함으로써 회전운동에 의하여 작동하는 리드 스크루(lead screw)이다. 볼 스크루의 장점이 아닌 것은?

㉮ 나사의 효율이 좋다.
㉯ 백래시를 작게 할 수 있다.
㉰ 높은 정밀도를 유지할 수 있다.
㉱ 가격이 저렴하다.

해설 볼 스크루의 장점은 나사의 효율이 좋고, 백래시를 작게 할 수 있으며, 높은 정밀도를 유지할 수 있다.

14. 볼트 체결에 있어서 마찰각을 ρ, 리드각을 λ라 하는 나사의 효율 η를 구하는 식은?

㉮ $\eta = \dfrac{\tan\lambda}{\tan(\lambda+\rho)}$　　㉯ $\eta = \dfrac{\tan(\lambda+\rho)}{\tan\lambda}$
㉰ $\eta = \dfrac{\tan(\lambda+\rho)}{\tan(\lambda-\rho)}$　　㉱ $\eta = \dfrac{\tan(\lambda-\rho)}{\tan(\lambda+\rho)}$

해설 나사의 효율 $\eta = \dfrac{\tan\lambda}{\tan(\lambda+\rho)}$

15. 바깥지름 24㎜인 4각 나사의 피치 6㎜, 유효지름 22.051㎜, 마찰계수가 0.1이라면 나사의 효율은 몇 %인가?

㉮ 30　　㉯ 45
㉰ 60　　㉱ 75

해설 $\eta = \dfrac{\tan\alpha}{\tan(\alpha+\rho)}$　$\tan\alpha = \dfrac{P}{\pi \times d_e}$ [여기서, η: 나사의

효율, α: 리드각, ρ: 마찰각, P : 피치(mm), de : 유효지름(mm)]

① $\tan\alpha = \frac{\rho}{\pi de} = \frac{6}{3.14 \times 22.051}$

$= 0.0866 = \tan^{-1}0.0866 = 4.95°$

② $\tan\rho = \mu = \tan^{-1}0.1 = 5.7°$

③ $\eta = \frac{\tan\alpha}{\tan\alpha + \rho}$ 에서 $\eta = \frac{4.95}{4.95 + 5.7} \times 100 = 45\%$

16. 나사에서 3침법의 측정이 가장 적합한 것은?

㉮ 유효지름　　㉯ 피치
㉰ 골지름　　㉱ 외경

해설 나사의 유효지름은 3침법으로 측정하는 것이 가장 적합하다.

17. 볼트를 일반 볼트와 특수 볼트를 분류할 때 다음 중 특수 볼트에 해당하는 것은?

㉮ 관통 볼트　　㉯ 탭 볼트
㉰ 스터드 볼트　　㉱ 아이 볼트

해설 특수 볼트의 종류에는 기초 볼트, 스테이 볼트, 아이 볼트, T홈 볼트 등이 있다.

18. 다음 중 물건을 달아 올리거나 운반하는 경우에 주로 사용되는 볼트는?

㉮ 관통 볼트　　㉯ 탭 볼트
㉰ 스테이 볼트　　㉱ 아이 볼트

해설 아이(eye) 볼트는 볼트 머리에 링(ring)을 둔 것으로 물건을 들어올릴 때 사용한다.

19. 허용 인장응력이 10kgf/㎟인 아이 볼트에 축 방향으로 1ton의 하중이 작용하는 경우, 허용 인장 응력을 고려한 아이 볼트로 다음 중 가장 적합한 것은?

㉮ M12　　㉯ M16
㉰ M24　　㉱ M28

해설 $d = \sqrt{\frac{2W}{\sigma t}}$ [여기서, σt : 볼트 재료의 인장 응력(kgf/mm²), W: 하중[kgf], d : 나사의 지름(mm)]

$d = \sqrt{\frac{2 \times 1000}{10}} = 14.14$mm, 따라서 M16을 선택하여야 한다.

20. 15ton의 인장하중을 받는 볼트 호칭 지름으로 다음 중 가장 적합한 것은?(단, 안전율 3, 재료 인장강도는 5400kgf/㎠이며, 골 지름/바깥지름 $(d_1/d)^2$=0.62로 가정한다.)

㉮ M30　　㉯ M36
㉰ M42　　㉱ M48

해설 ① 인장 응력(σ_a) $= \frac{\text{인장강도}}{\text{안전율}} = \frac{5400}{3} = 1800$

② 호칭 지름(d) $= \sqrt{\frac{W}{\frac{\pi}{4} \times \left(\frac{d_1}{d}\right) \times \sigma a}}$ 에서

$\sqrt{\frac{15000}{0.785 \times 0.62 \times 1800}} = 4.14$cm $= 41.4$mm

따라서 M42를 선택한다.

21. 안지름이 1m인 압력 용기에 5kgf/㎠의 내압이 작용하고 있다. 압력 용기의 뚜껑을 18개의 볼트로 체결 할 경우 볼트의 지름은 얼마로 설정해야 하는가?(단, 볼트 지름 방향의 허용 인장 응력은 1000kgf/㎠이고, 볼트에는 인장 하중만 작용한다.)

㉮ 16.7㎜, M18　　㉯ 21.7㎜, M22
㉰ 26.7㎜, M27　　㉱ 31.7㎜, M33

해설 ① 뚜껑에 작용하는 전체 하중$P = 0.785d^2p$ [여기서, d : 지름, p : 내압]

$\therefore 0.785 \times 100^2 \times 5 = 39250$kgf

② 볼트 1개에 작용하는 하중 $W = \frac{39250}{18} = 2181$kgf

③ 볼트 지름 d

$= \sqrt{\frac{4W}{\pi \cdot \tau a}} = \sqrt{\frac{4 \times 2181}{3.14 \times 1000}} = 1.67$cm

$= 16.7$mm

22. 나사의 구멍을 통해 유체가 새어 나오는 것을 방지하는 너트로 가장 적합한 것은?

㉮ 홈붙이 너트 ㉯ 원형 너트
㉰ 캡 너트 ㉱ 플랜지 너트

해설 캡 너트(cap nut)는 너트의 한 끝이 막힌 것이며, 나사부분에서 유체가 흘러나오는 것을 방지한다.

23. 사용 목적이 마모된 암 나사를 재생하거나 강도가 불충분한 재료의 나사 체결력을 강화시키는데 사용되는 기계요소인 것은?

㉮ 로크 너트(Lock nut)
㉯ 분할 핀(Split pin)
㉰ 세트 스크루(Set screw)
㉱ 헬리 서트(Heli sert)

해설 헬리 서트(Heli sert)는 마모된 암 나사를 재생하거나 강도가 불충분한 재료의 나사 체결력을 강화시키는데 사용되는 기계요소이다.

24. 너트의 풀림을 방지하는 방법이 아닌 것은?

㉮ 분할 핀 ㉯ 2중 너트
㉰ 스프링 와셔 ㉱ 캡 너트

해설 나사(너트)의 풀림 방지방법
① 로크 너트(lock nut)를 사용하는 방법
② 분할 핀(split pin)을 사용하는 방법
③ 세트 스크루(set screw)를 사용하는 방법
④ 와셔(washer)를 사용하는 방법
⑤ 자동 죔 너트를 사용하는 방법
⑥ 핀, 작은 나사 등을 사용하는 방법
⑦ 철사를 사용하는 방법

25. 와셔의 사용목적으로 적합하지 못한 것은?

㉮ 볼트의 구멍의 지름이 볼트보다 너무 클 때
㉯ 볼트가 받는 전단응력을 감소시키려 할 때
㉰ 볼트 시트 면의 재료가 약해서 넓은 면으로 지지하여야 할 때
㉱ 진동이나 회전이 있는 곳의 볼트나 너트의 풀림 방지

해설 와셔의 사용목적
① 볼트구멍이 볼트지름보다 너무 클 때
② 볼트 머리의 시트가 평평하지 않고 거칠거나 경사져서 죄는 힘이 고르게 작용하지 않을 때 또는 시트면의 재료가 약해서 넓은 면으로 지지하여야 할 때
③ 목재나 고무와 같이 압축에 대해서 약한 것을 조일 때
⑤ 진동이나 회전으로 인해서 볼트나 너트가 풀어지거나 빠져나가는 것을 방지할 때

26. 자동차나 소형 전자부품 조립시 많이 사용하고 있으며 스프링 작용을 할 수 있는 톱니에 의하여 체결볼트와 너트의 풀림을 방지할 수 있고, 여러 번 사용할 수 있는 이점이 있는 와셔는?

㉮ 혀달린 와셔 ㉯ 평 와셔
㉰ 고무 와셔 ㉱ 톱니 와셔

해설 톱니 와셔는 자동차나 소형 전자부품을 조립할 때 많이 사용하며 스프링 작용을 할 수 있는 톱니에 의하여 체결볼트와 너트의 풀림을 방지할 수 있고, 여러 번 사용할 수 있는 이점이 있다.

27. 키(key)에 대한 설명으로 틀린 것은?

㉮ 기어, 벨트 풀리 등을 축에 고정하여 토크를 전달한다.
㉯ 키는 축보다 강도가 약한 재료를 사용한다.
㉰ 일반적으로 키의 윗면에는 1/100의 기울기를 붙인다.
㉱ 가장 널리 사용되는 키는 묻힘 키이다.

해설 키(key)는 기어(gear)나 벨트 풀리(belt pulley) 등의 회전체를 회전축에 설치하여 고정할 때, 또는 회전을 전달함과 동시에 축 방향으로 이동할 수 있도록 할 때 사용하는 것으로 전단력을 받기 때문에 축 보다 약간 강한 S35C, S45C, SF55 등의 강철을 사용한다.

28. 축과 보스에 모두 키 홈을 가공하는 키의 명칭으로 가장 적합한 것은?

㉮ 안장 키(saddle ke)
㉯ 납작 키(flat key)
㉰ 반달 키(woodruff key)

㉱ 묻힘 키(sunk key)

해설 묻힘 키(sunk key)는 가장 널리 사용되는 키이며, 축(shaft)과 보스(boss)양쪽에 키 홈을 파고 여기에 키를 끼우도록 한 것이다.

29. 축에는 키 홈이 없고, 축의 원호에 접할 수 있도록 하고 보스에만 키 홈을 파는 경하중용에 사용하는 키는?

㉮ 안장 키 ㉯ 접선 키 ㉰ 평 키 ㉱ 반달 키

해설 안장키(새들 키)는 축에는 전혀 가공을 하지 않고 보스(boss)에만 기울기 1/100의 키 홈을 파고 키를 박아 마찰력에 의하여 회전력 전달하는 것이며, 큰 힘을 전달하는 데는 부적당하다.

30. 다음 중 축에 키 홈 가공을 하지 않고 보스에만 가공하는 키는?

㉮ 묻힘 키 ㉯ 새들 키 ㉰ 접선 키 ㉱ 반날 키

31. 보스를 축방향으로 미끄럼 이송시킴과 동시에 회전력을 전달하기 위한 키로 다음 중 가장 적합한 것은?

㉮ 안장 키 ㉯ 페더 키 ㉰ 반달 키 ㉱ 접선 키

해설 페더 키는 기울기가 없는 키를 축의 홈이나 보스에 고정시켜 놓고 보스를 축방향으로 이동할 수 있도록 한 것이다. 즉 회전력 전달과 동시에 보스를 축 방향으로 미끄럼 시킬 필요성이 있을 때 사용한다.

32. 아주 큰 회전력을 전달하거나 양방향으로 회전하는 축에 120° 또는 180°의 각도로 두 곳에 설치하는 키는?

㉮ 접선 키 ㉯ 원뿔 키
㉰ 미끄럼 키 ㉱ 안장 키

해설 접선 키는 키 홈을 축의 접선방향으로 만들어 기울기 1/60~1/100의 2개의 키를 서로 반대방향으로 때려 넣은 것이다. 즉 역회전이 가능하도록 하기 위해 120° 또는 180°각도를 두고 2개소에 키를 둔 것이다.

33. 똑같은 크기와 구배가 같은 2개의 키를 한 쌍으로 조합하여 축의 접선방향에 때려 박은 것으로 묻힘 키보다 동일한 축에서 큰 회전력을 전달할 수 있는 것은?

㉮ 접선 키 ㉯ 반달 키 ㉰ 새들 키 ㉱ 페더 키

해설 접선 키는 똑같은 크기와 구배가 같은 2개의 키를 한 쌍으로 조합하여 축의 접선방향에 때려 박은 것으로 묻힘 키보다 동일한 축에서 큰 회전력을 전달할 수 있다.

34. 다음 체결용 기계요소 중 조립된 보스(boss)를 축 방향으로 이동시킬 수 없는 것은?

㉮ 원뿔 키 ㉯ 삼각형 세레이션
㉰ 슬라이딩 키 ㉱ 인벌류트 스플라인

해설 원뿔 키는 축과 보스에 키 홈을 파지 않고, 보스 구멍을 원뿔 모양으로 만들어 3개로 나눈 원뿔 통형의 키를 때려 넣어 마찰력만으로 회전력을 전달한다.

35. 미끄럼 키와 같이 토크를 전달하는 동시에 축 방향의 이동도 할 수 있고, 토크를 수 개의 키로서 분담할 수 있어 자동차 항공기 터빈 등의 속도 변환하는 축에 많이 사용되는 기계요소는?

㉮ 스플라인 ㉯ 성크 키
㉰ 코터 ㉱ 핀

해설 스플라인은 4~20개의 이(齒)를 같은 간격으로 축에 깎은 것으로 매운 큰 회전력을 전달할 수 있으며, 축방향으로 미끄럼 운동을 하고, 축과 보스와의 중심축을 정확하게 맞출 수 있다.

36. 큰 토크를 축에서 보스로 전달시키려면 1개의 키(key)만으로 전달시키는 것은 불가능하므로 4개~수십 개의 키를 같은 간격으로 축과 일체로 만든 것은?

㉮ 스플라인 축 ㉯ 미끄럼 키
㉰ 접선 키 ㉱ 성크 키

해설 스플라인 축은 큰 토크를 축에서 보스로 전달시키려고 4개~수십 개의 키를 같은 간격으로 축과 일체로 만든 것이다.

37. 보스와 축 사이의 윗면과 아랫면을 죄고 측면에 틈새를 둔 끼워 맞춤으로 키의 상단과 하단면에 압축응력이 발생하는 키의 종류가 아닌 것은?

㉮ 경사 키 ㉯ 평 키
㉰ 평행 키 ㉱ 성크 키

해설 보스와 축 사이의 윗면과 아래 면을 죄고 측면에 틈새를 둔 끼워 맞춤으로 키의 상단과 하단 면에 압축 응력이 발생하는 키의 종류에는 경사 키, 평 키, 성크 키 등이 있다.

38. 키가 전달할 수 있는 토크의 크기가 큰대서 작은 순으로 된 것은?

㉮ 성크 키, 스플라인, 새들 키, 평 키
㉯ 스플라인, 성크 키, 평키, 새들 키
㉰ 평 키, 새들 키, 성크 키, 스플라인
㉱ 세레이션, 성크 키, 스플라인, 평 키

해설 토크의 크기가 큰대서 작은 순서는 스플라인→성크 키→평 키→새들 키이다.

39. 묻힘 키에서 키의 폭, 높이, 길이를 각각 b, h, l이라 하고, 축 지름이 d, 전달토크를 T라 할 때 키에 발생하는 전단응력 τ는?

㉮ $\frac{T}{hld}$ ㉯ $\frac{4T}{bld}$
㉰ $\frac{T}{bld}$ ㉱ $\frac{2T}{bld}$

해설 키의 전단응력 $\tau=\frac{2T}{bld}$

40. 96kgf-m의 토크를 전달하는 지름 50㎜인 축에 사용할 묻힘 키의 폭과 높이가 12㎜×8㎜일 때 다음 중 키의 길이로 가장 적합한 것은?(단, 키의 전단 응력만으로 계산하고 키의 허용 전단응력은 800kgf/㎠이다.)

㉮ 30㎜ ㉯ 40㎜
㉰ 60㎜ ㉱ 80㎜

해설 $\tau=\frac{2T}{bld}$ [여기서, τ:전단응력(kgf/㎠), T : 전달 토크(kgf-cm), b : 키의 폭(cm), l : 키의 길이(cm), d : 축의 지름(cm)]

$\therefore\ l=\frac{2\times 96\times 100}{1.2\times 5\times 800}=$ 4cm = 40㎜

41. 축에 끼운 링이 빠지는 것을 방지하기 위하여 사용하여 끝 부분을 두 갈래로 벌려 굽혀 빠지지 않도록 하는 기계요소인 것은?

㉮ 테이퍼 핀 ㉯ 코터
㉰ 분할핀 ㉱ 코킹

해설 분할 핀(split pin)은 너트의 풀림 방지나 축에 끼운 링이 빠지는 것을 방지하기 위하여 사용한다. 이것은 강철이나 황동으로 제작하며 구멍에 끼워 넣은 다음 앞 끝을 두 갈래로 벌려 빠지지 않도록 한다.

42. 코터 폭이 4cm, 두께가 2cm, 코터의 허용 전단응력이 75kg/㎠일 때, 코터에 가할 수 있는 허용 전단하중은 약 몇 kgf인가?

㉮ 600 ㉯ 1200
㉰ 1800 ㉱ 2400

해설 $W=2\times t\times h\times \tau$[여기서, W: 허용 전단하중, t:코터의 두께, h:코터 폭, τ:코터의 허용 전단응력)]
$\therefore W=2\times 2\times 4\times 75=1200$kgf

43. 다음 기계요소 중에 강판을 연결 및 접합하는 것인 주목적인 것은?

㉮ 리벳 ㉯ 세레이션
㉰ 접선 키 ㉱ 스플라인

해설 리벳은 용기(容器), 압력탱크, 건축물, 교량 등을 제작할 때 판이나 형강(形鋼)을 겹쳐서 반영구적으로 결합하는데 사용된다. 즉 리벳이음을 하거나 또는 이에 다른 기계부품을 설치하기 위해 사용하는 기계요소이다.

44. 리벳의 지름이 20㎜일 때 리벳구멍은 얼마로 뚫는 것이 가장 적당한가?

㉮ (18~19)㎜ ㉯ (19.5~20.5)㎜
㉰ (21.0~21.5)㎜ ㉱ (22.0~24.5)㎜

해설 리벳의 지름이 20㎜일 때 리벳구멍은 21.0~21.5㎜로 뚫는 것이 적당하다.

45. 보일러와 같이 기밀을 필요로 할 때 리벳팅 작업이 끝난 뒤에 리벳머리의 주위와 강판의 가장 자리를 75°~85° 가량 정(chisel)과 같은 공구로 때리는 작업을 무엇이라 하는가?

㉮ 굽힘 작업 ㉯ 전단 작업
㉰ 코킹 작업 ㉱ 펀칭 작업

해설 코킹(cauking) : 보일러와 같이 용기를 리벳이음으로 제작한 후 강판의 가장자리를 끌과 같은 공구로 기밀을 유지하기 위하여 행하는 작업이다. 즉, 리벳팅이 끝난 뒤에 리벳머리 주위나 강판의 가장자리를 정으로 때려 그 부분을 밀착시켜서 틈을 없애는 작업이다. 그러나 강판 두께가 5㎜ 이하인 경우에는 코킹 효과가 없다.

46. 리벳팅이 끝난 뒤에 리벳머리 주위나 강판의 가장자리를 정으로 때려 그 부분을 밀착시켜서 틈을 없애는 작업은?

㉮ 코킹 ㉯ 호닝 ㉰ 랩핑 ㉱ 클러칭

47. 5㎜ 이상의 강판 리벳이음에서 코킹 작업이 끝난 후 더욱 더 기밀을 안전하게 유지하기 위하여 강판을 공구로 때려 붙이는 작업은?

㉮ 앤빌(anvil) ㉯ 플러링(fullering)
㉰ 업세팅(upsetting) ㉱ 트리밍(trimmiing)

해설 플러링(fullering)이란 5㎜ 이상의 강판 리벳이음에서 코킹 작업이 끝난 후 더욱 더 기밀을 안전하게 유지하기 위하여 강판을 공구로 때려 붙이는 작업이다. 즉 리벳팅에서 기밀을 요할 때 리벳팅 후 냉각상태에서 판의 끝을 75~85° 정도로 깎아준 후 코킹 작업을 하여 판을 밀착시킨 다음 더욱 기밀을 유지하기 위해 하는 작업이다.

48. 리벳팅에서 기밀을 요할 때 리벳팅 후 냉각상태에서 판의 끝을 75~85° 정도로 깎아준 후 코킹 작업을 하여 판을 밀착시킨다. 이후에 더욱 기밀을 유지하기 위해 하는 작업은?

㉮ 드릴링 ㉯ 리밍 ㉰ 펀칭 ㉱ 플러링

49. 리벳이음의 강도 설계시에 주로 고려되는 리벳이음의 세 가지 파괴형태로 가장 적합한 것은?

㉮ 리벳의 전단, 리벳구멍 사이의 판의 절단, 리벳 또는 리벳구멍의 압축
㉯ 리벳의 전단, 리벳구멍 사이의 판의 절단, 판 끝의 전단
㉰ 리벳구멍 사이의 판의 절단, 판 끝의 갈라짐, 리벳 또는 리벳구멍의 압축
㉱ 리벳의 전단, 판 끝의 전단, 판 끝의 갈라짐

해설 리벳이음의 파괴형태
① 리벳이 전단되는 경우
② 리벳 구멍사이에서 판이 전단되는 경우
③ 판 또는 리벳이 압축으로 파괴되는 경우
④ 판 가장자리가 전단되는 경우
⑤ 판 가장자리가 굽힘에 의해 찢어지는 경우

50. 리벳이음에서 1피치 내의 리벳 전단면의 수가 증가함에 따라 리벳의 효율은?

㉮ 증가한다. ㉯ 감소한다.
㉰ 관계없다. ㉱ 반비례한다.

해설 리벳이음에서 1피치 내의 리벳 전단면의 수가 증가함에 따라 리벳효율은 증가한다.

51. 리벳이음에서 리벳효율을 나타낸 공식으로 옳은 것은?(단, 리벳효율은 전단 파괴에 의하여 구하며, n : 1피치 내의 리벳의 전단면수, P피치(㎜), σ : 강판 재료의 허용 인장 응력(kgf/㎠), t : 강판의 두께(㎜), d : 리벳의 지름(㎜), τ: 리벳의 허용 전단 응력(kgf/㎠)이다.)

㉮ $\eta = 1 - \frac{d}{P}$ ㉯ $\eta = \frac{4Pt\sigma}{\pi d^2 \tau}$

㉰ $\eta = 1 - \frac{P}{d}$ ㉱ $\eta = \frac{n\pi d^2 \tau}{4Pt\sigma}$

해설 리벳 이음에서 리벳 효율을 나타내는 공식 $\eta = \frac{n\pi d^2 \tau}{4Pt\sigma}$ 이다.

52. 판의 두께 15㎜, 리벳의 지름 16㎜, 리벳 구멍의 지름 17㎜, 피치 65㎜인 1줄 리벳 겹치기 이음에서 1피치마다 1500kgf의 하중이 작용할 때 판의 효율은?

㉮ 73.8% ㉯ 75.4% ㉰ 76.9% ㉱ 77.5%

해설 $\eta_1 = \frac{p-d}{p} \times 100 \;\therefore\; \eta_1 = \frac{65-17}{65} \times 100 = 73.8\%$
여기서, η_1 : 판의 효율, p : 피치(㎜), d : 리벳의 지름(㎜)

53. 강판의 두께 12㎜, 리벳의 지름 20㎜, 피치 50㎜의 1줄 겹치기 리벳 이음에서 1피치 당 하중이 1,200kgf일 경우, 강판의 인장 응력은 몇 kgf/㎟인가?

㉮ 3.33 ㉯ 6.42 ㉰ 7.53 ㉱ 8.61

해설 인장 응력 $= \frac{W}{(p-d)t}$ [여기서, W : 하중, p : 피치, d : 리벳 지름, t : 강판 두께]
$\therefore \frac{1200}{(50-20) \times 12} = 3.3$ kgf/㎟

54. 두께 12㎜ 강판을 리벳이음으로 안지름 1000㎜인 보일러 동체를 만들었다. 강판의 허용 인장 응력을 6kgf/㎟, 리벳 이음의 효율을 70%라 할 때 몇 kgf/㎠의 내압까지 사용할 수 있는가?

㉮ 1 ㉯ 2 ㉰ 10 ㉱ 20

해설 $t = \frac{P \times D}{200 \times \sigma t \times \eta - 1}$
[여기서, t : 강판 두께(㎜), P : 최고 사용 압력(kgf/㎠), D : 동체의 안지름(㎜), σt : 강판의 허용 인장응력(kgf/㎟), η : 리벳 이음의 효율]
$\therefore P = \frac{12 \times 200 \times 6 \times 0.7 - 1}{1000} = 10$ kgf/㎠

55. 축의 종류 중 작용하중에 따른 분류에 속하지 않는 것은?

㉮ 원형축 ㉯ 차축
㉰ 전동축 ㉱ 스핀들축

해설 축에 작용하는 하중에 따른 분류에는 차축, 스핀들, 전동축 등이 있다.

56. 주로 굽힘 작용을 받으면서 회전력은 거의 전달하지 않는 축으로 가장 적당한 것은 ?

㉮ 차축 ㉯ 프로펠러 샤프트
㉰ 기어축 ㉱ 공작기계의 주축

해설 차축은 기차나 자동차의 두 바퀴를 연결한 축과 같이 차체나 하물의 중량을 지지하며, 주로 굽힘 작용을 받는 회전축 또는 정지 축이다.

57. 다음 중 굽힘과 비틀림을 동시에 받는 축으로 동력 전달용으로 사용되는 축의 명칭으로 가장 적합한 것은?

㉮ 중공축
㉯ 크랭크축
㉰ 전동축
㉱ 플렉시블축

해설 전동축은 동력전달을 목적으로 하는 축으로서, 주로 비틀림과 굽힘을 받으며, 주축(main shaft), 선축(line shaft), 중간축(counter shaft)으로 분류된다.

58. 다음 중 직선 왕복운동을 회전운동으로 변화시키는 축은?

㉮ 플렉시블축
㉯ 직선축
㉰ 크랭크축
㉱ 중간축

해설 크랭크축은 직선 왕복운동을 회전운동으로 변화시킬 때 사용하는 축이다.

59. 축의 설계와 관련되는 용어에서 임계속도란 무엇인가?

㉮ 축이 회전 가능한 최대의 회전속도
㉯ 축의 회전속도가 축의 공진 진동수와 일치할 때의 속도
㉰ 축의 이음부분이 마모되기 시작하는 때의 회전수
㉱ 진동 축에서 안전율이 10일 때의 회전수

해설 축이 굽힘 작용이나 비틀림 작용에 의해 진동할 경우에는 어느 회전속도가 되면 급격히 이상 진동을 일으키고 나중에는 파괴된다. 즉 축의 회전속도가 축의 공진 진동수와 일치할 때의 회전속도를 임계속도(critical speed) 또는 위험속도라 한다.

60. 축의 위험속도를 피하기 위한 다음 조치 중에서 가장 적합한 것은?

㉮ 축의 지름을 가늘게 한다.
㉯ 축의 지름을 크게 한다.
㉰ 기초 볼트의 지름을 크게 한다.
㉱ 케이스의 강성을 높인다.

해설 축의 위험속도를 피하기 위해서는 축의 지름을 크게 하여야 한다.

61. 축의 처짐을 작게 하는 설계 방안에 대한 설명 중 잘못된 것은?

㉮ 축에 설치되는 부품은 가능한 베어링에서 멀리 설치한다.
㉯ 축에 고정되는 풀리 기어류 및 부품들은 가급적 경량화 해야 한다.
㉰ 부품의 무게 중심이 기하학적인 중심과 일치하도록 균형을 이루어야 한다.
㉱ 고속류의 축은 부품의 불균형을 배제해야 하는 것 못지않게 축 자체의 균형이 중요하다.

해설 축의 처짐을 작게 하는 설계 방안
① 축에 설치되는 부품은 가능한 베어링에서 가깝게 설치한다.
② 고속류의 축은 부품의 불균형을 배제해야 하는 것 못지않게 축 자체의 균형이 중요하다.
③ 부품의 무게 중심이 기하학적인 중심과 일치하도록 균형을 이루어야 한다.
④ 축에 고정되는 풀리 기어류 및 부품들은 가급적 경량화 해야 한다.

62. 재질이 동일하며, 회전수도 같을 경우 축경을 2배로 하면 동일강도로서 전달시킬 수 있는 마력(ps)은 몇 배가되는가?

㉮ 8 ㉯ 4 ㉰ $\frac{1}{4}$ ㉱ $\frac{1}{8}$

해설 재질이 동일하며, 회전수도 같을 경우 축경(축 지름)을 2배로 하면 동일강도로서 전달시킬 수 있는 마력(ps)은 8배가된다.

63. 휨(굽힘)만을 받는 속이 찬 차축에서 축에 작용하는 굽힘 모멘트가 3000kgf-mm이고, 축의 허용 굽힘 응력이 10kgf/㎟일 때 필요한 축 외경의 최소 값은?

㉮ 55.3㎜ ㉯ 7.4㎜ ㉰ 14.5㎜ ㉱ 13.2㎜

해설 $d = \sqrt[3]{\frac{10.2M}{\sigma_a}} = \sqrt[3]{\frac{10 \times 3000}{10}} = 14.5\text{mm}$
[여기서, M : 굽힘 모멘트, σ_a : 허용 굽힘 응력]

64. 950kgf·m의 비틀림 모멘트만을 받는 둥근 중실 축의 축지름은 몇 약 ㎜인가?(단, 허용 비틀림 응력이 6.5kgf/㎟이다.)

㉮ 45.2 ㉯ 57.4 ㉰ 91 ㉱ 115

해설 $d = \sqrt[3]{\frac{16T}{\pi \times \tau a}}$ [여기서, T : 비틀림 모멘트(kgf-mm), τa : 허용 비틀림 응력(kgf/㎟) d : 축의 지름(㎜)]
$\therefore d = \sqrt[3]{\frac{16 \times 950 \times 1000}{3.14 \times 6.5}} = 90.64\text{mm}$

65. 휨만을 받는 속이 빈 차축에서 M=7500 kgf-mm이고, σ_a= 15kgf/㎟ 및 내·외경비 x=0.5일 때 축의 내경(d_1)과 외경(d_2)은 얼마인가?

㉮ $d_1 = 8.8$㎜, $d_2 = 17.8$㎜
㉯ $d_1 = 9.6$㎜, $d_2 = 19.2$㎜
㉰ $d_1 = 6.7$㎜, $d_2 = 13.4$㎜
㉱ $d_1 = 5.5$㎜, $d_2 = 11.0$㎜

해설
$d_2 = \sqrt[3]{\frac{10.2 \times M}{\sigma_b \times (1 - x^4)}}$ [여기서, d_2 : 바깥지름(mm), M : 축에 작용하는 휨 모멘트(kgf-mm), σ_b : 축에 생기는 휨 응력(kgf/mm²), x : 내외경비]

① $d_2 = \sqrt[3]{\frac{10.2 \times 7500}{15 \times (1 - 0.5^4)}} = 17.6$㎜

$d_2 = \sqrt[3]{\frac{10.2 \times 7500}{15 \times (1 - 0.5^4)}} = 17.6$㎜

② $d_1 = 17.6㎜ \times 0.5 = 8.8㎜$

66. 지름이 d=15㎝인 원형단면 차축에 굽힘 모멘트 Mo=100kgf·m, 비틀림 모멘트 T=200kgf·m가 동시에 작용할 때 이 차축 속에 발생하는 최대 주응력을 구하면?

㉮ 36.6kgf/㎠　　㉯ 48.8kgf/㎠
㉰ 54.2kgf/㎠　　㉱ 62.8kgf/㎠

해설
① $\text{Te} = \sqrt{\text{Mo}^2 + \text{T}^2} = \sqrt{100^2 + 200^2} = 223.6\text{kgf·m} = 22360\text{kgf·cm}$

② $\text{Me} = \frac{1}{2}\left(Mo + \sqrt{Mo^2 + T^2}\right) = \frac{1}{2}(10000 + 22360) = 16180$

③ $\sigma = \frac{10.2\text{Me}}{\text{d}^3} = \frac{10.2 \times 16180}{15^3} = 48.9$ kgf/㎠

67. 회전수 2000rpm에서 최대 토크가 35kgf-m로 계측된 축의 축마력은 약 몇 PS인가?

㉮ 97.76　㉯ 71.87　㉰ 116.0　㉱ 118.0

해설
축마력 $= \frac{TR}{716}$ [여기서, T:토크, R:회전속도]

$\therefore \frac{35 \times 2000}{716} = 97.76\text{PS}$

68. 350rpm으로 70PS를 전달하는 축의 전달토크는 약 몇 kgf-cm인가?

㉮ 1432.4　　㉯ 1948
㉰ 14324　　㉱ 19480

해설
$T = \frac{71620 \times H_{PS}}{R}$ [여기서, H_{PS} : 전달마력(PS)]

$\therefore T = \frac{71620 \times 70}{350} = 14324$ kgf-cm

69. 1000rpm으로 2000kgf-cm의 비틀림 모멘트를 전달하는 축의 전달동력은 몇 kW인가?

㉮ 2.053　㉯ 20.53　㉰ 205.3　㉱ 2053

해설
$H_{kW} = \frac{TR}{974}$　　$\therefore \frac{20 \times 1000}{974} = 20.53$ kW

70. 300rpm으로 3.75kW를 전달시키고 있는 축의 비틀림 모멘트는 약 몇 kgf·mm인가?

㉮ 5240　㉯ 6087　㉰ 8953　㉱ 12175

해설
$T = \frac{716200 \times H_{kW}}{R} \times 1.36$

$= \frac{716200 \times 3.75}{200} \times 1.36 = 12175.4$kgf·㎜

71. 각속도 4rad/s로 4kW의 동력을 전달하는 전동축에 작용하는 토크는 몇 kgf-m인가?

㉮ 93.75　　㉯ 102
㉰ 81.6　　㉱ 816

해설
$\text{HP} = \frac{\text{T} \times \omega}{75}$

[여기서, HP : 전달 동력, T : 전달 토크, ω : 각속도]

$\therefore \text{T} = \frac{4 \times 75}{0.736 \times 4} = 101.9$kgf-m

72. 중앙에 회전체 질량을 갖는 축에서 회전체에 의한 처짐이 0.01㎜일 때 이 축의 위험속도는?

㉮ 4729rpm　　㉯ 9459rpm
㉰ 990rpm　　㉱ 1981rpm

해설
축의 위험속도 $= \frac{30}{\pi}\sqrt{\frac{g}{\delta}}$

[여기서, g : 중력가속도(9.8㎨), δ : 축의 처짐량]

$\therefore \frac{30}{3.14} \times \sqrt{\frac{9.8 \times 1000}{0.001}} = 9457$rpm

73. 플렉시블 커플링(flexible coupling)의 형식 중 탄성형식에 속하지 않는 것은?

㉮ 인장 탄성형 ㉯ 굽힘 탄성형
㉰ 압축 탄성형 ㉱ 전단 탄성형

74. 내면이 원추형인 원통에 2개의 원추 키 모양의 슬릿을 가진 원추를 넣고 3개의 볼트로 죄어 두 축을 연결하는 것은?

㉮ 슬리브 커플링 ㉯ 분할 머프 커플링
㉰ 셀러 커플링 ㉱ 플랜지 커플링

해설 셀러 커플링 : 내면이 원추형인 원통에 2개의 원추 키 모양의 슬릿을 가진 원추를 넣고 3개의 볼트로 죄어 두 축을 연결하는 것이다.

75. 자동차의 추진축과 같이 두 축이 서로 일직선상에 있지 않고 교차하는 경우에 가장 적합한 축 이음은?

㉮ 클램프 커플링 ㉯ 유니버설 조인트
㉰ 플랜지 커플링 ㉱ 솔리드 이음

해설 유니버설 조인트는 자동차의 추진축과 같이 두 축이 서로 일직선상에 있지 않고 교차하는 경우에 가장 적합한 축 이음이다.

76. 유니버설 이음(Universal joint) 설명으로 올바른 것은?

㉮ 2축이 평행하고 있을 때에 사용하는 클러치이다.
㉯ 2축이 직교할 때에 사용되고 운전 중 단속할 수 있다.
㉰ 2축이 교차하고 있을 때에 사용하는 크랭크축이다.
㉱ 2축이 교차하는 경우에 사용되는 커플링의 일종이다.

해설 유니버설 이음(universal joint)은 2축이 교차하고 있을 때 사용되는 커플링이다.

77. 다음 중 마찰 클러치의 장점이 아닌 것은?

㉮ 주동축의 운전 중에도 단속이 가능하다.
㉯ 무단 변속에도 적은 충격으로 단속시킬 수 있다.
㉰ 토크가 걸리면 미끄럼이 일어나 안전장치의 작용을 한다.
㉱ 클러치의 재료는 온도 상승에 의한 마찰계수 변화가 커야 한다.

해설 마찰 클러치의 장점
① 주동축의 운전 중에도 단속이 가능하다.
② 무단 변속에도 적은 충격으로 단속시킬 수 있다.
③ 토크가 걸리면 미끄럼이 일어나 안전장치의 작용을 한다.
④ 클러치의 재료는 온도 상승에 의한 마찰계수 변화가 작아야 한다.

78. 단판 마찰 클러치의 접촉면 평균 지름이 80㎜, 전달 토크 494kgf·mm, 마찰계수 0.2인 경우에 토크를 전달시키려면 몇 kgf의 힘이 필요한가?

㉮ 44.8 ㉯ 51.8 ㉰ 61.8 ㉱ 73.8

해설 $P = \frac{T}{r\mu}$

[여기서, P : 힘, T : 토크, r : 반지름, μ : 마찰계수]

$\therefore \frac{494}{40 \times 0.2} = 61.8$kgf

79. 바깥지름 300㎜, 안지름 250㎜, 클러치를 미는 힘 500kgf, 마찰계수가 0.2라고 할 경우 클러치 전달토크(torque)는 몇 kgf·mm인가?

㉮ 11390 ㉯ 27500
㉰ 17530 ㉱ 18275

해설 클러치 전달토크 $T = \left(\frac{d_1 + d_2}{2}\right) P\mu$

[여기서, P : 클러치를 미는 힘, μ : 마찰계수]

$\therefore \left(\frac{300 + 250}{2}\right) \times 500 \times 0.2 = 27500$

80. 전동축이 회전할 때 축에 직각방향으로 만 힘이 작용하는 축에 사용하는 베어링으로 가장 적합한 것은?

㉮ 레이디얼 볼 베어링 ㉯ 원추 롤러 베어링
㉰ 스러스트 볼 베어링 ㉱ 피봇 저널 베어링

해설 하중 작용방향에 따른 베어링의 분류
① 레이디얼 베어링(radial bearing) : 축에 직각방향으로 하중을 받는 베어링이다.
② 스러스트 베어링(thrust bearing) : 축 방향으로 하중을 받는 베어링이다.
③ 원뿔 베어링(conical bearing) : 축 방향과 축 직각방향으로 하중을 동시에 받는 베어링이다.

81. 다음 중 스러스트 베어링이 아닌 것은?

㉮ 미첼 베어링 ㉯ 피벗 베어링
㉰ 자동조심형 베어링 ㉱ 킹스버리 베어링

해설 스러스트 베어링의 종류에는 미첼 베어링, 피벗 베어링, 킹스버리 베어링 등이 있다.

82. 구름 베어링에 비교한 미끄럼 베어링의 특징 설명으로 올바른 것은?

㉮ 지름이 크고 폭이 작다.
㉯ 규격화되지 않으나 제작이 용이하다.
㉰ 기동 마찰이 적고, 온도 변화에 비교적 좋다.
㉱ 고속에서는 성능이 나쁘나, 저속에서는 좋다.

해설 미끄럼 베어링의 특징
① 구조가 간단하고, 값이 싸며, 베어링 수리가 쉽다.
② 충격에 견디는 힘이 크며, 베어링에 작용하는 하중이 클 때 사용한다.
③ 진동·소음이 작고, 시동할 때 마찰저항이 크다.
④ 윤활유 급유에 주의하여야 한다.

83. 미끄럼 베어링 재료가 구비하여야 할 성질이 아닌 것은?

㉮ 열에 녹아 붙음이 일어나기 어려울 것
㉯ 마멸이 적고 면압 강도가 클 것
㉰ 피로 한도가 작을 것
㉱ 내식성이 높을 것

해설 미끄럼 베어링 재료의 구비조건
① 열에 녹아 붙음이 일어나기 어렵고, 마멸이 적으며, 면압 강도가 클 것
② 피로 한도가 크고, 내식성이 높을 것

84. 볼베어링 번호 6008에서 이 베어링의 안지름은?

㉮ 30㎜ ㉯ 16㎜ ㉰ 24㎜ ㉱ 40㎜

해설 볼 베어링의 안지름 20㎜ 이상 500㎜ 미만은 안지름을 5로 나눈 수가 안지름 번호이다. 따라서 08×5 = 40㎜이다.

85. #6306 레이디얼 볼베어링의 안지름은?

㉮ 6㎜ ㉯ 30㎜ ㉰ 12㎜ ㉱ 36㎜

86. 지름 50㎜인 축에 베어링 길이가 150㎜인 미끄럼 베어링을 설치하려고 한다. 베어링에 하중이 1200kgf 작용하면 베어링 압력은 몇 kgf/㎟인가?

㉮ 0.16 ㉯ 0.2 ㉰ 0.32 ㉱ 0.4

해설 $P=\frac{W}{dl}$ [P: 베어링의 압력, W : 베어링에 작용하는 하중, d : 축의 지름, l : 베어링의 길이]
$\therefore$ 베어링의 압력 $=\frac{1200}{50\times150}=0.16\text{kgf/cm}^2$

87. 기본 부하 용량이 2400kgf인 볼베어링이 베어링 하중 200kgf을 받고, 500rpm으로 회전할 때, 이 베어링의 수명은 약 몇 시간이 되는가?

㉮ 57540시간 ㉯ 78830시간
㉰ 87420시간 ㉱ 98230시간

해설 볼 베어링 수명 $=500\times\left(\frac{C}{P}\right)^3\times\frac{33.3}{N}$
$=500\times\left(\frac{2400}{200}\right)^3\times\frac{33.3}{500}=57542.4$시간
[여기서, C : 기본 부하 용량, P : 베어링 하중, N : 회전속도]

88. 500rpm으로 회전하고 있는 볼베어링에 500kgf의 레이디얼 하중이 작용하고 있다. 이 베어링의 기본 동적 부하용량(basic dynamic load capacity)이 3000kgf일 때, 베어링의 정격수명은?(단, 하중계수는 1로 한다.)

㉮ 6400시간 ㉯ 7200시간
㉰ 8400시간 ㉱ 9600시간

해설 베어링의 정격 수명 :
$500 \times \left(\frac{3000}{500}\right)^3 \times \frac{33.3}{500} = 7200$시간

89. 한 쌍의 기어가 서로 물릴 때 서로 접하는 부분의 궤적을 무엇이라 하는가?

㉮ 피치원 ㉯ 모듈
㉰ 원주피치 ㉱ 지름피치

해설 피치원이란 한 쌍의 기어가 물릴 때 서로 접촉하는 부분의 궤적을 말한다.

90. 기어의 각 부 명칭에 대한 설명 중 틀린 것은?

㉮ 피니언 : 서로 물리는 2개의 기어 중 작은 것
㉯ 원주 피치 : 피치 원주에서 측정한 하나의 이에서 다음 이까지의 거리
㉰ 모듈 : 피치원 지름을 잇수로 나눈 값
㉱ 지름 피치 : 기어의 잇수를 이뿌리원으로 나눈 값

해설 지름피치란 피치원의 지름(지름피치의 경우는 피치원의 지름은 inch단위로 나타냄)으로 잇수를 나눈 값이다.

91. 어떤 평 기어의 잇수가 100개이고 피치원의 직경이 400㎜인 경우 이 기어의 모듈은 얼마인가?

㉮ 2 ㉯ 3 ㉰ 4 ㉱ 5

해설 $M = \frac{D}{Z}$[여기서, M:모듈, D:피치원의 지름, Z:기어의 잇수]
$\therefore \frac{400}{100} = 4$

92. 표준 스퍼기어에서 모듈이 10이고, 피치원 지름이 160㎜일 때 잇수는 몇 개인가?

㉮ 32 ㉯ 16 ㉰ 10 ㉱ 5

해설 $Z = \frac{D}{M} = \frac{160}{10} = 16$

93. 기어의 각부명칭 중 피치원의 둘레를 잇수로 나눈 값을 무엇이라 하는가?

㉮ 원주피치 ㉯ 모듈
㉰ 지름피치 ㉱ 물림 길이

해설 원주피치란 피치원의 둘레를 잇수로 나눈 값을 말한다.

94. 표준 스퍼 기어에서 모듈이 3일 때, 기어의 원주피치는 약 몇 ㎜인가?

㉮ 3 ㉯ 3.14 ㉰ 6.28 ㉱ 9.42

해설 $CP = \pi M$ = 3.14×3 = 9.42㎜

95. 기이 물림에서 이의 간섭을 반지하는 방법으루 적당하지 못한 것은?

㉮ 이의 높이(어덴덤)를 줄인다.
㉯ 압력각을 20° 이상으로 크게 한다.
㉰ 치형의 이끝 면을 깎아낸다.
㉱ 피니언의 반지름 방향의 이뿌리 면을 높인다.

해설 이의 간섭을 방지하는 방법
① 이의 높이(어덴덤)를 낮추고 압력각도를 20° 이상으로 크게 한다.
② 치형의 이끝 면을 깎아내고, 피니언의 반지름 방향의 이뿌리 면을 파낸다.

96. 기어에서 언더 컷 현상이 일어나는 원인은?

㉮ 잇수비가 아주 클 때
㉯ 잇수가 많을 때
㉰ 이 끝이 둥글 때
㉱ 이 끝 높이가 낮을 때

해설 언더 컷은 작은 기어의 잇수가 매우 적거나 또는 잇수비가 클 때 발생한다.

97. 전위기어를 사용하는 이유 설명으로 틀린 것은?

㉮ 언더 컷을 피하려고 할 때
㉯ 이의 강도를 개선하려고 할 때
㉰ 중심거리를 변화시키려고 할 때
㉱ 축방향의 하중을 제거하려고 할 때

해설 전위기어를 사용하는 이유
① 언더 컷을 피하려고 할 때
② 이의 강도를 개선하려고 할 때
③ 중심거리를 변화시키려고 할 때

98. 평행한 두 축 사이에 회전운동을 전달하고 기어 이(톱니)의 줄이 축에 평행한 기어(gear)는?

㉮ 스퍼 기어(spur gear)
㉯ 헬리컬 기어(helical gear)
㉰ 베벨 기어(bevel gear)
㉱ 웜 기어(worm and worm wheel)

해설 스퍼 기어(spur gear)는 평행한 두 축 사이에 회전운동을 전달하고 기어 이(톱니)의 줄이 축에 평행한 기어이다.

99. 기어 이의 줄이 축에 평행하고 평행한 두 축 사이에 회전운동을 전달하는 기어는?

㉮ 웜 기어 ㉯ 크라운 기어
㉰ 스퍼 기어 ㉱ 베벨 기어

100. 회전운동을 직선운동으로 변환시키는 기어는?

㉮ 스큐 기어
㉯ 래크와 피니언
㉰ 인터널 기어
㉱ 크라운 기어

해설 래크와 피니언은 피니언의 회전운동을 래크의 직선운동으로 변환시키는 기어이다.

101. 다음 중 두 축이 교차하는 경우에 사용하는 기어는?

㉮ 스퍼 기어 ㉯ 베벨 기어
㉰ 헬리컬 기어 ㉱ 웜 기어

해설 ① 두 축이 서로 평행한 기어 : 스퍼 기어, 내접 기어, 헬리컬 기어, 더블 헬리컬 기어, 래크와 피니언
② 두 축이 만나는 기어 : 직선 베벨 기어, 스큐 베벨 기어, 스파이럴 베벨 기어
③ 두 축이 만나지도 평행하지도 않는 기어 : 하이포이드 기어, 스크루 기어, 웜과 웜 기어

102. 기어 두 축이 서로 평행하지도 교차되지도 않는 기어는?

㉮ 하이포이드 기어 ㉯ 헬리컬 기어
㉰ 스퍼 기어 ㉱ 베벨 기어

103. 두 축이 만나지도 않고, 평행하지도 않는 기어는?

㉮ 웜과 웜 기어 ㉯ 베벨 기어
㉰ 헬리컬 기어 ㉱ 스퍼 기어

104. 스퍼 기어의 원동축 피니언이 300rpm으로 잇수가 20개 일 때, 100rpm으로 감속하려면 종동축 기어의 잇수는?

㉮ 30개 ㉯ 40개 ㉰ 60개 ㉱ 80개

해설 종동축 기어의 잇수

$$= \frac{\text{원동축 기어의 회전수} \times \text{원동축 기어의 잇수}}{\text{종동축 기어의 잇수}}$$

$$= \frac{300 \times 20}{100} = 60\text{개}$$

105. 잇수가 40개, 모듈 4인 표준기어를 깎고자 할 때 기어의 바깥지름은 몇 ㎜인가?

㉮ 84 ㉯ 120 ㉰ 160 ㉱ 168

해설 $OD = M(2+Z)$ [여기서, Z : 잇수, M : 모듈, OD : 바깥지름(㎜)]

∴ 4×(40+2) = 168㎜

106. 모듈이 5, 압력 각은 15° 잇수가 19개인 표준 평기어의 바깥지름은 약 몇 ㎜인가?

㉮ 52.5 ㉯ 54.35
㉰ 105 ㉱ 108.70

해설 $OD = 5 \times (2+19) = 105\text{mm}$

107. 모듈이 4인 두 외접 스퍼기어의 잇수를 각각 30, 50이라 할 때 중심거리는 몇(㎜)인가?

㉮ 100 ㉯ 120 ㉰ 140 ㉱ 160

해설 $L = \frac{M \times (Z_1 + Z_2)}{2}$ [여기서, L : 중심거리(mm), M : 모듈, Z_1, Z_2 : 각 기어의 잇수]
$\therefore L = \frac{4 \times (30+50)}{2} = 160mm$

108. 기어 잇수가 Z_1=19, Z_2=56이고, 모듈은 m=4, 압력 각이 20°인 한 쌍의 표준 평기어 장치의 중심거리는?

㉮ 162.23㎜ ㉯ 154㎜
㉰ 159.62㎜ ㉱ 150㎜

해설 $L = \frac{4 \times (19+56)}{2} = 150\text{mm}$

109. 외접한 한 쌍의 표준 평치차의 중심거리가 100㎜이고, 한쪽 기어의 피치원 지름이 80㎜일 때 상대기어의 피치원 지름은?

㉮ 40㎜ ㉯ 90㎜ ㉰ 120㎜ ㉱ 160㎜

해설 상대기어의 피치원 지름 = $(100 \times 2) - 80 = 120\text{mm}$

110. 피치원 지름이 40㎜, 잇수가 20인 표준 스퍼 기어의 이끝 높이는 약 몇 ㎜인가?

㉮ 0.64 ㉯ 2 ㉰ 3.14 ㉱ 6.28

해설 이끝 높이 = $\frac{\text{피치원의 지름}}{\text{잇수}} = \frac{40}{20} = 2\text{mm}$

111. 잇수 Z=24, 모듈 M=2의 표준기어가 있다. 피치원의 반지름 R은 얼마인가?

㉮ 52 ㉯ 12 ㉰ 48 ㉱ 24

해설 $R = \frac{MZ}{2}$ [여기서, R : 피치원 반지름(mm), M : 모듈, Z : 기어의 잇수]
$\therefore R = \frac{2 \times 24}{2} = 24\text{mm}$

112. 중심거리가 900㎜인 한 쌍의 표준 스퍼 기어의 회전비가 1 : 3일 때 피니언의 피치원 지름은 몇 ㎜인가?

㉮ 450 ㉯ 750
㉰ 1050 ㉱ 1350

해설
① $C = \frac{D_1 + D_2}{2}$, $i = \frac{D_1}{D_2} = \frac{N_2}{N_1} = \frac{1}{3}$
② $D_1 + D_2 = 2C = 2 \times 900 = 1800[\text{mm}]$
③ $\frac{1}{3}D_2 + D_2 = 1800 = \frac{1}{3}D_2 + \frac{3}{3}D_2 = 1800$
$= \frac{4}{3}D_2 = 1800 \quad \therefore D_2 = \frac{5400}{4} = 1350[\text{mm}]$
④ $D_1 = \frac{1}{3}D_2 = \frac{1}{3} \times 1350 = 450[\text{mm}]$

113. 기초원 지름이 150㎜, 잇수 30, 압력각 20°인 인벌류트 스퍼 기어에서 물림길이가 7π㎜라면 이 기어의 물림율은?

㉮ 1.0 ㉯ 2.0 ㉰ 1.5 ㉱ 2.5

해설 기어 물림률 = $\frac{\pi Z}{\pi D \cdot \cos\alpha}$
[Z:기어의 잇수, D:기초원의 지름, $\cos\alpha$:압력각도]
$\therefore \frac{3.14 \times 7 \times 30}{3.14 \times 150 \times 0.94} = 1.5$

114. 비틀림 각이 30°인 헬리컬 기어에서 잇수가 50, 치직각 모듈이 4일 때 바깥지름은 약 몇 ㎜인가?

㉮ 204 ㉯ 239 ㉰ 208 ㉱ 243

해설
① 피치 원의지름 $= \frac{z \times M}{\cos\beta} = \frac{50 \times 4}{\cos 30} = 230.94$mm
② $OD = D + (2M) = 230.94 + (2 \times 4) = 238.94$

115. 비틀림 각이 20°인 한 쌍의 헬리컬 기어에서 잇수가 각각 40과 80이고, 치직각 모듈이 5일 때 중심거리는 약 몇 mm인가?

㉮ 281.91mm ㉯ 300.00mm
㉰ 319.25mm ㉱ 339.74mm

해설
$L = \frac{(Z_1 + Z_2) \times M}{2 \times \cos\beta}$
[여기서, L : 중심거리(mm), Z_1, Z_2 : 각 기어의 잇수, M : 치직각 모듈. $\cos\beta$: 비틀림 각도]
$\therefore L = \frac{(40 + 80) \times 5}{2 \times \cos 20} = 319.25$mm

116. 그림과 같은 기어 전동장치에서 기어수가 Z_1=30, Z_2=40, Z_3=20, Z_4=30인 경우 I축이 300rpm으로 우회전하면 III축은 어느 방향으로 몇 회전하는가?(단, Z_2는 I축의 기어와 맞물린 기어이고, Z_3는 III축 기어와 맞물린 기어 잇수이다.)

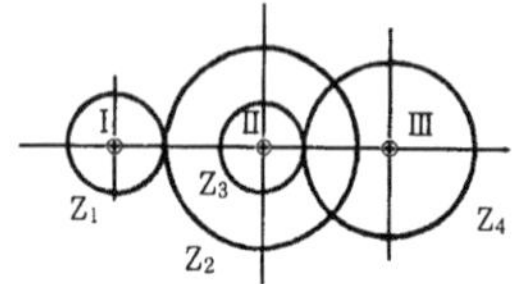

㉮ 300 우회전 ㉯ 300 좌회전
㉰ 150 우회전 ㉱ 150 좌회전

해설
$N_3 = N_1 \times \frac{Z_1}{Z_2} \times \frac{Z_3}{Z_4} = 300 \times \frac{30}{40} \times \frac{20}{30} = 150$,
따라서 I 축의 방향과 같기 때문에 우회전 150rpm이다.

117. 그림과 같은 기어 열에서 각 기어의 잇수가 Z_1=40, Z_2=20, Z_3=40일 때 O_1기어를 시계방향으로 1회전시켰다면 O_3기어는 어느 방향으로 몇 회전하는가?

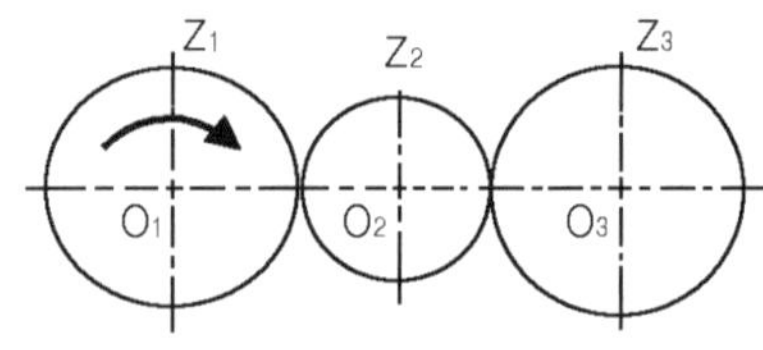

㉮ 시계방향으로 1회전
㉯ 시계방향으로 2회전
㉰ 시계 반대방향으로 1회전
㉱ 시계 반대방향으로 2회전

해설
$O_3 = O_1 \times \frac{Z_1}{Z_3} = 1 \times \frac{40}{40} = 1$, $\therefore O_1$의 회전방향과 같기 때문에 시계방향으로 1회전이다.

118. 그림과 같은 기어장치에서 각 기어의 잇수를 Z_1=20, Z_2=85, Z_3=25, Z_4=100이면 회전 속도비 $N_1 : N_4$는?

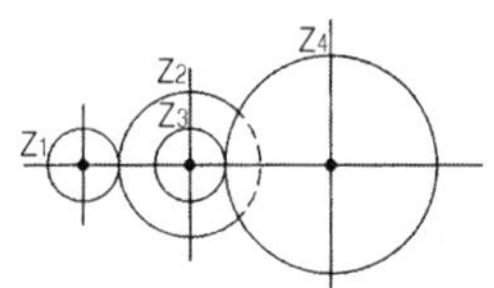

㉮ 17:1 ㉯ 15:1
㉰ 13:1 ㉱ 10:1

해설
회전 속도비 $= \frac{Z_1}{Z_2} \times \frac{Z_3}{Z_4} = \frac{20}{85} \times \frac{25}{100} = 17$

119. 다음 중 벨트 전동방식을 사용하는 경우로 가장 적합한 것은?

㉮ 정확한 회전수 전달이 필요한 장치
㉯ 축의 정렬이 평행하지 아니한 동력 전달장치
㉰ 소형 기계의 큰 동력 전달장치
㉱ 주변에 많은 윤활유를 필요로 하는 장치

해설
벨트전동은 원동축과 종동축에 설치한 벨트 풀리(belt pulley)에 벨트를 걸고 이들의 마찰력으로 동력을 전달하는 것이다. 또 벨트전동은 2축사이의 거리가 멀거나 또는 정확한 속도비율을 필요로 하지 않는 곳의 동력전달에 사용된다.

120. 다음 중 벨트 전동장치에 대한 설명으로 옳지 않은 것은?

㉮ 벨트와 풀리 사이의 마찰력에 의해 동력을 전달한다.
㉯ 비교적 정숙한 운전이 가능하다.
㉰ 작은 크기의 토크를 전달하는 데 쓰인다.
㉱ 정확하고 일정한 속도비를 얻을 수 있다.

해설 벨트 전동장치 특징
① 벨트와 벨트 풀리 사이의 마찰력에 의해 동력을 전달한다.
② 비교적 정숙한 운전이 가능하다.
③ 작은 크기의 토크를 전달하는 데 쓰인다.
④ 정확하고 일정한 속도비를 얻을 수 없다.

121. 평벨트 풀리를 벨트와의 접촉면 중앙을 약간 높게 하는 이유는?

㉮ 강도를 크게 하기 위하여
㉯ 외관 상 보기 좋게 하기 위하여
㉰ 축간 거리를 맞추기 위하여
㉱ 벨트의 벗겨짐을 방지하기 위하여

해설 평벨트 풀리를 벨트와의 접촉면 중앙을 약간 높게 하는 이유는 벨트의 벗겨짐을 방지하기 위함이다.

122. 평벨트에서 십자걸기(엇걸기)를 할 때의 벨트의 길이 계산 공식으로 가장 적합한 것은?(단, C는 벨트의 중심거리, D_1, D_2는 두 풀리의 지름.)

㉮ $L \fallingdotseq 2C + \frac{\pi}{2}(D_2 + D_1) + \frac{(D_2 - D_1)^2}{4C}$

㉯ $L \fallingdotseq 2C + \frac{\pi}{2}(D_2 + D_1) + \frac{(D_2 + D_1)^2}{4C}$

㉰ $L \fallingdotseq 2C + \frac{\pi}{2}(D_2 - D_1) + \frac{(D_2 + D_1)^2}{4C}$

㉱ $L \fallingdotseq 2C + \frac{\pi}{2}(D_2 - D_1) + \frac{(D_2 - D_1)^2}{4C}$

해설 십자걸기를 할 때의 벨트 길이

$$L \fallingdotseq 2C + \frac{\pi}{2}(D_2 + D_1) + \frac{(D_2 + D_1)^2}{4C}$$

123. 평벨트 바로걸기의 경우 축의 중심거리가 1000㎜, 원동차의 지름 D_1=250㎜, 종동차의 지름 D_2=500㎜일 때 평 벨트의 길이는?

㉮ 2193.7(㎜)　㉯ 2318.7(㎜)
㉰ 3193.7(㎜)　㉱ 3318.7(㎜)

해설

$$L = 2C + \frac{\pi}{2}(D_1 + D_2) + \frac{(D_2 - D_1)^2}{4C}$$
$$= 2 \times 1000 + \frac{3.14}{2}(250 + 500) + \frac{(500 - 250)^2}{4 \times 1000}$$
$$= 3193.1\text{㎜}$$

124. 평벨트 전동장치에서 벨트의 원주속도 v=10m/sec, 긴장측의 장력이 T_1=150kgf, 이완측의 장력은 T_2=30kgf일 때 유효장력은?

㉮ 30kgf　㉯ 120kgf
㉰ 150kgf　㉱ 180kgf

해설 $T_e = T_1 - T_2 = 150 - 30 = 120\text{kgf}$

125. 평벨트 전동장치에서 긴장측의 장력이 T_1이 이완측의 장력 T_2의 2배인 경우, 긴장측의 장력을 150kgf이라 할 때 유효장력은 몇 kgf인가?

㉮ 75　㉯ 80　㉰ 150　㉱ 300

해설 $Te = \frac{(150 \times 2) - 150}{2} = 75\text{kg}$

126. 2m/s로 4ps를 전달하는 벨트 전동장치에서 필요한 벨트의 유효장력은 몇 kgf인가?(단, 원심력은 고려하지 않는다.)

㉮ 50　㉯ 100　㉰ 150　㉱ 200

해설 $P = \frac{T_e \times v}{75}$ [여기서, P : 전달 동력(PS), T_e : 벨트의 유효장력(kgf), v : 벨트의 속도(m/s)]

$\therefore T_e = \frac{4 \times 75}{2} = 150kgf$

127. 4m/sec의 속도로 회전하는 평벨트의 긴장측의 장력을 114kgf, 이완측 장력을 45kgf이라 하면 전달 동력은 약 몇 마력(PS)인가?

㉮ 2.7 ㉯ 3.7 ㉰ 4.5 ㉱ 6.1

해설 $H_{PS} = \frac{(T_1 - T_2)v}{75}$ [여기서, T_1:긴장측의 장력, T_2:이완측 장력, v:속도]
$\therefore \frac{(114-45)\times 4}{75} = 3.68\text{PS}$

128. 평벨트의 두께×나비가 5㎜ × 80㎜이고 허용 인장응력이 0.2kgf/㎟일 때 7.5m/s의 속도로 운전하면 전달할 수 있는 최대 동력은 몇 PS인가?(단, 장력비는 $e^{\mu\theta} = 2.0$이다.)

㉮ 3 ㉯ 4 ㉰ 6 ㉱ 8

해설 $\text{HP} = \frac{\text{P}_o \times \text{V}}{75}$ [여기서, HP : 최대 동력, Po : 초장력, V : 벨트의 속도]
$\therefore \text{HP} = \frac{0.2\times2\times7.5\times100}{75} = 4$

129. 다음 중 평벨트에 비하여 V벨트의 특징이 아닌 것은?

㉮ 미끄럼이 적고 속도비가 크다.
㉯ 고속운전을 할 수 있다.
㉰ 장력이 크므로 베어링에 걸리는 부담 하중이 크다.
㉱ 운전이 정숙하다.

해설 V벨트의 특징은 미끄럼이 적고 속도비가 크며, 고속운전이 가능하고, 장력이 작아 베어링에 걸리는 부담 하중이 적으며, 운전이 정숙하다. 또 이음 부분이 없어 전체가 균일한 강도를 지닌다.

130. 다음 중 평벨트 전동과 비교했을 때 V벨트 전동의 특징이 아닌 것은?

㉮ 속도비를 크게 할 수 있다.
㉯ 벨트가 끊어졌을 때 쉽게 접합할 수 있다.
㉰ 미끄럼이 적고 효율이 좋다.
㉱ 주행상태가 원활하고 정숙하다.

131. V벨트의 속도를 5m/s로 하여 20kW를 전달하려면 인장측의 장력은 몇 kgf인가?(단, 인장축의 장력은 이완측의 장력의 2배이다.)

㉮ 408 ㉯ 816 ㉰ 1124 ㉱ 1632

해설 ① $T_e = \frac{102\times kW}{v} = \frac{102\times 20}{5} = 408\,\text{kgf}$
② $T_s = T_e \times \frac{e^{\mu\theta}}{e^{\mu\theta}-1} = 408 \times \frac{2}{2-1} = 816\,\text{kgf}$

132. 3kW, 1800rpm인 전동기로 300rpm인 펌프를 회전시킬 경우 두 축간 거리가 600㎜인 V벨트에서 원동 풀리의 지름이 D_1=120㎜일 때, 종동 풀리 지름 D_2는 몇 ㎜인가?

㉮ 360 ㉯ 480 ㉰ 720 ㉱ 900

해설 종동 풀리의 지름 =
$\frac{\text{전동기 회전수}\times\text{원동풀리의 지름}}{\text{펌프 회전수}} = \frac{1800\times120}{300}$
$= 720$

133. 체인 전동장치의 특징으로 틀린 것은?

㉮ 속도비가 정확하다.
㉯ 큰 동력을 고효율로 전달한다.
㉰ 내열·내습·내유성이 있다.
㉱ 고속회전에 적당하다.

해설 체인 전동장치의 특징은 미끄럼 없이 일정한 속도비를 얻을 수 있으며, 큰 동력을 전달할 수 있고 전동효율이 높으며, 유지 및 수리가 쉽다. 또 어느 정도의 충격을 흡수할 수 있으며, 내유, 내열, 내습성이 크고 체인길이를 쉽게 조절할 수 있다.

134. 호칭 번호 100번의 롤러 체인용 스프로킷 휠에서 잇수 40일 때 피치원 지름(㎜)은?(단, 호칭번호 100번 체인의 피치는 31.75㎜이다.)

㉮ 404.46 ㉯ 304.67
㉰ 454.54 ㉱ 354.54

해설 피치원의 지름 $\text{D} = \frac{\text{ZD}}{\pi} = \frac{40\times31.75}{3.14} = 404.46$

135. 체인의 원동차 잇수(Z_1)가 30개, 회전수(N_1) 300 rpm이고, 종동차 잇수(Z_2)가 20개일 때 종동차의 회전수(N_2)와 종동차의 속도(V_2)는 각각 얼마인가?(단, 종동차의 피치는 15㎜이다.)

㉮ N_2=450rpm, V_2=2.25m/s
㉯ N_2=400rpm, V_2=2m/s
㉰ N_2=450rpm, V_2=2.75m/s
㉱ N_2=400rpm, V_2=2.5m/s

해설 ① 종동차의 회전수

$$=\frac{Z_1 \times N_1}{Z_2}=\frac{30\times 300}{20}=450\,\text{rpm}$$

② 종동차의 회전속도

$$=\frac{\text{종동차 회전속도}\times\text{피치}\times\text{종동차의 잇수}}{60\times 1000}$$

$$=\frac{450\times 15\times 20}{60\times 1000}=2.25\,\text{m/s}$$

136. 다음 전동장치 중 일반적으로 축간 거리를 가장 크게 할 수 있는 것은?

㉮ 벨트 전동장치　　㉯ 체인 전동장치
㉰ 기어 전동장치　　㉱ 로프 전동장치

해설 축간 거리를 가장 멀리 할 수 있는 것은 로프 전동장치이다.

137. 주동 링크에서 종동 링크로 운동과 힘을 전달하는 것으로 적합하지 않은 것은?

㉮ 매개 링크에 의한 전동
㉯ 공간을 사이에 둔 전동
㉰ 직접접촉에 의한 전동
㉱ 고정 링크운동에 의한 전동

해설 운동을 전달하는 방법에는 직접접촉에 의한 전동, 공간을 사이에 둔 전동, 매개 링크에 의한 전동 등이 있다.

138. 평 마찰차의 결점을 보완하기 위하여 원동차와 종동차에 V형 홈을 만들어서 요철부가 서로 맞물리도록 한 마찰차는?

㉮ 원판 마찰차　　㉯ 크라운 마찰차
㉰ 원추 마찰차　　㉱ 홈 마찰차

해설 홈 마찰차는 평 마찰차의 결점을 보완하기 위하여 원동차와 종동차에 V형 홈을 만들어서 요철부가 서로 맞물리도록 한 마찰차이다.

139. 원동차 지름이 24㎝, 회전수가 200rpm이고 종동차 지름이 36㎝일 때 벨트와 풀리의 미끄럼을 3%로 하면 종동차의 회전수는 약 몇 rpm으로 되는가?

㉮ 127　㉯ 151　㉰ 133　㉱ 136

해설 $\frac{N_2}{N_1}=\frac{D_1}{D_2}$ [여기서, N_1: 원동차 회전수(rpm), N_2: 종동차 회전수(rpm), D_1: 원동차 지름(㎝), D_2: 종동차 지름(㎝)]

$$\therefore N_2=\frac{200\times 24}{36}=133.33\,\text{rpm}$$

140. 원동차의 지름이 125㎜이고, 종동차의 지름은 350㎜인 원통 마찰 전동장치에서 접촉면의 마찰계수가 0.2일 때 200kgf의 힘으로 서로 밀어붙일 경우 최대 전달토크는 몇 kgf-㎜인가?

㉮ 3500　　㉯ 7000
㉰ 14000　　㉱ 28000

해설 $T=\frac{\mu P D_2}{2}$ [여기서, μ:마찰계수, P:미는 힘, D_2:종동차의 지름]

$$\therefore T=\frac{0.2\times 200\times 350}{2}=7000\,\text{kgf-mm}$$

141. 원동차 지름이 200㎜, 종동차 지름이 350㎜인 원통 마찰차에서 원동차가 12분 동안 630회전을 할 때 종동차는 20분 동안 몇 회전을 하는가?

㉮ 300　㉯ 400　㉰ 500　㉱ 600

해설 ① $N_1=\frac{630}{12}=52.5\,\text{rpm}$

② $N_2=N_1\times\frac{D_1}{D_2}=52.5\times\frac{200}{350}=30\,\text{rpm}$

∴ 20분 동안에는 20분×30rpm=600rpm

142. 원추 접촉면의 평균지름이 500㎜, 마찰 면의 폭이 40㎜, 원추 접촉면 허용압력이 0.8kgf/㎠, 회전수는 1,000rpm이고, 접촉면의 마찰계수가 0.3인 원추 클러치의 전달능력은 몇 kW인가?

㉮ 38.7 ㉯ 52.6 ㉰ 77.4 ㉱ 105.2

해설
$T=\frac{\pi\mu D^2bp}{2}$ [여기서, T:토크, μ:마찰계수, D:평균지름, b:마찰 면의 폭, p:허용압력]
① $T=\frac{3.14\times0.3\times50^2\times4\times0.8}{2}=3768$ kgf-cm
② $kW=\frac{3768\times1000}{97400}=38.68$

143. 스프링의 일반적인 용도 설명으로 잘못된 것은?

㉮ 진동 또는 충격 에너지를 흡수한다.
㉯ 운동에너지를 열에너지로 소비한다.
㉰ 에너지를 저축하여 놓고 이것을 동력원으로 사용한다.
㉱ 하중 및 힘의 측정에 사용한다.

해설
스프링의 일반적인 용도
① 진동 또는 충격 에너지를 흡수한다.
② 에너지를 저축하여 놓고 이것을 동력원으로 사용한다.
③ 하중 및 힘의 측정에 사용한다.

144. 스프링 재료로서 갖추어야 할 가장 중요한 성질은?

㉮ 소성 ㉯ 탄성 ㉰ 가단성 ㉱ 전성

해설
스프링 재료로서 갖추어야 할 가장 중요한 성질은 탄성이다.

145. 스프링에 작용하는 진동수가 스프링의 고유 진동수와 같거나 공진하는 현상을 무엇이라 하는가?

㉮ 스프링의 완화 현상
㉯ 스프링의 지수 현상
㉰ 스프링의 피로 현상
㉱ 스프링의 서징 현상

해설
스프링에 작용하는 진동수가 스프링의 고유 진동수와 같거나 공진하는 현상을 스프링의 서징 현상이라 한다.

146. 코일 스프링의 단위 체적 당 흡수되는 에너지를 크게 하려는 방법으로 가장 적합한 것은?

㉮ 전단 응력 τ을 작게 한다.
㉯ 와알의 응력 수정계수 K를 작게 한다.
㉰ 스프링 지수 C를 작게 한다.
㉱ 소선의 횡 탄성계수 G를 크게 한다.

해설
코일 스프링의 단위 체적 당 흡수되는 에너지를 크게 하려는 방법
① 전단 응력 τ을 크게 한다.
② 와알의 응력 수정계수 K를 작게 한다.
③ 스프링 지수 C를 크게 한다.
④ 코일 감김 수를 많이 한다.

147. 코일 스프링에 관한 일반적인 특징 설명으로 틀린 것은?

㉮ 압축 스프링의 단면은 원형과 각형이 있다.
㉯ 제작이 쉽고 가격이 싸며, 형태와 단면의 형상에 따라 여러 가지로 분류된다.
㉰ 인장스프링은 양단에 혹을 만들어 사용하며, 하중이 작용하지 않을 경우 코일이 밀착될 수 있다.
㉱ 여러 장의 판을 맞대어 사용하며, 하중은 상하 방향으로 작용하여 판의 마찰에 의해 변화하기 쉽다.

148. 그림에서 스프링 상수가 k_1=0.4kgf/㎜, k_2=0.2kgf/㎜일 때 전체 스프링 상수는 몇 kgf/㎜인가?

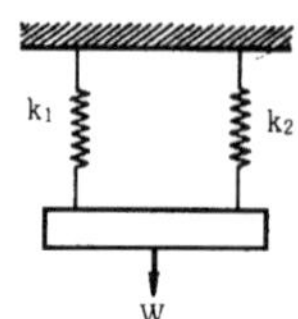

㉮ 0.16
㉯ 0.4
㉰ 0.6
㉱ 0.13

해설 병렬연결이므로 전체 스프링 상수는 0.4+0.2=0.6kgf/mm 이다.

149. 그림과 같은 스프링장치에서 P=10kgf일 때 이 스프링의 수직 처짐량은 몇 cm인가?(단, 스프링 상수는 k_1=2kgf/cm, k_2=3kgf/cm이다.)

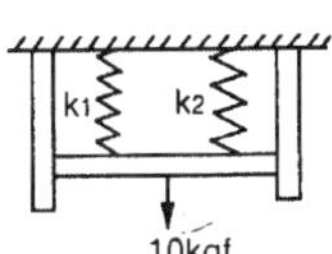

㉮ 2
㉯ 5
㉰ 7.3
㉱ 10

해설 스프링의 수직 처짐량= $\frac{10}{2+3}$ = 2cm

150. 그림과 같은 스프링장치에서 스프링 상수가 K_1=10kgf/cm, K_2=20kgf/cm일 때, 무게 W에 의하여 스프링이 길이가 위쪽 스프링은 2cm 늘어나고, 아래쪽의 스프링은 2cm 압축되었다면 추의 무게 W는 몇 kgf인가?

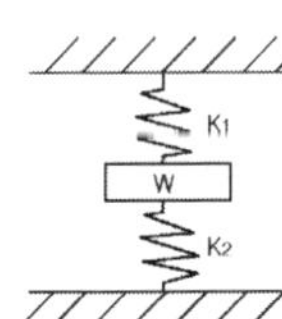

㉮ 13.3
㉯ 33.3
㉰ 40
㉱ 60

해설 ① 병렬연결이므로 합성 스프링상수
$k = k_1 + k_2$=10kgf/cm+20kgf/cm=30kgf/cm
② 위쪽 스프링은 2cm늘어났으므로
추의 무게는 30kgf/cm×2cm = 60kgf

151. 그림과 같은 스프링 장치에 인장하중 P=100kgf일 때 이 스프링 장치의 하중방향의 처짐은 얼마인가?(단, 각 스프링의 스프링 상수는 k_1=20 kgf/cm이고, k_2=10kgf/cm이다.)

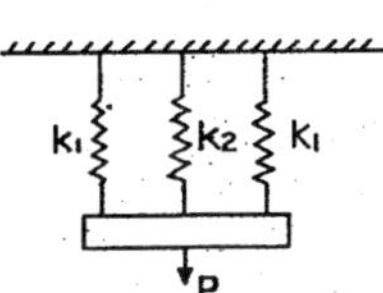

㉮ 1.67cm
㉯ 2cm
㉰ 2.5cm
㉱ 20cm

해설 ① 병렬이므로$k = k_1 + k_2 + k_1$
= 20kgf/cm+10kgf/cm+20kgf/cm=50kgf/cm
② $\delta = \frac{W}{k} = \frac{100\text{kgf}}{50\text{kgf/cm}} = 2\text{cm}$

152. 마찰 면을 축 방향으로 눌러 제동하는 브레이크는?

㉮ 밴드 브레이크(band brake)
㉯ 원심 브레이크(centrifugal brake)
㉰ 원판 브레이크(disk brake)
㉱ 블록 브레이크(block brake)

해설 마찰 면을 축 방향으로 눌러 제동하는 브레이크에는 원판 브레이크(disc brake)와 원추 브레이크(cone brake)가 있다.

153. 다음 중 자동 하중 브레이크라고도 하는 것은?

㉮ 원판 브레이크 ㉯ 원추 브레이크
㉰ 웜 브레이크 ㉱ 폴 브레이크

해설 자동 하중 브레이크 종류에는 웜 브레이크(worm brake), 나사 브레이크(screw brake), 캠 브레이크(cam brake), 원심력 브레이크(centrifugal brake)

03

기계 공작방법

3-1 주조(casting)

1. 주조의 개요

기계재료로 사용되는 금속에는 매우 많은 종류가 있으며, 일반적으로 금속은 높은 온도로 가열하면 녹아서 액체가 되며 이것을 주형에 주입하여 냉각 응고시키면 여러 가지 형상의 제품을 만들 수 있다. 이와 같은 작업을 주조(casting)라 한다. 즉 주조란 쇳물을 주형에 부어 넣은 후 냉각 응고시켜 주형의 빈 공간과 동일한 형상의 제품을 만드는 작업이며, 이때 만들어진 제품을 주물(鑄物)이라 한다. 그리고 제품과 동일한 형상으로 만든 목재를 원형이라 하며, 이 원형을 모래 속에 묻고 모래를 다진 다음 이 원형을 빼내면 원형과 동일한 형의 공간이 모래 중에 생기게 되는데 이를 주형이라 한다. 주조를 다른 기계 공작방법과 비교하면 다음과 같은 특징이 있다.

① 주형을 만드는 원형이 있으면, 동일한 형상의 주물 부품을 쉽게 여러 개를 값싸게 만들 수 있다.

② 복잡한 형상의 제품도 정밀하게 만들 수 있다.

③ 매우 적은 부품이나 큰 부품을 만들 수 있다.

주물용 금속으로는 주철과 주강, 구리합금, 알루미늄 합금 및 아연 합금 등이 주로 사용된다. 주형은 모래로 만든 것을 주로 사용하지만 정밀한 제품을 만들 때에는 내열성이 있는 강(鋼)에 형 조각(die engraving)한 금속제 주형(금형)이나 석고, 시멘트를 이용한 주형 등 각각 특수한 재료로 만든 주형이 사용된다. 금속을 용해하려면 주물의 재질과 크기, 제조 개수 등에 따라서 적당한 용해로를 사용한다. 강철 종류는 전기로를, 선철(주철)은 큐폴라 또는 반사로에 구리합금은 도가니로에 알루미늄 합금이나 아연 합금은 팬 로(pan furnace)에 의해 용해하는 경우가 많다. 또 쇳물을 붓는 방법에는 쇳물이 자연히 유입되도록 하는 것(중력주입)과, 쇳물에 압력을 가해서 주형에 압입하는 것(압입주입)과 주형을 회전시켜서 원심력을 이용하여 주입하는 것(원심주조)등이 있다. 일반적으로 중력주입을 사용하며 주물의 형상에 따라서 수평주입, 수직주입 및 경사주입 등이 있다. 좋은 주물을 만들기 위해서는 적당한 성분의 쇳물을 주형에 조용히 주입하여야 한다.

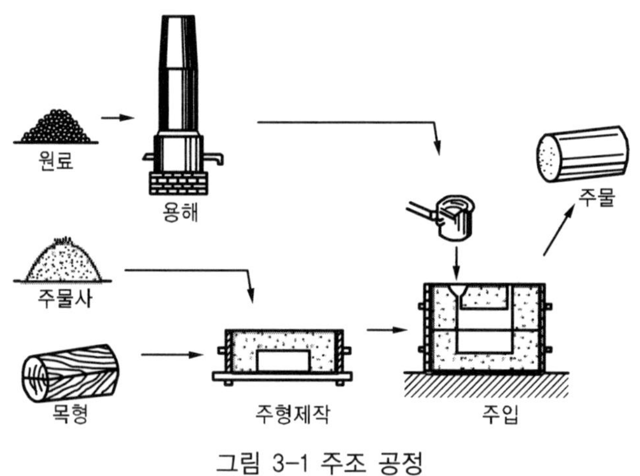

그림 3-1 주조 공정

2. 목형 제작상 주의사항

[1] 수축여유(shrinkage allowance)

금속은 용해된 상태로 부어 넣으므로 냉각하여 고체로 되면 수축하여 주형보다 작아진다. 따라서 목형은 이 수축한 양만큼 크게 제작하여야 하며, 이 여유치수를 수축여유라 한다. 이 값은 금속의 종류에 따라 다르며 또 주물의 두께에 따라서도 다르며 두꺼운 것이 조금 크다.

이와 같이 수축량을 고려하여 목형을 제작하여도 되나 목형을 제작할 때 사용하는 주물자(shrinkage scale)를 사용하면 편리하다. 주물자는 주물용 금속 재료에 대해 표준 길이보다 수축량 만큼 눈금을 크게 만든 자이며 목형 현도, 목형 제작 및 주형의 치수 측정 등에서 사용한다.

수축여유

주조용 금속	수축여유(1,000mm)에 대해
보통 주철	8~10mm
알루미늄 합금, 청동	12mm
황동	14mm
주강	16~20mm

[2] 가공여유(machining allowance)

주물은 손다듬질 또는 기계 다듬질을 할 때 필요한 치수를 목형에 덧붙이고, 주물을 절삭 가공하여 도면과 같은 정확한 치수를 만들기 위해 필요한 가공여유를 붙여 둔다.

[3] 목형 기울기(구배)

목형은 주물사 속에 묻히므로 빼내기 쉽게 만들지 않으면 주형이 파손되기 쉽다. 따라서 쉽게 뽑아지도록 목형의 수직면 안팎에 기울기를 두는데 이것을 목형 기울기(draft)라 한다. 기울기는 일반적으로 1/4~1°(6~10mm) 정도이며, 목형이 대형일 경우에는 조금 크게 한다.

[4] 라운딩(rounding)

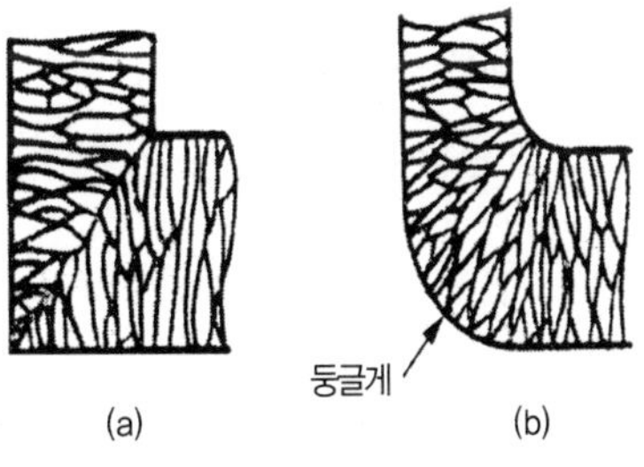

그림 3-2 주물의 구석부분의 조직

목형의 모서리 부분을 둥글게 하는 것을 라운딩이라 한다. 주형 속에서 용융한 금속이 냉각하여 응고될 때 결정입자는 주물 표면에서 수직으로 성장하여 굳어진다. 따라서 주물의 모서리가 직각으로 된 경우에는 그림 3-2 (a)와 같이 모서리 부분에 층이 발생하여 약해진다. 이것을 방지하기 위해 그림 (b)와 같이 둥글게 하여 균일한 결정입자를 만들고 조형이 쉽게 되도록 한다. 라운딩을 하는 목적은 주물

모서리 부분의 쇳물 유동을 좋게 하고, 모서리 부분에 불순물이 석출되어서 약해지는 것을 방지하며, 균열을 방지하기 위함이다.

[5] 덧붙임(stop off)

제작할 주형에 두꺼운 부분과 얇은 부분이 있으면 쇳물이 응고할 때 얇은 부분이 빨리 굳어서 두꺼운 부분이 굳을 때 수축의 영향을 받아 변형되거나 균열이 발생한다. 이것을 방지하기 위하여 나무로 보강하여 주조한 후 잘라 버리는 것을 덧붙임이라 한다.

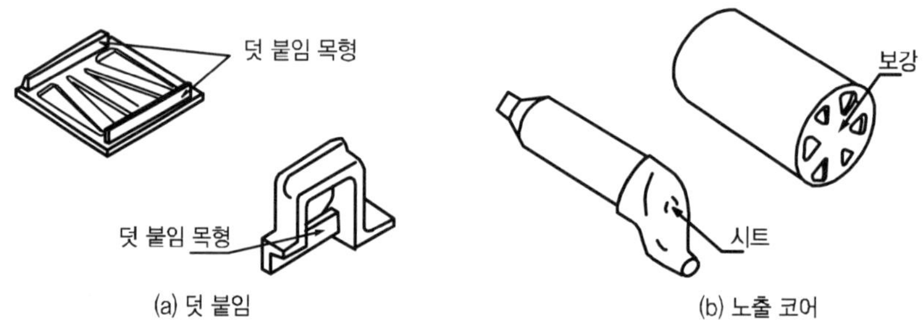

그림 3-3 덧붙임, 노출코어

[6] 코어 프린트(core print)

주물의 속이 빈 부분(중공 부분)이나 오목한 부분에는 코어를 넣는데, 코어를 정해진 위치에 지지하기 위해서 목형에 덧붙임 돌기 부분을 붙인다. 이것을 코어 프린트라 한다. 즉 코어를 주형 내부에 지지하기 위하여 코어 양쪽 돌기부분을 만드는 것을 말한다.

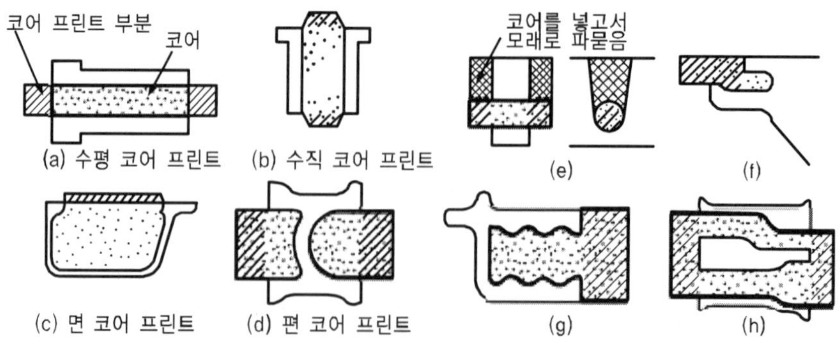

그림 3-4 코어 프린트의 종류

3. 목형의 종류

주형은 일반적으로 목재로 제작한 원형을 내열성이 있는 모래 속에 넣어서 만들며 이때 사용하는 원형(모형)을 목형(wood pattern)이라 한다. 주형은 제작하려고 하는 제품과 같은 형상이어야 하나 목형은 반드시 형상이 같지 않아도 되며, 제품의 형상에 따라 정확하고 능률적으로 주형이 제작되는 것이면 된다.

[1] 현형(solid pattern)

현형은 제작할 제품과 거의 같은 형상의 원형에 수축여유 및 가공여유 등을 고려하여 제작한 목형이며, 단체형, 분할형, 조립형 등이 있다.

(1) 단체형(one piece pattern)

단일체로 되어 제품과 똑같은 형상을 한 목형으로 주물 형상이 간단하고 기복이 적은 것에 사용한다. 단체형은 목형을 제작할 때 코어(core)가 필요 없다.

(2) 분할형(split pattern)

제품이 대형일 때 주형을 제작하기 쉽고, 또 목형에서 주형을 빼내기 쉽게 하기 위해 2개로 분할한 것이며, 이것을 결합하면 하나의 목형이 된다.

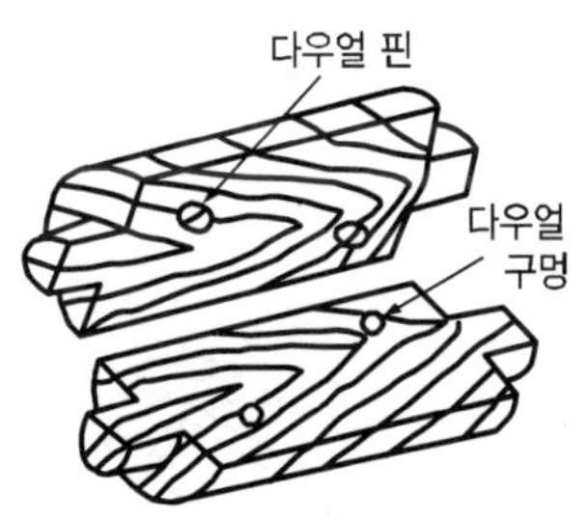

그림 3-5 분할형

(3) 조립형(built up pattern)

제품의 형상이 복잡하고 기복이 많은 경우에 각 부분을 적당한 분할하여 제작한 목형이다.

[2] 판형(plate pattern)

주조 제품이 회전 단면을 가지거나 단면이 동일할 경우에는 그 단면의 형상에 따라 필요한 윤곽을 지닌 판을 만들고 이것을 모래 위에서 돌리거나 움직여 주형을 만드는 것이다. 종류에는 회전형과 긁기형이 있다.

(1) 회전형(sweeping pattern)

원판과 같이 대칭축을 지닌 제품은 그 단면 형상의 판을 제작하여 그 중심선을 축으로 하여 회전시키면 제품의 형상과 동일한 주형을 만들 수 있다.

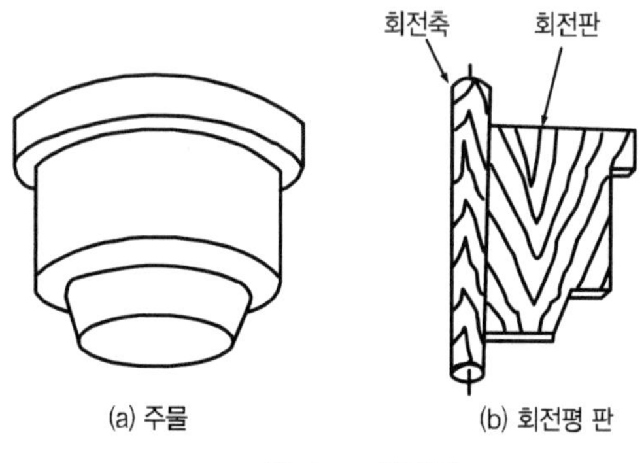

그림 3-6 회전형

(2) 긁기형(strickle pattern)

단면의 형상이 균일하고 가늘고 긴 원통과 같은 것을 제작할 때 그 단면의 1/2(원통의 반원)의 형상으로 판형을 만들고, 이와 별도로 제작한 안내판을 따라 모래를 긁어내서 주형을 제작한다.

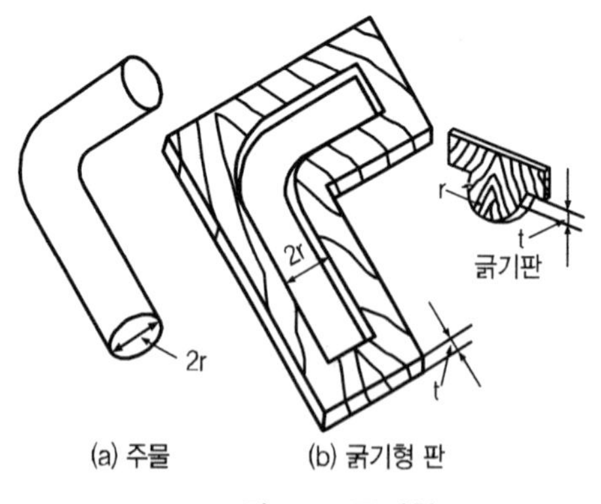

그림 3-7 긁기형

[3] 부분형(section pattern)

기어나 벨트 풀리처럼 같은 형상이 대칭으로 된 것은 그 일부분에 대한 목형을 제작하고 이 목형을 모래 위에 놓고 중심선을 축으로 차례로 돌려가면서 전체의 주형을 만든다.

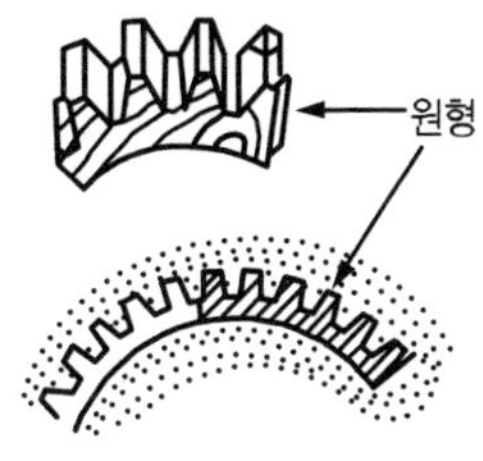

그림 3-8 부분형

[4] 골격형(skeleton pattern)

부품이 큰 경우에 먼저 전체의 골격을 제작하고 이것에 부분목형이나 분할목형을 함께 사용하여 주형을 제작하는 방법이다. 즉 대형이고 수량이 적을 때 사용하며, 중요부분의 골격만을 만드는 목형이다.

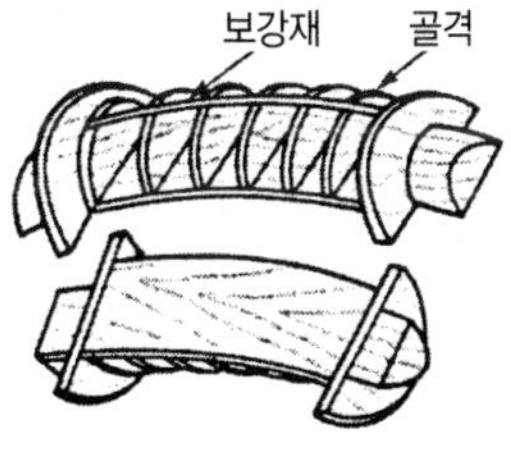

그림 3-9 골격형

[5] 코어형(core pattern)

파이프와 같이 속에 공간이 있는 주물을 제작할 때에는 구멍부분에 해당하는 사형이 필요하며, 이 사형을 코어라 한다. 코어를 제작할 때에는 그 형상과 크기에 따라 회전형이나 긁기형을 사용하는 경우도 있다. 그리고 작은 것은 2개의 목형을 합한 코어 상자(core box)를 사용한다. 즉 중공(속이 빈)의 주물일 때 중공부분을 메우는 모래형의 목형이다.

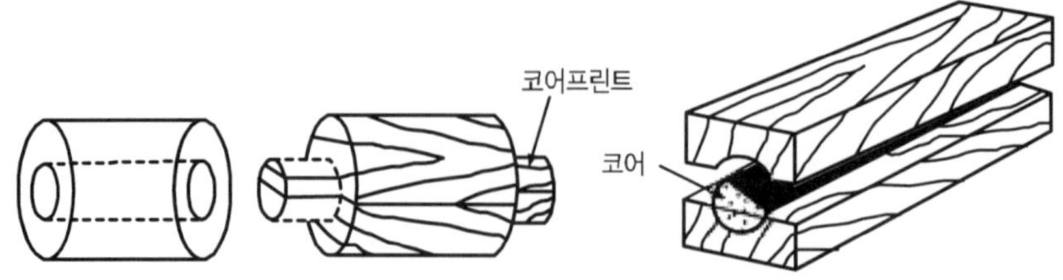

그림 3-10 목형 및 코어 상자

4. 주물사(moulding sand)

주형을 제작하는데 사용하는 모래를 주물사(鑄物沙)라 한다. 이 주물사는 원료용 모래(原料沙)의 모래만으로는 성형력이 약하기 때문에 적당한 점결제를 배합하여 인공적으로 조제한 합성모래를 사용한다. 원료용 모래는 규산을 주성분으로 하는 산 모래(山沙)나 인조 규사 및 이 보다 질이 좋은 산화지르코늄을 주성분으로 한 지르콘 모래(zircon sand), 올리빈 모래(olivine sand) 등을 사용한다. 그리고 점결제로는 점토를 대부분 사용하였으나 최근에는 오일이나 합성수지를 사용한 유기(有機) 점결제나 규산 소다나 점토 이외에 무기(無機)점결제를 사용한다. 또 주물사의 4대 구성요소는 원료용 모래, 점결제, 첨가제 및 물의 상호관계이며, 주물사는 습기가 있는 상태에서의 강도, 건조한 상태에서의 강도, 높은 온도에서의 강도, 통기도, 열에 대한 안정성, 내화성, 유동성 등이 필요하고, 주물사의 시험에는 강도 시험, 통기도 시험, 수분 함유량 시험을 일반적으로 하며, 그밖에 점토분, 점도, 내열성, 유동성 시험 등이 있다. 그리고 주물사가 원인이 되어 발생한 주물의 결함을 해결하기 위해 첨가제를 사용하며, 표면 활성제를 첨가한 유동성 모래(fluid sand)도 있다. 주물사를 제조하기 위해 원료용 모래와 배합하는 점결제와 균열이나 눌어붙는 것을 방지하기 위해 배합하는 첨가제를 통틀어 주형 재료라 한다. 주물의 조형에 사용되는 주물사로는 생형, 건조형, 코어형, 가스형, 셸형 및 시멘트형이 있으며, 그 특징 등은 매우 복잡하므로 가장 적합한 성질을 지닌 주물사로 조제하여야 한다. 주물사의 구비 조건은 다음과 같다.

① 열전도성이 불량하고, 보온성이 있을 것
② 강도가 적당할 것
③ 내화성이 크고, 화학반응을 일으키지 않을 것
④ 성형성이 좋을 것

⑤ 적당한 통기성이 있을 것

5. 주형의 종류

주형의 종류는 여러 가지로 나눌 수 있는데 주형을 만드는 방법에 따르면 바닥주형, 혼성주형, 조립조형이 있고, 주형에 사용되는 재료에 따르면 모래형, 금형, 수지형이 있으며, 사용되는 모래의 건조도에 따르면 생형과 건조형이 있다.

[1] 바닥주형(open sand moulding)

주물사를 공장바닥에 알맞게 펼쳐 놓은 다음 이를 다져서 여기에 목형을 바로 설치하고 주형을 만든다. 윗면이 대기 중에 개방된 주형이며 용해한 쇳물을 주입하였을 때 쇳물의 표면이 공기와 접촉하여 표면이 거칠게 되므로 가공을 필요로 하지 않는 주물에 이용된다.

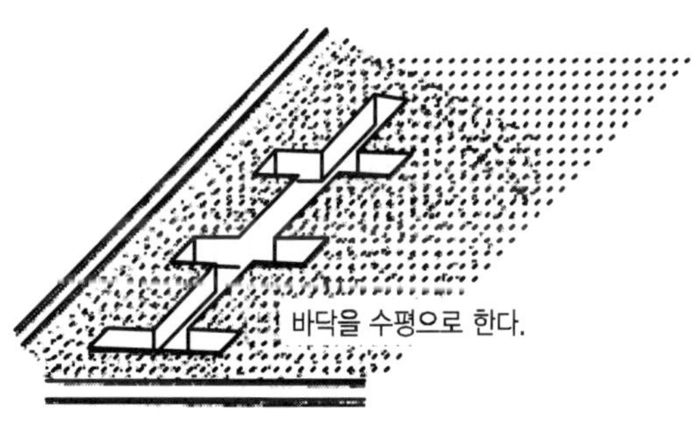

그림 3-11 바닥주형

[2] 혼성주형(floor moulding)

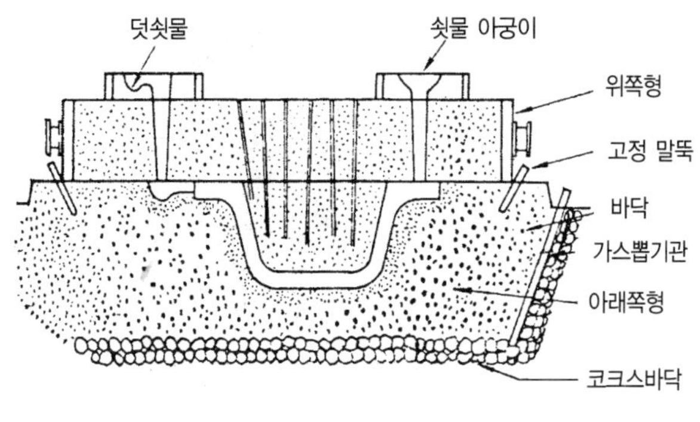

그림 3-12 혼성주형

아래쪽형(drag)은 주형 틀을 사용하지 않고 바닥에 주형을 만들고 위쪽형(cope)만 주형 틀을 사용하여 만든 주형이다. 대형 주물이나 또는 주형 틀에 주형을 수용하기 어려울 때 이용한다.

[3] 조립주형(turn over moulding)

위·아래에 2개 또는 그 이상의 주형 틀을 사용하여 그 속에 주형을 만든 것이다.

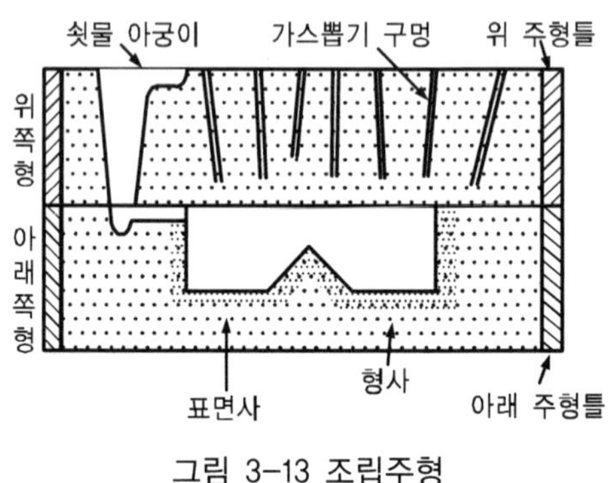

그림 3-13 조립주형

6. 용해와 주입

[1] 용해

용해로는 일반적으로 주철에는 큐폴라와 전기로 등을 사용하고, 주강에는 전기로, 비철합금에는 도가니로, 전기로 등이 사용된다.

(1) 큐폴라(cupola, 용선로)

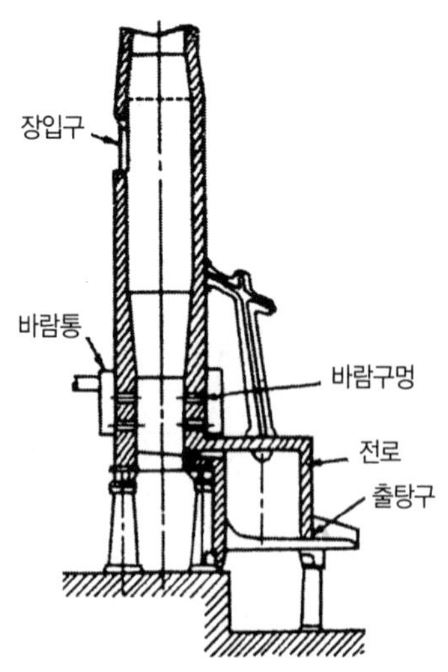

그림 3-14 큐폴라

그림 3-14와 같이 강판제 원통의 안쪽 벽을 내화 벽돌로 쌓고 내화 점토를 바른다. 선철의 용해에서 사용하며 용량은 1시간당의 용해 능력으로 나타내며, 일반적으로 3~10톤 정도의 것을 많이 사용한다.

(2) 도가니로(crucible furnace)

흑연과 내화 점토로 만든 도가니를 노 속에 넣고, 도가니 안에 원료 금속을 넣어 외부의 코크스, 중유, 가스 등의 열원에 의하여 용해하는 노를 도가니로라 한다. 원료 금속은 연소 가스에 직접 접촉되지 않으므로 구리합금, 경합금, 합금강과 같이 정확한 성분을 필요로 하는 금속을 용해하는데 적합하다. 도가니로는 도가니가 비싸고 수명이 짧으며, 열효율이 낮은 결점이 있다.

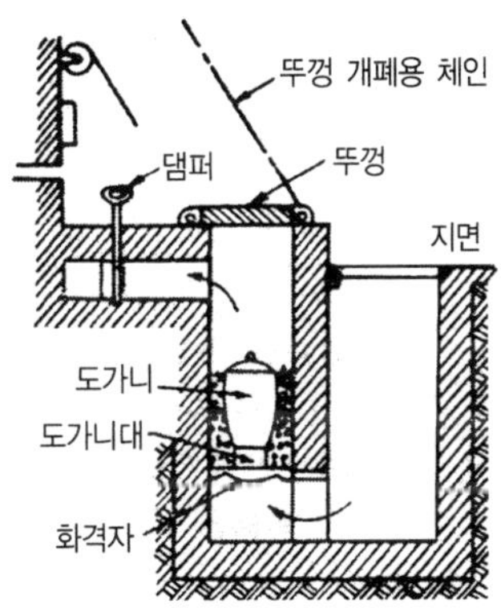

그림 3-15 도기니로

(3) 전기로(electronic furnace)

주물의 질을 양호한 상태로 유지하거나 많은 양의 금속을 빨리 용해할 목적으로 사용된다. 에루식 전기로에서 전류를 한쪽의 탄소 전극에서 원료 금속 또는 쇳물에 들어가 그 속을 흘러 다른 탄소 전극으로 나가 전극과 금속의 표면과의 사이에서 아크를 발생시켜 원료 금속을 녹인다. 주로 합금주철, 가단주철, 주강 등의 용해에 사용된다.

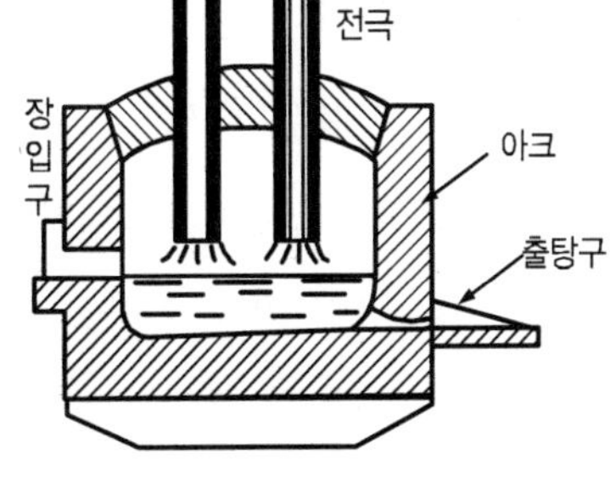

그림 3-16 에루식 전기로

(4) 반사로

반사로는 많은 금속을 값싸게 용해할 수 있고, 대형주물 및 고급주물을 제조할 경우나 특수배합의 주물을 사용할 때 이용한다. 주로 주철, 청동, 가단주철 등을 용해하는데 사용한다.

[2] 주입

용해한 쇳물을 주형에 붓는 작업을 주입이라 한다. 주물 제품은 주입 직전의 쇳물 온도와 주입시간에 많은 영향을 준다. 주철의 주입은 주물의 종류, 크기에 따라 다르지만, 일반적으로 1280~1400℃의 온도에서 주입한다. 다만, 냉각 면적이 넓고 주물 두께가 얇은 것은 기준 주입 온도보다 약간 높게 하여야 한다.

7. 주물의 결함

[1] 수축공

쇳물은 주형과 접촉하는 부분부터 응고되기 때문에 맨 나중에 응고되는 부분은 수축으로 인하여 쇳물이 부족 되므로 수축공이 발생한다. 수축공의 방지방법은 쇳물 아궁이를 크게 하거나, 덧쇳물 구멍을 붙여 쇳물이 부족하지 않도록 한다.

[2] 기공(blow hole)

용융 금속 중의 가스가 외부로 배출되지 못하고 주물 내부에 남아 있으면 기공이 발생한다. 방지방법은 주형 내의 수분을 제거하고, 각 부분의 온도차이를 줄여 주어야 하며, 쇳물 아궁이를 크게 하고, 덧쇳물을 붙여 용융 금속에 압력을 주며, 쇳물 주입온도를 필요이상 높게 하지 말아야 한다.

[3] 변형과 균열 방지방법

① 주물의 두께 차이를 갑자기 변화시키지 말 것

② 각 부분의 온도 차이를 적게 할 것

③ 각이 진 부분은 둥글게(라운딩)할 것

④ 주물을 급랭시키지 말 것

8. 주물의 시험 검사

[1] 육안 검사방법

육안 검사방법에는 외관 검사, 파면 검사, 형광 검사 등이 있다.

[2] 물리적 검사방법

물리적 검사방법에는 타진 음향법, 압력시험법, 현미경 시험법, 자기 탐상법, 방사선 검사법, 초음파 탐상법 등이 있다.

[3] 화학적 검사방법

화학적 검사방법에는 화학 분석법, 부식 시험 등이 있다.

[4] 기계적 검사방법

기계적 검사방법에는 인장강도, 압축시험, 경도시험, 마모시험, 충격시험, 피로시험 등이 있다.

9. 특수 주조 방법

[1] 칠드 주조(chilled casting)

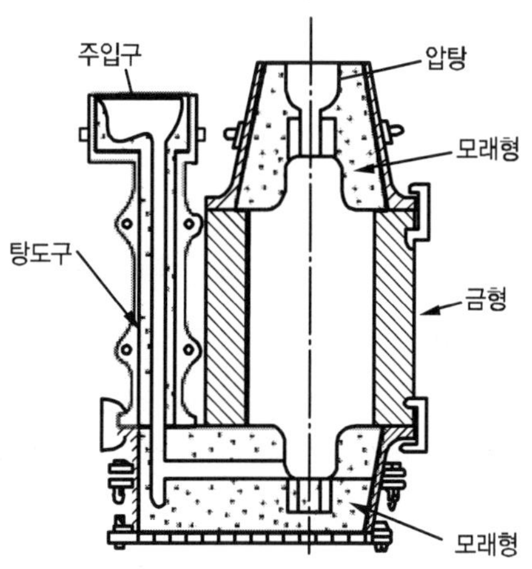

그림 3-17 칠드 주조

주철을 급랭시키면 그 표면이 단단한 탄화철이 되는데 이 부분을 칠드 층이라 한다. 용융된 쇳물을 그림 3-17과 같은 금속 주형 속에 주입하면 금속 주형과 접촉하는 부분은 갑자기 냉각되어 칠드 층을 이루게 되므로 단단하게 된다. 그러나 내부는 서서히 냉각된 관계로 연한 주물이 된다. 이와 같이 표면은 경도가 높고, 내부는 경도가 낮은 주물을 칠드 주물이라 하며, 압연 롤러 등에 이용된다.

[2] 원심주조(centrifugal casting)

고속으로 회전하는 원통형의 주형 속에 용융된 쇳물을 주입하면 원심력에 의해 쇳물은 원통 안쪽 면에 균일하게 부착되며 이때 그대로 냉각시키면 속이 빈 주물이 된다. 이와 같은 방법을 원심주조라 하며, 쇳물은 원심력으로 압력이 가해지게 되며, 비중 차이로 불순물이 분리되어 치밀한 조직의 주물이 된다.

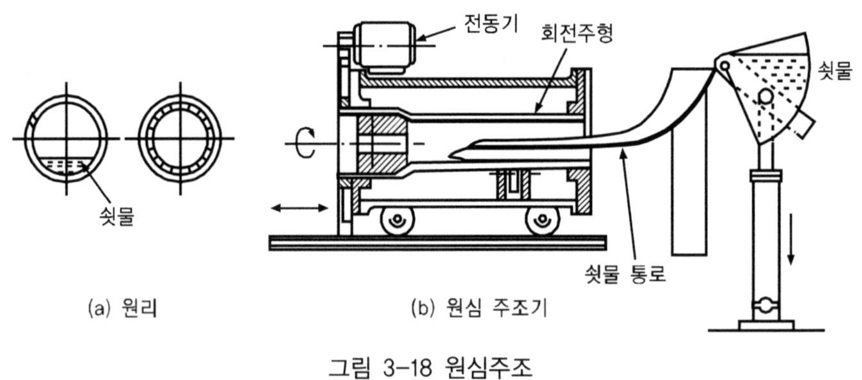

그림 3-18 원심주조

[3] 정밀 주조

(1) 다이 캐스팅(die casting)

그림 3-19와 같이 용해된 금속에 압력을 가하여 금속주형에 부어 주물을 제작하는 방법이다. 주물 표면이 매끈하고 치수 정밀도가 높으며, 제품이 균일하게 되므로 다듬질할 필요가 전혀 없으며, 강도가 크고 복잡한 형상의 얇은 주물 생산에 이용된다. 또 한 개의 금속주형으로 많은 양의 주조가 가능하며, 주조속도도 빨라 대량 생산에 적합하다. 다만, 금속주형의 구조 상 제품의 크기에 한계가 있고, 주물 재료는 금속주형의 내열성 관계로 용융점이 높은 금속은 주조가 곤란하다. 또 금속주형 제작비용이 커지므로 생산량이 많지 않은 경우에는 비경제적이다. 다이

캐스트 주조기구를 다이 캐스팅 머신이라 하며, 용해된 금속을 주입하는 가압 동력에 따라 수동식, 압축공기식, 유압식 등으로 분류한다. 다이 캐스트용 합금으로는 아연 합금을 많이 사용하며, 그밖에 알루미늄 합금, 마그네슘 합금, 구리 합금, 납 합금, 주석 합금 등이 사용된다.

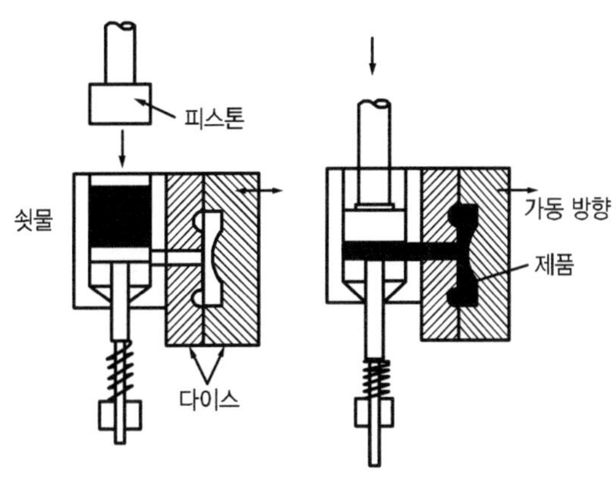

그림 3-19 다이 캐스트 주조방법

(2) 셀몰드 법(shell mould process)

높은 정밀도로 제작한 금형을 200~300℃로 가열한 다음 규사와 열경화성 수지의 혼합물을 뿌려 덮으면 원형 둘레에 약 4㎜ 정도의 층이 생기며 밀착한다. 그 다음 300℃에서 3분 정도 가열하면 수지는 경화한다. 이 셀 들을 맞추어 접착시켜 주형을 만들어 주조하는 방법을 크로닝 방법(Croning process)이라고도 한다. 주형의 통기성이 좋고 쇳물도 적은 양으로 되며, 뒤처리도 간단하지만 수지와 원형 제작 비용이 비싸다.

(3) 인베스트먼트 법(investment casting)

원형을 왁스(wax)로 제작하고, 이것을 규사에 석고 등의 결합제를 첨가한 내화도가 높은 재료인 인베스트먼트로 충분히 쌓아 주형으로 만든다. 이것을 건조시킨 후 100℃ 정도로 가열하여 왁스를 유출시킨 다음 650~900℃ 정도로 가열, 연소시키면 왁스가 있던 부분이 비워져 주형이 된다. 이 주형에 압력을 가하여 쇳물을 주입하면 주물이 된다. 이 방법을 인베스트먼트법이라 하며, 기계 가공이 곤란한 경질 합금이나 밀링 커터와 같은 공구 제작에 사용되기도 한다.

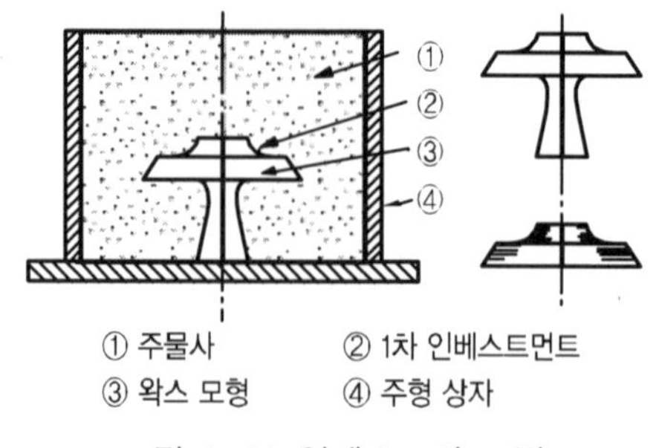

그림 3-20 인베스트먼트 법

(4) 이산화탄소 법(CO_2 process)

규사에 5~6%의 물 유리(sodium silicate)를 혼합한 주물사로 주형을 제작하고 1.0~1.4kgf/㎠ 압력으로 10~15초 정도 이산화탄소를 주입하면 물 유리와 이산화탄소가 반응하여 실리카겔과 탄산나트륨이 된다. 이 실리카겔의 결합력에 의해 강도가 높은 주형이 된다.

(5) 쇼 프로세스

매우 큰 주물을 특별한 설비 없이 주조할 수 있으며, 한 개의 원형으로 많은 제품을 제작할 수 있다. 그 원리는 석고 원형을 만들고 여기에 실리케이트, 규산 내화물 및 촉매 혼합물을 그 주위에 주입하여 겔화(gel 化)한 상태로 주형을 떼어낸다. 이 주형을 급속히 가열하면 치수 면에서 거의 수축하지 않으며 1000~1200℃로 소성(燒成)한다. 소성 성형이므로 쇳물을 주입할 때 가스 발생으로 인한 불량이 없고, 제품의 치수 정밀도는 0.1~0.2㎜ 이하이다. 이 방법은 자동차의 차체나 펜더의 금형을 비롯하여 합성수지, 고무 등의 금형, 다이 캐스트 금형, 주물용 모형, 미술품 및 완구 등의 금형을 제작하는데 사용한다.

3-2 소성 가공(plastic working)

1. 소성 가공의 개요

재료에 힘을 가하면 힘이 작용하는 방법으로 늘어나며, 힘이 적은 경우에는 힘을 제거하면 늘어났던 길이가 완전히 원래의 상태로 되돌아와 아무런 변형이 없게 되는데 이런 상태의 성질을 탄성(elasticity)이라 하고, 이런 변형을 탄성 변형이라 한다. 그러나 재료에 가한 힘이 크면 변형을 일으키게 되고 힘을 제거하여 원래의 형태로 완전히 되돌아오지 않고 다소의 변형이 남게 되는데 이런 성질을 소성(plasticity)이라 하며, 이런 상태의 변형을 소성변형이라 한다. 소성을 지닌 재료에 소성변형(plastic deformation)을 주어 목적하는 제품을 만드는 작업을 소성가공(plastic working)이라 한다. 소성가공에 이용되는 성질은 가단성, 연성, 가소성, 전성 등이며, 소성가공의 장점은 다음과 같다.

① 보통 주물에 비하여 성형되는 치수가 정확하다.

② 금속의 결정조직을 개량하여 강한 성질을 얻을 수 있다.

③ 대량 생산으로 균일한 제품을 얻을 수 있다.

④ 재료의 사용량을 경제적으로 할 수 있다.

⑤ 수리가 쉽다.

2. 가공경화 · 풀림 및 재결정 온도

[1] 가공경화

펀치가 없을 때 철사를 절단하려면 철사를 여러 번 반복하여 구부렸다 폈다 하면 된다. 이와 같은 현상은 철사에 힘을 가하여 변형시키면 철사의 재실이 난난하게 되어 절단된다. 이와 같이 재료를 가공하는 도중에 힘을 받아 재료가 단단해 지는 것을 가공경화(working hardening)라 한다.

[2] 풀림

금속을 상온에서 힘을 가하여 압연 또는 선재를 가공할 경우에 가공도가 증가하면 가공경화가 되며, 가공을 계속할수록 더욱 단단하여져 큰 힘을 필요로 하게 되고, 이 가공경화로 인해 무리한 가공을 하면 균열이 발생하거나 파괴된다. 이런 현상을 방지하기 위해 가공경화 된 재료를 적당한 온도로 가열하여 냉각시켜서 가공 전의 연한 재질 상태로 되돌아 기게 하는 것을 풀림(annealing)이라 한다.

[3] 재결정 온도

상온에서 가공을 받아 변형된 금속의 결정입자를 적당한 온도로 가열하면 변형된 결정입자가 파괴되어 점차 미세한 다각형 모양의 결정입자로 변화된다. 이것을 금속의 재결정이라 하고, 재결정을 시작하는 가장 낮은 온도를 재결정 온도라 한다.

금속의 재결정 온도

금속	재결정온도(℃)	금속	재결정온도(℃)	금속	재결정온도(℃)
텅스텐	1200	금	200	마그네슘	150
니켈	600	은	200	아연	상온
철	450	구리	200	납	상온 이하
백금	450	알루미늄	150	주석	상온 이하

3. 소성가공 방법

금속의 소성가공은 변형을 시켜 가공하는데 변형을 일으키기 위해서 가열하는 온도에 따라 냉간 가공(cold working)과 열간 가공(hot working)으로 나눌 수 있으며, 재결정 온도 이하의 낮은 온도에서의 가공을 냉간 가공, 재결정 온도 이상의 높은 온도에서의 가공을 열간 가공이라 한다.

[1] 냉간 가공의 특징

① 가공 면이 아름답고 정밀한 형상의 가공 면을 얻는다.

② 가공경화로 한층 경도가 증가되며, 연신률은 감소한다.

[2] 열간 가공의 특징

① 재결정 온도 이상으로 가열하므로 가공이 쉽다.

② 거친 가공에 적합하다.

③ 표면이 가열되어 있기 때문에 산화로 인해 정밀한 가공은 어렵다.

[3] 소성 가공의 종류

소성 가공에는 압연(rolling), 인발(drawing), 압출(extruding), 단조(forging), 전조(thread and gear forming), 판금가공(sheet metal working) 등이 있다.

(1) 압연 가공(rolling)

압연 가공은 회전하는 롤러 사이에 재료를 통과 시켜 판재, 형재 등을 성형하는 가공 방법이며, 롤러가 해머와 같이 연속적으로 타격을 가하는 것과 같다.

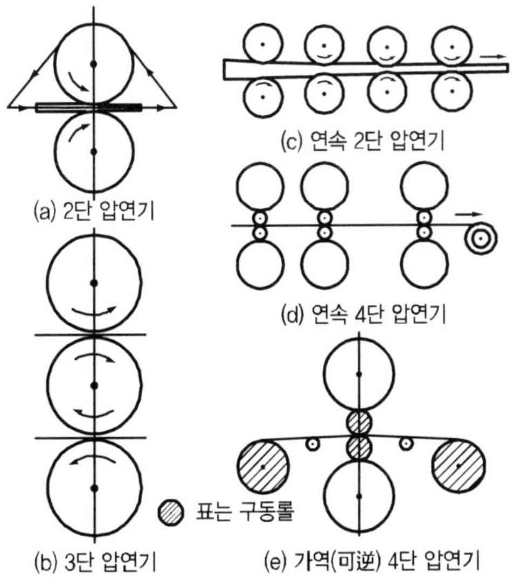

그림 3-21 압연 가공

① 압연 가공의 종류

㉮ 분괴 압연 : 강괴(ingot)내부에 있는 기공 등을 눌러 압착시켜 균일한 성질을 부여함과 동시에 제품을 압연할 수 있는 형상을 가진 중간 재료를 만들기 위한 압연이다.

㉯ 판재 압연 : 중간 재료를 사용하여 판재(板材)를 제조하는 압연이다.

㉰ 형재 압연 : 중간 재료로 봉(棒) 재료(둥근, 사각, 육각 등), 평평한 재료, 형상 재료 등을 제조하는 압연이며, 압연롤러에는 홈이 있다.

② 압하율

$$k=\frac{h_0-h_1}{h_0}\times 100$$

여기서, k : 압하율 h_0 : 압연을 하기 전의 두께

h_1 : 압연을 한 후의 두께

③ 압하율을 높이는 방법

㉮ 압연하고자 하는 재료의 온도를 높이고, 지름이 큰 롤러를 사용한다.

㉯ 롤러의 회전속도를 감속시키고, 압연 재료를 뒤에서 밀어준다.

㉰ 롤러 축에 평행인 홈을 롤러 표면에 만들어준다.

(2) 인발 가공(drawing)

① 인발 가공의 개요

인발 가공은 그림 3-22와 같이 다이 구멍에 재료를 통과시켜서 잡아당기면 단면적이 감소되어 다이 구멍의 형상과 같은 단면의 봉(棒), 선(線), 파이프(pipe) 등을 만드는 가공 방법이다. 인발 가공도는 단면 감소율로 나타낸다.

$$\text{단면 감소율} = \frac{A_0 - A_1}{A_0} \times 100$$

여기서, A_0 : 인발 전의 단면적　　　　A_1 : 인발 후의 단면적

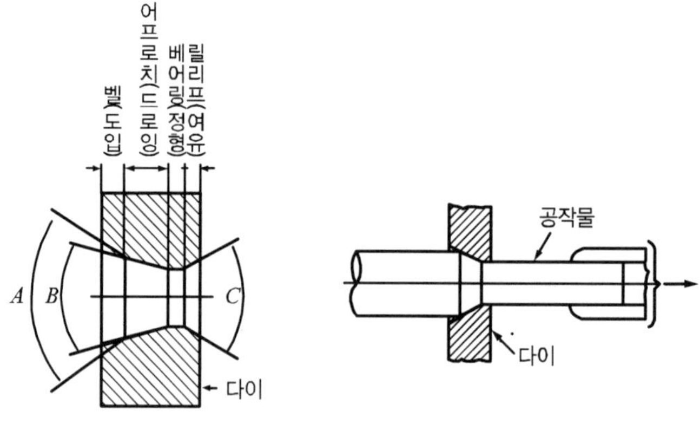

A : 다이각, B : 도입각, C : 여유각

그림 3-22 인발 가공

② 인발 기공의 종류

㉮ 봉(棒) 재료의 인발 : 그림 3-22에 나타낸 바와 같이 인발 기구를 사용하여 다이에서 재료를 인발하여 소요 형상의 봉 재료를 제작한다. 사용하는 다이의 구멍 형상에는 원형, 각형, 그 밖의 형상이 있다.

㉯ 선(線) 재료의 인발 : 지름 5㎜ 이하의 선 재료를 압연에 의해 가공된 것을 다시 인발 가공을 실행한다.

㉰ 파이프 인발 : 봉 재료의 바깥쪽을 가공할 경우에는 다이만을 사용하여 제조하지만 파이프의 안지름을 만들 때에는 파이프가 다이를 통과하는 동안 파이프 안쪽 면에 소정 치수의 심봉(mandrel)을 끼워 넣고 파이프를 만든다. 다이나 심봉의 형상에 따라 원형 파이프나 각재 파이프를 제작한다.

(3) 압출 가공(extrusion)

압출 가공은 컨테이너(container) 속에 있는 재료를 램(ram)으로 눌러 빼내는 가공이며 봉, 선, 파이프 등을 만들 수 있다. 이 가공에는 압출할 소재에 압력을 가하는 방향에 따라 분류하면 전방 압출(직접 압출)과 후방 압출(간접 압출)이 있다. 전방 압출은 제품이 빠져 나오는 방향과 램의 이동 방향이 같은 것이며, 후방 압출은 제품이 빠져 나오는 방향과 램의 이동 방향이 서로 반대가 되는 것이다.

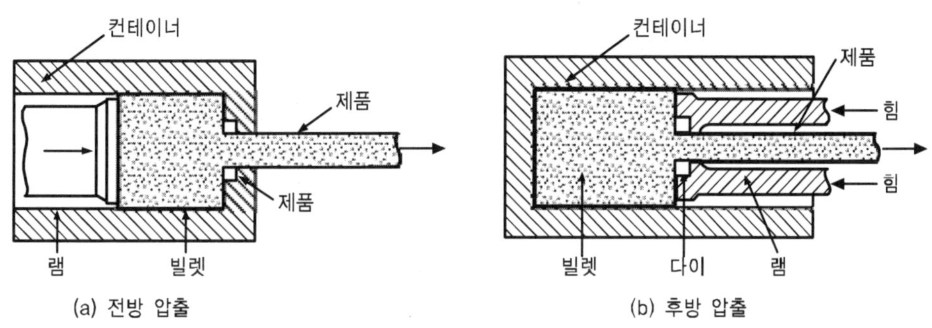

그림 3-23 압출 가공의 형태

그리고 납, 주석, 아연, 알루미늄, 구리 등의 비교적 연한 금속의 얇고 짧은 파이프를 제작할 때에는 충격 압출을 사용한다. 충격 압출은 그림 3-24에 나타낸 것과 같이 다이 안에 재료를 넣고 펀치에 충격적인 힘을 가하면 펀치와 다이 사이에서 재료가 눌려지므로 두께가 얇고 짧은 파이프를 만들 수 있다.

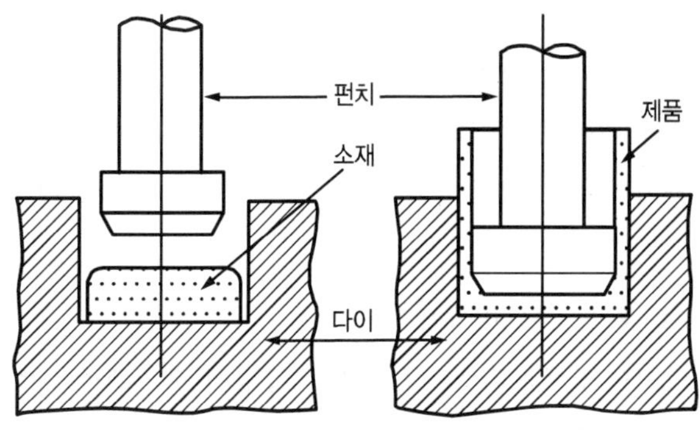

그림 3-24 충격 압출

(4) 전조 가공(rolling)

전조 가공은 다이 또는 롤러를 사용하여 재료를 회전시켜서 부분적으로 압력을 가하여 변형시켜서 제품을 만드는 가공방법이다. 이 가공에서는 주로 나사(screw), 기어(gear), 볼(ball) 등을 제작하는데 나사를 전조하는 방법에는 편평형, 둥근형, 차동형, 유성기어형 등의 다이가 있으며, 기어를 만드는 방법에는 래크형, 피니언형, 호브형 등이 있다.

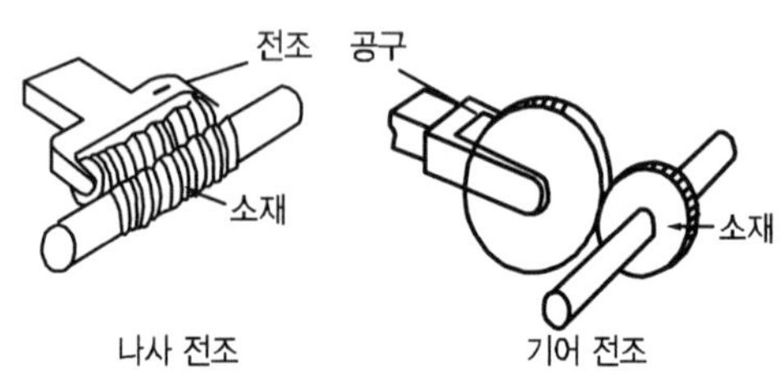

(a) 1개의 공구로 나사 및 기어의 전조

(b) 전조 재료의 흐름

그림 3-25 전조 가공

전조 가공은 단조나 압출 또는 절삭 가공에 비해 다음과 같은 특징을 가지고 있다.

① 전조 가공에서는 재료와 공구가 점 접촉을 하여 소성 변형이 부분에 그치므로 비교적 적은 힘으로 성형할 수 있다.

② 절삭 가공에서는 재료를 1차 가공(압출, 인발)할 때 형성된 축방향의 결정조직이 중단되나 전조 가공에서는 재료가 돌출 된 형상이 형성되므로 나사나 기어가 연속된 섬유 조직을 이룬다.

③ 소성 변형량이 크면 가공 경화하여 결정이 미세화 되어 단단한 조직이 되므로 정하중, 충격 강도 및 피로 강도가 커진다.

④ 공구가 재료를 조금씩 버니싱(burnishing)하는 전조의 경우는 표면이 깨끗하고, 정밀한 제품이 된다.

(5) 단조 가공(forging)

단조 가공은 소재를 적당한 온도로 가열하고 힘을 가해 소요의 형상으로 변형시키며, 조직이나 성질을 개선하기 위해 행하는 작업이다. 단조에는 열간 단조와 냉간 단조가 있다.

① 열간 단조의 종류

열간 단조에는 해머 단조(hammer forging), 프레스 단조(press forging), 업셋 단조(upset forging), 회전형 단조(Massec roll rolling) 등이 있다.

② 냉간 단조의 종류

㉮ 헤딩(heading) : 볼트나 리벳의 머리 모양을 성형하는 가공 방법이다.

㉯ 스웨이징(swaging) : 테이퍼의 제작 또는 파이프의 지름을 축소시키는 가공 방법이다.

㉰ 코이닝(coining) : 동전이나 메달 등을 만드는 가공 방법이다.

③ 단조용 재료

단조용 재료는 항복점이 낮고, 연신률이 큰 재료일수록 소성변형이 잘 일어나는 관계로 단조가 쉽다. 금속 재료 중 탄소강, 특수강, 구리합금, 경합금 등은 단조가 가능하나 주철은 불가능하다. 탄소강이라도 탄소 함유량이 많으면 곤란하다.

④ 단조 가공의 분류

단조 가공을 분류하면 자유 단조와 형 단조 2가지로 분류할 수 있다. 자유 단조는 형상이나 크기를 자유롭게 할 수 있는 것으로 늘리기(drawing), 굽히기(bending), 눌러 붙이기(up-setting), 단짓기(setting down), 구멍 뚫기(punching), 자르기(cutting), 단접 등이 있다. 그리고 형 단조란 2개의 다이스 사이에 재료를 가압하여 성형하는 방법이다.

⑤ 단조 용구

㉮ 해머(hammer) : 해머의 크기는 무게로 표시한다.

㉯ 앤빌(anvil) : 금속을 타격하거나 가공 변형시키는데 사용하는 받침쇠이며, 크기는 무게로 나타낸다.

㉰ 정반(surface plate) : 단조용 정반은 주철제로 표면에 각이나 둥근 구멍 등이 있어 판의 타출 작업이나 형재의 굽힘 작업 등에 사용된다.

㉣ 집게(tong) : 공작물을 잡는데 사용하며, 호칭은 일반적으로 입의 크기 및 전체 길이로 나타낸다.

㉤ 다듬개(set hammer) : 공작물 위에 대고 그 위에서 해머로 두드려 성형하는 공구이다.

㉥ 정(chisel) : 재료를 절단할 때 사용한다. 정의 종류에는 평정, 반원정, 측면정 등이 있으며, 바이스에 재료를 물려 놓고 절단하거나 정반 위에 놓고서 절단한다. 재질은 탄소 공구강으로 날끝은 담금질, 뜨임을 한다. 또 날끝 각도는 연한 재료를 절단할 때에는 작게, 단단한 재료를 절단할 때에는 크게 한다. 일반적으로 날끝 각도는 표준이 60°이다.

㉦ 탭(swage) : 공작물을 성형하거나 단면을 축소시킬 때 사용한다.

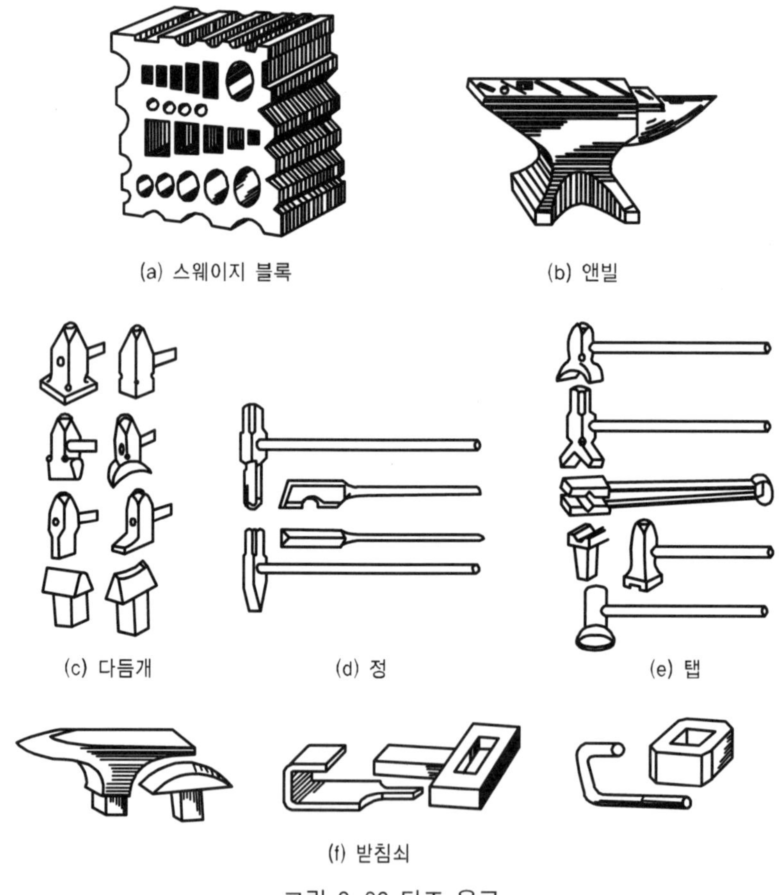

그림 3-26 단조 용구

㉵ 펀치(punch) : 구멍을 뚫을 때 사용한다.

㉶ 스웨이지 블록(swage block) : 앤빌, 정반, 탭의 3가지를 겸한 것으로 측면에는 각종 형상의 탭형이 있으며, 표면에는 둥근 각형의 구멍이 있다. 크기는 무게로 나타낸다.

㉷ 받침쇠(dolley block) : 간단한 형상을 단조할 때 뒷면에 받치고 해머로 재료에 타격을 가한다.

(6) 판금 가공(sheet metal working)

판금 가공은 재료로 여러 가지 형상을 만드는 가공이며, 이런 가공 제품은 자동차, 항공기, 철도 차량, 전기 기구, 기계 부품, 사무용 기기, 가정용품 등에 널리 사용되고 있으며, 판금가공의 특징은 복잡한 형상을 비교적 쉽게 만들 수 있고, 제품이 가벼우며, 제품의 표면이 아름답고, 표면 처리가 쉽고, 대량 생산에 적합하다.

① 판금 공구

㉮ 금 긋기 용구 : 자(scale), 직각자(square), 금 긋기 바늘(scraper), 컴퍼스(compass) 등이 있다.

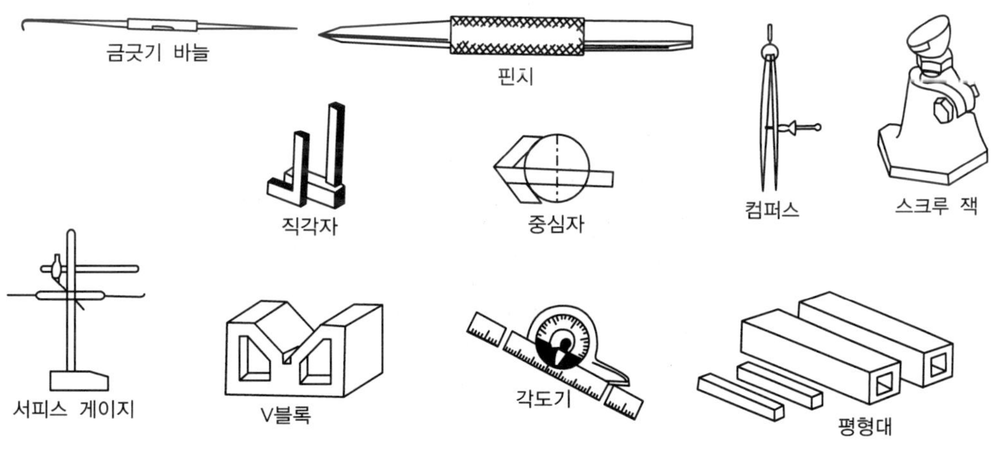

그림 3-27 금 긋기 공구

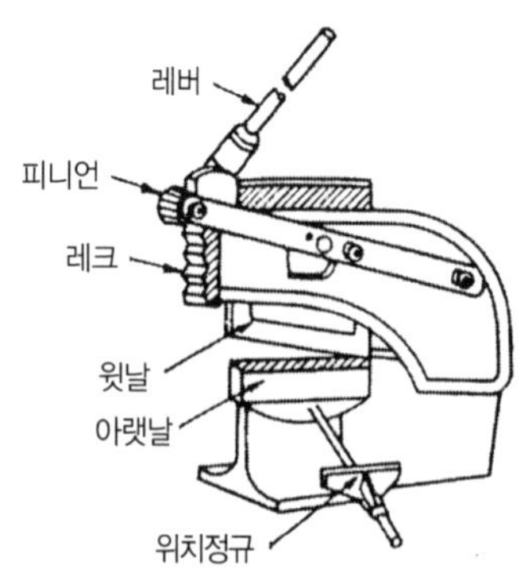

그림 3-28 레버시어

㉯ 절단 공구 : 직선 가위, 곡선 가위, 허크빌 가위(공작물 중앙의 구멍이나 곡선을 절단할 때 사용), 정, 레버시어(래크와 피니언을 이용하여 인력으로 절단하는 기구이며, 폭이 너무 넓지 않은 두꺼운 판이나 평판을 절단함)등이 있다. 그리고 가위의 절단각도와 날 각도는 그림 3-29에서와 같이 날 각도는 표준이 60~65°이다. 또 날끝 가까이(그림 b)는 원호로 되어 있다. 이것은 절단 도중에 상하 날의 절단각도가 별로 변화하지 않도록 하기 위함이다. 한편 가위로 물건을 절단하는데 필요한 절단각도는 20° 이하이다.

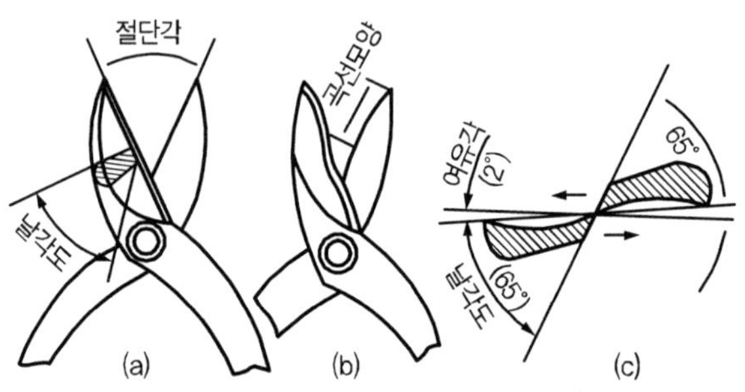

그림 3-29 가위의 절단각도와 날 각도

㉰ 꺾고 굽히는 공구 : 해머, 꺾음대와 박자목(꺾음대 위에 있는 판재를 두들겨 구부리거나 꺾는대 사용), 받침대 등이 있다.

㉱ 접합용 공구 : 납땜 인두와 핸드 그루브(hand groove, 판재를 꺾음대, 박자목으로 구부려 이음 할 때 접합을 견고하게 하기 위해 사용)가 있다.

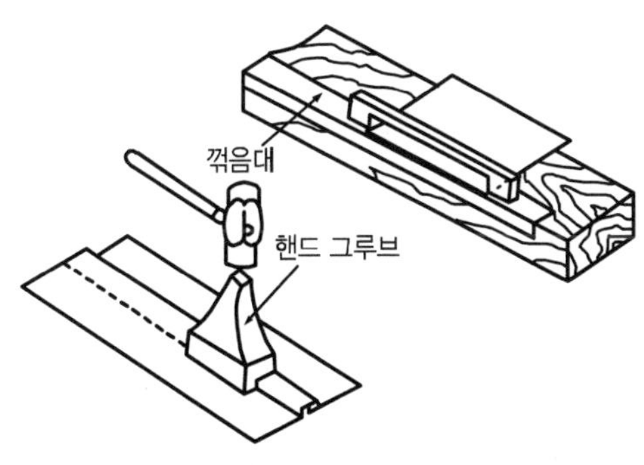

그림 3-30 핸드 그루브

② 판금 가공용 기계

㉮ 전단 기계

- 직선 전단기계(square shear) : 판재를 직선으로 절단하는 기계이며, 아래 날은 고정되어 있고, 위쪽 날이 아래쪽으로 움직여 판재를 절단한다.
- 곡선 전단기계(circular shear) : 금속 판재를 원형이나 곡선형으로 절단하는데 편리하며, 상하에 롤러로 된 커터에 의해 절단되는데, 커터를 바꾸면 직선, 곡선, 작은 구멍 등을 절단할 수 있다.
- 갱 슬리터(gang slitter) : 폭이 넓은 판에서 폭이 좁은 판을 절단하는데 사용하는 것으로 여러 개의 커터를 조합하여 동시에 절단한다.

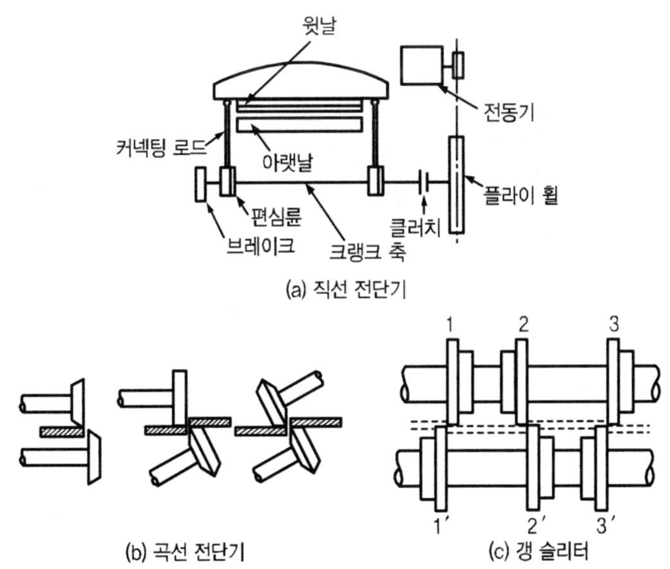

그림 3-31 각종 전단기계

㉯ 굽힘 기계

- 굽힘 롤러(bending roller) : 그림 3-32에 나타낸 바와 같이 금속 판재로 원통을 만들 때 원통 또는 원뿔 모양으로 마는데 사용하는 것이며, 3개의 롤러로 되어 있다.

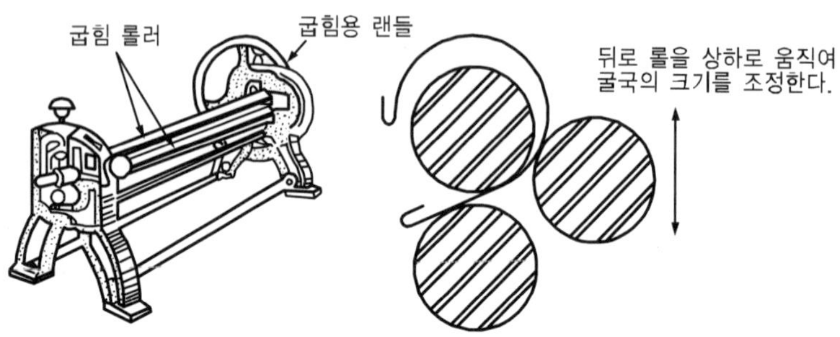

그림 3-32 굽힘 롤러

- 비딩 머신(beading machine) : 판금 재료의 강성을 증가시키거나 판금 공작의 형상을 아름답게 하기 위해서 홈을 만드는데 2개의 롤러에 대응하는 홈이 있어 이것에 의해서 홈이 생긴다. 이것을 비딩 롤러라 한다.
- 곡절 기계(folding machine) : 위 날과 아래 날 사이에 판재를 끼워 회전 날을 회전시켜 꺾을 수 있다. 날의 형상을 변화시켜 여러 가지 형상으로 굽힐 수 있다.

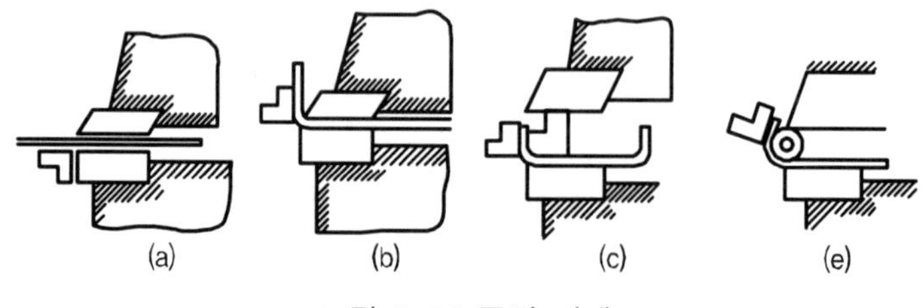

그림 3-33 곡절 기계

- 프레스 브레이크(press brake) : 긴 물체를 굽히는데 사용하는 프레스이며, 간단한 V형을 붙여 공정수를 많게 하여야 할 복잡한 형상을 굽힐 수 있다.
- 그루빙 머신(grooving machine) : 원통을 말아서 이음을 할 때 심(seam)을 만드는 기계이다.
- 세팅다운 머신(setting down machine) : 원통이나 캔의 밑 부분의 심(seam)을 만드는 기계이다.

- 롤러 정직 기계(roller straightening machine) : 가공 전에 재료를 반듯하게 펴기 위한 기계이며 여러 개의 같은 지름의 롤(roll)이 상하에 배열되어 있다.

③ 전단작업의 종류

㉮ 블랭킹(blanking) : 판재에서 펀치와 다이를 사용하여 필요한 형상으로 뽑아내는 작업이다.

㉯ 펀칭(punching) : 판재에서 구멍을 만드는 작업으로 뽑힌 부분이 스크랩(scrap)이 되고 남은 부분이 제품이 된다.

㉰ 전단(shearing) : 판재를 절단하여 어떤 형상을 만드는 작업이다.

㉱ 트리밍(trimming) : 판재를 드로잉 가공으로 만든 다음 둥글게 절단하는 작업이다.

㉲ 세이빙(shaving) : 뽑기나 구멍 뚫기를 한 제품의 가장 자리에 붙어 있는 파단면 등이 편평하지 못하므로 제품의 끝을 약간 깎아 다듬질하는 작업이다.

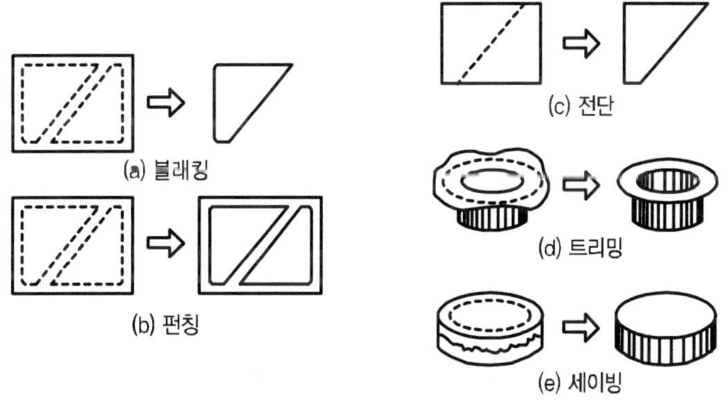

그림 3-34 전단 작업

④ 전단 작업

㉮ 펀치와 다이의 틈새 : 전단 가공에서는 상하 한 쌍의 공구가 사용된다. 전단 기계의 경우는 위 날과 아래 날, 프레스의 경우는 펀치(punch)와 다이(die)이다. 펀치와 다이는 이들 가장자리가 전단 날의 역할을 한다. 판재를 절단할 때 펀치가 하강하면 판재는 펀치 각도 및 다이 각도로 균열이 일어나며, 이 상하의 균열이 서로 만나면 전단된다. 따라서 양호한 전단면을 얻기 위해 그림 3-35에 나타낸 것과 같이 다이가 물렸을 때 적당한 틈새를 둔다. 이 틈새는 판 두께의 1/10~1/20이 적당하다.

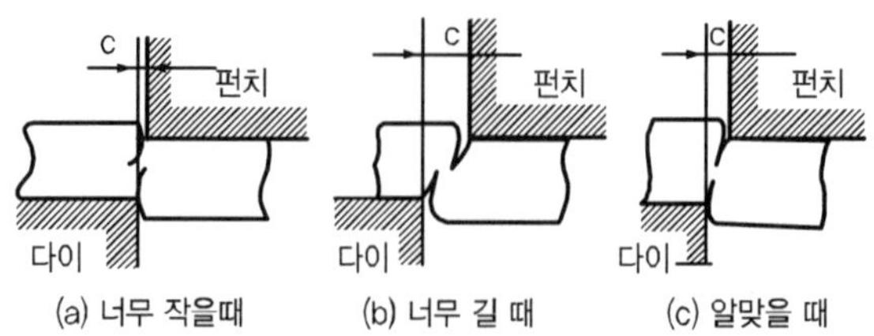

그림 3-35 틈새와 전단면

㉯ 전단각도 : 위 날과 아래 날이 이루는 각도를 전단각도라 하며, 일반적으로 5~10° 정도로 하며, 12°를 넘지 않도록 한다. 한편 펀치와 다이로 전단할 경우에는 전단각도를 4° 이내로 한다.

㉰ 전단에서 요구하는 힘 : 펀치와 다이로 블랭킹 또는 펀칭할 때 필요로 하는 힘 P[kgf]는 다음과 같이 구한다.

$$P = lt\tau$$

여기서, l : 전단 길이[㎜]

t : 판 두께[㎜]

τ: 전단저항[kgf/mm^2]

그리고 지름 d의 원판을 블랭킹할 경우의 힘은

$$P = \pi dt\tau$$

⑤ 스프링 백(spring back)

굽힘 가공을 할 때 굽힘 힘을 제거하면 판의 탄성 때문에 탄성 변형 부분이 원래의 상태로 되돌아가 그림 3-36에 나타낸 것과 같이 굽힘 각도나 굽힘 반지름이 열려 커지는데 이것을 스프링 백이라 한다. 스프링 백의 양은 다음과 같이 변화한다.

㉮ 경도가 높을수록 커진다.

㉯ 같은 판재에서 굽힘 반지름이 같을 때에는 두께가 얇을수록 커진다.

㉰ 같은 두께의 판재에서는 구부림 반지름이 클수록 커진다.

㉱ 같은 두께 판재에서는 구부림 각도가 예리할수록 커진다.

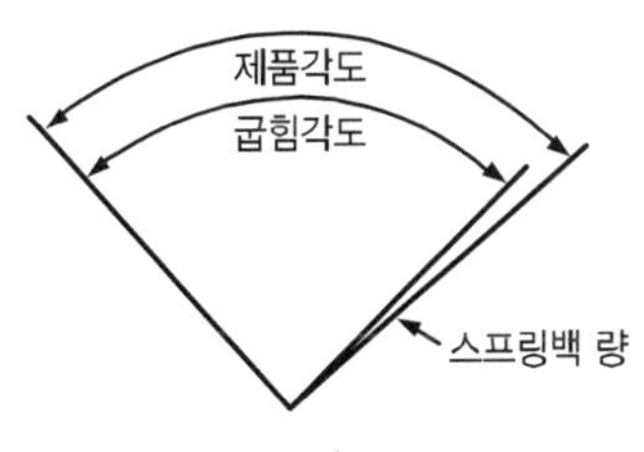

그림 3-36 스프링 백 현상

⑥ 딥 드로잉 가공

평편한 금속판재를 원통형이나 각통형 제품으로 가공하려면 펀치로 소재를 다이 공동부로 밀어 넣어 가공해야 하는데 이를 딥 드로잉이라 하며, 속이 깊은 제품을 만들 수 있다는 뜻으로 딥 드로잉이라 하지만, 깊이가 얕은 제품을 가공하는 데도 적용한다.

그림 3-37 드로잉 완성품

딥드로잉 가공은 평판에서 이음부 없이 중공 용기를 만드는 대표적인 성형법이다. 이 딥드로잉 가공은 다이 표면상의 소재판을 원주방향으로 압축하면서 펀치와 다이사이에 이동시켜 측벽을 만드는 가공법이다. 그러므로 펀치 밑부분에 접하는 재료가 2축 방향으로 인장되면서 얇게 되어 측벽을 만드는 장출가공(stretch forming)과는 변형의 양식이 다르다. 그러나 딥드로잉 가공과 장출 변형이 구별되는 데는 변형의 양식이 다르다. 종종 이러한 성형법의 총칭으로 딥드로잉 가공의 이름이 사용되었다.

판재의 성형 시 드로잉모드의 변형이란?

깊이가 깊은 부품을 성형할 때 필요. 스탬핑 중 금형 개구부로 블랭크가 유입되게 한다.

- 이점
  1) 성형 깊이를 깊게 할 수 있다.
- 단점
  2) 과도한 평면내(in-plane) 압축 응력에 의해서 주름(wrinkling)이 발생할 수 있다.
  3) 블랭크가 미끄러져 들어갈 때 험집이 나기 쉽다.
  4) 두께가 부분적으로 두꺼워져 국부적인 아이어닝(ironing)이 발생할 수 있다.
  5) 주름, 변형되지 않은 블랭크, 좁은 클리어런스(clearance)로 인해 주변형율(major strain)이 커져 찢어지는 파손이 일어날 수 있다.

㉮ 딥 드로잉 공정의 주요 변수

- 금속판재의 성질
- 펀치 직경에 대한 브랭크 직경의 비
- 판재의 두께
- 펀치와 다이 사이의 각극
- 펀치와 다이의 모서리 반경
- 프랭크 홀더 지지력
- 펀치, 다이, 소재간의 마찰과 윤활
- 펀치속도

㉯ 딥드로잉 가공에 있어서 명칭 및 판의 변형

- 딥드로잉 가공은 일반적으로는 성형품의 내면형상을 한 펀치, 판 두께를 고려한 횡단면 형상을, 구멍을 가진 다이, 주름을 억제하는 블랭크 홀더(blank holder)로 구성되는 금형을 이용해서 성형을 한다. 딥드로잉 가공에 의해 성형되는 형상은 다종다양 하지만, 이들의 성형 기구를 이해하기 위해서는, 여기서는 우선 가장 기본적인 원형 소재판에서 원통용기를 성형하는 경우에 대해서 생각해 본다. 그림에 딥드로잉 가공의 공구배치와 변형도중에 있어서 각부의 이름과 각부의 응력상태를 표시한다. 딥드로잉 가공은 플랜지부의 재료를 펀치에 의해 측벽부로 이동시키는 것을 주목적으로 하는 성형법이지만 각각의 부위에 있어서 다른 변형이 일어난다.

- 플랜지부에 있어서는 펀치에서의 반경방향의 인장력에 의해 다이구멍으로 향하는 재료를 압축시키는 원주방향의 압축력이 작용하고, 이 압축력은 다이 구멍방향과 역방향의 힘의 성분을 가지므로, 다이구멍으로 이동저항(Drawing 저항)이 된다. 또 소재 판의 판 두께가 소재 직경에 비해 대단히 얇은 경우에는 이 원주방향의 압축력에 의해 소재 판에 좌굴이 일어나 주름(flange wrinkle)이 발생한다. 이 주름은 블랭크홀더를 사용하여 억제한다. 그러나 이 때문에 소재판과 다이사이 및 블랭크 홀더 사이에는 마찰저항이 일어난다.

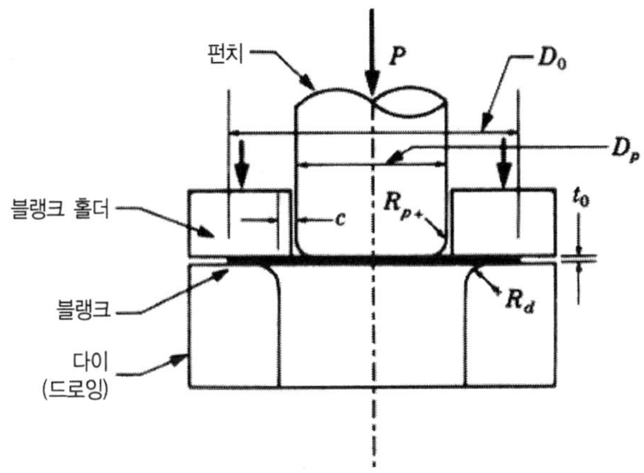

그림 3-38 딥드로잉 개요도 및 각부 명칭

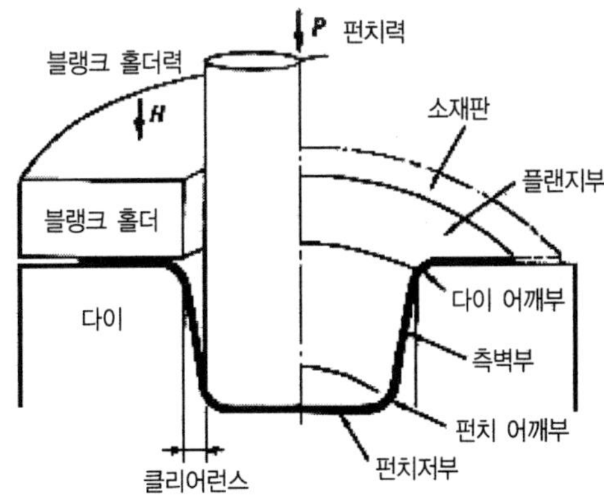

그림 3-39 딥드로잉 공정

- 다음으로 다이 어깨부에서 재료는 반경방향의 인장응력 하에 원주방향의 수축변형과 반경방향의 굽힘변형을 받아서 판두께를 감소시키면서 측벽부를 형성한다. 여기서도 재료는 다이 어깨부에의 드로잉저항과 마찰저항, 이에 다이 어깨부의 굽힘저항의 모두 합한 펀치력과 플랜지부에 전달되는 역할을 가진다. 그러므로 측벽부는 이 힘에 의해 드로잉방향으로 인장변형을 받는다. 이때 재료가 새롭게 얇아지는 것은 인장력의 크기와 측벽부의 재료에 일어나는 가공경화의 정도에 따라 결정된다. 측벽부의 변형은 펀치와 다이와의 간격, 즉 클리어런스(clearance)가 큰 경우에는 여기서도 펀치를 진행함과 함께 원주방향으로 수축한다. 그러나 클리어런스가 적은 경우에는 원주방향의 변형이 펀치에 의해 저지되므로 드로잉 방향과 판 두께 방향만의 평면 변형률 상태로 된다.

  재료는 펀치 어깨부에 있어서는 측벽부에 작용하는 드로잉방향의 인장응력에 의해 펀치 어깨부를 누르면서 아래쪽 부분에서 측벽부로 이동한다. 그러므로 인장변형의 외에 굽힘변형을 받아 판두께가 감소한다.

  펀치 아래부에 있어서는 재료는 반경방향으로 인장력이 작용하므로 이축 인장 변형상태로 되고, 판두께가 얇아지면서 펀치 어깨부 방향으로 이동하고, 즉 장출변형을 받게 된다. 그러므로 펀치 어깨부와 밑부분의 재료는 플랜지부의 재료와 같이 수축변형에 의해 판 두께의 증가가 일어나지 않으므로 판 두께는 감소한다.

  특히 펀치 어깨부와 측벽부와의 경계부근의 재료는 소재 판이 펀치로 눌러지지 않으므로 마찰에 의해 재료이동을 억제하는 것이 되지 않고, 굽힘 변형과 드로잉방향의 인장변형을 직접 받는다. 그러므로 가장 큰 방향의 인장변형을 직접 받는다. 그러므로 가장 큰 두께 감소를 나타낸다. 그림 3-40에 원통 드로잉용기의 각부에 있어서 판 두께 변화의 부분을 나타낸다.

  이러한 드로잉 가공에는 플랜지부 및 다이 어깨부의 변형 저항을 이기는 힘을 펀치 아래부에서 성형 측벽부를 통해 다이 어깨부 및 플랜지부에 전하는 재료를 다이 구멍내에 이동시킬 필요가 있다. 그러므로 가장 판 두께가 얇아지는 펀치 어깨부 부근의 변형을 견디는 힘(내력)이 성형의 가부를 결정하는 큰 요인이 된다.

  원통용기의 딥드로잉 가공에 있어서 변형은 기본적으로는 코너부와 직변부로 나눠 생각하면 좋다. 즉 코너부는 1/4원이므로 원통드로잉과 같은 변형이 행해진다.

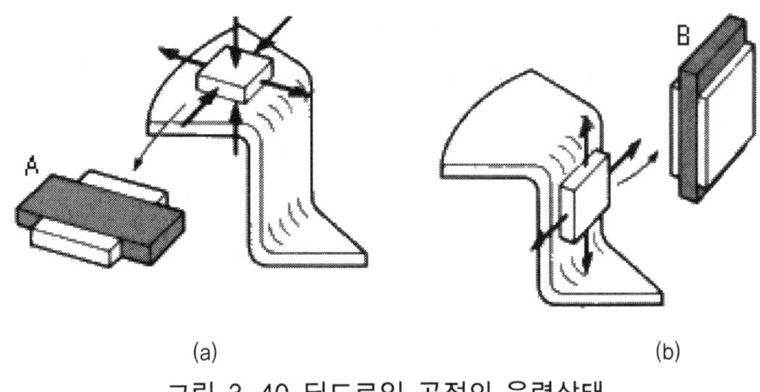

그림 3-40 딥드로잉 공정의 응력상태

- 한편 직변부에는 다이 어깨부 및 펀치어깨부에 있어서 단순한 굽힘 변형이 된다. 그러나 실제의 각 통 용기의 드로잉에 있어서는 이러한 단순한 변형이 아니고, 코너부와 직변부와의 경계부근에는 복잡한 변형으로 된다. 그림 3-41에 나타내는 코너 플랜지부의 재료는 원주방향에 수축변형을 받아 측벽부를 형성한다. 이에 대해 직변부의 재료는 거의 평행 이동함에 따라 측벽부를 형성하므로 직변부의 재료 쪽이 코너부의 재료에 비해 빨리 다이 구멍으로 유입된다. 그러므로 플랜지부에 있어서 코너부와 직변부의 경계부근에는 직변부측의 재료가 코너부측의 재료를 다이구멍 방향으로 끌어넣는 변형이 일어나고, 이에 저항하는 힘과의 사이에 이 부분에 전단응력이 발생한다.

㈐ 펀치력

- 딥드로잉 가공에 필요한 펀치력, 즉 재료에 가해지는 힘은 앞서 기술한 재료에 작용하는 플랜지 및 다이 어깨부에 드로잉 저항과 공구사이를 이동하는 때의 마찰저항, 이것에 다이 어깨부에 굽힘 저항의 총합으로 표시된다.
- 원통용기의 딥드로잉 가공에 있어서 펀치력은 그림 3-42에 나타낸 펀치 스트로크와 함께 변화하고, 최대값을 나타낸다. 이 최대값은 원주방향의 수축변형에 의한 재료의 가공경화의 증대와 변형을 받는 플랜지부 면적의 감소에 의한 드로잉 저항의 변화가 주원인이 되어 일어난다. 즉 펀치 스트로크의 초기에서 중기에 걸쳐서는 재료의 가공경화의 증가속도가 플랜지 면적의 감소속도를 상회하므로(넘으므로) 펀치력은 증가한다. 그러나 중기에서 후기에 있어서는 플랜지 면적의 감소속도가 가공경화의 증가속도를 상회하므로 펀치력은 감소하고, 이에 의해 최대치가 나타난다. 취급하는 소재 판의 직경을 크게 하면, 최대 펀치력은 플랜지부의 드로잉저항이 증가하므로, 그림 3-41에 나타내듯이 크게 된다. 이 최대값이 가장 판두께가 얇은 펀치 어깨부 부근의 재료의 내

력을 상회하면, 파단이 일어나 성형하는 것이 불가능하게 된다. 원통용기를 드로잉하는 경우 최대의 펀치력 Pmax [N]은 원통의 인장 변형 내에서 대략 다음 식으로 나타낼 수 있다.

$$P_{\max} \leqq \pi d_p t_o \sigma_B$$

여기서 d_p는 펀치 직경[mm], t_0는 소재 판두께[mm], σ_B는 소재판의 인장강도 [N/mm^2]이다.

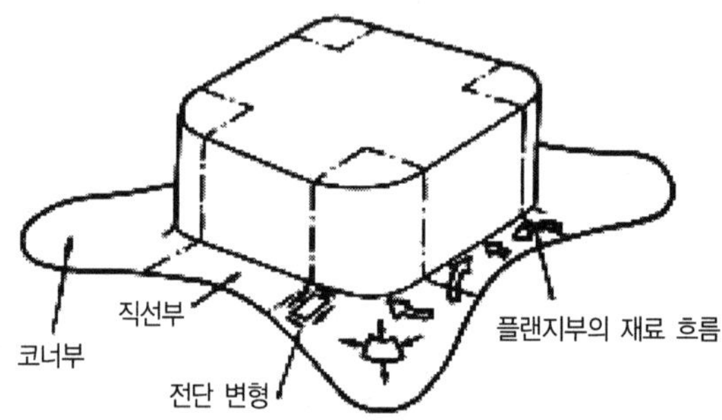

그림 3-41 각통 용기의 드로잉시 플랜지부의 변형

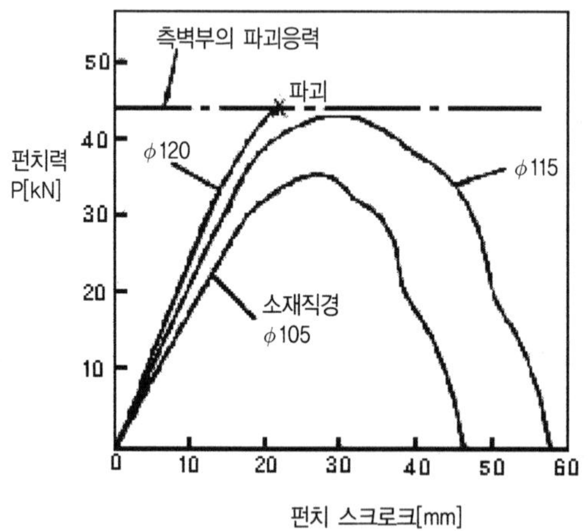

그림 3-42 원통 딥드로잉 가공에 있어서 펀치 스트로크 선도
(판두께 0.6mm의 연강판 dp=ø50)

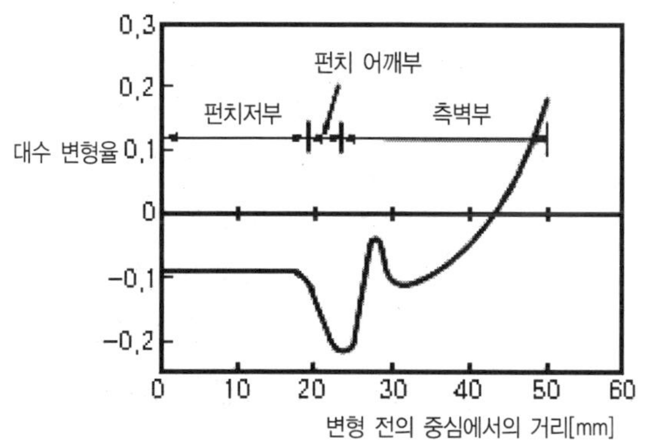

그림 3-43 원통 드로잉 용기의 각부에 있어서 판 두께의 변화 예

㉣ 딥드로잉 가공한계와 가공 조건

- 드로잉 가공한계는 파단과 주름 등의 형상불량에 의해 결정되고, 블랭크 홀더 조건, 공구형상, 소재판 딥형상, 윤활조건 등의 가공 조건에 의해 영향을 받는다.
- 딥드로잉 가공의 성형의 엄격함을 나타내는 데는 소재판 직경 D_0와 펀치직경 D_0와의 비가 이용되고, D_0/d_p를 드로잉 비(drawing ratio), d_p/D_0를 드로잉률(drawing rate)라 부르고, 드로잉 되는 한계의 드로잉 비를 한계 드로잉비(limiting drawing ratio, LDR)이라 부른다. 이 드로잉비, 드로잉 율은 플랜지부를 남기지 않고 드로잉한 경우의 소재판 바깥직경의 변형 비율로 나타낸다.

그림 3-44 플랜지 주름

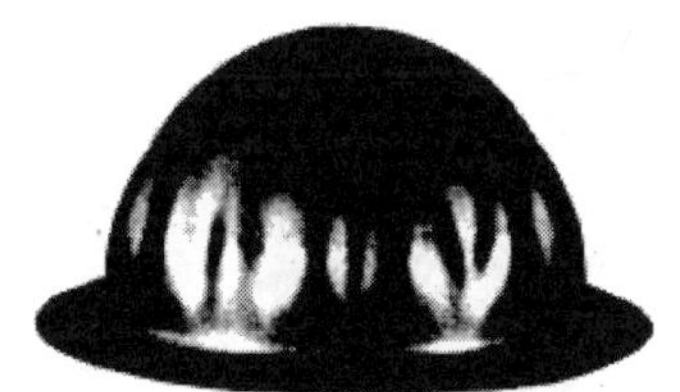

그림 3-45 보디 주름

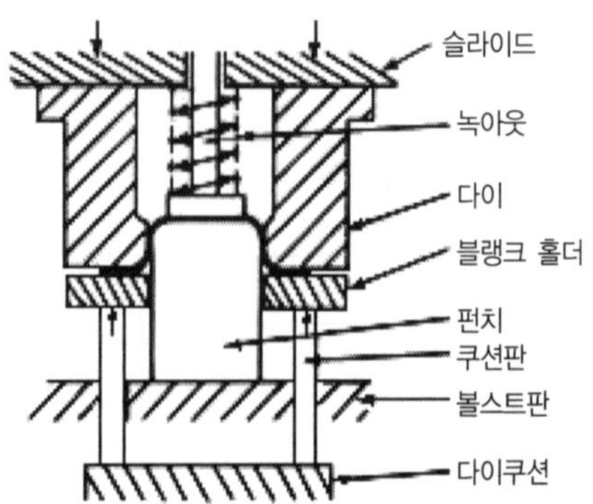

그림 3-46 다이쿠션에 붙은 단동 프레스에 의한 딥드로잉의 형구조

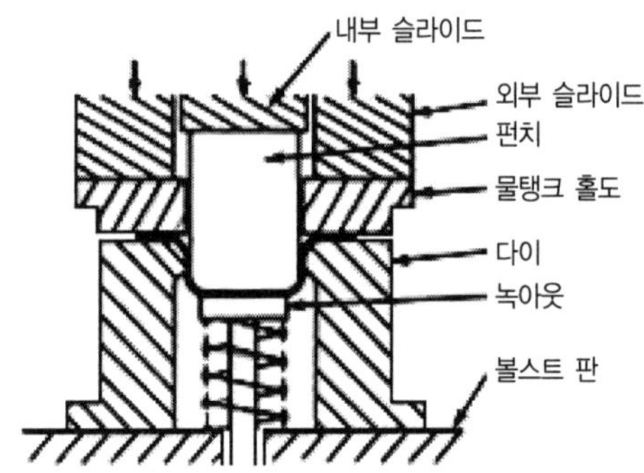

그림 3-47 복동 프래스에 의한 딥드로잉 형구조

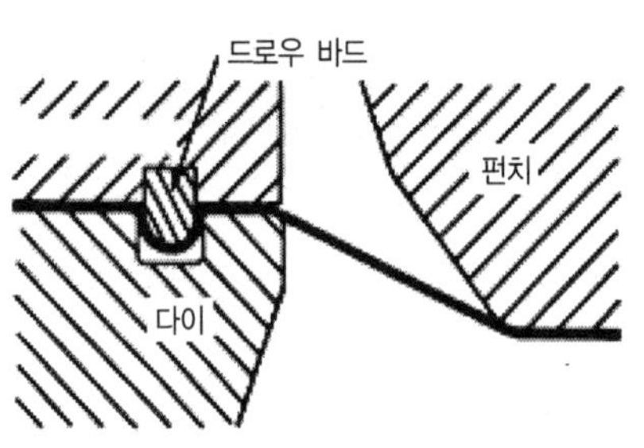

그림 3-48 드로우 비드

그림 3-49 입구주변 주름

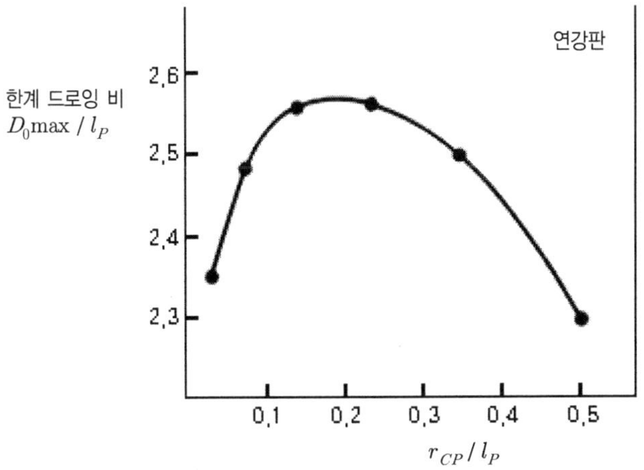

그림 3-50 한계 드로잉 비에 미치는 사각통 코너부 반경 rcp의 영향

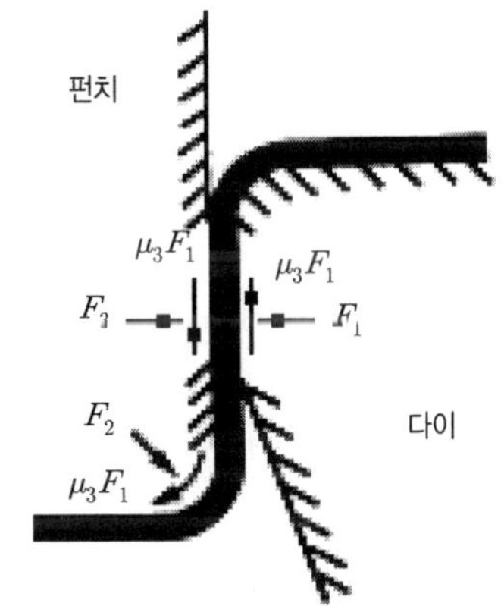

그림 3-51 공구와 재료 사이에 작용하는 마찰력

㉤ 주름 억제(블랭크 홀더)

- 플랜지부의 재료는 원주방향으로 작용하는 압축력에 의해 수축 변형을 받으므로 그림 3-44에 나타내듯이 주름이 발생하는 수가 많다. 이것은 판의 좌굴에 의해 일어나는 현상이므로, 판두께가 얇을수록 또 변형량이 클수록 일어나기 쉽다. 이러한 주름은 블랭크 홀더를 이용하여 소재판에 블랭크 홀더력을 작용시켜 억제시킨다. 그러나 블랭크 홀더력이 필요이상으로 커지면 블랭크 홀더판 및 다이 면상에 발생하는 마찰력은 커져 파단의 원인이 된다. 따라서 블랭크 홀더력을 플랜지 주름이 발생하지 않는 범위 내에서 가능한 작은 쪽이

성형한계가 높게된다. 따라서 블랭크 홀더력은 플랜지 주름의 억제에 필요한 최저 블랭크 홀더력은 드로잉비가 클수록, 소재판 직경에 대한 판두께가 적을 수록 재료의 변형저항이 클수록, 또 플랜지부의 윤활조건이 좋을수록 커질 필요가 있다.

원통 용기의 딥드로잉 가공에 있어서 최저 블랭크 홀더력 H[N]은 다음의 실험식에 의해 대략적으로 구할 수 있다.

$$H = \frac{\sigma_B + \sigma_S}{180} D_o \left[\frac{D_o - d_y - 2r_D}{t_o} \right]$$

- 여기서, σ_B는 소재판의 인장강도, σ_S는 소재판의 항복응력[N/mm^2], D_o는 소재판의 직경[mm], dp는 다이 구멍 직경[mm], rD는 다이 어깨부 반경[mm], t_o는 소재판 두께[mm]이다.

그림 3-46, 그림 3-47에 주름 억제 기구를 조합한 대표적인 딥드로잉형의 구조를 나타낸다. 그림 3-46은 복동 프레스(double action press)에 의한 것의 그림 3-47은 액압 및 공기압 등에 의해 작동 하는 다이 쿠션을 준비한 단동 프레스(single action press)에 의한 것이다. 이들은 어느 것도 성형중 거의 일정한 블랭크 홀더력을 작용하여 주름 발생을 방지하는 방식으로 정압방식이라 부른다.

이외에 블랭크 홀더판과 다이면과의 간격을 일정하게 유지하고, 성형의 진행에 따르는 판 두께가 증가하면 블랭크 홀더력이 작용하는 고정간격 방식도 장치가 경제적이므로 간단한 형상의 딥드로잉 가공에 사용된다. 또 다이 표면이 원추상으로 된 원추다이를 이용하여 딥드로잉 가공을 하면 원주방향의 압축력의 분력으로 재료를 다이 표면상에 블랭크 홀더력이 일어난다. 그러므로 주름발생이 어려워지고, 판두께의 60배 정도까지의 소재판 직경이 되는 블랭크 홀더 판 없이도 드로잉이 가능하다. 딥드로잉 가공에 있어서는 플랜지주름 외에 그림 3-45에 나타내는 보디주름(body wrinkle)이 발생하는 경우가 있다. 이것은 금형에 의한 구속이 떨어진 부분에 원주방향의 수축 변형이 일어나므로 일어나는 주름으로 반경방향으로 인장력을 작용시켜 반경방향으로 연신을 주어 수축변형을 흡수해서 방지할 수 있다. 이 반경 방향 장력을 적극적으로 가하는 방법으로는 그림 3-48에 나타나는 드로우 비드(draw bead)를 이용하는 방법이 있다.

㉳ 공구치수

여기서는 성형한계에 미치는 공구치수의 영향에 대해서 살펴보도록 한다.

- 다이 어깨부 반경

  판두께에 비해 다이 어깨부 반경이 작으면 굽힘 저항이 커져 펀치력을 증가시키는 원인이 되고 굽힘부의 판두께 감소가 커지고, 파단이 일어나기 쉽게 된다. 또 지나치게 커도 블랭크 홀더에 의한 구속을 받지 않는 부분이 증가하므로 보디 주름이 발생하기 쉽게 된다. 특히 플랜지부를 남기지 않고 드로잉으로 뽑는 경우는 행정 끝부분에서 블랭크 홀더력이 작용하지 않아 그림 3-49에 나타나듯이 입구주변 주름의 발생의 원인이 된다. 그러므로 일반적으로 이들을 방지하기 위해서는

  $$(4\sim6) \leq r_P \leq (15\sim20)t_0$$

  의 범위에서 추천 값으로 사용된다.

- 펀치 어깨부의 반경

  펀치 어깨부에 있어서 변형은 펀치 스트로크의 초기에 있어서 변형이 종료하므로, 최대 펀치력에는 영향을 주지 않는다. 그러나 펀치 어깨부 반경 r_P가 지나치게 크면, 펀치 밑부분의 2축 인장 변형에 의한 판두께 감소가 크게 되고, 또 지나치게 적으면 굽힘 변형에 의한 판두께 감소가 커져 파단이 일어나기 쉽게 된다. 나아가 펀치 어깨부 반경을 크게 하는 것은 금형의 구속을 받지 않으므로 변형하는 부분이 증가하게 되어 보디 주름의 발생원인도 된다. 그러므로

  $$(4\sim6) \leq r_P \leq (10\sim20)t_0$$

  의 범위가 추천값으로 사용된다. 그러나 실제로는 다이 어깨부 반경 및 펀치 어깨부 반경은 제품 형상에 따라 정해지는 수가 많다. 따라서 요구되는 값이 추천값보다 적어 파단이 일어나는 경우에는 한번 추천값으로 드로잉한 후 요구되는 형상을 내기 위한 재가공이 필요하다.

- 4각통의 코너부 반경

  4각통 용기의 딥드로잉 가공에 있어서 코너부 반경 rcp를 적게 하는 것은 코너부의 드로잉 변형이 엄하다는 것을 뜻한다. 그러나 필히 이런 것에 의해 딥드로잉 한계가 저하 하지만은 않고 그림 3-52에 나타내듯이 딥드로잉 한계가 최대로 되는 rcp/lp(lp는 펀치의 거리)가 존재한다.

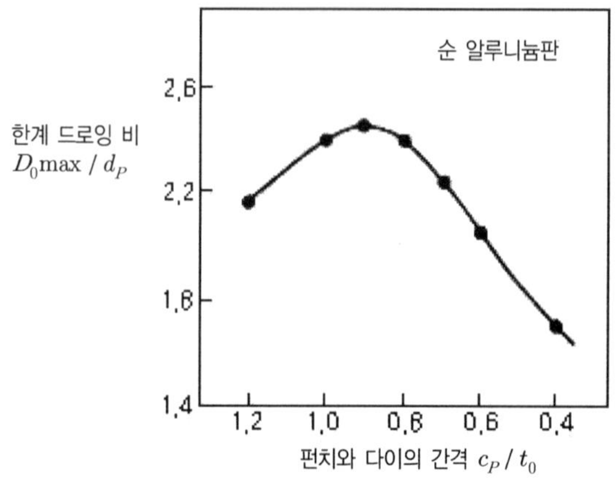

그림 3-52 한계 드로잉 비에 미치는 펀치와 다이의 간격의 영향

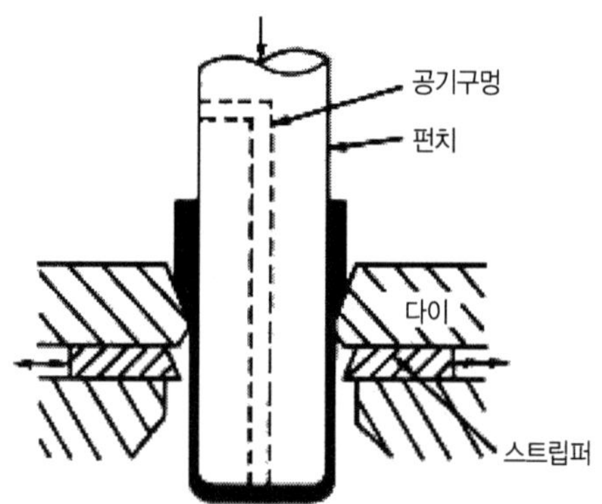

그림 3-53 Ironing 가공 클리어런스의 영향

이것은 코너부 반경이 적게 되어 직변부가 증가하면, 코너부가 수축 변형을 받을 때 직변부에 유출하기 쉽게 된다. 그러므로 실질적인 수축 변형량이 감소해서 드로잉 저항이 완화되는 등의 원인으로 들 수 있다.

㈔ 펀치와 다이의 간격

- 드로잉 성형품의 측벽은 그림 3-53에 나타내듯이 용기의 외면으로 향한 판두께가 증가하므로, 클리어런스가 증가한 판두께 보다 적은 경우에는 아이어닝(ironing)을 한다. 이 측벽의 판두께 증가량은 소재의 재질 및 드로잉비등에 따라 달라진다. 아이어닝을 전혀 하지 않고 성형하는 경우에는 판두께의 1.5배 이상의 클리어런스를 이용한다.

  아이어닝은 재료에 아이어닝 저항을 작용시켜 펀치력을 증가시킨 효과가 있다. 그러나 한편으로는 펀치와 재료간에 그림 3-51에 나타낸 파단을 저지하는 마찰력을 발생시키는 효과도 있다. 그러므로 그림 3-53에 나타내듯이 딥드로잉 한계가 최대로 되는 아이어닝의 정도, 즉 최적 클리어런스가 존재한다.

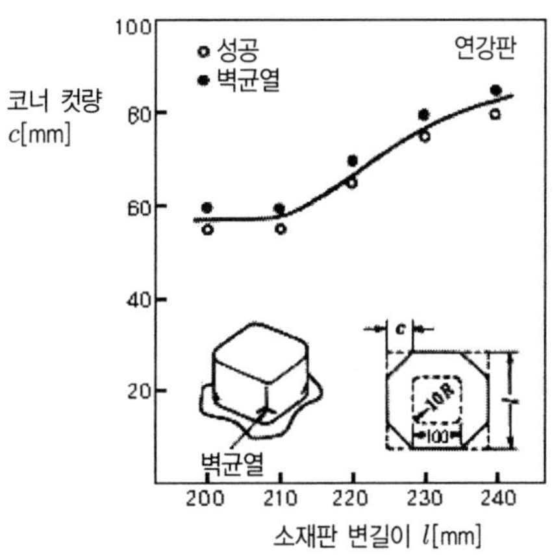

그림 3-54 4각통 드로잉에 있어서 재료의 흐름의 차이

㉲ 소재판 형상

- 원통용기의 딥드로잉 가공에 있어서 이상적인 소재판 형상은 원판으로, 이 직경은(판 누께가 변하지 않는 것으로) 제품의 표면적이 같나고 해서 구한다. 원통용기 이외의 경우에 있어서도 소재판 표면적은 같이해서 구한다. 그러나 이 형상의 결정에 있어서는 재료의 흐름을 충분히 고려할 필요가 있다. 일반적으로는 플랜지부의 재료가 많으면 변형저항이 증가하므로 파단하기 쉽다. 그러나 4각통의 딥드로잉 가공에는 그림 3-54에 나타내듯이 소재판의 코너를 커트해서 플랜지 부의 재료를 적게 하면 코너 측벽부에 벽균열(wall breaking)이 발생하는 수가 있다.

  이것은 그림 3-55에 나타내듯이 코너부의 재료를 잘라서 코너를 플랜지부에 있어서의 재료를 적게 하고, 코너부와 직변부의 경계부근에 일어나는 전단응력에 의해 발생하는 굽힘 모우멘트에 대한 굽힘 강성이 적게 된다. 그러므로 코너 플랜지부가 드로잉 방향과 역방향으로 만곡하는 원인이 된다. 또 타원 원통용기의 딥드로잉 가공에 있어서도 그림 3-56에 나타내듯이 장축과 단축의 비가 큰 경우에는 단축방향의 재료를 증가하면 단축방향의 재료가 장축상의 재료의 측벽으로 유입이 되고 성형할 수 있는 깊이가 증가함을 알 수 있다. 이 현상은 장변과 단변의 비가 큰 구형용기의 딥드로잉에도 보인다. 이러한 이형형상의 딥드로잉 가공에는 소재판의 형상에 의해 딥드로잉 한계가 영향을 받으므로, 소재판 형상의 결정에 충분한 주의가 필요하다.

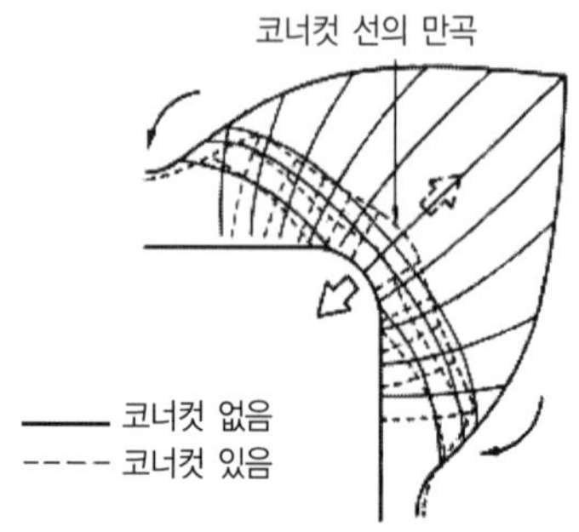

그림 3-55 코너컷 유무에 의한 소재판 형상의 영향

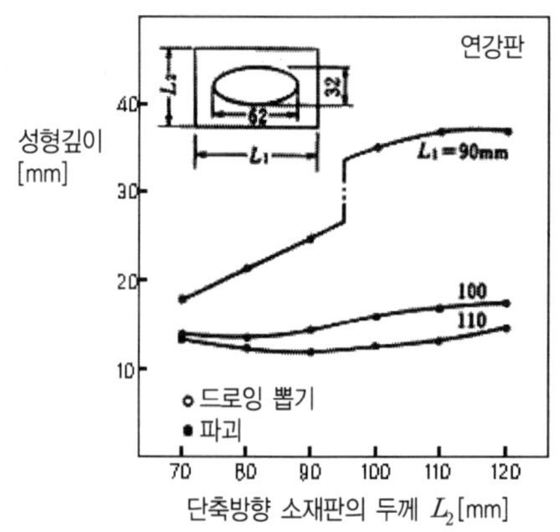

그림 3-56 타원통 드로잉의 소재판 형상과 성형깊이

㉧ 재료의 이방성

- 딥드로잉의 한계는 피가공재의 성질에 의해서도 큰 영향을 받으므로, 이 재료의 딥드로잉성이 문제로 된다. 이 딥드로잉성에 영향을 주는 재료 특성에 r값[소성변형율비(Lankford value)]이 있다. 이 갓은 판에 단축인장 변형율을 줄때의 폭방향 대수 변형율과 판두께 방행 대수 변형율과의 비로 표시되고, 판두께 방향에 비해 판폭 방향이 어느 정도 변형하기 쉬운가의 이방성(anisotropy)을 나타내는 것이다. 등방성 재료이면 r=1이지만 일반적인 재료는 r≠1이다. r>1의 재료는 폭방향으로 변형하기 쉽고, 판두께 방향으로 변형하기 어렵다는 말

이다. r값은 소재판에서의 인장시험 채취방향에 따라 다르므로, 판전체에는 압연방향과 0도, 45도, 90도 방향의 r값을 r_0, r_{45}, r_{90}으로 하면

$$\bar{r} = \frac{r_o + 2r_{45} + r_{90}}{4}$$

으로 나타낸다. 이값은 원통 용기의 딥드로잉의 귀와 골의 발생에 영향을 준다. 이 지나치게 크면 그림 3-57에 나타내듯이 r값이 큰 방향으로 귀, 작은 방향으로 골이 나타나는 형상에 문제가 일어난다(earing 현상, 귀발생).

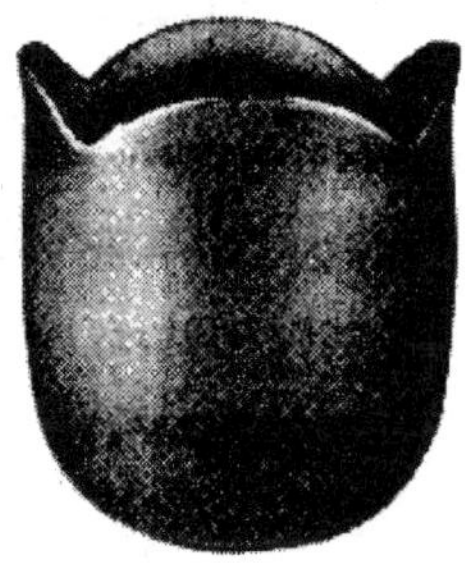

그림 3-57 딥드로잉 성형품의 귀와 골

㈔ 윤활

- 딥드로잉 한계는 플랜지 및 다이 어깨부의 윤활을 좋게 해서 마찰저항을 감소시키는 것에 의해 향상한다. 한편 펀치 어깨부는 역으로 윤활을 나쁘게 하여 마찰을 증가시켜 재료이동을 저지하고 이 부분의 판두께 감소를 눌러서 딥드로잉의 한계를 상향한다. 주름의 발생에 관해서는 윤활을 좋게 하면 반경방향 장력이 감소되므로 주름이 발생하기 쉬워진다.

㈕ 재드로잉 가공

- 딥드로잉은 플랜지부의 드로잉에 대한 저항과 측벽부에 있어서 플랜지부로 전달될 수 있는 힘의 크기에 의해 파단한계가 좌우된다. 그러므로 1회 드로잉이 될 수 있는 소재판의 직경에는 한계가 있다. 일반적으로 펀치 직경에 의해 깊은 용기를 한 공정에 얻기는 어렵다. 그러나 그림 3-58에 나타내듯이 몇 개의 공정으로 나누어 드로잉하면 더 깊은 용기를 얻을수 있다. 이 제 2공정 이후의 가공을 재 드로잉(redrawing)이라 부른다.

이 재드로잉 가공은 공정수를 증가함에 따라 1공정당의 플랜지부 수축 변형량을 감소시켜 펀치력이 측벽부의 내력을 상회하지 않는 것으로 하여 파단을 억

제해서 성형이 가능하게 하는 방법이다. 재드로잉 가공에는 그림 3-58에 나타난 직접 재드로잉 방법(direct redrawing)과 그림 3-59에 나타낸 역재드로잉(reverse drawing)이 있다. 직접 재드로잉법은 처음 드로잉과 동일방법으로 드로잉하는 방식이고, 처음 드로잉의 측벽부를 형성한다. 역재드로잉법은 처음 드로잉과 역방향으로 재드로잉하는 방식으로 내외면이 바뀌는 제품이 된다.

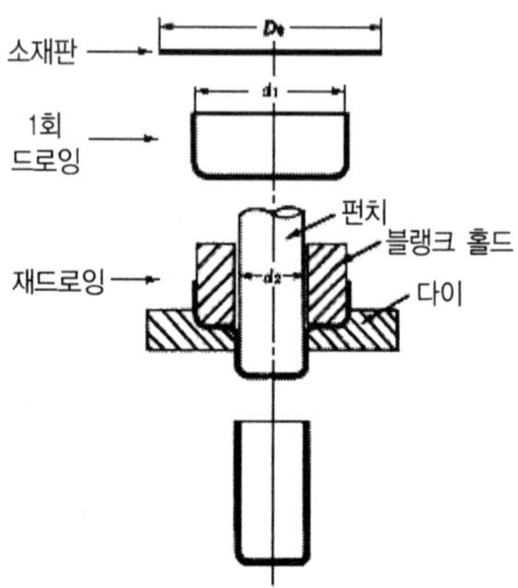

그림 3-58 직접 재드로잉 공정도

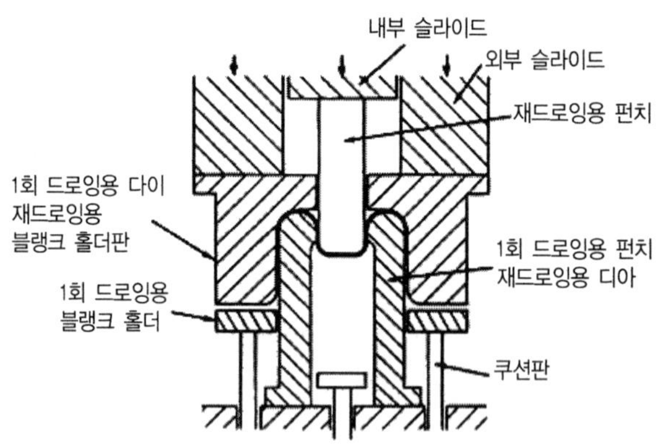

그림 3-59 연속 역 재드로잉법

그림 3-59에 쿠션장치 부착의 복동 프레스를 이용해서 첫 회 드로잉과 두 번째 드로잉 가공을 연속해서 행하는 연속 역 재 드로잉법의 형구조를 나타낸다. 일반적으로 재드로잉 비는 1.2 - 1.4 정도 이용되는데, 첫 회 드로잉 후에 중간 어닐링을 하면 재드로잉 한계를 크게 할 수 있다.

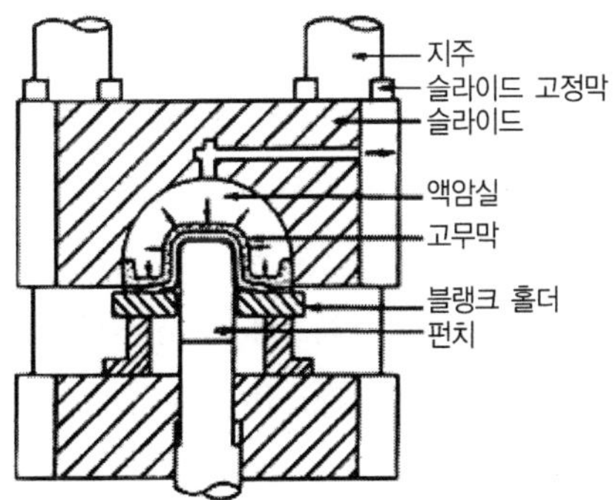

그림 3-60 하이드로 폼법

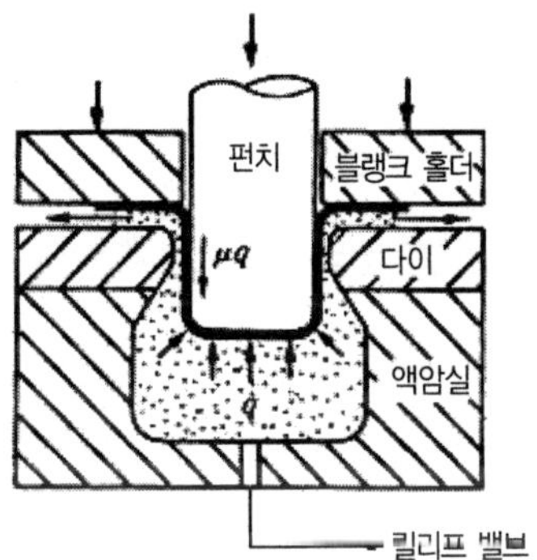

그림 3-61 압력 윤활 딥드로잉법

<u>기타 특수성형법</u>

1) 숏 피닝
얇은 금속판재에 곡률을 만들 때 회전하는 휠 또는 노즐에서 분사되는 공기로 주철구나 강구를 투사하여 가공함

2) 벌집구조재의 가공
벌집모양의 제품을 만드는 가공법

① 확장가공
등간격으로 접착제를 발라 오븐에서 경화시킨 후 접착부위에 충분한 강도를 얻고 원하는 폭으로 잘라 펼쳐서 벌집구조를 만듦

② 골판재 가공
특수 롤 사이로 통과시켜 골판재를 만들고 접착 후 경화

(7) 프레스 가공

프레스 가공은 회전에 의한 운동 에너지를 여러 가지 기구를 거쳐 직선적인 운동 에너지로 변화시켜 펀치와 다이 사이에서 압축 가공하는 기계이며, 인력(人力)으로 조작하는 프레스에는 나사 프레스(screw press), 엑센트릭 프레스(eccentric press), 아버 프레스(arbor press), 풋 프레스(foot press) 등이 있고, 동력 프레스에는 크랭크 프레스(crank press), 너클 프레스(toggle press), 마찰 프레스(friction press), 유압 프레스(hydraulic press) 등이 있다.

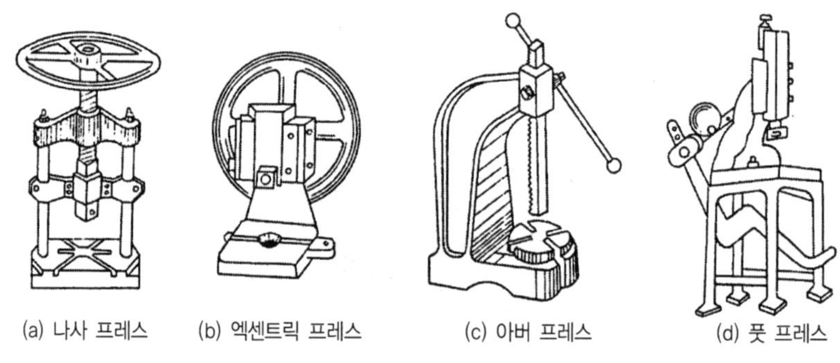

그림 3-62 인력 프레스의 종류

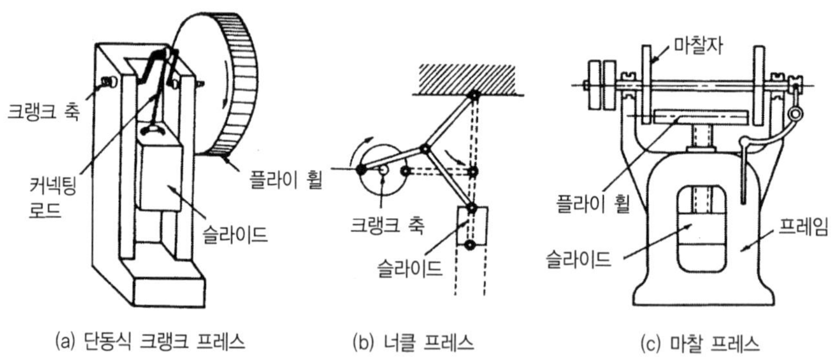

그림 3-63 동력 프레스의 종류

프레스성형과정, tooling과 블랭크재의 접촉진행, 주름의 형성을 이해한다. 1차 성형 후 프레스 성형된 판재의 형상은 가장 일반으로 다음의 3가지 요소를 포함한다.

- part geometry(부품형상, 플랜지)

- addendum material(여육 소재)
- binder surface(바인더 표면)

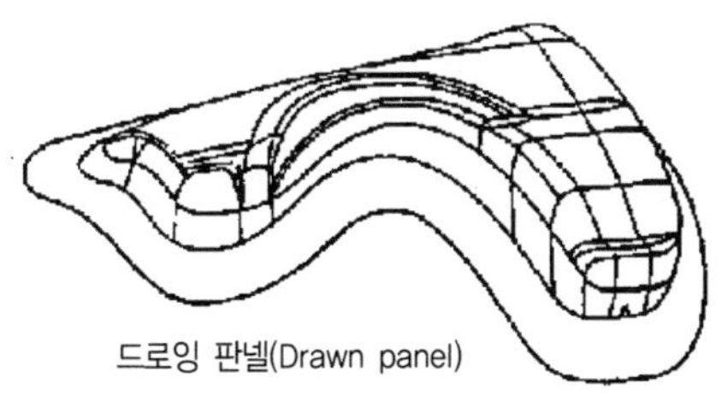

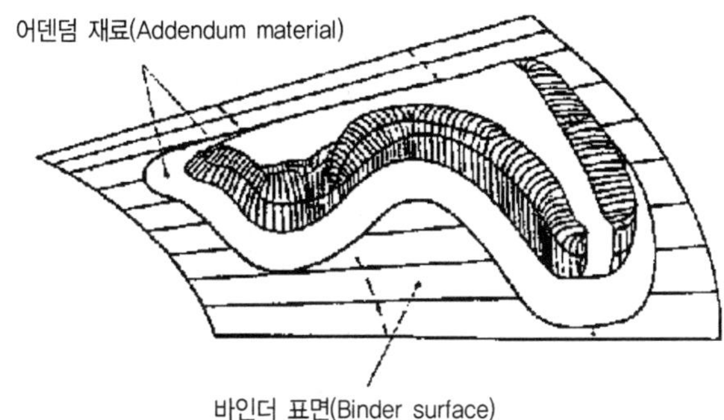

그림 3-64 드로잉 판넬(Drawn panel)

① Addendum - 성형이 잘 되도록 제품과 펀치 opening사이에 추가된 영역

- 주름, 찢어짐을 피하기 위함, 외관상에 shock line 끌어내림
- 다음공정의 유용하게 하기 위함(예 : 플랜지)

② Binder(B/HOLDER)

- binder ring & ring로 알려진, 드로우(draw) 공정에서 성형 되어지는 형상주위에 metal 흐름을 조정하는 상형과 하형 접촉면. 이러한 주요한 목적은 아래와 같다.
- 가능할 때마다, draw깊이를 일정하게, furnish 모든 방향으로 펀치에 의해 drawing힘의 일정한 분산을 이루기 위해 금형과 재료 접촉면이 가능한 drawing 힘의 일정함과 비례와 같이 모든 방향으로 연장되는 것을 확인하기 위해 Binder(B/HOLDER)가 접촉한 후 블랭크의 주름을 피하기 위해 ; Binder(B/HOLDER)는 전개되어질 수 있는 면이어야 한다.

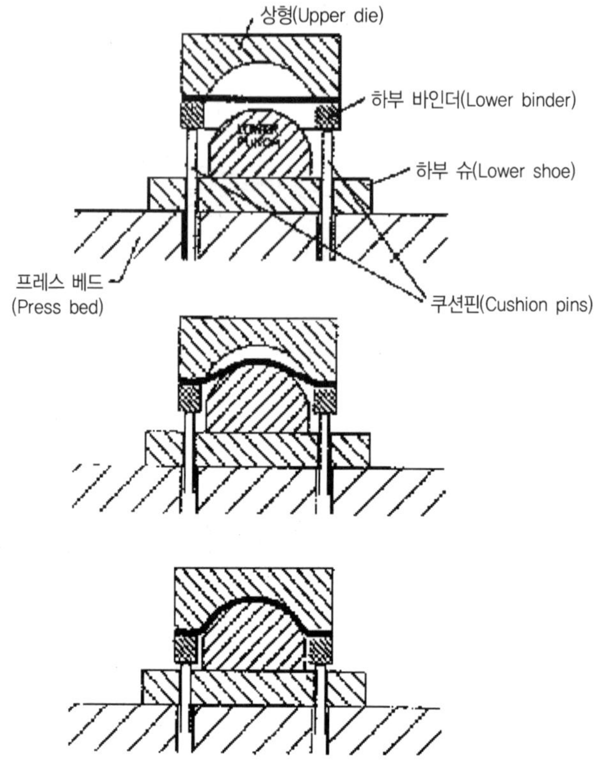

그림 3-65 단동형 프레스(Single action press)의 성형과정

③ Double Action Press의 경우, 성형과정은 유사한 방법으로 설명되어질 수 있다.

a) 블랭크재의 투입

b) Blank Holder 닫혀짐

c) 펀치와 블랭크재 접촉

d) 재료유입

e) 다이측 성형

f) Bottom dead centre

g) 하중제거

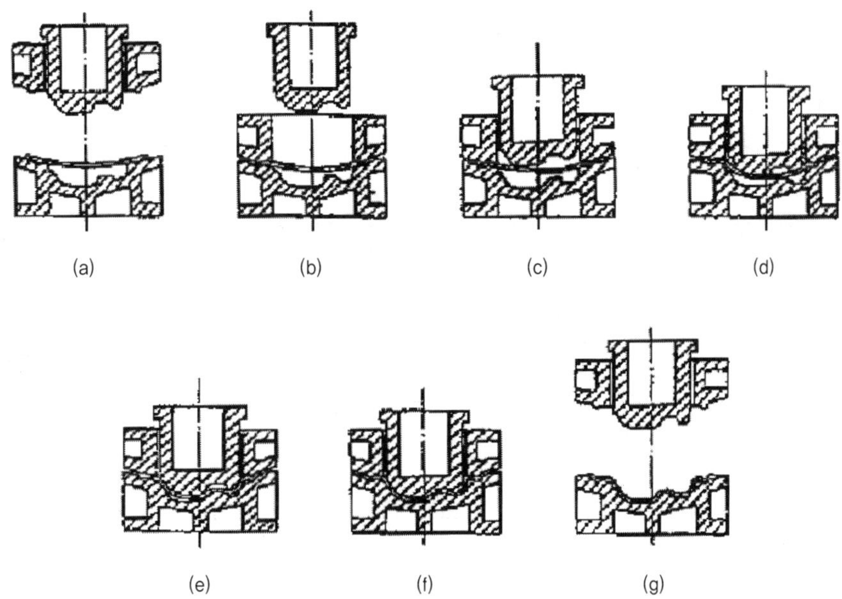

그림 3-66 복동형(Double Action Press)에 대한 프레스 성형과정

④ 공법설계 과정(Layout 설계 : 공법도)

- Layout 기입내용

  a. 전공정 프레스방향 및 제품이송 방향

  b. 각공정 가공 범위 및 가공 프로파일

  c. 캠 가공방향 및 가공범위

  d. 각종 보정량 수치(SPRING BACK, OVER DRAW, OVER FL, OVER CROWN 등)

  e. 기준축, 기준점(START POINT) 및 기준선(REFERENCE LINE)

  f. PNL TIP'G 각도 및 TIP'G 순서(2회 이상의 각도변화가 있을 경우는 반드시 TIP'G 순서를 명기한다.)

  g. CO-HOLE 및 CHECK POINT 위치 명기

  h. DRAW DIE FACE, 여육, PROFILE, BEAD, 후공정의 PAD, DIE, PUNCH 분할

  i. CAM가공 방향 및 범위지시

  j. BLANK SIZE 및 STRIP LAY-OUT, 재료 이용률을 도시

k. 주기란 및 표제란, 설계 변경사항 기입 등

다음 표의 용어 설명 및 용어에 맞는 예시를 통하여 순서대로 공법설계 과정을 이해한다.

용어	용어의 뜻	예도
(1) 크랙, 파단 (Crack)	재료가 drawing, deep drawing, stretch forming, stretch flanging 성형을 할 때 파단되는 현상	
(2) 넥트 (Neck)	최대인장강도를 지나 crack이 발생하기 전에 생기는 국부적인 단면수축의 불량 현상	
(3) 버클링, 좌구주름 (Bucking)	판면내 응력이 주원이 되어 판이 좌굴되어 주름으로 되는 현상	
(4) 오버랩 링클 (Overlap wrinkle)	형상의 급격한 위치나, 형상의 융합이 잘 안되는 부분에 판면내응력에 의하지 않고 주름이 발생하는 현상	
(5) 스크래치 (scratch)	금형과 소재(blank)와의 마찰에 의해 열이 발생하여, 철판의 작은 입자들이 die의 R부 주위에 눌러붙고, 이것이 윤활막을 국부적으로 끊어, 건조 마찰로 될 때 draw방향과 평행한 긁힌 자국이 나타나는 현상	
(6) 드로우 마크 (draw mark)	재료가 성형중에 die R부를 넘어 die내로 이동될 때 die R부의 마찰에 의해 축벽루에 생기는 미세한 홈, 이것이 심하게 되면 scratch가 됨	
(7) 버닛싱 마크 (burnishing mark)	금형이 국부적으로 강하게 닿아 제품의 일부에 닿은 흔적이 발생하는 현상	
(8) 드로우라인 (draw line)	가공도중에서부터 완료할 때까지 draw punch능선이 재료에 접해서 이동함에 따라 능선이나 돌기현상이 희미해져 보이거나 R이 크게 흐르던가, 때로는 능선이 2개로 보이기도 하는 현상	
(9) 다이 마크 (die mark)	제품의 표면이 die 표면의 상태불량에 의해 생기는 홈으로 표면을 중시하는 외판제품은 불량으로 되는 현상	
(10) 핌 플 (pimple)	die에 이물질이 들어가 제품표면에 국부적인 요철이 발생하는 불량현상	
(11) 스프링 백 (spring back)	굽힘가공을 할 때 판두께내의 응력, 변형분포의 불균일에 의해 생기는 성형후의 굽힘변경, 굽힘각도가 되돌아 오는 탄성적 회복	

(12) 트위스팅, 비틀림 (twisting)	얇은 각통 drawing이나, 비교적 간단한 형상의 stretch forming(장출성형)의 경우에 성형중에 생긴 단면내의 성형후의 탄성변형에 의해, 제품의 대각 방향을 축으로 비틀려지는 현상	
(13) 오일캔닝, 오일 캔효과 (oil canning)	큰 곡면을 가진 제품의 판면에 가공도중에 재료의 장력부족에 의해 압력을 가하면, 현저한 탄성변형을 일으켜 천정의 일부가 움푹 들어가고 힘을 빼면 탄성이 회복되어 원래의 형상으로 되돌아가는 현상	압
(14) 루우스 메탈 (loose metal)	가공중에 생긴 판면내의 응력 분포의 불균일에 의해 성형 후 탄성회복에 의해 부품의 부분적인 형상변화를 일으킨 것으로 부분적으로 곡률 반경이 크게 되는 것(하계)과, 부분적으로 곡률반형이 적게 되는 것(다루미)	
(15) 리코일 (recoil)	drawing, forming 또는 bending을 할 때 punch R부의 굽힘응력에 의해 능선을 따라 punch R부가 블록하게 부풀어 오르는 현상	
(16) 캠버 (camber)	bending line의 외측에는 압축, 인장응력이 작용하고 내측에는 반대의 응력이 작용하므로 제품이 안장모양으로 변하는 것	

그림 3-67 공법설계 용어와 예시도

(8) 판재의 성형성

재료가 넥킹이나 찢어짐이 없이 원하는 형상으로 만들어 질수 있는 능력으로, 성형성에 크게 영향을 주는 인자는 판재의 성질, 판재공구접촉의 윤활, 성형에 사용되는 공구 및 기계적 특성이다.

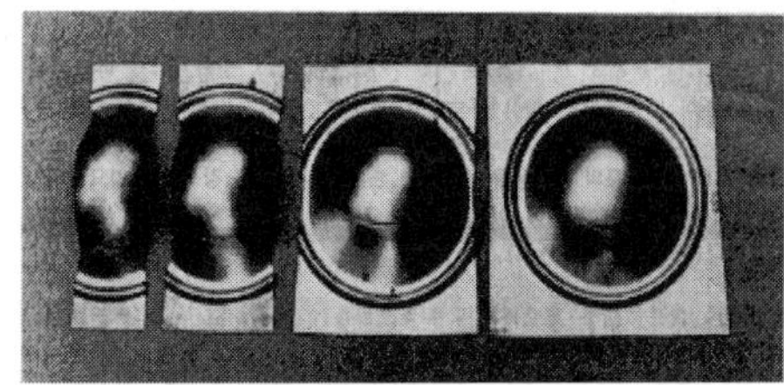

폭이 다른 강판의 벌지시험 결과. 왼쪽 시편에서 오른쪽 시편으로 갈수록 단축신장에서 양축신장으로 응력상태가 변하며, 왼쪽 시편이 맨 오른쪽 시편보다 파단에 이르기까지 많이 신장된다.

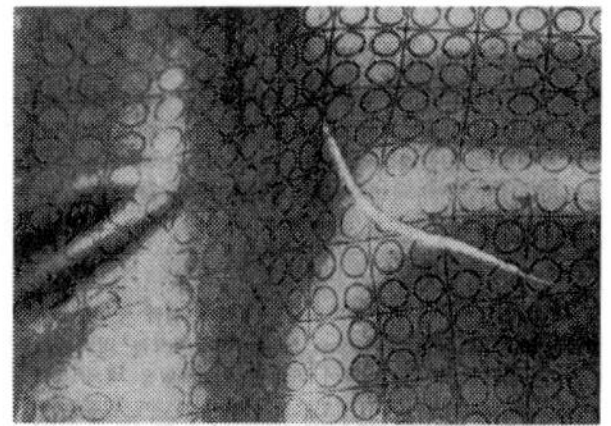

격자무늬(원형 및 사각형)를 사용하여 판재성형가공시 표면변형률을 측정하는 예. 일반적으로 균열(찢어짐)은 장변형률(양)에 수직방향으로 생긴다.

성형한계도

원이나 기타도형의 무늬를 에칭이나 인화 등의 방법으로 소재판에 입히고 윤활하지 않은 펀치로 신장시킨 후 네킹이나 찢어짐이 발생한 부위에서 원의 변형

을 측정하여 파단과 파단이 일어나지 않는 조건의 경계를 구하는 방법

(9) 금형 재료

① 금형 재질의 선정

사출금형의 재질은 주로 H-13, S-7, A-2, D-2 및 P-20 등 5종의 철강이 주로 사용된다. 위의 재료들 중에서의 재질 선정은 생산할 제품의 복잡성과 크기 및 원자재 그레이드의 성분 등에 따라 다르다. 금형제작용 재질은 내마모성, 인성, 기계 가공성, 치수 안정성, 사상 가공성 및 열 처리성 등이 잘 조화된 강이나 또는 한두 가지의 특성이 추가된 강이 필요하다. 금형 재질을 선정할 때 표면처리 상태도 고려해야 한다. 유리 섬유나 미네랄이 함유된 재료는 금형을 마모시키는 성질이 있으므로 A-2나, D-2 강 이외에는 짧은 작업시간 내에 금형표면에 심한 마모가 생길 수 있다. 그러므로 H-13, S-7 및 P-20계의 강을 사용할 때에는 표면 열처리나 금형 표면 보호를 위해 도금을 할 필요가 있다.

② 금형용 재료의 구비 조건

금형 소재의 적부는 금형의 수명 및 가공성에 큰 영향을 주는 것으로 그 선택은 금형이 요구하는 조건과 이것을 만드는 가공설비를 충분히 검토한 후에 결정하는 것이 좋다. 사출 성형용 금형의 사용조건은 약 250℃ 이하이고 성형품도 비교적 연질이기 때문에 금속 단조용 형강, 다이캐스팅용 형강 등의 고급 합금은 억제하고 가격이 저렴한 탄소공구강, 구조용 탄소강, 저합금강이 주로 사용된다.

다음의 구비 조건을 모두 만족하는 금형용 재료는 존재하지 않는다. 그러므로 금형의 구조상 재료의 요구에 따라 만족하는 조건을 정하는 것이 필요하다.

③ 기계 가공성이 양호할 것

일반적으로 경도가 높을수록 기계 가공성이 나쁘고, 경도가 낮으면 기계 가공성이 좋은 반면, 열적 기계적 강도, 연마성 등 여러 면에서 금형재료로서의 성능이 떨어지므로 이 양쪽의 장점을 잘 균형시켜 적당한 강도, 적당한 기계 가공성을 갖는 프리 하드(鋼) 등이 범용적으로 사용되는 성분조성에 의해 쾌삭성을 갖게 한 것도 있다.

④ 충분한 강도, 인성이 있고, 내마모성이 양호할 것

금형은 성형 시에 압축응력과 인장응력을 항상 반복해서 받는데 최근에는 정밀

도를 올리기 위해 더욱 고압으로 사출성형을 하는 경우도 빈번하고, 또 유리섬유나 금속분말 또는 무기질을 다량 충전한 성형재료가 많아지므로 형재의 강도, 인성. 내마모성은 금형의 수명, 정밀도 유지 등에 매우 중요시 된다.

⑤ 핀 호울, 비금속 개재물 등의 결함이 없고, 마무리 표면이 깨끗할 것

금형의 표면 재료의 광택, 연마성이 문제가 된다. 광택 연마성에서 금형에 요구되는 성질은

㉮ 핀 호울

㉯ 흠이 없고

㉰ 비금속 개재물이 극히 적은 것

㉱ 균일한 조직

㉲ 결정 입도가 미세한 것

㉳ 적당한 경도로써

㉮, ㉯, ㉰는 일반 형재에서는 얻기 어렵고 진공용해, 진공주조 등에 의해 잘 제조된 금형 응력이 집중하여 광택이 연마 상태가 나빠지고, ㉲의 결정 입도가 거친 것은 아무리 광택 연마를 잘 하여도 바둑판 비슷한 모양이 나타난다.

⑥ 열처리가 용이하고 열처리에 의한 변형(치수오차)이 적을 것

강재는 일반적으로 담금질, 템퍼링, 어니일링, 노멀라이징 등의 열처리를 함으로써 그 성질을 개선하여 사용하는 것이 보통이다. 열처리 성능으로써는 다음 것을 들 수 있다.

㉮ 열처리 효과가 큰 것 : 열처리에 의해 큰 성질 개선을 기대할 수 있는 것

㉯ 열박음성이 좋은 것 : 뒤틀림, 균열, 처리조작을 생각해서 공냉으로도 충분히 경화되는 것

㉰ 질량 효과가 적은 것 : 금형 재료의 크기에 관계없이 표면이나 내부가 같게 열처리 효과가 있는 것

㉱ 열처리 취급이 용이한 것 : 열처리 기술이 간단한 것
열처리에서의 뒤틀림, 담금질, 균열이 등이 적을 것

⑦ 내식성(耐蝕性)이 좋을 것

PVC, POM, FEP는 성형 시 C, Hc의 부식성 가스를 발생하고, 발포 성형재료도 유기계 발포제의 사용에 의해 암모니아성 가스를 발생한다. 이 밖에 최근에는 할로겐, 인산에스테르계의 첨가형 난연제나 염소, 브롬, 인 등이 난연화 부여원소를 가진 화합물을 배합하는 반응형 난연제를 사용하는 경우가 늘어서, 종전보다 금형의 내식성을 보다 중요시 한다. 이들에 대해서는 내식도가 낮은 SC재에 크롬 도금으로써는 불충분하며, 크롬 함유량이 큰 STD61내지 11이 사용되는데 더욱 충분한 내식성을 필요로 할 경우는 스테인레스 스틸(stainless steel)을 사용한다.

⑧ 내열성 및 열팽창 계수가 적을 것

PC, PETP, FEP, PPO 등 비교적 성형 온도가 높은 성형 재료가 많아졌고, 형온 온도를 높여서 성형해도 슬라이드부의 긁힘 등이 발생하지 않도록 팽창이 적은 형재가 바람직하다.

⑨ 수정 시에는 살붙이기 용접이 가능할 것

㉮ 금형을 일부 수정할 필요가 있을 때 지정된 살붙이기용 용접봉을 이용한다.

㉯ 그 작업 전 및 작업 후의 열처리는 될 수 있는 데로 간결한 것이 바람직하다.

㉰ 강종에 따라서는 살붙인 후의 시효처리만으로 강도를 부여할 수 있는 것도 있다.

⑩ 열전도가 좋을 것

금형의 냉각, 가열에 있어서 열전도도가 좋으면 그만큼 정확하고 빠른 온도조절이 용이하므로 사이클을 단축시킬 수 있으며, 형재 가공 시에 절삭열의 전도가 빨라서 열응력의 감소로 변형이 방지된다.

⑪ 도금성이 좋을 것

금형의 표면처리 등으로 크롬, 니켈, 카드뮴 등을 도금할 경우가 많다. 금형에 도금을 하는 목적은 다음과 같다.

㉮ 광택 연마성을 좋게 한다(경도 높은 도금을 한다.).

㉯ 이형을 용이하게 한다(광택 연마면이 양호해서 마찰계수가 작다.).

㉰ 상처의 방지(경도가 높다.)

㉱ 내식, 내마모성

⑫ 입수하기 쉬울 것

시장성이 적으면 입수하는데 기간이 요하기 때문에 시장성이 큰 것을 선택할 필요가 있다.

⑬ 금형용 재료의 종류

사용 목적에 따라 금형재료, 가공법도 각각 다르다. 일반적으로 철강이 가장 많이 사용되나 그 용도에 따라 철강 이외의 것도 쓰이고 있다. 박판의 압축가공의 프레스 금형은 고무 성형법이라 하며, 상형에 고무를 쓴다든지, 또는 합성수지, 아연합금을 사용해서 주조에 의하여 다품종 소량생산의 금형을 경제적으로 제작할 수도 있다. 또 복잡한 모양의 블랭킹 금형 등의 숫금형 의 펀치플레이트 쪽의 고정에는 셀로매트릭스(Cellomatrix)라는 저용융 합금 및 테브콘을 사용함으로써 작업을 간소화 할 수 있다. 대량 생산용 금형 강재로서는 초경합금도 많이 사용된다. 금형 재료를 구분하면 다음과 같이 분류된다.

- 공구강 금형 재료
- 철계 주조용 금형 재료
- 비철계 금형 재료
- 비금속계 금형 재료
- 기 타

(10) 금형의 신기술

① 쾌속 3차원 조형기술(Rapid Prototyping system : RP)

3차원 CAD Modeling Data로부터 별도의 추가 작업 없이, 간단한 데이터 변환 작업에 의해 미세한 두께의 단면을 얻어낸 후, 해당하는 미세두께를 연속적으로 적층하여 궁극적으로 3차원 모델링 형상과 동일형상의 시제품을 제작하는 기술을 말한다. 이 기술은 지난 1986년 미국 3D Systems 사로부터 상용화된 SLA(StereoLithography Apparatus) 방식을 시작으로 급속히 발전하기 시작하였다. 쾌속 3차원 조형 기술(RP)은 동시공학적 제품 개발 프로세스상 요구되는 제품 개발 리드 타임의 단축(Product Development Lead Time)의 필요 조건인 개발 병렬 프로세스상의 데이터에 대한 일관성을 유지할 수 있고, 제작되는 시제품의 활용을 관련 부서간 공유할 수 있도록 한다는 측면에서 충분한 문제점의 검토 및 빠른 의사결정을 이룩할 수 있어, 제작 기간의 단축을 통한 저렴한 생산 코스트로 고품질 제품을 만들 수 있는 기술로 각광받고 있다.

RP시스템에 대한 기술적 발전은 1970년대부터 개발되기 시작한 컴퓨터를 이용한 3차원 디자인/설계/해석/제조(CG/CAD/CAE/CAM) 소프트웨어의 급성장에 따라, 지난 1986년 미국 3D System 회사의 SLA(StereoLithography Apparatus) 시스템이 상용화에 성공한 이후로 현재까지 급속한 발전을 이룩하고 있다.

현재 상용화 되고 있는 모든 RP시스템은 Layer by Layer에 의한 적층 방식의 제작 원리를 채택하고 있으며, 이때 사용하는 시제품 재질 수지의 종류 및 고형화 방식 등에 따라 다소약간의 제작상의 차이가 있으며, 이와 같은 기술적 제작 프로세스의 차이에 의하여 완성되는 시제품의 물리적, 공학적 특성에 차이를 보이고 있다.

기존의 가공방식인 절삭방식(밀링, 선삭, 연삭, 방전가공 등) 혹은 성형방식(단조, 주조, 사출성형, 압출성형 등)들은 제품 디자인 혹은 설계데이터로부터 시제품을 제작하기 위하여 별도의 가공데이터의 생성, 혹은 지그 제작 등이 필요하였으나, RP시스템에서는 거의 추가 작업이 요구되지 않아, 시제품 제작 기간을 대폭 단축시킬 수 있고, 동일디자인 혹은 설계 데이터를 활용하게 되어 동시 공학적 개발 프로세스를 구현할 수 있는 장점을 갖고 있는 시스템이다.

병렬 프로세스가요구되는 동시공학 환경에서 RP시스템의 가장 큰 특징은 제품 개발 기간과 시제품 제작기간의 단축을 통한 보다 저렴한 비용으로 고품질 제품을 만들 수 있다는 점이다.

그림 3-68 RP로 제작된 플라스틱 부품들

② RP의 종류

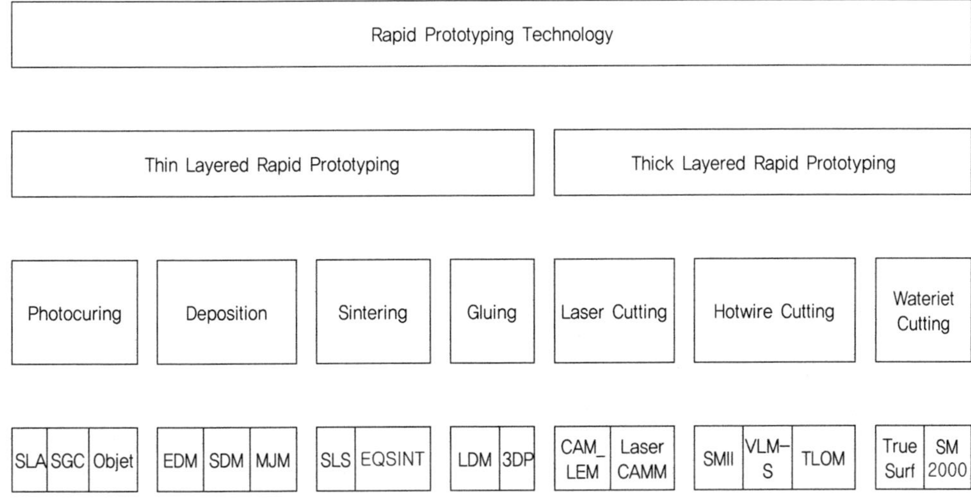

③ 시제품(Mock-up)

시제품(Mock-up)이란 신제품 개발에 필수적인 과정으로 2차원 디자인의 검증을 위한 외관 형상만을 실 제품과 유사하게 형상화하여 제품의 모양 및 느낌을 확인할 수 있는 디자인 목업(Design Mock-up)과 3차원 설계 데이터를 이용하여 실제 제품과 유사하게 형상화하여 제품의 기능 및 성능 검사를 통하여 시행착오를 방지할 수 있는 기능성 목업(Working Mock-up)으로 구분하고 있다.

이러한 시제품은 제품의 개념이 충실히 반영되어 실물과 거의 동일한 제품을 말한다. 제품 개발에 필요한 시제품을 단기간 내에 제작하여 디자인 및 조립성 등을 검토할 수 있도록, 3차원 CAD 소프트웨어에서 디자인된 데이터를 이용하여 실제 제품형상과 동일한 입체 성형물을 고속으로 제작하는 방법으로 제품개발에 필요한 시제품을 빠르고 저렴하게 지원하고 있다.

④ RP와 CNC가공의 차이점

CAD로부터 데이터를 받아 실물을 만든다는 면과 정교한 수치제어가 필요하다는 점에서는 RP와NC가공에는 차이점이 없다. 그러나 NC가공에서는 공구간섭에 의하여 가공하기 어려운 형상이 많으므로, 3축 MILLING에서는 2.5차원의 형상에 대해서만 가공이 가능하다. 5축 이상의 NC-MILLING 에서는 3차원 형상을 가공할 수 있지만, 이것도 공구 간섭에 의해 많은 제약을 받고 있다.

반면에 RP는 CUTTER를 사용하지 않기 때문에 임의의 형상을 만들 수 있는 능력이 있다. 심지어 NC가공으로 도저히 불가능한, 속이 비어 있는 형상까지도 만들어 낼 수 있다. RP와 NC는 이런 의미에서 상호 보완적이다. 그러나 제품 개발 단계에서는 RP는 NC가공을 대체하고 있다. 통상 개발단계에서는 수정할 경우가 많으므로 고가의 금형을 만들 수 없으므로, RP에 의해 고속 시제품을 만들게 된다. 또한 금형이 필요한 경우에도 NC가공에 의하지 않고 시작금형을 RP를 이용하여 제작하고, 최종 양산단계에서만 NC가공에 의해 금형을 만드는 방법을 취한다.

CNC 가공과 RP의 비교

	CNC가공(절삭)	SLA RP System
장점	• 가공정밀도가 높다. • 다양한 재질의 가공이 용이 • 운용비용이 저렴	• 모든 형상의 시제품 가공이 용이 • 비숙련자에 의한 운용이 용이 • 시제품형상에 따른 재료만이 소모 • 매우 빠른 제작속도 • 작업을 위한 별도의 셋팅 및 작업물의 방향성 변환이 불필요
단점	• 절삭가공에 의한 소모재료 발생 • 절삭에 따른 칩이 발생 • 숙련가공자에 의한 운용필요 • 공구 교체의 필요성 • 가공이 불가능한 형상이 있다. • 여러 방향으로의 가공에 따라 별도의 지그작업이 필요	• 장비 도입비가 높다. • 적층에 따른 단차가 발생(0.1㎜) • 재료비가 높다.

⑤ RP시스템 공법의 종류

㉮ Stereo Lithography Apparatus-SLA공법(3D Systems)

자외선 레이져 광선이 용기에 들어있는 액상의 광경화성(Photo-sensitive) 수지 표면을 선택적으로 주사하여 광선이 닿은 부분의 수지를 고화시킨다. 부품은 수지 용기 내에 있는 받침대 위에서 제작된다. 한 층의 단면 형상이 생성되면 액상 수지의 표면 밑에 가도록 받침대를 한 층 두께 만큼 내리고 다시 레이저 광선을 주사하여 다음 층을 만든다.

• SLA 공법을 이용한 WHEEL의 제작

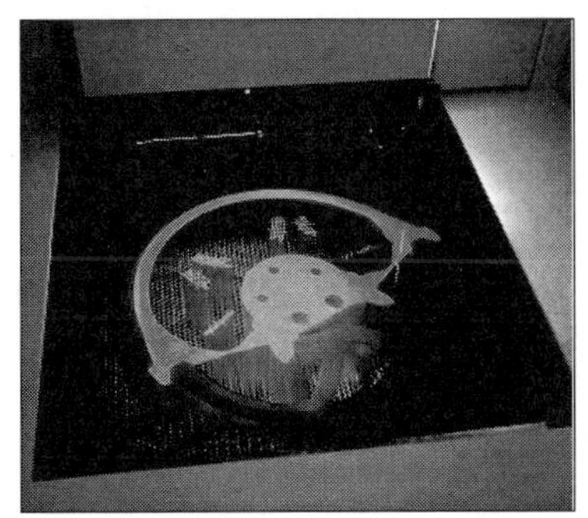

그림 3-69 SLA 공법을 이용한 자동차용 휠의 제작

- SLA 공법 프로세스

  원 모델링 데이터로부터 얻어진 미세 두께의 단면에 해당하는 영역을, 특정파장의 UV레이저 빛을 광경화성 수지의 액면에 Scan-Hatching(X-/Y-축)하여, 해당 미세 두께를 연속으로(Z축) 고형화/적층하여 원하고자 하는 3차원 입체 형상을 얻는 방식

㉯ Selective Laser Sintering-SLS공법(DTM)

부품의 층을 연속적으로 생성하기 위해 CO_2 레이저 광선을 분말 형태의 소재의 표면에 주사하여 소재를 융합시키거나 소결시켜 결합시킨다. 한 층이 완성되면 제작 받침대가 내려가고 새로운 분말층을 롤러를 사용하여 균일하게 도포한다. 이 공정은 분말 형태의 왁스, 나일론, 메탈 등을 사용할 수 있다.

- SLS 공법의 원리

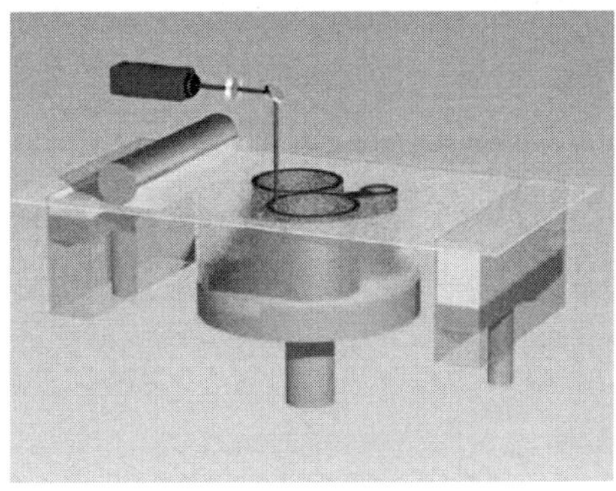

그림 3-70 SLS 공법의 원리

(11) 특수한 형을 이용한 가공

판재를 가공할 때 펀치만 금속제를 사용하고 다이는 고무나 액체를 이용하는 가공방법이다. 금속 펀치와 고무 다이 사이에 판재를 넣고 압축하면 판재의 각 부분에 균일한 압력이 작용하여 펀치의 형상과 같은 것을 만들 수 있다. 이 방법은 형틀의 가공비용과 시간을 절약하고, 형상이 다른 펀치를 자유로이 사용할 수 있는 장점이 있어 널리 사용하며, 물통과 같이 입구가 작고 몸통이 큰 용기를 만들 때 사용한다.

① 벌징 가공(bulging)

벌징(bulging)작업에서는 튜브나 원추형의 소재를 분할다이 내에서 폴리우레탄 플러그 같은 충전재를 채워서 확장시킨다(그림 3-71 (a)). 펀치를 빼내면 플러그는 원래 형상으로 돌아가고, 다이를 열어서 제품을 이탈시킨다. 이 작업으로 만들어지는 제품으로는 주전자, 배럴, 드럼통의 주름 등이다. 복잡한 형상을 가공할 때는 원주형 플러그 대신에 특정 부위에 높은 압력을 전달할 수 있는 형상을 가진 플러그를 사용하기도 한다. 폴리우레탄 플러그는 마조저항, 윤활제에 대한 화학저항이 높고, 성형제품의 표면정도에 해를 주지 않는 장점이 있다. 벌징작업에 정수압력을 사용하는 경우도 있는데, 이 경우에는 작업유체의 누설방지와 압력조절이 필요하다(그림 3-71 (b)).

여러 개의 분할다이를 기계적으로 확장시키거나 수축시키는 방법도 사용되며, 이러한 다이는 비교적 저가로 대량생산에 사용될 수 있다. 벌징작업에서도 길이방향으로 압축응력을 가하여 성형성을 향상시킬 수 있다.

벌징작업으로 관재에 주름을 만들 때는 (그림 3-71 (c))처럼 가공한다. 즉, 관재를 등간격으로 확장시킨 다음, 축방향으로 압축하여 확장 부위가 겹쳐져서 주름이 되도록 한다. 이 작업에서는 관재의 재료가 충분히 큰 변형률을 유지할 수 있어야 한다.

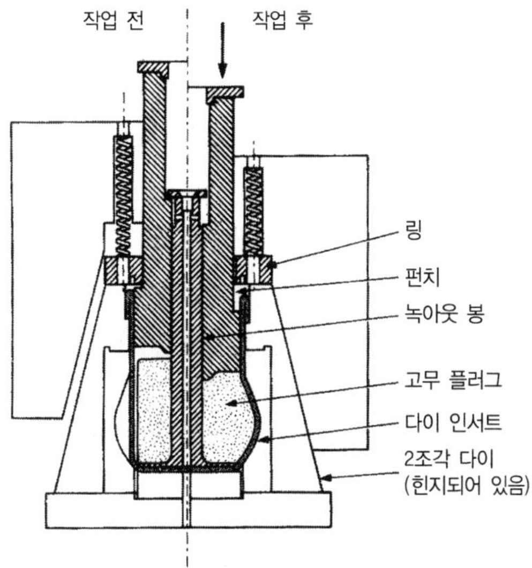

그림 3-71 (a) 유연충전재를 사용한 관재의 벌징

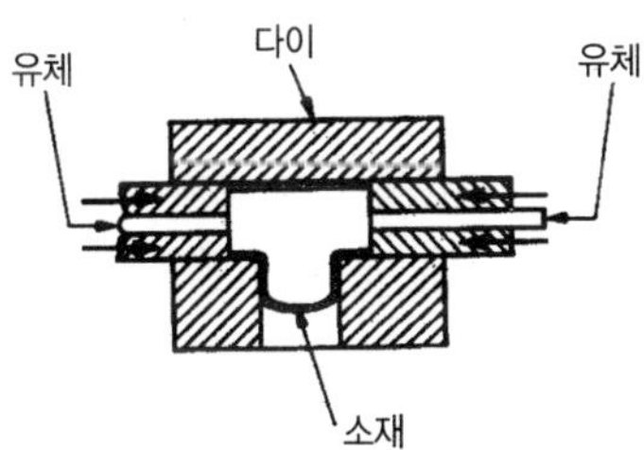

(b) 내압으로 관재를 확장시켜서 배관용 부품을 가공하는 작업. "T"자 관을 만들려면 밑 부분에 구멍을 낸다.

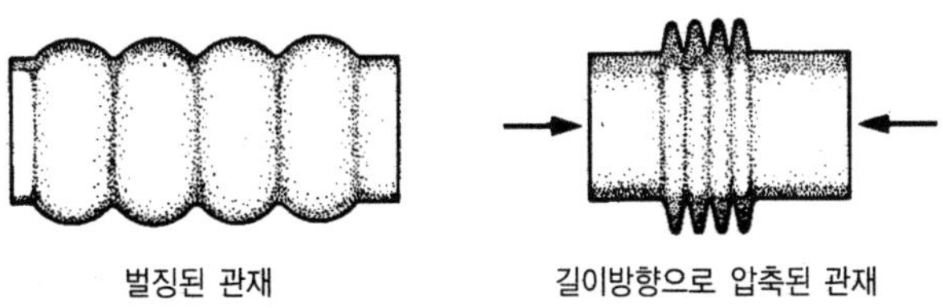

(c) 벨로즈의 가공

② 게린 방법(guerin process)

펀치 대신 고무를 사용하는 가공방법이며, 그림 3-72와 같이 다이 위에 판재를 놓고 지지틀 안의 고무를 눌러서 때려 뽑기를 하며, 전단, 굽힘, 드로잉 가공을 한다. 유압 프레스를 사용하며, 고무의 평균 압력은 70~300kgf/cm²가 되도록 한다.

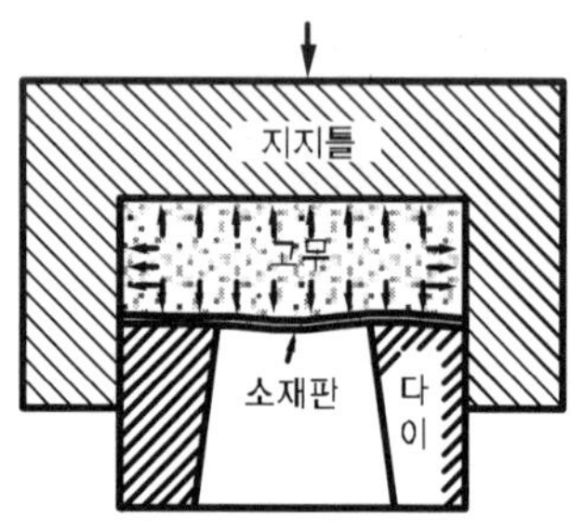

그림 3-72 게린 방법에 의한 전단 가공

③ 마폼 방법(marform process)

마폼은 다이 대신에 고무를 사용하는 가공방법으로 지지틀 안에 고무판을 층상(層狀)으로 넣는다. 성형할 때의 고무 압력은 최고 400kgf/cm²까지 올려도 되고 판재는 강철, 구리합금, 경금속 등 2~3㎜까지 가공이 가능하다. 이 방법은 다이의 모서리 둥글기를 고무때문에 압력에 의해 적당히 조정할 수 있기 때문에 디프(deep) 드로잉에서 드로잉 힘을 조절할 수 있다.

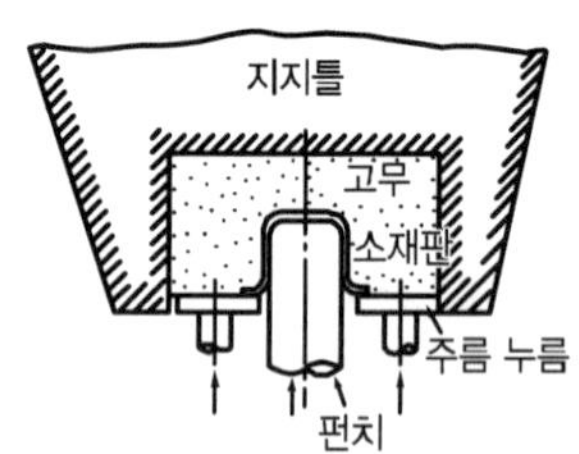

그림 3-73 마폼에 의한 깊은 드로잉 가공

④ 하이드로폼 방법(hydroforming)

하이드로폼 방법은 마폼 방법의 고무 다이 대신에 액체의 표면을 그림 3-74와 같이 고무 막으로 밀봉한 것을 사용한다. 액체에 적당한 압력을 가해 고무 막의 바깥쪽에 놓은 판재에 펀치력 P를 가하여 판재가 펀치에 밀착하도록 유압을 조

절한다. 유압은 최고 100kgf/cm^2 정도이며, 판재의 지름은 800㎜까지 가공할 수 있다.

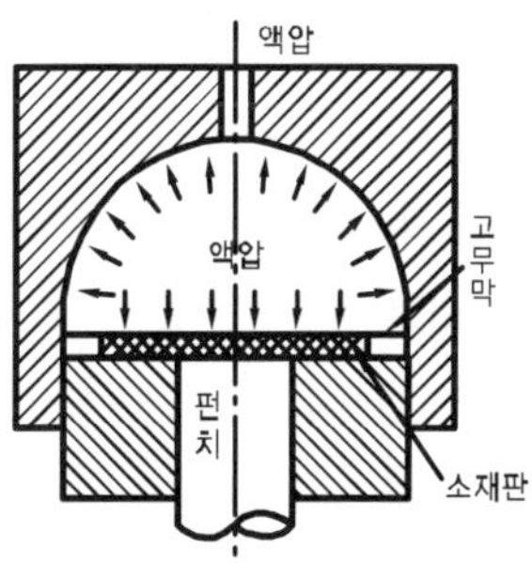

그림 3-74 하이드로폼 방법

하이드로포밍은 원하는 부품의 형상을 만들기 위해 블랭크에 수압(Hydraulic pressure)을 가하여 성형하는 방법으로 초기 블랭크의 종류에 따라 판재 블랭크를 사용하는 판재 하이드로포밍(sheet metal hydroforming)과 튜브 블랭크를 사용하는 튜브 하이드로포밍(tube hydroforming)으로 나누어진다. 판재 하이드로포밍은 기존 스탬핑(stamping)과 비교해서 높은 드로잉성(drawability)을 가지며, 판재 전체에 균일한 변형을 갖게 하는 장점을 가지고 있다. 그러나 형상이 큰 부품에 대해서는 대용량의 프레스가 필요하며, 사이클 타임(cycle time) 또한 길기 때문에 자동차 부품에서는 많이 적용되지 않고 있다.

반면 튜브 하이드로포밍은 기존 스탬핑의 용접 어셈블리 부품에 비해 공정단축, 부품중량감소, 부품강성의 향상, 부품수의 감소를 통한 공구비용의 감소, 치수정밀도의 향상 등의 장점으로 자동차부품에 많이 적용되고 있는 실정이다. 반면 고가의 생산장비, 공정 및 공구설계에 대한 기초적인 지식의 부족, 부품형상의 제한 등의 단점이 있다. 수압을 이용한 성형 방법은 1900년대 초 스팀 보일러의 부품에 적용된 이후로 1980년대까지 악기, 예술품, 수도 배관용 부품, 자전거의 프레임에 적용되어 왔다. 1980년대 후반부터 1990년대 초에는 튜브 하이드로포밍 기술에 대한 연구가 활발히 이루어졌다.

튜브 하이드로포밍은 공정에 따라 다음과 같이 다섯 형태로 분류할 수 있다. 저압식(low-pressure), 고압식(high-pressure), 멀티압력방식(multi-pressure), 하이드로벌지(hydrobulge), 주름관성형(bellows forming) 방법이 있다.

저압식 하이드로포밍은 내부의 성형압력이 12,000psi(83MPa) 이하에서 성형되는 방식으로 단면의 확관률이 3%를 넘지 않는다. 금형이 닫히는 과정에서는 내부 압력이 작용하지 않으므로 금형의 닫는 과정에서 깊은 주름이 발생할 수 있다. 그러나 이러한 주름이 저압식 하이드로포밍 성형 시에는 펴지지 않기 때문에 복잡한 형상의 설계가 어렵다.

튜브의 단면 길이와 부품의 단면 길이가 거의 변하지 않으며 단면의 코너곡률의 설계에 제한이 많아 설계의 다양성이 부족하다. 그러나 장비가격과 생산 사이클 타임이 고압식보다는 작다는 장점이 있다.

고압식 하이드로포밍은 내부의 성형압력이 12,000psi에서 60,000psi(414MPa)로 성형되는 방식으로 이러한 고압은 소재의 연신율의 한계까지 단면의 확관이 가능하다. 즉, 복잡한 형상의 부품설계가 가능하다는 것이다.

많은 소성변형으로 스프링백(springback)을 줄일 수 있으며 형상동결성이 우수하여 보다 정밀한 성형이 가능하다. 반면 장비가 고가이며 튜브의 소재, 조관 및 용접의 상태에 따라 성형성에 많은 영향을 받는다. 또한 단면의 코너부에서 국부적인 두께감소가 크기 때문에 이 점을 고려한 설계가 필요하다.

멀티압력식 하이드로포밍은 다이가 닫히는 중에 튜브의 내부에 적은 압력이 작용하여 깊은 주름을 방지하고 하이드로포밍 성형시에는 중압 정도의 압력을 사용한다. 금형이 닫힐 때 깊은 주름과 상금형(upper die)과 하금형(lower die) 사이에 튜브가 핀칭(pinching)되는 것을 방지할 수 있다.

단면의 확관률은 저압식과 동일하게 1~3% 정도이나, 피어싱 홀(piercing hole)의 형상정도는 저압식보다 우수하다. 그림 3-75와 그림 3-76에 설명을 돕기 위하여 대표적인 판재 하이드로포밍 및 튜브 하이드로포밍 공정과정을 비교하여 나타내었다.

하이드로벌지는 튜브 끝단의 피딩(feeding)량과 내부압력의 조절로 T자형과 같은 다지관 성형에 사용하는 방식이다. 내부압력을 이용하여 튜브의 원주방향으로는 확관을 시키고 길이 방향으로 두께가 일정하게 유지되도록 피딩을 가하는 방식으로 두 변수의 적절한 값을 찾아내는 것이 중요한 설계요소이며, 엔진의 배기관 제작에 많이 이용된다. 주름관 성형은 주름을 가진 형태의 관을 만드는데 사용하는 방식이며, 자동차의 연료 필터부품의 제작에 많이 적용된다. 재료로는 얇은 스테인레스 튜브가 많이 사용된다. 금형이 길이 방향으로도 움직인다는 특징을 가지고 있다.

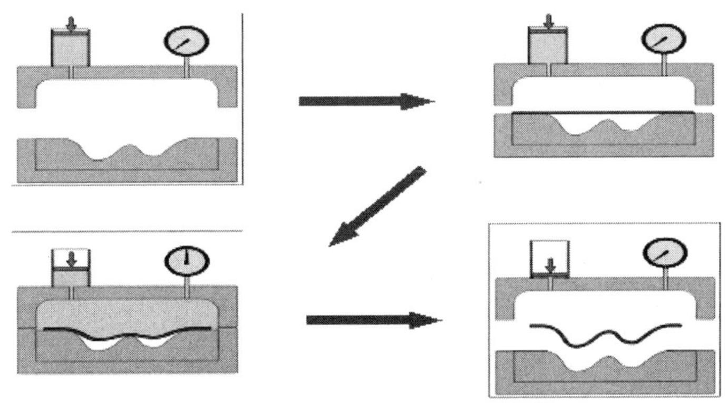

그림 3-75 판재 하이드로포밍 기술

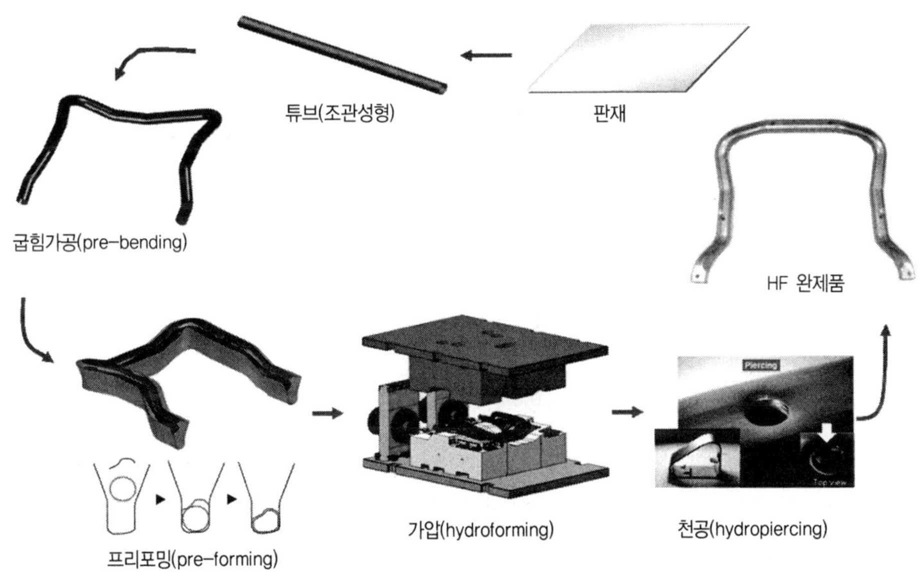

그림 3-76 튜브 하이드로포밍 기술

㉮ 하이드로포밍 기술의 개요

(1) 튜브 하이드로포밍 기술은 고압의 압력 매체를 이용한 튜브 성형기술임

(2) 기본 공정(BASIC PROCESS)

① 소재를 금형의 공동부에 장착

② 튜브 내부에 물이나 기름 같은 비압축성 압력매체를 채움

③ 적당한 기구를 사용하여 밀폐 후 압력매체에 성형압력을 가함

④ 소재를 원하는 형상으로 소성가공함

(3) 하이드로포밍 공정(HYDROFORMING PROCESS)

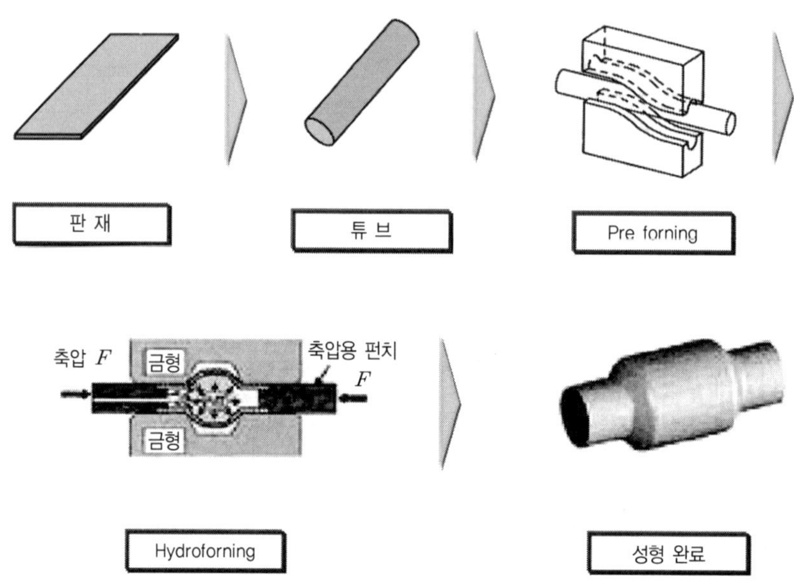

그림 3-77 하이드로포밍 개요

(4) 기존의 stamping 방식과의 차이

아래의 그림에 기존의 stamping 방식과 hydroforming 방식의 차이점을 보여주는 공정개략도를 나타내었다. 종래의 방법은 최종단면을 얻기 위해 trimming 및 점용접공정과 같은 최소한 3공정을 거쳐야 하나 하이드로포밍 공법을 이용하면 강관의 액압을 이용한 확관의 1공정으로 제작이 가능하게 된다.

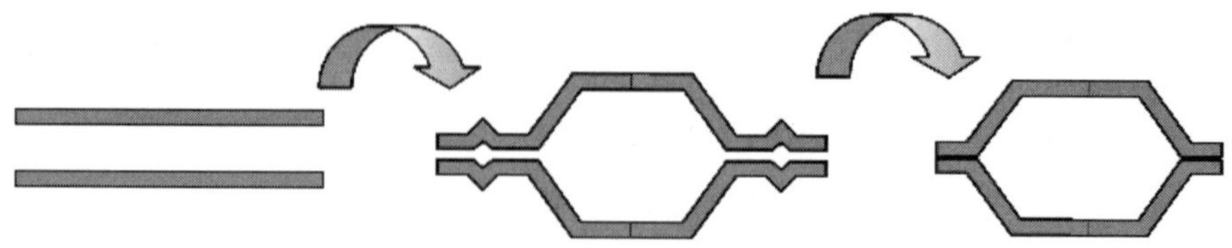

(a) 전통 가공방식(Conventional method)

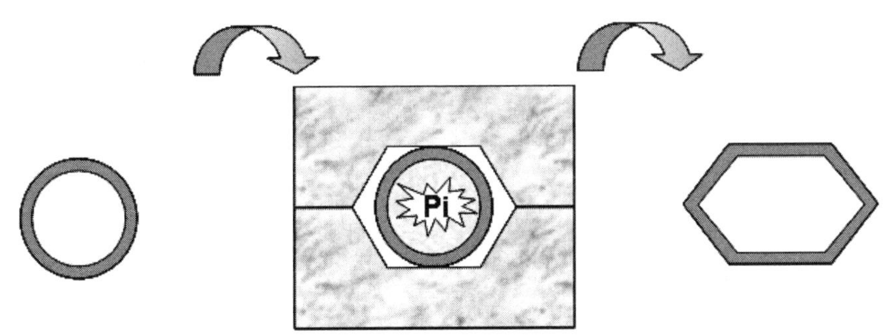

(b) 하이드로포밍 방법(Hydroforming method)

그림 3-78 하이드로포밍과 전통 가공방식의 비교

㉯ 하이드로포밍 공정

하이드로포밍 공정은 크게 튜브를 굽히는 공정인 벤딩공정, 다이캐비티에 벤딩튜브를 인서트 시키기 위한 프리포밍(pre-forming) 공정과 하이드로포밍 공정의 세 스텝으로 구성되며 이에 대한 자세한 설명을 그림 3-76에 나타내었다.

- 하이드로포밍 설비구성

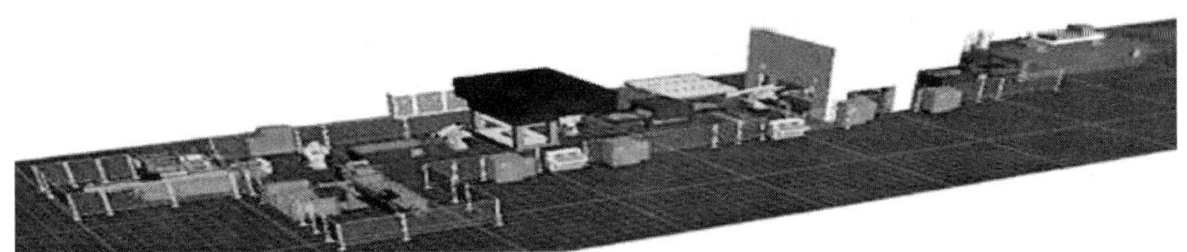

Layout of hydro-forming plant

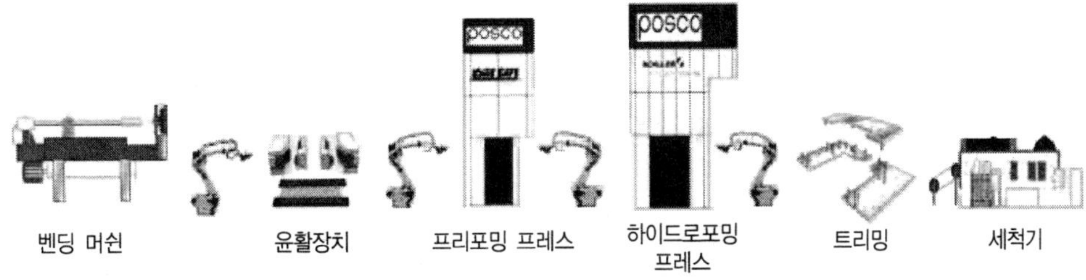

하이드로포밍 공장의 제작 공정도

프레스 사양 별 생산능력(Ex. POSCO)

구 분	#1 LINE	#2 LINE	#3 LINE	R & D
프레스 사양	5000톤	3500톤	1600톤	5000톤
생산 능력	50만 부품/년	50만 부품/년	60만 부품/년	50만 부품/년
주요생산제품	Engine Cradle	Rear Suspension Cross Member	배기계	Proto 제품생산
소 재	탄소강	탄소강	Stainless	탄소강 Stainless

㉰ 하이드로포밍용 금형 CATIA그림

그림 3-79에 하이드로포밍용 금형 CAD 그림을 그림 3-80에 하이드로포밍 사례를 예시하였다.

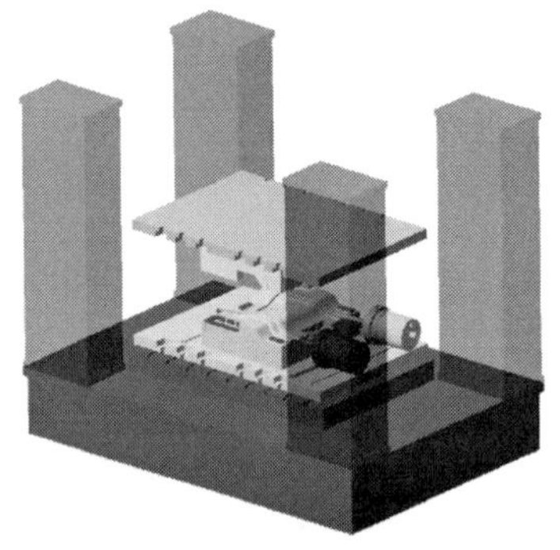

ⓐ 아이소 뷰(Iso-view)

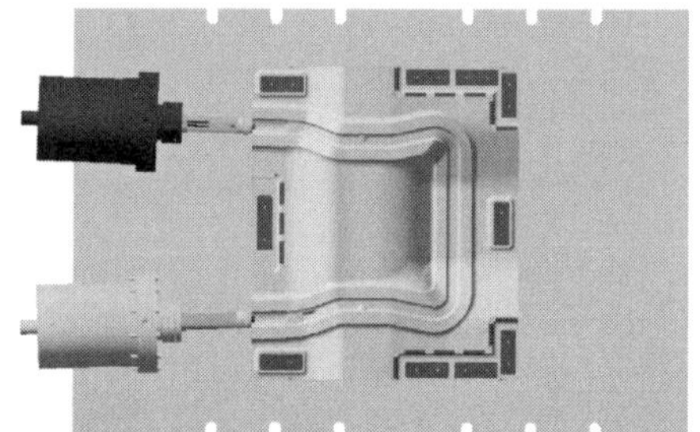

ⓑ 탑 뷰(Top view)

그림 3-79 (a) 엔진 크레들(Engine Cradle)

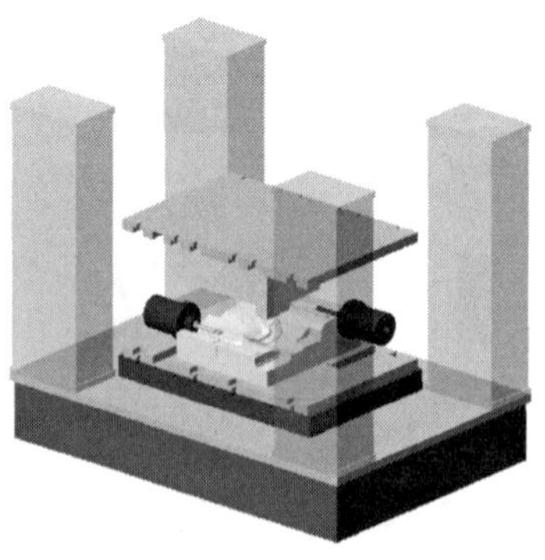

ⓐ 아이소 뷰(Iso-view)

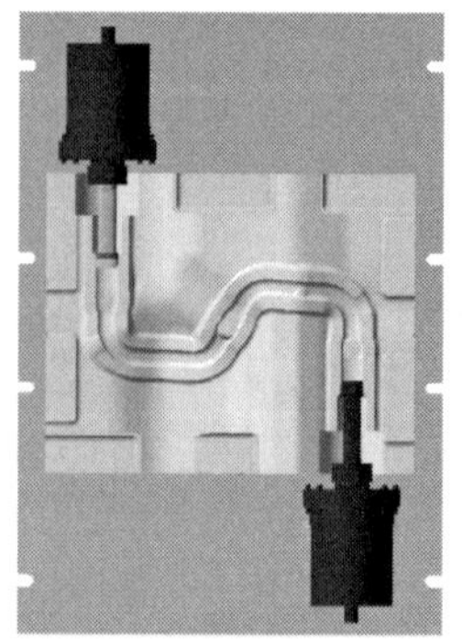

ⓑ 탑 뷰(Top view)

(b) 서브-프레임(Sub-frame)

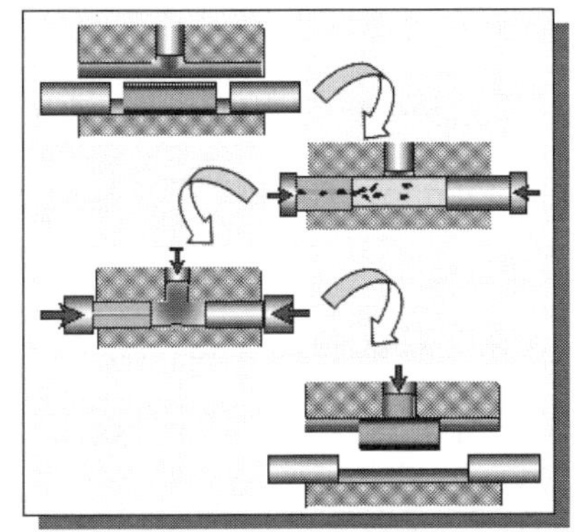

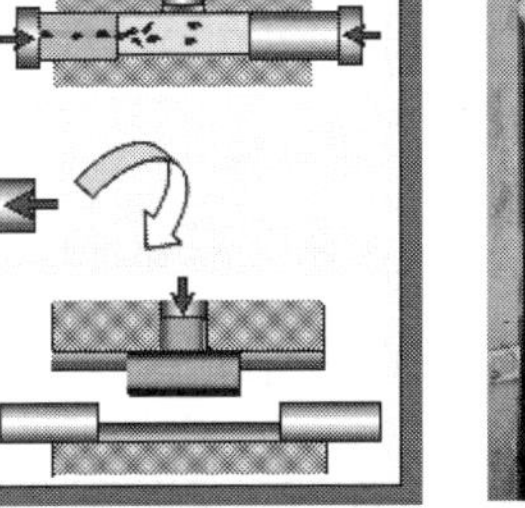

(a) 하이드로포밍 공정 (b) 하이드로포밍 금형과 프레스

(c) 하이드로포밍 완제품(자동차 프레임의 크로스 맴버류)

그림 3-80 하이드로포밍 사례

㉣ 하이드로포밍 금형설계시 고려사항

(1) 금형설계 시 다음과 같은 사항을 고려한다.

① 확관율-No Axial Feeding 파이프 확관률<0.5%-Axial Feeding 파이프 확관률<15%cf) 제품 길이가 작을수록 파이프 확관률 증가

② 금형 분할선 결정-Press Tippling & Inverse Check

③ 금형 형상-Die Face는 0.8×금형 내 제품 깊이-금형높이는 금형내 제 품 깊이+1.5×금형 내 제품폭

④ 성형압력-성형압력=(항복강도×재료 t)/단면코너 반지름

⑤ 금형 Closing Force-F= P×초기파이프 직경×Lp(F : 금형 Closing Force,

P : 내부 압력, Lp : 제품 길이)

⑥ 제품 체적 변화계산-Volume Change<Water Capacity of Intensifier

⑦ Piercing-Punch_Tip Angle 3°, Piercing Angle<-7°- Hole Size>-2t ± 0.1～0.15mm-최대변형<-0.5mm

⑧ 제품안착-금형 내 파이프 회전방지 Clamping Pad 사용

⑨ 제품수율-Lp = L(Pipe) - Lt(L : Pipe 길이, Lt : Pipe Scrap 길이)

하이드로포밍 실제 금형 예 : 엔진 크래들

⑤ 스피닝 가공방법

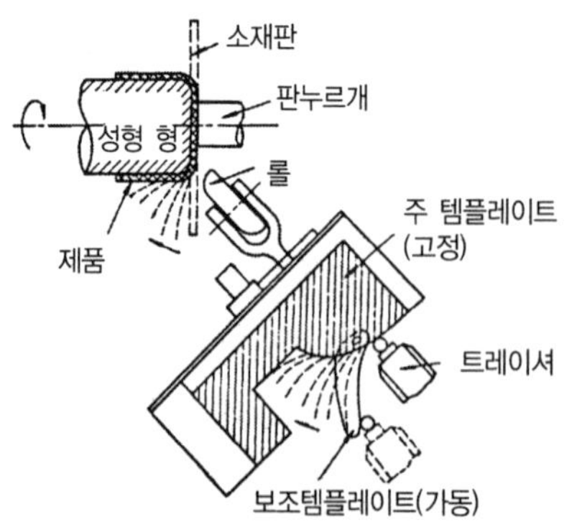

그림 3-81 드로잉 스피닝 가공

선반의 주축에 성형할 형틀과 판재를 설치하고 회전시켜 롤(roll)로 눌러 대면

서 형틀과 같은 형상을 제작하는 가공방법이다. 그림 3-81과 같은 모방장치가 있는 유압기계를 사용하여 매우 간단하게 가공할 수 있으므로 수량이 많거나 형상이 복잡한 것까지 성형하는데 편리하다.

⑥ 롤포밍(roll forming) 공정

롤포밍 공정은 박판 소재를 균일한 일정 단면의 형상으로 성형하여 제품을 얻는 연속 공정을 말한다. 원하는 제품의 단면 형상이 성형될 때까지 여러 단의 롤러 사이를 소재가 통과하면서 변형되며, 공정 중 성형 부근에서의 약간의 두께 감소 현상을 제외하고는 소재 두께 변화가 없으며 단지 굽힘 가공 공정에 의해 변형되는 특징을 갖는다. 롤포밍 공정은 박판 금속소재를 연속으로 배치된 일련의 롤스탠드 사이로 통과시키면서 단면 형상의 변화를 유도하여 강관(tube)이나 이형재(section)와 같은 길이가 긴 형상재를 제조하는 공정이다. 이 공정은 보통 냉간(cold forming)에서 이루어지며, 경량의 형상재를 대량으로 생산할 수 있는 고효율의 제조방법이다.

㉮ 롤포밍 공정의 분류와 활용범위

롤포밍 기술의 활용 방안은 크게 강관 생산과 이형재 생산으로 구분된다. 롤포밍 산업의 초기에는 용접기술의 개발과 함께 강관 등의 생산, 건축물의 소재 생산에 주로 응용화되었으나 제품품질 고급화 및 생산성 향상을 위한 지속적인 연구를 통해 금형 설계기술 및 제작 기술 분야의 향상을 가져왔으며 산업의 고도화와 전문화에 의해 더욱 다양하고 복잡한 형상의 이형재의 수요를 창출하게 되었다. 현재 자동차, 건축, 사무용 및 가정용 가구, 의료, 기차, 항공기, 열교환기 및 공조 냉동 분야 등 광범위한 영역에서 중요하게 사용되고 있다. 국내의 경우 강관 생산에 널리 본 공정이 이용되고 있으며, 자체 기술 개발과 선진 외국 기술의 도입 등을 통하여 체계적인 생산 시스템 구축에 많은 연구개발이 되고 있다.

반면 이형단면의 저 부가가치 제품 생산, 즉 건축 자재용, 금속 가구용, 일반산업 설비용 등의 생산에 여러 중소기업에서 널리 본 공정을 이용하고 있으나 체계적인 기술축적이 거의 안 된 상태이며, 난소성 재료 및 고부가가치의 제품생산에는 기술수준이 매우 낙후되어 있는 실정이다. 따라서 앞으로의 제품의 경량화, 제품의 고급화 및 생산성 향상 등의 경향을 고려할 때 본 공정의 중요성을 한층 더 인식될 것이며, 앞으로 고부가가치 제품 생산을 위한 금형 설계 및 제작기술, 공정 시스템 제어기술 등에 대한 체계적인 연구가 매우 시급하다.

㉯ 냉간로울 성형이란

냉간 로울성형이란 로울(roll)에 의한 금속판의 냉간성형법으로서는 넓은 뜻으로는 로울 빼내기법 또는 로울다이스법 등의 휨로울법 등도 포함되지만 좁은 뜻으로는 이른바 냉간로울 성형법을 가리키고 있다.

냉간로울 성형은 구미에서는 cold roll forming, band-profilwalzung 등으로 호칭되며 우리나라에서는 로울포오밍, 냉간로울 성형 등으로 불리운다. 냉간로울 성형은 아래그림과 같이 일렬로 tandem모양으로 나란히 된 몇조의 성형 로울에 연속으로 금속띠판을 통해서 순차로 성형가공을 하여 평판에서 목적의 단면형상으로 완성하는 소성가공법이며, 분류로서 말하면, 휨가공의 범위에 속하는 것이다.

냉간로울 성형의 특징으로는 (1) 동일형상의 긴 제품을 양산하는데 적합함. (2) 절곡, 프레스 등으로도 가공이 난이한 복잡한 형상도 작업이 가능함.

㉰ 다른 공정에 비한 장점

롤포밍 공정은 일정 단면의 정확한 치수를 갖는 제품의 대량생산 방식으로 널리 이용되고 있으며, 생산속도는 일반적으로 30~55m/min 정도 사용되며 제품생산 시 연속 코일을 시용하므로, 다른 공정에 비해 작업인력이 많이 필요하지 않다. 금형 교체시간 및 공정 세팅 시간이 짧고 제품길이 제어가 용이하기 때문에 소량 다품종 생산에도 이용될 수 있다. 소재의 다양화와 인발 압축 분말야금 등의 공정과 결합된 롤포밍 공정 등 다른 여러 공정과의 연계를 통해 많은 제품생산에 유용하게 사용될 수 있으며 보수비용도 일반적으로 적게 든다. 특히 강관 생산을 위한 롤포밍의 경우 튜브 하이드로포밍의 기초공정으로 제품의 무게, 강도특성, 강성의 향상과 원가절감 등의 최적의 방안으로 자리잡고 있다.

그림 3-82에는 차량 차체 부품 범퍼 임팩트 빔(bumper impact beam)에 적용되고 있는 단순 프레스 가공법, 롤포밍 가공법, 프레스 성형(press forming) 공정 기술의 장·단점을 비교하였다. 롤포밍 가공기술은 프레스 성형 기술에 비하여 약 100kgf/㎟까지의 고강도 재질의 성형과 소재 수율 향상 등의 이유로 저가의 부품 제조가 가능하나, 형상의 제한을 많이 받는 기술이며,

프레스경화 공정기술은 가격 측면에서는 기존의 프레스가공 기술과 대동소이 하나, 고온으로 가열하여 부품을 제조하므로 난 성형재의 부품 제조가 용이하고, die-quenching을 이용한 냉각방법을 통하여 150kgf/㎟ 이상의 고강도 부품을 제조할 수 있는 장점이 있다. 또한, 동일한 가격 대비하여 높은 인장강도로 인하여 두께를 낮출 수 있어 경량화율이 높으므로 향후 미래형 소재로의 이용이 가능하다 할 것이다.

구분	프레스 포밍	롤 포밍	핫 프레스 포밍
제품의 형상		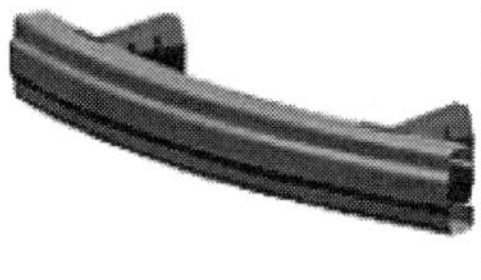	
인장강도 level	28~60kgf/mm^2	45~100kgf/mm^2	150kgf/mm^2↑
경량화률(%)	100	85	80
형상의 자유도	항상 제한 없음	형사의 제한	항상 제한 없음
가격(%)	100	65~80 수준	90~100 수준

그림 3-82 롤포밍 공법과 다른 가공 방법들과의 비교

⑦ Tailor welded blank

오늘날, 자동차 산업은 에너지절감, 배기가스 규제 및 원가절감 등의 다양한 사회적 요구에 능동적으로 대응하기 위하여 차량 경량화 및 생산성 증대 측면에서여러 가지 기술들을 도입하고 있는 추세이다. 이와 같은 사회적 요구를 만족하기 위한 다양한 기술 중 레이저 용접을 이용한 Tailored Blank 성형공법(이하 TB)은 자동차 차체의 경량화 및 생산비용 절감을 위한 공정 최적화를 통해 스템핑 다이 갯수 및 부품수를 줄일 수 있는 장점이 있다. TB의 제조방법은 크게 메쉬시임(Mesh Seam) 용접과 레이저 용접 방법으로 나눌 수 있는데, 두 가지 용접기술 모두 용접속도가 빠르고, 용입 깊이가 깊으며, 열에 의한 변형이 적은 동시에 여러 가지 다양한 현장조건에서도 용접이 가능하다. 본 용접 방법은 과거의 용접 방법에 비하여 다양한 장점을 지니므로 이를 이용하여 TB 제조 및 활용이 가능하게 되었다. 그러나, 메쉬시임 용접의 경우 레이저 용접에 비하여 용접부의 경화가 적어 성형성은 우수하지만 용접 비드부가 넓어지고, 두꺼워지는 현상 때문에 일부 부품적용에 있어서 제약을 받는다. 또한, 금형 마모가 심하므로 레이저 용접으로 TB를 생산하는 것이 메쉬시임 용접 보다 현재

로서는 더 유리하다고 판단된다.

자동차 산업에서의 레이저 용접은 한 대의 장비로 용접, 절단, 표면경화 처리 등 다용도로 응용이 가능하여 선진 자동차 maker 및 국내 자동차 maker에서도 부품용접, 자동차 차체 강판용접, 이종재질과 두께를 갖는 강판의 합체박판 용접 등에 다양하게 응용되고 있다.

㉮ TAILORED BLANK의 개요

TAILORED BLANK란 두께 또는 재질이 상이한 복수 소재를 용접 접합하여, 부위마다 강성, 방청성능, 성형성 등의 특성을 최적화한 프레스 소재를 TB(TAILORED BLANK) 또는 TWB(TAILOR WELDED BLANK)라 한다.

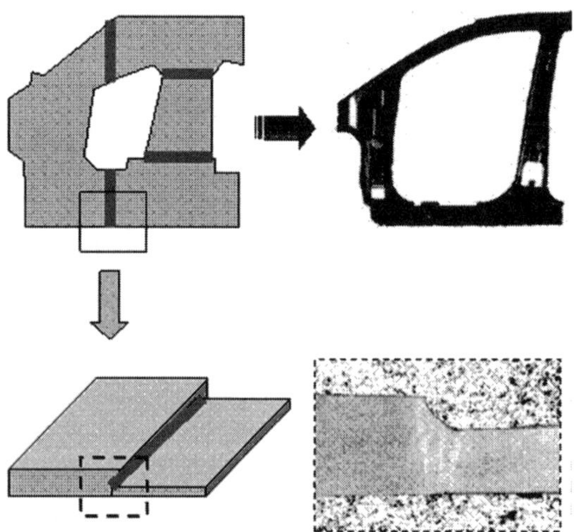

그림 3-83 Tailored Blank 개요도

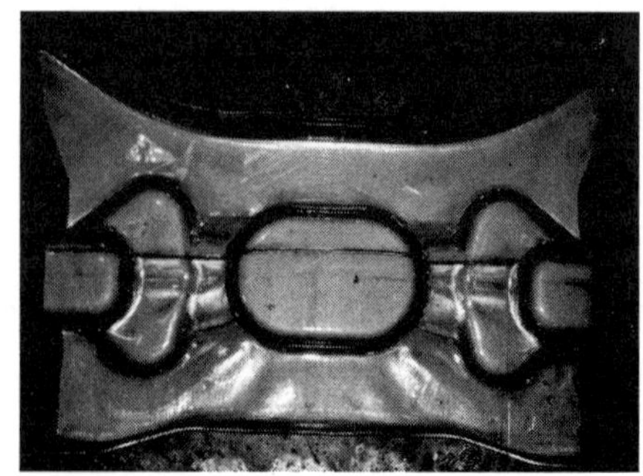

그림 3-84 TWB(Tailor Welded Blank)의 예

㉯ Tailored Blank의 장점

- 차량 중량 감소로 인한 연비 향상
- 구성품 수의 감소와 투자비 절감 : 소재, 금형개발비, 보관 영역, C/F 개발비, 차체용접비등
- 부품간 결합정도 우수
- 차량 안정성 증대

경량화의 또다른 기술인 TWB 기술은 최근 자동차 공업에서 가장 중요한 생산기술의 하나로 인식되고 있다. 그러한 이유는 TWB 기술을 적용함으로써 차체 경량화와 구조적 강성을 동시에 향상시킬 수 있다는 특징이 있기 때문이다. 일반적인 TWB에 대한 정의는 서로 다른 두께 또는 조성을 가진 각각의 블랭크를 접합하여 만든, 복합된 특징을 가진 하나의 강판을 의미한다. 이와 같이 제조된 TWB를 최종적으로 성형하여 3차원 형상의 부품을 만든다.

그림 3-85에서 보는 바와 같이 일반공정은 블랭킹(Blanking) 강판을 성형 후 용접하는 프로세스를 가진다. 그러나, TWB는 차체의 강성이 요구되는 부위에만 두꺼운 소재 또는 고강도 강재를 사용할 수 있도록 설계를 하여 중간 공정으로 두 강판을 용접하게 된다.

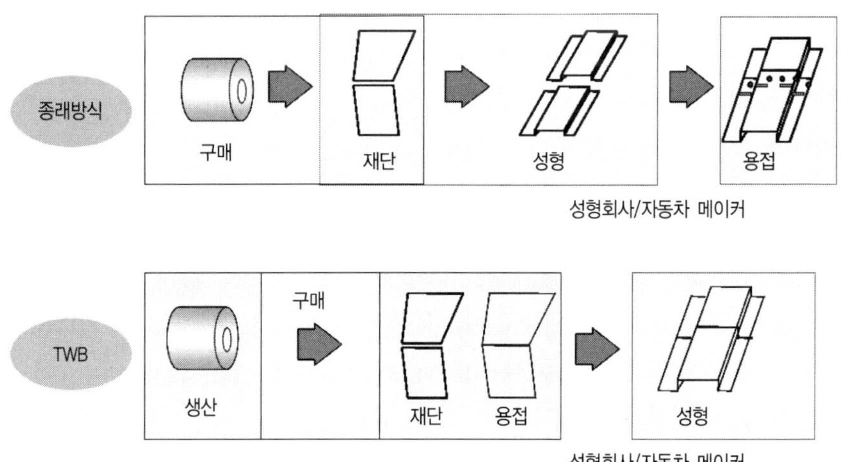

그림 3-85 TWB 방법의 특성

TWB의 개념은 1985년 Audi에서 실제로 적용한 시기부터 현재에 이르기까지 다소 변화하였다. 그림 3-86은 이러한 TWB의 개념변화를 3단계로 구분하여 나타낸 것이다. 적용 초기인 1단계는 스크랩을 최소화하고 재활용함으로써, 재료의 실수율을 높이는 것이 주된 목적이었으며, 점차로 mold die를 줄이는 방식으로 발전하였다. 그 후 보강재의 감소 또는 생략이 주요한 TWB의 적용에 주류가 되었다. 보강재를 사용할 때 필요한 프레스, 용접 등의 공정이 생략되기 때문에 큰 경제적인 이점이 있다. 1 또는 2단계는 진정한 의미에서 TWB라 볼 수 없으며, 다른 자동차사의 관심을 크게 끌지 못한 반면, 3단계에 접어들면서 많은 간심을 끌게 되었으며 현재 테일러드 블랭크의 가장 큰 주류를 형성하게 되었다. 1 또는 2단계와 비교하여 3단계는 용접기술 측면에서 기술적인 경계가 존재한다. 1 또는 2단계에서는 동강종/동두께 재료를 용접하였으나 3단계부터 이강종 또는 이 두께 용접이 적용되었다. 또한 1 또는 2단계에서는 용접부 품질이 크게 중요하지 않았으나 3단계에서 이강종/이 두께가 사용됨에 따라 프레스 성형할 때 용접부 형상 등 용접부 신뢰도가 중요하게 되었다.

TWB 생산에 이용된 용접기술은 차체의 무게감소 및 생산단가를 낮추는 효과를 극대화하기 위해 많은 발전을 하였다. 먼저 사용된 용접 열원을 살펴보면 크게 레이저, 매쉬 심(Mash seam), 전자 빔(Electron beam) 및 고주파 유도가열(High Frequency Induction) 용접을 들 수 있는데, 현재 대부분의 TWB는 레이저와 매쉬 심 용접으로 생산된다. 유럽의 경우 1990년 초기에는 TWB 생산량도 미미하였으며 대부분의 TWB를 매쉬 심 방법으로 용접하였다. 그러나 90년대 중반에 접어들면서 레이저 용접이 사용되기 시작하여 새로 적용되는 TWB 부품생산에는 대부분 레이저를 이용하고 있다. 레이저용접은 매쉬 심 용접에 비해 용접부의 크기가 작고 용접 품질이 우수하다는 장점을 가지고 있다.

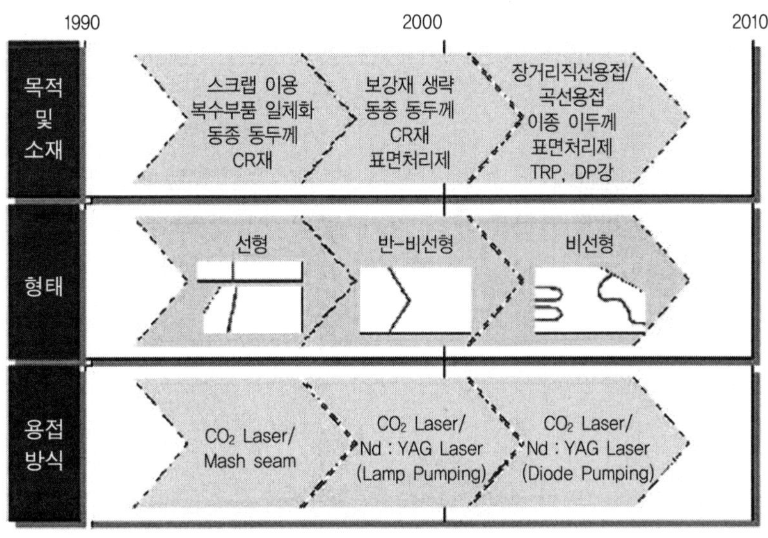

그림 3-86 TWB 기술의 발전사

TWB는 용접 후 성형이 이루어지기 때문에 엄격한 용접부 품질이 요구된다. 한편, TWB에 적용되는 강판이 일반 냉연강판에서 점차 고강도강판, 표면처리강판의 사용이 증대되면서 새로운 TWB설비는 레이저 용접 설비 사용이 일반화되었다. 매쉬 심 용접과 달리 레이저 용접에서는 강판 강이 간격을 0.1~0.2mm 이하로 유지해야 하는 것이 가장 큰 문제였다. 이에 따라 주요 용접기 회사들은 모두 이러한 gap의 허용 및 품질에 각각의 고유 기술을 적용하여 품질의 안정화에 연구를 힘 쏟고 있는 실정이다.

그림 3-87은 TWB를 이용한 도어 이너 판넬(door inner panel)의 해석 모델을 나타내었다. Door inner panel에는 딥드로잉이 깊은 스피커 mounting부 등의 영향으로 레이저 용접부의 이동이 불가피하므로 이 용접라인이 위치 이동이 최소화되는 부위를 결정하기 위하여 성형해석을 실시하였으며 상용 해석프로그램인 LS-Dyna를 이용하였다. 컴퓨터를 이용한 반복적인 성형해석결과 찢어짐 및 주름발생이 거의 나타나지 않는 양호한 상태의 도어 판넬 제품을 얻을 수 있었다. 이종두께 TWB의 성형해석 및 성형성 평가시 용접선의 이동은 필연적으로 나타나는 현상인데, 이 용접선의 위치에

따라 door의 강성 및 성능 중량감소 등의 효과에 지대한 영향을 미치므로 TWB 용접선 위치의 결정은 매우 중요하다.

용접선의 위치 결정인자로는 1) 도어판넬 하단 코너(corner)부위의 radius가 끝나는 지점이나 2) 보강힌지(reinforce hinge)의 위치에 따라 결정한다. 그림 3-88은 위 용접선 결정인자를 고려하여 성형해석 한 결과이다. 성형해석 후 TWB 부위 용접선 이동량 해석 시험결과를 토대로 도어 이너 판넬의 용접선이 최소로 이동하는 지점을 TWB 라인 중심부로 결정하였다. 그림 3-88에 나타난 바와 같이 용접선이 성형 후 도어 깊이 차이에 따라서 이동하는데 중심부는 안쪽으로 이동하며 가장자리는 바깥쪽으로 이동함으로써 스피커 홀의 위치 등의 이동과 위치 변화를 시뮬레이션을 통하여 미리 검증해 보아야 한다.

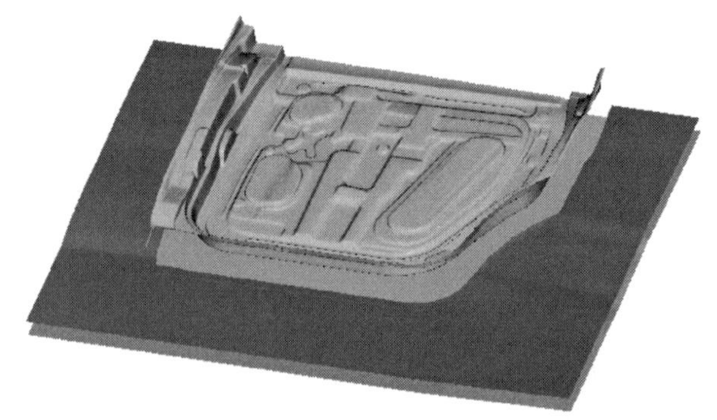

그림 3-87 컴퓨터 시뮬레이션 모델(자동차 도어)

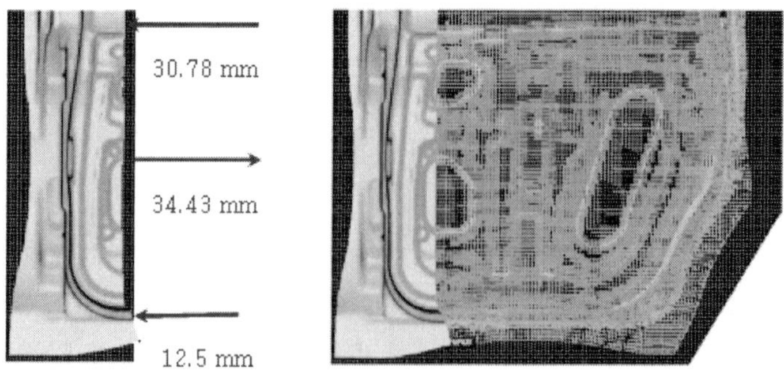

그림 3-88 컴퓨터 시뮬레이션을 이용한 용접선 이동량의 예측(자동차 도어)

㉰ TAILORED BLANK의 적용가능 부품

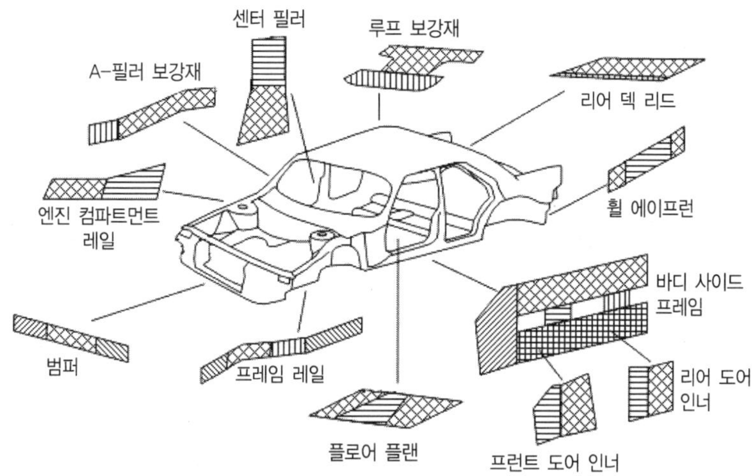

그림 3-89 (a) 자동차에서 Tailored Blank의 적용가능 부품 예

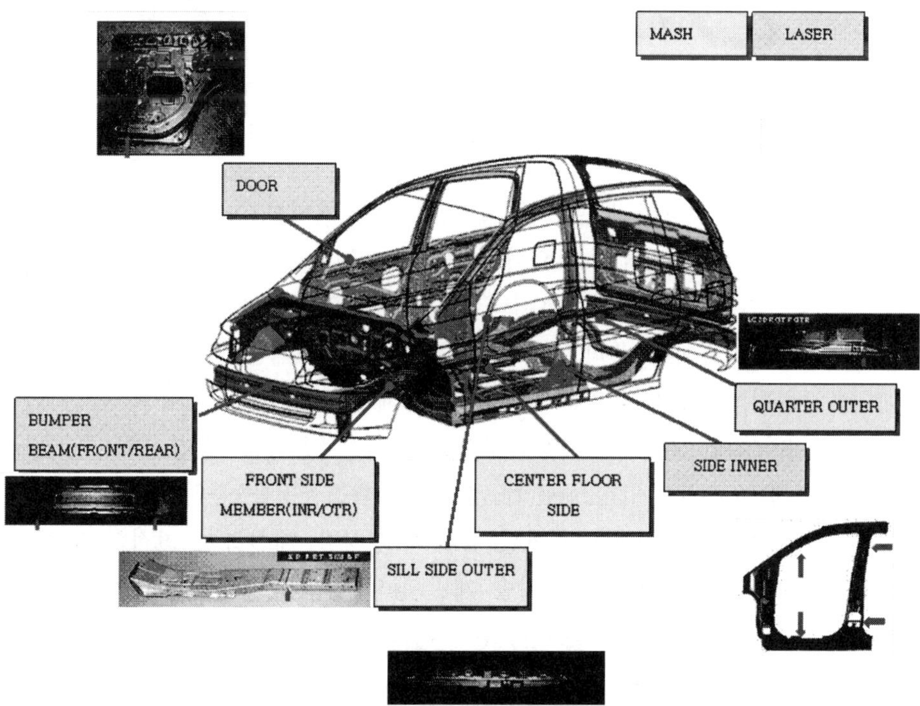

(b) 자동차에서 Tailored Blank의 적용가능 부품 예

⑧ 프레스 경화(Press hardening) 기술

㉮ Press Hardening(프레스 경화) 기술

정의 : 900℃ 이상 가열시킨 소재를 금형 속에서 성형과 동시에 금형처리(퀜칭)함으로써 강도를 향상시키는 기술

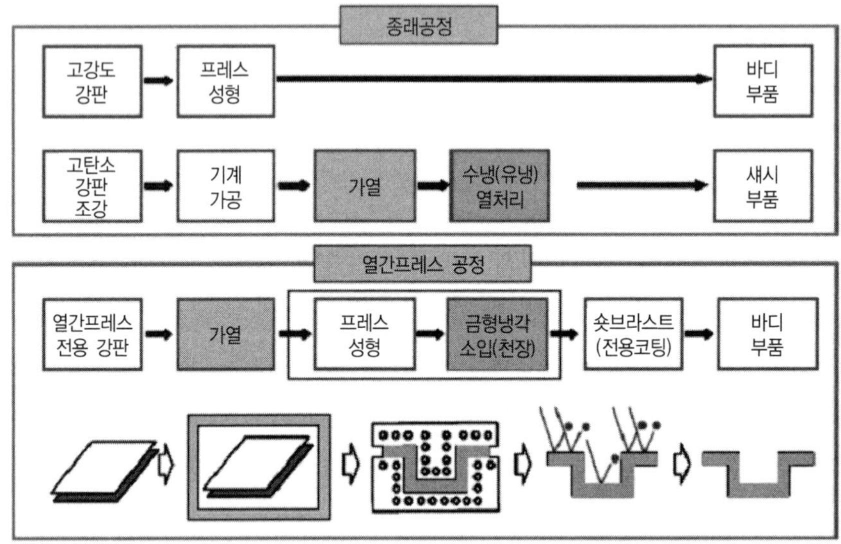

그림 3-90 열간 프레스성형 공법에 의한 고강도부품 제조 공정의 개략도

자동차의 강화된 환경법규를 만족하고 연비를 향상할 수 있는 다양한 방법이 개발 적용되고 있으나 자동차 연비 향상 효과를 가장 크게 볼 수 있는 방법은 자동차 경량화이다. 경량화를 위한 방법은 기존의 철강 재료에서 알루미늄이나 플라스틱 등과 같은 비철 소재를 이용하여 부품을 개발하는 방법, 강도가 필요한 부위나 보강재(reinforcement) 등의 높은 인장강도를 요구하는 부품을 고장력강으로 대체 사용하는 방법 또는 hydroforming, roll forming, Tailored blank 등의 제조공정을 통하여 강도가 취약하거나 여러 파트로 겹침 용접된 부위의 형상을 개선하여 최적의 단일 형상으로 부품을 제조하는 공정기술 개발 등의 방법이 주로 이루어지고 있다.

한편, 경량화를 위한 고강도 강재를 자동차 부품에 적용하기 위해서는 충분한 성형성이 요구되는데, 고장력강의 경우 강도가 증가함에 따라 성형성의 감소는 더욱 심화되는 문제점이 있다. 이러한 문제의 해결을 위해 어닐

링(annealing) 조건에서 hardenable sheet를 성형하고 후에 열처리를 통해 강화시키는 몇 가지 방법이 제안되었다.

즉, 성형시에는 낮은 강도로 성형이 용이하고 이후 baking 공정을 통하여 제품상태에서 필요한 수준의 강도를 갖게 하는 소부경화강(bake hardenable steel), 성형 후 시효처리를 통해 석출 경화시켜 강도를 향상시키는 Cu첨가강, 그리고, Boron의 경화능 향상 효과를 이용하는 프레스경화(hot press forming)공정이 그것이다.

프레스경화 공정은 강재에 Boron을 첨가하여 경화능을 향상시킨 강재를 고온에서 가열한 후 프레스 다이에서 한 번에 열간 성형하면서 급속 냉각하여 고강도의 부품을 제조하는 공정으로 성형 후 별도의 템퍼링을 실시하지 않고 숏 블라스팅(shot blasting)을 실시하여 고온에서 생성된 산화피막을 제거한다. 본 공정은 스웨덴의 SSAB Hardtech에서 1975년에 기술 개발된 방법으로 자동차 부품에는 1990년부터 적용되기 시작하였으며, 주로 bumper reinforcement, door, piller reinforcement 등의 보강재에 적용되고 있다.

(12) 고 에너지 고속 가공

금속재료를 폭발이나 방전 등의 큰 에너지에 의해 고속으로 가공하면 가공이 곤란한 재료를 성형할 수 있으며, 가공하는 에니지 원(原)으로 폭발 에너지, 전기 에너지 또는 압축 가스 에너지 등을 10^{-3}~10^{-6}초 정도의 짧은 시간에 방출하여 금속을 성형하는 가공방법이다. 고 에너지 고속가공의 특징은 다음과 같다.

㉮ 작은 기계나 장치로도 에너지 용량이 크기 때문에 변형을 크게 하거나 또는 대형 제품의 성형이 빠르다.

㉯ 변형 속도가 빠르기 때문에 대부분의 재료의 연성이 증가한다.

㉰ 가공 중의 온도 저하를 방지할 수 있어 변형 저항의 증가나 변형 능력의 저하를 방지하고 공구의 열 손실을 방지할 수 있다.

① 폭발성형(explosive forming)

화약의 폭발에 의한 충격파 및 가스 팽창으로 얇은 금속판을 급속히 변형시켜 돌출 가공 및 드로잉 가공을 하는 방법이다. 물속에서 화약을 폭발시키면 먼저 충격파가 발생하여 변형이 시작되고, 이와 동시에 고압가스 압력의 중첩으로 판재가 성형되며 폭약의 수심(水深)에 따라 변형 효과가 다르므로 일정한 수심에서 변형 효과를 최대로 할 수 있다. 프레스로는 성형할 수 없는 대형 부품이나 고장력강 등을 쉽게 성형할 수 있으나, 제품 하나 하나마다 장치를 해야 하므로 대량 생산에는 부적합하고, 폭발소음이나 진동에 대한 대책이 필요하다. 이 방법에는 그림 3-91과 같이 다이를 사용하지 않는 자유 성형방법, 밑이 있는 다이를 사용하는 형압(型壓)성형방법 및 원통 성형방법 등이 있다.

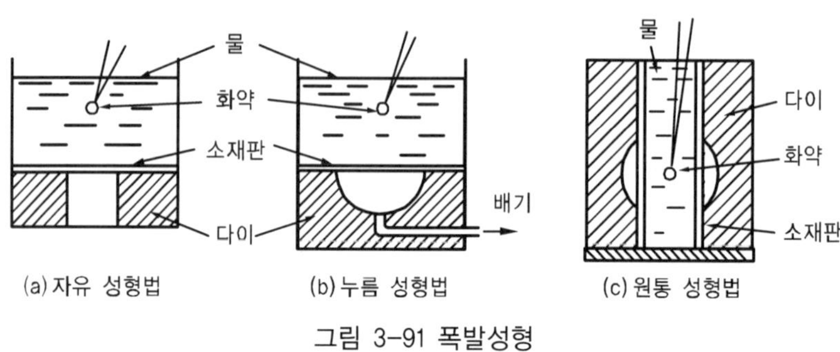

그림 3-91 폭발성형

② 액체 속에서의 방전성형(electric hydraulic forming)

액체 속에서 충격적인 큰 전류를 방전하여 이때의 고밀도 에너지를 기계적 에너지로 바꾸어 여러 가지를 성형하는 방법이다. 그림 3-92는 그 원리를 나타내며 방전에 의해 액체 및 다른 물질은 급히 높은 온도로 가열되어 기화한다. 그러나 주위 액체의 관성 때문에 이 기화 가스는 팽창할 수 없기 때문에 온도가 상승함에 따라 압력이 급상승하여 액체를 통해 강력한 압력파가 생겨 고속으로 성형을 한다. 성형의 구조를 적절히 선정하면 디프 드로잉, 벌징, 라이닝, 스웨이징 등을 성형할 수 있다. 이 방법은 다이만 사용하고 펀치는 사용하지 않는다.

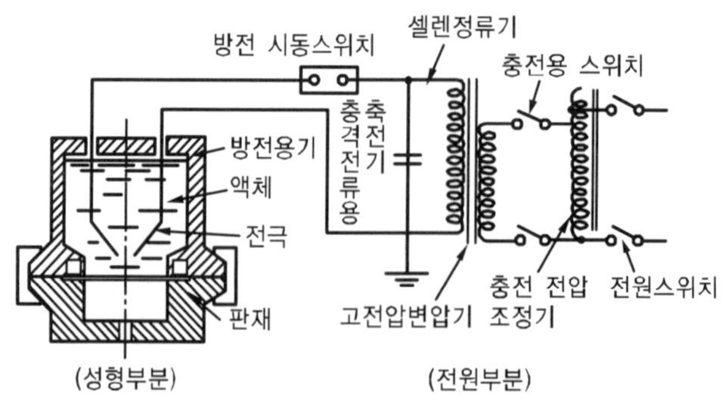

그림 3-92 액체 속에서의 방전 성형

③ 전자력 성형(magnetic pulse forming)

전자력 성형은 방전 성형장치와 원리가 같으며, 전극 대신 코일을 사용하여 이 코일에 충격 전류를 통했을 때 발생하는 자계(磁界)에너지를 이용하여 금속판이나 파이프를 가공하는 방법이다.

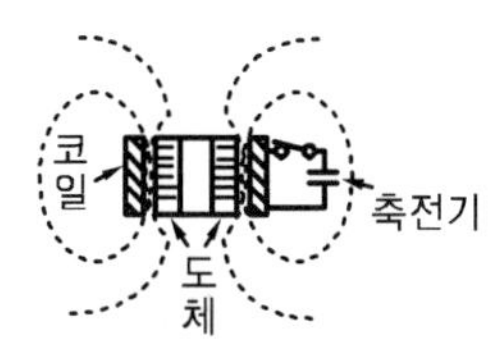

그림 3-93 전자력 성형의 원리

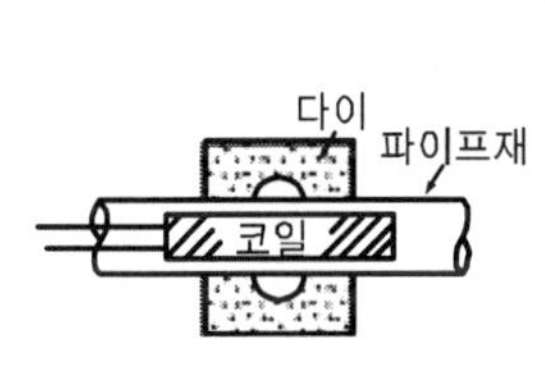

그림 3-04 파이프 벌지 성형

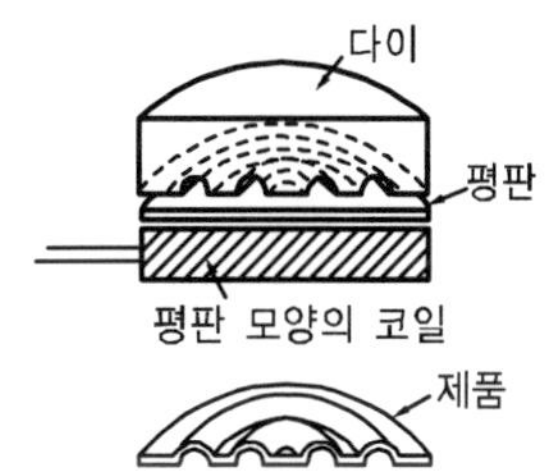

그림 3-95 평판이 벌지 성형

3-3 절삭 가공

1. 절삭 가공의 이론(理論)

절삭 공구를 사용하여 재료를 깎는 것을 절삭 가공이라 하며, 절삭 가공은 다음과 같은 목적을 달성하기 위하여 여러 가지 수단이나 방법을 사용한다.

① 제품의 정밀도가 높고 품질이 균일할 것

② 가공하기 쉽고, 안정성이 있으며, 능률적일 것

③ 재료의 낭비를 최소한도로 줄일 수 있을 것

④ 절삭 공구의 수명이 길도록 잘 유지할 것

⑤ 절삭 속도를 광범위하게 변환할 수 있고, 소요 동력은 가능한 한 경제적일 것

⑥ 안전한 작업을 할 수 있을 것

[1] 공작기계의 절삭방식과 그 종류

절삭(cutting, machining)이란 공작물의 일부를 절삭 공구(cutting tool)를 이용하여 연속적으로 전단 파괴시켜 깎아내는 것이다. 그림 3-96은 가장 단순한 절삭 상태를 나타낸 것이며, 절삭 공구에 의해 공작물에서 분리되는 것을 절삭 칩(chip)이라 한다.

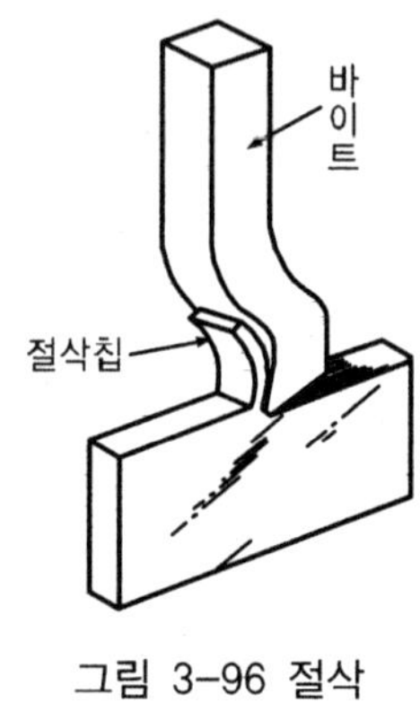

그림 3-96 절삭

그림 3-97은 여러 가지 절삭 형태를 나타낸 것이며 그림 (a)는 공작물을 회전시켜 절삭하는 것으로 이것을 선삭(旋削) 또는 터닝(turning)이라 하고, 그림 (b)는 공작물에 대해 절삭 공구가 직선 왕복운동을 하여 절삭하는 것으로 형삭(形削) 또는 세이핑(shaping)이라 하며, 절삭 공구가 고정되고 공작물이 움직이는 경우를 평삭(平削 또는 플레이닝(planing)이라 한다. 그림 (c)는 절삭 공구가 회전하면서 공작물을 절삭하는 밀링(milling)을 나타낸 것이다. 이들을 요약하면 다음과 같다.

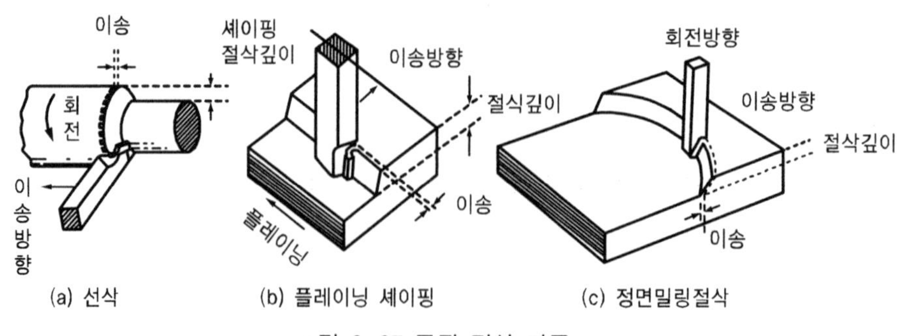

그림 3-97 주된 절삭 가공

(1) 절삭에 의한 가공

절삭에 의한 가공에는 선삭(turning), 드릴링(drilling), 보링(boring), 평삭(planing), 밀링(milling), 태핑(tapping) 등이 있다.

(2) 입자에 의한 가공

입자에 의한 가공에는 연삭(grinding), 호닝(horning), 슈퍼 피니싱(super finishing), 래핑(lapping) 등이 있다.

[2] 공작기계의 기본운동

(1) 절삭 운동(cutting motion)

절삭 운동에는 절삭 공구를 고정하고 공작물을 운동시켜 절삭하는 방법(선반과 플레이너), 공작물을 고정하고 절삭 공구를 운동시켜 절삭하는 방법(드릴링 머신, 밀링, 연삭기, 브러칭 머신), 공작물과 절삭 공구를 동시에 운동시켜 절삭하는 방법(호닝 머신과 래핑 머신)이 있다.

(2) 이송 운동(feed motion)

절삭운동과 함께 절삭 위치를 바꾸는 것으로 절삭 공구 또는 공작물을 이동시키는 운동이다.

(3) 조정운동(위치결정 운동)

공작물을 절삭하기 위해서는 절삭 공구의 고정, 공작물의 설치 및 제거, 절삭 깊이 등의 조정이 필요하다.

[3] 칩(chip)의 발생 모양

같은 재료를 절삭 할 경우라도 절삭 공구, 절삭 속도, 절삭 깊이, 이송 등의 조건이 변화하면 칩의 발생 상태도 달라지며, 완성 면의 거칠기도 차이가 난다. 칩의 모양은 다음과 같이 4가지로 분류할 수 있다.

(1) 유동형 칩(floe type chip)

유동형 칩은 칩이 계속 길게 연결되어 흘러가듯 나오는 것으로 절삭 작용이 원활하고 다듬질 면이 양호할 때 발생한다. 유동형 칩은 알루미늄 합금, 연강 등 연한 재료를 고속으로 절삭할 때, 절삭량과 절삭 깊이가 얕고, 절삭속도가 클 때, 바이트의 경사각이 클 때, 윤활 성능이 좋은 절삭제의 공급이 많을 때 발생한다. 그리고 칩이 바이트 경사면에 연속적으로 흐르며, 절삭 면이 깨끗하고, 절삭 날의 수명이 길어지지만, 작업에 지장을 주므로 칩 브레이크 등을 이용하여야 한다.

(2) 전단형 칩(shear chip)

전단형 칩은 칩이 계속 연결은 되지만 잘라지는 결이 가로 방향으로 되어 약간 거침감이 드는 형태이며, 다듬질 면도 유동형 칩에 비해 뒤떨어진다. 전단형 칩은 연성 재료를 저속으로 절삭할 때, 절삭 날의 경사각이 작을 때, 절삭 깊이가 클 때, 칩의 미끄러짐 간격이 유동형 칩보다 약간 커진 때 발생한다. 특징은 칩이 약간 거칠게 전단되고 잘 부서지며, 전단이 발생하므로 절삭력의 변동이 심하게 반복되고, 다듬질 면이 거칠다.

(3) 열단형 칩(tear type chip)

열단형 칩은 유동형 칩, 전단형 칩보다 재료가 강인 할 때 칩이 바이트의 경사면에 붙어 흘러나올 수 없기 때문에 날 끝이 전진함에 따라 발생한다. 열단형 칩은 공구가 재료를 뜯는 형태의 칩이며, 극연강, 알루미늄 합금, 구리 합금 등 점성이 큰 재료의 저속 절삭에서 발생하기 쉽다. 그리고 특징은 표면에서 긁어낸 것과 같은 칩이 나오고, 다듬질 면이 거칠고, 잔류 응력이 크므로 다듬질 가공에서는 매우 부적당하다.

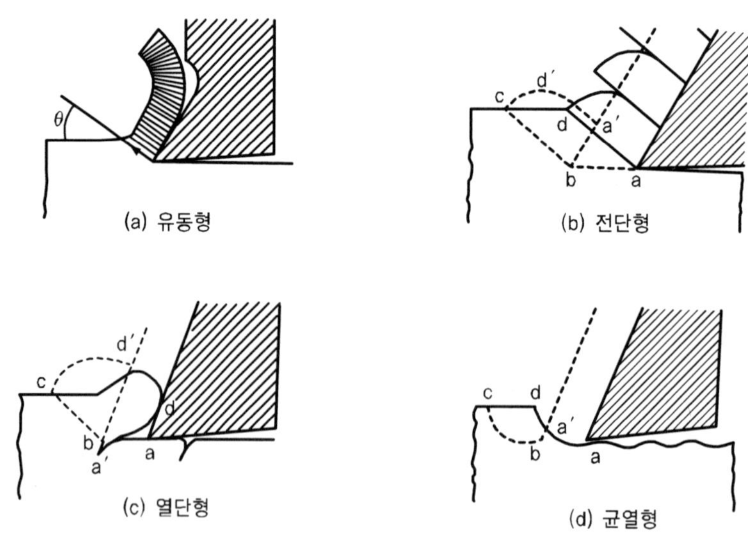

그림 3-98 절삭 칩의 형태

(4) 균열형 칩(crack type chip)

균열형 칩은 열단형 칩의 경우와 같이 절삭 공구 앞면의 재료가 강하게 압축되어 날 끝에서 양쪽으로 균열이 발생한다. 그리고 여리기 때문에 낮 끝에서 발생한 균일이 공작물의 표면까지 생겨서 칩이 분리된다. 균열형 칩은 주철, 가단주철 등 취성이 큰 재료를 작은 절삭각도로 저속으로 절삭할 때 발생한다. 그리고 특징은 절삭 날이 절입되는 순간 균열이 일어나고 이것이 연속되어 칩과 칩 사이에는 정상적인 절삭이 전혀 일어나지 않으며 절삭 면에도 균열이 발생하며, 절삭력의 변동이 크고 다듬질 면이 거칠다.

[4] 빌드업 에지(built up edge, 구성 인선)

금속 재료를 절삭할 때 칩과 공구 경사면 사이에 높은 압력과 큰 마찰저항 및 절삭열에 의하여 칩의 일부가 가공 경화되어 절삭날 끝에 부착되어 절삭 날과 함께 절삭하므로 절삭 날의 경사면과 여유 면의 마모를 촉진시키고 가공을 거칠게 하는 현상이다. 빌드업 에지의 발생 주기는 발생→성장→분열→탈락의 과성을 반복하며, 스테인리스강, 연강, 알루미늄 등과 같이 절삭 날의 재질과 친화력이 강한 재료에서 발생하기 쉽다.

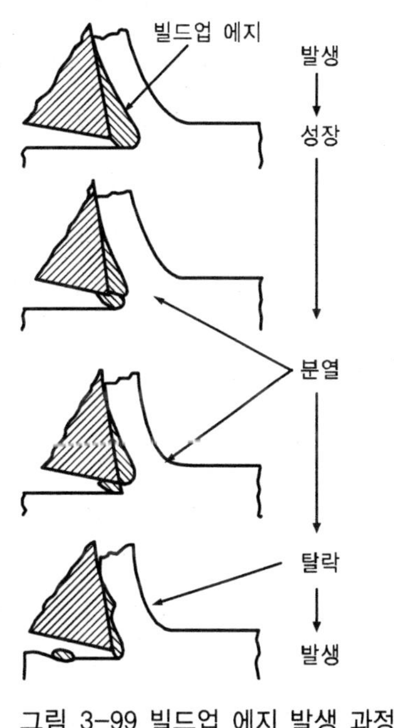

그림 3-99 빌드업 에지 발생 과정

(1) 빌드업 에지가 발생하는 원인

① 절삭 속도가 30~50m/min 이하 또는 절삭날 끝의 경사각(30° 이하)이 적을 때

② 절삭날 끝의 온도가 상승하여 융착 온도가 되었을 때

③ 절삭 깊이가 깊고, 이송량이 너무 적을 때

④ 절삭날 끝 경사각이 거칠고, 절삭유가 부적당할 때

(2) 빌드업 에지의 영향

빌드업 에지가 일어나면 공작물의 다듬면이 불량해지며, 발생~탈락을 반복하므로 절삭저항이 변화하여 공구에 진동을 준다. 초경합금 공구는 절삭날 끝이 함께 탈

락되므로 결손이나 치핑(chipping, 미소 파괴)이 일어나기 쉽다.

(3) 빌드업 에지 방지방법

① 절삭 깊이를 적게 하고, 경사각을 크게(30° 이상)한다.

② 날 끝 부분이 재료의 재결정 온도 이상 되도록 한다.

③ 절삭속도(이송속도)를 크게(102~150m/min 이상)하거나 매우 늦게 한다.

④ 절삭 날 끝을 냉각시키고 윤활 성능이 좋은 절삭유를 사용한다.

⑤ 공구의 날 끝을 예리하게 한다.

(4) 빌드업 에지의 특성

① 공구의 날 끝을 덮어 보호한다.

② 실제 경사각이 커지므로 절삭저항이 감소한다.

③ 공작물의 다듬질 면의 정밀도를 저하시킨다.

④ 동력손실을 초래한다.

⑤ 공구 수명이 단축되고, 표면 변질 층이 깊어진다.

[5] 절삭 저항

(1) 절삭 저항의 3분력

절삭 공구로 공작물을 절삭하는 것은 공작물에 소성변형을 주어 칩을 분리시키는 것이며, 이때 절삭 공구는 공작물로부터 큰 저항을 받게 되는데 이 저항을 절삭 저항이라 한다. 절삭 저항은 공구의 수명, 다듬질 면의 거칠기, 절삭에 소요되는 동력 등에 영향을 준다. 절삭저항의 3분력의 크기는 주분력>배분력>이송분력(횡분력)이다.

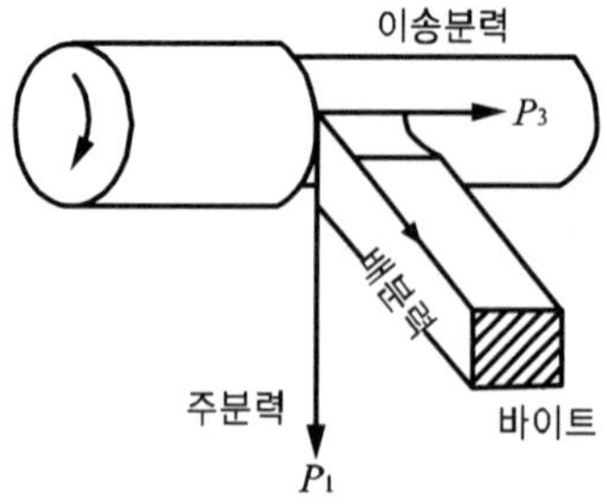

그림 3-100 절삭저항의 3분력

(2) 절삭 저항에 영향을 주는 요인

① 재료의 경도와 인성이 클수록 절삭 저항이 증가한다.

② 절삭면적(이송×절삭 깊이)이 커지면(절삭량이 증가하면) 절삭저항이 커진다.

③ 절삭속도가 클수록 절삭저항이 감소하는 경향이 있다.

④ 경사각이 클수록 절삭저항이 감소한다.

⑤ 날 끝의 절삭 깊이나 공구 설치각도가 커지면 절삭저항(주분력+배분력)이 감소한다.

[6] 절삭 동력과 절삭 속도

(1) 절삭 동력

절삭저항의 주분력과 절삭동력은 다음 공식으로 계산할 수 있다.

$$Nc = \frac{P_1 v}{75 \times 60}$$

여기서, Nc : 절삭 동력[PS]

P_1 : 절삭 저항[kgf]

v : 절삭 속도[m/min]

그리고 이송을 주기 위한 소요동력 Nf [PS]는 이송속도를 S[㎜/min]라 하면

$$Nf = \frac{P_2 \cdot S}{75 \times 60 \times 1000}$$

여기서, P_2 : 이송분력

(2) 절삭 속도

절삭할 때 절삭 공구에 대한 공작물의 상대적 속도를 절삭 속도(cutting speed)라 하며, 단위는 [m/min]으로 표시한다. 선반에서 둥근 봉의 바깥둘레를 절삭할 때 같은 회전속도라도 둥근 봉의 지름에 따라 절삭 속도가 달라진다. 절삭 속도와 회전속도와의 관계는 다음 공식으로 나타낸다.

$$V = \frac{\pi DN}{1000}[\mathrm{m/min}], \quad N = \frac{1000V}{\pi D}$$

여기서, D : 공작물의 지름[㎜], N : 회전속도[rpm]

[7] 절삭 공구

(1) 절삭공구(cutting tool)의 종류

① 바이트(bite) : 선반, 세이퍼, 슬로터, 플레이너 등에서 사용하는 절삭공구이다.

② 드릴(drill) : 드릴 머신에서 구멍을 뚫는 공구이며, Φ13㎜까지는 탁상 드릴 머신의 척(chuck)에 끼워서 사용한다. 드릴의 표준 날 끝각은 118°이다.

③ 커터(cutter) : 밀링 머신에서 절삭공구로 사용되며 회전 절삭운동을 한다.

④ 연삭숫돌 : 숫돌 입자를 결합제로 결합시켜 굳힘 것으로 고속 강력 절삭에 필요하다.

⑤ 탭(tap), 리머(reamer), 보링 바(boring bar) : 구멍을 내는 공구를 탭, 드릴 구멍을 정밀하게 다듬는 공구를 리머, 구멍을 더욱 크고 정밀하게 넓히는 공구는 보링 바이다.

(2) 절삭공구 재료의 구비조건

① 고온 경도, 마모 저항, 강성과 인성이 클 것

② 마찰 저항이 적고, 쉽게 원하는 형상을 만들 수 있을 것

③ 내마모성이 크고, 값이 쌀 것

(3) 공구의 수명

절삭을 시작하여 절삭 공구를 다시 연삭할 필요가 발생하기까지의 실제 절삭시간을 공구 수명이라 한다. 즉 새로이 연삭한 절삭 공구를 사용하여 동일한 공작물을 일정한 조건으로 절삭을 시작하여 더 이상 절삭이 되지 않을 때까지 절삭한 시간이다. 드릴의 경우에는 절삭한 구멍 길이의 총계 또는 더 이상 절삭하지 못할 때까지의 공작물 개수로 표시하기도 한다.

1) 공구 수명 판정기준

① 날 끝의 마모가 일정한 값에 도달하였을 때

② 가공 면에 광택이 있는 무늬, 점, 줄 등이 발생하였을 때

③ 가공 치수의 변화가 어느 값에 도달하였을 때

④ 가공 면의 거칠기의 변화가 어느 값에 도달하였을 때

⑤ 절삭저항의 배분력 또는 이송분력이 갑자기 증가할 때

⑥ 절삭저항의 주분력이 절삭을 시작할 때와 비교하여 어느 값만큼 증가한 때

2) 공구 수명 공식

$$VT^n = C,\quad T^n = \frac{C}{V}$$

여기서, V : 절삭속도

T : 공구의 수명

C : 재료의 절삭면적과 그 형상, 절삭유의 유무에 따라 결정되는 상수이며, 150~600 정도이다.

n : 공작물, 공구의 재질에 따라 결정되는 상수이며, 일반적으로 1/5~1/10으로 한다.

[8] 절삭유의 작용과 구비조건

(1) 절삭유의 작용

① 냉각 작용을 한다.

② 마찰 감소작용을 한다.

③ 칩 세거 작용을 한나.

④ 방청 작용을 한다.

(2) 절삭유의 구비 조건

① 마찰계수가 적을 것

② 유막의 내압 면적이 클 것

③ 절삭유의 표면장력이 적을 것

④ 칩의 생성 부분까지 침투가 잘 될 것

⑤ 냉각성능과 윤활 성능이 좋을 것

⑥ 유동성이 좋고, 인화점 및 발화점이 높을 것

(3) 공작물과 공구 사이의 마찰계수가 크면

① 전단각이 작아지고, 칩의 변형에 소요되는 절삭동력이 증가한다.

② 칩은 전단형, 열단형, 균열형으로 되기 쉽다.

③ 공구에 작용하는 압력이 커져 빌드업 에지가 발생하기 쉽고 다듬질 면이 거칠어진다.

④ 절삭온도가 높아지면 공구의 수명이 짧아진다.

2. 공작기계의 종류와 그 특성

[1] 선반(Lathe)

선반은 공작물을 회전 운동시키면서 여기에 절삭공구(바이트)를 세로 방향 또는 가로 방향으로 이동시키면서 절삭가공을 하는 공작기계이며, 기어(gear)절삭은 하지 못한다. 선반은 주로 원통 가공에 이용되며, 가공할 수 있는 작업은 바깥지름(외경) 절삭, 끝면 절삭, 정면 절삭, 절단, 테이퍼 절삭, 곡면 절삭, 구멍 뚫기, 보링 작업, 너링 작업, 나사 절삭 등이 있다.

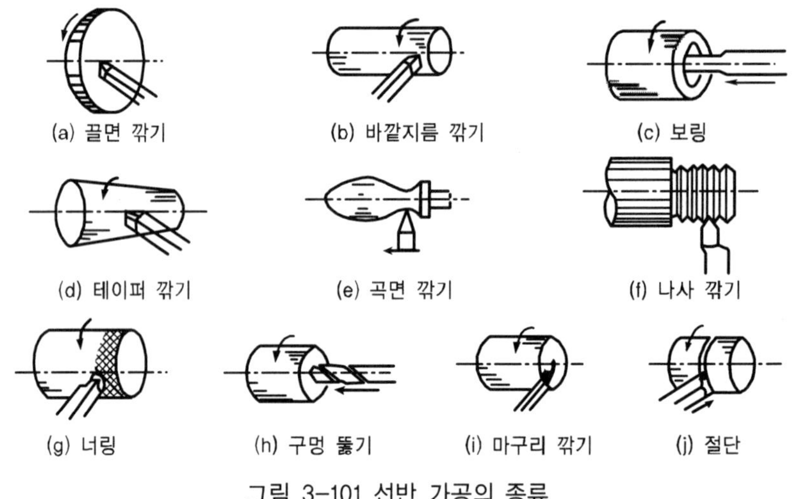

그림 3-101 선반 가공의 종류

(1) 보통선반(engine lathe)의 구조

선반 중 가장 대표적으로 보통 선반을 사용하며, 베드 위에는 주축대와 심압대가 있어 두 부분에 공작물을 고정시키고, 또 베드 위에 공구대를 가진 왕복대가 있어 이곳에 절삭 공구(바이트)를 설치하고 공작물을 가공한다.

보통 선반은 베드, 주축대, 왕복대, 심압대, 이송장치 등의 주요부분으로 구성되어 있다. 그리고 선반에는 보통 선반이외에 탁상 선반, 터릿 선반, 모방 선반, 정면 선반, 다인 선반 등이 있다. 선반의 크기 표시는 베드(bed)의 스윙과 양 센터 사이의 최대 거리로 표시하는 방법과 센터의 높이와 베드의 길이로 표시하는 방법이 있다.

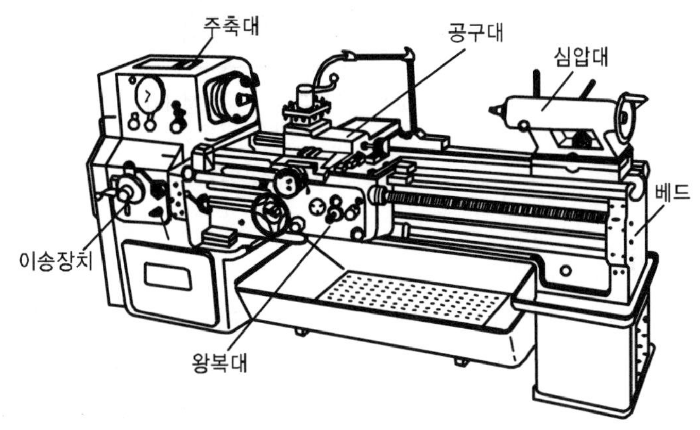

그림 3-102 보통선반의 주요부분

① 주축대(head stock)

주축대는 공작물을 고정하여 회전시키는 장치이며, 공작물에 따른 적절한 절삭 속도를 선택할 수 있는 변속장치와 절삭공구의 이송장치 등이 있다. 주축은 일반적으로 속이 빈 축을 사용한다. 이것은 무게를 줄이고 비틀림 등에 견디며, 정밀도를 향상시킨다. 또 긴 공작물을 가공할 때 주축 속을 통하여 고정할 수 있도록 하기 위한 것이다.

② 왕복대(carriage)

왕복대는 베드 위에 놓여 있으며, 세로방향으로 이동하는 왕복대와 가로방향으로 이동하는 왕복대가 있다. 그 위에는 선회대(swivel)가 부착된 공구 이송대가 있으며, 베드 앞쪽에는 에이프론(apron), 베드 뒤에는 새들(saddle)이 있다.

③ 심압대(tail stock)

심압대는 주축대의 반대쪽에 설치되어 있으며, 공작물의 한쪽 끝을 센터로 지지하거나 드릴 등의 절삭 공구를 고정하여 실행하는 작업에 이용된다.

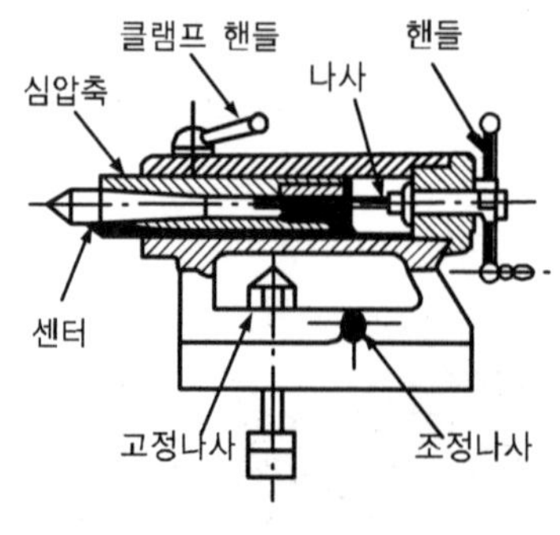

그림 3-103 심압대

④ 베드(bad)

베드는 주축대, 왕복대, 심압대 등 선반의 주요부분을 얹어 놓고 있는 부분이며, 절삭작용에 의하여 주로 비틀림 작용과 굽힘 작용을 받으므로 변형이 생기지 않도록 구조를 튼튼히 한다. 베드에는 표면이 편평한 영국식과 산형의 볼록이 있는 미국식이 있다.

⑤ 이송장치

이송장치는 왕복대의 자동이송이나 나사를 절삭할 때 적당한 회전속도를 얻기 위해 주축에서 운동을 전달받아 이송 축 또는 리드 스크루까지 전달하는 장치이다. 운동 전달순서는 선반 모터→주축대→변환기어→이송장치→이송량 또는 리드 스크루→왕복대이다. 특히 선반에는 주축 회전반향에 관계없이 이송장치의 정·역회전 조절이 가능한 장치가 주축대에 설치되어 있는데 이것을 텀블러 장치라 한다.

(2) 선반의 부속부품

① 돌림판(driving plate)과 돌리개(dog)

공작물을 양 센터로 지지하고 절삭할 때, 돌리개로 공작물을 고정시키고, 주축의 끝 나사에 고정한 돌림판으로 스핀들의 회전을 공작물로 전달한다.

② 센터(center)

주축 쪽의 센터는 주축과 함께 회전하므로 회전센터(live center)라 하고, 심압대 쪽의 센터는 회전하지 않으므로 정지 센터(dead center)라 한다. 센터의 각도는 일반적으로 60°로 가공되어 있다. 센터의 재질은 주축에는 연강, 심압대에는 강철을 담금질한 것이 사용된다.

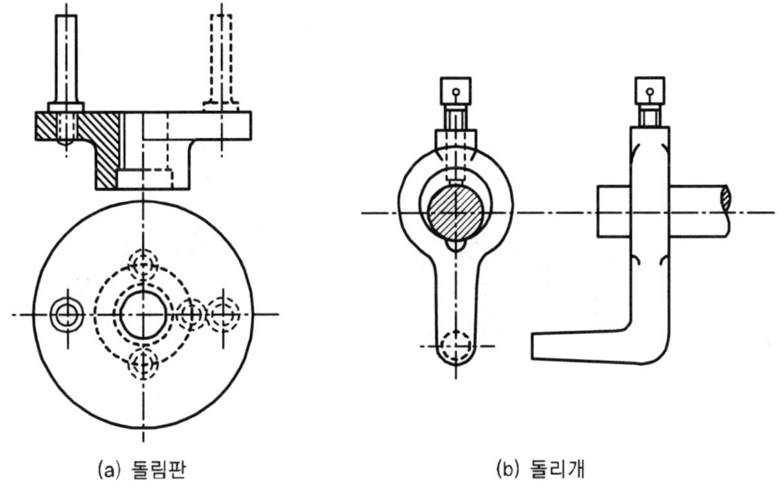

그림 3-104 돌림판과 돌리개

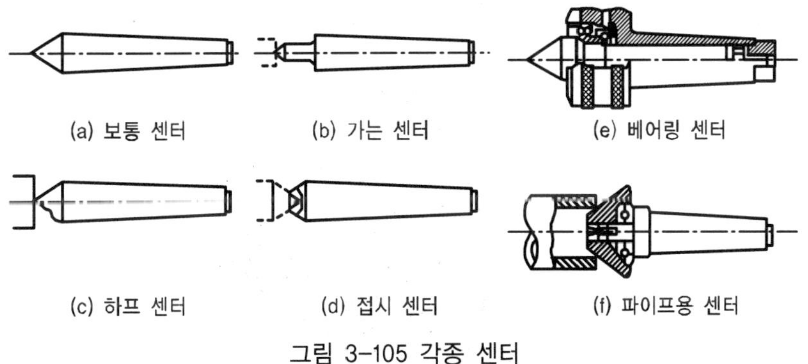

그림 3-105 각종 센터

③ 척(chuck)

척은 주축의 끝 나사 부분에 끼워 고정하고, 공작물을 고정시켜 절삭하는데 사용한다. 척에는 여러 가지가 있는데 단동척(independent chuck)은 죠(jaw)가 각각 움직일 수 있어 불규칙한 형상의 공작물을 고정시키는데 적합하며, 죠의 수는 일반적으로 4개이다. 연동척(universal chuck)은 3개의 죠가 동시에 같은 분량만큼 앞뒤로 움직이는 구조이며, 원형이나 6각형의 공작물을 고정하는데 적합하다. 복동척(combination chuck)은 연동척과 단동척을 겸할 수 있는 구조로 되어 있다. 또 죠를 압축공기나 유압으로 개폐하는 것을 각각 공기척(air chuck), 유압척(hydraulic chuck)이라 하는데, 이들은 회전 중에 공작물을 물리고 풀어

낼 수 있어 대량 생산에 적합하다. 그리고 전자척(magnetic chuck)은 전자석에 의하여 철강 제품을 흡착하는 것으로 얇은 공작물을 고정시키는데 적합하다.

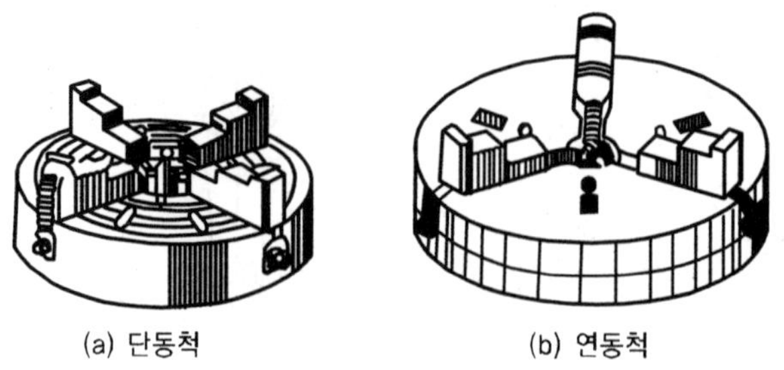

(a) 단동척 (b) 연동척

그림 3-106 척

④ 면판(face plate)

척으로 고정시키기 어려운 공작물을 직접 또는 볼트와 앵글 판(angle plate)을 이용하여 간접적으로 고정하는데 사용된다.

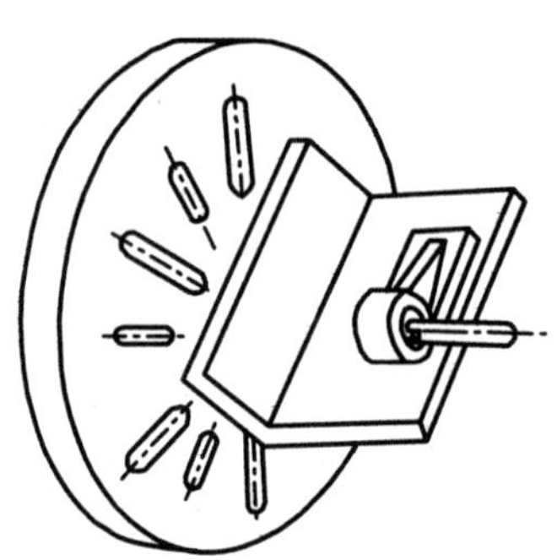

그림 3-107 면판에 부착

⑤ 방진구(steady rest)

긴 공작물을 절삭할 때에는 공작물의 굽힘이나 진동을 방지하기 위하여 사용하는 것이며, 베드 위에 설치하는 것을 고정 방진구, 왕복대에 설치하여 공구대와 함께 움직일 수 있는 것을 이동 방진구라 한다.

⑥ 맨드릴(mandrel)

기어나 벨트 풀리 등의 소재를 다듬질 할 때에는 먼저 축 구멍을 다듬질하고, 바깥지름이나 양쪽 옆면을 가공하게 되는데 이때 뚫린 구멍에 맨드릴을 끼우고 센터 작업을 한다.

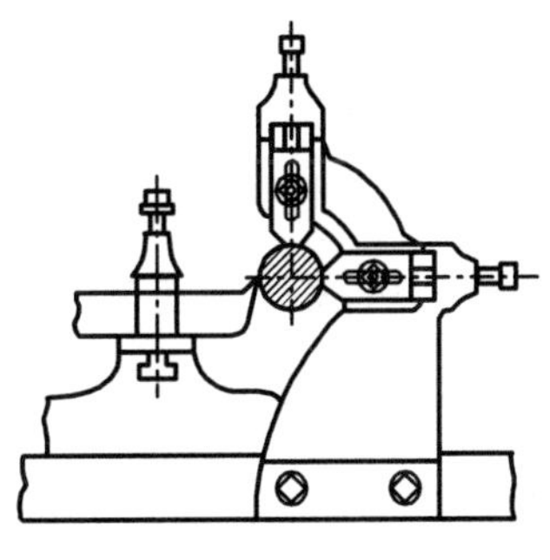

그림 3-108 이동 방진구

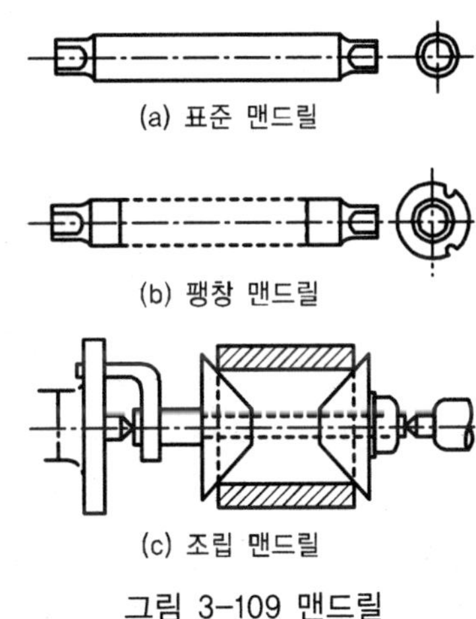

그림 3-109 맨드릴

⑦ 바이트(bite)

선반작업에서 사용하는 절삭공구를 바이트라 하며, 바이트의 날은 용도, 수명, 절삭성능, 마모 등을 고려하여 형상을 제작한다. 그리고 바이트의 재질은 탄소 공구강, 합금 공구강, 초경질 합금, 서밋합금(cermet alloy), 세라믹(ceramic), 다이아몬드 등이 있으나 최근에는 주로 초경질 합금을 사용한다.

㉮ 바이트의 구비 조건

- 공작물보다 경도가 크고, 온도변화에 따른 경도 변화가 작을 것
- 내마모성이 크고, 절삭성능이 좋을 것
- 높은 온도에서도 경도가 감소되지 않을 것

㉯ 바이트의 종류

- 막 깎기 바이트 : 절삭 깊이나 이송량을 많이 주는 초벌 깎기에 사용된다.
- 다듬질 바이트 : 공작물을 다듬질할 때 사용한다.
- 단면 깎기 바이트 : 공작물의 옆면이나 끝 부분의 옆면을 다듬질할 때 사용한다.
- 구석 깎기 바이트 : 턱이 있는 부분의 구석을 깎는데 사용한다.
- 절단 바이트 : 홈을 깎거나 절단하는데 사용된다.
- 나사 깎기 바이트 : 나사를 깎기 위하여 나사 산의 형상과 같은 형상의 바이트가 사용된다.
- 총형 바이트 : 복잡한 형상의 공작물을 다듬질하는데 사용된다.
- 구멍 깎기 바이트 : 구멍의 안쪽 면을 깎을 때 사용한다.

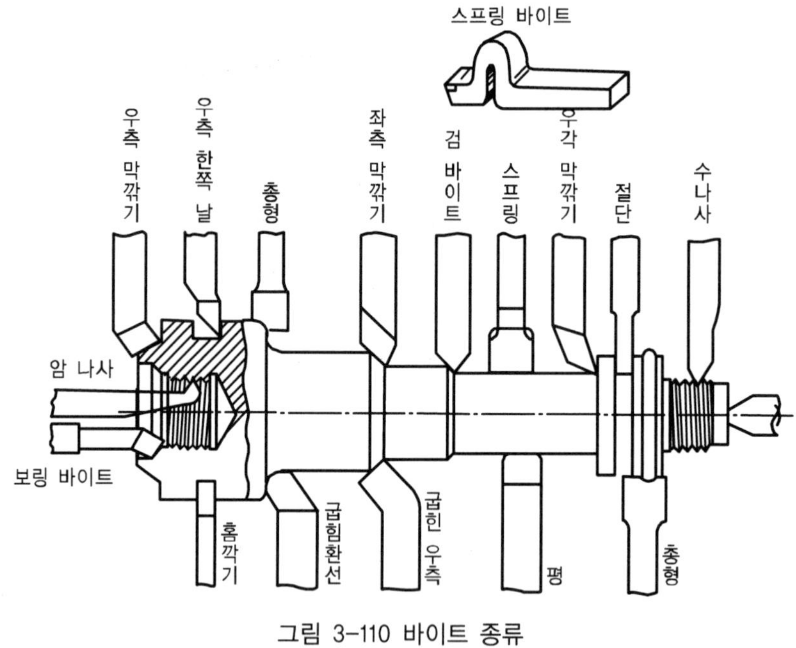

그림 3-110 바이트 종류

㉰ 바이트의 날 각도

- 윗면 경사각 : 바이트 날 끝에서 생크 쪽으로 그은 수평선과 경사면이 이루는 각도를 말한다. 윗면 경사각이 크면 절삭 저항이 감소하여 아름다운 다듬면을 얻을 수 있으나 날 끝의 강도가 약해진다. 일반적으로 절삭할 때 연한 재료는

크게, 단단한 재료는 작게 한다.

- 옆면 경사각 : 길이 방향으로 바이트를 투영시켰을 때 경사면이 저면에 평행한 평면을 이루는 각도를 말한다.
- 앞면 여유각 : 바이트 선단에서 그은 수직선과 여유 면이 이루는 각도를 말하며, 일반적으로 5~8° 정도이다.
- 앞쪽 절삭날 각 : 절삭 면과 날 끝 앞 가장자리와의 마찰을 방지하기 위한 각도이며, 이 각도가 커지면 날이 약해지고, 너무 작으면 진동이 발생하여 바이트의 마멸이 심해진다.
- 절삭날 각 : 절삭작업의 시작과 끝 무렵에 바이트 끝에 작용하는 충격적인 하중을 방지한다.

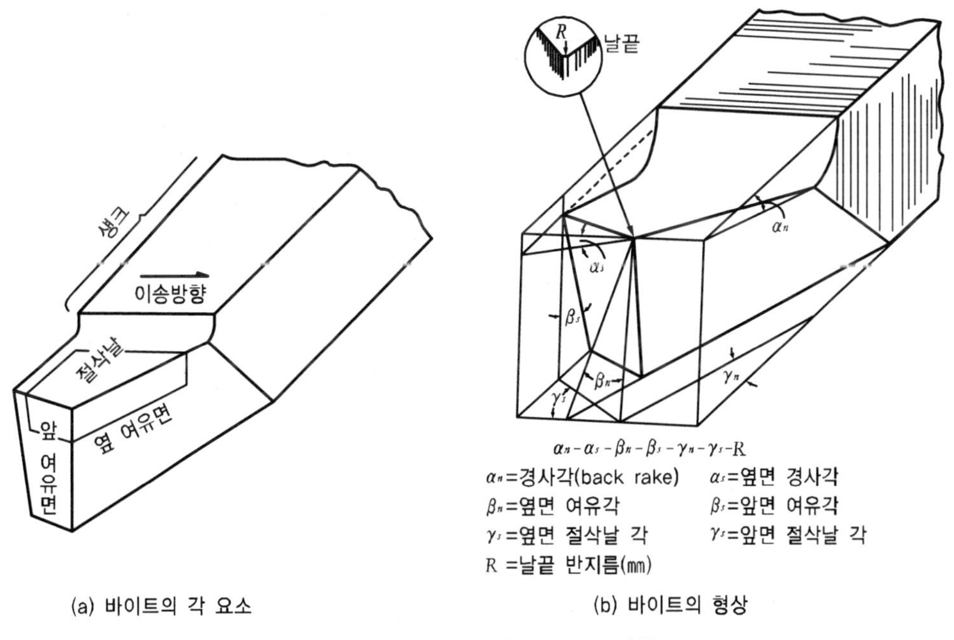

(a) 바이트의 각 요소 (b) 바이트의 형상

그림 3-111 바이트의 각 부분 명칭

(3) 선반의 테이퍼 절삭(taper cutting) 방법

선반작업으로 테이퍼를 절삭하는 방법에는 심압대를 편위시키는 방법, 복식 공구대를 회전시키는 방법, 테이퍼 절삭장치를 이용하는 방법, 총형 바이트에 의한 방법 등이 있다.

① 공구대를 회전시키는 방법

테이퍼 부분이 비교적 짧을 때 사용하며 공구대 회전각도는 다음 공식으로 구한다.

$$\tan\theta = \frac{x}{l}, \quad x = \frac{D-d}{2}$$

$$\therefore \tan\theta = \frac{D-d}{2l}$$

여기서, D : 큰 부분의 지름

d : 작은 부분의 지름

l : 테이퍼 부분의 길이

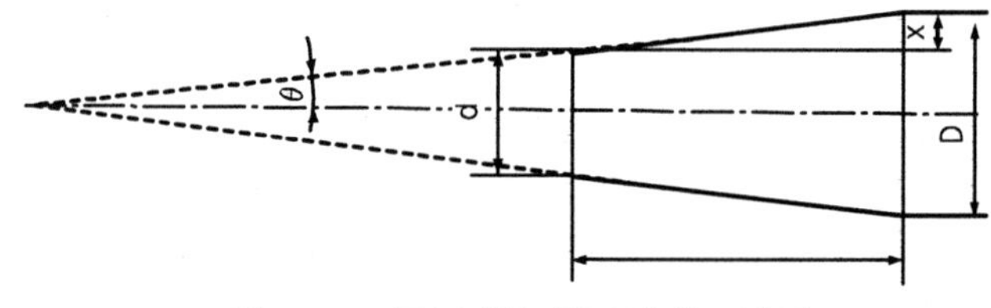

그림 3-112 공구대를 회전시키는 방법

② 심압대를 편위시키는 방법

테이퍼 부분이 비교적 길고, 테이퍼의 양이 작을 때 사용하며 양 센터로 지지하고 가공한다. 이때 심압대의 편위량은 다음 공식으로 구한다.

$$x = \frac{D-d}{2} \qquad \text{[그림 a의 경우]}$$

$$x = \frac{(D-d)L}{2l} \qquad \text{[그림 b의 경우]}$$

여기서, L : 공작물의 전체 길이

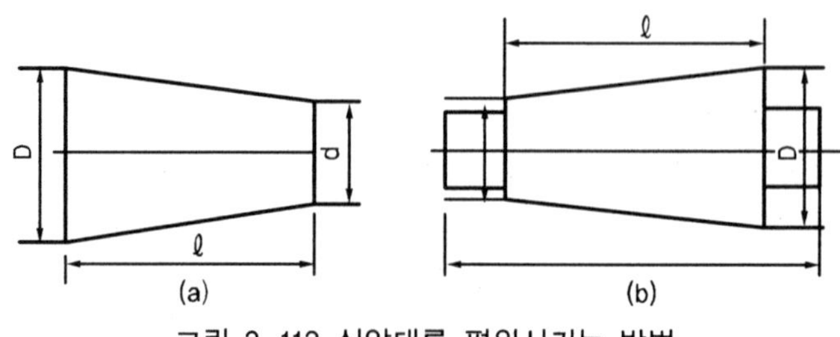

그림 3-113 심압대를 편위시키는 방법

③ 테이퍼 절삭 장치를 사용하는 방법

전용 테이퍼 절삭장치를 만들어 절삭을 하는 방법으로, 이송은 자동이송이 가능하며, 절삭할 때 안내 판 조정, 눈금 조정을 한 다음 자동이송 시킨다. 심압대 편위 방법보다 넓은 범위의 테이퍼 가공이 가능하며, 공작물의 길이에 관계없이 같은 테이퍼 값의 가공이 가능하다.

④ 총형 바이트를 사용하는 방법

테이퍼용 총형 바이트를 사용하여 비교적 짧은 테이퍼를 절삭하는 방법이다.

[2] 세이퍼, 플레이너, 슬로터

(1) 세이퍼(shaper)

세이퍼는 비교적 소형 공작물을 평면 절삭하는데 사용하는 것으로 프레임(frame), 램(ram), 공구대, 테이블, 구동 및 변속장치 등으로 구성되어 있고, 램은 프레임 위쪽의 홈이 있는 안내면을 왕복운동하며, 테이블은 램과 직각방향으로 상하·좌우 이동을 한다. 공작물을 테이블에 고정하고 램이 직선 왕복 운동할 때 절삭공구가 왕복운동을 하여 절삭한다. 이때 절삭 공구의 상하운동으로 절삭 깊이가 결정된다. 주로 평면, 홈, 곡면, 기어 절삭에 이용된다.

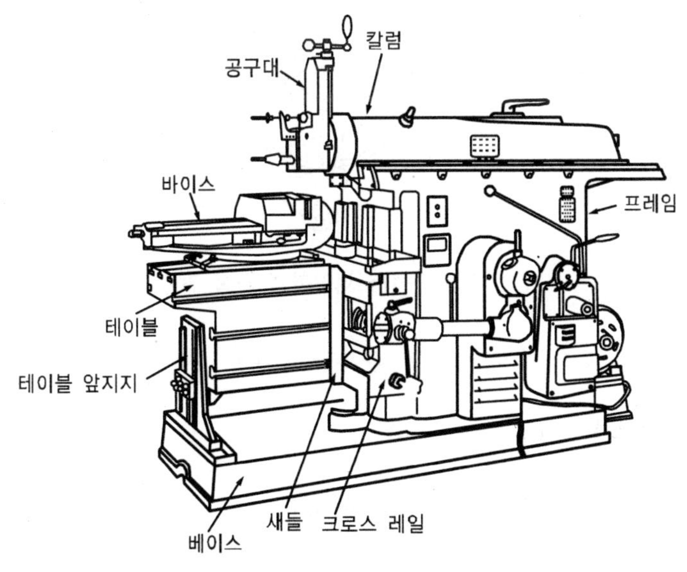

그림 3-114 세이퍼의 구조

① 세이퍼의 크기 및 특징

세이퍼의 크기는 램의 최대 행정, 테이블의 상하·좌우 이동 거리로 나타내는데, 일반적으로 호칭은 램의 최대 행정으로 표시한다. 그리고 세이퍼의 특징은 운동부분의 무게가 가벼워 마찰부분의 소비동력이 적으며, 바이트의 이송과 조절이 간단한 장점이 있으나, 절삭행정의 손실이 크고, 진동이 발생하기 쉬우며, 램의 구조상 정밀도 유지가 곤란한 결점이 있다.

② 급속 귀환기구

그림 3-115는 급속 귀환기구의 약도이며, 큰 기어의 크랭크 핀(crank pin)에는 슬라이더(slider)가 끼워져 있으며, 이것이 로커 암(rocker arm)홈 속에서 움직인다. 크랭크 핀이 α각을 회전하는 사이에 램은 왼쪽으로 움직이며, β각을 회전하는 사이에 램은 오른쪽으로 움직인다. α>β이므로 절삭 행정에서는 느리고, 오른쪽으로 움직이는 귀환 행정에서는 빠르게 된다.

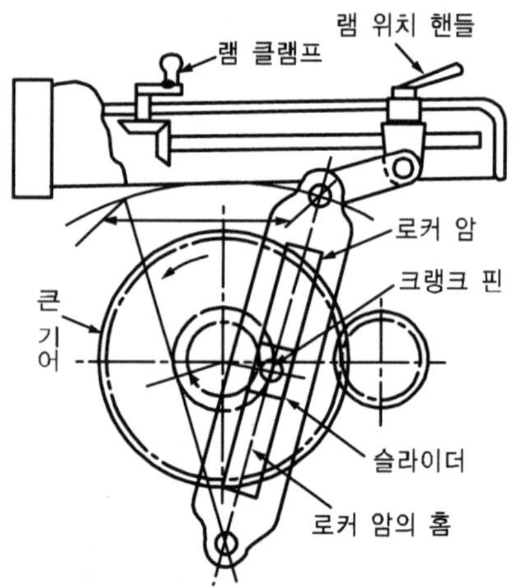

그림 3-115 세이퍼의 급속 귀환기구

③ 세이퍼의 절삭 속도와 램의 왕복 회전속도

$$N=\frac{1000aV}{l} \quad \text{또는} \quad V=\frac{Nl}{1000a}$$

여기서, N : 1분간 바이트의 왕복 횟수

a : 바이트의 1왕복 시간에 대한 절삭행정 시간의 비율

V : 절삭 속도(m/min), l : 램의 행정

(2) 플레이너(planer)

① 플레이너의 개요

플레이너는 큰 부품이나 기계 본체를 가공하는 기계이며, 테이블의 수평 왕복 운동과 그 직각방향으로 바이트를 이송하여 공작물의 평면 및 옆면을 비교적 정밀하게 가공한다.

플레이너는 컬럼의 형상에 따라 쌍주식 플레이너(double housing planer)와 단주식 플레이너(open side planer)가 있으며, 그 구조는 그림 3-116과 같다. 플레이너는 절삭공구가 공구대에 고정되어 크로스 레일(cross rail)위를 가로방향으로 이송하고, 긴 왕복 테이블 위에 공작물이 고정되어 테이블의 왕복 운동에 의해 가공된다. 절삭공구의 이송은 테이블이 귀환운동을 할 때 이루어지며 여러 가지 기계의 기준면, 안내 면이 될 평면을 절삭하는데 사용된다.

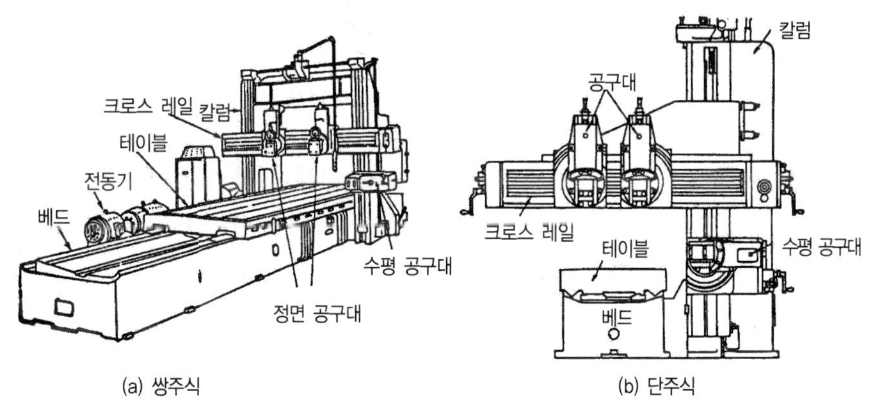

그림 3-116 플레이너의 구조

플레이너의 크기는 테이블의 최대 행정과 공작물의 최대 높이×너비×길이로 나타내며, 쌍주식은 컬럼의 거리에 의해 공작물의 크기가 제한을 받으나 단주식은 비교적 너비가 큰 것도 가공할 수 있다. 플레이너의 주요부분은 베드(bed), 테이블(table), 컬럼(column), 크로스 레일, 새들, 공구대, 급속 귀환기구, 및 이송기구 등으로 구성되어 있다. 테이블의 구동방식에는 기어구동 방식, 워드 레오나드(ward reonard) 방식, 전자 클러치 방식, 벨트방식, 유압구동 방식 등이 있다. 플레이너의 급속 귀환은 일반적으로 절삭 이송의 2~4.5배이나 최근에는 효율을 높이기 위해 왕복 행정에서 모드 절삭을 하는 것도 있다.

② 플레이너의 작업

플레이너 가공에서는 플레이너용 바이트를 사용한다. 그림 3-117과 같이 바이트 끝 부분이 만곡(彎曲)되어 절삭 날의 높이를 낮게 한 것이며, 절삭력에 따라 절삭 날이 내려감에 따라 동시에 후퇴하므로 절삭에 무리가 생기지 않는다.

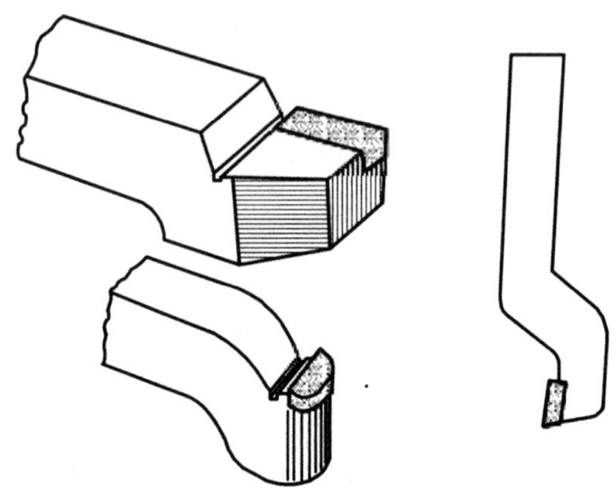

그림 3-117 플레이너용 바이트

플레이너는 주요 운동이 왕복운동으로 절삭 능률이 떨어지므로 막깎기를 할 때에는 끝이 둥근 바이트를 사용하고 절삭속도는 10~40m/min, 이송은 1~2㎜, 절삭 깊이는 2~4㎜ 정도의 매우 강력한 절삭을 한다.

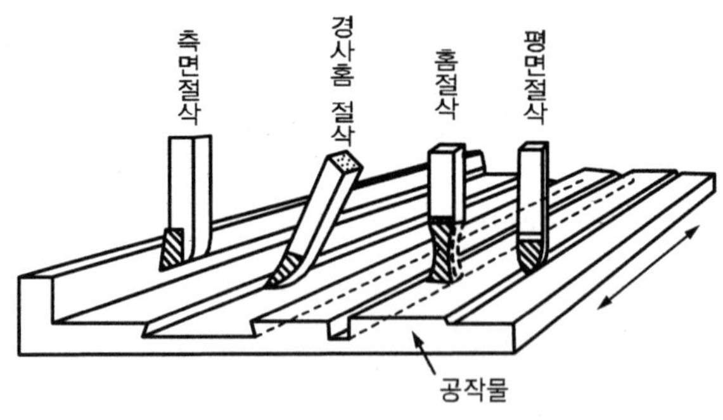

그림 3-118 플레이너의 작업

정밀한 다듬질을 할 때에는 절삭 날이 넓은 다듬질 바이트를 사용하여 매우 작은 양의 절삭 깊이와 빠른 이송을 한다. 그리고 플레이너에 유압 모방장치를 설치하면 금형이나 프로펠러 그밖에 상당히 형상이 복잡한 부품도 가공할 수 있다. 공작물의 설치는 테이블 표면에 T홈이 여러 개 파여 있어 그림 3-119와 같은 여러 가지 형식의 고정판이 볼트를 사용하여 공작물에 무리가 가지 않도록 고정한다.

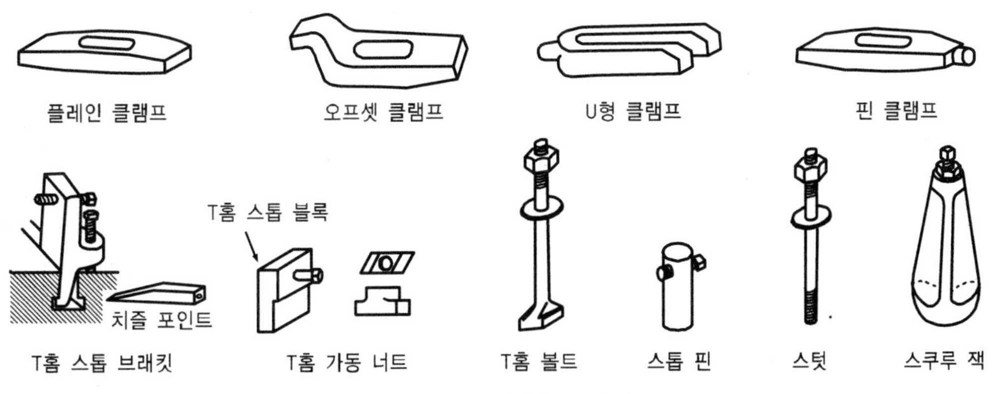

그림 3-119 플레이용 고정기구

(3) 슬로터(slotter)

슬로터는 수직형 세이퍼라고도 하며, 가공할 수 있는 작업은 평면 절삭, 곡면 절삭, 홈 절삭 등이며 이외에도 기어나 풀리의 키 홈, 내접기어나 스플라인의 구멍을 가공할 수 있다. 크기 표시는 세이퍼와 같이 램의 최대 행정으로 표시한다. 슬로터는 상하 왕복운동을 하는 램에 설치된 바이트가 테이블 위의 공작물을 가공하는 기계이다. 램을 왕복 운동시키는 기구는 세이퍼와 같이 링크와 크랭크로 되어 있어 램을 하강행정에서 절삭을 하고, 상승행정에서 귀환하므로 급속 귀환기구를 지니고 있다.

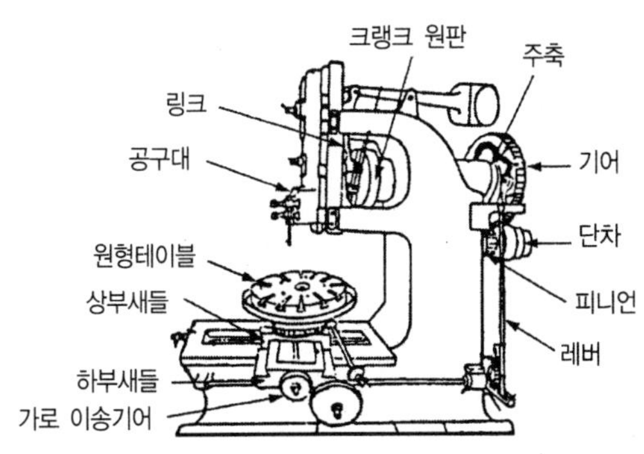

그림 3-120 슬로터의 구조

[3] 밀링 머신(milling machine)

밀링 머신은 원판 또는 원통 둘레에 많은 날을 지닌 밀링 커터라는 절삭공구를 회전시켜 공작물을 이송하며 절삭하는 공작기계이다. 수직과 수평의 평면 깎기, T 홈 깎기 등을 빠르고 정밀도가 높게 가공할 수 있으며, 특수장치를 하여 기어 가공, 비틀림 홈 깎기 등도 할 수 있다.

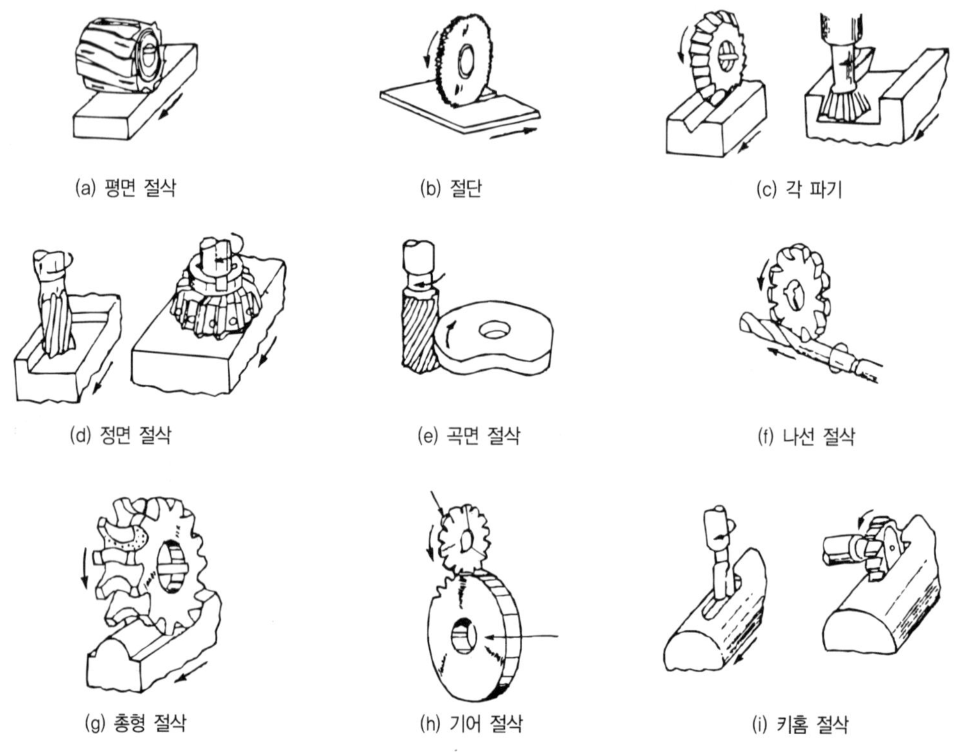

그림 3-121 밀링 가공의 종류

(1) 밀링 머신의 특징

그림 3-122는 아버(milling arbor)에 밀링 커터를 부착하여 회전시켜 테이블에 설치한 공작물을 이송하여 절삭하는 밀링 작업을 나타낸 것이며 다음과 같은 특징을 가지고 있다.

① 밀링 커터의 원둘레에 많은 절삭 날이 있어 절삭날 1개의 절삭량이 적어도 전체의 절삭량이 크고 능률적이며, 정밀하게 가공을 할 수 있다.

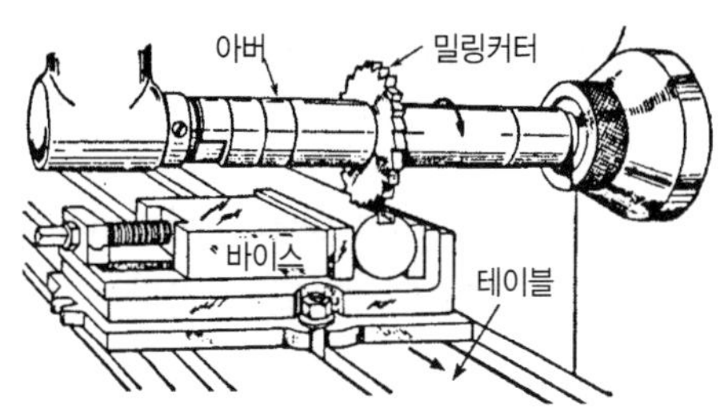

그림 3-122 평면 밀링 머신에 의한 가공

② 여러 개의 밀링 커터를 아버에 부착하여 동시에 절삭할 수 있으며, 절삭날의 형상을 여러 가지로 바꾸어 복합한 형상의 공작물도 가공할 수 있다.

③ 절삭 날은 절삭 열에 의해 일시 가열되나 절삭시간이 짧고, 공전하는 시간이 길기 때문에 그 사이에 냉각되어 절삭작용이 계속되는 바이트에 비해 과열이 적고, 절삭 칩의 두께가 절삭 중에 점차 변화하는 점이 선삭과 크게 다르다.

(2) 밀링 커터의 종류

① 평면 밀링 커터(plain milling cutter) : 평면을 절삭하는데 사용하며, 일반적인 날은 커터 축에 대해 15° 꼬임 날로 되어 있고, 거친 날은 25~35°의 꼬임으로 되어 있다. 꼬임 날 커터를 헬리컬(helical) 평면 밀링 커터라고도 부르며, 곧은 날에 비해 절삭작용이 부드러워 가공 면이 아름답고 동력 소모가 적다.

② 옆면 밀링 커터(side milling cutter) : 원둘레와 양쪽 면에 절삭 날이 있은 것으로 홈 깎기를 할 때 사용한다. 날이 서로 15° 정도 어긋나게 경사진 커터를 스태거드 투스(staggered tooth)밀링 커터라 한다. 옆면 밀링 커터는 여러 개를 아버에 부착하여 동시에 절삭하는 경우가 많다.

③ 엔드 밀(end mill) : 원둘레와 끝 면에 날이 있고, 2개 또는 여러 개의 날이 곧은 날과 꼬임 날 등 여러 가지가 있으며, 비교적 가벼운 절삭으로 복잡한 형상을 절삭하는데 주로 사용한다. 일반적인 엔드 밀은 경사진 자루와 일체로 되어 있으며, 자루는 곧은 자루와 모스 테이퍼 자루가 있다. 지름이 비교적 큰 것(30~125㎜)은 커터를 자루에 끼워 사용하는 통형 엔드 밀이 있다.

④ 각도 밀링 커터(angular milling cutter) : 날이 경사져 원뿔의 일부를 형성하고 있으며 도브 테일(dove tail)과 같은 산 모양(山形)의 홈을 깎는데 사용한다. 이 커터는 단일각도(single angle) 밀링 커터, 부등각(unequal double angle) 밀링 커터, 등각(double angle)밀링 커터 등이 있다.

⑤ 총형 밀링 커터(formed milling cutter) : 날이 오목형 또는 볼록형 곡선으로 되어 곡면을 절삭하는데 사용된다.

⑥ 삽입날 옆면 밀링 커터(inserted blade side milling cutter) : 커터 본체에 초경합금 팁(tip)을 납땜한 것이며, 큰 밀링 커터는 대부분 이 형식을 사용한다.

⑦ 정면 밀링 커터(face milling cutter) : 날의 형상에는 곧은 날, 꼬임날 및 거친 날 등 3가지가 있으며, 커터 몸체를 커터 아버에 끼우는 형식과 주축에 직접 부착하는 형식이 있다. 대부분이 삽입날 커터이며, 넓은 평면을 능률적으로 절삭할 수 있다.

⑧ 메탈 소(metal slitting saw) : 날의 너비가 얇고 날의 수가 많은 커터이며, 공작물을 절단하거나 깊은 홈을 내는데 사용한다. 절삭 마찰을 적게 하기 위해 축심(軸心)방향으로 조금 얇게 되어 있다.

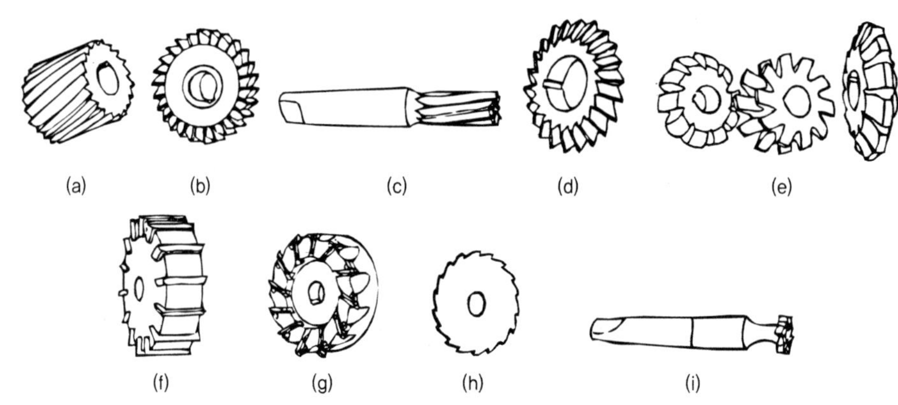

그림 3-123 밀링 커터의 종류

(3) 밀링 방법

① 올려 깎기(up cutting)

밀링 커터의 회전 방향과 공작물의 이송방향이 서로 반대이므로, 테이블의 이송 나사에 다소의 여유가 있어도 절삭이 가능하며, 칩이 절삭을 방해하지 않는다. 그러나 공작물의 고정이 확실하지 않으면 날의 마모가 심하고 동력의 소비가 커 가공 면이 거칠어진다.

(a) 올려깎기

(b) 내려깎기

그림 3-124 밀링 커터의 절삭 구분

② 내려 깎기(down cutting)

밀링 커터의 회전방향과 공작물의 이송방향이 같은 것이며, 공작물의 고정이 간단하고, 날의 마멸이 적어 가공 면이 아름답고 동력소비가 적다. 그러나 칩이 절삭을 방해하며, 이송 나사에 여유 장치가 필요하며, 아버가 휘기 쉽다.

(4) 밀링 머신의 종류

밀링 머신은 여러 종류가 있지만 가장 많이 사용되는 것이 수평 밀링 머신, 수직 밀링 머신과 만능 밀링 머신이다.

① 수평 밀링 머신

밀링 커터를 주축에 직접 설지하거나 아버(arbor)에 실치하여 회전시키면서 테이블 위에 설치한 공작물을 절삭한다. 또 절삭속도와 이송을 크게 하여 강력한 작업에 적합하도록 되어 있다. 그리고 분할대를 사용하면 원둘레를 임의로 등분할 수 있으므로 각도의 등분이나 기어 깎기를 할 수 있다.

② 수직 밀링 머신

주축이 수직으로 되어 있으며, 여기에 엔드 밀이나 정면 밀링 커터를 설치하여 평면 깎기나 홈 깎기 등을 할 수 있다.

③ 만능 밀링 머신

외관은 수평 밀링 머신과 비슷하나 다름 점은 테이블을 어느 각도만큼 선회시킬 수 있기 때문에 넓은 범위의 작업을 할 수 있다. 최근에는 수평 밀링 머신과 수직 밀링 머신을 겸할 수 있는 것도 있다.

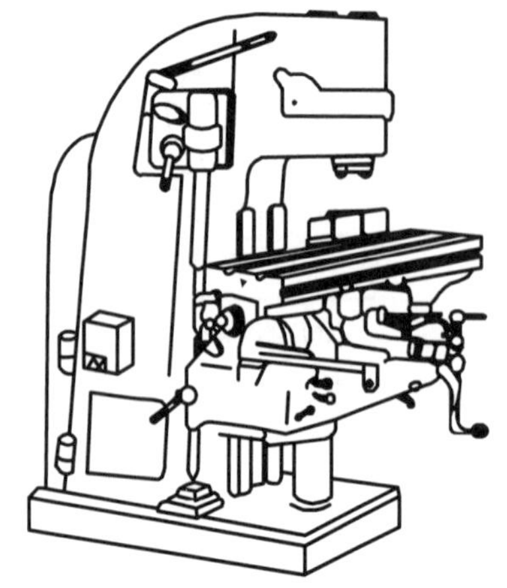

그림 3-125 수직 밀링 머신

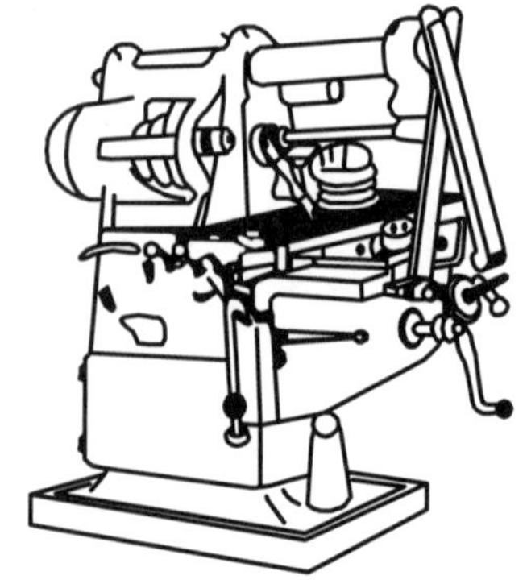
그림 3-126 만능 밀링 머신

밀링 머신의 종류에는 위에서 설명한 것 이외에 부품을 대량 생산할 때 사용하는 생산 밀링 머신, 특수 가공을 하기 위한 전용 밀링 머신인 특수 밀링 머신이 있다. 밀링 머신의 크기 표시는 다음과 같다.

㉮ 테이블의 이송량(앞뒤×좌우×상하)

㉯ 테이블의 길이×높이

㉰ 주축의 중심에서 테이블 윗면까지의 최대 거리

㉱ 주축 끝에서 테이블 윗면까지의 최대 거리

(5) 밀링 머신의 구조

① 밀링 머신의 주요부분

㉮ 콜럼(column) : 밀링 머신의 본체이며, 여러 가지 장치가 내부에 들어 있다.

㉯ 니(knee) : 새들과 테이블이 설치되어 있으며, 콜럼쪽에 안내면을 지니고 있어 상하운동을 한다.

㉰ 새들(saddle) : 니 윗면에 있는 폭이 넓은 안내면이며, 앞뒤로 이동한다.

㉱ 테이블(table) : 새들 위의 안내면으로 좌우로 이동하는 부분이며 공작물, 고정 기구, 부속장치 등을 부착하기 쉽게 T 홈이 파져 있고 좌우로 이동한다.

㉲ 주축(main shaft) : 속이 비어 있는 축으로 아버를 끌어당기는 볼트가 들어 있고, 구멍은 테이퍼가 있다.

㉳ 아버(arbor) : 밀링 커터를 끼우는 부분으로 주축 끝에 끼워진다.

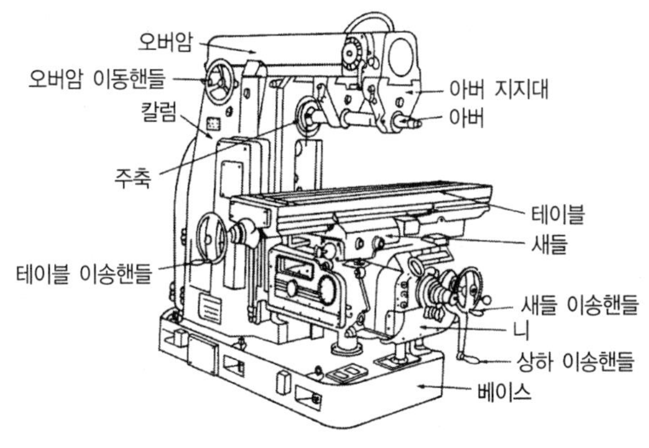

그림 3-127 밀링 머신

② 부속장치

㉮ 분할대(index head) : 주축대와 심압대가 한 쌍으로 구성되어 있는 것으로 테이블 위에 놓고 공작물을 지지하여 어떤 각도만큼 선회시켜 공작물을 임의로 분할하는 장치이다. 분할대 주축에 잇수가 40개인 웜 기어가 설치되어 있고 웜 기에는 1줄 웜이 맞물려 있으며, 웜 축은 크랭크에 의해 회전하게 된다. 따라서 크랭크를 1회전시키면 주축은 1/40회전한다.

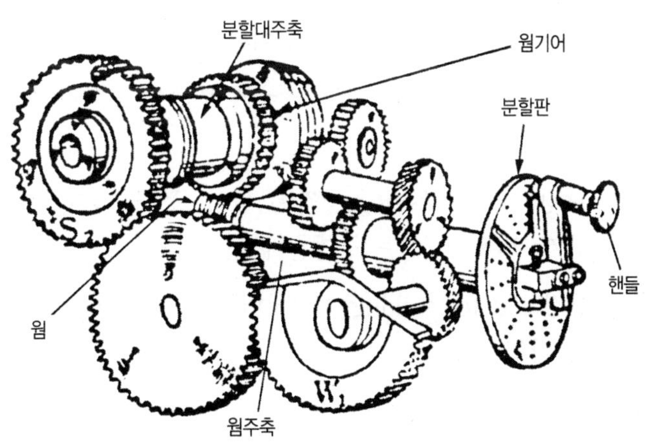

그림 3-128 분할대

㉯ 수직축 장치(vertical milling attachment) : 밀링 머신의 주축 끝에 붙여 수직 밀링 머신의 역할을 하는 장치이다.

(6) 밀링 커터의 분당 이송량

$$fz = \frac{fr}{Z} = \frac{f}{ZN}$$

$$f = fz \times Z \times N\ ,\ \ V = \frac{\pi DN}{1000}$$

여기서, f : 1분 동안의 이송(㎜)

fz : 날 1개당 이송(㎜)

Z : 커터의 날 수

N : 회전속도(rpm)

V : 절삭속도(m/min)

D : 지름(㎜)

[4] 드릴 가공(drill work)

드릴링 머신(drilling machine)은 주축에 끼운 드릴에 절삭 회전운동과 축 방향으로 이송을 주어 구멍 뚫기를 하는 기계이며, 선반 다음으로 많이 사용된다.

(1) 드릴의 기본 작업

① 드릴링(drilling) : 구멍을 뚫는 작업이다.

② 스폿 페이싱(spot facing) : 너트가 닿는 부분을 절삭하여 자리를 만드는 작업이다.

③ 카운터 보링(counter boring) : 작은 나사, 둥근 머리 볼트의 머리를 공작물에 묻히게 하기 위해 턱 있는 구멍을 뚫는 가공이다.

④ 카운터 싱킹(counter sinking) : 접시머리 볼트의 머리 부분이 묻히도록 원뿔자리를 파는 작업이다.

⑤ 보링(boring) : 뚫린 구멍이나 주조한 구멍을 넓히는 작업이다.

⑥ 리밍(reaming) : 뚫린 구멍 안쪽 면을 리머로 다듬는 작업이다.

⑦ 태핑(tapping) : 드릴로 뚫은 구멍의 안쪽 면에 탭을 이용하여 암 나사를 가공하는 작업이다.

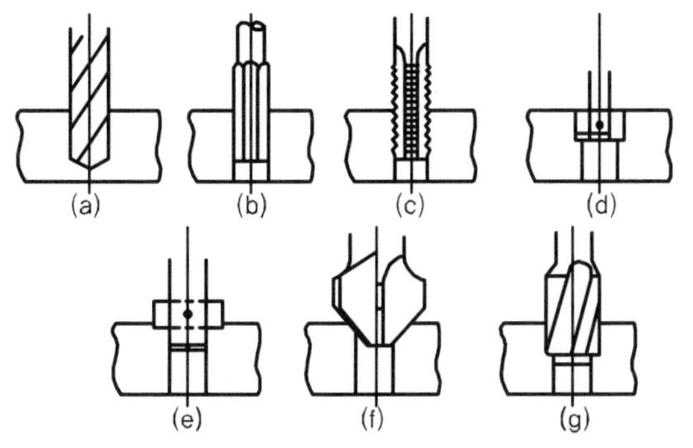

그림 3-129 드릴 작업의 종류

(2) 드릴의 각 부분 명칭

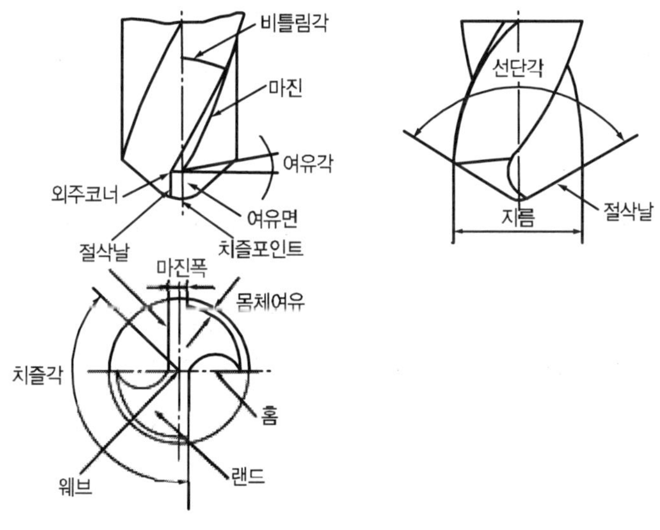

그림 3-130 드릴의 각 부분 명칭

① 드릴 날끝 각도

트위스트 드릴의 날끝 각도는 118°이며, 일반재료 118°, 경각 150°, 연강 125°, 스테인리스강 125~135°, 주철 90~100°, 황동, 구리합금 100~118°, 구리 100°, 알루미늄 140°이다.

② 날 여유각도

표준 날 여유각도는 12~15°이며, 일반재료 12~15°, 스테인리스강 10~12°, 주철, 구리 12°, 황동, 구리합금 12~15°, 경강 7~10°이다.

③ 비틀림 각도

비틀림 각도는 35°이며, 단단한(경질)재료는 각도가 작은 것을, 연한(연질)재료는 큰 것을 사용한다.

④ 백 테이퍼(back taper)

구멍 안쪽 면과 드릴과의 접촉 저항을 방지하기 위하여 선단에서 자루에 가까워짐에 따라 조금씩 가늘어지는 것을 말하며, 100㎜에 대하여 0.04~0.1㎜의 테이퍼를 준다.

⑤ 웨브(web)

좌우로 등을 대고 있는 2개의 홈 사이의 얇은 벽을 말하며, 각도는 135°가 표준이다. 웨브는 드릴 선단에서 자루 쪽으로 갈수록 두꺼우며, 두께가 두꺼울수록 절삭저항이 커진다.

(3) 드릴링 머신의 종류

① 직립 드릴링 머신

비교적 소형 공작물 가공에 편리 한 드릴링 머신이다. 공작물을 테이블 위에 고정시키고 테이블을 작동시켜 구멍의 위치를 결정한다. 주축의 상하 이동은 핸들 또는 레버에 의해 이루어지고, 절삭 이송은 수동 또는 자동으로 할 수 있다. 크기는 일반적으로 스윙, 테이블의 크기 및 드릴 작업을 할 수 있는 최대 지름으로 나타낸다.

② 탁상 드릴링 머신

작업대 위에 설치하는 소형 드릴링 머신이며, 드릴의 지름이 비교적 작고 깊이가 얕은 작은 구멍을 뚫을 때 사용되며, 단축, 다축 등의 종류가 있다.

③ 레이디얼 드릴링 머신

직립 드릴링 머신은 주축의 위치가 일정하므로 드릴의 위치 결정은 공작물을 움직여 정한다. 그러나 공작물이 큰 경우에는 공작물의 이동이 어렵고 또 주축이 구멍위치까지 닿지 않는 경우도 있다. 이와 같이 큰 공작물을 고정시키고 주축의 드릴부분을 움직여서 구멍을 뚫는 드릴링 머신이다.

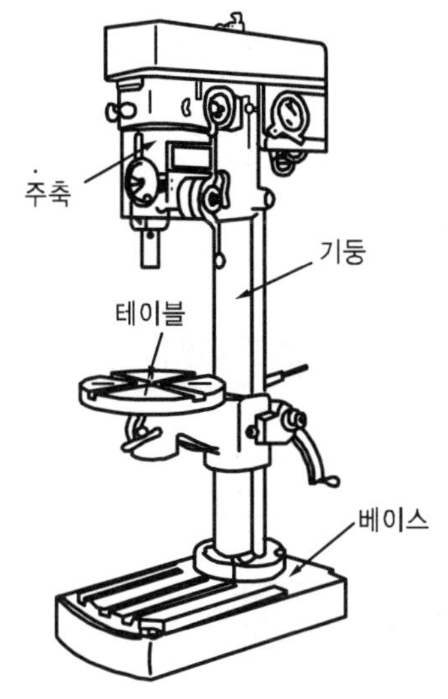

그림 3-131 탁상 드릴링 머신

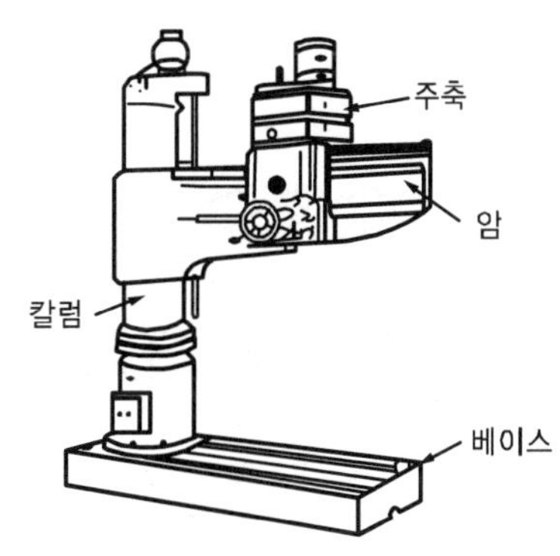

그림 3-132 레이디얼 드릴링 머신

④ 다축 드릴링 머신

같은 평면 내에 있는 많은 구멍을 드릴링 머신으로 뚫을 때, 구멍마다 드릴을 맞추는 것은 시간이 많이 소요된다. 따라서 대량 생산을 할 때 다축 드릴링 머신을 사용한다.

(4) 드릴의 종류

드릴은 자루의 형상에 의하여 곧은 자루(지름 13㎜ 이하)와 테이퍼 자루 드릴이 있으며, 형상과 용도에 따라 분류하면 다음과 같다.

① 트위스트 드릴(twist drill) : 홈이 2개인 것으로 가장 널리 사용되며, 홈이 비틀려져 있어 절삭성능이 좋고 칩의 배출이 원활하다.

② 직선 홈 드릴(straight flute drill) : 홈이 직선으로 된 드릴이며, 드릴 날끝 각도가 0이므로 절삭성능은 별로 좋지 않으나 황동이나 얇은 판의 구멍 뚫기에 사용한다.

③ 플랫 드릴(flat drill) : 구멍 뚫기를 위한 가장 간단한 것으로 날끝의 안내가 없어 구멍이 휘어지기 쉽다.

④ 유공 드릴(oil hole drill) : 깊은 구멍 뚫기 작업에서는 칩의 배출과 절삭유의 공급이 곤란한데 이 드릴을 사용하면 해결된다.

⑤ 반원 드릴(rifle barvel drill) : 드릴의 끝 부분은 1개의 날로 날끝은 드릴의 중심에 대해 편심되어 있다.

⑥ 센터 드릴(center drill) : 센터 구멍을 뚫을 때 사용하는 드릴이며, 크기는 끝 부분의 평행한 드릴의 지름으로 표시한다.

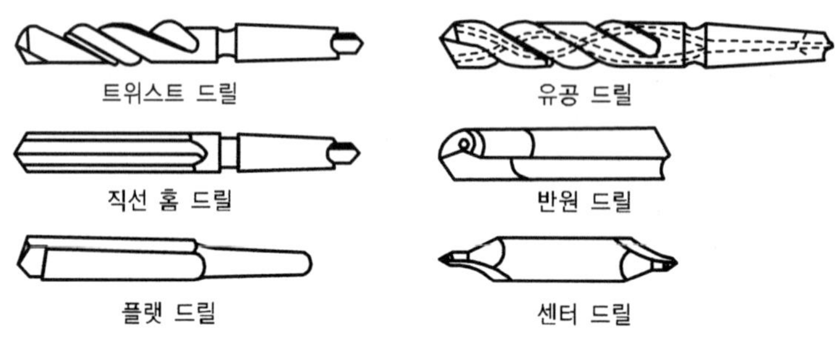

그림 3-133 각종 드릴

[5] 보링 머신(boring machine)

구멍의 지름이나 그 위치를 정밀하게 절삭하는 가공을 보링이라 하고, 보링용 전용 기계를 보링 머신이라 한다.

(1) 보링 작업

가공할 구멍에 보링 머신의 주축에 부착한 긴 층을 끼우고 다른 쪽을 베어링으로 지지하거나 한쪽 지지만으로 가공한다. 그리고 공작물을 올려놓은 테이블을 이동하거나 주축을 회전시키면서 미끄럼 운동시켜 보링을 한다. 양끝을 지지한 긴 축을 보링 바(boring bar)라 하며, 구멍의 길이가 짧을 때는 주축에 부착한 한쪽지지 보링 바를 사용한다. 보링을 할 때도 밀링 주축을 사용하는 것이 원칙이며, 그림 3-135와 같은 보링용 어댑터를 사용한다.

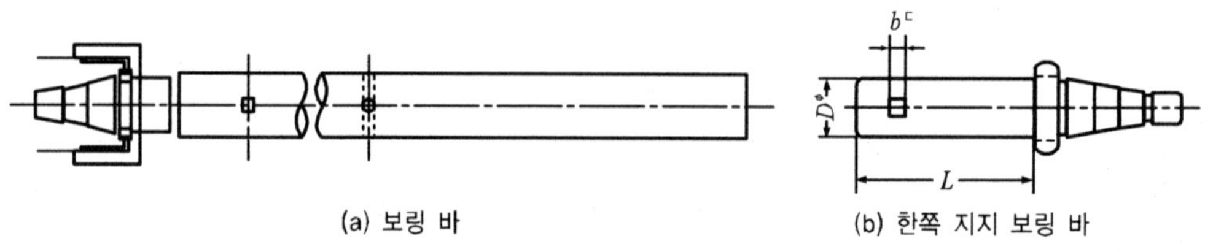

(a) 보링 바 (b) 한쪽 지지 보링 바

그림 3-134 보링 바

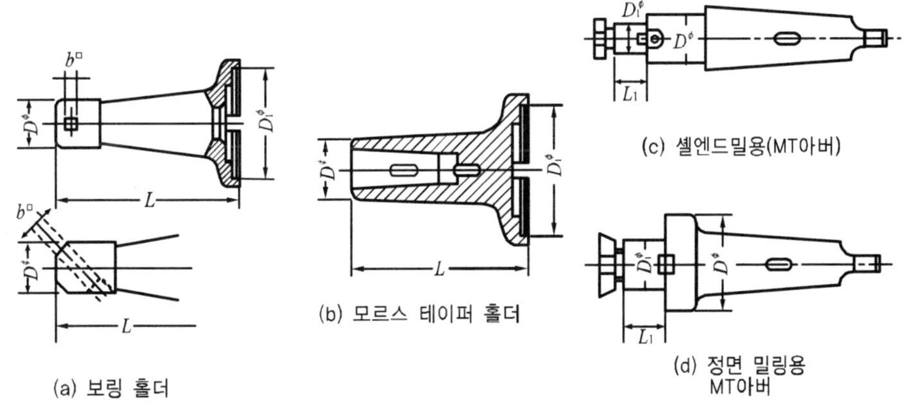

그림 3-135 보링용 어댑터

(2) 보링 머신의 종류

일반적으로 수평 보링 머신을 사용하며 그 형식에 따라 테이블형, 플레이너형, 이동 주축대형 등이 있다. 그리고 지그 보링 머신과 정밀 보링 머신이 있다.

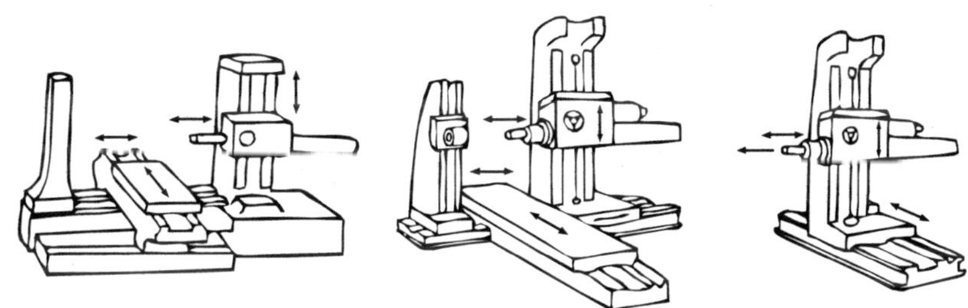

그림 3-136 보링 머신의 종류

① 수평 보링 머신(horizontal boring machine) : 주축이 수평으로 배치된 보링 머신으로 크기는 주축의 지름·주축의 이동거리·주축헤드의 상하 이동거리와 테이블 또는 기둥의 이동거리로 나타낸다.

② 정밀 보링 머신(fine boring machine) : 다이아몬드 바이트나 초경합금 바이트로 원통 안쪽 면을 작은 절삭 깊이와 이송량으로 높은 정밀도, 고속으로 보링하는 기계이다.

③ 지그 보링 머신(jig boring machine) : 지그 등으로 여러 개의 구멍을 매우 정확한 위치에 정밀하게 구멍 뚫기 또는 보링 가공을 하는 것으로 주축에 대해 높은 정밀도로 위치 결정을 할 수 있는 장치를 비치하고 있다.

(3) 보링 공구

① 보링 바(boring bar) : 보링 바이트를 고정하고 주축에 끼워져 회전하여 공작물의 구멍을 다듬질하는데 사용하는 막대이다.

② 보링 바이트(boring bite) : 날 끝은 선반용 바이트와 같으며, 각형, 원형이다.

③ 보링 헤드(boring head) : 지름이 큰 구멍을 가공할 때 직접 보링 바에 바이트를 고정하면 작업이 어려우므로 보링 헤드를 보링 바에 고정하고 여기에 바이트를 고정하여 공작물을 절삭한다.

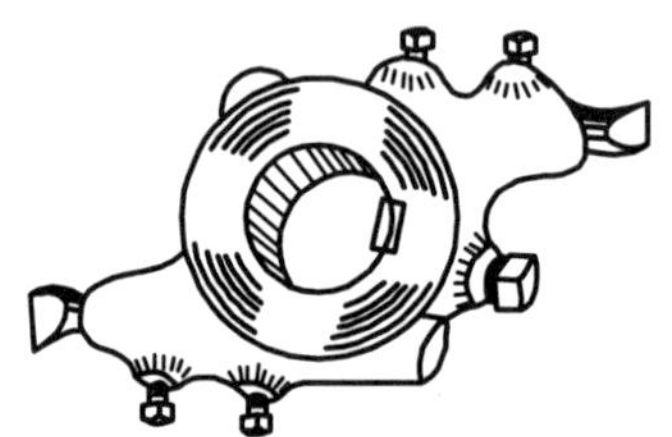

그림 3-137 보링 헤드

[6] 브로치 가공(broaching)

많은 날을 지닌 막대 모양의 절삭공구를 길이방향으로 운동시켜 공작물을 절삭하는 작업을 브러치 가공이라 한다. 브로치의 1회 운동으로 절삭이 끝나기 때문에 능률적이고 정밀한 가공을 할 수 있다. 그림 3-138과 같은 구멍을 가공하는 경우가 많으나 평면, 곡면, 홈 등도 가공한다.

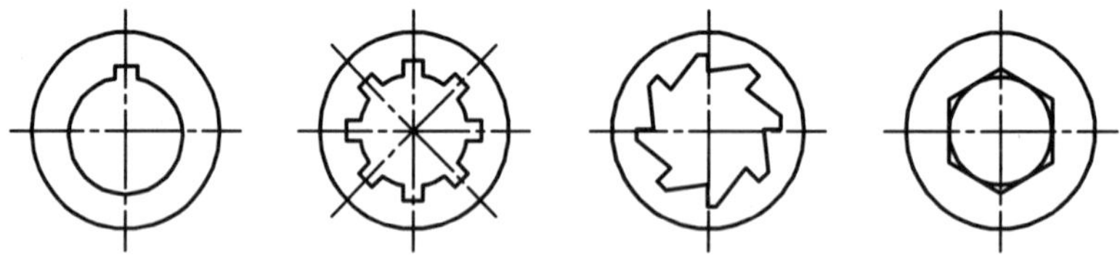

그림 3-138 브로치로 가공할 수 있는 구멍의 모양

브로치의 구조는 그림 3-139와 같다. 브로치의 종류에는 평면을 절삭하는 평면 브로치, 구멍이 뚫린 축의 안쪽 면에 여러 개의 홈을 내는 스플라인 브로치, 4각 구멍을 만드는 4각 구멍 브로치, 둥근 구멍 브로치, 절삭 날을 볼트로 고정한 붙임날 브로치 등이 있다.

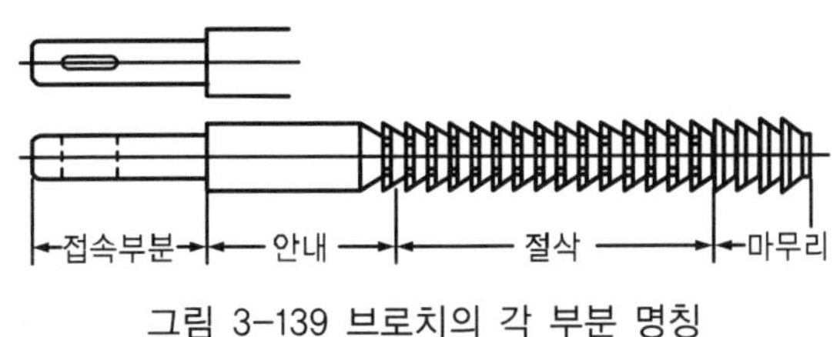

그림 3-139 브로치의 각 부분 명칭

절삭 날의 간격은 그림 3-141과 같이 절삭에 따른 브로치의 진동을 방지하기 위해 0.1~0.5㎜간격으로 경사를 내고 각 날의 절삭량은 날과 날의 거리(pitch)에 비례하도록 되어 있다. 브로치는 전체가 일체로 된 것은 탄소 공구강이나 고속도강으로 제작하고, 붙임 날을 사용할 때에는 초경합금을 사용한다.

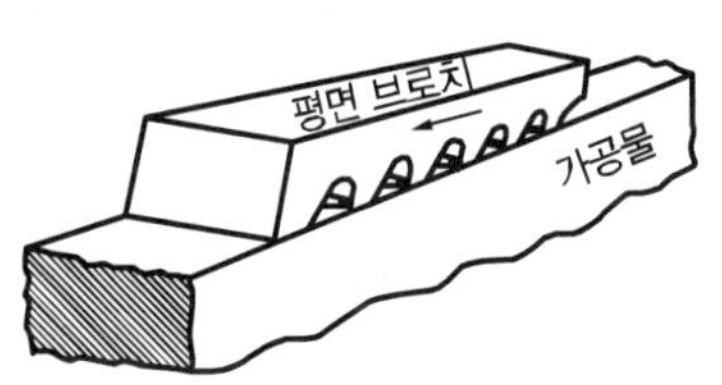

그림 3-140 평면 브로치

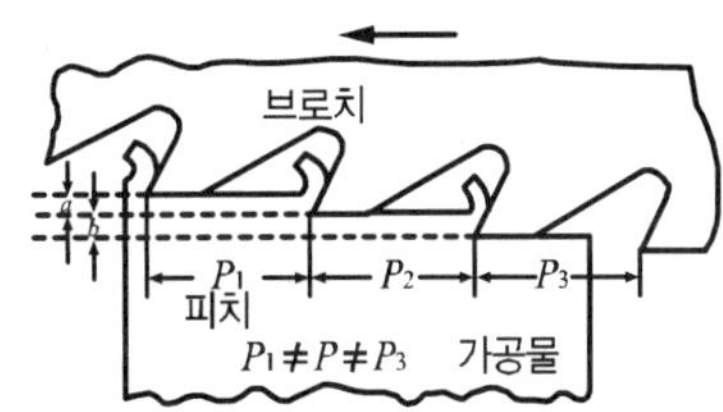

그림 3-141 브로치의 절삭날

[7] 연삭 가공(grinding work)

(1) 연삭 가공의 개요

연삭은 절삭의 경우와 마찬가지로 공작물을 절삭하여 일정한 치수로 정밀하게 가공하는 방법이며, 연삭한 양은 절삭에 비해 적으며 0.1~0.8㎜ 정도이다. 절삭공구의 절삭 날에 해당하는 것으로 단단한 광물입자를 사용하므로 연삭 기구는 절삭가공의 경우와 다른 상태가 된다. 이 광물입자를 결합한 절삭공구를 연삭숫돌(grinding wheel)이라 한다.

그림 3-142는 연삭 숫돌이 공작물을 가공하는 상태이며, 절삭 날이 되는 광물입자를 숫돌입자(grain)이라 하며, 그 크기를 입도(grain size)라 한다. 숫돌입자를 결합하는 것을 결합제(bond)라 하고 그 강도를 결합도(grade)라 한다.

숫돌입자와 결합제 사이에는 공간부분이 있으며 이것을 숫돌의 기공(pore)이라 하며, 숫돌 속의 입자와 결합제가 차지하는 비율을 조직(structure)이라 하며 위의 5개 요소로 숫돌의 성질이 결정된다. 그리고 연삭 숫돌이 연삭 과정 중에 입자가 마멸→파쇄→탈락→생성의 과정을 반복하여 새로운 입자가 생성되어 커터와 바이트 같이 연삭하지 않아도 되는 현상을 연삭 숫돌의 자생작용이라 한다.

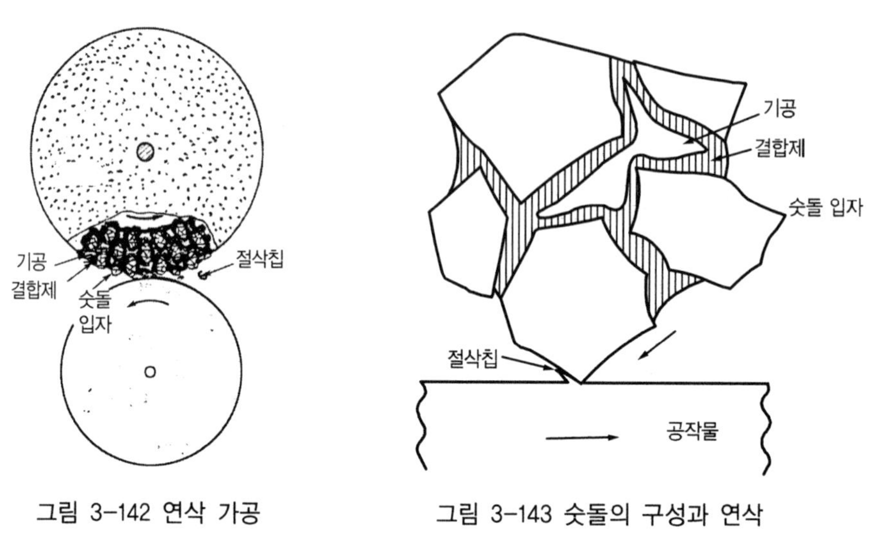

그림 3-142 연삭 가공

그림 3-143 숫돌의 구성과 연삭

(2) 연삭기의 종류

선반에서 절삭한 표면을 더욱 정밀하게 다듬는 원통면 연삭과 플레이너나 밀링 머신에서 절삭한 평면을 연삭하는 평면 연삭, 구멍 안쪽 면을 가공하는 내면 연삭, 원통 모양의 공작물의 중심을 센터로 지지하지 않고 바깥 면이나 안쪽 면을 가공하는 센터리스 연삭, 밀링 커터나 드릴 등의 절삭공구의 날을 연삭하는 공구 연삭, 숫돌로 공작물을 절단하는 연삭 절단과 그밖에 특수가공으로 슈퍼 피니싱, 래핑, 호닝 등이 있다.

① 평면 연삭기(surface grinding)

원판 모양의 숫돌을 수평축의 주위에 회전시켜 숫돌의 원통 면을 이용하여 연삭하는 방법이며, 가장 많이 사용된다. 숫돌 축의 위치에 따라 수평형과 수직형이 있다.

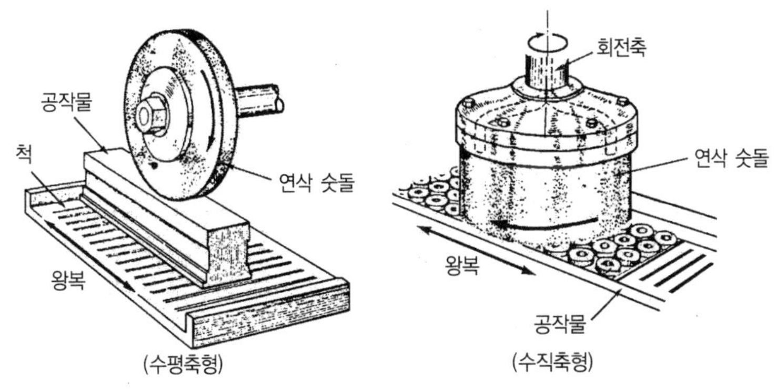

그림 3-144 평면 연삭

② 원통 연삭기(cylindrical grinding)

원통면과 원뿔면을 그림 3-145와 같이 연삭한다. 공작물은 10~20m/min의 표면속도로 회전하고 공작물의 1회전에 대해 숫돌 너비의 30~80% 정도 범위 내에서 이송을 한다.

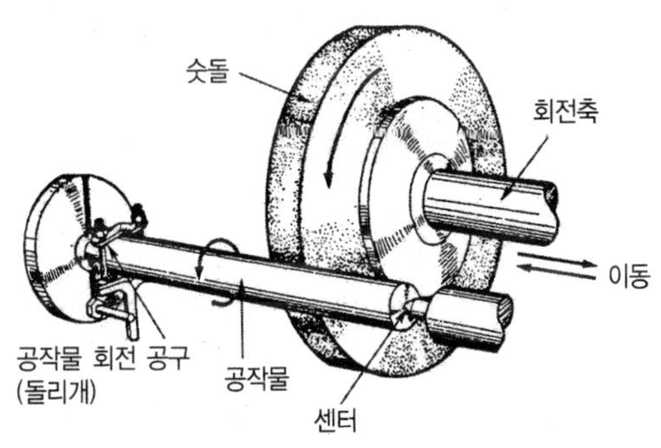

그림 3-145 원통 연삭기

③ 내면 연삭기(internal grinding)

구멍의 내면을 연삭하는 것이며, 그림 3-146과 같이 구멍의 지름보다 작은 숫돌을 내면(內面)에 넣고 이것을 고속으로 회전시켜 연삭한다. 이때 공작물을 회전시키는 그림 3-147 (a)의 방법과 숫돌을 그림 (b)와 같이 회전시키는 방법, 즉 공작물 내면을 숫돌이 자전(自轉)하면서 회전하는 방법 등이 있다.

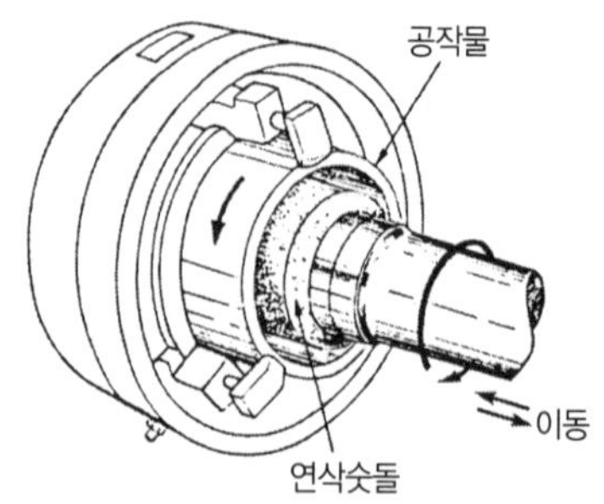

그림 3-146 내면 연삭

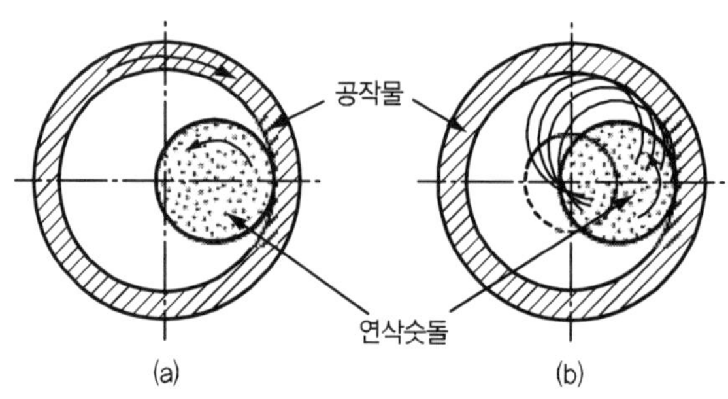

그림 3-147 연삭 방법

④ 센터리스 연삭기

공작물을 숫돌과 숫돌사이에 넣고서 연삭하는 방법이며, 공작물을 지지 회전하는 것은 그림 3-148과 같이 센터를 사용하지 않는다.

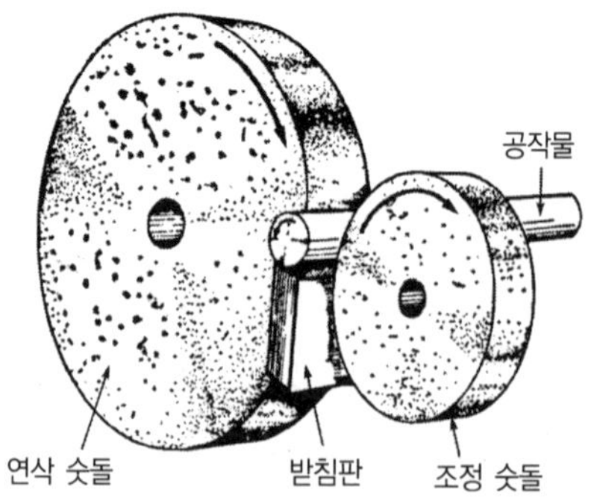

그림 3-148 센터리스 연삭

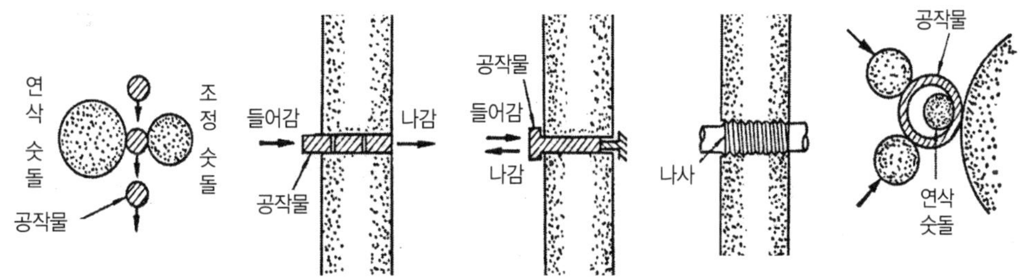

그림 3-149 센터리스 연삭 가공

⑤ 만능 연삭기

원통 연삭기의 구조와 거의 비슷하나 주축대와 숫돌대가 회전할 수 있고, 테이블이 선회하여 테이퍼를 연삭할 수 있는 점이 원통 연삭기와 다르다.

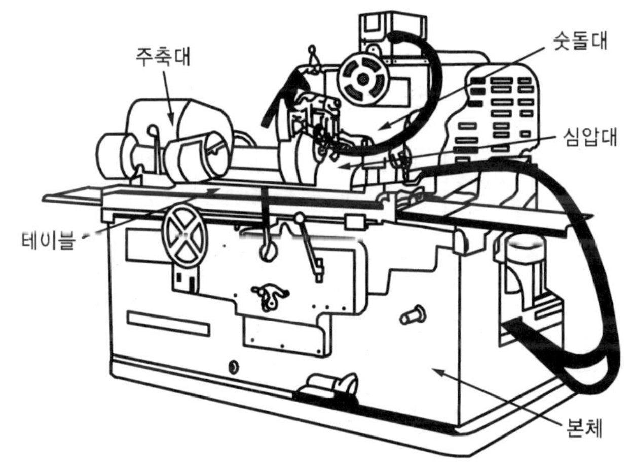

그림 3-150 만능 연삭기

(3) 숫돌입자

연삭에 사용하는 숫돌입자는 대부분 공업적으로 만든 것이며 산화알루미늄(Al_2O_3)을 주성분으로 한 것과 탄산규소(SiC)를 주성분으로 한 것이 있으며, 그 순도에 따라 기계적인 성질도 크게 다르다. 일반적으로 단단한 공작물에는 A숫돌입자가 좋고, 연한 것은 C숫돌입자가 좋다. 산화알루미늄 연삭재에는 WA, A가 있고, 탄산규소에는 GC, C가 있다.

① WA 숫돌 : 백색이며, 순도가 높아 고속도강, 특수강의 연삭에 사용한다.

② A 숫돌 : 갈색이며, C 숫돌보다 부드러우나 강인하여 주강, 탄소강의 연삭에 사용한다.

③ GC 숫돌 : 녹색이며, 순도가 높아 발열을 피하는 작업에 사용하며, 초경합금, 유리 연삭에 쓰인다.

④ C 숫돌 : 흑색이며, A 숫돌보다 굳으나 부스러지기 쉬워 주철, 석재 등의 연삭에 사용한다.

> <u>연삭 숫돌의 요소</u>
> GC 36 K 8 V로 표시된 경우
> GC : 숫돌 입자, 36 : 입도, K : 결합도, B : 조직, V : 결합제

연삭 숫돌 표시방법

WA 46 *L* *C* *V*

용도	숫돌입자
강력연삭	*A*
정밀연삭	*WA*
주철, 비철	*C*
공구 특수주철	*GC*
초경합금	*D*

거친것	10,12,14 16,20,24
보통것	30, 36, 46 54, 60
고운것	70, 80, 90 100,120,150 180, 220
매우 고운것	240, 280 320, 400

분류	결합도
극히연함	*E, F, G*
연함	*H, I, J, K*
보통것	*L, M, N, O*
단단한것	*P, Q, R, S*
매우 단단한것	*T, U, W, Z*

분류	조직	
치밀	*W*	0, 1, 2, 3
중간	*m*	4, 5, 6
거침	*C*	7, 8, 9, 10, 11, 12

결합제
V
S
R
B
E
PVA
M

(4) 연삭 숫돌의 수정

① 글레이징(glazing)

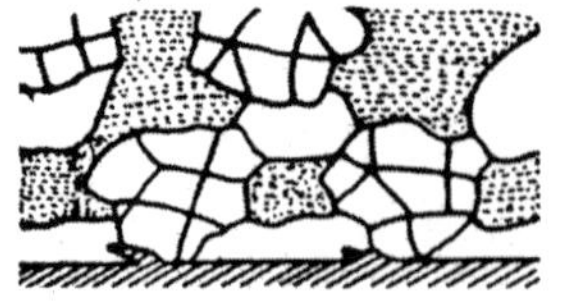

(a) 글레이징

(b) 로딩

그림 3-151 숫돌의 글레이징과 로딩

숫돌의 입자가 탈락하지 않고 마멸에 의해 납작하게 되는 현상이다. 글레이징은 연삭숫돌의 결합도가 높을 때, 연삭숫돌의 회전속도가 너무 빠를 때, 숫돌의 재료가 공작물의 재료에 부적합할 때 발생하며, 글레이징이 발생하면 연삭 성능이 불량하고 공작물에서 열이 발생하여 연삭 소실이 일어난다.

② 로딩(loading)

연삭 작업 중 숫돌입자의 표면이나 기공에 칩이 차있는 현상이다. 로딩은 숫돌입자가 너무 작을 때, 조직이 너무 치밀할 때, 연삭 깊이가 깊을 때, 숫돌의 회전속도가 너무 느릴 때 발생하며, 로딩이 발생하면 연삭 성능이 불량하고 다듬질 면이 거칠어지며, 다듬질 면에 상처가 발생하고, 숫돌 입자가 마멸되기 쉽다.

③ 드레싱(dressing)

숫돌 면의 표면층을 깎아 떨어뜨려서 절삭 성능이 나빠진 숫돌 면을 새롭고 날카로운 입자를 발생시켜 주는 수정 방법이다.

④ 트루잉(truing)

숫돌의 연삭 면을 숫돌과 축에 대하여 평행 또는 일정한 형태로 성형시키는 수정하는 방법이다

[8] 정밀 입자가공 및 특수가공

(1) 정밀 입자가공

① 슈퍼 피니싱(super finishing)

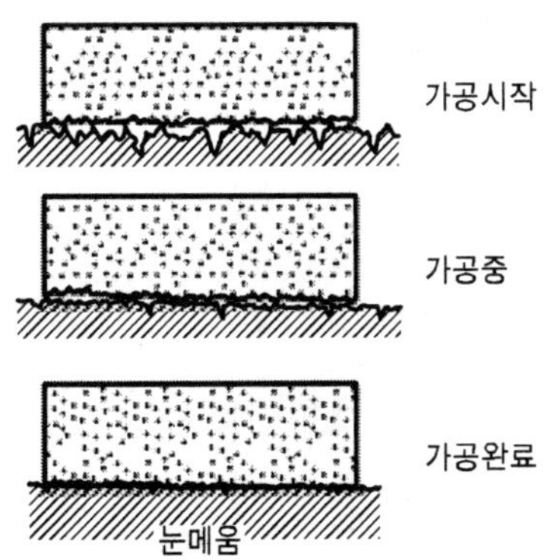

그림 3-152 슈퍼 피니싱의 가공공정

원통의 바깥면, 평면, 둥근면, 원뿔형 등의 표면을 정밀 가공하는 방법이며, 이 가공은 치수를 변경시키는 것이 주목적이 아니라 가공에 발생한 변질 층을 제거한다. 가공 방법은 숫돌을 공작물에 가볍게 누르면서 동시에 숫돌을 좌우로 진동을 주면 숫돌과 공작물의 접촉 면적이 연삭할 때 보다 넓어지므로 연삭할 때 숫돌의 떨림으로 나타난 자리 등이 완전히 제거되어 매끈한 면이 된다.

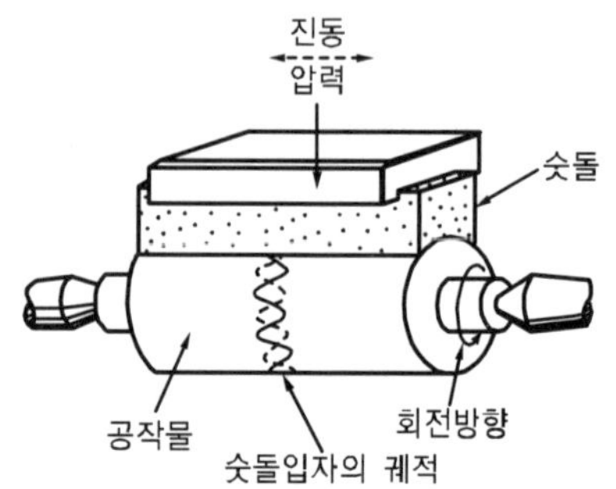

그림 3-153 원통 슈퍼 피니싱의 운동

② 호닝(horning)

호닝은 주로 구멍 안쪽 면을 곱게 다듬는 작업이다. 여러 개가 1조로 된 둥근 숫돌을 그림 3-154와 같이 공작물의 표면에 눌러서 회전시킴과 동시에 상하로 크게 이동시켜 많은 양의 가공액체를 공급하면서 구멍의 면을 곱고 또 바른 원통 모양으로 수정 가공한다. 호닝은 숫돌과 공작물의 접촉 면적이 크고, 숫돌의 치수에 대한 접촉 비율이 크며, 또 가공 상황에 따라 숫돌에 가하는 힘의 방향이 여러 가지로 변화한다.

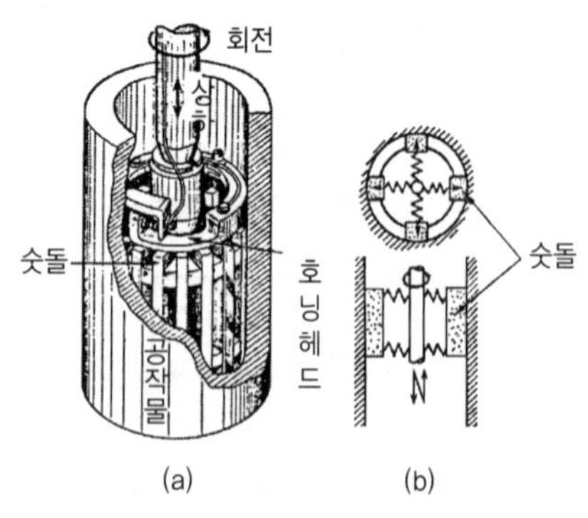

그림 3-154 호닝

③ 래핑(lapping)

미세한 숫돌가루를 이용하여 공작물의 표면을 매끈하게 만드는 가공방법이며, 정밀도가 높은 부분품의 제작에 널리 사용된다. 랩(lap)공구와 공작물 사이에 랩제를 넣고 일정한 압력을 가하면서 움직이면 랩제가 랩 공구에 막혀 숫돌의 역할을 하거나 또는 랩제가 이동하면서 공작물의 표면을 다듬질한다. 랩제로는 일반적으로 탄화규소 계통의 것을 처음의 거친 래핑에 사용하고, 산화알루미늄 계통의 것으로 완성한다. 래핑은 가공 면이 매끈하고, 정밀도가 높은 제품을 만들 수 있으며, 대량 생산이 가능하다. 또 작업방법이 간단하고 설비비용도 많이 들지 않으며, 가공 면은 내마모성이 큰 장점이 있다. 래핑에서 가공 액체를 사용하는 것을 습식 래핑, 사용하지 않는 것을 건식 래핑이라 한다.

㉮ 습식 래핑 : 래핑 입자는 가공 액체에 포위되어 공작물과 랩 공구사이에서 진동하며, 예리한 끝으로 공작물을 깎아 내므로 가공 면은 광택이 적은 면이 된다.

㉯ 건식 래핑 : 미세한 입자로 분쇄된 래핑 입자가 랩 공구표면을 파고 들어가고 여분의 입자를 제거하므로 랩 공구가 가는 줄과 같은 작용을 하기 때문에 공작물 표면에서 미세한 칩을 깎아낸다. 따라서 가공 면은 광택을 내게 된다. 랩 재료는 공작물의 재질보다 연한 것을 사용하는데 강(鋼)에는 주철을 사용하며, 황동, 구리, 납, 알루미늄, 화이트 메탈 등이 기계 래핑의 랩 재료로 사용된다.

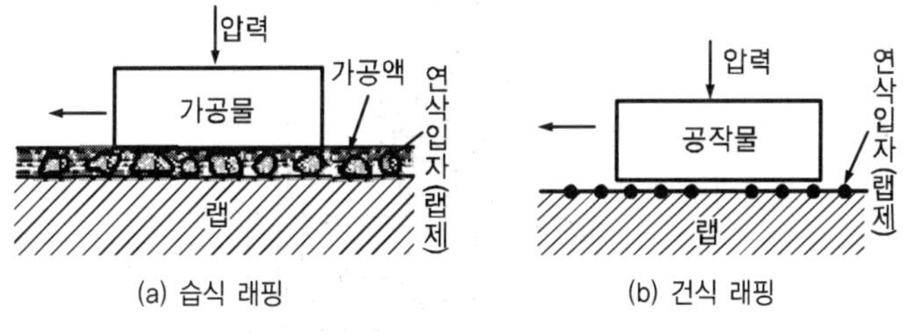

그림 3-155 래핑

④ 그 밖의 가공

㉮ 폴리싱(polishing)

나무, 벨트, 가죽, 직물 등 탄성이 있는 재료로 된 바퀴 면에 부착된 연삭 입자로 공작물을 연삭 다듬질한다.

㈏ 버핑(buffing)

모직(毛織), 면직(綿織) 등 직물 등으로 만든 원판에 연삭 재료를 주고 여기에 공작물을 눌러 연삭하는 작업으로 광택내기, 녹 빼기 등에 사용한다.

(2) 특수가공

① 초음파 가공(ultra sonic machining)

초음파를 이용하여 단단한 금속 또는 도자기 등을 가공하는 것이다. 초음파란 들을 수 있는 소리보다 보다 높은 소리, 즉 주파수 16㎑ 이상의 음파를 말하며, 초음파 가공에는 15~25㎑ 정도의 주파수가 사용된다. 가공하고자 하는 형상의 금속공구를 만들어 이것을 공작물에 대고 공구에 상하진폭을 10~30μ 정도 주면 공작물 사이에 있는 연삭 입자가 공구의 진동으로 인해 충격적으로 공작물이 부딪쳐 정밀하게 다듬는다. 이 가공방법은 담금질한 강철, 수정, 유리, 자기, 초경합금 등의 단단한 물질에 사용한다.

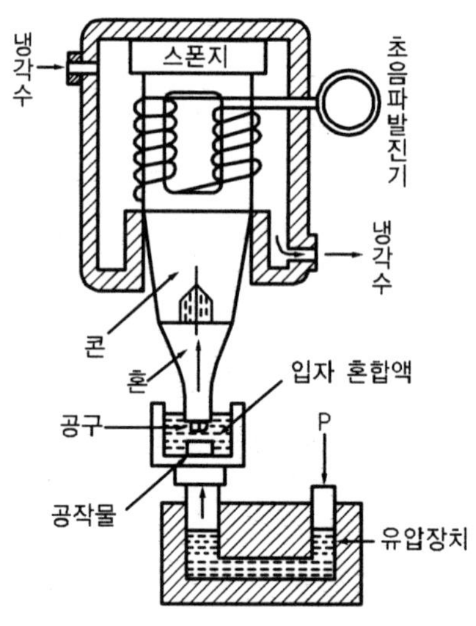

그림 3-156 초음파 가공

② 전해 연마(electrolytic polishing)

전기 화학적 방법으로 표면을 다듬질하는 것이다. 공작물을 인산, 황산 등의 전해액 속에 넣고 [+]전극을 연결하여 직류 전류를 짧은 시간동안 세게 흐르도록 하여 전기적으로 그 표면을 녹여 매끈하게 광택을 내는 방법이다. 원리적으로는 전기 도금의 반대적인 방법이며 기계적으로 연마하는 방법에 비해 훨씬 아름답고 매끈한 표면 처리를 짧은 시간 안에 할 수 있다. 전해 연마는 조직의 변화가 없고, 복잡한 형상의 연마가 가능하며, 가공 면의 정밀도가 높다. 또 가공 시간이 짧고, 연한 금속의 연마가 가능한 장점이 있다.

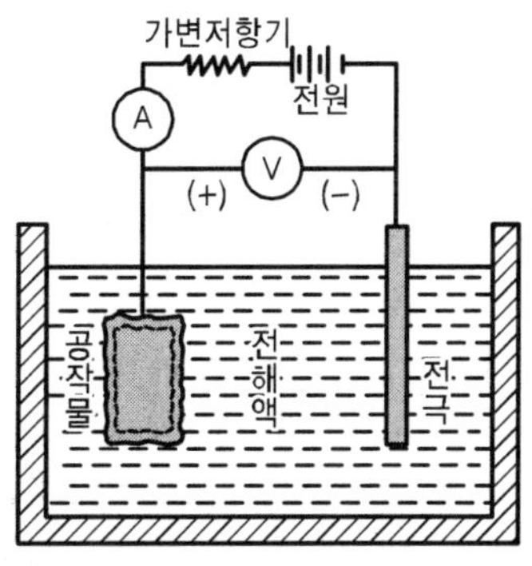

그림 3-157 전해 연마

③ 화학 연마(chemical polishing)

산성 용액 중에 공작물을 담그고 가열하여 화학반응을 촉진시켜 금속표면에 광택을 내는 작업이다. 전해 연마의 경우에는 대부분이 전기적 에너지로 용해되지만 화학 연마에서는 열에너지로 용해된다. 작업이 완료되면 공작물을 곧 물로 세척하여야 하고 물 세척이 끝난 공작물은 수분을 제거하여 녹이 발생하지 않도록 하여야 한다.

④ 방전 가공(electric spark machining)

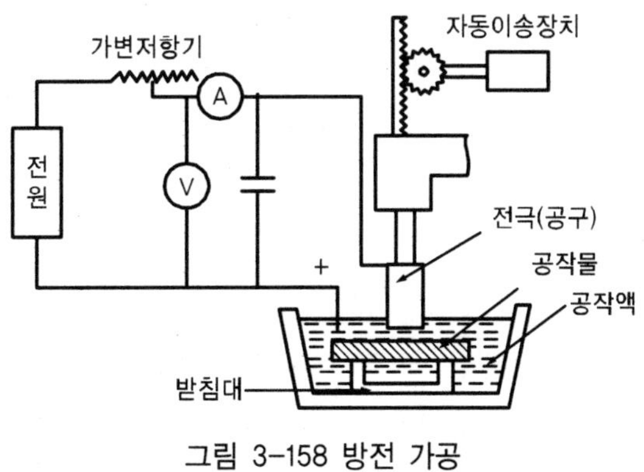

그림 3-158 방전 가공

불꽃 방전에 의해 재료를 매우 작은 양을 용해시켜 금속의 절단, 구멍 뚫기, 연마 등을 하는 가공방법이다. 일반적으로 공작물을 [+]극에, 공구를 [-]로 하여 방전하는 동안 가공된다. 이 때 [+]극과 [-]사이에 항상 일정한 간격을 유지하도록 이송기구에 의해 공구에 이송을 준다.

⑤ 쇼트 피닝(shot peening)

주철, 주강제의 작은 볼(ball) 모양의 쇼트(shot)를 고속으로 공작물 표면에 분사하여 표면을 매끈하게 함과 동시에 경화 층을 얻을 수 있으며, 쇼트가 해머 작용을 하여 피로강도, 기계적 성질을 향상시킨다. 쇼트를 분사하는 방법에는 압축공기에 의한 방법과 원심력에 의한 방법이 있다. 원심력에 의해서 대량의 쇼트를 고속으로 투사하는 것이 능률적으로 좋다.

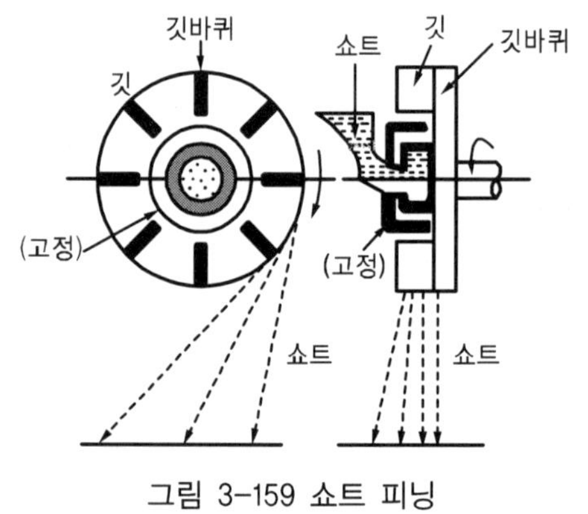

그림 3-159 쇼트 피닝

⑥ 액체 호닝

연삭 입자를 액체와 혼합하여 압축공기로 고속 분사시켜 가공하는 방법이며, 연삭제에는 탄화규소, 산화알루미늄 등이 사용된다. 공기의 압력은 3~7kgf/cm^2, 연삭제와 물의 비율을 1:2로 하여 분사 건으로 분출시켜 가공한다.

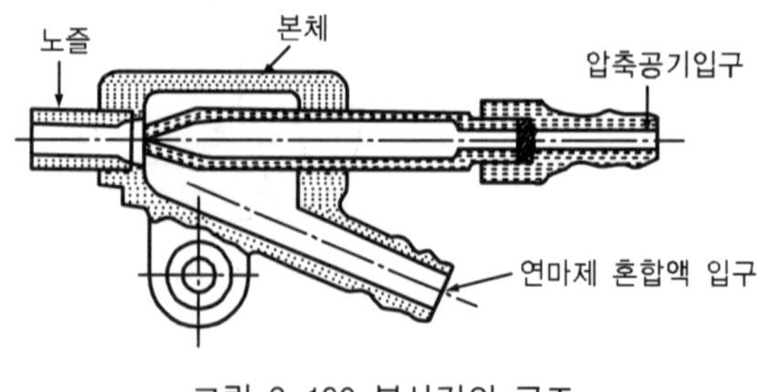

그림 3-160 분사건의 구조

3-4 용접(welding)

1. 용접의 개요

열을 이용하여 2개 또는 그 이상의 금속을 접합하는 방법을 용접이라 한다. 용접은 금속과 금속의 접합부분의 원자끼리 서로 접근하여 원자의 인력작용으로 접합하는 야금(冶金)학적인 결합 방법을 말하며 리벳이나 볼트 등의 기계적 접합에 비해 다음과 같은 특징이 있다.

[1] 용접의 장점

① 이음효율이 향상되어 기밀 유지성능이 좋다.

② 재료와 경비를 현저하게 절감할 수 있다.

③ 구조물 전체 무게를 줄이고, 그 모양을 자유롭게 선정할 수 있다.

④ 작업준비나 공정시간을 현저하게 단축시킬 수 있다.

⑤ 제품의 성능과 수명이 향상된다.

⑥ 접합부분의 강도가 증가한다.

[2] 용접의 단점

① 열로 인한 재질 변화 및 잔류 응력으로 인해 균열이 발생하기 쉽다.

② 응력 집중에 대하여 매우 민감하며, 용접한 부분의 검사가 어렵다.

2. 아크 용접(arc welding)

[1] 아크 용접의 원리

전기회로에 2개의 금속 또는 탄소 단자를 전극으로 하여 서로 접촉을 시켜 아크(arc)를 발생시키며, 이때 높은 온도의 열이 발생되어 전극 단자에서 적은 양의 분자가 기화하게 되어 전기회로가 형성되면 계속 흐르게 되므로 이 열(3,000~5,000℃)로 금속을 용융시켜 접합한다. 이때 전극부분이 되는 것이 모재(母材)와 용접봉이다. 아크 용접은 아크를 발생시킬 때 사용하는 전극에 의해 금속 아크 용접과 탄소 아크 용접으로 나눈다.

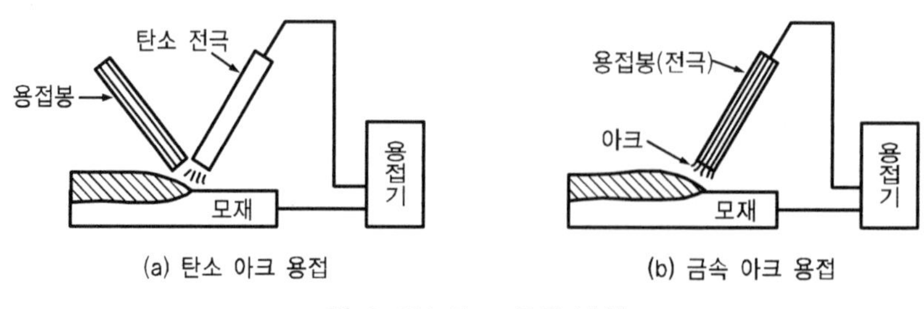

(a) 탄소 아크 용접

(b) 금속 아크 용접

그림 3-161 아크 용접 방식

(1) 금속 아크 용접(metal arc welding)

모재(base metal)와 금속전극(electrode, 용접봉)과의 사이에서 아크를 발생시켜 아크의 강한 열을 이용하여 모재의 일부를 녹임과 동시에 금속전극 자체도 끝에서 녹아 내려 모재와 융합하여 용접하는 방법이다. 전원은 교류나 직류를 사용하며, 전극 사이에서 발생하는 열의 분포상태는 직류인 경우 양극에서 전체의 60~70%, 음극에서 30~40%가 발생하며, 직류 전원의 극성에는 정극성과 역극성이 있다.

① 정극성(DC. SP) : 모재를 [+]극에, 용접봉을 [-]극에 연결하는 방식으로 [+]극에서 발생열이 많은 관계로 용접봉의 용융 속도는 늦고 모재 쪽의 용융 속도가 빠르기 때문에 모재의 용입이 깊어 두꺼운 판재의 용접에 널리 사용된다.

② 역극성(DC. RP) : 모재에 [-]극을, 용접봉에 [+]를 연결하는 방식으로 용접봉의 용융속도가 빠르고 모재의 용입이 얕은 관계로 얇은 판, 비철금속, 주철 등의 용접에 사용된다.

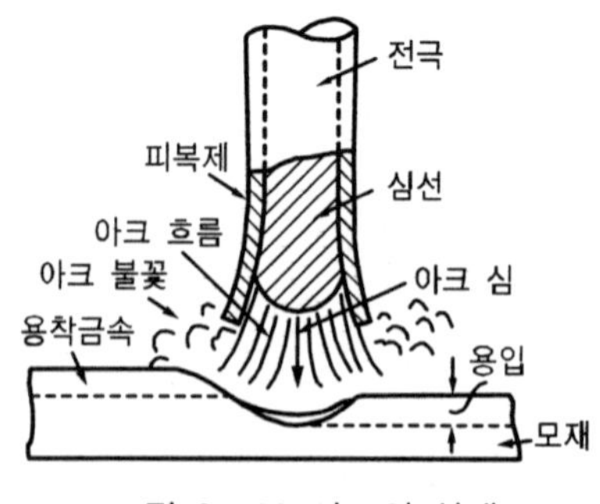

그림 3-162 아크의 상태

(2) 탄소 아크 용접(carbon arc welding)

용접봉과 탄소 전극봉을 전극으로 사용하며 그 사이에서 아크를 발생시켜 용접하는 방법이며, 전원은 직류이다. 이 방법은 현재는 거의 사용하지 않는다.

[2] 아크 용접기

용접기에는 직류와 교류가 있으며, 직류 아크 용접기는 교류에 비하여 값은 비싸나 아크가 안정되어 있어 예전에는 많이 사용하였으나 최근에는 용접봉의 개선으로 교류 아크 용접기로도 안정된 작업을 할 수 있기 때문에 많이 사용하고 있다.

(1) 직류 용접기

아크가 안정되므로 초보자에게 용접작업이 쉬우나 아크의 길이가 길어지면 용입이 불량하며, 사용할 때에는 반드시 극성을 고려하여야 한다. 결점으로는 무게가 무겁고, 값이 비싸며, 소음이 나고 고장이 많다.

(2) 교류 용접기

일종의 변압기와 같은 역할을 하는 것으로 그 구조가 비교적 간단하고 값도 싸며, 보수도 쉬워 널리 사용되고 있으며 아크 쏠림 방지에도 효과적이다. 교류 용접기는 전류 조절방법에 따라 그림 3-163과 같이 가동 철심형과 가동 코일형이 있다.

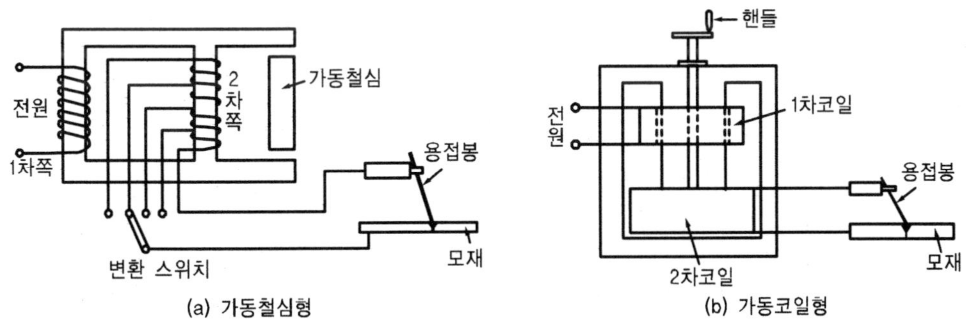

그림 3-163 교류 용접기

가동 철심형은 2차 코일의 변환 탭으로 코일의 권선 비율을 바꾸어 일정한 전류를 얻으며, 가동 철심의 이동으로 부하 전류를 조정한다. 가동 코일형은 1차 또는 2차 코일을 상하로 움직여 코일의 거리를 변환시켜 리액턴스를 증감하여 용접 전류를 광범위하게 조절한다.

교류 용접기와 직류 용접기의 비교

항목 \ 용접기	교류 용접기	직류 용접기
아크의 안정	아크가 불안정하나 피복제가 있어 아크가 안정된다.	아크가 대단히 안정된다.
얇은판 용접	낮은 전류에서는 아크가 불안정하게 되기 쉬워 직류보다 못하다.	낮은 전류에서도 아크가 안정되므로 극성을 바꾸면 보다 열 분배가 잘되어 얇은판 용접이 잘 된다.
특수강 및 비철금속의 용접	직류보다 양호하다.	양호
일반 용접	용접기의 값이 싸고, 취급이 쉽다.	교류보다 못하다.
전격의 위험	직류보다 무부하 전류가 높아 위험이 크다.	무부하 전류가 낮아 전격의 위험이 적다.
기타	무게, 용량이 적고, 고장이 적으며, 아크 쏠림이 없다.	구조가 복잡하여 고장이 일어나기 쉽고, 아크 쏠림이 발생한다.

[3] 아크 용접봉

(1) 심선(心線)

연강용 피복 용접봉은 심선으로 저탄소 림드 강을 사용하며, 인(P) 또는 황(S)과 같은 유해 성분이 적어야 한다. 지름은 1.0㎜, 1.4㎜, 2.0㎜, 2.6㎜, 3.2㎜, 4.0㎜, 5.0㎜, 6.0㎜, 7.0㎜, 8.0㎜ 등 10가지가 있으나 3.2~6.0㎜ 범위의 것을 주로 사용한다.

(2) 피복제

피복제란 심선 주위에 입힌 물질이며, SiO_2, Al_2O_3, TiO_2, CaO, CuO, Fe, Mn, Na_2O 등이 있다. 피복제의 기능은 다음과 같다.

① 대기 중의 산소나 질소의 침입을 방지한다.

② 용착 금속을 보호한다.

③ 아크를 안정시킨다.

④ 용융점이 낮은 가벼운 슬래그(slag)를 만든다.

⑤ 용착 금속의 탈산 및 정련 작용을 한다.

⑥ 용착 금속에 적당한 합금 원소를 첨가한다.

⑦ 용적(globule)을 미세화 한다.

⑧ 용착 효율을 높인다.

⑨ 용착 금속의 응고와 냉각속도를 지연시킨다.

⑩ 모든 자세의 용접을 가능하게 한다.

⑪ 슬래그 제거가 쉽고, 파형이 고운 비드(bead)를 만든다.

⑫ 모재 표면의 산화를 제거하고, 용접을 완전히 한다.

⑬ 전기 절연 작용을 한다.

(3) 피복제의 성분

심선의 둘레에는 여러 가지 성분의 피복제인 용제가 도포되어 있다. 이 피복제의 주성분은 셀룰로스, 산화티탄, 철-망간(Fe-Mn), 규조토, 탄산칼슘, 일미나이트 등이다.

① 가스 발생제

주로 유기물을 첨가하며, 가스가 많이 발생하여 용융 금속을 산화 및 질화로부터 보호한다. 유기물은 주로 셀룰로스, 전분, 펄프 등이며, 탄산염인 석회석($CaCO_3$), 마그네사이트($MgCO_3$) 등을 공급하여 일산화탄소, 이산화탄소, 수소, 물 등을 발생시킨다.

② 탈산제(환원제)

금속 중의 산화물에서 산소를 제거하기 위해 철-망간, 철-규소, 철-티탄, 철-알루미늄을 넣어 탈산시킨다.

③ 슬래그(slag) 생성제

용융 금속의 표면을 도포하여 산화 및 질화를 방지하고 공기 중에서 용착 금속이 서서히 냉각하도록 하여 기계적 성질을 향상시키며 탈산, 작업성에도 영향을 주며 주로 산화철, 산화티탄, 일미나이트, 산화망간, 석회석, 산화규소, 불화칼슘, 장석 등이 사용된다.

④ 아크 안정제

아크 안정제에는 이온화 경향이 큰 칼륨, 나트륨, 바륨, 칼슘 등의 화합물인 물질을 공급하며, 주로 규산 칼륨, 규산 나트륨, 석회석, 산화티탄이 사용된다.

⑤ 합금제 및 성분 보충제

용착 금속의 성분은 일부 열에 의해 소실 된 것을 보충하거나 어떤 성분을 합금하기를 원할 때 피복제에 넣은 금속이며, 주로 철-망간, 철-크롬, 철-규소, 철

-몰리브덴 또는 니켈이다.

⑥ 고착제

심선에 피복제를 고착시키기 위해 넣는 접합제이며, 주로 물 유리로 규산 나트륨(N 접착제), 규산 칼륨(K 접착제)이 사용된다.

(4) 피복아크 용접봉의 종류와 특성

① 일미나이트 계열(ilmenite type, E4301)

일미나이트($FeOTiO_2+Fe_2O_3$) 광석과 사철 30% 이상을 주성분으로 한 중간 층의 피복 용접봉이며, 모든 자세의 용접에 사용할 수 있다. 이 용접봉은 슬래그의 유동성이 비교적 좋으며, 용입과 기계적 성질이 양호하며, 특히 내부 결함이 적어 X-선 검사에서도 좋은 성적을 나타낸다.

② 라임 티탄 계열(lime titania type, E4303)

산화 티탄(TiO_2) 30% 정도와 석회석을 주성분으로 한 피복 용접봉이며, 티탄과 저수소 계열의 특성을 함께 지니고 있으며, 작업성능이 우수하여 모든 자세의 용접이 가능하다. 이 용접봉은 비드가 평면적이고 외관이 깨끗하며, 언더 컷 발생이 적다. 슬래그는 유동성이 풍부하고 가벼운 다공질로 되어 있어 쉽게 제거할 수 있다. 용입 상태가 얕아 얇은판의 용접에 적합하다. 또 용접 중 슬래그가 잘 떠오르므로 굵은 용접봉으로 아래보기 필렛 용접을 하였을 때에도 좋은 기계적 성질을 나타낸다.

③ 고셀룰로스 계열(high cellulose type, E4311)

피복제 속에 유기물(셀룰로스)이 약 30% 포함되어 있어 용접할 때 이 유기물이 연소하여 많은 양의 환원성 가스(CO, H_2)를 발생하여 공기와 접촉으로 인한 용융 금속의 산화 및 질화 작용을 방지한다. 이 용접봉은 피복이 얇고 슬래그의 생성량이 적으므로 아래보기 자세와 위 보기 자세 용접에 적합하다. 아크는 분사형이므로 용입이 좋아 매우 좁은 홈의 용접에서 주로 사용한다. 그러나 스패터링이 비교적 많아 비드 표면이 거친 결점이 있다. 피복제는 유기물을 함유하고 있기 때문에 보관 중 습기를 흡수하기 쉽고, 높은 전류를 사용하면 유기물의 피복 성분이 열로 변하여 용착 금속에 악영향을 준다. 따라서 용접전류는 다른 피복 용접봉의 경우보다 낮은 전류를 사용하여야 하며, 주로 건축, 구조물과 파이프 용접에 사용된다.

④ 고산화 티탄 계열(high titania type, E4313)

고산화 티탄을 주성분으로 한 피복제를 사용한 것이며, 아크는 안정되고 스패터도 적으며, 슬래그의 떨어짐이 좋고, 비드의 외관도 고우며, 언더 컷도 발생하지 않는다. 또 작업성도 매우 좋으며 모든 자세의 용접이 가능하다. 이 용접봉은 용입이 낮으므로 얇은판 용접에 좋으며, 수직 아래보기 용접도 가능하다. 용접 중 슬래그의 떨어짐이 좋아 지름이 굵은 용접봉으로도 좋으나 기계적 성질이 다소 불량하므로 중요부위의 용접에는 별로 사용하지 않는다.

⑤ 저수소 계열(low hydrogen type, E4316)

피복제 중 수소 공급원이 되는 성분의 유기물을 함유하고 있지 않고 탄산칼슘($CaCO_3$), 불화칼슘(CaF)을 주성분으로 하는 피복제이다. 용접할 때 탄산칼슘은 분해되어 아크에 탄산가스 분위기를 주어 용착 금속 중에 용해하는 수소량을 적게 한다. 특징은 용착 금속 중의 수소 함유량이 다른 용접봉에 비해 현저하게 낮고 또 강력한 탈산 작용으로 산소량도 적기 때문에 용착 금속의 강성과 인성이 풍부하고 기계적 성질, 내균열성 등이 우수하다. 균열의 감수성도 매우 낮아 두꺼운 구조물의 제1층 용접 또는 구속이 큰 연강 구조물, 고장력강 및 탄소나 황의 함유량이 많은 강의 용접에 사용된다. 이 용접봉의 결점은 아크가 다소 불안정하여 작업성이 나쁘며, 비드 파형도 거칠어 비드의 모양이 심한 볼록형으로 되기 때문에 운봉에 숙련이 필요하다. 또 비드 시발점과 이음부분에 기공이 발생하기 쉬우므로 용접조작에 주의가 필요하다. 기공의 방지에는 보조 철편(tab)사용방법, 백 스텝(back step)방법, 용접봉 끝 가공방법 및 용접봉 끝에 방산제를 바르는 방법 등이 효과적이다.

⑥ 철분산화 티탄 계열(iron powder titania type, E4324)

고산화 티탄 계열 피복제에 철분을 더 첨가한 용접봉이며, 고산화 티탄 계열 용접봉의 우수한 작업성과 철분 계열의 높은 능률성을 함께 지닌 용접봉이다. 아크의 안정성이 좋고, 스패터링이 적으며 용입이 얕다. 용착 금속의 기계적 성질은 고산화 티탄 계열 용접봉의 경우와 큰 차이가 없으며, 아래보기 자세 용접과 필렛 용접에서는 접촉 용접이 가능하다.

⑦ 철분 저수소 계열(iron powder hydrogen type, E4326)

저수소 계열에 철분을 첨가하여 보다 고능률화를 도모한 것으로 용착 금속의 기계적 성질도 저수소 계열과 같다. 용접자세는 아래보기와 수평 필렛에 한한다.

⑧ 철분 산화철 계열(iron powder iron oxide type, E4326)

산화철을 주성분으로 하고 여기에 철분을 첨가한 용접봉이다. 일반적으로 규산염을 많이 함유하여 산성 슬래그를 생성한다. 아래보기 자세와 수평 필렛 용접에 사용된다. 아크는 분사형이며, 스패터링이 적고 용입은 철분 산화 티탄 계열보다 깊다. 슬래그는 무거운 편이므로 비드의 표면을 완전히 덮어 산화 및 질화 작용을 쉽게 방지할 수 있다. 또 슬래그 제거가 쉽고 비드의 표면도 깨끗하고, 용착 금속의 기계적 성질도 양호하다.

용접봉 표시방법

E 43△□

- E ; 전기 용접봉의 첫 글자
- 43 : 용착 금속의 최저 인장 강도(kgf/mm²)
- △ : 용접 자세(0과 1 ; 모든 자세, 2 ; 아래 보기 및 수평 필렛 용접 3 ; 아래 보기, 4 ; 모든 자세 또는 특정 자세 용접)
- □ : 피복제의 종류

[4] 아크 용접의 이상 현상

(1) 오버랩(over lap)

용융된 금속이 모재와 잘 융합되지 않고 표면에 덮여 있는 상태를 말한다. 오버랩은 용접 전류가 약하고, 용접 속도가 늦을 때, 아크가 약할 때, 용접봉의 취급이 불량할 때, 모재에 대해 용접봉이 굵을 때 발생한다.

(2) 스패터(spatter)

용접 중에 비산 되는 슬래그 및 금속 입자가 모재에 부착된 상태를 말한다. 스패터는 높은 전압, 용융 속도가 빠를 때, 아크의 길이가 길 때, 용접봉에 결함이 있을 때 발생한다.

(3) 용입 불량

모재의 용융 속도가 용접봉의 용융 속도보다 느릴 때 발생한다. 용입 불량은 전압이 낮거나, 용접 속도가 빠를 때, 접합부분의 설계에 결함이 있을 때, 용접 전류가 약할 때 발생한다.

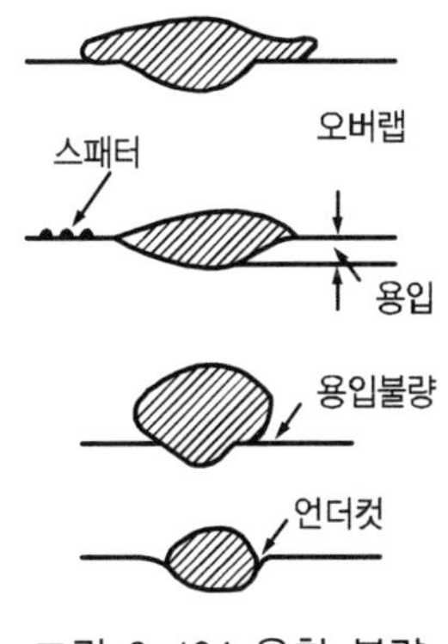

그림 3-164 용착 불량

(4) 언더 컷

용접 경계부분에서 생기는 홈을 말하며, 언더 컷은 용접 전류가 클 때, 용접 속도가 빠를 때, 아크 길이가 길 때, 용접봉 취급이 불량할 때 발생한다.

3. 특수 아크 용접

[1] 불활성 가스 아크 용접(inert gas arc welding)

피복 아크 용접이나 가스 용접이 곤란한 금속의 용접에 널리 사용되는 방법이며, 전극봉 홀더가 그림 3-165와 같은 구조로 되어 있어 전극봉 주위에 아르곤이나 헬륨 등의 불활성(不活性)가스를 분출시켜 용접부분을 공기로부터 차단하여 산화나 질화를 방지하고 용접을 한다.

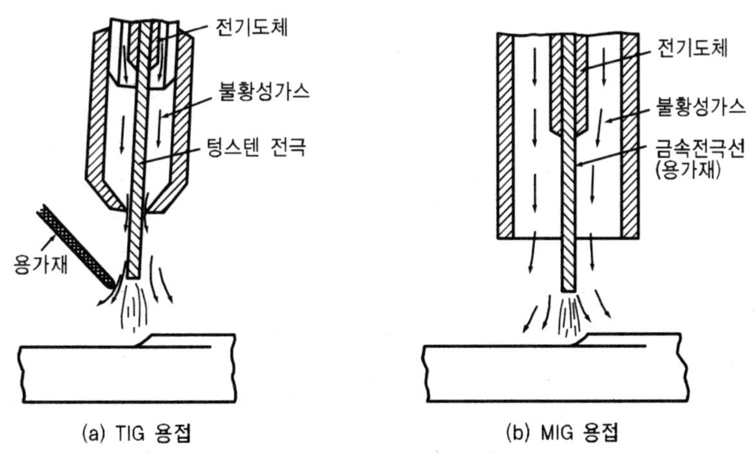

그림 3-165 불활성 가스 아크 용접

텅스텐 막대를 전극으로 사용하고 용접봉을 아크로 녹여 용접하는 비소모 전극방식인 TIG 용접(tungsten inert gas arc welding)과 텅스텐 전극 대신 용접봉 자체에 전극선을 연속적으로 공급하여 모재와의 사이에서 아크를 발생시켜 용융하는 소모 전극방식인 MIG 용접(metal inert gas arc welding)이 있다. 불활성 가스 때문에 산화나 질화할 우려가 없으므로 용접한 금속 면이 깨끗하다. 따라서 알루미늄, 구리, 티탄 또는 스테인리스강 등의 특수강 용접에도 이용된다. 아르곤 가스 속에서 알루미늄 및 그 합금을 역극성(또는 교류)으로 용접하면 용접부분의 주위가 청소되어 아름다운 광택을 내는데 이것을 클리닝 작용(cleaning action)이라 한다. 이 용접의 특징은 용제를 사용하지 않으며, 산화 및 질화를 방지하고, 아크 안정과 균일한 용접이 가능하다.

[2] 서브머지드 아크 용접(submerged arc welding)

유니언 멜트(union melt)용접 또는 잠호 용접이라고도 부르는 자동 용접방법이며. 그림 3-166과 같이 용접부분에 분말 용제를 쌓고 그 속에서 아크를 발생시켜 용접하는 방법이다. 아크는 용제에 덮여 보이지 않는다. 자동적으로 전극봉을 이용하는 전동기를 제어하므로 항상 일정한 아크 길이로 용접할 수 있다. 이 용접의 특징은 용접속도가 빠르고, 큰 전류를 사용하므로 용입이 깊고, 변형이나 잔류 응력이 적으며, 용접부분의 신뢰도가 큰 장점이 있으며, 아크가 보이지 않고, 적용범위가 좁으며, 자동 용접이므로 용접조건을 정확히 하여야 하는 결점이 있다.

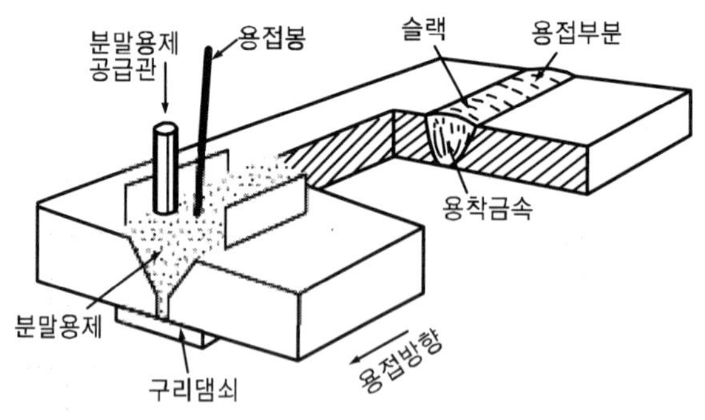

그림 3-166 서브머지드 아크 용접

[3] CO_2 아크 용접(CO_2 arc welding)

MIG 용접의 불활성 가스(아르곤)대신에 값이 싼 CO_2를 이용한 전극 소모방식 용접이다. 연강 용접에서는 불활성 가스는 값이 비싸고, 기공이 용착 금속 안에 발생하기 쉬운 결점을 없애기 위해 고안된 것이다. 탈산성 원소(적당량의 Si, Mn)를 함유한 심선을 사용하고, CO_2 이외에 적은 양의 산소를 섞은 CO_2-O_2 아크 용접도 있다. 이 용접은 산화나 질화가 없어 우수한 용착 금속을 얻을 수 있고, 용착 금속 중에 수소 함유량이 적어 수소로 인한 결함이 거의 없으며, 용입이 양호한 장점이 있다.

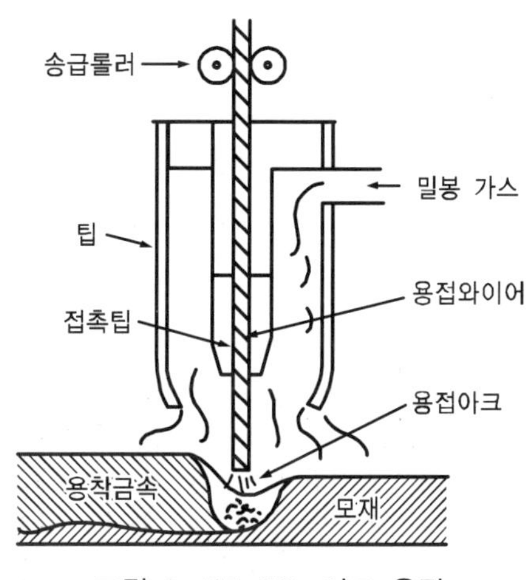

그림 3-167 CO_2 아크 용접

[4] 원자 수소 아크 용접

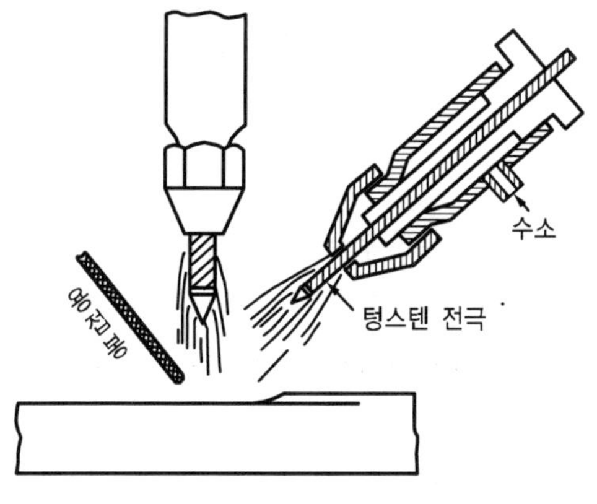

그림 3-168 원자 수소 아크 용접

그림 3-168과 같이 2개의 텅스텐 전극사이에서 아크를 발생시키고, 그 주위에 수

소를 분출하여 용접하며, 수소는 아크열에 의해 분자상태가 원자상태로 해리(解離)되며, 이 원자상태의 수소가 용접부분에서 다시 분자상태의 수소로 변화할 때 높은 열(4,000℃)이 발생한다.

4. 가스 용접(Gas Welding)

가스 용접은 아크 용접과 같이 융접의 하나로, 가연성 가스와 산소를 혼합 연소시켜 높은 온도의 불꽃을 용접부분에 대어 용접부분을 녹여 접합하는 방법이다. 가연성 가스에는 아세틸렌 가스, 프로판 가스, 수소 등이 사용되나 아세틸렌 가스가 온도가 높아 주로 사용된다. 가스용접은 가열온도 조절이 쉽고, 설비비용이 싸며, 이동하기 쉽고, 용접 및 절단이 가능하며, 얇은 판의 용접도 가능한 장점이 있다.

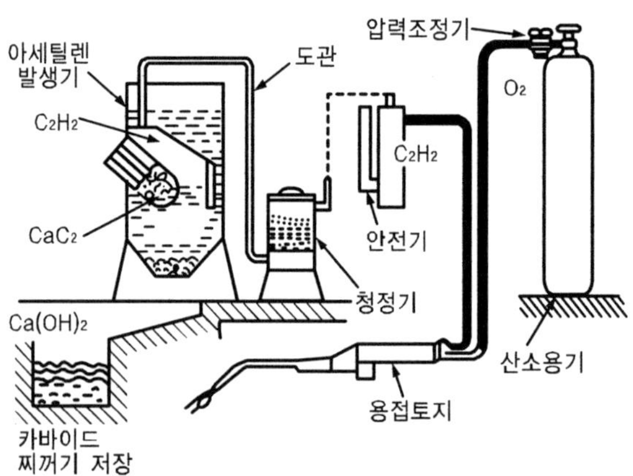

그림 3-169 가스 용접장치의 구성

[1] 산소

산소는 무색(無色)·무취(無臭)·무미(無味)이며, 비중은 1.105로 공기보다 무겁다. 산소 자신은 연소하지 않고, 다른 물질이 연소하는 것을 돕는 지연성(조연성)가스이다. 이 산소는 35℃에서 150kgf/㎠로 압축하여 봄베 속에 충전된다.

[2] 카바이드(calcium carbide)

카바이드는 석회석과 석탄 또는 코크스를 원료로 하여 이것을 혼합하고 높은 온도로 가열하여 용융 화합하면 칼슘과 탄소의 화합물이 된다. 이 카바이드에 물을 작용시키면 아세틸렌가스가 발생되고 소석회가 남는다.

$CaC_2 + 2H_2O \rightarrow C_2H_2 + Ca(OH)_2$

이때 순수한 카바이드 1[kgf]에서는 384[ℓ]의 아세틸렌이 발생한다.

[3] 아세틸렌(acetylene)

(1) 아세틸렌의 성질

① 탄소와 수소(C_2H_2)의 화합물이므로 매우 불안정한 가스이다.

② 공기보다 가볍다.

③ 여러 가지 액체에 잘 녹는다(석유에 2배, 아세톤에 25배 정도 용해된다).

④ 순수한 것을 무색·무취이다.

(2) 아세틸렌의 위험성

① 온도 : 505~515℃ 정도에 도달하면 폭발한다.

② 혼합가스 : 아세틸렌 15%, 산소 85% 정도에서 폭발성이 크다.

③ 압력 : 1.5kgf/㎠ 이상 되면 위험하고, 2kgf/㎠ 이상으로 압축하면 폭발한다.

④ 화합물 : 구리, 은, 수은 등과 접촉하면 폭발성 화합물을 만든다.

[4] 용해 아세틸렌

아세틸렌이 아세톤(acetone)에 용해되는 성질을 이용하여 연강제의 봄베(bombe)에 석면, 규조토, 목탄, 석회 등의 구멍이 많은 물질을 넣고 이것에 아세톤을 포화될 때까지 흡수시켜서 정제된 아세틸렌에 압력을 가해 15℃에서 15kgf/㎠로 충전시킨 것이다.

[5] 아세틸렌 발생기구

① 주수식 : 카바이드에 물을 작용시켜 아세틸렌을 발생시키는 방식이다.

② 투입식 : 많은 양의 물속에 카바이드를 적은 양 투입하여 아세틸렌을 발생시키는 방식이다.

③ 침지식 : 카바이드 통에 들어있는 카바이드가 물속에 잠겨 아세틸렌을 발생시키는 방식이다.

그림 3-170 아세틸렌 발생기구

[6] 토치(torch)

가스 용접을 할 때 산소와 아세틸렌을 각각의 봄베에서 고무호스로 연결하여 두 가스를 혼합하여 용접 불꽃을 발생하는 기구이다. 토치에 점화를 할 때에는 아세틸렌 밸브를 먼저 열고 점화를 한 다음 산소 밸브를 열어 불꽃을 조정하여야 한다. 그리고 역류·역화가 발생한 경우에는 산소 밸브부터 잠가야 한다.

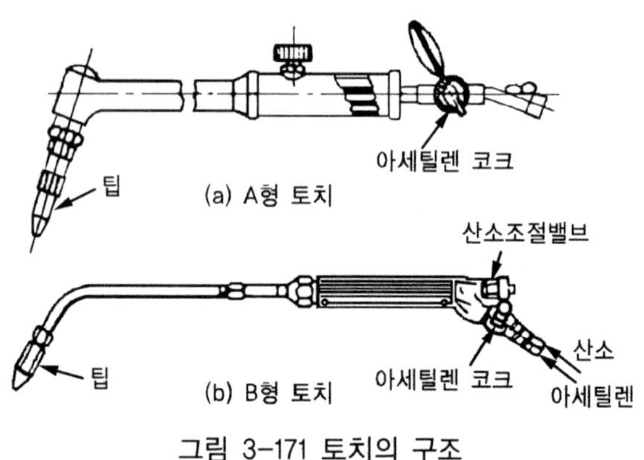

그림 3-171 토치의 구조

[7] 불꽃의 종류

토치에 점화를 하면 아세틸렌과 산소가 화합하여 수소와 일산화탄소가 되며, 수소는 다시 산소와 화합하여 수증기로, 일산화탄소도 산소와 화합하여 이산화탄소가 된다. 불꽃의 최고온도 부분은 3000~3500℃ 정도 된다. 불꽃의 상태는 산소와 아세틸렌의 비율에 따라 다음 3가지로 나눈다.

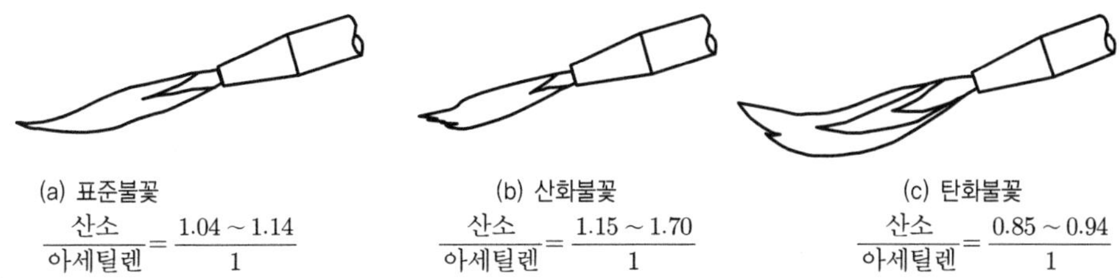

(a) 표준불꽃 $\frac{\text{산소}}{\text{아세틸렌}} = \frac{1.04 \sim 1.14}{1}$

(b) 산화불꽃 $\frac{\text{산소}}{\text{아세틸렌}} = \frac{1.15 \sim 1.70}{1}$

(c) 탄화불꽃 $\frac{\text{산소}}{\text{아세틸렌}} = \frac{0.85 \sim 0.94}{1}$

그림 3-172 산소-아세틸렌 불꽃의 종류

(1) 표준(중성) 불꽃

산소와 아세틸렌의 혼합 비율이 1 : 1인 것으로 일반적인 용접에서 사용한다.

(2) 탄화 불꽃(아세틸렌 과잉 불꽃)

산소가 적고 아세틸렌이 많은 때의 불꽃으로 불완전 연소로 인하여 온도가 낮다. 스테인리스 강판 용접에서 사용한다.

(3) 산화 불꽃(산소 과잉 불꽃)

표준 불꽃에서 산소의 양을 많이 할 때 발생하는 불꽃으로 산화성이 강해 황동 용접에서 주로 사용한다.

[8] 용접봉과 용제

(1) 용접봉

용접봉은 용접할 모재에 보충재료로 사용되는 관계로 그 재질은 모재와 같은 계통의 것을 선택하며, 크기는 지름이 1~8㎜ 정도이다.

(2) 용제(flux)

용접하는 금속은 용접 중 높은 온도에서 공기와 접촉하기 때문에 산화가 쉽게 발생한다. 이 산화물질을 제거하기 위해 다음과 같은 용제를 사용한다.

① 연강 : 사용하지 않는다.

② 반경강 : 중탄산소다+탄산소다

③ 주철 : 붕사, 중탄산소다+탄산소다

④ 구리합금 : 붕사

⑤ 알루미늄 : 염화리듐(15%), 염화칼리(45%), 연화나트륨(30%), 불화칼리(7%), 염

산칼리(3%)

[9] 용접 자세

(1) 아래보기(flat position : F)

모재를 수평으로 놓고 용접봉을 아래로 향하여 용접하는 자세이며 용접시공의 기본자세이다.

(2) 수평자세(horizontal position : H)

모재가 수평면에 대하여 45° 또는 90° 이하의 경사를 지니며, 용접선이 수평이 되도록 하는 용접 자세이며 현장 용접에서 많이 사용한다. 옆 보기 용접이라고도 한다.

(3) 수직 자세(vertical position : V)

수직면 또는 45° 이하의 경사를 지닌 면에 용접을 하며, 용접선은 수직 또는 수직면에 대해 45°를 가지며, 위쪽에서 용접하는 자세로 수력 발전소의 물탱크, 선박의 선체 결합, 물통 또는 탱크의 현장 용접 등을 이 자세로 작업한다.

(4) 위보기 자세(over head position : OH)

용접봉을 모래의 아래쪽에 대고 모재의 아래쪽에서 용접하는 자세로 가장 용접하기 어려운 자세이다.

[10] 가스 절단

(1) 가스 절단의 원리

적열된 강과 산소사이에서 발생하는 화학작용 즉, 강의 연소를 이용하여 절단을 실행한다.

$$3Fe + 2O_2 = Fe_3O_4 + 266.9[kcal]$$

실제 절단작업에서는 재료를 모두 가열할 필요 없이 일부를 가열 산화시켜 산화물질을 밀어내면 홈이 생기는데 이 작업을 계속 반복하면 절단된다.

(2) 절단 조건

① 금속의 산화 연소하는 온도가 그 금속의 용융 온도보다 낮을 것

② 연소하여 발생한 산화물질의 용융 온도가 그 금속의 용융 온도보다 낮고, 유동

성이 있을 것

③ 재료의 성분 중에 연소를 방해하는 원소가 적을 것

(3) 금속의 절단 정도

① 절단이 잘되는 금속 : 연강, 순철, 주강

② 절단이 조금 어려운 금속 : 경강, 합금강, 고속도강

③ 절단이 어느 정도 곤란한 금속 : 주철

④ 절단이 되지 않는 금속 : 구리, 황동, 청동, 알루미늄, 납, 주석, 아연, 스테인리스강

5. 전기저항 용접

전기저항 용접을 압접이라 부르며, 그 종류에는 점(spot)용접, 심(seam)용접, 맞대기 용접, 플래시 용접 등이 있다.

[1] 전기저항 용접의 원리

금속을 접합하거나 맞대어 놓고 여기에 전류를 흐르게 하면 접촉저항으로 금속 안에 열이 발생한다. 이 열을 이용한 용접방법이며, 이 때 발생하는 열량은 줄(Joulc)의 법칙에 따라 다음과 같이 표시한다.

$$Q = 0.24 I^2 R t$$

여기서, Q : 발생열량[cal] I : 전류[A]

R : 저항[Ω] t : 시간[sec]

[2] 전기저항 용접의 특징

① 용접시간이 짧고, 정밀한 공작물의 용접에 적합하다.

② 용접 정밀도가 높고, 열의 의한 변형이나 잔류 응력이 적다.

③ 얇은 판(0.1~0.2㎜)의 용접이 가능하다.

④ 용접부분의 무게를 줄일 수 있다.

⑤ 대량 생산에 적합하다.

[3] 전기저항 용접의 종류

(1) 점 용접(spot welding)

2개의 모재를 겹쳐 전극 사이에 끼워 놓고 전류를 공급하여 접촉면이 전기 저항에 의해 발열되어 용융될 때 압력을 가하여 접합하는 용접방법이며, 용접전류, 통전시간, 전극의 가압력 등 3요소가 필요하다. 점 용접은 재료가 절약되며, 표면이 편평하고 외관이 아름답고, 변형 발생이 적으며, 구멍을 가공할 필요가 없는 장점이 있다.

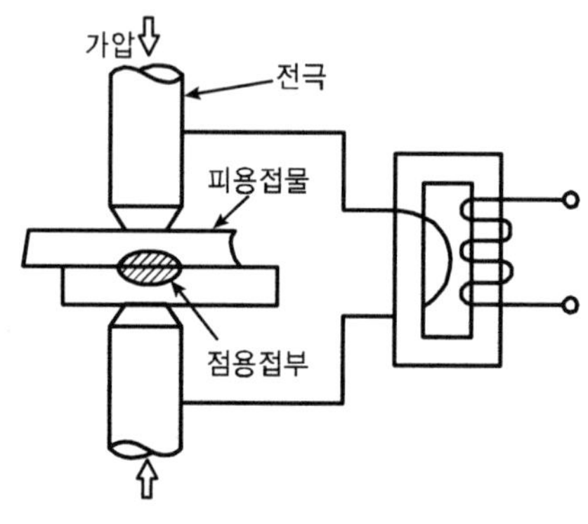

그림 3-173 점 용접의 구성

(2) 프로젝션 용접(projection welding)

점 용접을 변형시킨 것으로 용접 부분 돌기에 전류를 집중시켜 압력을 가하여 접합시키는 용접 방법이다. 프로젝션 용접은 두꺼운 판과 얇은 판 또는 열전도가 다른 금속의 용접이 양호하며, 전극의 수명이 길고, 작업능률이 높으며, 용접속도가 빠르고, 외관이 아름다운 장점이 있다.

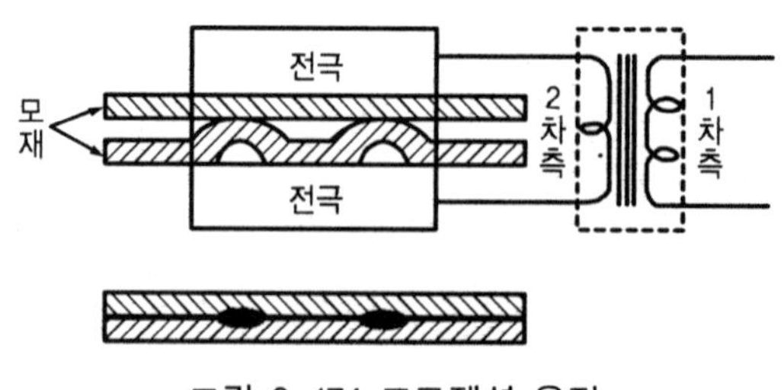

그림 3-174 프로젝션 용접

(3) 심 용접(seam welding)

점 용접의 전극봉 대신 원판 상태(롤러)의 전극에 재료를 끼워 압력을 가하면서 전류를 통하게 하여 접합하는 용접 방법이다. 심 용접은 산화작용이 적으며, 얇은 판(박판) 및 두꺼운 판(후판)의 용접이 가능하고, 가열범위가 좁기 때문에 변형이 적은 장점이 있다.

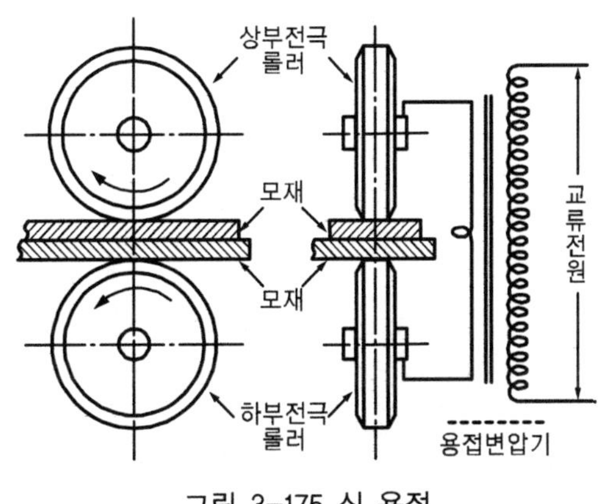

그림 3-175 심 용접

(4) 맞대기 용접

2개의 모재를 용접기에 설치하여 맞대고 전류를 통해서 접촉부분을 용융시켜 접합하는 용접 방법이다.

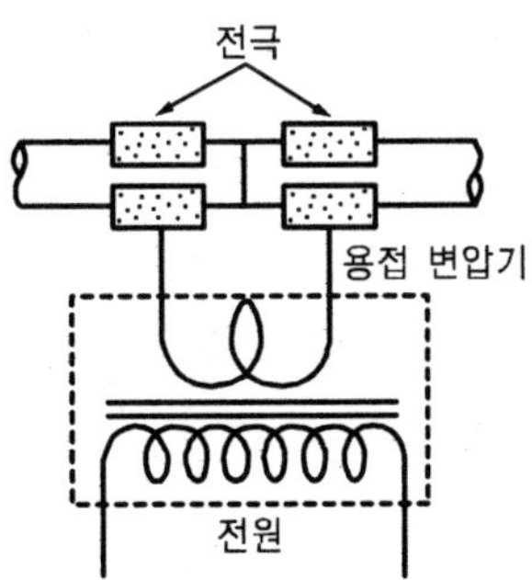

그림 3-176 맞대기 용접

6. 그 밖의 용접

[1] 테르밋 용접(thermit welding)

산화철[Fe_3O_4] 분말과 알루미늄(Al) 분말을 도가니에 넣고 과산화바륨을 사용하여 점화하면 테르밋 반응을 일으켜 3,000℃ 정도의 높은 온도가 된다. 산화철은 환원하여 용철(容鐵)이 되어 아래로 가라앉고 산화알루미늄은 슬래그가 되어 위로 뜬다. 테르밋 용접은 이 용철을 용접부분에 주입하여 용접한다.

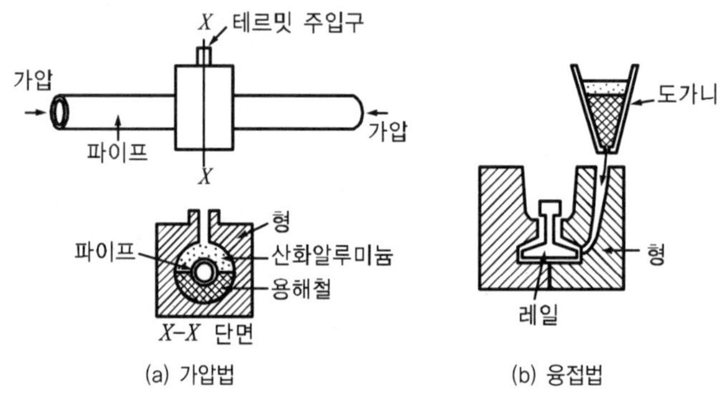

그림 3-177 테르밋 용접

[2] 일렉트로 슬랙 용접(electro slag welding)

그림 3-178과 같이 융융한 슬랙 속에 맨 용접봉을 연속적으로 밀어 넣어 용접봉과 슬랙의 용융 금속에 흐르는 전류의 줄(Joul)열을 이용하여 용접봉을 녹인다. 용융 금속이 홈에서 흘러 나오지 않도록 모재의 양쪽에 수랭식 구리 벽을 대고 서서히 위로 밀어 올려 용접한다.

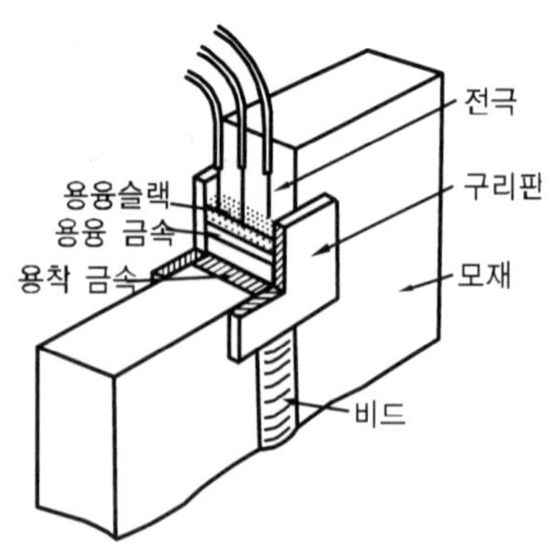

그림 3-178 일렉트로 슬랙 용접

[3] 전자 빔 용접(electro beam welding)

높은 진공(10^{-5}mmHg) 속에서 텅스텐 필라멘트를 가열하여 열 전자를 방출시켜 50~150kV의 높은 전압으로 가속하여 고속 전자빔을 이음 부분에 충돌시켜 그 발열을 이용해 용접하는 방법이다. 원자로에 필요한 지르코늄, 니오브 등 활성 금속의 용접에 이용한다.

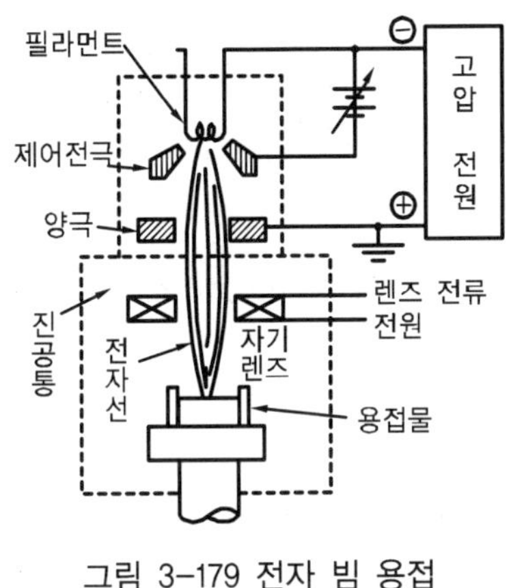

그림 3-179 전자 빔 용접

[4] 저온 용접

용접봉을 합금으로 하면 용융점이 낮아지는 점을 이용하여 특수 용접봉과 용제를 사용하여 모재와의 경계 부분에 공정 합금을 만들어 낮은 용융점의 강력한 합금 이음 층을 만드는 용접방법이다.

[5] 플라스마 제트 용접(plasma jet welding)

기체를 수 1,000℃의 높은 온도로 가열하면 그 안의 가스 원자가 원자핵과 전자로 유리되어 [+], [-] 이온 상태로 되는데 이것을 플라스마라 한다. 그림 3-180과 같이 비교적 간단한 장치에서 아크를 이용하여 가스를 높은 온도로 가열하여 고속으로 분출시켜 플라스마 불꽃을 만든다. 이 플라스마 불꽃의 모양, 온도 및 속도는 용접 목적에 따라 바꿀 수 있으며, 산소-아세틸렌 불꽃과 같은 열원으로 용접할 수 있다. 그림에서 중앙에 텅스텐 전극을 [-]극으로 놓고, 그 주위에 냉각수로 냉각된 구리 합금제 노즐 사이에 아크를 발생시켜 여기에 아르곤 등 가스를 보내면 아크 부분에서 가열되어 팽창한 높은 온도의 가스가 노즐에서 고속으로 불출한다. 용접뿐만 아니라 절단, 용해 등의 열원으로 이용한다.

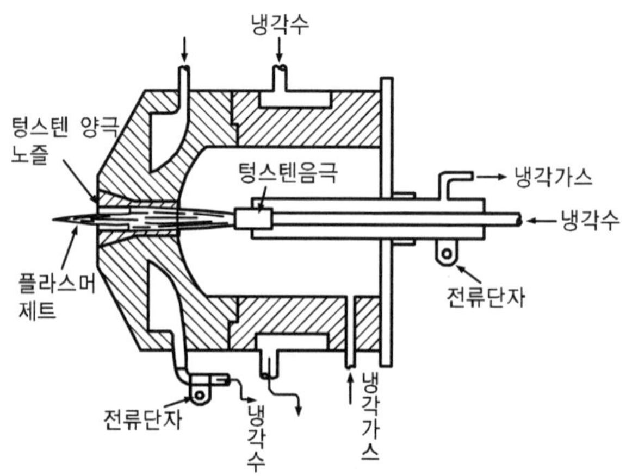

그림 3-180 플라스마 제트 용접

[6] 초음파 용접

그림 3-181과 같이 종류가 다른 금속이나 또는 같은 종류의 접합부분을 용접 팁 사이에 넣고 위쪽 팁에 초음파 진동 에너지를 가해 팁을 수평 방향으로 진동시켜 접촉면의 피막을 파괴하여 접합부분을 녹이지 않고 진동에 의한 발열을 이용해 재결정 용접을 한다. 접합온도가 낮고 접합부분의 성능은 모재에 비해 거의 손색이 없다.

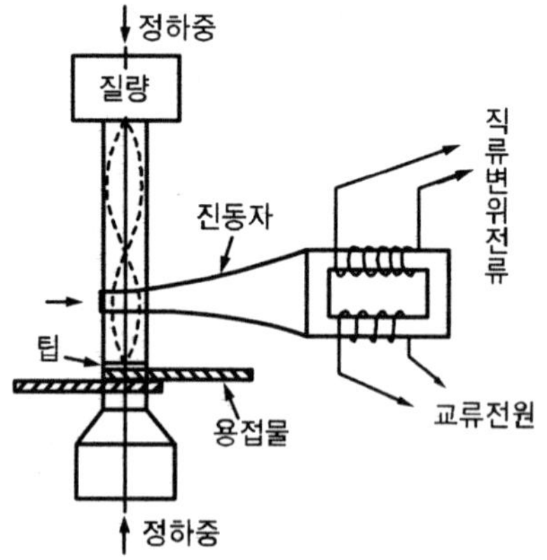

그림 3-181 초음파 용접

7. 용접부분 검사방법

용접부분의 결합은 그 표면에 국한되지 않고 내부에도 있으므로 비드 표면이 깨끗해도 잘 된 용접이라고 단정할 수는 없다. 따라서 검사 및 시험을 하여 신뢰성과 안전성을 확인하여야 한다. 검사방법은 다음과 같은 것이 있다.

[1] 비파괴 검사

① 투과 검사방법 : X선 검사, γ선 검사

② 비투과 검사방법 : 외관검사, 자기(磁氣)탐상법, 초음파 탐상법, 압력검사, 오일침투검사, 천공검사, 형광물질 검사, 음향검사

[2] 파괴시험에 의한 검사

① 기계적 시험 : 인장, 압축, 굽힘, 비틀림, 충격, 경도, 피로 등의 시험

② 금속조직 시험 : 육안 조직시험, 현미경 조직시험

③ 화학적 시험 : 화학분석, 부식시험, 비중시험

④ 물리적 시험

⑤ 압력시험

⑥ 낙하시험

⑦ X선 해석

3-5 측정 기구

1. 버니어 캘리퍼스(vernier calipers)

버니어 캘리퍼스는 어미자(본척)의 한 눈금 미만의 작은 치수를 아들자(부척)를 이용하여 측정할 수 있는 기구이다. 길이 측정 및 안지름, 바깥지름, 깊이, 두께 등을 측정할 수 있다. 어미자 1눈금이 0.5㎜일 때, 12㎜를 25등분하여 아들자의 눈금으로 사용하는 버니어 캘리퍼스는 $0.5-\frac{12}{25}=\frac{1}{50}(=0.5)$㎜까지 읽을 수 있다. 또 어미자의 1눈금이 1㎜일 때, 19㎜를 20등분하여 아들자의 눈금으로 사용하는 버니어 캘리버스는 $1-\frac{19}{20}=\frac{1}{20}(=0.05)$㎜까지 읽을 수 있다.

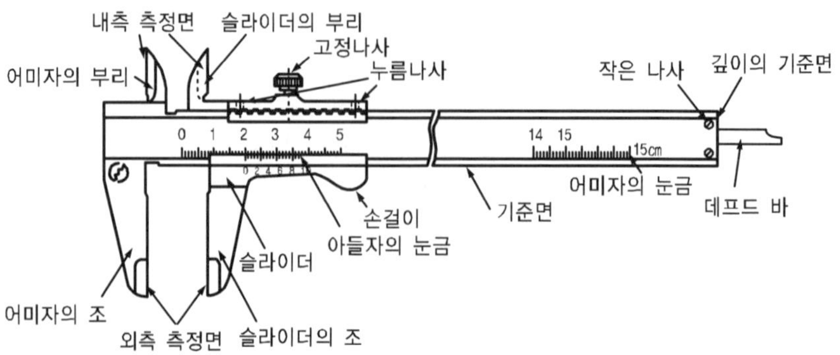

그림 3-182 버니어 캘리퍼스의 구조

아베의 원리(abbe's principle)

"표준 자와 측정하고자 하는 물체는 같은 축 위에 있어야 한다"는 원리이다. 같은 축 위에 있지 않을 경우에는 측정 오차가 발생한다. 아베의 원리에 어긋나는 측정기에는 버니어 캘리퍼스, 내측 마이크로미터 등이 있다.

2. 마이크로미터(micrometer)

피치가 정확한 나사의 원리를 응용해 측정하는 기구이다. 측정 범위는 0~25㎜, 25~50㎜, 50~75㎜ ····의 25㎜ 단위로 구분되어 있으며, 측정 눈금은 슬리브에는 위쪽에 1㎜ 단위로 나타내고, 그 아래쪽에는 중간에 눈금을 새겨 0.5㎜를 나타낸다. 딤블(thimble)에는 원둘레를 50등분한 눈금이 있다. 즉 1눈금은 $0.5\times\frac{1}{50}=0.01$㎜이다.

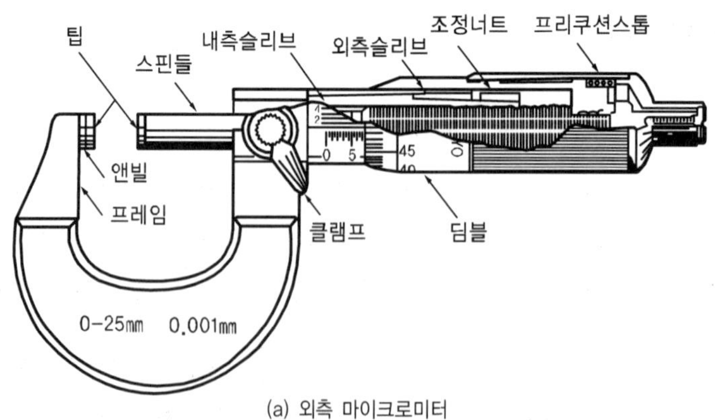

(a) 외측 마이크로미터

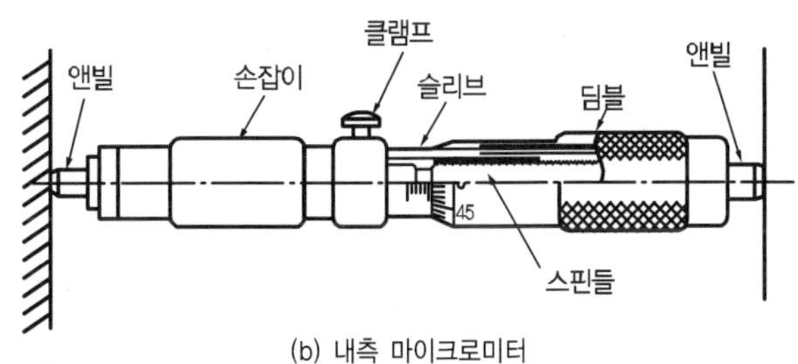

(b) 내측 마이크로미터

그림 3-183 마이크로미터의 구조

3. 블록 게이지(block gauge)

블록 게이지는 공업용으로 사용되는 여러 가지 측정기구의 표준 게이지이며, 직사각형 강편(鋼片)이고, 그 양끝면 사이의 거리는 정확한 호칭치수로 다듬질되어 있다. AA급(최고 기준용, 참고용), A급(표준용), B급(검사용) 및 C급(공장용)의 등급 정밀도가 있으며, 부속장치를 사용하면 안지름·바깥지름·높이 및 두께 등을 측정할 수 있다.

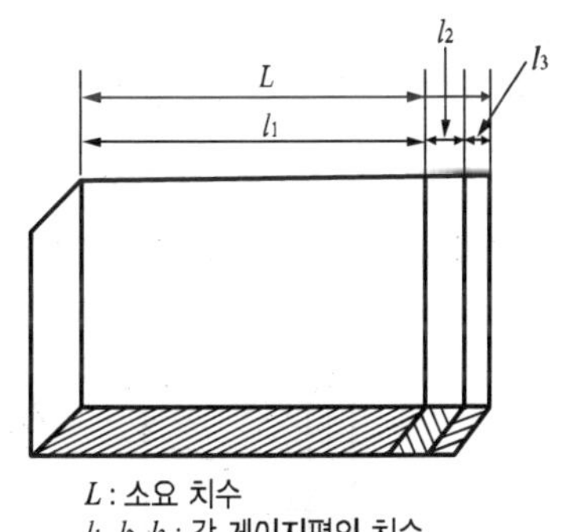

그림 3-184 블록 게이지

4. 사인 바(sine bar)

사인 바는 삼각함수인 sine을 이용하여 원하는 각도를 만들기 위한 측정공구이다. 롤러 중심 사이의 거리를 L, 블록 게이지의 높이를 h, H라 하면 각도 θ는 다음과 같다.

$$\sin\theta = \frac{H-h}{L}$$

또, 사인 바에서는 45° 이상이 되면 측정 오차가 커지므로 45° 이하의 각도에서 측정하여야 한다.

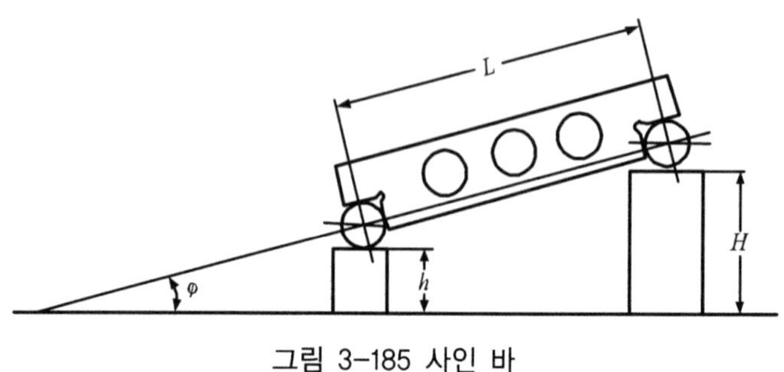

그림 3-185 사인 바

5. 다이얼 게이지(dial gauge)

다이얼 게이지는 평면의 평면도, 원통 면의 진원도, 선반이나 밀링 작업에서 기계에 설치한 공작물의 중심 내기 및 축 편심의 검사 등에 사용된다. 이것은 래크와 피니언을 이용하여 래크의 직선운동을 피니언에 의해 회전운동으로 바꾼 다음 기어 열에 의해 피니언 축의 회전운동을 확대한 것이며, 원둘레는 100눈금으로 등분되어 있다. 따라서 1눈금은 0.01㎜이고 측정할 수 있는 범위는 5~10㎜이다. 다이얼 게이지로 축의 진원도를 측정할 때 눈금 차이의 1/2이 측정값이다.

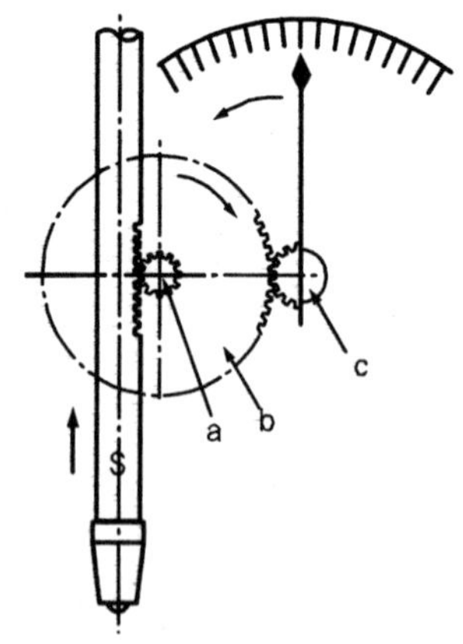

그림 3-186 다이얼 게이지 원리도

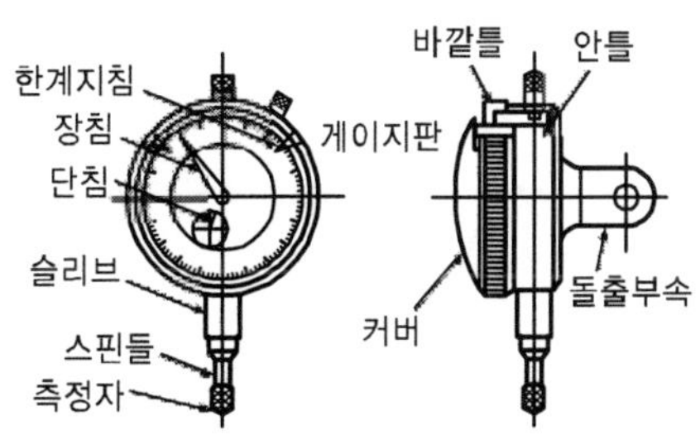

그림 3-187 다이얼 게이지

6. 마이크로 인디케이터 (micro indicator)

길이의 미세한 변화를 기계적으로 확대하는 비교 측정기구이며, 바늘의 회전은 360° 미만, 최소 눈금은 1μ 또는 그 이하인 것을 말한다. 측정 범위가 1μ인 것으로는 ±0.1㎜ 또는 0.05㎜ 정도이다. 그림 3-189는 지렛대와 기어로 측정 스핀들의 위치변화를 확대하는 구조를 그림으로 나타낸 것이다. 이것은 정밀 공작을 필요로 하는 부품용으로 널리 사용된다.

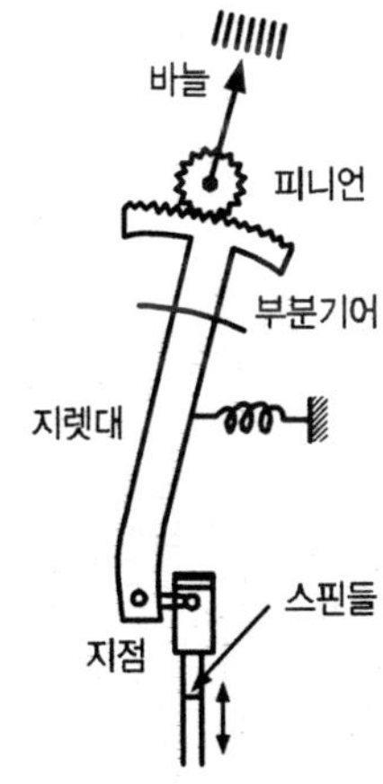

그림 3-188 마이크로 인디케이터의 구조

7. 옵티미터 (optimeter)

옵티미터는 광학적으로 길이의 미세한 변화를 확대하는 것이며, 기계식보다 확대율을 쉽고, 크게 할 수 있다. 일반적으로 최고 눈금 1μ 측정범위는 0.1㎜, 정밀도 ±1μ, 측정력 50~200g의 범위에서 조정이 가능하다.

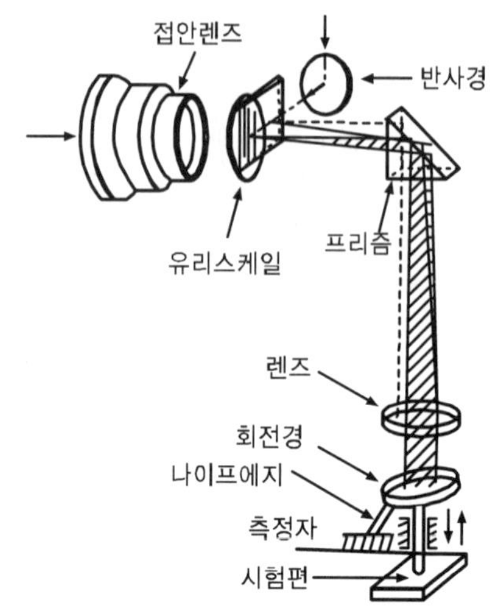

그림 3-189 옵티미터의 구조

8. 공기 마이크로미터

공기 마이크로미터는 길이의 미세한 변화를 공기의 압력 또는 유량의 변화로 바꾸어 확대 지시하는 비교 측정기구이다. 화대 배율이 매우 크며, 정밀도가 높다. 다른 측정기구로 측정하기 어려운 작은 안지름의 측정이 가능하다.

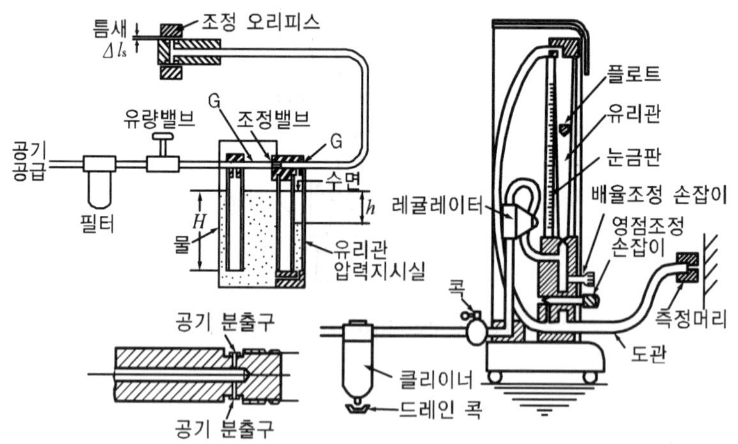

그림 3-190 공기 마이크로미터

9. 계측 기구

[1] 오토콜리미터

오토콜리미터는 망원경과 반사경을 조합한 것으로 각도의 미소한 변화 또는 평면의 기울기 등의 측정이나 검사에 사용되는 광학적 각도 측정이다.

[2] 윤곽 투영기

윤곽 투영기는 편평한 부품 및 게이지, 공구, 기어, 나사 등의 치수를 측정하고 윤곽의 형상을 검사하기 위하여 10~100배로 확대한 실상을 스크린 위에 투영하는 광학적 측정기이다.

[3] 옵티컬 플랫

옵티컬 플랫은 마이크로미터의 측정 면이나 블록 게이지의 측정 면과 같이 비교적 작은 부분의 평면도 측정에 이용된다. 광학 유리를 연마하여 만든 매우 정확한 평행 평면 판을 측정 면에 살며시 포개어 놓고 표면에 나트륨 광선과 같은 단색광을 비추어 간섭무늬를 만든다. 무늬가 곧게 나타나면 정밀한 평면이다.

연/습/문/제

01. 금속을 가열하여 용해시킨 후 주형(mould)에 주입해 냉각 응고시켜 목적하는 제품을 만드는 것을 무엇이라 하는가?

㉮ 주조 ㉯ 압연 ㉰ 제관 ㉱ 단조

해설 주조란 쇳물을 주형에 부어 넣은 후 냉각 응고시켜 주형의 빈 공간과 동일한 형상의 제품을 만드는 작업이며, 이때 만들어진 제품을 주물(鑄物)이라 한다.

02. 목형의 제작시 주형에서 목형을 쉽게 빼내기 위한 기울기를 주는 것을 무엇이라 하는가?

㉮ 수축여유 ㉯ 가공여유
㉰ 목형 구배 ㉱ 코어 프린트

해설 목형은 주물사 속에 묻히므로 빼내기 쉽게 만들지 않으면 주형이 파손되기 쉽다. 따라서 쉽게 뽑아지도록 목형의 수직면 안팎에 기울기를 두는데 이것을 목형 구배(기울기)라 한다.

03. 제품을 중심축에 직각방향으로 절단하였을 때, 단면이 둥근 원모양이다. 이 제품의 주형을 만들려면 다음 중 어느 목형이 가장 적합한가?

㉮ 부분형 ㉯ 현형 ㉰ 회전형 ㉱ 골격형

해설 제품을 중심 축에 직각방향으로 절단하였을 때, 단면이 둥근 원모양이면 이 제품의 주형을 만들려면 회전 목형이 좋다.

04. 목형이 대단히 크고, 대칭 형상을 갖는 주조부품의 목형으로 다음 중 가장 적합한 것은?

㉮ 현형 ㉯ 부분 목형
㉰ 골조 목형 ㉱ 코어 목형

해설 목형이 대단히 크고, 대칭 형상을 갖는 주조부품에는 부분 목형이 적합하다.

05. 주물에서 중공(中空)부분이 필요할 때 사용하는 목형은?

㉮ 현형 ㉯ 회전 목형
㉰ 코어 목형 ㉱ 부분 목형

해설 파이프와 같이 속에 공간(중공부분)이 있는 주물을 제작할 때에는 구멍부분에 해당하는 사형이 필요하며, 이 사형을 코어(core)라 한다.

06. 목형에서 코어(core)를 사용하는 주물의 특징 설명으로 가장 적합한 것은?

㉮ 속이 빈 주물
㉯ 크기가 작은 주물
㉰ 크기가 큰 주물
㉱ 외형이 복잡한 주물

07. 목형과 주물이 동일형상이고, 동일 체적일 때 목형 중량이 2.5kgf이라면 주물의 중량은 몇 kgf인가?(단, 사용금속의 비중은 7.2, 목재의 비중은 0.3이다.)

㉮ 18 ㉯ 30
㉰ 45 ㉱ 60

해설 $W = \frac{S}{S'} W'$ [여기서, W: 주물의 중량(kgf), S: 금속의 비중, S': 목재의 비중, W': 목형의 중량(kgf)]

$\therefore W = \frac{7.2}{0.3} \times 2.5 = 60\text{kgf}$

08. 다음 중 주물사의 시험항목에 들지 않는 것은?

㉮ 강도 ㉯ 건조도
㉰ 경도 ㉱ 통기도

해설 주물사의 시험항목에는 강도, 경도, 통기도 등이 있다.

09. 다음 중 주물제품에서 크랙(crack)의 원인이 아닌 것은?

㉮ 만나는 부분의 살의 두께가 너무 차이가나 다를 때
㉯ 구석이나 만나는 부분이 모지게 되어 있을 때
㉰ 쇳물 아궁이가 매우 작을 때
㉱ 주물을 급랭시킬 때

해설 주물의 크랙은 만나는 부분의 살의 두께가 너무 차이가나 다를 때, 구석이나 만나는 부분이 모지게 되어 있을 때, 주물을 급랭시킬 때 등에 발생한다.

10. 다음 중 주물에 기공(blow hole)의 유무를 검사하는 방법이 아닌 것은?

㉮ 자기 탐상법　㉯ 방사선 탐상법
㉰ 형광 탐상법　㉱ 초음파 탐상법

해설 주물에 기공(blow hole)의 유무를 검사하는 방법에는 자기 탐상법, 방사선 탐상법, 초음파 탐상법 등이 있다.

11. 용융 금속을 금속 주형에 넣어 대기압 이상의 압력을 주물에 가해 표면이 매끈하고 정밀한 주물을 주조할 수 있는 주조법은?

㉮ 원심 주조법　㉯ 셀 몰드법
㉰ 다이 캐스팅법　㉱ 인베스트먼트 주조법

해설 다이 캐스팅은 용해된 금속에 압력을 가하여 금속주형에 부어 주물을 제작하는 방법이다. 주물 표면이 매끈하고 치수 정밀도가 높으며, 제품이 균일하게 되므로 다듬질할 필요가 전혀 없으며, 강도가 크고 복잡한 형상의 얇은 주물 생산에 이용된다. 또 한 개의 금속주형으로 많은 양의 주조가 가능하며, 주조속도도 빨라 대량 생산에 적합하다. 그러나 용융점이 높은 금속은 주조가 곤란하다.

12. 특수주조법으로 금형 속에 용융금속을 주입하여 주조하는 것으로 대량생산에 적합하고 제품이 정밀한 것은?

㉮ 셀 몰드법　㉯ 원심 주조법
㉰ 다이캐스팅　㉱ 인베스트먼트법

13. 다이캐스팅(die casting) 주조법 특징으로 올바른 것은?

㉮ 주물 표면이 거칠고, 치수 정밀도가 낮다.
㉯ 다품종 소량 생산에 적합하다.
㉰ 용융점이 높은 금속은 주조가 곤란하다.
㉱ 제품의 크기에 제한을 받지 않는다.

14. 다이캐스팅용 합금으로써 요구되는 성질이 아닌 것은?

㉮ 유동성이 좋을 것
㉯ 응고 수축에 대한 용탕 보급성이 좋을 것
㉰ 가공 경화성이 높을 것
㉱ 금형에 정착하지 않을 것

해설 다이 캐스팅용 합금에 요구되는 성질은 유동성이 좋고, 응고 수축에 대한 용탕 보급성이 좋으며, 금형에 정착하지 않아야 한다.

15. 철, 구리, 황동 등의 금속 소성가공에서 냉간 가공 중에 나타날 수 있는 현상은?

㉮ 풀림　㉯ 변태
㉰ 재결정　㉱ 가공경화

해설 재료를 가공하는 도중에 힘을 받아 재료가 단단해 지는 것을 가공경화(working hardening)라 한다.

16. 소성가공에서 열간 가공과 냉간 가공을 구분하는 기준은?

㉮ 재결정온도　㉯ 탄소함유량
㉰ 각 재료의 변형량　㉱ 열팽창계수

해설 재결정 온도 이하의 낮은 온도에서의 가공을 냉간 가공, 재결정 온도 이상의 높은 온도에서의 가공을 열간 가공이라 한다.

17. 냉간 가공의 특징이 아닌 것은?

㉮ 가공 면이 매끄럽고 곱다.
㉯ 가공도가 크다.

㉰ 연신율이 작아진다.
㉱ 제품의 치수가 정확하다.

해설 냉간 가공의 특징은 가공 면이 매끄럽고 곱으며, 연신율이 작아지고, 제품의 치수가 정확하다.

18. 소성가공법 중 냉간 가공과 비교한 열간 가공의 특징이 아닌 것은?

㉮ 가공 면이 아름답고 정밀한 형상의 가공 면을 얻는다.
㉯ 재결정온도 이상으로 가열하므로 가공이 쉽다.
㉰ 거친 가공에 적합하다.
㉱ 표면이 가열되어 있어 산화로 인해 정밀 가공이 어렵다.

해설 열간 가공의 특징은 재결정온도 이상으로 가열하므로 가공이 쉬우며, 거친 가공에 적합하지만, 표면이 가열되어 있어 산화로 인해 정밀 가공이 어렵다.

19. 소성가공의 종류가 아닌 것은?

㉮ 인발가공　　㉯ 압출가공
㉰ 전단가공　　㉱ 밀링가공

해설 소성가공에는 인발, 압축, 전단, 압연, 전조, 단조, 프레스, 판금가공 등이 있다.

20. 2개의 회전하고 있는 롤러 사이에 소재를 통과시켜 단면적을 감소시켜 길이를 늘리는 소성가공 방법은?

㉮ 압출　㉯ 인발　㉰ 압연　㉱ 단조

해설 압연 가공은 회전하는 롤러 사이에 재료를 통과 시켜 판재, 형재 등을 성형하는 가공 방법이며, 롤러가 해머와 같이 연속적으로 타격을 가하는 것과 같다.

21. 압연가공에서 압연전의 두께를 H_0, 압연 후의 두께를 H_1이라고 할 때 압하율을 구하는 식은?

㉮ $k = \dfrac{H_1 - H_0}{H_0} \times 100$　㉯ $k = \dfrac{H_1 - H_0}{H_1} \times 100$
㉰ $k = \dfrac{H_0 - H_1}{H_1} \times 100$　㉱ $k = \dfrac{H_0 - H_1}{H_0} \times 100$

해설 압하율 $k = \dfrac{H_0 - H_1}{H_0} \times 100$

22. 판재의 두께가 정해져 있는 경우, 다음 중 압연 시 소재의 폭 증가(spreading)가 가장 작게 될 수 있는 경우는?

㉮ 판재의 폭과 롤 반경이 모두 큰 경우
㉯ 판재의 폭이 크고, 롤 반경이 작은 경우
㉰ 판재의 폭이 작고, 롤 반경이 큰 경우
㉱ 판재의 폭과 롤 반경이 모두 작은 경우

해설 압연에서 소재의 폭 증가(spreading)가 가장 작게 될 수 있는 경우는 판재의 폭과 롤 반경이 모두 큰 경우이다.

23. 파이프 또는 봉재의 재료를 축 방향으로 테이퍼 구멍 같은 다이 구멍을 통과시키며, 잡아 당겨서 다이 구멍의 최소 단면 치수로 가공하는 소성가공법은?

㉮ 단조(forging)　㉯ 압연(rolling)
㉰ 인발(drawing)　㉱ 압출(extruding)

해설 인발 가공은 다이 구멍에 재료를 통과시켜서 잡아당기면 단면적이 감소되어 다이 구멍의 형상과 같은 단면의 봉(棒), 선(線), 파이프(pipe) 등을 만드는 가공 방법이다.

24. 다음 중 소성 가공에서 인발(drawing)을 바르게 설명한 것은?

㉮ 회전하는 2~3개의 롤러 사이에 넣고 가공하는 방법
㉯ 일정한 틈을 통과시켜 잡아당겨 늘리는 가공 방법
㉰ 재료를 통속에 넣고 압축하며 뽑아내는 가공 방법
㉱ 판재를 형틀에 의하여 변형시켜 가공하는 방법

25. 일명 드로잉이라고도 하며 소재를 테이퍼 다이스(taper dies)를 통과시켜 봉재, 선재, 관재를 가공하는 방법은?

㉮ 단조 ㉯ 압연 ㉰ 인발 ㉱ 전단

26. 인장 시험편의 시험 전의 지름이 14㎜, 시험 후 절단된 지름이 12.3㎜일 때 단면 수축률은 약 얼마인가?

㉮ 13.82% ㉯ 22.81%
㉰ 12.14% ㉱ 29.55%

해설 $\phi = \frac{A_0 - A}{A_0} \times 100$[여기서, φ : 단면 수축률, A_0 : 처음 단면적(㎟), A : 수축한 최소 단면적(㎟)]
$= \frac{0.785 \times 14^2 - 0.785 \times 12.3^2}{0.785 \times 14^2} \times 100 = 22.81\%$

27. 컨테이너 속에 재료를 넣고 램으로 압력을 주어 가공하는 소성가공법은?

㉮ 압연가공 ㉯ 압출가공
㉰ 인발가공 ㉱ 전조가공

해설 압출 가공은 컨테이너(container) 속에 있는 재료를 램(ram)으로 눌러 빼내는 가공이며 봉, 선, 파이프 등을 만들 수 있다.

28. 압출 가공에 대한 설명이다. 거리가 먼 것은?

㉮ 속이 빈 용기를 만드는 데는 충격 압출이 적합하다.
㉯ 압출에 의한 표면 결함은 소재온도가 가공속도를 늦춤으로써 방지할 수 있다.
㉰ 단면의 형태가 다양한 직선, 곡선 제품의 생산이 가능하다.
㉱ 납 파이프나 건전지 케이스를 생산하는데 적합하다.

해설 압출 가공은 납 파이프나 건전지 케이스를 생산하는데 적합하며, 압출에 의한 표면 결함은 소재온도가 가공속도를 늦춤으로써 방지할 수 있다. 그리고 속이 빈 용기를 만드는데는 충격 압출이 적합하다.

29. 다음 중 비절삭 가공에 속하는 것은?

㉮ 전조 ㉯ 호닝 ㉰ 선삭 ㉱ 연삭

30. 다음 중 다이나 롤러를 사용하여 재료를 회전시키면서 압력을 가하여 제품을 만드는 가공방법으로 나사 등의 가공에 가장 적합한 가공방법은?

㉮ 압연가공(rolling)
㉯ 압출가공(extruding)
㉰ 프레스가공(press working)
㉱ 전조가공(form rolling)

해설 전조 가공은 다이 또는 롤러를 사용하여 재료를 회전시켜서 부분적으로 압력을 가하여 변형시켜서 제품을 만드는 가공방법이다. 즉, 소재 또는 공구를 양쪽 혹은 한쪽만 회전시켜 공구 표면 형상과 동일한 형상을 소재에 각인하는 가공법이며, 이 가공에서는 주로 나사(screw), 기어(gear), 볼(ball) 등을 제작한다.

31. 소재 또는 공구를 양쪽 혹은 한쪽만 회전시켜 공구 표면 형상과 동일한 형상을 소재에 각인하는 가공법은?

㉮ 전조가공 ㉯ 프레스가공
㉰ 절단가공 ㉱ 압연가공

32. 나사, 기어 등을 제작하는 소성가공법으로 특수 압연가공(또는 성형 가공)이라고도 할 수 있는 것은?

㉮ 전조 ㉯ 주조 ㉰ 단조 ㉱ 판금

33. 소재를 고온으로 가열하여 앤빌 위에 놓고 해머로 타격을 가하거나 2개의 다이(die) 사이에 소재를 넣고 압력을 가하여 필요한 형상의 제품을 만드는 소성가공 방법은?

㉮ 단조 ㉯ 압연 ㉰ 주조 ㉱ 인발

해설 단조 가공은 소재를 적당한 온도로 가열하고 힘을 가해 소요의 형상으로 변형시키며, 조직이나 성질을 개선하기 의해 행하는 작업이다.

34. 금속의 소성가공에서 단조가공의 주목적으로 가장 적합한 것은?

㉮ 결정핵 성장과 내부응력 이완
㉯ 변태와 대량생산
㉰ 조직의 재결정과 가공경화
㉱ 재료조직의 개선과 성형

해설 단조가공의 주목적은 재료조직의 개선과 성형이다.

35. 커넥팅로드와 같이 형상이 복잡한 것을 소성 가공하는 방법을 무엇이라 하는가?

㉮ 압출　　㉯ 형단조
㉰ 압연단조　　㉱ 인발

해설 커넥팅로드와 같이 형상이 복잡한 것을 소성 가공하는 방법을 형단조라 한다.

36. 단조(forging)는 주로 열간 가공이며, 가장 오래된 금속 가공법이다. 단조를 열간 단조와 냉간 단조로 분류할 때 다음 중 냉간 단조에 해당되지 않는 것은?

㉮ 블랭킹(blanking)　　㉯ 헤딩(heading)
㉰ 스웨이징(swaging)　　㉱ 코이닝(coining)

해설 냉간 단조의 종류에는 콜드 헤딩(heading), 스웨이징(swaging), 코이닝(coining) 등이 있다.

37. 소성 가공법에서 판금가공의 종류가 아닌 것은?

㉮ 굽힘 가공　　㉯ 타출 가공
㉰ 압출 가공　　㉱ 전단 가공

38. 프레스 전단 가공의 종류 중 펀치로 판 재료에서 필요한 치수의 모양으로 가공 제품을 따내는 작업인 것은?

㉮ 블랭킹(blanking)　　㉯ 피어싱(piercing)
㉰ 트리밍(trimming)　　㉱ 커링(curling)

해설 블랭킹(blanking)은 판재에서 펀치와 다이를 사용하여 필요한 형상으로 가공 제품을 따내는 작업이다.

39. 판금작업에서 판재에 펀칭을 하여 불필요한 부분을 뽑아 버리고, 남는 것이 제품이 되는 작업은?

㉮ 블랭킹(blanking)　　㉯ 펀칭(punching)
㉰ 전단(shearing)　　㉱ 트리밍(triming)

해설 펀칭(piercing)이란 판재에서 구멍을 만드는 작업으로 뽑힌 부분이 스크랩이 되고 남은 부분이 제품이 되는 것을 말한다.

40. 다음은 전단가공의 종류에 대한 설명이다. 틀린 것은?

㉮ 블랭킹(blanking) : 펀치로 판재를 필요한 치수의 모양으로 따내는 작업
㉯ 전단(shearing) : 판재를 필요한 길이의 치수로 절단하는 작업
㉰ 셰이빙(shaving) : 드로잉을 한 제품의 귀 또는 단조품의 거스러미를 제거하는 작업
㉱ 피어싱(piercing) : 필요한 치수 모양으로 구멍을 만드는 작업

해설 셰이빙(shaving)은 뽑기나 구멍 뚫기를 한 제품의 가장자리에 붙어 있는 파단면 등이 편평하지 못하므로 제품의 끝을 약간 깎아 다듬질하는 작업이다.

41. 두께 3㎜인 연강 판에 지름 30㎜의 구멍을 펀칭할 때 펀칭력은 최소 약 몇 kgf 이상이어야 하나?(단, 연강 판의 전단 파괴강도는 25kgf/㎟이다.)

㉮ 4526　　㉯ 5360　　㉰ 6580　　㉱ 7087

해설 $P = \pi dt\tau$[여기서, d : 구멍의 지름, t : 판의 두께, τ : 연강판의 전단 파괴강도]
∴ 3.14×3×30×25 = 7086.58kgf

42. 판 두께 13㎜, 인장강도 3500kgf/㎠, 안전계수가 4인 연강판으로 5kgf/㎠의 내압을 받는 원통을 만들려면 안지름(내경)은 약 몇 cm인가?

㉮ 228 ㉯ 375 ㉰ 455 ㉱ 910

해설 $\sigma = \frac{p \times D \times S}{2 \times t}$ [여기서, σ : 원주 방향의 응력(kgf/㎠), p : 내압(kgf//㎠), D : 안지름(cm), S : 안전계수, t : 판 두께(cm)]

$\therefore D = \frac{\sigma \times 2 \times t}{p \times S} = \frac{3500 \times 2 \times 1.3}{5 \times 4} = 455$ cm

43. 스프링 백 현상은 다음 어느 작업할 때 가장 많이 발생하는가?

㉮ 용접 ㉯ 프레스
㉰ 절삭 ㉱ 열처리

해설 굽힘 가공을 할 때 굽힘 힘을 제거하면 판의 탄성 때문에 탄성 변형 부분이 원래의 상태로 되돌아가 굽힘 각도나 굽힘 반지름이 열려 커지는데 이것을 스프링 백이라 하며, 프레스 작업이나 판금 가공에서 주로 발생한다.

44. 프레스 가공을 분류할 때 전단가공의 종류에 속하지 않는 것은?

㉮ 엠보싱 ㉯ 블랭킹
㉰ 트리밍 ㉱ 세이빙

해설 엠보싱(embossing)은 얇은 재료를 한 쌍의 펀치와 다이의 요철이 서로 반대가 될 수 있도록 하여 성형하는 가공방법이며, 재료의 두께를 변화시키지 않고 변형시켜 그 변형 모양이 뒷면에도 나타나 요철은 서로 반대가 되도록 하는 압축가공이다.

45. 액압 프레스의 용량을 Q, 단조물의 유효 단면적을 A, 단조시 프레스 효율을 σ_e라 할 때 재료의 변형저항 σ_e를 나타내는 식은?

㉮ $\sigma_e = \frac{Q\eta}{A}$ ㉯ $\sigma_e = \frac{A\eta}{Q}$
㉰ $\sigma_e = \frac{AQ}{\eta}$ ㉱ $\sigma_e = \frac{\eta}{AQ}$

46. 동전 제작시 사용되는 방법으로 다이에 요철을 만들어 압축하는 가공은?

㉮ 사이징(sizing) ㉯ 압인가공(coining)
㉰ 컬링(curling) ㉱ 엠보싱(embossing)

해설 압인가공(coining)은 동전이나 메달을 제작할 때 사용되는 방법으로 다이에 요철을 만들어 압축하는 가공을 말한다.

47. 고무나 기름을 사용하여 화병과 같이 입구보다 중앙부분이 굵은 원통용기를 만드는 드로잉 가공법인 것은?

㉮ 압출 ㉯ 벌징 ㉰ 인발 ㉱ 마폼

해설 벌징은 고무나 기름을 사용하여 화병과 같이 입구보다 중앙부분이 굵은 원통용기를 만드는 드로잉 가공 방법이다.

48. 다음 중 절삭 가공에 이용되는 성질로 가장 적합한 것은?

㉮ 소성 ㉯ 용접성 ㉰ 용해성 ㉱ 연삭성

해설 절삭 가공에 이용되는 성질은 연삭성이다.

49. 연강 재료의 절삭가공시 절삭저항이 가장 적고 절삭 가공 면이 매끈한 칩의 형식은?

㉮ 전단형 ㉯ 유동형 ㉰ 균열형 ㉱ 열단형

해설 유동형 칩은 칩이 계속 길게 연결되어 흘러가듯 나오는 것으로, 절삭작용이 원활하고 다듬질 면이 양호할 때 발생한다.

50. 선삭작업에서 연강을 고속 절삭할 때 생기는 칩의 일반적인 형태로 가장 적합한 것은?

㉮ 유동형 ㉯ 전단형
㉰ 경작형 ㉱ 균열형

해설 유동형 칩은 칩이 계속 길게 연결되어 흘러가듯 나오는 것으로 절삭 작용이 원활하고 다듬질 면이 양호할 때 발생한다. 유동형 칩은 알루미늄 합금, 연강 등 연한 재료를 고속으로 절삭할 때, 절삭량과 절삭 깊이가 얕고, 절삭속도가 클 때, 바이트의 경사각이 클 때, 윤활 성능이 좋은 절삭제의 공급이 많을 때 발생한다.

51. 절삭 가공을 할 때 구성인선(built up edge)을 방지하기 위한 대책으로 옳지 못한 것은?

㉮ 절삭 깊이(cut of depth)를 작게 할 것
㉯ 절삭 속도(cutting speed)를 크게 할 것
㉰ 경사각(rake angle)을 작게 할 것
㉱ 공구의 인선(cutting edge)을 예리하게 할 것

해설 구성인선 방지 대책은 절삭 깊이(cut of depth)를 작하고, 절삭속도(cutting speed)와 경사각(rake angle)을 크게 하고, 공구의 인선(cutting edge, 날끝)을 예리하게 한다.

52. 공작기계로 공작물을 절삭할 때는 절삭저항이 발생하는데 절삭저항에 해당되지 않는 것은?

㉮ 주분력 ㉯ 배분력
㉰ 횡분력(이송분력) ㉱ 치핑(chipping)

해설 절삭저항에는 주분력, 배분력, 횡분력(이송분력) 등이 있다.

53. 선반의 3분력의 크기가 순서대로 된 것은?

㉮ 주분력>배분력>이송분력
㉯ 주분력>이송분력>배분력
㉰ 배분력>주분력>이송분력
㉱ 배분력>이송분력>주분력

해설 선반의 3분력의 크기순서는 주분력>배분력>이송분력이다.

54. 선반작업에서 공작물의 지름을 D(㎜), 1분간의 회전수를 N(rpm)이라고 할 때, 절삭속도 V는 몇 m/min인가?

㉮ $V=\pi DN$ ㉯ $V=\frac{\pi DN}{1000}$
㉰ $V=\frac{\pi D}{1000N}$ ㉱ $V=\frac{\pi N}{1000D}$

해설 절삭속도 $V=\frac{\pi DN}{1000}$

55. 다음 중 공구 재료로서 필요한 성질이 아닌 것은?

㉮ 취성이 커야 한다.
㉯ 인성이 커야 한다.
㉰ 내마멸성이 커야 한다.
㉱ 피삭재에 피해 충분히 경도가 높아야 한다.

해설 공구 재료로서 필요한 성질은 강성과 인성 및 내마멸성이 커야 하고, 피삭재에 피해 충분히 경도가 높아야 한다.

56. 절삭공구의 수명이 종료되어 공구를 다시 연삭하거나 새로운 절삭공구로 바꾸기 위한 공구수명 판정방법이 잘못된 것은?

㉮ 가공 면에 광택이 있는 색조나 반점이 생길 때
㉯ 공구인선의 마모가 일정량에 도달하였을 때
㉰ 완성치수의 변화량이 일정량에 도달했을 때
㉱ 절삭저항의 이송분력과 배분력이 급격히 감소할 때

해설 공구수명 판정방법
① 가공 면에 광택이 있는 색조나 반점이 생길 때
② 공구인선의 마모가 일정량에 도달하였을 때
③ 완성치수의 변화량이 일정량에 도달하였을 때
④ 절삭저항의 이송분력과 배분력이 급격히 증가할 때

57. 다음 중 선반에서 가공할 수 없는 것은?

㉮ 축 외경 절삭 ㉯ 축 테이퍼 절삭
㉰ 기어 이 깎기 ㉱ 나사 깎기

해설 선반에서 가공할 수 있는 작업은 바깥지름(외경) 절삭, 끝면 절삭, 정면 절삭, 절단, 테이퍼 절삭, 곡면 절삭, 구멍 뚫기, 보링 작업, 너링 작업, 나사 절삭 등이 있다

58. 선반에서 일반적으로 할 수 있는 작업은?

㉮ 나사 절삭　　㉯ 사각 추 가공
㉰ 기어 절삭　　㉱ 묻힘 키 홈 가공

59. 다음 공작기계 중 부속장치로 척, 센터, 돌림판, 돌리개, 심봉, 방진구 등이 있는 것은?

㉮ 선반　　㉯ 플레이너
㉰ 보링 머신　　㉱ 밀링 머신

해설 척, 센터, 돌림판, 돌리개, 심봉, 방진구 등은 선반의 부속장치들이다.

60. 다음 중 선반의 단동척(independent chuck)의 특징으로 맞은 것은?

㉮ 원, 사각, 팔각 조임에 용이하다.
㉯ 원, 3각, 6각봉 가공에 사용한다.
㉰ 전류자기를 이용한 자화 면이다.
㉱ 운전 중에도 작업이 가능하다.

해설 단동 척은 4개의 죠(jaw)가 각기 움직일 수 있어 원, 사각, 판각 조인 등 분규치한 형상의 공작물을 고정하는데 적합하다.

61. 선반에서 4개의 죠(jaw)가 각기 움직일 수 있어 불규칙한 일감을 고정시키는데 적합한 척은?

㉮ 단동척　㉯ 연동척　㉰ 콜릿척　㉱ 전자척

62. 선반작업에 사용되는 절삭공구의 명칭은?

㉮ 숫돌　　㉯ 밀링 커터
㉰ 탭　　㉱ 바이트

63. 선반에서 복식 공구대를 사용하여 그림과 같은 테이퍼를 가공하려할 때 공구대의 선회각도는 약 몇 도인가?

㉮ 11.16°　　㉯ 5.58°
㉰ 2.86°　　㉱ 1.43°

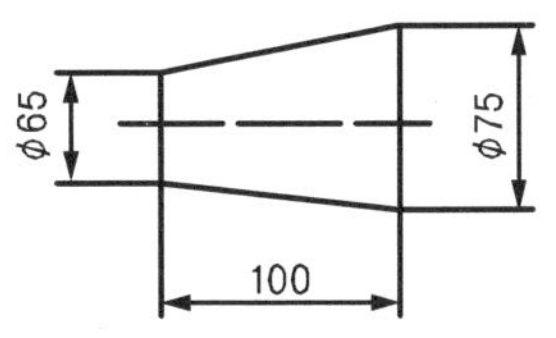

해설 $\tan\theta = \dfrac{D-d}{2L} = \dfrac{75-65}{2\times100} = 0.05,\ \therefore \tan^{-1}0.05 = 2.86$

64. 다음 공작기계 중 절삭공구가 회전하지 않는 것은?

㉮ 밀링 머신　　㉯ 드릴링 머신
㉰ 호빙 머신　　㉱ 셰이퍼

해설 세이퍼는 비교적 소형 공작물을 평면 절삭하는데 사용하는 것으로 공작물을 테이블에 고정하고 램이 직선왕복 운동할 때 절삭공구가 왕복운동을 하여 절삭한다.

65. 다음 공작 기계 중 평면 절삭을 하려고 할 때 가장 적합한 기계는?

㉮ 보링 머신　　㉯ 선반
㉰ 드릴링 머신　　㉱ 세이퍼

66. 다음 공작기계 중에서 절삭공구가 회전하는 것은?

㉮ 선반　㉯ 브로칭　㉰ 밀링　㉱ 세이퍼

해설 밀링 머신은 원판 또는 원통둘레에 많은 날을 지닌 밀링 커터라는 절삭공구를 회전시켜 공작물을 이송하며 절삭하는 공작기계이다. 수직과 수평의 평면 깎기, T홈 깎기 등을 빠르고 정밀도가 높게 가공할 수 있다.

67. 밀링의 상향 절삭과 하향 절삭을 비교하여 설명한 것 중 틀린 것은?

㉮ 상향 절삭에서는 공작물을 견고하게 설치하지 않아도 된다.
㉯ 상향 절삭에서는 밀링 커터의 여유면 마멸이 하향 절삭 때보다 크다.
㉰ 하향 절삭이 상향 절삭보다 절삭동력이 작고 진

동이 작다.

㉱ 상향 절삭에서는 밀링 머신의 이송에 백래시 제거 장치가 필요 없다.

해설 밀링의 상향 절삭에서는 공작물을 견고하게 설치하여야 된다.

68. 밀링에서 지름 60㎜의 커터로 30m/min의 절삭속도로 절삭하는 경우 커터의 날수가 12개이고, 날 1개당의 이송을 0.2㎜라 하면 분당 회전수는 약 몇 rpm인가?

㉮ 318　㉯ 248
㉰ 159　㉱ 124

해설 $N=\dfrac{1000V}{\pi D}$
[여기서, D : 공작물의 지름(㎜), N : 회전속도(rpm)]
$\therefore$ $\mathrm{N}=\dfrac{30\times1000}{3.14\times60}=159.2\mathrm{rpm}$

69. 지름 60㎜의 커터로 30m/min의 절삭속도로 절삭하는 경우 날수가 12개일 때 날 1개당의 이송을 0.2㎜라 하면 분당 이송량은 약 몇 ㎜/min인가?

㉮ 382　㉯ 296
㉰ 202　㉱ 194

해설 $f=fz\times Z\times N,\ N=\dfrac{1000V}{\pi D}$,
[여기서, f : 1분 동안의 이송(㎜),
fz : 날 1개당 이송(㎜), Z : 커터의 날 수,
N : 회전속도(rpm), V : 절삭속도(m/min),
D : 지름(㎜)]
① $\mathrm{N}=\dfrac{1000\times30}{3.14\times60}=159.2\mathrm{rpm}$
② $f=159.2\times12\times0.2=382.08\,\mathrm{m/min}$

70. 다음은 공작기계의 특성을 나열한 것이다. 이 중에서 잘못 설명한 것은?

㉮ 공작물의 회전과 그 회전축을 포함하는 평면 내에서 공구의 선 운동에 의해서 공작물을 원하는 형태로 절삭하는 것을 선삭 가공이라 한다.

㉯ 밀링 머신은 회전하는 공작물에 절삭공구를 이송하여 원하는 형상으로 가공하는 공작기계이다.

㉰ 드릴 작업은 일반적으로 드릴 주축을 회전시켜 작업하지만 정확을 요하는 깊은 구멍작업에는 가공물을 회전시킨다.

㉱ 연삭숫돌을 공구로 사용하고 가공물에 상대운동을 시켜 정밀하게 가공하는 작업을 연삭이라 한다.

71. 다음 중 드릴링 머신 작업의 종류에 속하지 않는 것은?

㉮ 보링　㉯ 리밍
㉰ 카운터 보링　㉱ 브로우칭

해설 드릴링 머신 작업의 종류에는 드릴링, 스폿 페이싱, 카운터 보링, 카운터 싱킹, 보링, 리밍, 태핑 등이 있다.

72. 다음 중 6각 구멍 붙이 볼트의 머리를 묻기 위한 가공법은?

㉮ 카운터 보링　㉯ 보링
㉰ 카운터 싱킹　㉱ 리밍

해설 작은 나사, 둥근 머리 볼트의 머리를 공작물에 묻히게 하기 위해 턱 있는 구멍을 뚫는 가공을 카운터 보링이라 한다.

73. 드릴링 머신으로 접시머리 나사의 머리 부분을 묻히게 하기 위하여 자리를 파는 작업은?

㉮ 버니싱　㉯ 카운터 싱킹
㉰ 카운터 보링　㉱ 스폿 페이싱

해설 드릴링 머신으로 접시머리 볼트의 머리부분이 묻히도록 자리를 파는 작업을 카운터 싱킹이라 한다.

74. 다음 중 일반적으로 황동에 구멍 뚫기 작업에 사용하는 드릴의 날끝 각으로 가장 알맞은 것은?

㉮ 90~120°　㉯ 118°
㉰ 100°　㉱ 60°

해설 황동에 구멍 뚫기 작업에 사용하는 드릴의 날끝 각은 118°가 알맞다.

75. 드릴가공에 대한 일반적인 설명 중 틀린 것은?

㉮ 재료에 기공이 있으면 가공이 용이하다.
㉯ 드릴의 날끝 각은 공작물의 재질에 따라 다르다.
㉰ 겹쳐진 구멍을 뚫을 때는 먼저 뚫은 구멍에 같은 종류의 재료를 메우고 구멍을 뚫는다.
㉱ 탭이 파손될 경우에는 나사 뽑기 기구를 사용한다.

76. 드릴구멍에 암 나사를 깎는데 사용하는 수공구인 것은?

㉮ 톱 ㉯ 탭 ㉰ 리머 ㉱ 다이스

해설 탭은 암 나사를 깎는데 사용하고, 다이스는 수 나사를 깎는데 사용한다.

77. 지름 20㎜의 드릴로 연강 판에 구멍을 뚫을 때, 회전수가 200rpm이면 절삭 속도는 약 몇 m/min 인가?

㉮ 12.6 ㉯ 15.5
㉰ 17.6 ㉱ 75.3

해설 $V = \frac{\pi DN}{1000} = \frac{3.14 \times 20 \times 200}{1000} = 12.6[m/min]$

78. 고속도강으로 만든 지름 16㎜인 드릴로 연강인 일감에 절삭 속도는 28m/min으로 구멍을 뚫을 때 드릴링 머신의 스핀들의 회전수(rpm)는?

㉮ 140 ㉯ 280
㉰ 557 ㉱ 1114

해설 $N = \frac{1000V}{\pi D} = \frac{1000 \times 28}{3.14 \times 16} = 557rpm$

79. 드릴로 뚫은 구멍의 중심 위치와 지름을 다듬질 완성 가공하거나 구멍을 넓혀서 정확한 치수로 절삭하는 공작기계로 가장 적합한 것은?

㉮ 보링 머신 ㉯ 호빙 머신
㉰ 플레이너 ㉱ 세이퍼

해설 보링 머신은 드릴로 뚫은 구멍의 중심 위치와 지름을 다듬질 완성 가공하거나 구멍을 넓혀서 정확한 치수로 절삭하는 공작기계이다. 즉 뚫려있는 구멍을 넓혀서 정확한 치수로 다듬질 절삭이다.

80. 뚫려있는 구멍을 넓혀서 정확한 치수로 다듬질 절삭하는 작업을 의미하는 용어로 가장 적합한 것은?

㉮ 태핑 ㉯ 밀링
㉰ 드릴링 ㉱ 보링

81. 다음 중 속이 빈 대형 공작물의 내면을 축 대칭 형상으로 가공하는 데 가장 적합한 공작기계는?

㉮ 선반 ㉯ 보링 머신
㉰ 밀링 머신 ㉱ 세이퍼

82. 선삭이나 밀링가공과 비교한 연삭가공의 특징을 설명한 것으로 올바른 것은?

㉮ 연삭에서 제거되는 칩(chip)은 극히 작다.
㉯ 연삭 점의 온도는 대단히 낮다.
㉰ 절삭속도가 대단히 느리다.
㉱ 날 끝에서는 자생작용이 없다.

해설 연삭 가공에서 발생하는 칩(chip)이 선삭이나 밀링 가공에서 발생하는 칩보다 매우 작다.

83. 연삭숫돌은 자동적으로 닳아 떨어져 나가서 새로운 날을 형성하므로 커터와 바이트처럼 연삭하지 않아도 되는데 이러한 현상을 무엇이라 하는가?

㉮ 자생작용 ㉯ 트루잉
㉰ 글레이징 ㉱ 드레싱

해설 연삭숫돌이 연삭 과정 중에 입자가 마멸→파쇄→탈락→생성의 과정을 반복하여 새로운 입자가 생성되어 커터와 바이트 같이 연삭하지 않아도 되는 현상을 연삭숫돌의 자생작용이라 한다.

84. 연삭숫돌 표시법에서 GC 36 K 8 V로 표시되어 있을 때 K는 무엇을 나타낸 것인가?

㉮ 숫돌 입자 ㉯ 입도
㉰ 결합도 ㉱ 조직

해설 GC 36 K B V : GC : 숫돌 입자, 36 : 입도, K : 결합도, B : 조직, V : 결합제

85. WA-46-K-8-V는 연삭숫돌을 표시하는 방법이다. 이 중에서 V는 무엇을 나타내는가?

㉮ 숫돌재료 ㉯ 경도
㉰ 결합제 ㉱ 입도

해설 WA−46−K−8−V : WA : 입자, 46 : 입도, K : 결합도, 8 : 조직, V : 결합제

86. 연삭숫돌의 결함과 수정에 관한 용어 중 숫돌 입자의 표면이나 가공에 칩(chip)이 차 있는 상태를 의미하는 것은?

㉮ 로딩(loading) ㉯ 트루밍(truing)
㉰ 글레이징(glazing) ㉱ 드레싱(dressing)

해설 로딩(loading)이란 연삭 작업 중 숫돌입자의 표면이나 기공에 칩이 차있는 현상이다. 로딩은 숫돌입자가 너무 작을 때, 조직이 너무 치밀할 때, 연삭 깊이가 깊을 때, 숫돌의 회전속도가 너무 느릴 때 발생하며, 로딩이 발생하면 연삭 성능이 불량하고 다듬질 면이 거칠어지며, 다듬질 면에 상처가 발생하고, 숫돌 입자가 마멸되기 쉽다.

87. 센터리스 연삭 작업에서 공작물의 1회전마다의 이송량이 2㎜일 때 이송속도는 약 몇 m/min인가?(단, 공작물의 회전속도는 3000rpm이다.)

㉮ 5 ㉯ 6 ㉰ 8 ㉱ 10

해설 $v = \dfrac{2mm \times 3000}{1000} = 6\ \mathrm{m/min}$

88. 숫돌차의 바깥 지름이 300㎜, 회전수 1500rpm, 공작물의 원주속도 20m/min일 때 연삭 속도는 약 m/min인가?(단, 공작물의 회전 방향은 연삭숫돌과 같은 방향이다.)

㉮ 1394 ㉯ 1414 ㉰ 1434 ㉱ 1533

해설 ① $\mathrm{V} = \dfrac{\pi \mathrm{DN}}{1000} = \dfrac{3.14 \times 300 \times 1500}{1000}$
$= 1413.7m/\min$
② 연식 속도 = 숫돌의 원주속도+공작물의 원수속도 = 1414+20=1434m/min

89. 매우 작은 입자의 숫돌에 극히 작은 압력으로 가압하면서 공작물의 표면을 따라 축 방향으로 진동을 주면서 원통의 내면, 외면 및 평면을 가공하는 방법은?

㉮ 호닝 ㉯ 슈퍼 피니싱
㉰ 래핑 ㉱ 브로칭

해설 슈퍼 피니싱이란 매우 작은 입자의 숫돌에 극히 작은 압력으로 가압하면서 공작물의 표면을 따라 축 방향으로 진동을 주면서 원통의 내면, 외면 및 평면을 가공하는 방법이다.

90. 숫돌이 가공물의 표면을 가압하고, 숫돌을 진동시키면서 가공물에 회전 이송운동을 주어 가공물의 표면을 초정밀 가공하는 방법과 가장 관계가 깊은 것은?

㉮ 초음파 가공 ㉯ 호닝
㉰ 슈퍼 피니싱 ㉱ 연삭

91. 다음 가공법 중 절삭가공에 속하는 것은?

㉮ 인발 ㉯ 주조 ㉰ 단접 ㉱ 래핑

해설 래핑(lapping)은 미세한 숫돌가루를 이용하여 공작물의 표면을 매끈하게 만드는 가공방법이며, 정밀도가 높은 부분품의 제작에 널리 사용된다.

92. 일반적으로 강(steel)의 래핑(lapping)에 사용되는 랩 재료로서 가장 적합한 것은?

㉮ 주철 ㉯ 황동 ㉰ 납 ㉱ 목재

해설 랩 재료는 공작물의 재질보다 연한 것을 사용하는데 강(鋼)에는 주철을 사용하며, 황동, 구리, 납, 알루미늄, 화이트 메탈 등이 기계 래핑의 랩 재료로 사용된다.

93. 금속의 전기분해 현상을 이용한 가공법으로서 가공물을 양극으로 하고 전해용액 속에서 금속 표면의 미소 용기부분을 용해하여 거울 면 상태로 가공하는 방법을 무엇이라 하는가?

㉮ 전해연마(electrolytic polishing) 가공
㉯ 버핑(buffing) 가공
㉰ 버니싱(burnishing) 가공
㉱ 배럴(barrel finishing) 가공

해설 금속의 전기 분해 현상을 이용한 가공법으로서 가공물을 양극으로 하고 전해용액 속에서 금속 표면의 미소 용기 부분을 용해하여 거울 면 상태로 가공하는 방법을 전해연마(electrolytic polishing)라 한다.

94. 금속으로 만든 작은 강구인 쇼트(shot)를 고속으로 가공물 표면에 분사시켜 피로강도를 증가하기 위한 냉간 가공법을 무엇이라고 하는가?

㉮ 초음파 가공(ultrasonic machining)
㉯ 쇼트 피닝(shot peening)
㉰ 버핑 가공(buffing machining)
㉱ 배럴 가공(barrel finishing)

해설 쇼트 피닝이란 주철, 주강제의 작은 볼(ball) 모양의 쇼트(shot)를 고속으로 공작물 표면에 분사하여 표면을 매끈하게 함과 동시에 경화 층을 얻을 수 있으며, 쇼트가 해머 작용을 하여 피로강도, 기계적 성질을 향상시킨다.

95. 나사 모양의 커터를 회전시키면서 각종 기어를 절삭하는 기계는?

㉮ 보링 머신 ㉯ 셰이퍼
㉰ 호닝 ㉱ 호빙 머신

해설 호빙 머신은 나사 모양의 커터를 회전시키면서 각종 기어를 절삭하는 기계이다.

96. 2대 이상의 공작 기계 군을 컴퓨터에 결합시켜 작업성 및 생산성을 향상시키는 시스템을 무엇이라 하는가?

㉮ DNC ㉯ NC
㉰ FMS ㉱ LC

해설 DNC(Direct Numerical Control)란 2대 이상의 공작 기계 군을 컴퓨터에 결합시켜 작업성 및 생산성을 향상시키는 시스템을 말한다.

97. CNC 선반에서 G04의 의미는?

㉮ 일시정지 ㉯ 나사가공
㉰ 직선 보간 ㉱ 원호 보간

해설 G00:위치결정, G01:직선 보간(절삭 이송), G02: 원호 보간(시계방향), G03:원호 보간(반 시계 방향), G04:일시정지(머무름), G50: 좌표계 설정, G96 : 주축속도 일정제어, G97:주축속도 일정제어 취소, G98 : 매분 이송, G99: 매 회전 이송

98. 기계의 분진이나 쇠 부스러기를 청소하기 위해서 사용하는 공구로 다음 중 가장 적당한 것은?

㉮ 줄 ㉯ 스크레이퍼
㉰ 정 ㉱ 브러시

99. 공구강의 끝 부분에 날을 만든 것으로 평면이나 원통 면의 마무리 다듬질용 수공구인 것은?

㉮ 스크루드라이버
㉯ 스크레이퍼
㉰ 콤비네이션 플라이어
㉱ 분할 다이스

해설 스크레이퍼는 절삭 가공한 평면이나 다듬질한 베어링의 내면을 더욱 정밀도가 높은 면으로 조금씩 절삭하여 다듬질하는 수공구이다.

100. 다음 중 기계가공이나 줄 작업 후 가공된 평면이나 원통 면을 정밀하게 다듬질하기 위한 수 공구는?

㉮ 스크레이퍼 ㉯ 리머
㉰ 다이스 ㉱ 탭

101. 용접이음이 리벳이음에 비하여 우수한 점이 아닌 것은?

㉮ 기밀성이 좋다.
㉯ 재료를 절감시킬 수 있다.
㉰ 잔류 응력을 남기지 않는다.
㉱ 가공모양을 자유롭게 할 수 있다.

해설 용접이음은 기밀성능이 좋고, 재료를 절감시킬 수 있으며, 가공모양을 자유롭게 할 수 있는 장점이 있으나 잔류 응력이 발생하는 결점이 있다.

102. 다음은 피복 금속 아크 용접봉에 대한 설명이다. 설명 내용이 틀린 것은?

㉮ 피복제가 연소한 후 생성된 물질이 용접부를 보호하는 방법에는 가스 발생식과 슬래그 생성식이 있다.
㉯ 심선은 모재와 동일한 재질을 사용하고 불순물이 적어야 한다.
㉰ 피복제는 아크를 안정시키고 용착 금속을 공기로부터 보호하여 산화와 질화 현상을 억제한다.
㉱ 피복 배합제의 아크 안정제로는 탄산바륨($BaCO_3$), 셀룰로스가 사용된다.

해설 피복금속 아크 용접봉의 아크 안정제에는 산화티탄, 규산 나트륨, 석회석, 규산 칼륨 등이 사용된다.

103. 용접에서 피복제의 일반적인 기능 설명으로 틀린 것은?

㉮ 생성한 슬래그는 용착 금속을 차폐하고 용접의 냉각속도를 촉진시킨다.
㉯ 용착금속의 가공생성을 억제하고 기계적 성질을 좋게 한다.
㉰ 아크발생 및 유지를 용이하게 한다.
㉱ 슬래그 제거가 쉽고, 고운 비드를 만든다.

해설 용접에서 피복제의 일반적인 기능은 용착 금속의 가공 생성을 억제하고 기계적 성질을 좋게 하고, 아크발생 및 유지를 용이하게 하며, 슬래그 제거가 쉽고, 고운 비드를 만든다.

104. 다음 전기 용접 봉의 피복제 중 내 균열성이 가장 좋은 것은?

㉮ 철분산화철계 ㉯ 저수소계
㉰ 일미나이트계 ㉱ 고산화티탄계

해설 저수소계의 용접봉은 용착 금속 중의 수소량이 다른 용접봉에 비해 현저하게 낮고 또 강력한 탈산작용 때문에 산소량이 적으므로 용착 금속의 인성이 좋으며 내균열성, 기계적 성질이 우수하다.

105. 아크 용접에 있어서 아크 길이가 적당하지 않으면 여러 가지 결점이 생긴다. 다음 중 아크의 길이가 너무 길 때 생기는 특징이 아닌 것은?

㉮ 아크가 불안정하다.
㉯ 아크를 지속하기가 곤란하다.
㉰ 용착이 얇고 지저분하다.
㉱ 아크 열의 손실이 많다.

해설 아크의 길이가 너무 길면 아크가 불안정하고, 용착이 얇고 지저분하며, 아크 열의 손실이 많다.

106. 아크 용접 결함인 언더 컷의 발생 주요원인이 아닌 것은?

㉮ 전류가 너무 낮을 때
㉯ 아크 길이가 너무 길 때
㉰ 용접봉 선택이 부적당할 때
㉱ 용접 속도가 너무 빠를 때

해설 언더 컷의 발생 주요원인은 전류가 너무 높고, 아크 길이가 너무 길며, 용접봉 선택이 부적당하거나 용접 속도가 너무 빠를 때이다.

107. 용접부 결함 중 언더컷(under cut)의 방지대책으로 잘못된 것은?

㉮ 전류를 높인다.
㉯ 짧은 아크 길이로 유지한다.
㉰ 모재에 적합한 용접봉을 선정한다.
㉱ 용접속도를 늦추고 운봉시 유의해야 한다.

해설 용접부분의 언더컷(under cut)의 방지대책은 전류를 낮추고, 짧은 아크 길이로 유지하고, 모재에 적합한 용접봉을 선정하며, 용접속도를 늦추고 운봉시 유의해야 하며, 정확한 용접각도를 유지한다.

108. 다음의 용접법 중 불활성 가스를 사용하는 용접은?

㉮ 티그 용접 ㉯ 초음파 용접
㉰ 점 용접 ㉱ 테르밋 용접

해설 불활성 가스 아크 용접에는 티그(TIG) 용접과 미그(MIG) 용접이 있다.

109. 텅스텐 전극봉을 사용하고 아크로 모재를 녹여 용접하는 비소모 전극식 용접 법은?

㉮ TIG 용접 ㉯ 전기저항 용접
㉰ MIG 용접 ㉱ 테르밋 용접

해설 TIG 용접은 텅스텐 전극봉을 사용하고 아크로 모재를 녹여 용접하는 비소모 전극식 용접 방법이다.

110. 산화철 분말과 알루미늄 분말을 혼합하여 연소시킬 때 발생하는 열에 의하여 접합하는 용접은?

㉮ 테르밋 용접
㉯ 탄산가스 아크 용접
㉰ 원자수소 아크 용접
㉱ 불활성가스 금속 아크 용접

해설 테르밋 용접은 산화철 분말과 알루미늄 분말을 혼합하여 연소시킬 때 발생하는 열에 의하여 접합하는 방법이다.

111. 화염온도가 가장 높고 발열량에 비하여 가격도 저렴하여 가스용접에 많이 사용하는 가스는?

㉮ 수소 ㉯ 프로판
㉰ 일산화탄소 ㉱ 아세틸렌

해설 아세틸렌가스는 화염온도가 가장 높고 발열량에 비하여 가격도 저렴하여 가스용접에서 많이 사용한다.

112. 60℃의 산소용기에 150기압이 되게 산소를 충전하였다면 이를 1기압에서 환산하면 약 몇 l의 산소가 되겠는가?

㉮ 900 ㉯ 1500 ㉰ 8000 ㉱ 9000

해설 산소량 = 60 ℓ×150기압 = 9000 ℓ

113. 가스 용접에서 불꽃과 피용접 금속과의 관계에서 용접할 금속이 황동인 경우 다음 중 가장 적합한 불꽃은?

㉮ 표준불꽃 ㉯ 탄화불꽃
㉰ 산화불꽃 ㉱ 중성불꽃

해설 산화불꽃은 산소 과잉의 불꽃으로 황동 용접에 사용된다.

114. 가스 용접에서 용제(Flux)를 사용하지 않아도 되는 것은?

㉮ 주철 ㉯ 연강
㉰ 반경강 ㉱ 구리합금

해설 연강은 가스 용접을 할 때 용제(Flux)를 사용하지 않아도 된다.

115. 가스용접 및 가스절단에 관한 일반적인 설명으로 틀린 것은?

㉮ 용해 아세틸렌 용기 저장 온도는 40℃ 이하로 유지한다.
㉯ 저압식 토치는 가변압식과 불변압식이 있다.
㉰ 강재를 가스로 절단하는 경우 순도가 높은 아세

틸렌만을 고압으로 분출한다.
㉱ 가스절단에 사용되는 산소의 순도는 산소 소비량과 밀접한 관계가 있다.

해설 강재를 가스로 절단하는 경우 순도가 높은 산소만을 고압으로 분출한다.

116. 다음 중에서 가스절단이 가장 쉬운 금속은?

㉮ 구리　　㉯ 알루미늄
㉰ 주철　　㉱ 연강

해설 가스 절단이 잘되는 금속으로는 연강, 순철, 주강 등이 있다.

117. 다음 중 용접의 종류 중 압접(Pressure welding)에 해당하는 것은?

㉮ 미그 용접　　㉯ 원자수소 용접
㉰ 레이저 용접　　㉱ 스폿 용접

해설 압접(Pressure welding)에 해당하는 것은 스폿(점) 용접이다.

118. 다음 중 전기저항 용접이 아닌 것은?

㉮ 점 용접　　㉯ 테르밋 용접
㉰ 심 용접　　㉱ 맞대기 용접

해설 전기저항 용접의 종류에는 점(스폿) 용접, 심 용접, 프로젝션 용접, 맞대기 용접 등이 있다.

119. 자동차 산업 등에 널리 이용되고 있는 점 용접(Spot welding)의 특징이 아닌 것은?

㉮ 표면이 평평하고 외관이 아름답다.
㉯ 재료가 절약된다.
㉰ 구멍을 가공할 필요가 없다.
㉱ 변형 발생이 크다.

해설 점 용접의 특징은 표면이 평평하고 외관이 아름답고, 재료가 절약되며, 변형발생이 작고, 구멍을 가공할 필요가 없으며, 로봇을 이용한 자동화가 용이하다.

120. 다음 중 스폿(spot)용접에 관한 설명으로 맞는 것은?

㉮ 알루미늄 용접이 불가능하다.
㉯ 가스용접의 일종이다.
㉰ 가압력이 필요 없다.
㉱ 로봇을 이용한 자동화가 용이하다.

121. 전기저항 용접으로 원판상의 전극에 재료를 끼워 가압하면서 전류를 통하게 하여 접합하는 용접 방법은?

㉮ 프로젝션 용접　　㉯ 심 용접
㉰ 맞대기 용접　　㉱ 테르밋 용접

해설 심(seam)은 전기저항 용접으로 원판상의 전극에 재료를 끼워 가압하면서 전류를 통하게 하여 접합하는 용접 방법이다.

122. 다음 중 가열할 수 없는 용접 부분에 상온 하에서 강하게 압축하므로서 경계 면을 국부적으로 소성 변형시켜서 용접하는 것으로 알루미늄이나 동전선 소재의 맞대기 용접에 이용되고 있는 것은?

㉮ 냉간 압접　　㉯ 고주파 압접
㉰ 가스 용접　　㉱ 초음파 용접

해설 냉간 압접이란 가열할 수 없는 용접부분에 상온 하에서 강하게 압축하므로서 경계 면을 국부적으로 소성 변형시켜서 용접하는 것으로 알루미늄이나 동전선 소재의 맞대기 용접에 이용된다.

123. 다음 중 강재 표면의 흠이나 개재를 탈탄층 등을 제거하기 위하여 될 수 있는 대로 얇게 그리고 타원형 모양으로 표면을 깎아내는 가스 절단 가공법은?

㉮ 코킹　　㉯ 산소창 절단
㉰ 스카핑　　㉱ 아크 에어 가우징

해설 스카핑은 강재 표면의 흠이나 개재를 탈탄 층 등을 제거하기 위하여 될 수 있는 대로 얇게 그리고 타원형 모양으로 표면을 깎아내는 가스 절단 가공법이다.

124. 저항점 용접법은 사용이 간편하고 용접 자동화가 용이하므로 자동차 산업현장에서 널리 이용되고 있다. 이러한 점 용접의 품질을 평가하는 방법이 아닌 것은?

㉮ 피로시험 ㉯ 마멸시험
㉰ 비틀림시험 ㉱ 인장시험

125. 다음 용접부의 검사 중 비 파괴 검사법에 해당하는 것은?

㉮ 인장시험 ㉯ 피로시험
㉰ 화학분석 ㉱ 침투 검사

해설 용접 부분의 비파괴 검사 방법에는 침투 검사, 외관 검사, 내압 검사, 자기 검사, X선 검사, 초음파 탐상법 등이 있으며, 파괴검사에는 금속 조직 검사, 분석 검사 등이 있다.

126. 구조물을 용접한 부위의 비파괴 검사가 아닌 것은?

㉮ X선 투과 검사 ㉯ 초음파 탐상 검사
㉰ 침투 탐상 검사 ㉱ 용착금속 인장 검사

127. 용접부의 검사법 중 시험편 내에 있는 결함에서 반사되어 오는 반응을 시간적 연관성이 있는 오실로스코프에 받아 기록하는 방법은?

㉮ 형광 검사 ㉯ 자력결함 검사
㉰ 초음파 검사 ㉱ 방사선 검사

해설 초음파 검사는 용접부분의 검사방법 중에서 시험편 내에 있는 결함에서 반사되어 오는 반응을 시간적 연관성이 있는 오실로스코프에 받아 기록하는 방법이다.

128. 어미자 1눈금이 0.5㎜일 때, 12㎜를 25등분하여 아들자의 눈금으로 사용하는 버니어 캘리퍼스는 몇 ㎜까지 읽을 수 있는가?

㉮ 12.5㎜ ㉯ 6㎜
㉰ 0.2㎜ ㉱ 0.02㎜

해설 버니어 캘리퍼스의 눈금
: $0.5\text{mm} - \frac{12}{25} = 0.02\text{mm}$

129. 버니어캘리퍼스의 어미자에 새겨진 1㎜의 19눈금(19㎜)을 아들자에서 20등분할 때 어미자와 아들자의 1눈금 크기의 차이는?

㉮ 1/50㎜ ㉯ 1/20㎜
㉰ 1/24㎜ ㉱ 1/25㎜

해설 1눈금 크기의 차이 = $1 - \frac{19}{20} = \frac{20}{20} - \frac{19}{20} = \frac{1}{20}$

130. 어미자의 눈금이 1㎜이고, 어미자 49㎜를 50등분하였다면 버니어 하이트 게이지의 최소 측정값은?

㉮ 0.01㎜ ㉯ 0.02㎜
㉰ 0.025㎜ ㉱ 0.05㎜

해설 최소 측정값 : $1 - \frac{49}{50} = 0.02$㎜

131. 사용하는 측정기의 최소 측정단위가 1㎛이면 몇 ㎜까지 측정이 가능한가?

㉮ $\frac{1}{100}$ ㉯ $\frac{1}{1000}$
㉰ $\frac{1}{10000}$ ㉱ $\frac{1}{100000}$

해설 사용하는 측정기의 최소 측정단위가 1㎛이면 $\frac{1}{1000}$㎜까지 측정이 가능하다.

132. 외측 마이크로미터에서 측정력을 일정하게 하는 것은?

㉮ 딤블 ㉯ 앤빌
㉰ 래칫 스톱 ㉱ 클램프

133. 자동차 정비 측정용 기기 중 1/100㎜까지 측정할 수 있는 마이크로미터에서 나사의 피치와 딤블의 눈금에 대하여 바르게 설명한 것은?

㉮ 피치는 0.5㎜이고, 딤블은 50등분이 되어 있다.
㉯ 피치는 1㎜이고, 딤블은 50등분이 되어 있다.
㉰ 피치는 0.25㎜이고, 딤블은 50등분이 되어 있다.
㉱ 피치는 0.5㎜이고, 딤블은 100등분이 되어 있다.

해설 1/100㎜까지 측정할 수 있는 마이크로미터에서 나사의 피치와 딤블의 눈금은 피치가 0.5㎜이고, 딤블은 50등분이 되어 있다.

134. 0.01㎜까지 측정할 수 있는 마이크로미터에서 나사의 피치와 딤블의 눈금에 대한 설명으로 가장 적합한 것은?

㉮ 피치는 0.5㎜, 원주는 50등분 되어 있다.
㉯ 피치는 0.5㎜, 원주는 100등분 되어 있다.
㉰ 피치는 0.1㎜, 원주는 20등분 되어 있다.
㉱ 피치는 1㎜, 원주는 25등분 되어 있다.

135. 다음 중 비교 측정의 표준이 되는 게이지는?

㉮ 한계 게이지 ㉯ 마이크로미터
㉰ 블록 게이지 ㉱ 센터 게이지

해설 비교 측정의 표준이 되는 게이지는 블록 게이지이다.

136. L=50㎜의 사인바(sine bar)에 의하여 경사각 θ=20°를 만드는 데 필요한 게이지 블록의 높이 차(h)는 약 몇 ㎜로 조합하여야 하는가?

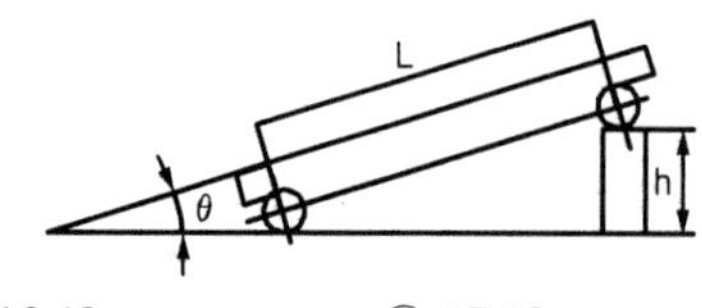

㉮ 16.40 ㉯ 17.10
㉰ 18.20 ㉱ 19.30

해설 $h = L \times Sin\theta$ = 50㎜×sin20° = 17.10㎜

137. 사인 바를 이용하여 각도를 측정할 때 각도가 몇 도를 넘으면 오차가 많아지는가?

㉮ 20° ㉯ 25° ㉰ 35° ㉱ 45°

해설 사인 바로 각도를 측정할 때 45° 이상이면 오차가 커지기 쉽다.

138. 다음 중 회전축의 흔들림 검사에 가장 적합한 측정기는?

㉮ 블록 게이지 ㉯ 버니어 캘리퍼스
㉰ 마이크로미터 ㉱ 다이얼 게이지

해설 다이얼 게이지는 회전축의 흔들림, 축 방향 흔들림, 평면도 검사, 기어의 백래시 등을 검사할 때 적합하다.

139. 다음 중 다이얼 게이지로 측정하는 것이 가장 적합한 것은?

㉮ 캠축의 휨
㉯ 피스톤의 외경
㉰ 나사의 피치
㉱ 피스톤과 실린더의 간극

140. 측정하고자 하는 축을 V블록 위에 올려놓은 뒤 다이얼 게이지를 설치하고 회전하였더니 눈금 차이가 1㎜이었다면 이 축의 진원도는?

㉮ 0.25㎜ ㉯ 0.5㎜
㉰ 1㎜ ㉱ 2㎜

141. 마이크로미터의 측정 면이나 블록 게이지의 측정 면과 같이 비교적 작고, 정밀도가 높은 측정물의 평면도사에 사용하는 측정기로 다음 중 가장 적합한 것은?

㉮ 윤곽 투영기(profile projector)
㉯ 오토 콜리메이터(auto-collimator)
㉰ 컴비네이션 세트(combination set)
㉱ 옵티컬 플랫(optical flat)

해설 마이크로미터의 측정 면이나 블록 게이지의 측정 면과 같이 비교적 작고, 정밀도가 높은 측정물의 평면도검사에 사용하는 측정 기구는 옵티컬 플랫(optical flat)이다.

142. 끼워 맞춤 공차에서 H6 g6의 설명으로 올바른 것은?

㉮ 축 기준 6급 헐거운 끼워 맞춤
㉯ 축 기준 6급 억지 끼워 맞춤
㉰ 구멍기준 6급 헐거운 끼워 맞춤
㉱ 구멍기준 6급 중간 끼워 맞춤

해설 끼워 맞춤 공차에서 H6 g6이란 구멍기준 6급 헐거운 끼워 맞춤을 말한다.

04

재료역학

재료역학(strength of materials)은 기계나 구조물에 외력(外力)이 가해진 경우에 그 구성부품에 미치는 인장, 압축, 휨, 비틀림 등의 작용과 이로 이해 부품내부에 발생하는 응력 및 변형을 연구하는 분야이다. 기계 및 구조물의 강도 설계에 기초가 되며 기계의 어느 부분이 사용 중에 파괴되거나 또는 과도한 변형을 일으키지 않고 또 파괴를 고려하여 비경제적으로 치수를 너무 크게 하는 일없이 기능에 따라 적합한 치수를 결정하는데 필요하다. 즉 기계나 구조물의 설계를 가장 합리적이고 경제적으로 하기 위한 것이다. 재료역학은 실험적인 면과 이론적인 면이 있으며, 또 후크의 법칙에 따르는 재료를 다루는 경우와 그렇지 않은 재료를 다루는 경우가 있다.

4-1 응력 및 변형률

1. 하중의 종류

기계부품에 외부에서 작용하는 힘 즉 외력을 재료역학에서는 하중(load)이라 한다. 하중에는 힘이 작용하는 방법이나 양상에 따라 다음과 같다.

[1] 하중의 작용상태에 따른 분류

(1) 인장하중(tensile load)

그림 4-1 (a)의 P_t와 같이 재료를 축선(軸線)을 따라 잡아당기는 작용을 하는 하중이다.

(2) 압축하중(compressive load)

그림 4-1 (b)의 P_C와 같이 재료를 축선을 따라 눌러서 압축하는 것처럼 작용하는 하중이다.

(3) 전단하중(shearing load)

그림 4-1 (c)의 P_S와 같이 재료를 가로방향으로 밀어내면서 가위로 자르는 것과 같이 작용하는 하중이다.

(4) 비틀림 하중(torsional load)

그림 4-1 (d)의 P_{tw}와 같이 재료를 비트는 것과 같이 작용하는 하중이다.

(5) 휨 하중(bending load)

그림 4-1 (e)의 P_B와 같이 재료를 구부리는 것과 같은 작용을 하는 하중이다.

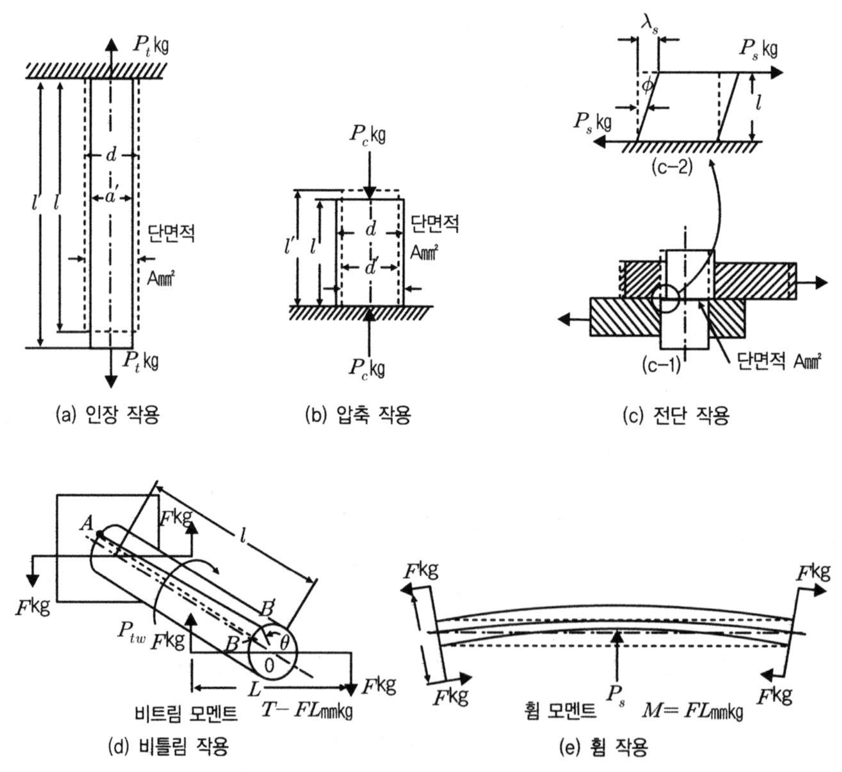

그림 4-1 하중이 부품에 가하는 작용

[2] 하중 분포상태에 따른 분류

(1) 집중하중(concentrated load)

하중이 작용하는 장소가 좁아 점이나 선에 가까운 경우의 하중이다.

(2) 분포하중(distributed load)

하중이 넓은 범위(장소)에 걸쳐 작용하는 하중이다.

[3] 하중의 값이 시간적으로 변화하는 상황에 따른 분류

(1) 정하중(static load or dead load)

하중의 크기와 방향이 시간과 더불어 변화하지 않거나 또는 변화가 매우 완만한 하중이다.

(2) 동하중(dynamic load or live load)

하중의 크기나 방향이 시간과 더불어 변화하는 하중이며, 그 상태에 따라 다음과 같이 분류한다.

① 충격하중(impact load) : 시간에 대한 하중의 크기 변화가 매우 극단적으로 큰 하중이다.

② 반복하중(repeated load) : 하중의 크기는 끊임없이 변화하나 방향은 변화하지 않고 연속적으로 반복되는 하중이다.

③ 교번(交番)하중(alternated load) : 하중의 방향이 끊임없이 변화하는 하중. 즉 인장, 압축 등이 번갈아 작용하는 하중이다.

④ 이동하중(traveling load) : 물체 위를 이동하면서 작용하는 하중이다.

2. 응력(stress)

기계부품에 인장, 압축 등의 외력(하중)이 작용할 때 부품의 내부에 발생하는 저항력을 내력(內力, internal force) 또는 응력이라 한다. 외력이 작용하면 이에 따라 부품은 약간의 변형을 일으킴과 동시에 내부에는 저항력이 발생하여 외력에 저항한다. 이때 어느 정도의 외력에 대해서는 부품이 파단되거나 변형이 심하게 되지 않으나 외력이 커지면 변형이 커지고, 내부의 저항력보다 다 큰 외력을 가하면 부품의 일부에 균열이 발생하거나 또는 부품이 파단하게 된다. 실제로 중요한 것은 운전 중에 기계부품이 어느 정도의 저항력(응력)으로 일을 하느냐를 알아야 하며, 이것은 단위 면적에 대해 내부 저항력의 값을 가지고 나타내며, 이것을 응력이라 하며 다음 공식으로 나타낸다.

$$\sigma = \frac{P}{A}\ [\mathrm{kgf/cm^2}]$$

여기서, σ:응력,

P : 외력[kgf]

A : 단면적[$\mathrm{cm^2}$]

응력은 작용하는 하중의 종류에 따라 분류하면 다음과 같다.

(1) **인장 응력**(tensile stress)

그림 4-2 (a)와 같이 막대의 양끝에 인장하중이 작용할 때 발생하는 응력이다.

(2) **압축 응력**(compressive stress)

그림 4-2 (b)와 같이 막대의 양끝에 압축 하중이 작용할 때 발생하는 응력이다.

(3) **전단 응력**(shearing stress)

그림 4-2 (c)와 같이 전단 하중이 재료를 어느 단면을 따라 미끄러지도록 작용하는 경우에 발생하는 응력이다. 단면 안에 전단 응력이 균일하게 분포한다고 생각하면 그 값은 다음 공식으로 나타낸다.

$$\tau = \frac{F}{A}$$

여기서, τ:전단응력

F : 전단 하중

A : 단면적

(4) **휨 응력**(bending stress)

그림 4-2 (d)와 같이 양끝을 지지한 막대의 중앙에 축선과 직각으로 하중이 작용할 때 발생하는 하중이다. 이때 인장 응력과 압축 응력이 동시에 발생한다.

(5) **비틀림 응력**(torsional stress)

막대 모양의 부품에 비틀림 모멘트의 작용으로 발생하는 응력이다. 이것은 전단 응력과 같이 나란히 발생하는 응력이다.

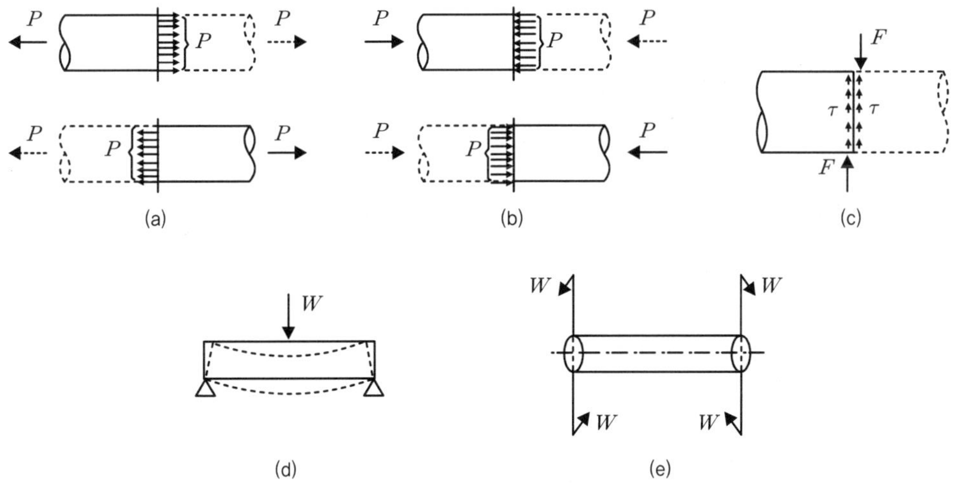

그림 4-2 응력의 종류

(6) 허용 응력과 안전율

기계를 설계할 때 그 사용 상태를 잘 생각하여 생기는 응력이 안전한 값 이하로 되게 설계하여야 한다. 이와 같은 일정한 한도의 응력을 허용 응력(allowable stress)이라 한다. 재료가 파괴될 때까지의 최대 응력, 즉 극한 강도를 허용 응력으로 나눈 값을 안전율이라 한다.

$$\text{안전율} = \frac{\text{극한강도}}{\text{허용응력}}$$

그리고 재료가 반복하중을 받는 경우의 안전율은 다음 공식으로 나타낸다.

$$\text{안전율} = \frac{\text{크리프한도}}{\text{허용응력}}$$

① 탄소강 재료를 사용하는 경우의 사용응력, 허용응력, 탄성한도의 관계는 탄성한도>허용응력≥사용응력이다.

② 안전율을 결정하는 요소에는 재료의 품질, 하중과 응력 계산의 정확성, 하중의 종류에 따른 응력의 성질 등이 있다.

③ 탄성한도 내에서 인장하중을 받는 봉의 허용 응력이 2배가 되면 안전율은 처음에 비해 1/2배가 된다.

3. 변형률

완전한 강체(剛體, rigid body)는 존재하지 않으며, 공업용으로 사용하는 재료는 하중을 받으면 변형한다. 이 변형의 정도는 내력을 단위 면적에 대해 나타낸 것과 같이 단위치수에 대한 변형량으로 나타낸다. 이 변형량(늘어나거나 줄어든 길이)과 처음 길이와의 비율을 변형률(strain)이라 한다. 그림 4-3 (a)와 같이 길이가 l, 지름이 d인 막대가 인장 하중을 받아 길이가 $l'=l+\Delta l$로 되었다면 변형률은 다음 공식으로 나타낸다.

$$\varepsilon=\frac{\Delta l}{l}$$

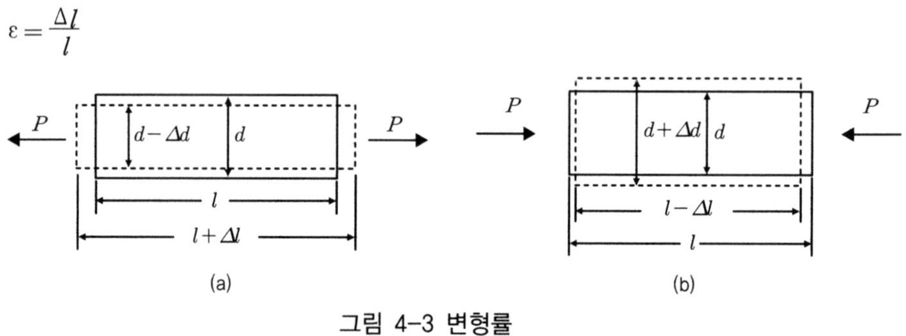

그림 4-3 변형률

막대가 늘어나므로, 이것을 인장 변형률(tensile strain)이라 하고, 그림 4-2 (b)와 같이 압축하중이 작용하면 변형은 그림 4-2 (a)의 반대방향으로 생겨 막대는 줄어들므로 이것을 압축 변형률(compressive strain)이라 하고 위 공식으로 나타낸다. 인장하중이나 압축하중을 받아 발생하는 변형률은 모두 재료의 축선 방향의 변형이므로 이것을 통틀어 세로 변형률(longitudinal strain)이라 하고 계산에서는 인장 변형률을 (+), 압축 변형률을 (-)로 나타낸다. 그림 4-3과 같이 축 방향의 하중을 가하면, 막대에는 세로 변형과 동시에 지름의 변화 $\Delta d=d-d'$가 발생하므로 이 방향의 변형률을 가로 변형률(lateral strain)이라 하고 다음 공식으로 나타낸다.

$$\varepsilon'=\frac{\Delta d}{d}$$

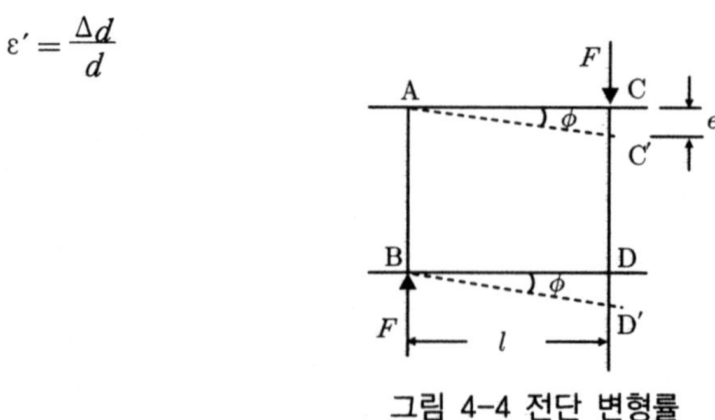

그림 4-4 전단 변형률

전단응력에 의해 발생하는 변형률을 전단 변형률(shearing strain)이라 하고, 그림 4-4와 같이 그림 4-2 (c)의 전단부분을 확대하여 고려하면 전단력 F에 의해 물체 안의 l만큼 떨어진 평행한 2평면 AB, CD의 CD면이 AB면에 대해 e만큼 어긋난다고 하면 다음 공식으로 전단 변형률을 나타낸다.

$$r = \frac{e}{l}$$

그림 4-4에서 $\frac{e}{l} = \frac{CC'}{AC} = \tan\Phi$이고 재료역학에서 다루는 변형률은 일반적으로 매우 작기 때문에 다음 공식으로 해도 된다.

$$r = \tan\Phi \fallingdotseq \Phi$$

부피의 변형률을 고려하면 물체의 부피 V가 응력의 작용을 받아 ΔV의 체적변화가 발생한 경우에, 부피의 변형량과 하중을 받기 전의 원래 부피와의 비율을 부피 변형률(volumetric strain or bulk strain)이라 하며 다음 공식으로 나타낸다.

$$\varepsilon_V = \frac{\Delta V}{V}$$

그림 4-5에서 한 변이 l인 입방체가 각 면에 σ_1, σ_2, σ_3의 수직 응력을 받아 각 변의 길이가 직각 $l(1+\varepsilon_1)$, $l(1+\varepsilon_2)$, $l(1+\varepsilon_3)$로 늘어났다고 하면, 처음의 부피는 $V = l^3$이므로 다음 공식이 된다.

$$\varepsilon_V = \frac{\Delta V}{V} = \frac{l^3(1+\varepsilon_1)(1+\varepsilon_2)(1+\varepsilon_3) - l^3}{l^3} \fallingdotseq \varepsilon_1 + \varepsilon_2 + \varepsilon_3$$

부피 변형률은 세로 변형률을 합한 값과 같다.

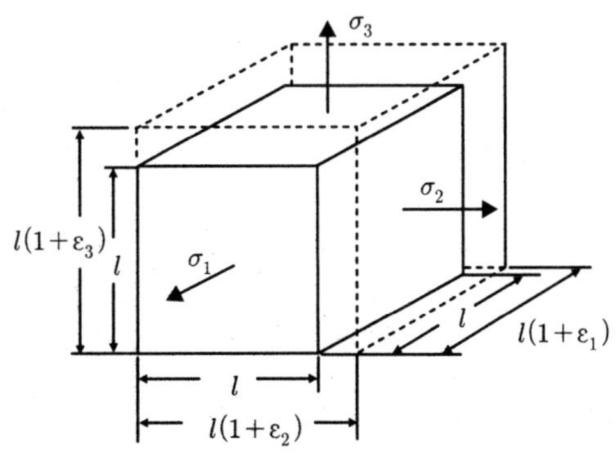

그림 4-5 부피 변형률

4. 후크의 법칙과 복합 원리

재료의 "응력 값은 어느 한도(비례한도) 이내에서는, 응력과 이로 인해 발생하는 변형률은 비례한다."는 후크의 법칙(Hook's law)은 다음 공식으로 나타낸다. 이것은 영국인 로버트 후크(Robert Hooke)가 1678년에 스프링 실험에서 발견한 것이다.

$$\frac{\sigma}{\varepsilon} = C$$

여기서, σ : 응력

ε : 변형률

C : 비례상수

그림 4-6과 같이 세로축에 ε를 나타내고, 가로축에 σ를 나타내면 이 관계는 경사가 C인 직선이 된다. 이 법칙은 간단하나 중요한 것으로 재료역학의 탄성 계산은 거의 이 법칙이 적용된다.

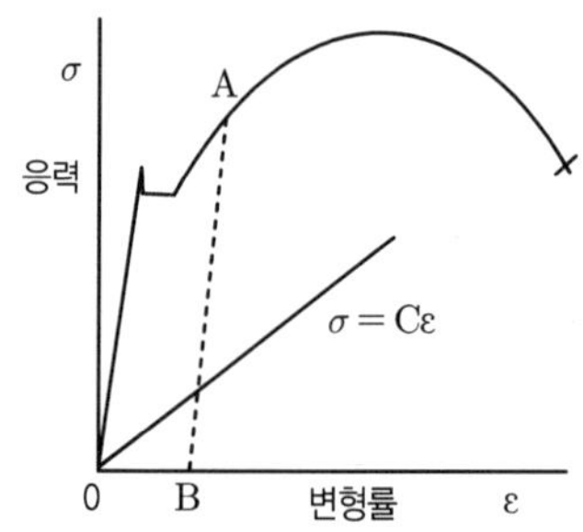

그림 4-6 응력-변형률 선도

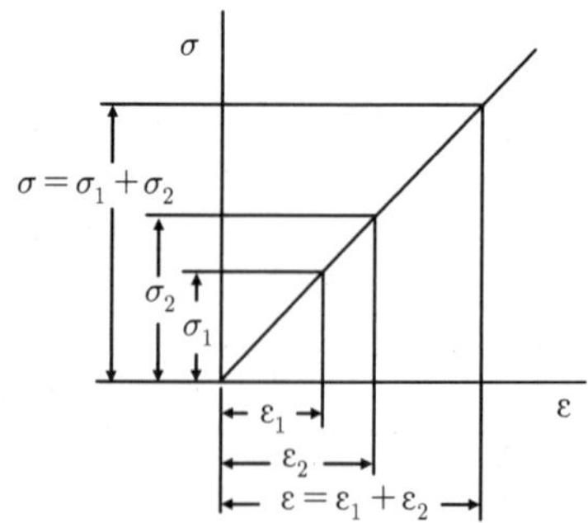

그림 4-7 복합의 원리

그림 4-6에서 곡선 OA는 연강(鍊鋼)의 응력-변형의 관계를 나타내고 직선 부분은 처음의 일부분이기는 하나 이 부분에서는($\frac{\sigma}{\varepsilon} = C$)를 적용할 수 있고 또 실제의 구조에서는 대부분의 경우에 이 부분을 사용한다. 그림 4-6의 점선 AB는 점 A에서 하중을 제거한 경우의 응력-변형 관계를 나타내며, 하중을 가할 때의 OA와는 다른 경로를 거치는데 이 현상을 히스테리시스(hysterisis)라 한다. 이것은 탄성 범위에서는 일반적으로 문제가 되지 않는다. 응력-변형률 관계가 후크의 법칙에 따라 직선 관계를 유지한다면 계산하는데 매우 유용한 원리를 적용할 수 있다. 이것은 복합의 원리(principle of superposition)이며 그림 4-7과 같이 어느 물체에 응력 σ_1, σ_2가 작용하여 각각 변형률 ε_1, ε_2가 발생한다면 $\sigma = \sigma_1 + \sigma_2$가 작용한 경우는 변형률은 $\varepsilon = \varepsilon_1 + \varepsilon_2$로 되어 각각 계산한 값을 합하면 된다. 여러 가지 하중이 작용하여 계산이 복잡한 경우에는 이 원리를 적용한다.

5. 허용 응력과 안전계수

기계나 구조물을 안전하게 사용하기 위해 각 부품이나 또는 부재(部材)에 발생하는 응력이 안전함 범위 내에 있어야 한다. 이와 같이 안전 상 허용할 수 있는 응력을 허용 응력(allowable stress)이라 한다. 허용 응력은 각 재료에 대해 여러 가지 시험에서 구한 기준 강도의 몇 분의 1로 잡고, 이 몇 분의 1을 나타내는 수치를 안전계수 또는 안전율(safety factor)이라 하며 다음 공식으로 나타낸다.

$$\text{허용응력} = \frac{\text{기준강도(극한강도, 인장강도, 항복강도)}}{\text{안전계수}}$$

안전계수를 정하는 방법은 기계나 구조물의 사용 상태, 하중의 상태, 마모, 부식 등 많은 조건을 고려하여야 한다.

6. 탄성계수

탄성계수(탄성률)에는 응력과 변형률의 종류에 따라 다음과 같은 것이 있다.

[1] 세로 탄성계수

막대의 단순한 수직 응력과 세로 변형률 관계에서 공식($\frac{\sigma}{\epsilon} = C$)의 후크의 법칙을 적용한 경우의 비례상수($C$)를 세로 탄성계수(또는 탄성률, modules of longitudinal elasticity) 또는 영 계수(또는 영률, Young's modules)라 하고, 일반적으로 E로 나타낸다. 길이가 l인 막대에 가하는 축하중을 P로 하고, 막대의 가로 단면적을 A, 막대의 신축량을 Δl로 하면 E는 다음 공식으로 나타낸다. E의 단위는 kgf/cm^2를 사용하고, 강철은 $2.1 \times 10^6 kgf/cm^2$이다.

$$E = \frac{\sigma}{\epsilon} = \frac{Pl}{A\Delta l}$$

[2] 전단 탄성계수

단순한 전단 응력과 이에 따른 전단 변형률에 관한 후크의 법칙의 비례상수를 전단 탄성계수(modules of shearing elasticity, modules of rigidity) 또는 가로 탄성계수(modules of transverse elasticity)라 하며, 일반적으로 G로 나타낸다.

$$G = \frac{\tau}{\gamma} \qquad \therefore \tau = G\gamma$$

여기서, G : 전단(가로) 탄성계수

τ : 전단응력[kgf/cm^2]

γ : 전단 변형률

[3] 체적 탄성계수

물체가 예를 들어 정수압(靜水壓)속에 있는 경우와 같이 전체 표면에 작용하는 균일한 압력 P에 의해, 공식($\epsilon_V = \frac{\Delta V}{V}$)로 나타낸 체적 변형률이 발생한다고 하면 P와 체적변화 ΔV의 관계에서 체적 탄성계수(modules of volumetric elasticity, bulk modules) K는 다음 공식으로 나타낸다.

$$K = \frac{P}{\epsilon_V} = \frac{PV}{\Delta V}$$

[4] 프와송 비(比)

그림 4-3에 나타낸 단순 인장에서 세로 변형률 ε와 가로 변형률 ε'는 각각 공식 $\epsilon = \frac{\Delta l}{l}$, $\epsilon' = \frac{\Delta d}{d}$로 나타내는데 이 세로 변형률과 가로 변형률과의 비율은 동일한 재료에서는 일정하다. 이를 프와송 비(poisson's ratio)라 하고 다음 공식으로 나타낸다.

$$\mu = \frac{1}{m} = \frac{\varepsilon'}{\varepsilon} = \frac{\text{가로 변형률}}{\text{세로 변형률}}$$

여기서, μ : 프와송 비

이 프와송 비 $\frac{1}{m}$은 항상 1보다 작은 값을 지니며, 역 역수(逆數) m을 프와송 수(poisson's number)라 한다. 금속재료는 프와송 비가 약 0.3 정도이다. m의 값은 일반적으로 2~4 정도이다.

7. 열응력

물체는 일반적으로 온도의 변화를 받으면 팽창 또는 수축한다. 그 정도는 재료에 따라서 다르나 선팽창 계수(coefficient of linear expansion) α에 따라, 즉 온도 1℃의 변화로 발생하는 물체의 단위 길이에 대한 신축량으로 나타낸다. 물체의 온도 변화에 따른 변형이 저지되면, 그 저지된 변형량 만큼 하중을 받아 변형한 것과 같게 되어 이에 상당한 응력이 물체 내에 발생한다. 이 응력을 열응력(thermal stress)이라 한다. 예를 들면 양끝이 벽에 고정된 길이 l의 막대가 온도 t_1℃에서 t_2℃로 가열되면 자유로운 상태에서는 막대의 길이는 $\alpha(t_2-t_1)l$로 변화하므로 변형률은 다음과 같이 된다.

$$\varepsilon = \frac{\alpha(t_2-t_1)l}{l} = \alpha(t_2-t_1)$$

이 변형률이 발생한 만큼 막대는 벽에 의해 압축된다고 생각하면 발생하는 응력은 E를 세로 탄성계수로 하면 다음 공식이 된다.

$$\sigma = E\alpha(t_2-t_1)$$

8. 충격 응력

물체에 충격적으로 하중이 작용하면 조용히 작용하는 경우보다 큰 응력이 순간적으로 발생한다. 이 순간적인 응력의 최대 값을 충격 응력(impact stress)이라 한다. 충격 응력을 구하는 방법은 충돌하는 물체가 충돌하기 전에 지니고 있는 에너지가 피충돌 물체에 변형 에너지로 모두 흡수된 것으로 생각하고 구하는 것이 일반적이다. 충격 응력에는 여러 가지가 있으나 여기서는 인장 충격에 대해 설명한다. 그림 4-8과 같이 길이가 l이고, 단면적이 A인 막대의 위 끝은 고정하고 아래 끝에 받침을 대고 무게가 W인 추를 h의 높이서 낙하시키면 순간적으로 막대에 충격 응력이 발생함과 동시에 연신 Δl이 발생한다.

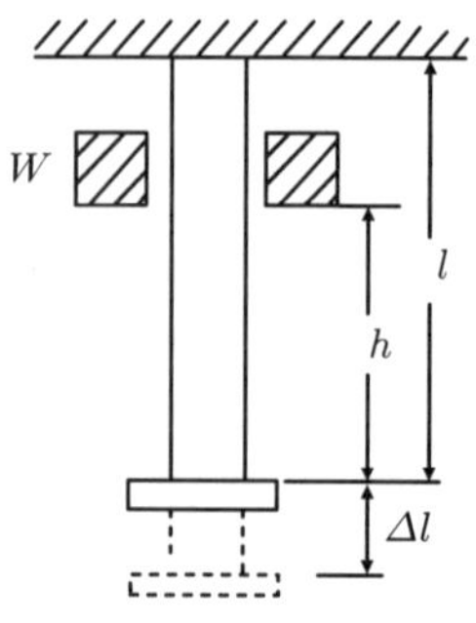

그림 4-8 충격 응력

막대 및 받침의 무게를 무시하고 추 W가 한 일 $W(h+\Delta l)$이 막대의 변형 에너지로 흡수되었다면, $W=(h+\Delta l)=\frac{\sigma A \Delta l}{2}$가 되고, 여기서 $\Delta l=\frac{\sigma l}{E}$이므로 $W=\frac{(h+\sigma l)}{E}$ $=\frac{\sigma^2 Al}{2E}$가 되고 따라서 다음 공식이 된다.

$$\sigma^2 - Al - 2\sigma Wl - 2EWh = 0$$

$$\therefore\ \sigma = \frac{W}{A}\left(1+\sqrt{1+\frac{2EAh}{Wl}}\right)$$

이 공식에서 정적(靜的)으로 W를 가한 경우의 막대의 응력 $\sigma o=\frac{W}{A}$ 및 연신 $\Delta lo=\frac{Wl}{AE}$를 대입하면 다음과 같다.

$$\sigma = \sigma o\left(1+\sqrt{\frac{1+2h}{\Delta lo}}\right)$$

$$\Delta l = \frac{\sigma l}{E} = \Delta lo\left(1+\sqrt{\frac{1+2h}{\Delta lo}}\right)$$

이 두 공식에서 h=0으로 하면 $\sigma=2\sigma o$, $\Delta l=2\Delta lo$가 된다. 즉 추를 받침에 매우 가까운 위치에서 낙하시켜도 정적으로 하중을 가한 경우보다 2배의 응력 및 연신이 발생한다.

9. 응력 집중

기계부품에는 기능상 홈, 구멍, 단(段) 등의 노치(notch) 부분을 만들게 되며, 이 때문에 단면이 급격하게 변화하는 경우가 있다. 또 단면 모양이 다른 부분을 둥글게(rounding)하는 경우가 있다. 하중이 작용하면 이러한 모양으로 된 부분에는 다른 부분에 비해 큰 응력이 발생하며, 이것을 응력 집중(stress concentration)이라 한다. 이것은 때로는 파손이나 균열의 원인이 된다.

응력 집중에 대한 최대 탄성응력과 외견상의 평균 응력과의 비율을 응력 집중 계수(stress concentration factor) 또는 형상 계수라 한다. 취성 재료의 경우에는 응력 집중이 있으면 하중이 정적이든 동적이든 응력 집중이 없는 경우보다 약해지나, 연성(延性)재료는 정적 하중에 대해 응력 집중이 있는 편이 없는 경우보다 강해진다. 그러나 동적 하중에는 약해진다. 이 응력 집중은 광(光)탄성 실험(photoelastic experiment)이나 변형률 측정기(strain gauge) 등으로 변형률을 측정하거나 그 밖의 실험 방법 및 탄성 계산을 하여 구한다.

4-2 보(beam)

막대 모양의 물체를 적당한 방법으로 지지하고 그 길이 방향에 대해 직각으로 하중을 가하면 물체는 휘어진다. 이와 같이 휨 작용을 받는 막대나 길이가 긴 판 등을 보(beam)라 한다. 보의 길이 방향(세로 축선)이 곧은 것을 곧은 보(straight beam)라 하고, 곡선으로 된 것을 굽은 보(curved beam)이라 한다.

1. 보의 종류

보의 종류는 그림 4-9와 같이 그 지지 방법이나 작용하는 하중에 따라 분류하는 다음과 같다.

[1] 외팔 보(cantilever)

보의 한 끝이 고정되고 다른 끝이 자유롭게 되어 있는 보를 말한다.

[2] 단순 보(simple beam, 양단 지지 보)

양끝을 자유롭게 지지한 보를 말한다.

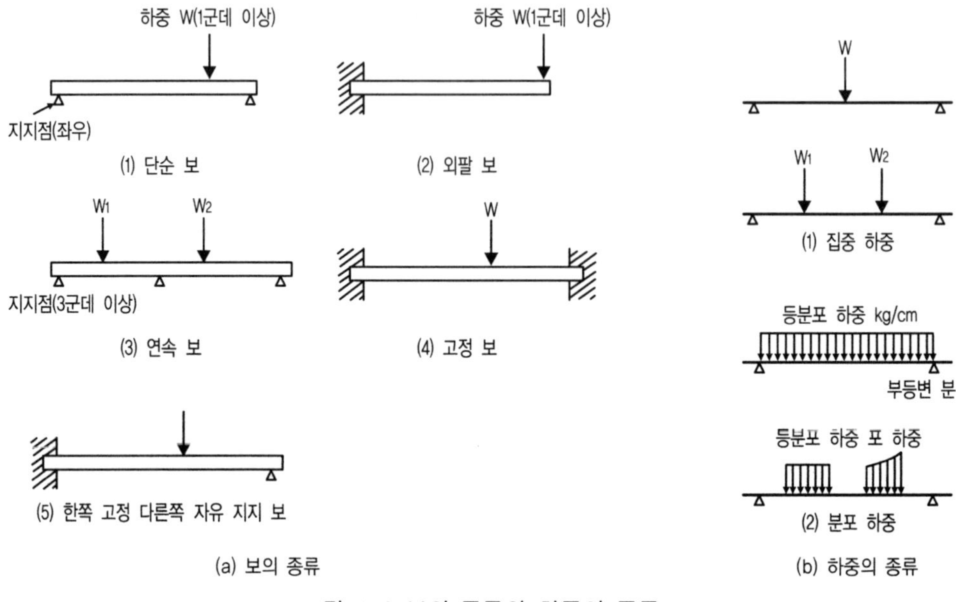

그림 4-9 보의 종류와 하중의 종류

[3] 고정 보(fixed beam)

양끝이 고정된 보이며, 이 보는 하중이 작용하여도 양끝의 방향이 변화하지 않는다.

[4] 내다지 보(overhang beam)

보의 일부가 지지점의 바깥으로 나와 있는 보를 말한다.

[5] 연속 보(continuous beam)

3곳 이상의 점에 지지된 보를 말한다.

보에 작용하는 하중은 그림 4-9 (b)와 같이 집중 하중(concentrated load)과 분포 하중(distributed load)으로 크게 나눈다. 그밖에 모멘트 하중 및 충격 하중이 있다. 보는 수평으로 설치하여 사용하는 경우가 많으며, 이때 보의 자체중량도 하중이 되나 영향이 적기 때문에 무시한다. 만약 필요한 경우에는 분포 하중으로 취급한다. 그리고 보를 지지한 점을 지지점(support)이라 하고, 지지점과 지지점 사이의 거리를 스팬(span)이라 한다.

2. 지지점의 반력

보에 하중이 작용하면 지지점에는 이에 대한 반력(反力, reaction)이 작용하여 하중과 균형을 이룬다. 즉 지지점을 눌러 내리려고 하는 하중과 균형을 이루기 위해 지지점에 작용하는 밀어 올리는 힘(지지력)을 반력이라 한다. 그림 4-10 (a)와 같이 외팔 보의 경우는 반력 R은 하중 W와 같고 그림 (b)의 양끝을 지지한 보는 $R_1+R_2=W$이고, 모멘트 균형 관계에서 $R_1 l=Wb$ 또는 $R_2 l=Wa$로 되어 다음과 같이 된다.

$$R_1=\frac{b}{l}W,\quad R_2=\frac{a}{l}W$$

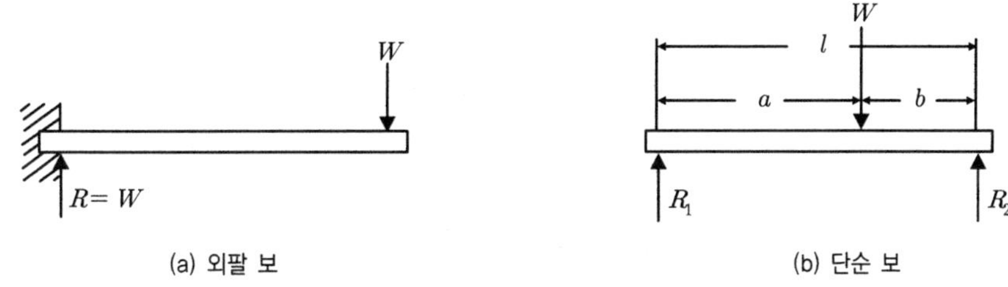

(a) 외팔 보 (b) 단순 보

그림 4-10 보의 지지점에서의 반력

3. 보의 휨 모멘트

그림 4-11 (a)에서 지지점 A로부터 임의의 거리 x에 있는 점에 대해 생각하면 이 점의 오른쪽에 있는 힘에 의해 한쪽으로 굽히려고 하는 모멘트가 작용하고, 동시에 왼쪽에 있는 힘에 의해 이것과 같은 크기로 반대방향으로 굽히려고 하는 모멘트가 작용하여 균형을 유지한다(그림 b). 이와 같이 보에 작용하여 굽히려고 하는 모멘트를 휨 모멘트(bending moment)라 한다. 계산을 할 때에는 보의 위쪽이 볼록하게 되도록 작용하는 휨 모멘트를 (+)로 하고, 위쪽을 오목하게 하는 휨 모멘트를 (-)로 한다. 그림 4-11의 AC사이에 있는 임의의 점에서의 휨 모멘트를 계산하면, 이 점의 왼쪽에 있는 반력 $R_1=\frac{b}{l}W$에 의해 다음 휨 모멘트를 받는다.

$$Mx=-R_1x=-\frac{bx}{l}W$$

이 공식에서 x=0 즉 A점에서는 휨 모멘트가 0이고, $x=a$, 즉 하중이 작용하는 점에서 $Mc=-\frac{ab}{l}W$로 되며, A에서 C로 향해 Mx는 직선적으로 증가한다. 또 CB사이의 임의의 점에 대한 휨 모멘트를 생각하면, 위와 같은 방법으로 다음 공식이 된다.

$$Mx = -R_1x + W(x-a)$$

하중이 작용하는 점에서 $x=a$이므로 $Mc = -\frac{ab}{l}W$, $x=l$에서 $M_B=0$이 된다. 이 구간의 휨 모멘트는 C점에서 B점으로 향하여 직선적으로 감소하는 것을 알 수 있다. 따라서 이 보에서는 하중이 작용하는 점이 휨 모멘트가 가장 크고, 보가 이 점에서 가장 크게 굽는 것을 알 수 있으며, 보의 단면 모양이 균일하면 이 점이 가장 위험을 받는다. 위에서 설명한 휨 모멘트의 분포를 그림으로 나타내면 그림 4-11 (c)와 같이 되며, 이것을 휨 모멘트 선도(bending moment diagram)라 한다. 하중이 1개 이상 또는 분포 하중인 경우에도 같은 방법으로 휨 모멘트 선도를 만들 수 있다.

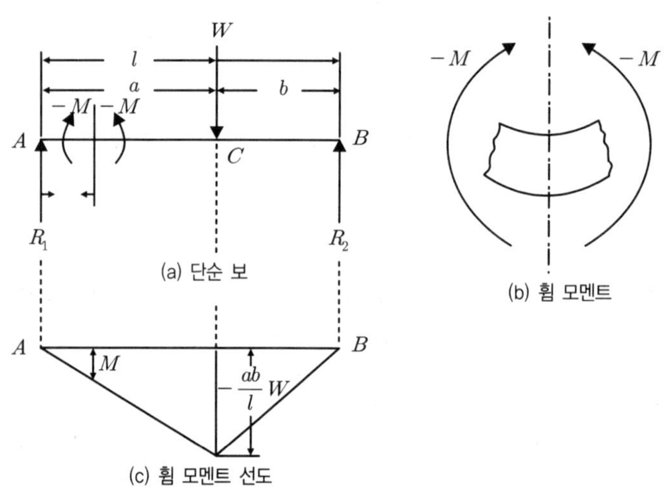

그림 4-11 보의 휨 모멘트

4. 보의 굽힘 응력

그림 4-12와 같은 보에 굽힘 모멘트를 작용시키면 ac쪽은 인장을 받고, bd쪽은 압축되어 굽힘 응력이 발생한다. 그러나 중립면은 아무런 변화가 없으며, 이 면을 기준으로 하여 거리 y에 비례하여 응력이 커진다.

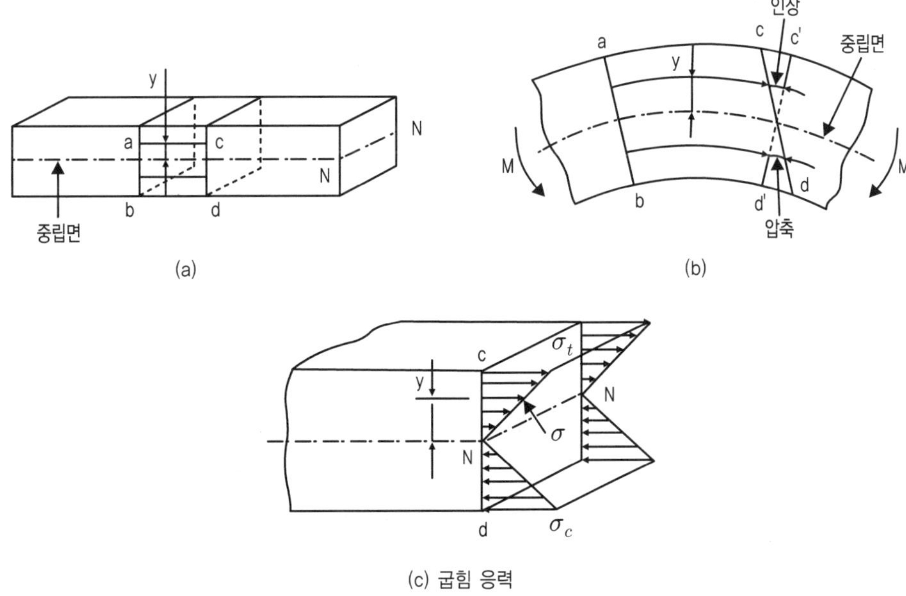

(c) 굽힘 응력

그림 4-12 굽힘 응력

인장 쪽의 최대 응력은 그 바깥의 응력 σ_t이며, 압축 쪽의 최대 응력은 그 바깥쪽 응력 σ_c이다. 단면의 모양이 중립축에 대해 대칭이면 σ_t와 σ_c의 크기가 같아지므로 이것을 σ_b로 하면

$$\sigma_c = \frac{M}{Z}$$

여기서, Z는 단면 계수라 하고, 그 값은 단면의 모양과 치수에 따라 결정되며, 길이의 3승 단위를 쓴다. 위 공식에서 바깥 응력 σ_b는 단면계수 Z에 반비례하므로 Z가 큰 보(beam)일수록 굽힘 작용에 대해 강해진다.

번호	1	2	3	4
단면	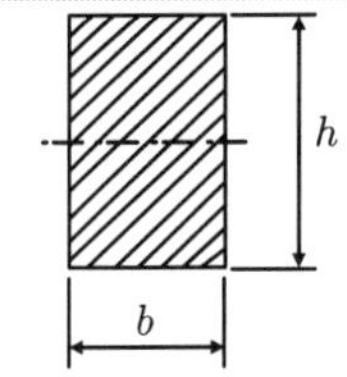 h, b	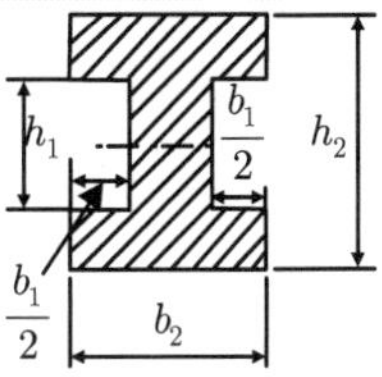 h_1, $\frac{b_1}{2}$, h_2, $\frac{b_1}{2}$, b_2	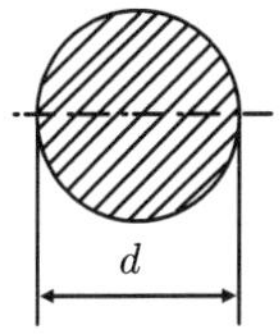 d	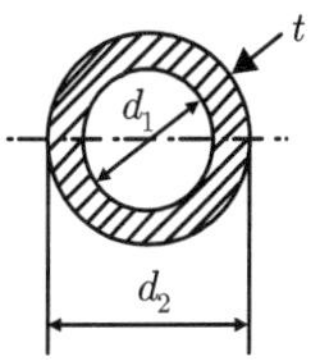 t, d_1, d_2
Z	$\frac{1}{6}bh^2$	$\frac{1}{6}\cdot\frac{b_2h_2^{\ 3}-b_1h_1^{\ 3}}{h_2}$	$\frac{\pi}{32}d^3$	$\frac{\pi}{32}\cdot\frac{d_2^{\ 4}-d_1^{\ 4}}{d_3}$

그림 4-13 단면계수 Z

5. 보의 전단력

그림 4-14 (a)와 같이 보에서 임의의 단면 X에 대해 생각하면 X의 오른쪽에 있는 모든 힘을 합한 것은 1방향(위 또는 아래)으로 향하고 왼쪽에서는 같은 크기로 반대로 향하고 있어 전체는 균형을 이루나 X단면에서는 이러한 힘에 전달 작용을 받게 된다. 이 전단력의 분포를 나타내면 그림 (b)와 같이 되며 이것을 전단력 선도(shearing force diagram)라 한다.

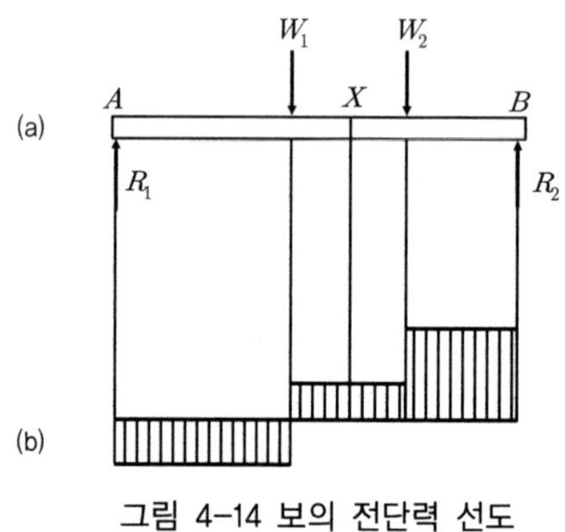

그림 4-14 보의 전단력 선도

연/습/문/제

01. 같은 재료에서도 하중의 상태에 따라 안전율을 정해야 하는데, 다음 중 안전율을 가장 크게 정해야 하는 하중은?

㉮ 충격하중 ㉯ 반복하중
㉰ 교하중 ㉱ 정하중

해설 충격하중은 시간에 대한 하중의 크기 변화가 매우 극단적으로 큰 하중이다. 따라서 안전율을 가장 크게 정해야 한다.

02. 단면적 5㎠인 막대에 수직으로 20kgf의 압축하중이 작용한다면 이때의 압축 응력은 몇 kgf/㎠인가?

㉮ 1 ㉯ 2 ㉰ 4 ㉱ 8

해설 $\sigma = \frac{P}{A}$ [여기서, σ:응력(kgf/㎟), P:하중(kgf), A: 단면적(㎟)]

$\therefore \frac{20}{5} = 4\text{kgf/cm}^2$

03. 지름 10㎜의 원형단면 축에 길이 방향으로 785 kgf의 인장하중이 걸릴 때 하중방향에 수직인 단면에 생기는 응력은 약 몇 kgf/㎟인가?

㉮ 7.85 ㉯ 10
㉰ 78.5 ㉱ 100

해설 $\sigma = \frac{P}{A} \therefore \frac{785}{0.785 \times 10^2} = 10\text{kgf/mm}^2$

04. 그림과 같은 타원 단면을 갖는 봉이 하중 200 kgf의 인장하중을 받는다. 이 봉에 작용한 인장 응력은 몇 kgf/㎠인가?

㉮ 1.27 ㉯ 12.7
㉰ 127 ㉱ 1270

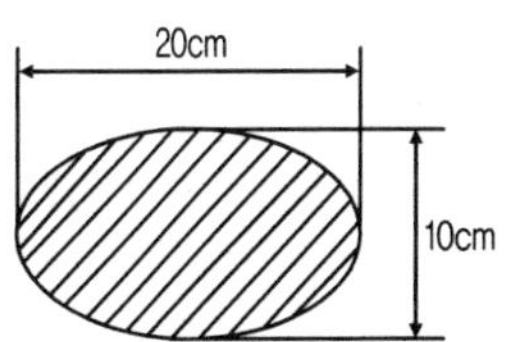

해설 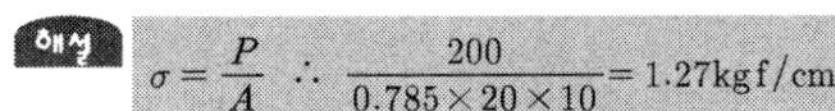
$\sigma = \frac{P}{A} \quad \therefore \frac{200}{0.785 \times 20 \times 10} = 1.27\text{kgf/cm}^2$

05. 지름 10㎜, 길이 1m인 연강 환봉이 하중 1ton을 받아 0.6㎜ 신장했다고 한다. 이 봉에 발생하는 응력은 약 몇 MPa인가?

㉮ 1.25 ㉯ 12.5 ㉰ 125 ㉱ 1250

해설 $\sigma = \frac{P}{A} \quad \therefore \frac{1000}{0.785 \times 10^2} \times 9.8 = 125\text{MPa}$

06. 그림과 같이 로프로 고정되어 A점에 1000kgf의 무게를 매달 때 AC 로프에 생기는 응력은 약 몇 kgf/㎠인가?(단, 로프 지름은 3㎝이다.)

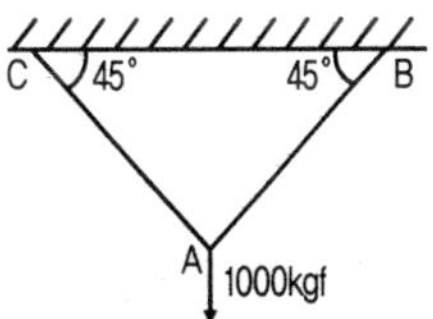

㉮ 100 ㉯ 210 ㉰ 431 ㉱ 640

해설 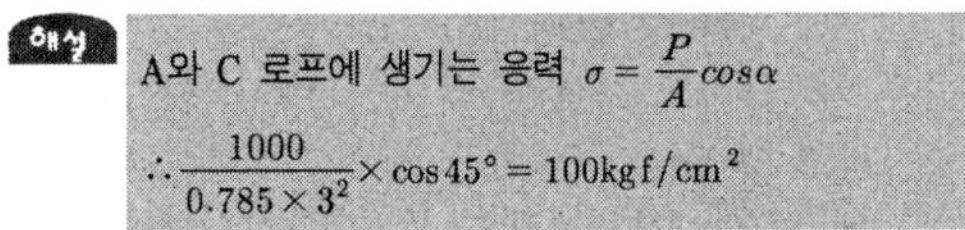
A와 C 로프에 생기는 응력 $\sigma = \frac{P}{A}\cos\alpha$

$\therefore \frac{1000}{0.785 \times 3^2} \times \cos 45° = 100\text{kgf/cm}^2$

07. 인장강도가 4200kgf/㎟인 연강봉이 있다. 안전율이 10이면 허용응력은 몇 kgf/㎟인가?

㉮ 42000 ㉯ 42
㉰ 280 ㉱ 420

해설 허용응력 $= \frac{인장강도}{안전율} = \frac{4200kgf/mm^2}{10}$
$= 420kgf/mm^2$

08. 단면적 600㎟인 봉에 600kgf의 추를 달았더니 허용 인장응력에 도달하였다. 이 봉의 인장강도가 500kgf/㎠이라고 하면 인장강도에 대한 안전계수는 얼마인가?

㉮ 5 ㉯ 6 ㉰ 50 ㉱ 60

해설 ① 허용응력 $= \frac{600kgf}{600mm^2} = 1kgf/mm^2$
$\therefore 1kgf/mm^2 = 100kgf/cm^2$
② 안전률 $= \frac{500kgf/cm^2}{100kgf/cm^2} = 5$

09. 가로 a, 세로 b인 직사각형의 단면을 갖는 봉이 하중 P를 받아 인장되었다. 이 봉에 작용한 인장 응력은 얼마인가?

㉮ ab^2/P ㉯ $P/(ab^2)$
㉰ $(ab)/P$ ㉱ $P/(ab)$

10. 동일한 크기의 전단 응력이 작용하는 원형 단면 보의 지름을 2배로 하면 전단 응력은 얼마로 감소하는가?

㉮ 1/16 ㉯ 1/8 ㉰ 1/4 ㉱ 1/2

해설 동일한 크기의 전단 응력이 작용하는 원형 단면 보의 지름을 2배로 하면 전단 응력은 1/4로 감소한다.

11. 지름이 4cm인 봉에 20kgf-m의 비틀림 모멘트가 작용하고 있다. 봉에 발생되는 최대 전단응력은 몇 kgf/㎠인가?

㉮ 185 ㉯ 163 ㉰ 159 ㉱ 127

해설 $\sigma t = \frac{16T}{\pi d^3}$ [여기서, T : 비틀림 모멘트, d : 지름]
$\therefore \frac{16 \times 20 \times 100}{3.14 \times 4^3} = 159kgf/cm^2$

12. 3000kgf-cm의 비틀림 모멘트가 작용하는 지름 10cm 환봉 축의 최대 전단응력은 몇 kgf/㎠인가?

㉮ 21.28 ㉯ 17.59 ㉰ 15.28 ㉱ 13.42

해설 $\sigma t = \frac{16T}{\pi d^3}$ $\therefore \frac{16 \times 3000}{3.14 \times 10^3} = 15.28kgf/cm^2$

13. 다음 중 변형률(ε)의 단위로 맞는 것은?

㉮ kgf ㉯ kgf/cm
㉰ kgf/㎠ ㉱ 단위 없음

해설 변형률은 단위가 없다.

14. 지름 30mm, 길이 200mm 둥근 봉에 인장하중이 작용하여 길이가 200.12mm로 늘어났다. 세로 변형률은 얼마인가?

㉮ 15×10^{-2} ㉯ 15×10^{-3}
㉰ 6×10^{-3} ㉱ 6×10^{-4}

해설 $\epsilon = \frac{l'-l}{l}$ [여기서, ε: 세로 변형률, l': 변형 후 길이, l: 변형 전 길이]
$\therefore \epsilon = \frac{200.12-200}{200} = 0.0006 = 6 \times 10^{-4}$

15. 길이 30cm의 봉이 인장력을 받아 1.5mm 신장되었을 때 길이 방향 변형률은?

㉮ 1.33×10^{-3} ㉯ 5×10^{-2}
㉰ 5.0×10^{-3} ㉱ 1.33×10^{-2}

해설 변형률 $= \frac{1.5mm}{300mm} = 0.005 = 5 \times 10^{-3}$

16. 단면적 20㎠의 재료에 6000kgf의 전단하중이 작용하고 있을 때 이 재료의 전단 변형률은? (단, G=0.8×10^6kgf/㎠이다.)

㉮ 2.81×10^{-4} ㉯ 3.75×10^{-4}
㉰ $2.81x2.81 \times 10^{-3}$ ㉱ 3.75×10^{-3}

해설 ① 전단응력 = $\frac{6,000}{20} = 300\text{kgf/cm}^2$

② 전단 변형률 = $\frac{300}{0.8 \times 10^6} = 3.75 \times 10^{-4}$

17. 길이 50㎝인 연강재의 환봉에 인장력이 작용하여 길이가 60㎝로 늘어났을 때 이 재료의 연신율은 얼마인가?

㉮ 10% ㉯ 20% ㉰ 23% ㉱ 40%

해설 연신률 = $\frac{\text{변형후 길이} - \text{처음길이}}{\text{처음 길이}} \times 100$

$= \frac{60-50}{50} \times 100 = 20\%$

18. 재료의 다음 성질 중 열 응력과 가장 관계 깊은 것은?

㉮ 경도 ㉯ 인장강도
㉰ 피로한도 ㉱ 선 팽창 계수

해설 열 응력과 가장 관계 깊은 것은 선 팽창 계수이다.

19. 15℃에서 양끝을 고정한 봉이 35℃가 되었다면 이 봉의 내부에 생기는 열응력은 어떤 응력이고 몇 kgf/㎠인가?(단, 봉의 세로 탄성계수는 $E = 2.0 \times 10^6\ \text{kgf/cm}^2$이고 선 팽창계수는 $\alpha = 12 \times 10^{-6}/℃$ 이다.)

㉮ 인장응력 : 480 ㉯ 인장응력 : 240
㉰ 압축응력 : 480 ㉱ 압축응력 : 240

해설 열응력 = $E\alpha(t_2 - t_1)$

$= 2.0 \times 10^6 \times 12 \times 10^{-6}(35-15)$

= 480 kgf/㎠

∴ 압축응력 : 480kgf/㎠

20. 다음 그림은 연강의 응력 변형율 선도이다. 이 그림에서 C점은 무엇을 나타내는가?

㉮ 비례한도 ㉯ 하 항복점
㉰ 상 항복 ㉱ 극한강도

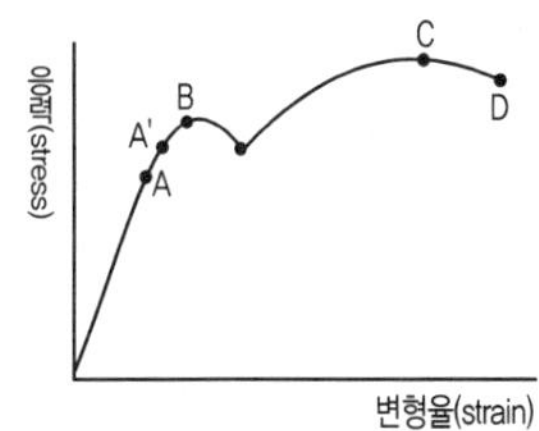

해설 응력-변율 선도 = A : 비례한계, A' : 탄성한계, B : 상항복점, C : 극한강도(인장강도), D : 파괴점

21. 후크의 법칙이 적용될 때 변형량 공식으로 옳은 것은?(단, A=단면적, E=세로 탄성계수, l=길이, P=하중이다.)

㉮ $\frac{Pl}{AE}$ ㉯ $\frac{AE}{Pl}$
㉰ $\frac{APl}{E}$ ㉱ $\frac{E}{APl}$

22. 단면적 1, 길이 4m인 강선(鋼線)에 2톤의 인장하중을 작용시키면 신장(cm)은?(단, 연강(鍊鋼)의 $E = 2 \times 10^6\ \text{kgf/cm}^2$이다.)

㉮ 4 ㉯ 6 ㉰ 0.6 ㉱ 0.4

해설 $\lambda = \frac{Pl}{AE}$[여기서, P: 인장하중, l: 길이, A: 단면적, E: 세로 탄성계수]

$\therefore \frac{2000 \times 400}{1 \times 2 \times 10^6} = 0.4\text{cm}$

23. 알루미늄 원형 단면봉이 축하중 P=70kN를 받고 있고, 봉의 길이 l=2m, 직경 d=20㎜, 탄성계수 E=70GPa이다. 포아송의 비 μ=1/3일 때 신장량(δ)은?

㉮ 5.23㎜ ㉯ 6.38㎜
㉰ 7.12㎜ ㉱ 8.26㎜

해설 $\delta = \frac{4 \times 70 \times 2000}{3.14 \times 20^2 \times 70} = 6.37mm$

24. 길이 2m, 지름 10㎜인 원형 봉이 2000kgf의 축방향 인장하중을 받고 2㎜늘어났다면 재료의 종(세로) 탄성계수의 값은 약 몇 kgf/㎠인가?

㉮ 8.10×10^4　㉯ 2.55×10^6
㉰ 1.61×10^5　㉱ 3.15×10^6

해설 $E=\dfrac{Pl}{A\lambda}=\dfrac{2000\times200}{0.785\times1^2\times0.2}=2.55\times10^6$

25. 봉이 인장하중을 받을 때 탄성한도 영역 내에서 종 변형률에 대한 횡 변형률의 비를 무엇이라 하는가?

㉮ 횡 탄성계수　㉯ 탄성한도
㉰ 체적 탄성계수　㉱ 포와송 비

해설 포와송 비란 봉이 인장하중을 받을 때 탄성한도 영역 내에서 종 변형률에 대한 횡 변형률의 비를 말한다.

26. 포와송 비(poisson's ratio)에 대하여 옳게 설명한 것은?

㉮ 종 변형률과 횡 변형률의 곱이다.
㉯ 수직응력과 종탄성계수를 곱한 값이다.
㉰ 횡 변형률을 종 변형률로 나눈 값이다.
㉱ 전단응력과 횡 탄성계수의 곱이다.

해설 포와송 비(poisson's ratio)란 횡(가로) 변형률을 종(세로) 변형률로 나눈 값을 말한다.
즉 포와송 비 $=\dfrac{\text{가로 변형률}}{\text{세로 변형률}}$

27. 일반적인 탄소강 재료를 사용하는 경우의 사용응력, 허용응력, 탄성한도의 관계로 다음 중 가장 적합한 것은?

㉮ 허용응력≥사용응력>탄성한도
㉯ 허용응력>탄성한도>사용응력
㉰ 탄성한도>사용응력>허용응력
㉱ 탄성한도>허용응력≥사용응력

해설 탄소강 재료를 사용하는 경우의 사용응력, 허용응력, 탄성한도의 관계는 탄성한도>허용응력≥사용응력이다.

28. 사용재료의 최대응력과 항복응력 및 허용응력을 적용하여 일반적인 안전율을 나타내는 식으로 가장 적합한 것은?

㉮ 안전율 $=\dfrac{\text{허용응력}}{\text{항복응력}}$　㉯ 안전율 $=\dfrac{\text{최대응력}}{\text{항복응력}}$
㉰ 안전율 $=\dfrac{\text{항복응력}}{\text{허용응력}}$　㉱ 안전율 $=\dfrac{\text{항복응력}}{\text{최대응력}}$

29. 탄소강의 인장강도, 항복점, 피로한도, 크리이프한도, 탄성한도, 허용응력에서 안전율을 구하는 공식으로 다음 중 가장 적합한 것은?

㉮ $\dfrac{\text{허용응력}}{\text{탄성한도}}$　㉯ $\dfrac{\text{피로한도}}{\text{인장강도}}$
㉰ $\dfrac{\text{탄성한도}}{\text{크리이프한도}}$　㉱ $\dfrac{\text{인장강도}}{\text{허용응력}}$

해설 안전율 $=\dfrac{\text{인장강도}}{\text{허용응력}}$

30. 재료가 반복하중을 받는 경우 안전율에 관한 공식으로 가장 적합한 것은?

㉮ $\dfrac{\text{항복점}}{\text{허용 응력}}$　㉯ $\dfrac{\text{크리프 한도}}{\text{허용 응력}}$
㉰ $\dfrac{\text{피로 한도}}{\text{허용 응력}}$　㉱ $\dfrac{\text{사용 응력}}{\text{허용 응력}}$

해설 재료가 반복하중을 받는 경우 안전율
$=\dfrac{\text{크리프 한도}}{\text{허용 응력}}$

31. 조립된 기계 부품의 세부항목에 대한 안전율을 결정하는 데는 여러 가지 변수가 있다. 안전율을 결정하는 요소가 아닌 것은?

㉮ 재료의 품질
㉯ 하중과 응력 계산의 정확성
㉰ 공작기계의 정도
㉱ 하중의 종류에 따른 응력의 성질

해설 안전율을 결정하는 요소에는 재료의 품질, 하중과 응력 계산의 정확성, 하중의 종류에 따른 응력의 성질 등이 있다.

32. 탄성한도 내에서 인장하중을 받는 봉의 허용 응력이 2배가 되면 안전율은 처음에 비해 몇 배가 되는가?

㉮ 1/2배 ㉯ 2배
㉰ 1/4배 ㉱ 4배

해설 탄성한도 내에서 인장하중을 받는 봉의 허용 응력이 2배가 되면 안전율은 처음에 비해 1/2배가 된다.

33. 단면적 60㎠인 기둥이 5000kgf의 하중을 받고 있다면 기둥재료의 극한 강도를 550kgf/㎠라 할 때 안전율은?

㉮ 3.9 ㉯ 6.6 ㉰ 8.3 ㉱ 9

해설 $S=\frac{\sigma_u}{\sigma a}, \sigma a=\frac{P}{A}$
[여기서, S:안전율, σu:인장강도(극한강도 kgf/㎠), σa: 허용 응력(kgf/㎠), P:하중(kgf), A: 단면적(㎠)]
$\therefore S=\frac{550\times 60}{5000}=6.6$

34. 단면 6cm×8cm의 목재가 3000kgf의 압축 하중을 받고 있다. 안전율을 7로 하면 사용응력은 허용응력의 몇 %가 되는가?(단, 목재의 인장강도는 550kgf/㎠이다.)

㉮ 79.6% ㉯ 78.6%
㉰ 62.5% ㉱ 60.5%

해설 ① 허용응력 $=\frac{\text{인장강도}}{\text{안전율}}=\frac{550}{7}=78.57\text{kg}_f/\text{cm}^2$
② 사용응력 $=\frac{\text{하중}}{\text{단면적}}=\frac{3000}{6\times 8}=62.5\text{kg}_f/\text{cm}^2$
③ 비율 $=\frac{\text{사용응력}}{\text{허용응력}}=\frac{62.5}{78.57}\times 100=79.6\%$

35. 250kgf의 인장하중을 받은 연강봉 직경은 최소 몇 mm가 적합한가?(단, 재료의 극한강도는 36 kgf/㎟, 안전율은 3이다.)

㉮ 5.2 ㉯ 6.1 ㉰ 6.7 ㉱ 7.7

해설 $\sigma t=\frac{\sigma_u}{A},\ \sigma a=\frac{\sigma_u}{S},\ S=\frac{\sigma_u}{\sigma_a}$
[여기서, σ_t : 인장응력(kgf/㎟), σ_u : 인장하중(kgf), A : 단면적(㎟), S : 안전율, σ_a : 허용응력(kgf/㎟)]
① $\sigma_a=\frac{\sigma_u}{S}=\frac{36}{6}=12\text{kgf/㎟}$
② $A=\frac{\sigma_u}{\sigma_a}\frac{250}{12}=20.83\text{㎟}$
③ $d=\sqrt{\frac{4A}{\pi}}=\sqrt{\frac{4\times 20.83}{3.14}}=5.2\text{mm}$

36. 비틀림이 작용할 때 재료의 단면에 생기는 응력은?

㉮ 인장 ㉯ 압축 ㉰ 전단 ㉱ 굽힘

해설 비틀림이 작용할 때 재료의 단면에 생기는 응력은 전단 응력이다.

37. 6300rpm으로 2.5kw를 전달시키고 있는 축의 비틀림 모멘트는 몇 kgf-mm인가?

㉮ 5240 ㉯ 7120
㉰ 8120 ㉱ 2420

해설 축의 비틀림 모멘트 $=\frac{97400\times H_{kW}}{R}$
[여기서, R : 회전속도(rpm)]
$\therefore \frac{974000\times 2.5}{300}=8120\text{kgf-mm}$

38. 중공 단면축의 바깥지름 d_0=5cm, 안지름 d_1=3cm, 허용 전단응력 $\tau a=300\text{kgf/㎠}$일 때 비틀림 모멘트는?

㉮ 4528kgf·㎠ ㉯ 5510kgf·㎠
㉰ 6406kgf·㎠ ㉱ 7405kgf·㎠

해설 비틀림모멘트 $=\tau a\times\frac{\pi}{16}\times\frac{d_0^4-d_1^4}{d_0}$
$=300\times\frac{3.14}{16}\times\frac{5^4-3^4}{5}=6405.6$

39. 비틀림을 받는 원형 봉에서의 최대 전단 응력을 구하는 식은?

㉮ (비틀림 모멘트×봉의 지름)/극관성 모멘트
㉯ (비틀림 모멘트×봉의 반지름)/극관성 모멘트
㉰ (비틀림 모멘트×봉의 지름)/극단면계수
㉱ (비틀림 모멘트×봉의 반지름)/극단면계수

해설 비틀림을 받는 원형 봉에서의 최대 전단 응력을 구하는 공식 = (비틀림 모멘트×봉의 반지름)/극관성 모멘트

40. 비틀림 모멘트를 받는 원형 단면축에 발생되는 최대 전단 응력에 대한 설명으로 옳은 것은?

㉮ 축 제동이 증가하면 감소한다.
㉯ 가해지는 토크가 증가하면 감소한다.
㉰ 단면의 극관성 모멘트가 증가하면 증가한다.
㉱ 극단면계수가 감소하면 감소한다.

41. 비틀림 응력은 단면의 어느 곳에서 가장 크게 생기는가?

㉮ 중심
㉯ 중립축
㉰ 원주 가장자리
㉱ 중심과 원주 가장자리와의 중간점

해설 비틀림 응력은 단면의 원주 가장자리에서 가장 크게 생긴다.

42. 원형 단면 축을 비틀 때 다음 중에서 가장 비틀기 어려운 것은?(단, G는 재료의 가로 탄성계수를 나타낸다.)

㉮ 지름이 크고, G의 값이 작을수록 어렵다.
㉯ 지름이 크고, G의 값이 클수록 어렵다.
㉰ 지름이 작고, G의 값이 클수록 어렵다.
㉱ 지름이 작고, G의 값이 작을수록 어렵다.

해설 지름이 크고, G의 값이 클수록 비틀기 어렵다.

43. 다음 중 비틀림 강성계수를 나타내는 것은 어느 것인가?(단, G는 횡탄성계수, Ip는 극관성 모멘트이다.)

㉮ $G+I_P$ ㉯ $G-I_P$
㉰ $\dfrac{G}{I_P}$ ㉱ $G\times I_P$

44. 축에 있어서 직경을 d, 축 재료의 전단응력을 τ라 하면, 비틀림 모멘트 T의 관계식으로 올바른 것은?

㉮ $T=\dfrac{\pi d^2}{16}\times\tau$ ㉯ $T=\dfrac{\pi d^3}{16}\times\tau$
㉰ $T=\dfrac{\pi d^2}{32}\times\tau$ ㉱ $T=\dfrac{\pi d^3}{32}\times\tau$

45. 지름이 40㎜인 연강제 실축에 200rpm으로 10PS를 전달할 때 생기는 전단 응력은 약 몇 kgf/㎠인가?

㉮ 90 ㉯ 142 ㉰ 180 ㉱ 285

해설 $T=\dfrac{71620\times H}{N}=\dfrac{\pi\times d^3\times\tau a}{16}$에서
[여기서, H: 마력, N: 회전속도, d: 축지름, τa : 전단응력]
$\therefore \tau a=\dfrac{16\times71620\times H}{\pi\times d^3\times N}=\dfrac{16\times71620\times10}{3.14\times4^3\times200}$
$=284.9\text{kgf/cm}^2$

46. 지름 80㎜인 축에 20000kgf-cm의 굽힘 모멘트가 걸린다면 이 축에 생기는 굽힘 응력은 약 몇 kgf/㎠인가?

㉮ 398 ㉯ 452 ㉰ 562 ㉱ 626

해설 $M=\sigma_a\times Z=\dfrac{\pi\times d^3\times\sigma_a}{32}$ [여기서, M: 축의 굽힘 모멘트(kgf-cm), σ_a: 축의 허용 굽힘 응력(kgf/㎠), Z: 단면계수(㎤), d: 축의 지름(cm)]
$\therefore\ \sigma_a=\dfrac{32\times20000\,\text{kgf}-\text{cm}}{\pi\times8^3}=398\,\text{kgf/cm}^2$

47. 비틀림만 받는 지름이 32㎜ 차축에 고정된 타이어 지름이 830㎜일 때, 최대 1.6ton의 하중이 차축에 가해진다. 이 축에 차륜이 노면에 미끄러지도록 토크를 가할 경우에 생기는 응력은 몇 kgf/㎟인가?(단, 타이어와 노면의 마찰계수 μ=0.5로 한다.)

㉮ 23.7 ㉯ 24.5
㉰ 25.8 ㉱ 26.3

$$\tau a=\frac{16T}{\pi d^3}=\frac{16\times1600\times415\times0.5}{3.14\times32^2\times2}=25.8\text{kgf/mm}^2$$

48. 굽힘 모멘트 1.5×10^6kgf-mm와 비틀림 모멘트 2×10^6kgf-mm를 동시에 받는 축의 지름으로 다음 중 가장 적합한 것은?(단, 축재료 허용 굽힘 응력은 6kgf-mm이다.)

㉮ 150 ㉯ 200
㉰ 225 ㉱ 250

$$M_e=M+\frac{\sqrt{M^2+T^2}}{2}$$
$$=1.5\times10^6+\frac{\sqrt{(1.5\times10^6)^2+(2\times10^6)^2}}{2}$$
$$=2\times10^6\ \text{kgf}-\text{mm}$$
$$d=\sqrt[3]{\frac{32\times Me}{\sigma a\times\pi}}=\sqrt[3]{\frac{10.2\times2\times10^6}{6}}=150.4\text{mm}$$

49. 다음 중 양끝을 받치고 있는 보로, 양단 지지 보라고도 하는 보는?

㉮ 단순 보 ㉯ 외팔 보
㉰ 고정 보 ㉱ 연속 보

해설
① 단순 보 : 양끝을 받치고 있는 보로, 양단 지지 보라고도 한다.
② 외팔 보 : 보의 한쪽 끝만을 고정한 것이다.
③ 고정 보 : 양끝을 모두 고정한 보이며, 가장 튼튼하다.
④ 연속 보 : 3개 이상의 지점 즉 2개 이상의 스팬을 가진 보를 말한다.

50. 다음과 같은 외팔 보에서 A지점의 반력 R_A는?

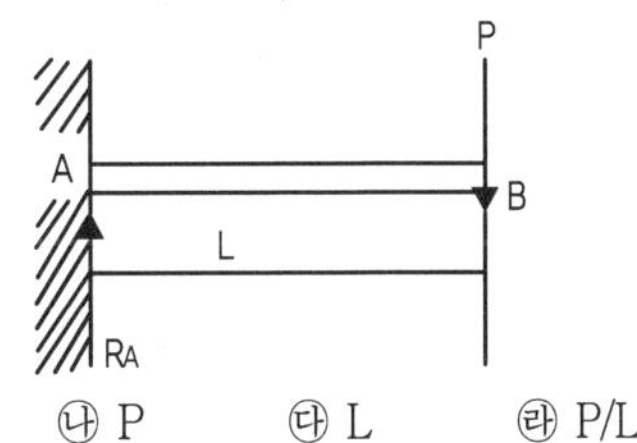

㉮ 0 ㉯ P ㉰ L ㉱ P/L

51. 보기와 같은 길이 ℓ인 외팔 보 AB가 자유단 B에 집중하중 P를 받고 있다. 하중 끝단 B에서의 최대 처짐량 δ는?(단, E는 세로 탄성계수이고 I는 관성모멘트이다.)

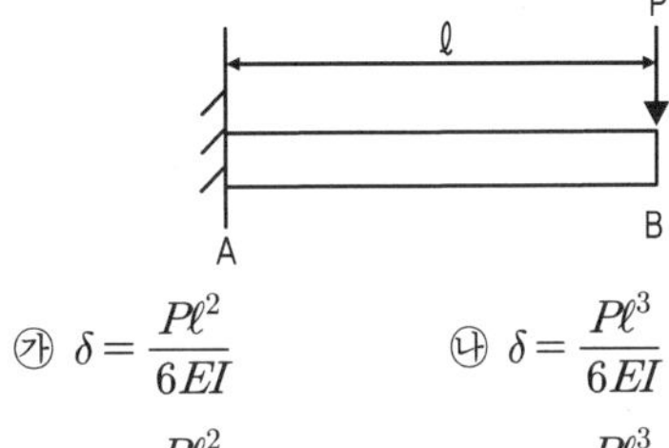

㉮ $\delta=\frac{P\ell^2}{6EI}$ ㉯ $\delta=\frac{P\ell^3}{6EI}$
㉰ $\delta=\frac{P\ell^2}{3EI}$ ㉱ $\delta=\frac{P\ell^3}{3EI}$

52. 단순 보의 한 지지 점으로부터 스팬 길이의 1/3 되는 점에 한 개의 집중 하중이 작용할 때 최대 처짐이 생기는 위치는?

㉮ 지지점과 하중이 작용하는 점의 중간점
㉯ 하중이 작용하는 지점
㉰ 중앙점 부근
㉱ 양단 지지점

해설 단순 보의 한 지지 점으로부터 스팬 길이의 1/3되는 점에 한 개의 집중 하중이 작용할 때 최대 처짐이 생기는 위치는 중앙점 부근이다.

53. 단순 보의 전 길이(L)에 걸쳐 균일 분포하중이 작용할 때 최대 굽힘 모멘트는 보의 어느 지점에서 일어나는가?

㉮ 중앙($\frac{1}{2}L$) 지점

㉯ 양끝에서 $\frac{1}{3}L$되는 지점

㉰ 양끝 지점

㉱ 양끝에서 $\frac{1}{4}L$되는 지점

해설 단순 보의 전 길이(L)에 걸쳐 균일 분포하중이 작용할 때 최대 굽힘 모멘트는 중앙($\frac{1}{2}L$)지점에서 일어난다.

54. 그림과 같이 길이 ℓ인 단순 보의 중앙에 집중하중 W를 받는 때 최대 굽힘 모멘트(M max점)는 얼마인가?

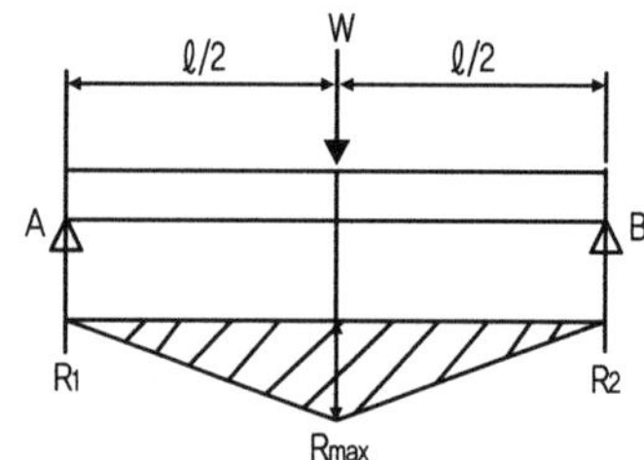

㉮ $\frac{W\ell}{4}$ ㉯ $\frac{W\ell}{2}$

㉰ $\frac{W\ell^2}{4}$ ㉱ $\frac{W\ell^2}{2}$

55. 보의 전 길이에 걸쳐서 균일 분포 하중을 받는 단순 보가 있다. 처짐에 관한 설명 중 잘못된 것은?

㉮ 처짐량은 보의 길이의 4제곱에 비례한다.

㉯ 처짐량은 단면 2차 모멘트에 반비례한다.

㉰ 처짐량은 종 탄성계수에 반비례한다.

㉱ 처짐 각은 보의 길이의 4제곱에 비례한다.

해설 균일 분포 하중을 받는 단순 보의 처짐은 처짐량은 보의 길이의 4제곱에 비례하고, 단면 2차 모멘트에 반비례하며, 종(세로) 탄성계수에 반비례한다.

56. 단면이 사각형인 단순 보의 중앙에 집중하중이 작용할 때 최대 처짐에 대한 설명 중 틀린 것은? (단, 지지점 사이의 거리를 L이라 한다.)

㉮ 보의 높이의 제곱에 반비례한다.

㉯ L의 3승에 비례한다.

㉰ 하중에 정비례한다.

㉱ 보의 폭에 반비례한다.

해설 단면이 사각형인 단순 보의 중앙에 집중하중이 작용할 때 최대 처짐은 L(지지점 사이의 거리)의 3승에 비례하며, 하중에 정비례하고, 보의 폭에 반비례한다.

57. 그림과 같은 4각형 단면의 외팔 보에 발생하는 최대 굽힘 응력은 어느 식으로 표시되는가?

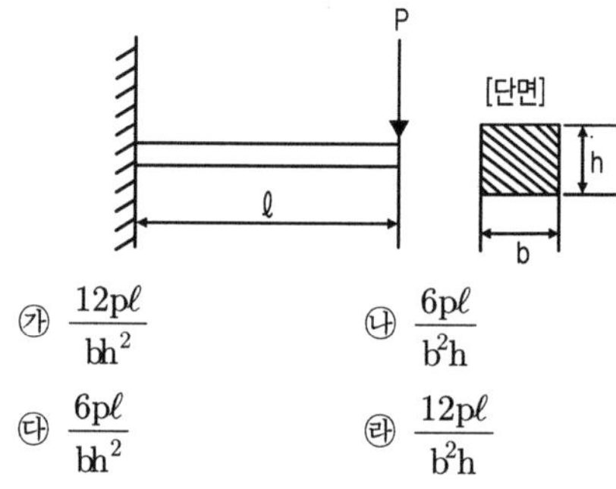

㉮ $\frac{12p\ell}{bh^2}$ ㉯ $\frac{6p\ell}{b^2h}$

㉰ $\frac{6p\ell}{bh^2}$ ㉱ $\frac{12p\ell}{b^2h}$

58. 스팬 ℓ인 양단지지 보의 중앙에 집중 하중 P가 작용하는 경우 최대 굽힘 모멘트 M max는?

㉮ $\frac{P\ell}{4}$ ㉯ $\frac{P\ell^2}{4}$

㉰ $\frac{P\ell^2}{2}$ ㉱ $\frac{P\ell}{2}$

해설 스팬 ℓ인 양단지지 보의 중앙에 집중 하중 P가 작용하는 경우 최대 굽힘 모멘트 $M_{max}=\frac{P\ell}{4}$이다.

59. 폭×높이(30㎝×40㎝)의 단면을 가진 다음 단순 보의 최대 굽힘 응력은 몇 kgf/㎠인가?(단, 보의 자중은 무시한다.)

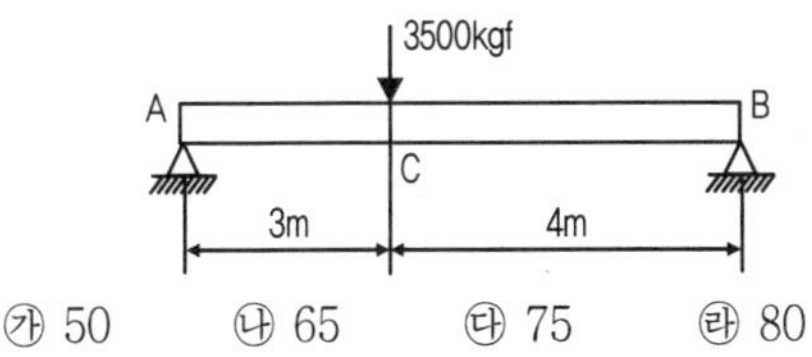

㉮ 50 ㉯ 65 ㉰ 75 ㉱ 80

해설

$M=\sigma \cdot Z=\sigma \cdot \frac{bh^2}{6}=P\frac{\ell_1 \ell_2}{\ell}$

$\therefore \sigma=\frac{6P\ell_1\ell_2}{bh^2\ell}$

$=\frac{6\times 3500\times 300\times 400}{30\times 40^2\times 700}=75(kg_f/cm^2)$

60. 길이가 2m인 원형인 단순 지지 보의 지름이 25㎜일 때 보 중앙에 집중하중 400kgf이 작용하면 최대 굽힘 응력은 몇 kgf/㎟인가?

㉮ 65.22 ㉯ 100.38
㉰ 117.22 ㉱ 130.38

해설

$\sigma=\frac{M}{Z}$, $M=\frac{P\ell}{4}$, $Z=\frac{\pi d^3}{32}$에서

$\sigma=\frac{P\times\ell\times 32}{\pi\times d^3\times 4}=\frac{400\times 2000\times 32}{3.14\times 25^3\times 4}=130.38kgf/mm^2$

61. 폭 8㎝, 높이 15㎝의 사각형단면 보에 굽힘 모멘트 M = 15,000 kgf·cm가 작용했을 때 생기는 굽힘 응력 σ_b는 몇 kgf/㎠인가?

㉮ 50 ㉯ 100
㉰ 150 ㉱ 200

해설 굽힘 응력$=\frac{6M}{bh^2}=\frac{15000\times 6}{8\times 15^2}=50kgf/cm^2$

62. 폭이 5㎝, 높이가 10㎝의 단면을 갖는 보에 굽힘 모멘트 10000kgf·cm가 작용할 때 보에 생기는 굽힘응력 σ_b은 약 몇 kgf/㎠인가?

㉮ 120 ㉯ 240
㉰ 340 ㉱ 480

해설 굽힘응력 $\sigma_b=\frac{6M}{bh^2}=\frac{6\times 10000}{5\times 10^2}=120kgf/cm^2$

63. 한 변의 길이가 9㎝인 정사각형 외팔 보의 최대 굽힘 응력이 120kgf/㎠일 때 최대 몇 kgf-cm까지의 굽힘 모멘트에 견디는가?

㉮ 12540 ㉯ 14580
㉰ 16720 ㉱ 18420

해설 $M=\sigma Z=\sigma\cdot\frac{bh^3}{6}=\frac{120\times 9^3}{6}=14580\ kgf\text{-}cm$

64. 그림과 같이 주어진 구조물에 인장하중이 작용할 때 구조물의 자중을 고려해서 최대응력이 발생하는 지점은?

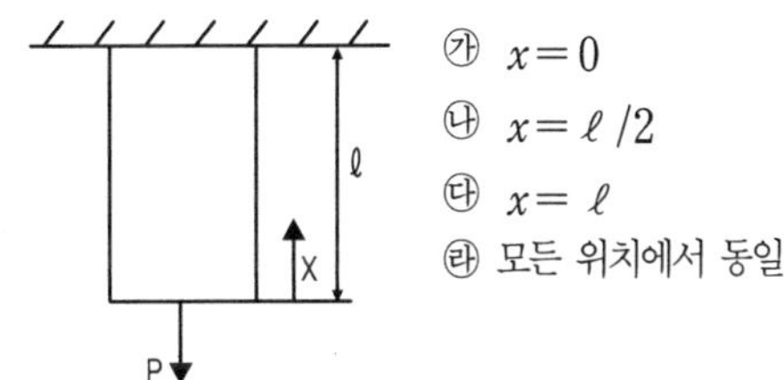

㉮ $x=0$
㉯ $x=\ell/2$
㉰ $x=\ell$
㉱ 모든 위치에서 동일

65. 지름이 d인 원형 단면의 중심점의 극점을 통과하는 극관성 모멘트는?

㉮ $\frac{\pi d^4}{32}$ ㉯ $\frac{\pi d^4}{64}$ ㉰ $\frac{\pi d^3}{32}$ ㉱ $\frac{\pi d^3}{64}$

66. 동일재료로 단면의 크기(치수)가 일정한 보에 대한 설명으로 틀린 것은?

㉮ 단면의 크기가 일정하여도 탄성계수는 변화한다.
㉯ 단면의 크기가 일정하면 단면 2차 모멘트(I)는 변화하지 아니 한다.
㉰ 굽힘 모멘트가 클수록 곡률 반지름(ρ)은 작아진다.
㉱ 보의 굽힘응력은 보에 작용하는 굽힘 모멘트에 비례한다.

해설 동일 재료로 단면의 크기(치수)가 일정한 보
① 단면의 크기가 일정하면 단면 2차 모멘트(I)는 변화하지 아니한다.
② 굽힘 모멘트가 클수록 곡률 반지름(ρ)은 작아진다.
③ 보의 굽힘응력은 보에 작용하는 굽힘 모멘트에 비례한다.

67. 단면의 형상과 길이가 같은 기둥 형상의 구조물에서 처짐량이 가장 많은 것은?

㉮ 일단 고정 타단 자유
㉯ 양단 회전
㉰ 일단 고정 타단 회전
㉱ 양단 고정

해설 단면의 형상과 길이가 같은 기둥 형상의 구조물에서 처짐량이 가장 많은 것은 일단 고정 타단 자유이다.

68. 그림과 같은 외팔 보에서 폭×높이=b×h일 때, 최대 굽힘응력(σ_{max})을 구하는 공식은?

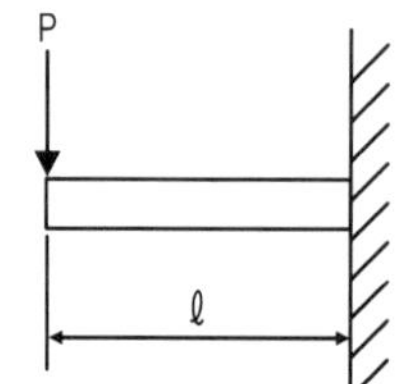

㉮ $\sigma_{max} = \frac{6P\ell}{bh^2}$　　㉯ $\sigma_{max} = \frac{12P\ell}{bh^2}$
㉰ $\sigma_{max} = \frac{6P\ell}{b^2h}$　　㉱ $\sigma_{max} = \frac{12P\ell}{b^2h}$

69. 전단력과 휨 모멘트의 변화 상태에 대한 다음 설명 중 올바른 것은?

㉮ 전단력이 변화하지 않을 때는 휨 모멘트도 기준선에 평행한 직선이다.
㉯ 전단력이 직선적으로 변화할 때는 휨 모멘트도 직선적으로 변화한다.
㉰ 전단력이 직선적으로 변화할 때는 휨 모멘트는 2차 함수로 변화한다.
㉱ 전단력이 0일 때는 휨 모멘트는 3차 곡선적으로 변화한다.

해설 전단력과 휨 모멘트의 변화 상태는 전단력이 직선적으로 변화할 때는 휨 모멘트는 2차 함수로 변화한다.

70. 곡률반경에 대한 설명 중 맞는 것은 어느 것인가?

㉮ 휘어진 보의 각 부는 곡률반경이 모두 같다.
㉯ 탄성계수에 반비례한다.
㉰ 굽힘 모멘트가 클수록 곡률반경이 작게 된다.
㉱ 하중에 비례한다.

해설 굽힘 모멘트가 클수록 곡률반경이 작아진다.

71. 비틀림 모멘트를 받는 원형 단면축에 발생되는 최대 전단 응력에 대한 설명으로 옳은 것은?

㉮ 축 제동이 증가하면 감소한다.
㉯ 가해지는 토크가 증가하면 감소한다.
㉰ 단면의 극관성 모멘트가 증가하면 증가한다.
㉱ 극단면계수가 감소하면 감소한다.

05

유체기계

5-1 유체기계의 정의

유체기계(fluid machinery)란 물이나 및 공기와 같은 유체를 작동물질로 하여 이 유체와의 사이에 위치 에너지(potential energy)를 속도(speed) 및 압력 에너지(pressure energy)로 만들어 동력을 얻는 장치를 말한다.

5-2 유체기계의 분류

유체는 취급되는 유체(기체와 액체)에 의하여 수력(水力)기계, 유압(油壓)기계, 공기(空氣)기계 등으로 나눌 수 있고, 용도별로는 유체 수송기계, 유체 원동기계, 유체 동력전달기계 및 유체 제어기구 등으로 분류할 수 있다. 유체 수송기계는 유체의 수송을 목적으로 하는 기계이며, 각종 펌프, 송풍기, 압축기 및 이들을 사용한 수송장치 등이 포함된다. 유체 원동기계는 유체의 에너지를 이용하여 이것을 기계적 에너지로 변환하여 원동기로 사용하는 것이며 수차(水車), 유압모터, 풍차(風車), 공기 터빈 등이 여기에 속한다. 유체 동력전달기계는 유체를 이용하여 동력을 전달하는 것이며, 유압장치, 유체 커플링, 토크컨버터 등이 있다. 유체 제어기구는 유체를 이용하여 제어작용을 하는 것이며, 압력 제어 밸브, 유량 제어 밸브, 방향전환 밸브 등의 제어 밸브와 유체 이론소자가 있다.

1. 수력 기계(hydraulic machinery)

[1] 펌프(pump)

(1) 터보형 펌프(turbo type pump)

① 원심형(centrifugal type) : 볼류트 펌프(volute pump)와 터빈 펌프(turbine pump)

② 사류형(diagonal flow type) : 사류 펌프((diagonal pump)

③ 축류형(axial flow type) : 축류 펌프(axial pump)

(2) 용적형 펌프

① 왕복형 : 피스톤 펌프(piston pump)와 플런저 펌프(plunger pump)

② 회전형 : 기어 펌프(gear pump)와 베인 펌프(vane pump)

③ 특수형 : 마찰 펌프(friction pump), 제트 펌프(jet pump), 기포 펌프(air lift pump), 수격 펌프(hydraulic pump)

[2] 수차(hydraulic turbine)의 분류

(1) 충격 수차(impulse hydraulic turbine)

펠톤(pelton) 수차

(2) 반동 수차(reaction hydraulic turbine)

프란시스(francis) 수차, 프로펠러(propeller) 수차, 카플란(kaplan) 수차

2. 공기기계

저압형에는 송풍기(blower)와 풍차(wind mill)가 있으며, 고압형에는 압축기(compressor), 진공 펌프(vacuum pump), 압축 공기기계(compression air machinery) 등이 있다.

3. 유압기계

[1] 유압 펌프(hydraulic pump)

기어 펌프(gear pump), 플런저 펌프(plunger pump), 로터리 펌프(rotary pump), 베인 펌프(vane pump) 등이 있다.

[2] 유압 액추에이터(hydraulic actuator)

직선 왕복운동을 하는 유압 실린더(hydraulic cylinder)와 회전운동을 하는 유압 모터(hydraulic motor)가 있다.

[3] 제어 밸브

제어 밸브에는 압력 제어 밸브(pressure control valve, 일의 크기 결정), 유량 제어 밸브(flow control valve, 일의 속도 결정) 방향 전환 밸브(position control valve, 일의 방향 결정) 등이 있다.

5-3 펌프(pump)

펌프란 액체에 에너지를 주어 이것을 낮은 곳에서 높은 곳으로 송출하는 기계이다.

1. 원심펌프(Centrifugal Pump)

[1] 원심펌프의 개요

원심펌프는 1개 또는 여러 개의 회전하는 날개차(impeller)에 의하여 액체의 펌프작용, 즉 액체의 수송작용을 하거나 압력을 발생시키는 장치이다. 이 펌프는 양정이 크고 양수량이 많을 때 적합하며, 소형·경량이며, 구조가 간단하여 다루기가 쉽고, 고속 회전이 가능하며, 펌프의 효율이 높으며, 맥동 발생이 적은 특징이 있다.

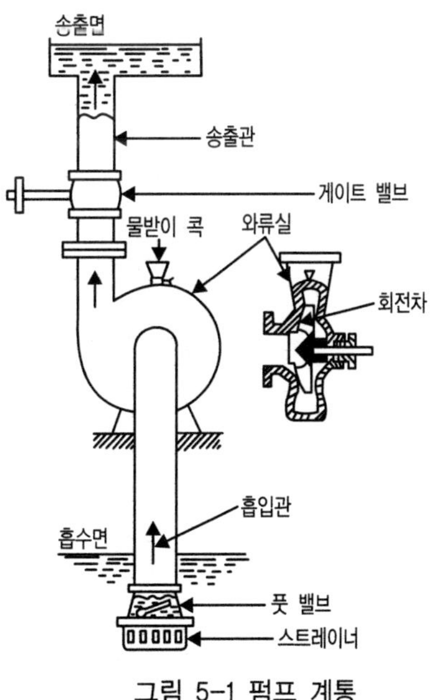

그림 5-1 펌프 계통

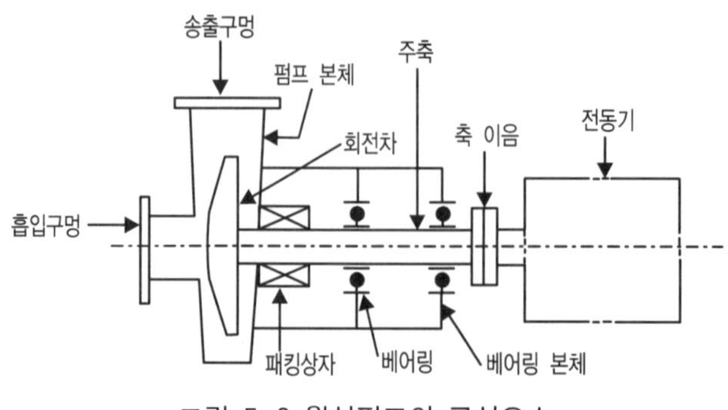

그림 5-2 원심펌프의 구성요소

[2] 원심펌프의 종류

(1) 안내 날개(guide vane) 유무에 따라서

① 볼류트 펌프(volute pump) : 회전차(impeller) 바깥둘레에 안내날개(guide vane)가 없는 펌프를 말한다.

② 터빈 펌프(또는 디퓨저 펌프; turbine or diffuser pump) : 회전차 바깥둘레에 안내날개 설치된 펌프를 말한다.

> 안내날개(깃)의 작용은 배출 양정을 향상시키기 위해 회전차에서 얻은 속도 에너지를 배출에 보다 적합한 에너지로 변환시키는 작용을 한다.

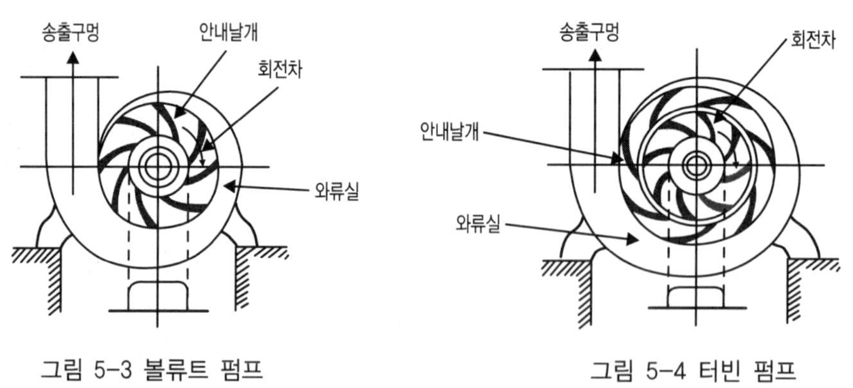

그림 5-3 볼류트 펌프

그림 5-4 터빈 펌프

(2) 흡입구멍 수에 의한 분류

① 단흡입(single suction) 펌프 : 펌프의 한쪽에서만 흡입되는 펌프를 말한다.

② 양흡입(double suction) 펌프 : 펌프의 양쪽에서 흡입되는 펌프를 말한다.

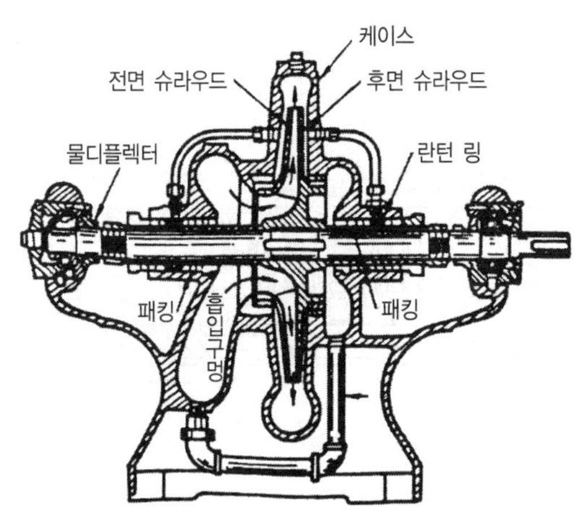

그림 5-5 단흡입 펌프

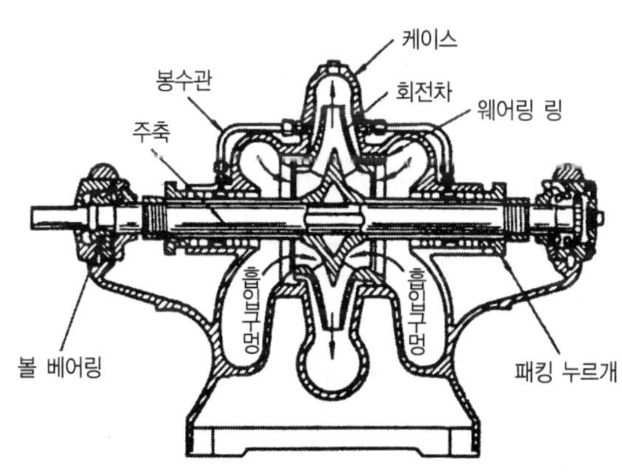

그림 5-6 양흡입 펌프

(3) 단(段, stage)수에 의한 분류

① 단단 펌프(single stage pump) : 펌프 1대에 회전차 1개를 설치한 펌프를 말한다.

② 다단 펌프(multi stage pump) : 회전차 여러 개를 같은 축에 설치하고 제1단에서 나온 액체는 제2단으로 흡입되고, 이하 순차적으로 다음 단에 연결되는 펌프를 말한다.

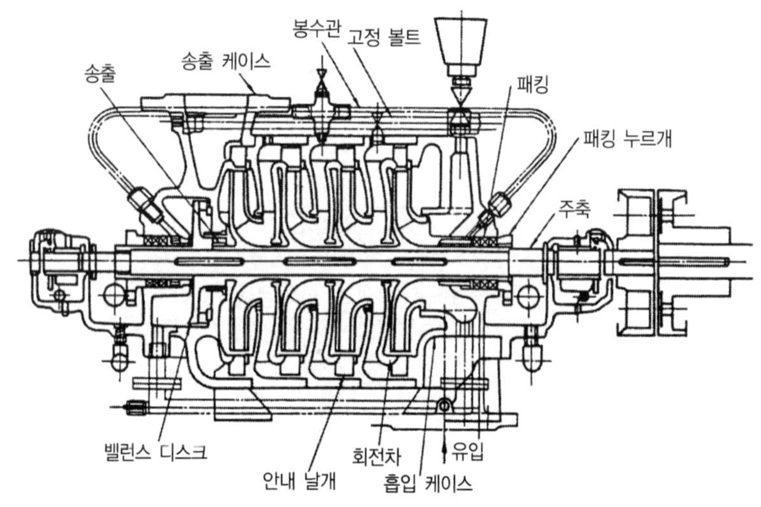

그림 5-7 다단 터빈 펌프

(4) 회전차의 형상에 따른 분류

① 반경류형 회전차(radial flow impeller) : 액체가 회전차 속을 지날 때 유체의 경로가 축에 수직인 평면 내를 반지름 방향으로 흐르도록 되어있는 회전차를 말한다.

② 혼류형(mixed flow impeller) : 깃(날개) 입구에서 출구에 이르는 사이에 반지름 방향과 축 방향과의 유동이 조합되어 있는 회전차를 말한다.

(5) 케이스(case)에 의한 분류

① 상하 분할형 펌프(split type pump) : 케이스가 축을 포함하는 수평면 또는 경사 평면으로 2개로 분할된 펌프를 말한다. 이 펌프는 대형 펌프에서 주로 사용하며 분리작업이 편리하다.

② 분할형 펌프(sectional type pump) : 다단 펌프의 각 단(段)이 같은 형상의 링(ring)모양으로 되어 있으며, 이것을 여러 개의 볼트로 연결한 펌프를 말한다.

③ 원통형 펌프(cylindrical type pump) : 케이스가 원통형으로 일체가 되어 있는 펌프를 말한다.

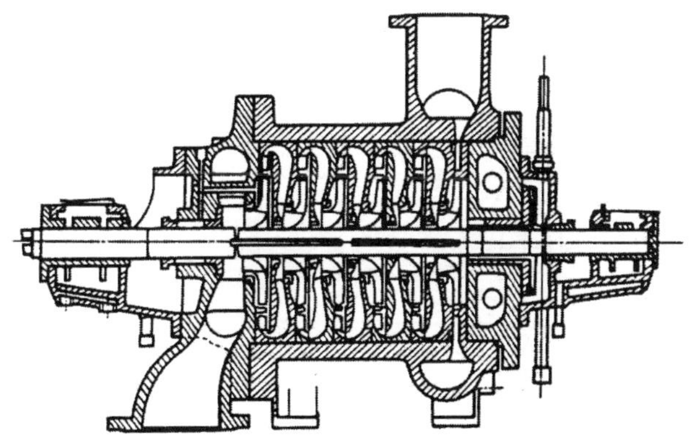

그림 5-8 원통형 터빈 펌프

④ 배럴형 펌프(barrel type pump) : 다단 펌프이며, 튼튼한 바깥쪽 케이스 속에 분할형 또는 조립형 안쪽 케이스를 끼우고, 그 틈으로 높은 압력의 물을 유도하여 높은 압력을 바깥쪽 케이스에 부담시켜 안쪽 케이스에는 과대한 압력이 작용하지 않도록 한 펌프를 말한다.

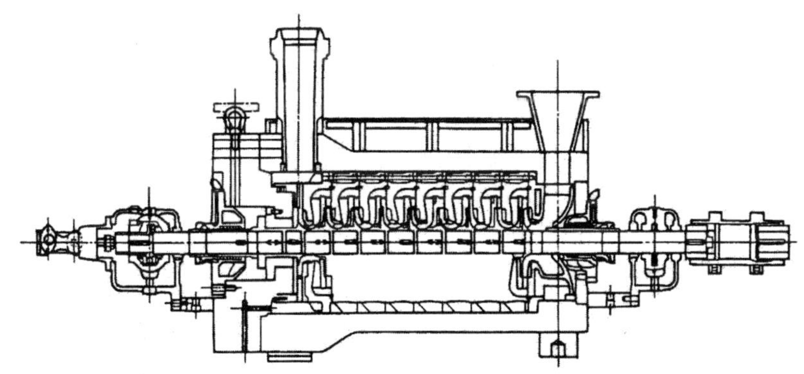

그림 5-9 배럴형 다단 터빈 펌프

2. 펌프의 크기 및 지름

[1] 펌프의 크기

펌프의 크기는 그림 5-10에 나타낸 바와 같이 펌프의 흡입구멍 지름 D_1과 송출구멍 지름 D_2로 표시한다.

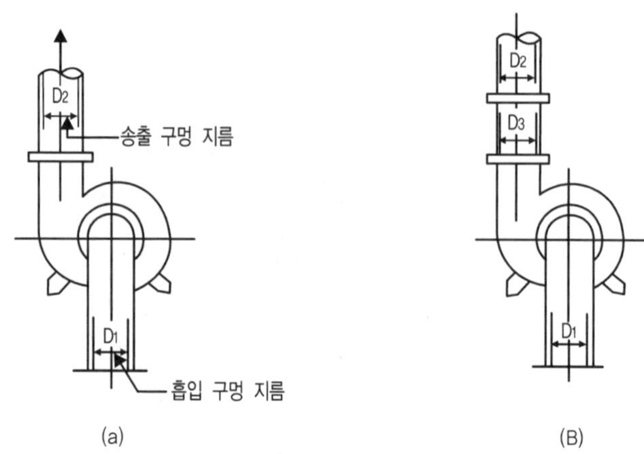

그림 5-10 송출구멍의 접속관

[2] 흡입 및 송출구멍의 지름

(1) 흡입구멍의 지름

① 흡입구멍의 속도

$Vs = k_s \sqrt{2gH}$

여기서, Vs : 흡입구멍의 속도(1~3m/s)

k_s : 흡입구멍의 유속 계수

g : 중력가속도(9.8m/s²)

H : 전양정

② 흡입구멍의 지름

$Q = \frac{\pi}{4} D_s^2 \times Vs\,[\mathrm{m^3/s}]$에서

$D_s = \sqrt{\frac{4Q}{\pi \times Vs}}$

여기서, Ds : 흡입구멍의 지름

Q : 양수량[$\mathrm{m^3/s}$]

(2) 송출구멍의 지름

① 송출구멍의 유속

$$Vd = kd\sqrt{2gH}$$

여기서, Vd : 송출구멍의 유속(일반적인 펌프는 2.5~3m/s, 고속 원심펌프는 5~6m/s)

kd : 송출구멍의 유속 계수

② 송출구멍의 지름

$$Dd = \sqrt{\frac{4Q}{\pi Vd}}$$

여기서, Dd : 송출구멍의 지름

3. 펌프의 전양정(全揚程)

펌프의 입구(흡입노즐)와 출구(송출노즐)에서 액체의 단위 중량이 지니는 에너지와의 차이를 양정(head)이라 한다.

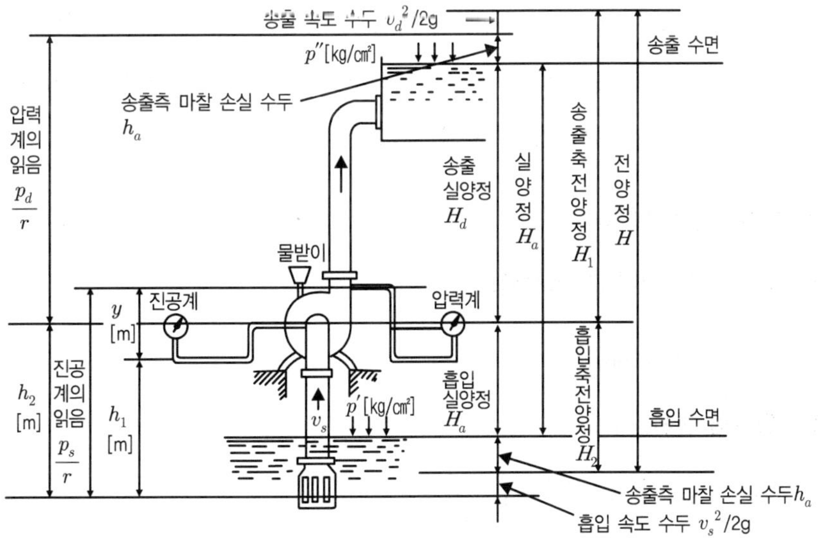

그림 5-11 펌프의 양정

[1] 펌프의 실양정(actual head)

실양정이란 흡입 수면과 송출 수면사이의 수직거리를 말한다.

즉, $Ha = Hs + Hd$

여기서, Ha : 실양정(actual head)

Hs : 흡입 실양정(actual suction head)

Hd : 송출 실양정(actual delivery head)

[2] 펌프의 전양정(total head)

전양정이란 총 손실수두를 합친 양정을 말한다.

$$\frac{Ps}{\gamma} + h_1 + \frac{Vs^2}{2g} + H = \frac{Pd}{\gamma} + h_2 + \frac{Vd^2}{2g}$$

$$\therefore \quad H = \frac{Pd - Ps}{\gamma} + \frac{vd^2 - vs^2}{2g} + y$$

여기서, Ps : 펌프의 흡입노즐에서 측정한 절대압력[kgf/cm^2]

Ps : 펌프의 송출노즐에서 측정한 절대압력[kgf/cm^2]

Vs : 펌프의 흡입노즐에서 측정한 액체의 평균속도[m/s]

Vd : 펌프의 송출노즐에서 측정한 액체의 평균속도[m/s]

y : 압력계와 진공계 사이의 수직거리($= h_2 - h_1$)

[3] 펌프의 회전속도

(1) 전동기의 동기(同期)회전속도

$$n = \frac{120f}{P} \text{ [rpm]}$$

(2) 펌프의 회전속도

$$N = n\left(1 - \frac{S}{100}\right) = \frac{120f}{P}\left(1 - \frac{S}{100}\right)$$

P : 전동기의 극수

f : 전원(電源)의 주파수

S : 펌프를 작동할 때 부하 때문에 발생한 미끄럼률(%)

4. 원심펌프의 이론 수두

[1] 날개(vane)수가 무한(無限)인 경우의 이론수두($H_{th\infty}$)

$$H_{th\infty} = \frac{1}{g}(u_2 v_2 \cos\alpha_2 - u_1 v_1 \cos\alpha_1)$$

일반적으로 $\alpha_1 = 90°$로 고려하면 $\cos 90° = 0$이다.

[2] 날개 수가 유한(有限)인 경우의 이론수두(H_{th})

$$H_{th} = \mu H_{th\infty} \quad \therefore \mu = \frac{H_{th}}{H_{th\infty}} \text{(미끄럼 계수)}$$

5. 원심펌프의 동력과 효율

[1] 수동력(water horse power)

- $Lw = \dfrac{\gamma QH}{75 \times 60}$ [PS]
- $Lw = \dfrac{\gamma QH}{102 \times 60}$ [kW]

여기서, Lw : 수동력

γ : 액체의 비중량[kgf/m³]

Q : 송출 유량[m³/min]

H : 전양정[m]

[2] 축동력(軸動力)과 효율(效率)

(1) 전체 효율(total efficiency)

$$\eta = \frac{Lw}{L}$$

여기서, Lw : 수동력(water horse power)

L : 축 동력(shaft horse power) 또는 제동 마력(brake horse power)

(2) 체적효율(volumetric efficiency)

$$\eta v = \frac{Q}{Q+\Delta Q}$$

여기서, Q : 펌프의 송출유량

$Q+\Delta Q$: 회전차 속을 통과하는 유량

ΔQ : 누출된 유량

※ 체적효율을 범위는 약 0.90~0.95이다.

(3) 기계효율(mechanical efficiency)

$$\eta m = \frac{L-Lm}{L}$$

여기서, Lm : 기계 손실동력

또는, $\eta m = \dfrac{\gamma HQ(Q+\Delta Q)}{(75\times 60)L}$

※ 기계효율의 범위는 0.90~0.97이다.

(4) 수력 효율(hydraulic efficiency)

$$\eta h = \frac{H}{H_{th}} = \frac{H_{th}-hl}{H_{th}}$$

여기서, H : 펌프의 실제 양정

H_{th} : 이론 양정(날개 수 유한)

hl : 펌프 내에서 발생하는 수력 손실

※ 일반적으로 수력효율은 0.80~0.96이다.

(5) 펌프의 전체 효율

기계 효율(ηm)×수력 효율(ηh)×체적 효율(ηv)

즉, $\eta = \dfrac{Lw}{L} = \dfrac{\gamma HQ}{75L} = \dfrac{Q}{Q+\Delta Q} \times \dfrac{\gamma HQ(Q+\Delta Q)}{(75\times 60)L} \times \dfrac{H}{H_{th}}$

6. 펌프에서 발생하는 손실

[1] 수력 손실(水力 損失)

(1) 회전차 유로에서 마찰손실 수두

펌프의 흡입노즐에서 송출노즐까지 이르는 유로 전체에서 일어나는 손실을 말하며, 회전차 내의 손실수두를 hf, 안내장치 내의 손실수두를 $h'f$라 하면

- $hf = \lambda \dfrac{l}{m} \cdot \dfrac{v^2}{2g}$
- $h'f = \lambda' \dfrac{l'}{m'} \cdot \dfrac{w^2}{2g}$

여기서, λ, λ' : 마찰계수

l, l' : 유로의 길이

m, m' : 유로 단면의 수력 반지름

v : 회전차 내 흐름 상대속도

w : 안내장치 내 흐름속도

g : 중력 가속도

(2) 부차적 손실(minor loss)

회전차, 안내날개, 와류실, 송출노즐을 유체가 흐를 때 와류에 의해서 발생하는 손실을 말한다.

$$hd = \zeta_1 \frac{v^2}{2g}$$

여기서, ζ_1: 날개, 안내날개, 송출노즐에서 와류 때문에 발생하는 손실계수

(3) 충돌 손실

회전차의 날개 입구와 출구에 있어서 발생하는 충돌에 의한 손실이다. 날개 입구에서의 충돌 손실을 h_{s1}, h_{s2}라 하면

$$h_{s1} = \zeta_2 \frac{\Delta v^2 u_1}{2g}, \quad h_{s2} = \zeta_3 \frac{\Delta v^2 u_2}{2g}$$

[2] 누설 손실(漏泄 損失)

누설이 발생하는 부분은 다음과 같다.

① 회전차 입구의 웨어링 링(wearing ring) 부분

② 축 추력 평형장치 부분

③ 패킹 박스(packing box) 부분

④ 봉수용(封守用)에 사용되는 압력수

⑤ 베어링 및 패킹박스의 냉각에 사용되는 냉각수 및 다단 펌프에서는 다음 단과의 틈새

7. 원심펌프의 상사법칙(相似法則)

[1] 1개의 회전차인 경우

회전차의 회전속도가 N_1로 회전할 때 유량 Q_1, 양정 H_1과 회전차 회전속도가 N_2로 회전할 때 유량 Q_2, 양정 H_2는 상사형이다.

(1) 유량 : $Q_2 = Q_1 \dfrac{N_2}{N_1}$

즉, 유량은 회전속도에 비례한다.

(2) 양정 : $H_2 = H_1 \left(\dfrac{N_2}{N_1} \right)^2$

즉, 양정(수두)은 회전속도의 제곱에 비례함을 알 수 있다.

(3) 축동력 : $L_2 = L_1 \left(\dfrac{N_2}{N_1} \right)^3$

즉, 축 동력은 회전속도 비율의 3제곱에 비례한다.

[2] 형상이 상사한 2개의 회전차인 경우

펌프 속의 흐름도 상사가 되는 특성 곡선 상에서의 Q_1, Q_2, 전체 양정을 H_1, H_2, 축 동력을 L_1, L_2라 하면 2대의 펌프 사이에서는 다음과 같은 상사 법칙이 성립한다.

(1) **유량** : $\frac{Q_1}{N_1 D_1^3} = \frac{Q_2}{N_2 D_2^3}$

이 공식은 회전차의 지름, 회전속도, 유량에 관한 것이다.

(2) **양정** : $\frac{H_1}{N_1^2 D_1^2} = \frac{H_2}{N_2^2 D_2^2}$

이 공식은 양정(수두), 회전속도, 회전차 크기에 관한 것이다.

(3) **축동력** : $\frac{L_1}{N_1^3 D_1^5} = \frac{L_2}{N_2^3 D_2^5}$

이 공식은 축 동력, 회전속도, 회전차의 크기에 관한 것이다.

[3] 비교 회전도(specific speed)

$$n_s = N\frac{Q^{1/2}}{H^{3/4}} [\text{m}^3/\text{min,m,rpm}]$$

여기서, N : 회전속도[rpm], Q : 유량[m^3/min], H : 양정[m]

비교 회전도(n_s)는 무차원(無次元)이 아니므로 회전속도(N), 유량(Q), 양정(H)의 단위에 따라 값이 변화한다. 일반적으로 N[rpm], Q[m^3/min], H[m]의 단위가 주로 사용된다.

(1) 비교 회전속도의 정의

1개의 회전차를 형상과 운전 상태를 상사(相似)하게 유지하면서 그 크기를 바꾸어 단위 유량에서 단위 양정을 발생시킬 때 그 회전차에 주어져야 할 매분 회전속도[rpm]를 처음(기준이 되는) 회전차의 비교 회전속도(또는 비속도(比速度)라 한다. 즉, 비교 회전속도가 같은 회전차는 상사형이며, 비교 회전속도는 회전차의 형상을 표시하는 척도가 되며 펌프의 성능을 표시하거나 가장 적합한 회전속도를 결정하는데 이용된다.

(2) 비교 회전속도와 펌프의 형식

비교 회전속도의 값은 각종 펌프의 구조를 대표하는 기준으로 사용한다. $ns = N\frac{Q^{1/2}}{H^{3/4}}$ 에서 알 수 있는 바와 같이 회전속도를 일정하게 하면 높은 양정, 작은 유량의 펌프인 경우에는 비교 회전속도의 값이 적고, 회전차는 출구지름에 대해 폭이 좁다.

반대로 낮은 양정, 큰 유량의 펌프일수록 비교 회전속도의 값은 커지고, 회전차는 출구 지름에 대한 폭의 치수가 커진다. 또, 비교 회전속도가 커질수록 출구지름에 대한 출구 폭과 입구지름이 점점 커진다.

8. 펌프 회전차를 설계할 때 고려할 사항

[1] 마찰손실을 적게 하려면

① 날개의 길이(통로의 길이)를 짧게 한다.

② 날개의 매수를 가능한 적게 한다.

③ 회전차 내·외면을 매끈하게 한다.

[2] 손실수두를 적게 하려면

① 통로의 단면적이 급격히 변화하지 않도록 한다.

② 날개 곡선을 완만하게 한다.

③ 날개의 매수를 많게 하여 곡률 반지름을 크게 한다.

9. 축추력과 누출방지 장치

[1] 축 추력(axial thrust)

한쪽 흡입 회전차에서 앞면 옆쪽 벽과 뒷면 옆쪽 벽에 작용하는 정압에 차이가 있기 때문에 축 방향으로 작용하는 힘을 축 추력이라 한다. 축 추력의 크기는 다음 공식으로 나타낸다.

$$Th = (A_a - A_b)(p_1 - p_s)$$

$$= (Aa - Ab)\left[\frac{3}{4} \cdot \frac{\gamma(u_2^2 - u_1^2)}{2g}\right]$$

$$\frac{\pi}{4}(da^2 - db^2)\left[\frac{3}{4} \cdot \frac{\gamma(u_2^2 - u_1^2)}{2g}\right]$$

여기서, A_a : 웨어링 링의 면적[㎡]

A_b : 회전차 축의 면적[㎡]

d_a : 웨어링 링의 지름[m]

d_b : 회전차 축의 지름[m]

p_1 : 회전차 뒷면에 작용하는 압력[kgf/㎡]

p_s : 흡입 압력[kgf/㎡]

[2] 축 추력 방지방법

① 스러스트 베어링(thrust bearing)을 사용한다.

② 양쪽 흡입 회전차를 사용한다.

③ 평형 구멍(balance hole) 설치한다.

④ 뒷면 슈라우드(back shroud)에 방사상의 리브(rib)를 설치한다.

⑤ 다단 펌프에서는 전체 회전차의 1/2씩 서로 반대방향으로 배열한다. 이런 방식을 자기 평형(self balance)이라 한다.

⑥ 평형 원판을 설치한다.

10. 펌프에서 발생하는 이상 현상

펌프 속에서 발생하는 이상현상에는 캐비테이션(공동현상), 수격작용, 서징 현상 등이 있다.

[1] 캐비테이션(cavitation) : 공동현상

물이 관(pipe)속을 유동하고 있을 때 물 속의 어느 부분의 정압(static pressure)이 그 때의 물의 온도에 해당하는 증기압력(vapor pressure) 이하로 되면 부분적으로 증기가 발생하는 현상을 말한다.

(1) 캐비테이션 발생조건

① 펌프와 흡수면 사이의 수직거리가 너무 멀 때 발생한다.

② 펌프에 물이 과속으로 인하여 유량이 증가할 때 펌프 입구에서 발생한다.

③ 관(pipe)속을 유동하고 있는 물속의 어느 부분이 고온일수록 포화 증기압력에 비례하여 상승할 때 발생한다.

(2) 캐비테이션이 발생에 따르는 여러 가지 현상

① 소음(noise)과 진동(vibration)이 발생한다.

② 양정 곡선과 효율 곡선의 저하가 생긴다.

③ 날개(깃)에 침식(erosion)이 발생한다.

(3) 캐비테이션 방지방법

① 펌프의 설치위치를 가능한 한 낮추어 흡입 양정을 짧게 한다.

② 입축(立軸)펌프를 사용하고, 회전차가 물 속에 완전히 잠기도록 한다.

③ 펌프의 회전속도를 낮추어 흡입 비교 회전속도를 적게 한다.

④ 양쪽 흡입펌프를 사용한다.

⑤ 2대 이상의 펌프를 사용한다.

[2] 수격 현상(水擊 現象)

(1) 수격 작용(water hammering)

관속을 충만하게 흐르는 액체의 흐름속도를 급격히 변화시키면 액체에 심한 압력의 변화가 발생하는 현상을 수격 작용이라 한다.

(2) 수관(水管) 속의 압축파의 전파속도

$$a = \sqrt{\frac{K/\rho}{1+\frac{K}{E}\cdot\frac{D}{\delta}}}\ [\mathrm{m/s}]$$

여기서, a : 전파속도(음속)

K : 물의 체적탄성계수[$\mathrm{kgf/m^2}$]

ρ : 물의 밀도[$\mathrm{kgf\cdot sec^2}/m^4$]

E : 관의 세로탄성계수[$\mathrm{kgf/m^2}$]

D : 관의 안지름[m]

δ : 관 벽의 두께[㎜]

(3) 수격작용의 방지방법

① 관내의 흐름속도를 낮춘다(단, 관의 지름을 크게 한다.).

② 펌프에 플라이 휠을 설치하여 펌프의 속도가 급격히 변화하는 것을 방지한다.

③ 서지 탱크(surge tank)를 관선에 설치한다.

④ 밸브를 펌프 송출구멍 가까이 설치하고, 밸브를 적당히 조정한다.

(4) 서징(surging) 현상

펌프(pump)나 송풍기(blower)등이 작동 중에 한숨을 쉬는 것과 같은 상태로 되어, 펌프인 경우에는 입구와 출구의 진공계와 압력계 바늘이 흔들리고 동시에 송출 유량이 변화하는 현상이다. 즉, 송출 압력과 유량사이에서 주기적인 변화가 발생하는 현상이며, 발생 원인은 다음과 같다.

① 펌프의 양정 곡선이 산고 곡선(山高曲線)이고, 산고 상승 부분에서 운전하였을 때

② 유량 제어 밸브가 탱크 뒤쪽에 있을 때

5-4 축류 펌프(Axial Flow Pump)

1. 축류 펌프의 특징

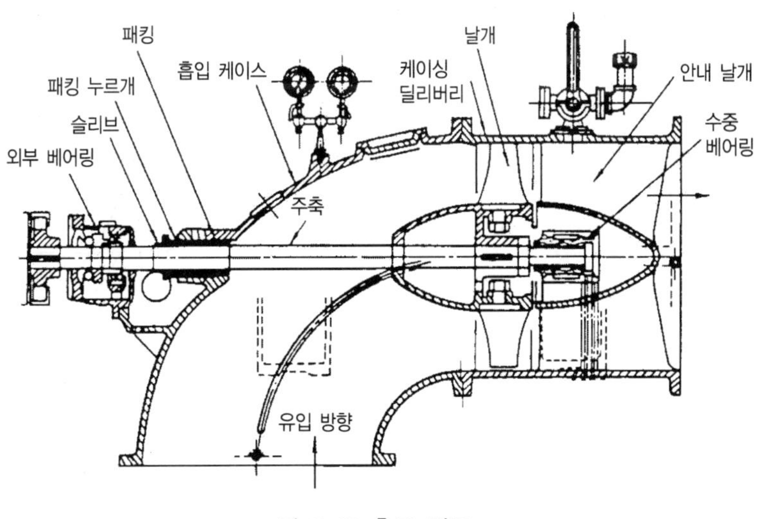

그림 5-12 축류 펌프

① 유량이 매우 크고, 낮은 양정에 적합하다.

② 고속운전에 적합하며, 형태가 적다.

③ 효율이 적은 것은 나쁘나, 큰 것은 원심펌프보다 훨씬 좋고, 운전 동력비용이 절감된다.

④ 풋 밸브(foot valve)나 송출밸브를 생략할 수 있다.

⑤ 구조가 간단하고 취급이 쉬우며 값이 싼 편이다.

2. 축류 펌프의 운전과 특성곡선

[1] 축류 펌프의 특성곡선

(1) 양정 곡선

유량이 0일 때 양정이 규정 양정에 비해 매우 높고, 유량이 증가할 때에는 양정의 감소비율이 크다.

(2) 동력 곡선

유량이 0일 때 소요 동력은 규정 동력에 비해 매우 높고, 유량 증가에 대한 동력 변화 경향은 양정의 경우와 같다.

(3) 효율 곡선

효율에 대해서는 유량 변화에 대한 저하가 가장 크지만, 양정의 변화가 크게 됨에 따라 효율변화가 가장 적다.

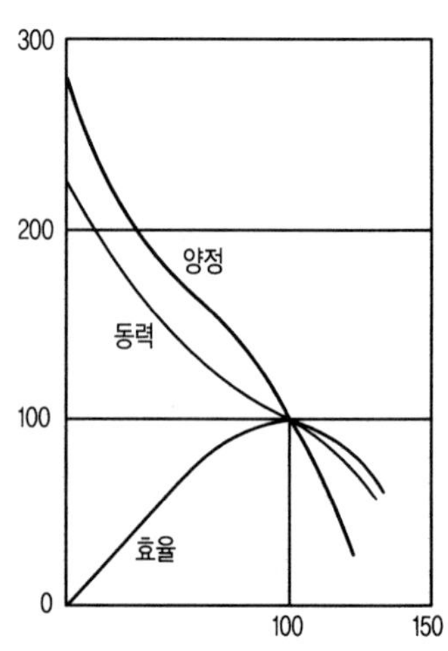

그림 5-13 축류 펌프의 특성곡선

5-5 왕복 펌프

1. 왕복 펌프의 개요

왕복 펌프(reciprocating pump)는 피스톤(piston) 또는 플런저(plunger)의 왕복운동에 의하여 액체를 흡입하며, 소요의 압력으로 압축하여 보내며, 일반적으로 송출 유량은 적으나 고압에서 사용된다.

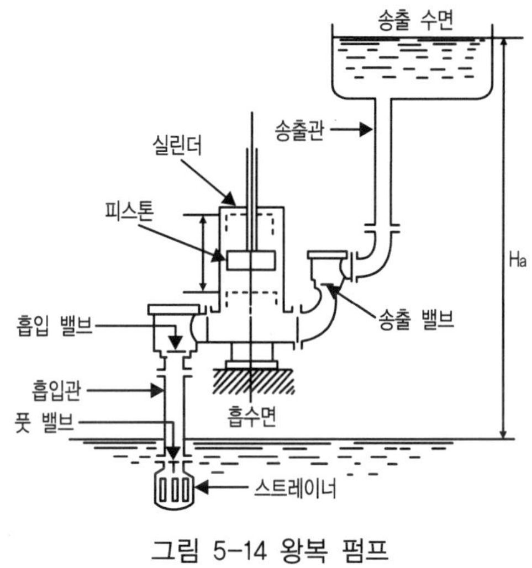

그림 5-14 왕복 펌프

2. 왕복 펌프의 분류

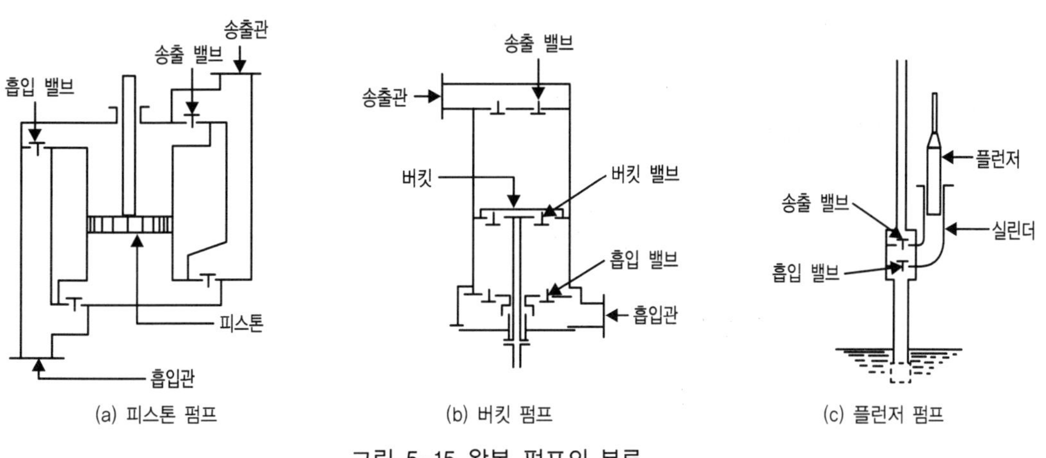

그림 5-15 왕복 펌프의 분류

① 피스톤 펌프(piston pump)

② 버킷 펌프(bucket pump)

③ 플런저 펌프(plunger pump)

3. 이론 송출량 계산

[1] 전체 양정(total head)

$$H=\frac{P_d-P_s}{\gamma}+H_a+hl$$

여기서, P_d : 송출 수면의 압력[kgf/㎡]

P_a : 흡입 수면의 압력[kgf/㎡]

H_a : 실제 양정[m]

γ : 유체의 비중량[kgf/㎥]

hl : 총 손실수두[m]

[2] 이론 체적

$$V_o=\frac{\pi}{4}D^2L=AL[\mathrm{m}^3]$$

여기서, D : 실린더 지름[m]

A : 피스톤 단면적[㎡]

L : 행정[m]

[3] 이론 송출량

$$Q_{th}=\frac{V_oN}{60}=\frac{\frac{\pi}{4}D^2LN}{60}=\frac{ALN}{60}[\mathrm{m}^2/\mathrm{s}]$$

또는 $Q_{th}=\frac{\pi}{4}D^2LN[\mathrm{m}^2/\mathrm{s}]$

여기서, N : 회전속도[rpm]

[4] 실제 송출량

$$Q = Q_{th} - Ql$$

여기서, Ql : 누출 유량

[5] 체적효율

$$\eta v = \frac{Q}{Q_{th}} = \frac{Q_{th} - Ql}{Q_{th}} = 1 - \frac{Ql}{Q_{th}}$$

그러므로 $Q = \eta v \times Q_{th} = \eta v \frac{V_o N}{60} = \eta v \times \frac{ALN}{60}$

4. 왕복 펌프의 공기실

피스톤 또는 플런저에서 송출되는 유량의 변동을 일정하게 하기 위하여 실린더 바로 뒤쪽에 공기실(air chamber)을 설치한다.

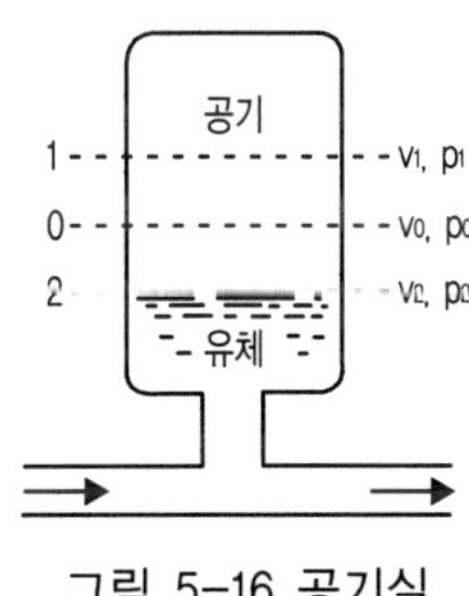

그림 5-16 공기실

5. 왕복 펌프 밸브 구비조건

① 밸브 개폐가 정확할 것

② 물이 밸브를 통과할 때 저항을 최소한으로 할 것

③ 누설을 확실하게 방지할 것

④ 개폐작용이 신속하고, 고장이 적을 것

⑤ 내구성이 클 것

5-6 회전 펌프

1. 회전 펌프의 개요

회전 펌프(rotary pump)는 회전하는 회전체(기어, 나사, 베인)를 사용하여 흡입밸브, 송출밸브 없이 액체를 밀어내는 형식의 펌프를 총칭하여 부르는 것이다.

2. 회전 펌프의 특징

① 적은 유량, 높은 압력의 양정을 요구하는데 적합하다.

② 연속적으로 유체를 운송하므로 송출량이 맥동하는 경우가 없다.

③ 비교적 점도가 높은 액체에 좋은 성능을 발휘한다.

④ 구조가 간단하고, 취급이 쉽다.

3. 기어 펌프(gear pump, 치차 펌프)

[1] 기어 펌프의 개요

기어 펌프는 2개의 같은 형상, 같은 크기의 기어를 원통 속에서 물리게 하고, 한쪽의 기어에 외부로부터 동력을 주어 운전하며, 이(tooth)와 이 사이의 공간에 있는 물을 구축하여 양수하는 펌프이다.

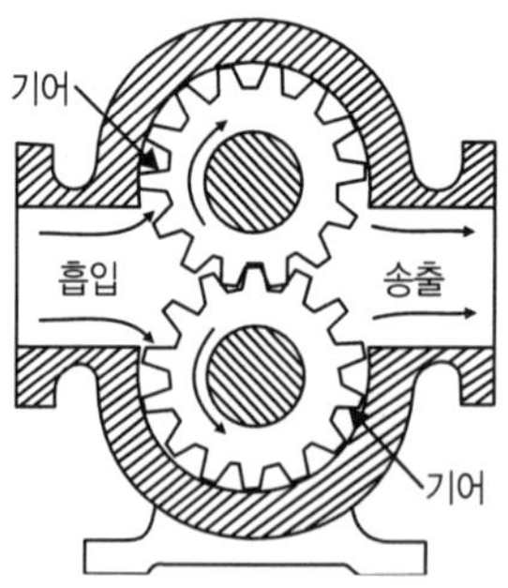

그림 5-17 외접 기어 펌프

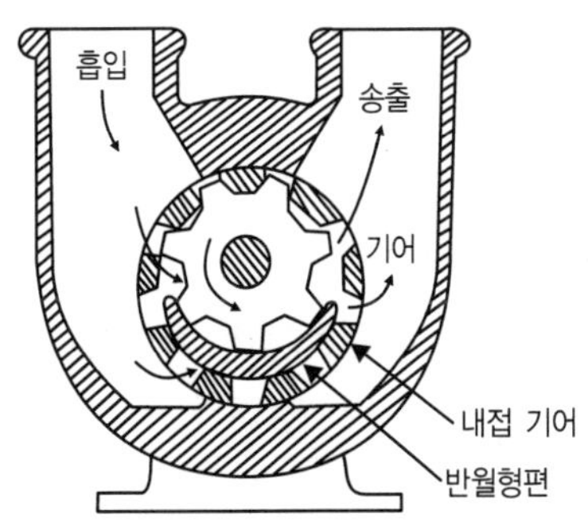

그림 5-18 내접 기어 펌프

[2] 기어 펌프의 설계

(1) 이론 송출량

$$V_{th} = \frac{\frac{\pi}{4}\left(D_a^2 - D_l^2\right)bN}{60}[\text{cm}^3/\text{s}]$$

여기서, D_a : 이 선원(齒先圓)의 지름

D_l : 이 저원(齒低圓)의 지름

b : 이 폭(齒幅)

또, 인벌루트(involute)기어를 사용한 경우의 기어 펌프 이론 송출량은

$$V_{th} = 2\pi m^2 zbN[\text{cm}^3/\text{s}]$$

여기서, m : 모듈(module)

z : 기어의 잇수

(2) 체적효율

$$\eta v = \frac{Q}{V_{th}}$$

여기서, Q : 실제 송출 유량

V_{th} : 이론 송출 유량

4. 베인 펌프(vane pump)

[1] 베인 펌프의 개요

베인 펌프는 날개형에 속하는 것으로 주로 오일을 취급하는데 사용하며, 본질적으로는 많은 유량의 오일을 수송하는데 적합하다.

[2] 베인 펌프의 특징

① 10매 정도의 베인을 지니며, 적당한 압력포트, 캠링(cam ring)을 사용하므로 송출압력에 맥동이 적다.

② 펌프의 구동 동력에 비해 형상이 작다.

③ 베인의 선단이 마모되어도 압력저하가 발생하지 않는다.

④ 비교적 고장이 적고, 수리가 쉽다.

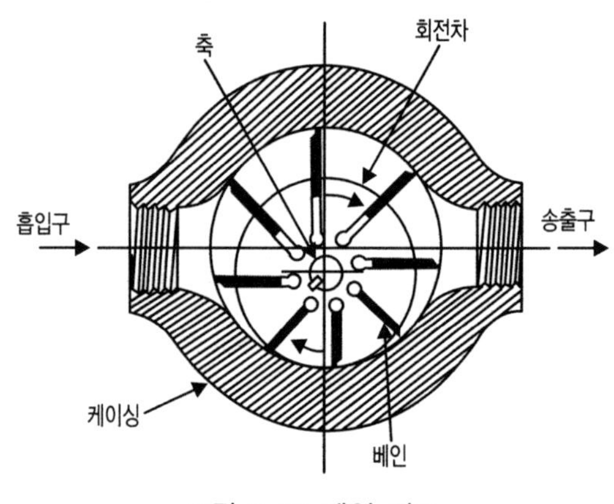

그림 5-19 베인 펌프

[3] 송출유량

$$V = 2\pi \cdot D_a \cdot e \cdot b$$

여기서, D_a : 실린더 안지름

e : 편심량

b : 회전차(rotor)의 폭

매분 회전속도[rpm)을 N이라 하면

$$Q_{th} = \frac{2\pi \cdot Da \cdot e \cdot n \cdot b}{60}$$

(2) 체적효율

$$\eta v = \frac{Q}{V_{th}}$$

5. 나사 펌프(screw pump)

[1] 나사 펌프의 개요

나사 펌프는 1개의 나사축(원동 회전체)에 다른 나사축(종동 회전체)을 1~2개를 물리도록 하여 케이스 속에 밀봉하고 이 1조의 나사축을 서로 반대방향으로 회전시켜 한쪽의 나사 홈 속의 액체를 다른 쪽의 나사 산으로 밀어내도록 하는 펌프를 말한다.

[2] 나사 펌프의 특징

① 나사축 상호간에 나사와 바깥 실린더 사이에 금속적인 접촉이 없어 수명이 길다.

② 양쪽 축이 좌우 나사이므로 수압이 평형되어 추력이 발생하지 않는다.

③ 왕복운동 하는 부분이 없어 흐름은 정적이며, 소음과 진동이 적다.

④ 고속회전이 가능하므로 소형이 되고, 값이 싸다.

⑤ 다른 펌프에 비해 체적효율이 비교적 높다.

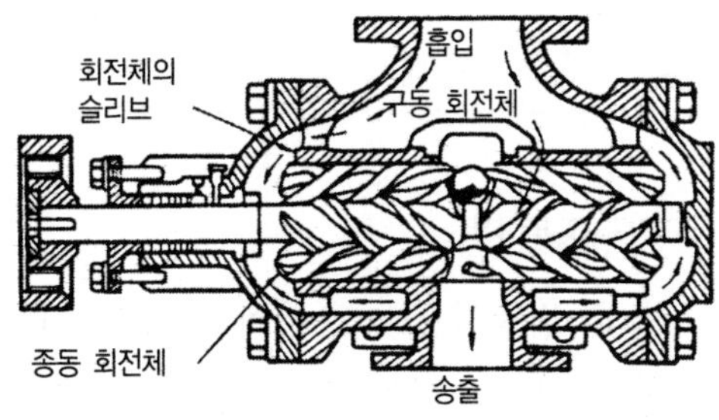

그림 5-20 나사 펌프

6. 회전 펌프의 동력과 효율

[1] 체적효율

$$\eta v = \frac{V}{V_{th}} = \frac{V_{th} - \Delta V}{V_{th}}$$

여기서, V : 펌프 1회전 당의 유량

V_{th} : 펌프 1회전 당 이론 송출유량

ΔV : 누출유량

[2] 기계효율

$$\eta m = \frac{L_{th}}{L} = \frac{pQ_{th}}{L} = \frac{pV_{th}N}{L}$$

여기서, Q_{th} : 이론 송출유량($= V_{th}N$)

N : 회전속도[rpm]

p : 압력

L_{th} : 이론동력($= pQ_{th}$)

L : 축 동력

[3] 전체효율

$$\eta = \eta v \cdot \eta m = \frac{V}{V_{th}} \times \frac{pV_{th}N}{N} = \frac{pVN}{L} = \frac{pQ}{Q}$$

5-7 특수 펌프

1. 마찰 펌프(friction pump)

마찰 펌프는 유체의 점성력을 이용하여 매끈한 회전체 또는 나사가 있는 회전축이 케이스 속에서 회전하므로 액체의 유체 마찰에 의해 압력 에너지를 주어 송출하는 펌프를 말한다. 마찰 펌프에는 여러 가지가 있으나 점성이 비교적 적은 액체 대해서는 와류 펌프(vertex pump) 또는 웨스코 펌프(Westco rotay pump)로 널리 알려져 있는 것이 있다.

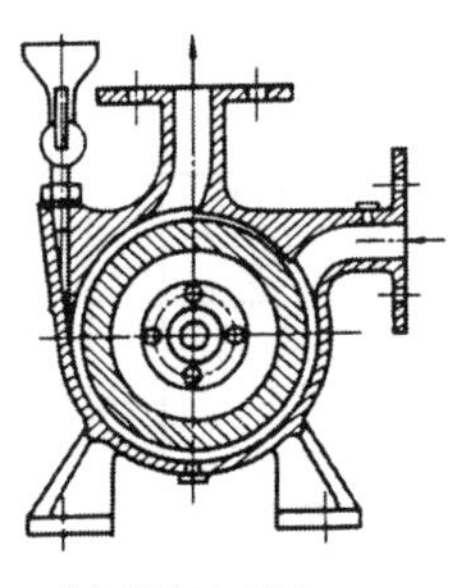
(a) 웨스코 펌프

(b) 웨스코 펌프의 회전차

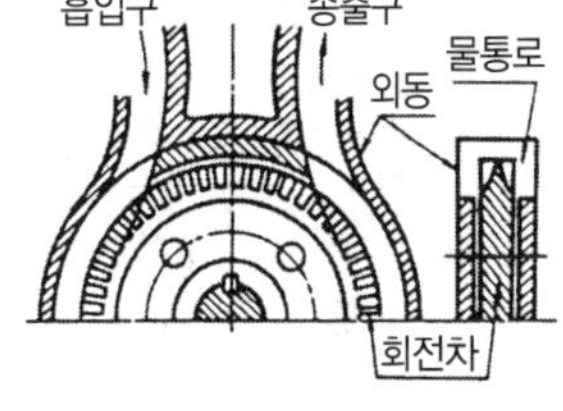

(c) 웨스코 펌프의 구조

그림 5-21 웨스코 펌프

[1] 마찰 펌프의 작동원리

① 여러 개의 날개에 의해 연속적으로 와류를 만들어 그 에너지에 의해 양수한다.

② 홈이 헝클어져 마찰을 일으켜서 액체를 선회작용 시키고 이에 따라 액체가 미끄럼 운동을 한다.

[2] 마찰 펌프의 특징

① 구조가 간단하다.

② 적은 유량, 높은 양정에서 널리 사용된다.

③ 석유나 화학약품, 뜨거운 물, 가정용 펌프로 사용된다.

④ 비교 회전도가 비교적 적다.

2. 제트 펌프(jet pump, 분사 펌프)

고압의 액체를 분출할 때 그 주위의 액체가 분사 흐름을 따라 송출되도록 하는 펌프를 제트 펌프 또는 분사 펌프라 한다.

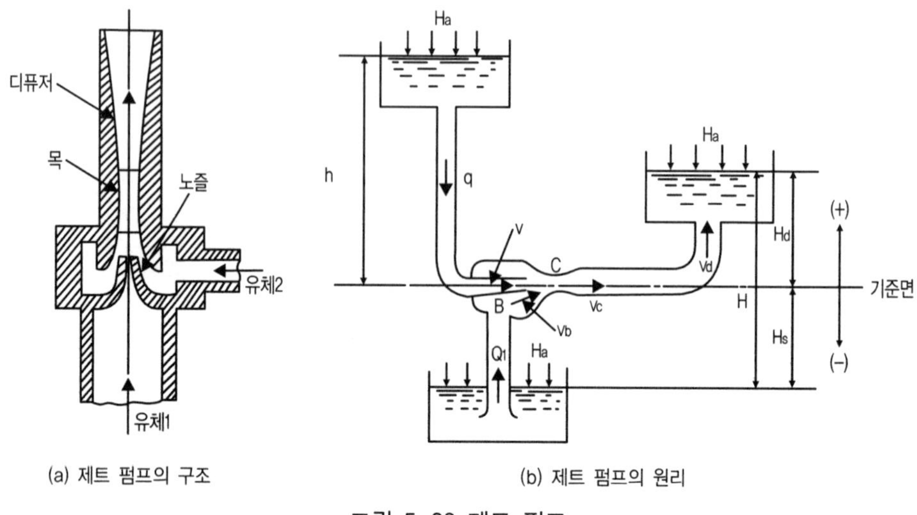

(a) 제트 펌프의 구조 (b) 제트 펌프의 원리

그림 5-22 제트 펌프

3. 기포펌프(air lift pump)

공기관에 의하여 압축공기를 양수관 속에 유입하면 양수관 속은 물과 공기의 물보다 가벼운 혼합체가 되므로 관 바깥쪽 물의 압력을 받아 물이 높은 곳으로 수송하는 펌프를 말한다.

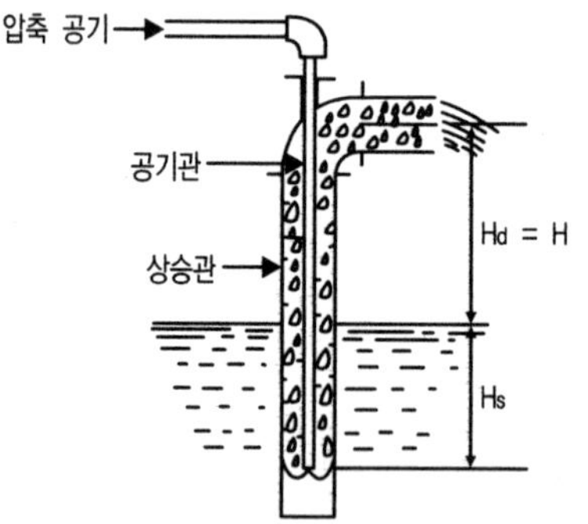

그림 5-23 기포펌프의 구조

4. 수격 펌프(hydraulic pump)

비교적 낮은 낙차의 물을 긴 관으로 이끌어 그 관성작용을 이용하여 일부분의 물을 본래의 높이보다 더욱더 높은 곳으로 수송하는 자동 양수를 수격 펌프라 한다.

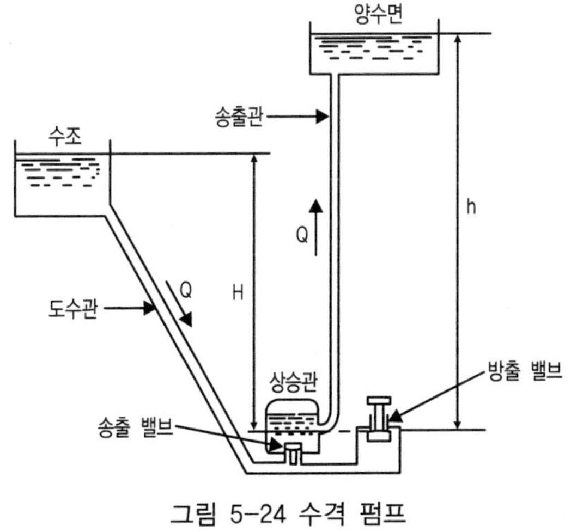

그림 5-24 수격 펌프

5-8 수차(Water Turbine)

1. 수차의 개요

물이 가지고 있는 에너지를 기계적 에너지로 변환하는 기계를 수력 원동기(hydraulic prime mover)라 한다. 수차가 이것을 대표적이낸 그 이용범위가 매우 넓디.

2. 수차의 분류

[1] 중력 수차

물이 낙하할 때의 중력으로 작동하는 형식이다.

[2] 충격 수차

물이 가지는 속도 에너지에 의하여 물의 충격으로 수차를 회전시키는 것이며, 펠톤 수차가 여기에 속한다.

[3] 반동 수차

물이 가지는 압력과 속도 에너지를 회전차를 통과하는 사이에 수차에서 주어서 회전시키는 형식이며, 프란시스 수차, 프로펠러 수차가 여기에 속한다.

3. 수차의 유효 낙차와 출력

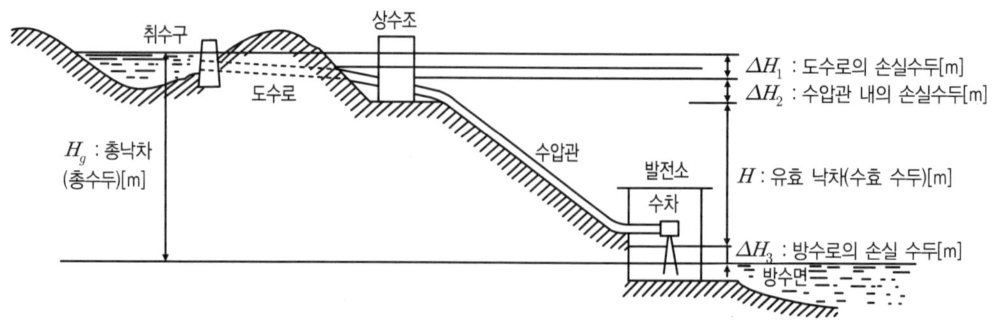

그림 5-25 유효 낙차와 손실수두

[1] 수차의 유효 낙차(Effective Head)

$$H = Hg - (h_1 + h_2 + h_3)$$

여기서, Hg : 총 낙차(취수 댐 수면과 방수 면의 수직 높이, m)

h_1 : 도수로의 손실 수두(m)

h_2 : 수압관 내의 손실수도(m)

h_3 : 방수로의 손실 수두(m)

[2] 수차의 출력

- $\text{PS} = \dfrac{\gamma HQ}{75}$
- $\text{kW} = \dfrac{\gamma HQ}{102}$

여기서, γ : 물의 비중량[kgf/m³]

Q : 유량[m³/s]

H : 유효 낙차[m]

4. 각종 수차의 특징

[1] 펠톤(Pelton) 수차

펠톤 수차는 높은 낙차용(H=200~1800m)으로 사용되며, 유량이 비교적 적은 경우에 적합한 충격 수차이다.

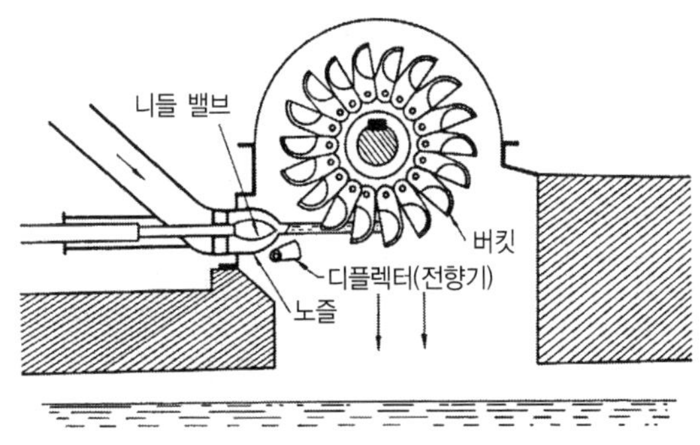

그림 5-26 펠톤 수차의 구조

[2] 프란시스(Francis)수차

프란시스 수차는 물의 흐름이 회전차의 바깥둘레에서 안쪽을 향하여 유입하고, 축방향을 향하여 유출한다. 낙차 40~500m의 중낙차에 사용되며, 그 이용도가 가장 많은 반동 수차이다.

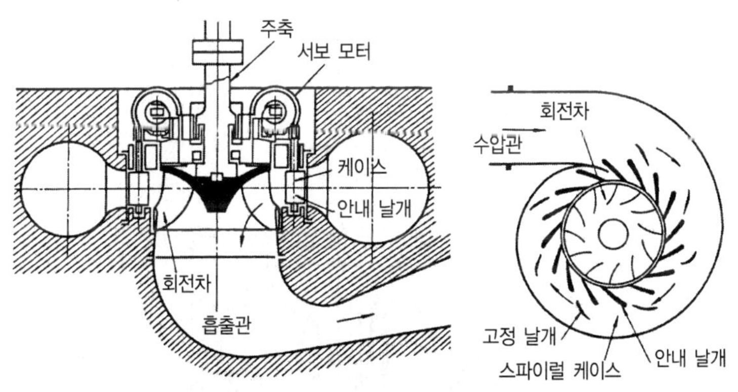

그림 5-27 프란시스 수차

[3] 프로펠러(Propeller)수차

프로펠러 수차는 80m 이하 일반적으로 20~40m의 낮은 낙차로 비교적 유량이 경우에 사용되며, 날개 수는 3~10매가 일반적이다. 부하에 의해 날개 각도를 조절할 수 있는 가동익형(可動翼型)과 고정익형(固定翼型)으로 나누어지며, 앞의 경우를 카플란(Kaplan) 수차, 뒤의 경우를 프로펠러 수차라 부른다.

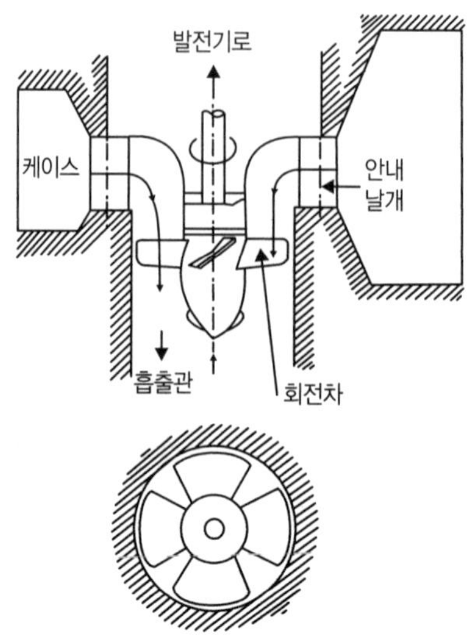

그림 5-28 프로펠러 수차

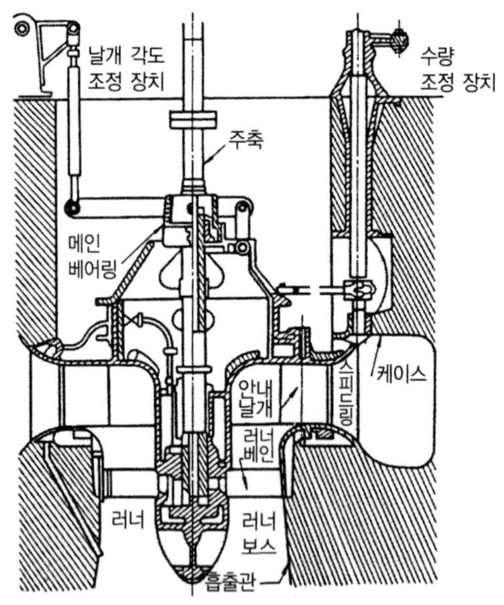

그림 5-29 카플란 수차의 구조

5-9 공기기계(空氣 機械)

1. 공기기계의 개요

[1] 공기기계의 정의

공기기계는 액체를 이용하는 펌프(pump)나 수차(turbine)의 기본적인 원리는 같으나 기계적 에너지를 기체에 주어 압력과 속도 에너지로 변화시키는 기계가 송풍기나 압축기이고, 이와 반대로 기계적 에너지로 변화시켜 주는 것을 압축 공기기계라 한다.

[2] 공기기계의 분류

(1) 저압 공기기계

저압 공기기계에는 송풍기(blower)와 풍차(wind mill)가 있다.

(2) 고압 공기기계

고압 공기기계에는 압축기(compressor), 진공펌프(vacuum pump), 압축 공기기계 등이 있다.

[3] 압축방법에 의한 분류

① 용적형 : 밀폐실의 체적을 압축하여 내부의 공기압력을 높이는 형식이다.

② 터보형 : 공기에 정해진 방향의 운동을 부여하여 그 운동에너지를 압력으로 바꾸는 형식이다.

㉮ 축류형(軸流型) : 공기는 전체적으로 축 방향으로 유동하며, 날개의 양력(揚力)을 이용하여 공기의 압력과 속도를 높인다.

㉯ 원심형(遠心型) : 공기는 날개 사이를 반지름 방향으로 유동하며, 원심력을 이용하여 공기의 압력과 속도를 높인다.

[4] 공기기계의 특징

(1) 왕복 압축기

① 왕복 압축기의 장점

㉮ 풍량이 적은 경우에 효율적이다.

㉯ 송출압력이 크게 변화하여도 풍량은 변화하지 않는다.

㉰ 구조가 간단하다.

㉱ 효율을 그다지 저하시키지 않고도 풍량을 조정할 수 있다.

② 왕복 압축기의 단점

㉮ 기계 접촉부분이 많다.

㉯ 마모에 의해 효율이 저하된다.

㉰ 송출 공기가 맥동하여 윤활유를 내포하는 관계로 공기 저유부가 필요하다.

㉱ 대형이므로 시설비용이 비싸다.

(2) 회전 압축기

① 회전 압축기의 장점

㉮ 취급 공기에 관계없이 압력 상승의 변화가 없다.

㉯ 회전속도가 일정하여도 풍량은 변하지 않는다.

② 회전 압축기의 종류

㉮ 루츠 송풍기 : 원심 송풍기와 왕복 압축기의 중간이며, 저압 압축기로서 2kgf/㎠ 이하의 송출압력에서 많이 사용한다.

㉯ 가동 날개 송풍기 : 왕복 압축기에 비해 소형·경량이며, 진동 및 소음이 적고 구조가 간단하다.

㉰ 나사형 압축기 : 대용량(300~500㎥/min)의 회전형 압축기로 개발되었으며 리솔름 압축기라고도 부른다.

(3) 축류 압축기

① 축류 압축기의 장점

㉮ 회전속도가 빠르다.

㉯ 소형·경량으로 할 수 있다.

㉰ 최고 송출압력은 4kgf/㎠이다.

② 축류 압축기의 단점

㉮ 소음이 크다.

㉯ 성능이 매우 나쁘다.

(4) 축류 송풍기

① 성능이 좋다.

② 송출압력이 1.1kgf/㎠ 이상이다.

(5) 원심 압축기

① 최고 풍량은 1.8×10^5 ㎥/hr 정도이다.

② 송출압력은 50kgf/㎠의 것까지 제작되고 있다.

(6) 원심 송풍기

① 큰 용량을 가질 수 있다.

② 소음이 적다.

[5] 공기기계의 압력·풍량 및 동력

(1) 공기기계의 압력

공기기계의 압력단위 표시는 팬(fan)에서는 mmAq, 송풍기는 mmAq, mAq 또는 mmHg, 압축기에서는 kgf/㎠를 사용한다.

① 송풍기 전압(全壓)

$$p_t = p_{t2} - p_{t1} = (p_{s2} - p_{s1}) + (p_{d2} - p_{d1})[\text{kgf/m}^2 = \text{mmAq}]$$

여기서, t : 전압(total pressure) s : 정압(static pressure)

d : 동압(dynamic pressure) p_{d1} : 흡입상태의 동압$\left(=\frac{\gamma}{2g}v_1^2\right)$

p_{d2} : 송출 쪽의 동압$\left(=\frac{\gamma}{2g}v_2^2\right)$

첨자 1 : 흡입 쪽 첨자 2 : 송출 쪽

② 송풍기 정압(靜壓)

$$p_s = p_t - p_{d2} = (p_{s2} - p_{s1}) - p_d[\text{kgf/m}^2 = \text{mmAq}]$$

여기서, p_{d2} : 송풍기 및 압축기에서의 송출 동압(動壓)

(2) 공기기계의 동력

① 전압(全壓) 공기동력

- $L_t = \frac{p_t Q_1}{75 \times 60} = \frac{Q_1}{4500}[(p_{s2} - p_{s1}) + (p_{d2} - p_{d1})]$ [PS]

- $L_t = \frac{p_t Q_1}{102 \times 60} = \frac{Q_1}{6120}[(p_{s2} - p_{s1}) + (p_{d2} - p_{d1})]$ [kW]

여기서, p_t : 송풍기 전압(全壓)　　　　Q_1 : 흡입상태의 풍량[㎥/min]

② 정압(靜壓) 공기동력

- $L_s = \frac{p_s Q_1}{75 \times 60} = \frac{Q_1}{4500}[(p_{s2} - p_{s1}) - p_{d1}]$ [PS]

- $L_s = \frac{p_s Q_1}{102 \times 60} = \frac{Q_1}{6120}[(p_{s2} - p_{s1}) - p_{d1}]$ [kW]

여기서, p_s : 송풍기 정압[kgf/㎡, ㎜Aq]　　Q_1 : 흡입상태의 풍량[㎥/min]

③ 이론 단열(斷熱) 공기동력

$$L_{ad} = \frac{p_{ead} \times Q}{102 \times 60} = \frac{k}{k-1}\frac{p_1 Q_1}{6120}\left[\left(\frac{p_2}{p_1}\right)^{\frac{k-1}{k}}\right] = \frac{k}{k-1}\frac{GRT_1}{6120}\left[\left(\frac{p_2}{p_1}\right)^{\frac{k-1}{k}} - 1\right] \text{[kW]}$$

여기서, p_1 : 흡입압력[kgf/㎡-abs]

p_2 : 송출압력[kgf/㎡-abs]

G : 공기의 흡입무게[kgf/min]

R : 기체상수[kgf-m/kgf °K]

p_{ead} : 평균유효 단열압력

단, $p_{ead} = \frac{k}{k-1} p_1 v_1 \left[\left(\frac{p_2}{p_1}\right)^{\frac{k-1}{k}} - 1\right]$

④ 이론 등온(等溫) 공기동력

$$L_{is} = \frac{p_1 Q_1}{102 \times 60} log_e\left(\frac{p_2}{p_1}\right) = \frac{GRT_1}{6120} log_e\left(\frac{p_2}{p_1}\right) \text{[kW]}$$

Q_1 : 흡입상태의 풍량[㎥/min]

[6] 송풍기와 압축기의 효율

(1) 체적효율

$$\eta v = \frac{Q}{Q_{th}}$$

여기서, Q : 송출되는 공기량[㎥/min] Q_{th} : 이론 송출량[㎥/min]

(2) 기계효율

$$\eta m = \frac{L - L_m}{L}$$

여기서, L : 축 동력 L_m : 기계 손실동력

(3) 전압(全壓)효율

$$\eta t = \frac{L_t}{L}$$

여기서, L_t : 전압 공기동력

(4) 정압(靜壓)효율

$$\eta s = \frac{L_s}{L}$$

여기서, L_s : 정압 공기동력

(5) 전체 단열(斷熱)효율

$$\eta_{tad} = \frac{L_{ad}}{L}$$

여기서, L_{ad} : 이론 단열 공기동력

(6) 전체 등온(等溫)효율

$$\eta_{tis} = \frac{L_{is}}{L}$$

여기서, L_{is} : 이론 동온 공기동력

(7) 단열(斷熱)효율

$$\eta_{ad} = \frac{\eta_{tad}}{\eta m}$$

여기서, η_{tad} : 전체 단열효율　　　　ηm : 기계효율

(8) 등온(等溫)효율

$$\eta_{is} = \frac{\eta_{tis}}{\eta m}$$

여기서, η_{tis} : 전체 등온효율

(9) 단열 온도 효율

$$\eta = \frac{T - T_1}{T_2 - T_1} = \frac{\left(\frac{p_2}{p_1}\right)^{\frac{k-1}{k}} - 1}{\left(\frac{p_2}{p_1}\right)^{\frac{n-1}{n}} - 1}$$

여기서, T_1, T_2 : 흡입 및 송출 공기의 절대온도

n : 폴리트로픽 지수

2. 원심 송풍기 및 압축기

송풍기는 기계적 에너지를 기체에 공급하여 기체의 압력과 속도 에너지로 변환시키며, 압력의 높음과 낮음에 따라 팬(0~0.1kgf/㎠)과 블로워(0.1~1.0kgf/㎠)로 분류한다.

[1] 분류와 구조

(1) 원심 송풍기의 분류

① 원심 팬(centrifugal fan) : 흡입구멍으로부터 유입한 공기는 흡입 케이스, 흡입통을 거쳐 축 방향으로 회전차에 흡입된다. 회전차에 의해 원심력을 받은 공기는 회전차 바깥으로부터 와류실에 유입하며, 와류실 내를 돌면서 감속하여 속도 에너지가 압력 에너지로 변환되어 송출구멍에서 배출된다.

② 다익 팬(multi blade fan) : 날개(깃)가 회전 방향 쪽으로 기울어져 있으며, 같은 풍량에 대하여 회전차의 바깥지름과 회전속도가 다른 팬에 비해 가장 크며 시로코 팬(sirocco fan)이라고도 부르며 풍량이 많고, 날개 현의 길이가 짧고, 날개폭이 넓다.

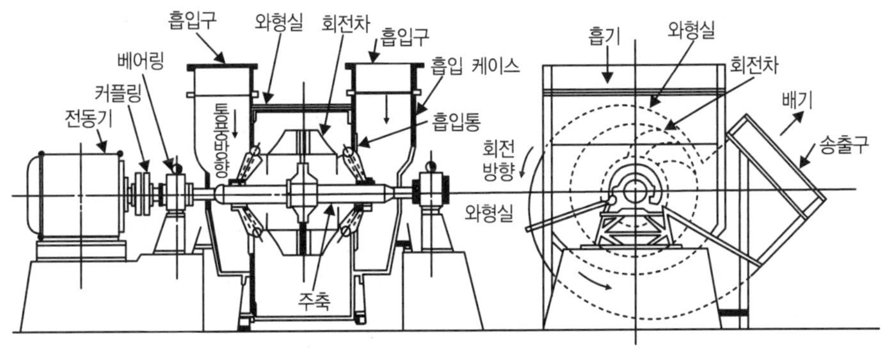

그림 5-30 원심 팬의 구조

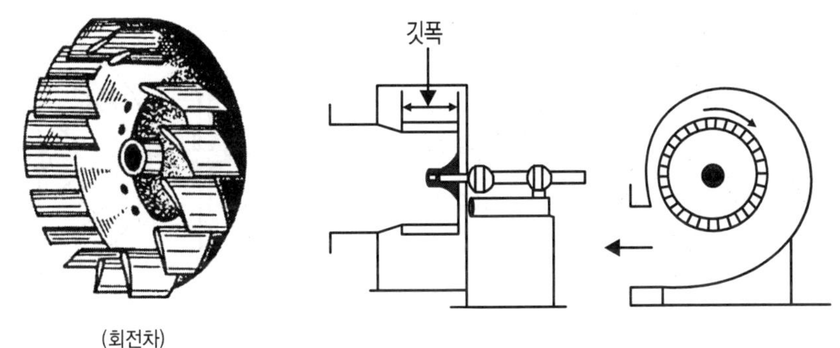

그림 5-31 다익 팬

③ 터보 팬(turbo fan) : 회전차의 날개가 회전방향에 대해 뒤쪽으로 기울어져 있으며, 고속회전이 가능하고 효율이 높으며 소요동력이 적으나 공기의 배출온도가 높다.

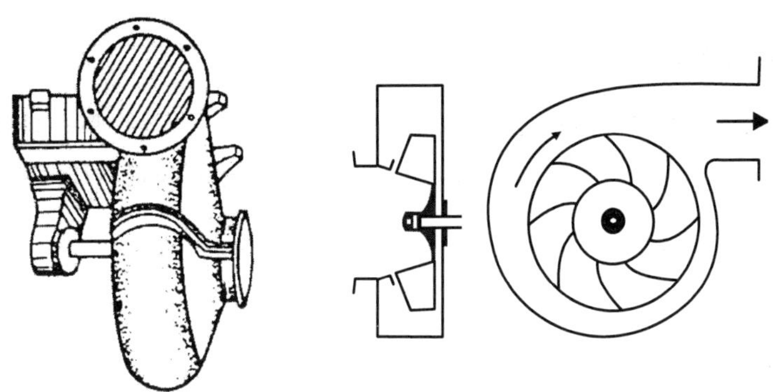

그림 5-32 터보 팬

④ 한계 부하 팬 : 흡입구멍에 프로펠러 형상의 안내날개가 있으며, 풍량이 설계점 이상으로 증가하여도 축 동력이 증가하지 않는다.

⑤ 익형 팬 : 풍량이 설계점 이상으로 증가하여도 축 동력이 증가하지 않으며, 효율이 높고 소음이 적다.

⑥ 레이디얼 팬(radial fan) : 경향(徑向)날개이며, 본체에서 방사형으로 나 있는 스포크(spoke)면에 철판이 리베팅된 간단한 구조이며, 날개 수는 6~12매 정도이며, 케이스는 다익 팬과 같은 형태이나 반지름 방향이 약간 대형이다.

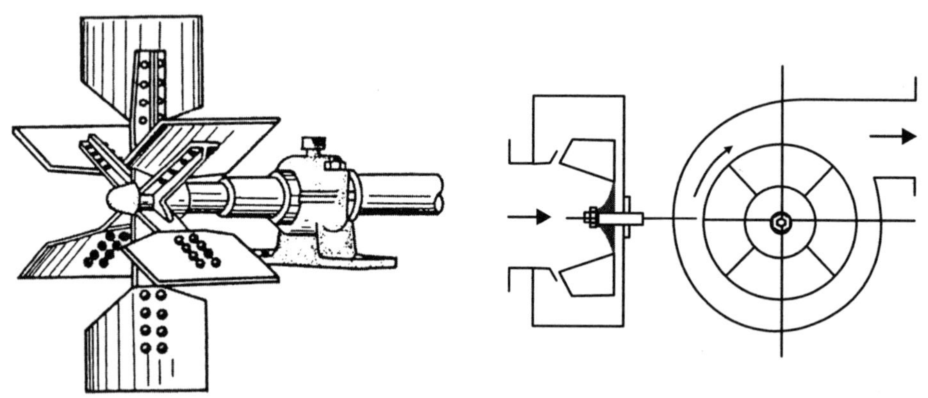

그림 5-33 레이디얼 팬

(2) 원심 송풍기

형체는 원심 팬과 비슷하지만 회전차와 와류실 사이에 디퓨저를 설치하여 회전차에서 나온 흐름을 높은 효율로 감속시킨다.

[2] 원심 압축기

터보 송풍기보다 압력비율이 높고 온도 상승이 큰 경우에는 다단 원심 압축기를 사용하며, 케이스에 물 재킷(water jacket)을 사용하거나 인터 쿨러(inter cooler)를 사용한다.

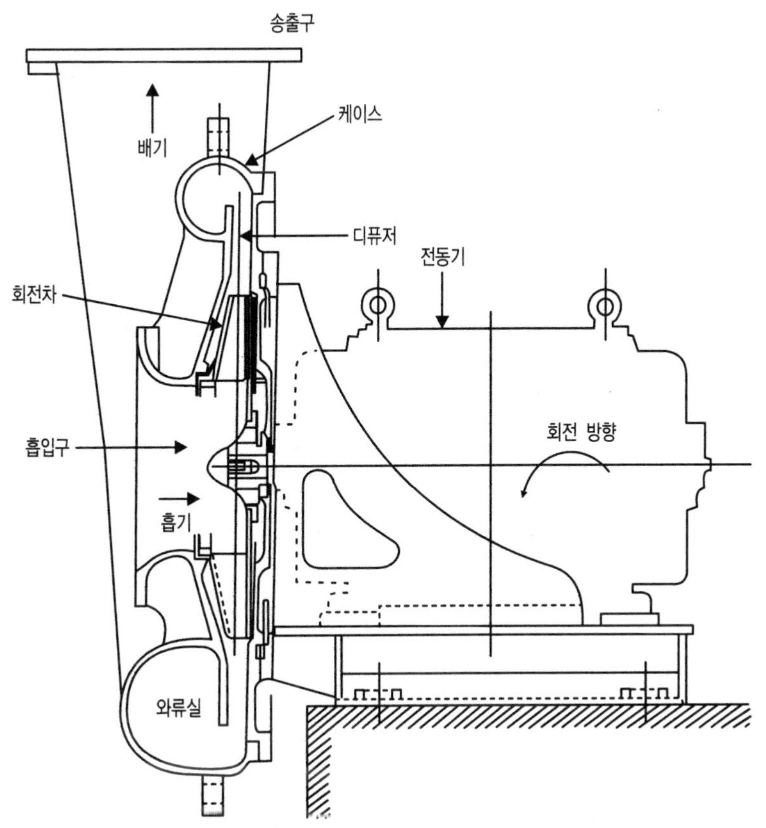

그림 5-34 편흡입형 1단 원심 송풍기

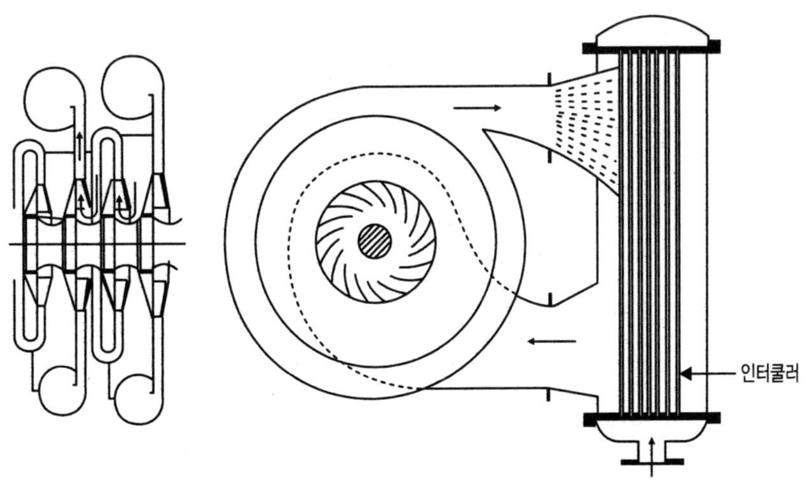

그림 5-35 다단형 원심 압축기

[3] 원심 송풍기의 서징

송풍기계에 특별한 외란(外亂)을 주지 않았는데도 압력과 풍향에 비교적 큰 주기적 변동이 발생하는 현상을 서징(surging)라 한다. 서징 현상 방지방법은 다음과 같다.

① 방풍(防風)에 의한 방법

② 바이패스(by-pass)를 설치하여 방풍 밸브에서 나온 기체를 흡입 쪽으로 순환시키는 방법

③ 흡입밸브 또는 흡입날개의 스로틀(throttle)에 의해 제어하는 방법

④ 출구 안내 날개의 스로틀로 흡입 스로틀과 같은 효과를 얻어 서징을 방지하는 방법

⑤ 날개 출구각도를 작게 하여 좌우 특성 곡선을 얻어 서징 범위를 없애거나 또는 범위를 좁히는 방법

⑥ 회전속도의 제어로 항상 서징 한계 밖에서 운전할 수 있도록 하는 방법

3. 축류형 송풍기 및 압축기

[1] 축류 송풍기 및 압축기의 개요

(1) 축류 송풍기의 개요

① 풍압 650㎜Aq, 풍량 2000㎥/min, 효율 65~80%의 범위까지 제작이 가능하다.

② 무압형(無壓形)과 유압형(有壓形)으로 분류된다.

③ 낮은 풍압, 큰 풍량용으로 고속회전에 적합하다.

④ 소형의 경우는 전동기 축에 직접 회전축을 설치하여 사용할 수 있다.

⑤ 효율이 좋다.

(2) 축류 압축기의 개요

① 고정익(靜翼)과 동익(動翼)을 교대로 배열할 수 있다.

② 한 단위의 압력비율은 1.1 정도이다.

③ 로터(rotor)나 동익은 높은 주속(周速)에 견딜 수 있다.

[2] 분류와 구조

(1) 축류 팬(axial fan)

회전차 날개 수는 2~10매, 안지름과 바깥지름의 비율은 압력비율에 의하여 다르므로 대개 0.3~0.5, 효율은 60~80% 정도이다.

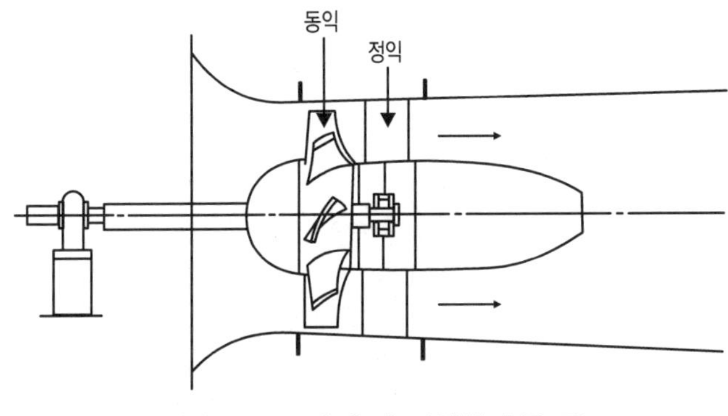

그림 5-36 1단 후치 정익형 축류 팬

(2) 축류 송풍기(axial blower)

압력이 100㎜Aq에서 1kgf/㎠ gauge 정도까지를 축류 송풍기라 부르고, 구조는 축류 팬이나 축류 압축기와 비슷하다.

(3) 축류 압축기(axial compressor)

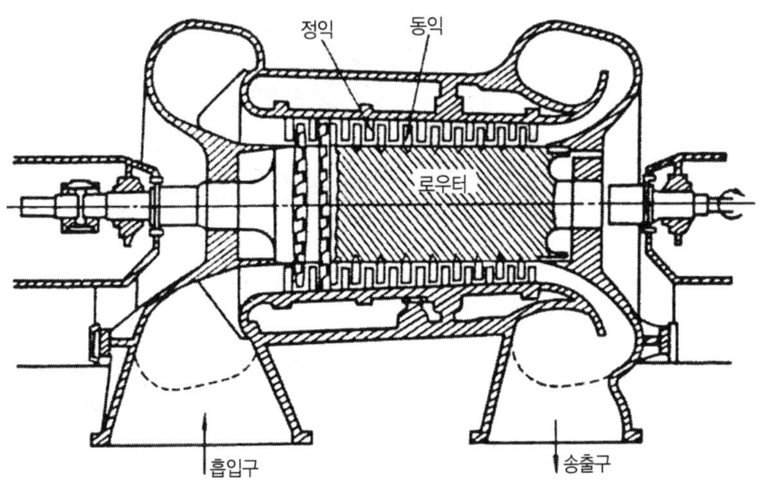

그림 5-37 다단 축류 압축기

로터(rotor)에 고정시킨 동익(動翼)과 동익 사이에 정익(靜翼)을 조합시킨 것이며 흡입구멍에서 익렬 전까지의 증속 구간, 익렬에서의 에너지 증가 구간, 익렬 전의 디퓨저에서 송출구멍까지의 감속 구간 등 3구간으로 분할된다.

4. 왕복 압축기

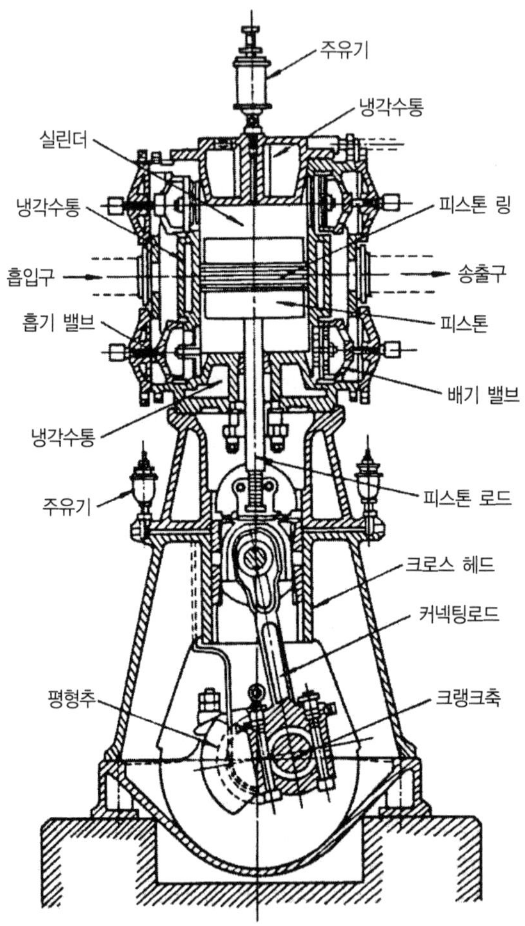

그림 5-38 왕복 입형 압축기의 구조

왕복 압축기는 실린더 속의 피스톤이 왕복 운동을 하면서 공기나 가스를 흡입밸브로부터 실린더에 흡입하여 이를 압축하고 송출밸브로 압송하는 압축기이다. 이 압축기의 특징은 다음과 같다.

① 압력비율이 높다.

② 풍량은 압력변화에 따라 거의 변화하지 않는다.

③ 큰 풍량에는 부적합하다.

④ 회전속도가 낮다.

⑤ 기계적 접촉부분이 많다.

⑥ 송출유량 맥동적이므로 공기탱크가 필요하다.

5. 회전형 압축기

[1] 회전형 압축기의 개요

회전형 압축기는 원심 압축기에 비해 압축작동이 회전방향에 대해 연속적이며, 기체가 항상 일정한 방향으로 흐르고, 흡입밸브, 송출밸브, 크랭크 기구 등이 필요없다. 따라서 회전속도를 높일 수 있고 소형·경량으로 할 수 있다. 회전형 압축기는 다음과 같은 특징이 있다.

(1) 회전형 압축기의 장점

① 원심형과 같이 부하의 저항 변화에 따라 유량이 증감되는 경우가 없다.

② 일정한 회전속도에서 그 송출유량이 대략 일정하다.

③ 회전속도가 변하더라도 압력비율의 저하 없이 송출유량을 회전속도에 비례하게 할 수 있다.

④ 풍량에 대한 압력비율, 구동동력의 관계는 송출구멍을 스로틀하여 풍량을 감소시킴에 따라 압력비율이 증가하고, 구동동력도 급증한다.

(2) 회전형 압축기의 단점

① 로터와 다른 부분의 압력차이 때문에 고장이 발생하기 쉽다.

② 구조상 흡입 기체에 오일이 혼합되기 쉽다.

③ 소음이 비교적 크다.

[2] 회전형 압축기의 종류

(1) 루츠(roots)형 압축기

케이스 속에 2개의 기어를 지닌 한 쌍의 로터를 90° 위상을 달리하여 설치하므로 축 끝에 둔 기어에 의하여 서로 역 방향으로 회전시켜 기체를 흡입 및 송출하는 기계이다.

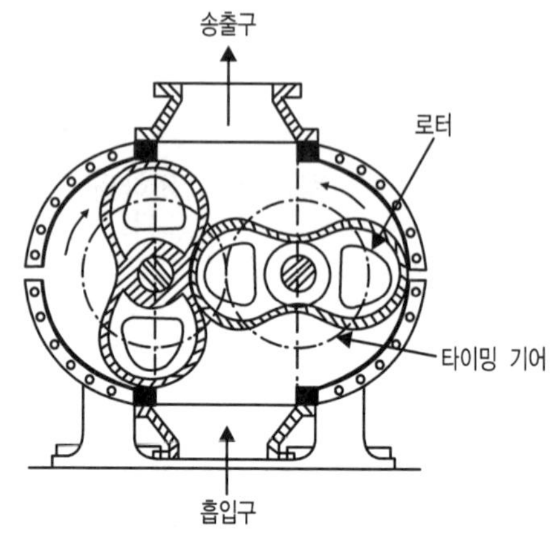

그림 5-39 루츠형 압축기

(2) 나사 압축기

리솔름(Lysholm)압축기라고도 부르며, 암, 수의 두 로터는 서로 다른 형상이며 일반적으로 숫로터는 4줄의 나선형 볼록 면의 이(齒)를 가지며, 암로터는 6줄의 오목 면의 이(齒)를 지니다. 이 로터는 그 측단에 설치된 기어에 의해 루츠형과 같이 서로 매우 작은 간극을 유지하면 회전하여 기체를 압송한다.

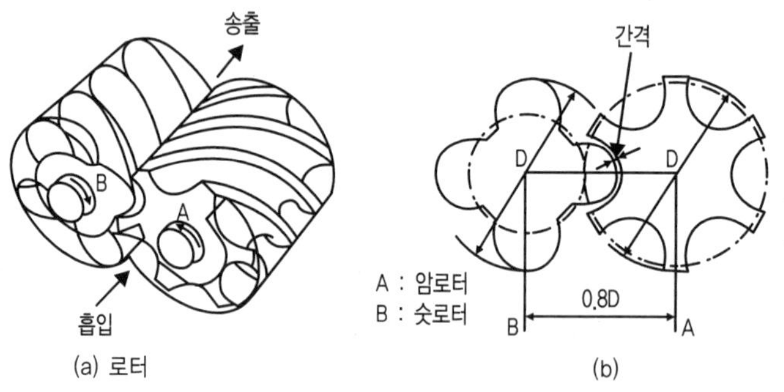

그림 5-40 나사 압축기

(3) 가동익(可動翼) 압축기

케이스에 대해 편심이 되도록 설치한 로터에 많은 얇은 판의 날개를 끼워서 제작한다. 날개는 회전에 의한 원심력과 스프링 등의 힘에 의해 케이스 안쪽 벽에 밀어 부처지면서 회전하며 베인 펌프와 같은 작동 원리에 따라 기체를 압축하고 송출시킨다.

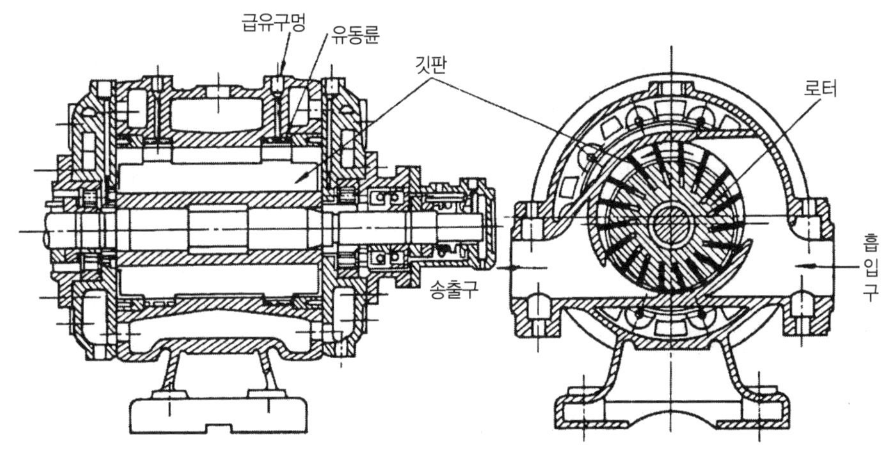

그림 5-41 가동익 압축기

6. 진공 펌프(vacuum pump)

진공펌프는 대기압력 이하, 절대 진공까지의 낮은 압력의 기체를 대기압력까지 압축하는 기계이며, 압축기의 일종이다.

[1] 진공 펌프의 진공도를 표시하는 방법

① 절대 진공을 100%로 한 %로서 표시하는 방법

② 절대 진공을 760㎜Hg로 한 수은주로 표시하는 방법

즉, 진공도 V_c(%)와 절대압력 p[kgf/㎠]의 관계는 다음과 같다.

$$p = p_a\left(1 - \frac{Hg}{760}\right) = p_a\left(1 - \frac{Vc}{100}\right)$$

여기서, p_a : 대기압력[kgf/㎠]

Hg : 진공도[㎜Hg]

[2] 진공펌프와 압축기의 차이점

① 흡입기체의 압력이 낮은 경우에는 압력비율이 매우 크다.

② 기체의 밀도가 적으므로 실린더 크기가 동력에 비해 크다.

③ 이론동력의 최대점은 압력비율의 중간, 즉 중간 진공에서 흡입하는 쪽에 있게 된다.

④ 고압이 됨에 따라 다단 압축기의 경우에는 실린더 지름이 적어지지만, 진공펌프는 일반적으로 같은 치수이다.

⑤ 밸브 등의 공기저항이 되는 부분을 가급적 적게 하며, 특히 동력이 증가하는 것을 피한다.

5-10 유압기계

유압기계는 오일을 매개체로 하여 유압 펌프로 오일의 압력 에너지를 부여하여 파이프, 제어 밸브 등을 통해 유압모터와 실린더로 보내어 소용의 동력을 주는 장치이며, 파스칼의 원리를 응용한다.

> 파스칼의 원리(Pascal's principle)
> 밀폐된 용기 내에 액체를 가득 채우고 그 용기에 압력을 가하면 그 내부의 압력은 각 면에 수직으로 작용하며, 용기 내의 어느 곳이든 똑같은 압력이 작용한다.

1. 유압기계의 장·단점

[1] 유압기계의 장점

① 작은 동력으로 큰 힘을 얻을 수 있으며, 동력의 분배와 집중이 쉽다.

② 과부하 방지 및 원격 조작이 가능하다.

③ 넓은 범위의 무단(無斷)변속이 가능하고, 회전운동 및 직선 운동이 가능하다.

④ 작동 속도 조정이 가능하며, 진동이 작고 작동이 원활하다.

⑤ 동력 전달이 원활하다.

[2] 유압기계의 단점

① 작동유의 온도 변화에 따라 액추에이터의 속도가 변한다.

② 배관이 까다로우며, 작동유의 누출이 많다.

③ 에너지 손실이 크고, 작동유가 연소할 염려가 있다.

④ 작동유의 흐름 속도에 제한을 받으므로 액추에이터의 작동 속도에 한계가 있다.

2. 유압기계의 구성 요소

[1] 유압 펌프

(1) 유압 펌프의 개요

유압 펌프는 원동기로부터 공급되는 기계적 에너지를 밀폐된 케이스 또는 실린더 내에서 로터 회전 또는 피스톤의 왕복운동에 의하여 오일에 대한 압력 에너지로 변환하는 기계이다.

(2) 유압 펌프의 특성

① 동력과 효율

펌프 동력 : 실체로 유압 펌프에서 오일에 전달되는 동력을 말한다.

- $L_p = \dfrac{PQ}{7500}$[PS]
- $L_p = \dfrac{PQ}{10200}$[kW]

여기서, P : 실제 송출압력[kgf/㎠](단, 흡입 압력은 0으로 한다.)

Q : 실체 송출유량[㎤/s]

② 이론 동력 : 유압 펌프 내부의 누출 손실이 전혀 없는 경우의 동력을 말한다.

- $L_{th} = \dfrac{PQ_{th}}{7500}$[PS]
- $L_{th} = \dfrac{PQ_{th}}{10200}$[kW]

여기서, Q_{th} : 이론 송출유량[㎤/s]($Q_{th} = qN$)

q : 축 1회전 당 이론 송출유량, N : 회전속도[rpm]

③ 펌프의 축 동력 : 유압 펌프를 운전하는데 필요한 동력을 말한다.

- $L_s = \dfrac{PQ}{7500\eta}$[PS]
- $L_s = \dfrac{PQ}{10200\eta}$[kW]

여기서, η : 펌프의 전체효율

④ 유압 펌프의 체적효율

$$\eta v = \frac{\text{실제 송출유량}}{\text{이론 송출유량}} = \frac{Q}{Q_{th}}$$

⑤ 유압 펌프의 기계효율

$$\eta m = \frac{\text{이론 동력}}{\text{펌프 축동력}} = \frac{L_{th}}{L_s}$$

⑥ 전체효율

체적효율×기계효율

[2] 액추에이터

유압 펌프에서 공급된 유압 에너지를 직선 운동이나 회전운동과 같은 기계적인 일을 하는 기기이며 직선 운동하는 것을 실린더(cylinder), 회전 운동을 하는 것을 모터(motor)라고 한다.

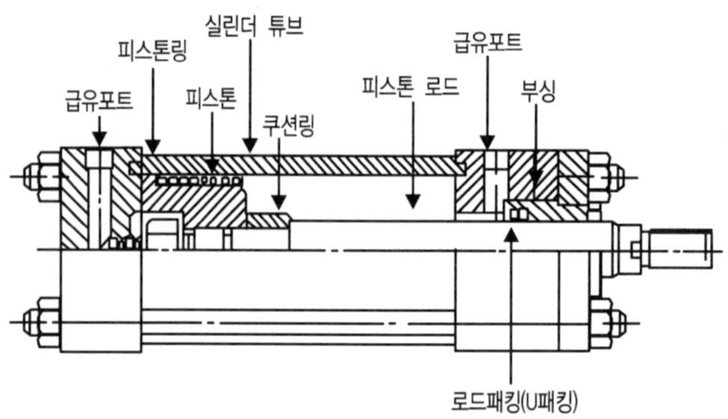

그림 5-42 유압 실린더의 구조

[3] 제어 밸브

(1) 압력 제어 밸브 ; 일의 크기를 결정한다.

① 릴리프 밸브(relief valve) : 회로 내의 최고 압력을 낮추어 압력을 일정하게 유지하는 밸브이며, 유압 펌프와 제어 밸브 사이에 병렬로 설치되어 있다.

② 시퀀스 밸브(sequence valve) : 2개 이상의 분기 회로를 가진 회로 내에서 액추에이터의 작동 순서를 제어한다.

③ 언로더 밸브(unloader valve;무 부하 밸브) : 회로 내의 유압이 규정 값에 도달하면 이것을 유압 펌프로 복귀시켜 펌프를 무 부하로 작동하도록 해준다.

④ 리듀싱 밸브(reducing valve; 감압 밸브) : 유량이나 입구 측의 유압과는 관계없이 미리 설정한 2차 측 압력을 일정하게 유지하는 밸브이다.

⑤ 카운터 밸런스 밸브(counter balance valve) : 한 방향의 흐름은 규제된 방향에 의한 흐름이며, 반대쪽 방향의 흐름은 자유인 밸브이며, 유압 실린더 등에서 하중이 하강할 때 그 자체 중량으로 인한 자유 낙하를 방지하는 밸브이다.

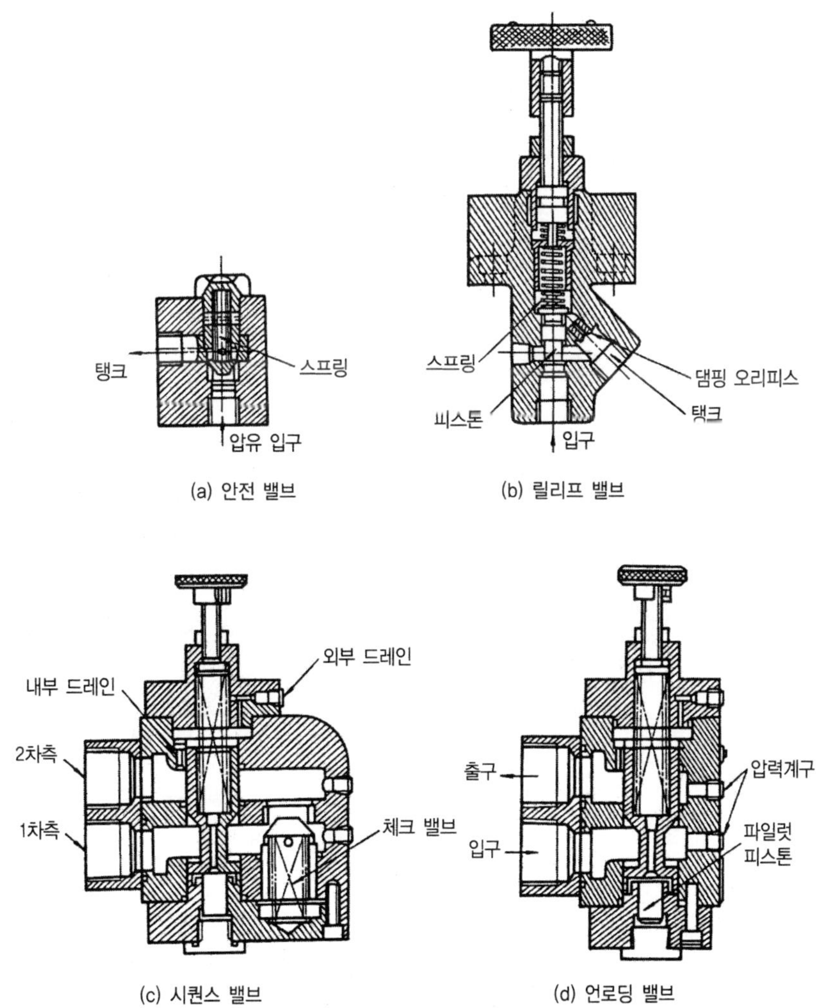

(a) 안전 밸브 (b) 릴리프 밸브

(c) 시퀀스 밸브 (d) 언로딩 밸브

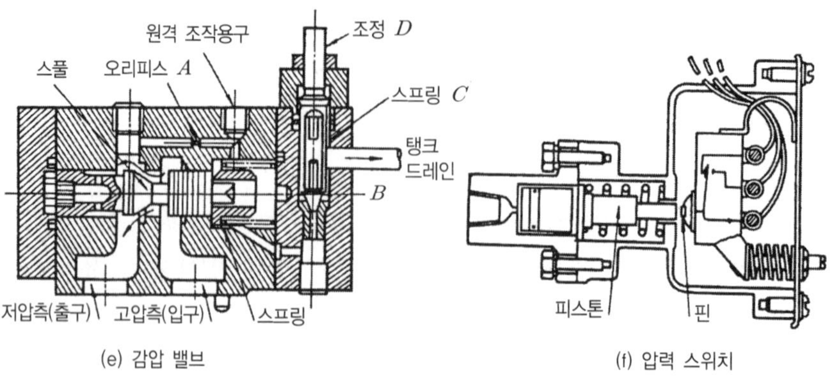

(e) 감압 밸브 (f) 압력 스위치

그림 5-43 각종 제어 밸브

(2) 유량 제어 밸브 : 일의 속도를 결정한다

① 교축 밸브(throttle valve) : 작동유의 통로 단면적을 변화시켜 유량을 조절한다.

② 압력 보상부 유량 제어 밸브 : 액추에이터의 부하 압력원에 압력 변동이 있어도 밸브로 흐르는 유량을 설정된 값으로 유지한다.

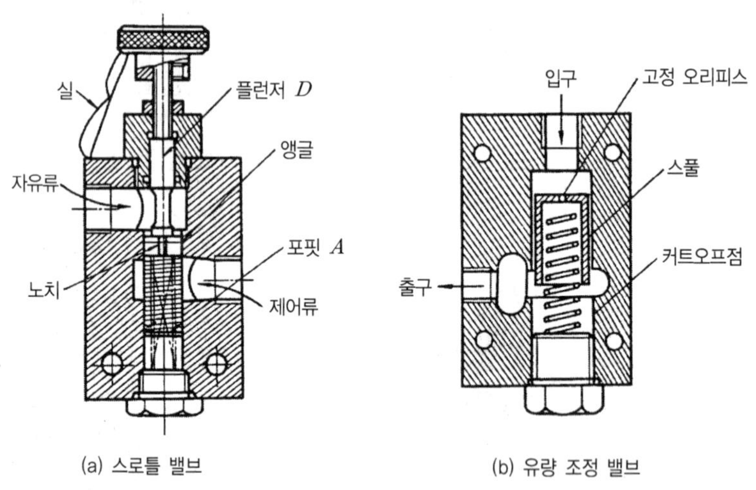

(a) 스로틀 밸브 (b) 유량 조정 밸브

그림 5-44 각종 유량 제어 밸브

(3) 방향 제어 밸브

① 체크 밸브(check valve) : 역류를 방지하는데 사용한다.

② 디셀러레이션 밸브 : 액추에이터를 감속시키고자 할 때 사용한다.

③ 스풀 밸브 : 직선 운동이나 회전운동으로 작동유의 흐름 방향을 바꾸고자 할 때 사용한다.

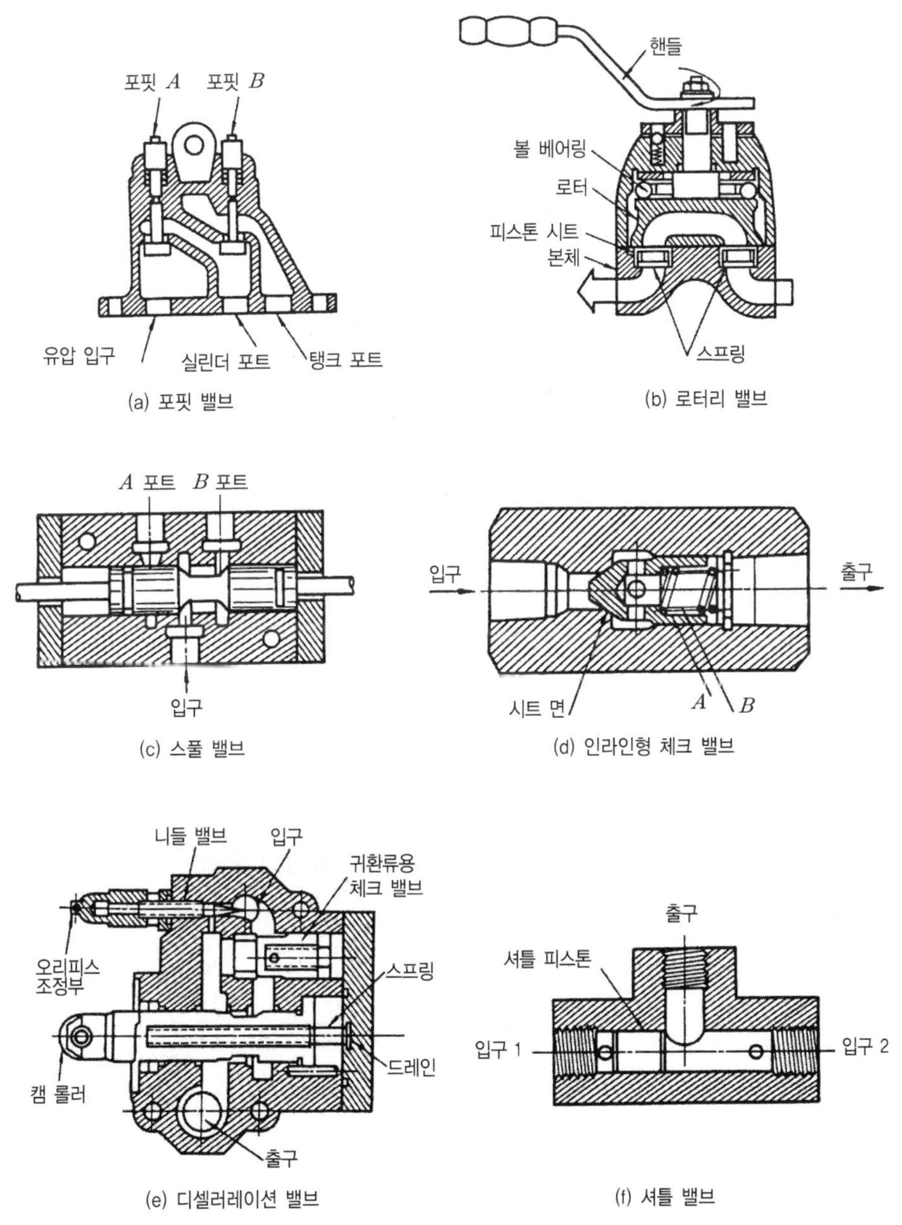

그림 5-45 각종 방향 제어 밸브

[4] 어큐뮬레이터(accumulator, 축압기)

유압 회로 내에서 발생하는 맥동적인 압력이나 충격파를 저축하거나 회로 내의 압력이 부족되는 순간 압력을 보상해주며, 또 온도 변화에 따른 오일의 체적 변화에 대한 보상 등을 하는 기구이다. 그리고 어큐뮬레이터는 질소 가스가 봉입된 형식을 주로 사용한다.

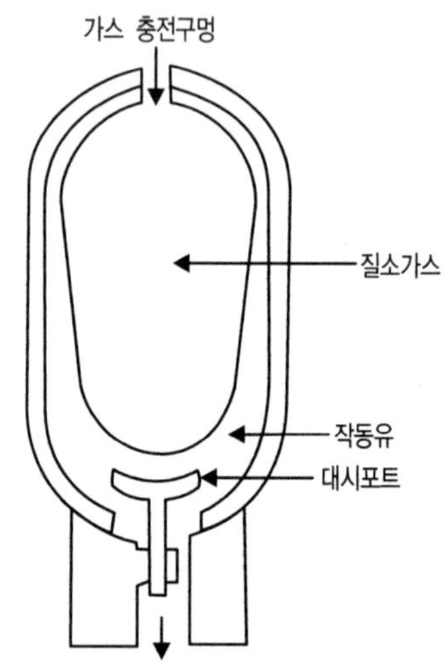

그림 5-46 어큐뮬레이터의 구조

3. 작동유의 구비조건

① 강인한 유막을 형성할 수 있는 점성과 유동성이 있을 것

② 비중이 적당할 것

③ 인화점 및 발화점이 높을 것

④ 비압축성 이어야 하며, 윤활 성능이 좋을 것

⑤ 점도와 온도와의 관계가 좋을 것

⑥ 물리적, 화학적으로 변화가 없고 안정될 것

연/습/문/제

01. 다음 중에서 터보형(Turbo type) 펌프에 속하지 않는 것은?

㉮ 왕복식 펌프 ㉯ 원심식 펌프
㉰ 축류식 펌프 ㉱ 사류식 펌프

해설 터보형(Turbo type) 펌프의 종류에는 원심식 펌프, 사류식 펌프, 축류식 펌프가 있다.

02. 다음 펌프 중 용적형 펌프는?

㉮ 원심 펌프 ㉯ 축류 펌프
㉰ 왕복 펌프 ㉱ 제트 펌프

해설 용적형 펌프에는 왕복형 펌프, 특수형 펌프, 회전형 펌프 등이 있다.

03. 다음 중 왕복운동을 하는 펌프는?

㉮ 제트 펌프 ㉯ 수격 펌프
㉰ 피스톤 펌프 ㉱ 기어 펌프

해설 왕복운동을 하는 펌프에는 피스톤 펌프와 플런저 펌프가 있다.

04. 분사 펌프(jet pump)는 다음 중 어느 분류에 해당하는가?

㉮ 사류형 펌프 ㉯ 용적식형 펌프
㉰ 특수형 펌프 ㉱ 베인형 펌프

해설 분사 펌프(제트 펌프)는 특수 펌프에 속한다.

05. 다음 펌프 중 가장 높은 고압에 사용할 수 있는 펌프는?

㉮ 원심 펌프 ㉯ 축류 펌프
㉰ 사류 펌프 ㉱ 왕복 펌프

06. 디퓨저(diffuser) 펌프, 볼류트(Volute) 펌프 등이 해당되는 펌프는?

㉮ 원심 펌프 ㉯ 왕복식 펌프
㉰ 축류 펌프 ㉱ 회전 펌프

해설 원심펌프의 종류에는 볼류트 펌프(회전차 바깥둘레에 안내날개가 없는 것)와 디퓨저 펌프(터빈 펌프, 회전차 바깥둘레에 안내날개가 있는 것)가 있다.

07. 원심펌프의 안내날개 설치에 관한 설명으로 틀린 것은?

㉮ 유량을 증대시키기 위해
㉯ 높은 양정을 얻기 위해
㉰ 액체의 속도에너지를 압력에너지로 변환시키기 위해
㉱ 압력과 속도에너지를 가급적 유효에너지로 변환시키기 위해

해설 원심펌프의 안내날개의 역할은 높은 양정을 얻기 위해, 액체의 속도에너지를 압력에너지로 변환시키기 위해, 압력과 속도에너지를 가급적 유효에너지로 변환시키기 위해 사용한다.

08. 70m의 물속의 수압은 수은주의 높이로 약 몇 m인가?

㉯ 0.68 ㉯ 36.4
㉰ 3.68 ㉱ 5.15

해설 수은은 비중이 13.6이므로 $\frac{70\text{m}}{13.6} = 5.15\text{m}$

09. 관로 내를 흐르는 유체의 평균 유속이 3m/sec이고, 유량이 9.9m³/sec일 때 관의 단면적은?

㉮ 3.3m² ㉯ 29.7m²
㉰ 0.3m² ㉱ 1.65m²

해설 $Q = v \times A$ [여기서, Q : 유량(m^3/sec), v : 유속(m/sec), A :단면적(m^2)]
$\therefore A = \frac{9.9m^3/sec}{3m/sec} = 3.3m^2$

10. 직경이 20㎝와 30㎝의 파이프가 수직으로 직결되어 있다. 직경 30㎝ 파이프 내의 유속이 3.6m/sec이면 직경 20㎝ 파이프 내의 유속은 약 몇 m/sec인가?

㉮ 7.2　　㉯ 8.1
㉰ 9.6　　㉱ 12.0

해설 $V = \frac{Q}{A}$
[여기서, V : 유속(m/s), Q : 유량(m^3/s), A: 단면적(m^2)]
① $Q = V \times A = 3.6 \times \frac{\pi \times 0.3^2}{4} = 0.2545m^3/s$
② $V = \frac{Q}{A} = \frac{0.2545}{\frac{\pi \times 0.2^2}{4}} = 8.1m/s$

11. 옥상 물탱크의 자유표면에서 수면 아래의 깊이가 20m인 지점에 있는 작업장 급수밸브의 수압 몇 kgf/㎠인가?(단, 물의 비중량 ɤ=1000kgf/㎥이다.)

㉮ 0.02　　㉯ 0.2　　㉰ 2.0　　㉱ 20

해설 $P = m\gamma h$ [여기서, P: 수압(kgf/㎠), γ : 물의 비중량(kgf/㎤), h: 깊이(㎝)]
$\therefore p = \frac{1000}{1000000} \times 2000 = 2kgf/cm^2$

12. 흡입 양정이 10m이고, 송출 양정이 30m인 펌프의 전양정은 몇 m인가?

㉮ 3m　　㉯ 20m　　㉰ 30m　　㉱ 40m

해설 전 양정이란 실제 양정과 손실 수두를 합친 양정을 말한다. 즉, 전양정=흡입 양정+송출 양정이다.

13. 펌프에서 관의 길이 ℓ[m], 마찰계수 f, 유체의 평균 유속 V[m/sec]일 때 관의 마찰 손실 수두 hf를 구하는 공식은?(단, 관은 한 변이 b[m]인 정사각형이며, Rh는 수력 반지름이고, 원관의 지름 d[m]이다.)

㉮ $h_f = f\frac{\ell}{d}\frac{V^2}{2g}$　　㉯ $h_f = f\frac{d}{\ell}\frac{V}{2g}$

㉰ $h_f = f\frac{4\ell}{Rh}\frac{V^2}{2g}$　　㉱ $h_f = \frac{f}{4}\frac{\ell}{Rh}\frac{V^2}{2g}$

해설 마찰 손실수두 $h_f = \frac{f}{4}\frac{\ell}{Rh}\frac{V^2}{2g}$ 이다.

14. 직경 500㎜인 파이프 속을 평균속도가 1.8m/sec로 흐를 때 관의 길이가 60m이면 손실수두는 약 몇 m인가?(단, 관 마찰계수는 f=0.02이다.)

㉮ 0.785　　㉯ 0.397
㉰ 0.223　　㉱ 0.120

해설 $h = \lambda \times \frac{I}{d} \times \frac{v^2}{2g}$ [여기서, h: 손실수두, λ: 관의 마찰계수, I: 관의 길이(m), d: 관의 지름(m), v: 유속(m/s), g: 중력가속도(㎨)]
$\therefore h = 0.02 \times \frac{60}{0.5} \times \frac{1.8^2}{2 \times 9.8} = 0.397$

15. 길이 200m, 내경 80㎜인 주철관에 유속이 4m/s로서 물이 흐르고 있다. 마찰계수가 0.03일 때 마찰 손실수두는 약 몇 m인가?

㉮ 6.12　　㉯ 6.42　　㉰ 61.2　　㉱ 64.2

해설 $hf = 0.03 \times \frac{200}{0.08} \times \frac{4^2}{2 \times 9.8} = 61.2$

16. 높이(위치수두) 8m인 지점에서의 압력이 15 kgf/㎠, 속도가 15m/sec라면 이 물의 총 수두는 몇 m인가?(단, 물의 비중량은 1000kgf/㎥으로 한다.)

㉮ 169.5　　㉯ 178.2
㉰ 20.9　　㉱ 158.8

해설 $H=\frac{v^2}{2g}+\frac{P}{\gamma}+h$
[여기서, H : 총 수두, v : 속도, g : 중력가속도(9.8㎨),
P : 압력, γ : 물의 비중량, h : 높이(위치수두)]
$\therefore\ H=\frac{15^2}{2\times2.8}+\frac{15\times10^4}{1000}+8=169.5\text{m}$

17. 총 양정이 90m, 공급수량 1.56㎥/min인 펌프의 동력은 약 몇 PS가 필요한가?(단, 물의 비중은 1이고, 효율은 0.9이다.)

㉮ 18.72 ㉯ 31.20 ㉰ 34.67 ㉱ 62.40

해설 $\text{PS}=\frac{\gamma\text{QH}}{75\times60\times\eta}=\frac{1000\times1.56\times90}{75\times60\times0.9}=34.67$
여기서, γ : 물의 비중, Q : 공급수량, H : 총 양정, η : 효율

18. 전 양정이 25m, 유량이 25ℓ/sec인 유압 펌프에 공급되는 축동력은 약 몇 kW인가?(단, 유체의 비중량은 900kgf/㎥이고, 이 펌프의 효율은 85%이다.)

㉮ 4.69 ㉯ 6.49 ㉰ 46.87 ㉱ 64.88

해설 $\text{Lw}=\frac{\gamma\text{QH}}{102\eta}=\frac{900\times0.025\times25}{102\times0.85}=6.49\text{kW}$
여기서, L_w: 축 동력(kw), H: 전양정(m), γ: 유체의 비중량(kgf/㎥), Q:송출량(㎥/min), η: 전달효율

19. 전양정 5.5m, 유량 10㎥/min인 급수 펌프의 전효율이 90%일 때 이 펌프의 축 동력으로 가장 적합한 것은?

㉮ 7.5(kW) ㉯ 9(kW)
㉰ 10(kW) ㉱ 15(kW)

해설 $kW=\frac{1000\times5.5\times10}{102\times60\times0.9}=9.985$

20. 유효낙차 100m, 유량 200㎥/sec인 수력 발전소의 수차에서 이론 출력을 계산하면 몇 kW인가?

㉮ 400×10^3 ㉯ 300×10^3
㉰ 196×10^3 ㉱ 100×10^3

해설 이론 출력(kW) $=\frac{\text{유효낙차}\times\text{유량}}{102}$
$=\frac{100\times200\times10^3}{102}=196\times10^3$

21. 총 양정이 3m, 공급유량 2.5m³/min인 펌프의 동력은 약 몇 kW가 필요한가?(단, 유체의 비중은 0.82이고, 펌프효율은 0.9이다.)

㉮ 0.56 ㉯ 1.12 ㉰ 2.24 ㉱ 4.48

해설 $kW=\frac{\gamma QH}{102\eta}$ [여기서, γ: 유체의 비중, Q: 공급유량(㎥/min), H: 총양정(m), η: 펌프효율]
$\therefore\ kW=\frac{0.82\times1000\times2.5\times3}{102\times60\times0.9}=1.1165$

22. 지름이 20㎜의 관속에 평균속도 20m/s의 물이 흐르고 있을 때 유량은 약 몇 ㎥/s인가?

㉮ 628 ㉯ 62.8 ㉰ 6.28 ㉱ 0.628

해설 $Q=AV$
[여기서, Q:유량, A: 관의 단면적, V:흐름속도]
$\therefore\ 0.785\times0.2^2\times20=0.628$ ㎥/s

23. 저장 탱크에서 유입되는 유입구의 형상 중 관로(管路)에 생기는 부차적인 손실 계수가 가장 작은 것은?

㉮ 탱크 벽면에서 90° 각을 이루고 만날 때
㉯ 탱크 벽면에서 45° 각도로 모따기하여 만날 때
㉰ 탱크 벽면에서 크게 라운딩한 형상으로 만날 때
㉱ 탱크 벽면에서 유입 관이 앞으로 돌출하였을 때

해설 저장 탱크에서 유입되는 유입구의 형상 중 관로(管路)에 생기는 부차적인 손실 계수가 가장 작은 것은 탱크 벽면에서 크게 라운딩한 형상으로 만날 때이다.

24. 다음 중 펌프의 캐비테이션의 방지책이 아닌 것은?

㉮ 펌프의 설치 높이를 가능하면 낮춘다.
㉯ 펌프의 회전수를 높게 한다.
㉰ 편 흡입을 양 흡입 펌프로 고쳐서 사용한다.
㉱ 흡입 비속도를 적게 한다.

해설 펌프의 캐비테이션(공동 현상) 방지책
① 펌프의 설치 높이를 가능하면 낮춘다.
② 펌프의 회전수를 낮게 한다.
③ 편 흡입을 양 흡입 펌프로 고쳐서 사용한다.
④ 흡입 비속도를 적게 한다.
⑤ 흡입 양정을 낮게 한다.
⑥ 2대 이상의 펌프를 사용한다.
⑦ 회전 차가 물속에 완전히 잠기도록 한다.

25. 다음 중 펌프의 캐비테이션(cavitation)현상 방지책으로 틀린 것은?

㉮ 펌프 설치를 낮춘다.
㉯ 회전수를 작게 한다.
㉰ 양 흡입을 단 흡입으로 바꾼다.
㉱ 수직 축 펌프를 사용한다.

26. 펌프를 운전할 때 출구와 입구의 압력 변동이 생기고 유량이 변하는 현상을 무엇이라고 하는가?

㉮ 수격 현상　　㉯ 공동 현상
㉰ 서징 현상　　㉱ 유체 고착 현상

해설 서징(surging) 현상이란 펌프를 운전할 때 출구와 입구의 압력 변동이 생기고 유량이 변하는 것을 말한다. 즉 한숨을 쉬는 것과 같은 현상으로 소음과 진동을 내는 펌프의 운전 중에 발생하는 현상이다.

27. 한숨을 쉬는 것과 같은 현상으로 소음과 진동을 내는 펌프의 운전 중에 발생하는 현상은?

㉮ 서징현상　　㉯ 공동현상
㉰ 수격현상　　㉱ 침식현상

28. 유압회로 중에서 과도적으로 발생하는 압력변동에 의해 서지(surge) 압력이 발생하는데 그 크기 변화에 직접적으로 관계없는 것은?

㉮ 관로의 깊이　　㉯ 관의 관성
㉰ 기름의 압축성　　㉱ 밸브의 형태

해설 서지(surge) 압력의 크기 변화에 직접적인 관계를 주는 것으로는 관로의 깊이, 관의 관성, 기름의 압축성 등이다.

29. 송출량이 많고, 저양정인 경우 적합하며, 일명 프로펠러 펌프라고도 하는 것은?

㉮ 터빈 펌프
㉯ 기어 펌프
㉰ 축류 펌프
㉱ 왕복 펌프

해설 축류 펌프는 송출량이 많고, 저양정인 경우 적합하며, 프로펠러 펌프라고도 부른다.

30. 다음 펌프 중에서 주기적으로 양수하므로 맥동이 생기는 대표적인 것은?

㉮ 원심 펌프　　㉯ 축류 펌프
㉰ 왕복 펌프　　㉱ 기어 펌프

해설 왕복 펌프는 피스톤 또는 플런저의 왕복 운동에 의하여 액체를 흡입하여 소요의 압력으로 송출하는 펌프이며, 주기적으로 맥동이 발생되는 펌프이다.

31. 왕복 펌프에서 공기실의 가장 주된 역할은?

㉮ 밸브의 개폐를 쉽게 한다.
㉯ 밸브의 닫혀있을 때 누설이 없게 한다.
㉰ 송출되는 유량의 변동을 적게 한다.
㉱ 피스톤(또는 플런저)의 운동을 원활하게 한다.

해설 왕복 펌프에서 공기실의 주 역할은 송출되는 유량의 변동을 적게 한다.

32. 다음 중 왕복 펌프의 밸브 구비요건이 아닌 것은?

㉮ 밸브의 개폐가 정확해야 한다.
㉯ 물이 밸브를 지날 때의 저항이 최대한 커야 한다.
㉰ 누설이 정확하게 방지되어야 한다.
㉱ 내구성이 양호해야 한다.

해설 밸브의 구비조건
① 밸브의 개폐가 정확해야 한다.
② 누설이 정확하게 방지되어야 한다.
③ 내구성이 양호해야 한다.
④ 밸브의 무게가 가벼워야 한다.
⑤ 물이 밸브를 통과 할 때 저항을 가능한 한 최소로 해야 한다.
⑥ 밸브의 닫힘과 열림이 원활해야 한다.

33. 왕복 단동 펌프에서 피스톤 행정이 L(m), 실린더의 지름을 D(m), 회전수가 N(rpm)이라 할 때 이론 토출 유량 Q_{th}(㎥/s)를 구하는 식은?

㉮ $Q_{th} = \frac{\pi D^2 \times L \times N}{60}$

㉯ $Q_{th} = \frac{\pi D^2 \times L \times N}{4 \times 60}$

㉰ $Q_{th} = \frac{\pi D \times L \times N}{60}$

㉱ $Q_{th} = \frac{D \times L \times N}{60}$

해설 이론 토출 유량 $Q_{th} = \frac{\pi D^2 \times L \times N}{4 \times 60}$

34. 단동 왕복 펌프 피스톤 지름이 20㎝, 행정 30㎝, 피스톤의 매분 왕복횟수가 80, 체적효율 92%일 때 펌프의 양수량은 약 몇 ㎥/min 인가?

㉮ 0.35 ㉯ 0.7 ㉰ 0.82 ㉱ 1.4

해설 $Q = \eta \times 0.785 \times D^2 \times n \times L$
[여기서, Q:펌프의 양수량, η: 체적효율, D:피스톤 지름, n: 피스톤 매분 왕복횟수, L:행정]
$\therefore Q = 0.9 \times 0.785 \times 0.2^2 \times 0.3 \times 80 = 0.687$ ㎥/min

35. 마찰 펌프, 와류 펌프, 웨스코 펌프라고도 하며 송출량이 적고 양정이 높은 곳에 사용되는 것은?

㉮ 제트 펌프 ㉯ 재생 펌프
㉰ 기포 펌프 ㉱ 왕복 펌프

해설 재생 펌프는 마찰 펌프, 와류 펌프, 웨스코 펌프라고도 하며 송출량이 적고 양정이 높은 곳에서 사용한다.

36. 다음 중 반동수차가 아닌 것은?

㉮ 프란시스 수차 ㉯ 펠톤 수차
㉰ 프로펠러 수차 ㉱ 카플란 수차

해설 반동 수차의 종류에는 프란시스 수차, 프로펠러 수차, 카플란 수차 등이 있다.

37. 다음 중 공압 장치를 응용하여 실제 사용되는 예가 아닌 것은?

㉮ 머시닝센터의 자동 문 개폐장치
㉯ 드릴머신의 이송 자동화 장치
㉰ 자동 세척장치
㉱ 디프 드로잉 프레스

38. 공기(空氣)기계는 작동유체가 액체가 아닌 기체이기 때문에 다음과 같은 점에 주의할 필요가 있다. 틀린 것은?

㉮ 기체는 압축성이 있다는 것
㉯ 팽창할 때에는 온도 변화가 따른다는 것
㉰ 기체는 단위 체적 당 중량이 액체에 비하여 대단히 작다는 것
㉱ 유로 및 관로에서의 경제 유속을 물에 비하여 1/10배 정도로 낮게 해야 한다는 것

해설 공기(空氣)기계를 사용할 때 고려할 사항
① 기체는 압축성이 있다는 것
② 팽창할 때에는 온도 변화가 따른다는 것
③ 기체는 단위 체적 당 중량이 액체에 비하여 대단히 작다는 것

39. 압력비를 가장 높게 할 수 있는 압축기는?

㉮ 송풍기 ㉯ 축류압축기
㉰ 왕복압축기 ㉱ 회전압축기

해설 압력비를 가장 높게 할 수 있는 압축기는 왕복압축기이다.

40. 공기압 회로에서 다수의 에어 실린더나 액추에이터를 사용할 때, 각 작동순서를 미리 정해두고 그 순서에 따라 움직이고 싶은 경우 사용하는 밸브로 가장 적합한 것은?

㉮ 언로딩 밸브 ㉯ 공기 밸브
㉰ 공기 리베터 ㉱ 시퀀스 밸브

해설 시퀀스 밸브는 공기압 회로에서 다수의 에어 실린더나 액추에이터를 사용할 때, 각 작동순서를 미리 정해두고 그 순서에 따라 움직이고 싶은 경우 사용하는 밸브이다.

41. 유압 및 공기압 용어 중 '감압 밸브, 체크 밸브, 릴리프 밸브 등에서 밸브 시트를 두드려 비교적 높은 음을 내는 일종의 자려진동현상'을 의미하는 용어는?

㉮ 피드백 ㉯ 언더랩
㉰ 채터링 ㉱ 오버랩

해설 채터링이란 '감압 밸브, 체크 밸브, 릴리프 밸브 등에서 밸브 시트를 두드려 비교적 높은 음을 내는 일종의 자려진동현상'을 말한다.

42. 공압 실린더와 연결되어 스로틀 밸브를 조정하여 정밀한 속도제어를 위해 사용되는 것은?

㉮ 어큐뮬레이터
㉯ 루브리케이터
㉰ 속도제어 밸브
㉱ 하이드로 체크 유닛

해설 하이드로 체크 유닛은 공압 실린더와 연결되어 스로틀 밸브를 조정하여 정밀한 속도제어를 위해 사용된다.

43. 다음 중 압축기 뒤에 설치되어 압축공기를 저장하는 공기탱크의 기능으로 틀린 것은?

㉮ 맥동을 방지하거나 평준화한다.
㉯ 다량의 공기 소비시 급격한 압력 상승을 방지한다.
㉰ 비상시에도 일정시간 운전 가능하다.
㉱ 압력 용기이므로 법적 규제를 받는다.

해설 공기탱크의 기능
①맥동을 방지하거나 평준화한다.
②비상시에도 일정시간 운전 가능하다.
③압력 용기이므로 법적 규제를 받는다.

44. 공기 압축기로부터 토출되는 고온의 압축 공기를 공기 건조기로 보내기 전에 1차 냉각하여 수분을 제거하는 것으로 일명 후부 냉각기라고도 하는 것은?

㉮ 압축공기 필터
㉯ 저장탱크(Air tank)
㉰ 흡착식 건조기(Absorption dryer)
㉱ 애프터 쿨러(After cooler)

해설 애프터 쿨러(After cooler)란 공기 압축기로부터 토출되는 고온의 압축 공기를 공기 건조기로 보내기 전에 1차 냉각하여 수분을 제거하는 것으로 일명 후부 냉각기라고도 한다.

45. 공기가 흐르는 통로의 크기를 가감시켜서 공기의 흐르는 양을 조절하는 것으로 니들형, 격판형 등이 있는 밸브를 무엇이라고 하는가?

㉮ 셔틀 밸브
㉯ 체크 밸브
㉰ 차단 밸브
㉱ 유량 제어 밸브

해설 유량 제어 밸브는 공기가 흐르는 통로의 크기를 가감시켜서 공기의 흐르는 양을 조절하는 것으로 니들형, 격판형 등이 있다.

46. 공기압 회로 중 압축공기 필터의 내용으로 타당하지 않는 것은?

㉮ 수분 먼지가 침입하는 것을 방지하기 위해 설치한다.
㉯ 공기 출구부에 설치한다.
㉰ 드레인 배출 방식으로 수동식과 자동식이 있다.
㉱ 필터는 오염의 정도에 따라서 엘리먼트를 선정할 필요가 있다.

해설 압축공기 필터의 기능은 수분·먼지가 침입하는 것을 방지하기 위해 공기 입구 부분에 설치하며, 드레인 배출 방식으로 수동식과 자동식이 있다. 또 필터는 오염의 정도에 따라서 엘리먼트를 선정할 필요가 있다.

47. 원심 송풍기의 전압이 250㎜Aq, 회전수 960rpm, 풍량이 16㎥/min일 때 이 송풍기의 회전수를 1400rpm으로 증가시키면 풍량은 몇 ㎥/min인가?

㉮ 19.32　㉯ 23.33
㉰ 34.03　㉱ 49.62

해설 $16m^3 . 960 = x : 1400$

$$x = \frac{16m^3 \times 1400}{960} = 23.33m^3$$

48. 어떤 터보압축기가 3×10^4 rpm으로 회전할 때 유량이 $12m^3/min$를 발생시킨다. 이 압축기의 회전수를 4×10^4 rpm으로 증가시켰을 때 유량 ㎥/min은?

㉮ 37.92　㉯ 21.3
㉰ 16　㉱ 9

해설 $3\times10^4 : 12 = 4\times10^4 : x$에서

$$x = \frac{12\times4\times10^4}{3\times10^4} = 16$$

49. 다음 중 유압의 기초적인 원리라 할 수 있는 파스칼의 원리에 대한 설명이 아닌 것은?

㉮ 유체의 압력은 면에 직각으로 작용한다.
㉯ 각 점에서의 압력은 모든 방향으로 같다.
㉰ 가한 압력은 유체 각부에 같은 세기로 전달된다.
㉱ 유체의 압력은 압력을 직접 받는 면이 가장 크다.

해설 파스칼의 원리는 유체의 압력은 면에 직각으로 작용하며, 각 점에서의 압력은 모든 방향으로 같고, 가한 압력은 유체 각부에 같은 세기로 전달된다.

50. 유압의 장점에 대한 설명이 잘못된 것은?

㉮ 힘과 속도를 자유롭게 변속시킬 수 있다.
㉯ 열의 냉각 장치를 취할 필요가 없다.
㉰ 과부하에 대한 안전장치가 필요하다.
㉱ 적은 장치로 큰 출력을 얻을 수 있다.

해설 유압의 특징은 힘과 속도를 자유롭게 변속시킬 수 있고, 열의 냉각 장치를 필요로 하며, 과부하에 대한 안전장치가 필요하고, 적은 장치로 큰 출력을 얻을 수 있다.

51. 다음 중 일반적인 유압 펌프의 종류가 아닌 것은?

㉮ 베인 펌프　㉯ 플런저 펌프
㉰ 기어 펌프　㉱ 커플링 펌프

해설 유압 펌프의 종류에는 베인 펌프, 기어 펌프, 플런저 펌프, 나사 펌프 등이 있다.

52. 건설차량, 산업 건설기계, 산업차량, 트랙터, 콤바인 등에 사용되는 펌프로서 구조가 소형이며 간단하고 가격도 싸다. 다만 가변 용량이 곤란하며 누설이 많아 최고 압력이 7MPa 이하인 펌프는 어느 것인가?

㉮ 베인 펌프
㉯ 기어 펌프
㉰ 피스톤 펌프
㉱ 다단 펌프

해설 기어 펌프는 건설차량, 산업 건설기계, 산업차량, 트랙터, 콤바인 등에 사용되는 펌프로서 구조가 소형이며 간단하고 가격도 싸다. 다만 가변 용량이 곤란하며 누설이 많아 최고 압력이 7MPa 이하인 펌프이다.

53. 유압 기기에서 기어(치차) 펌프를 사용할 때 장점과 단점의 설명으로 틀린 것은?

㉮ 구조가 간단하다.
㉯ 토출량을 가변적으로 사용하기 편리하다.
㉰ 내부 누설이 다른 펌프에 비교하여 크다.
㉱ 다른 유압 펌프에 비해서 먼지에 강하다.

해설 기어 펌프의 특징은 구조가 간단하며, 맥동이 적으며, 정용량형이다. 또 다른 유압 펌프에 비하여 먼지에 강하며, 내부 누설이 다른 펌프에 비하여 크다.

54. 기어 펌프의 모듈이 3, 치수가 16, 이의 폭이 18 ㎜인 펌프가 1200rpm으로 회전하면 이론 송출량은 약 몇 ℓ/min인가?

㉮ 65.1 ㉯ 19.5 ㉰ 1.5 ㉱ 0.3

해설 $V_{th} = \frac{2 \times \pi \times m^2 \times z \times b \times n}{1,000,000} (\ell/min)$

[여기서, V_{th} : 이론 송출량(ℓ/min), m : 모듈, z : 치수, b : 치폭(㎜), n : 회전수(rpm)]

$\therefore V_{th} = \frac{2 \times \pi \times 3^2 \times 16 \times 18 \times 1200}{1,000,000} = 19.53\ell/min$

55. 베인 펌프의 특징에 관한 설명으로 틀린 것은?

㉮ 작동유의 점도에 제한이 있다.
㉯ 비교적 고장이 적고 수리 및 관리가 용이하다.
㉰ 베인의 마모에 의한 압력 저하가 발생되지 않는다.
㉱ 기어 펌프나 피스톤 펌프에 비해 토출 압력의 맥동 현상이 적다.

해설 베인 펌프의 특징은 비교적 고장이 적고 수리 및 관리가 용이하소, 베인의 마모에 의한 압력 저하가 발생되지 않으며, 기어 펌프나 피스톤 펌프에 비해 토출 압력의 맥동 현상이 적다.

56. 펌프의 토출압이 60kgf/㎠, 토출량이 30ℓ/min인 유압 펌프의 펌프동력은 몇 마력(PS)인가?

㉮ 3 ㉯ 4
㉰ 5 ㉱ 6

해설 유압 펌프의 펌프동력(PS) $= \frac{\text{토출압력} \times \text{토출량}}{75 \times 60} = \frac{60 \times 30000}{75 \times 60 \times 100} = 4$

57. 단동 피스톤 펌프에서 실린더 직경 20㎝, 행정 20㎝, 회전수 80rpm, 체적효율 90%이면 토출유량(m^3/min)은?

㉮ 0.261 ㉯ 0.271
㉰ 0.452 ㉱ 0.502

해설 토출 유량=체적효율×실린더 단면적×행정×회전속도
$= 0.9 \times 0.785 \times 0.2^2 \times 0.2 \times 80 = 0.452\ m^3/min$

58. 베인 펌프의 구성요소가 아닌 것은?

㉮ 베인(날개) ㉯ 회전자
㉰ 피스톤 ㉱ 캠링

59. 다음 유압장치 중 유체가 가지는 에너지(유량과 압력)을 기계적 에너지(토크나 힘)로 변환시키는 것은?

㉮ 유압 펌프
㉯ 플런저 펌프
㉰ 액추에이터
㉱ 어큐뮬레이터

해설 액추에이터란 작동유의 압력과 유량을 기계적인 에너지로 바꾸는 기기의 총칭이다.

60. 다음 유압 기기의 구성요소 중 유압 액추에이터인 것은?

㉮ 유압 펌프
㉯ 유량 실린더
㉰ 제어 밸브
㉱ 유압 조절밸브

해설 액추에이터에는 유압 모터와 유압 실린더가 있다.

61. 안지름이 16㎝, 추력 F=5ton, 피스톤의 속도 V=40m/min인 유압 실린더에서 필요로 하는 유압은 몇 kgf/㎠인가?

㉮ 14.3 ㉯ 24.9 ㉰ 31.2 ㉱ 46.7

해설 $F = 0.785D^2 \times P$에서
$P = \frac{F}{0.785D^2} = \frac{5000}{0.785 \times 16^2} = 24.88$ kgf/㎠

62. 다음 그림에서 피스톤 로드가 미는 힘 F는?(단, P_1, P_2는 내부 압력, D_1은 실린더 안지름, D_2는 로드 지름이다.)

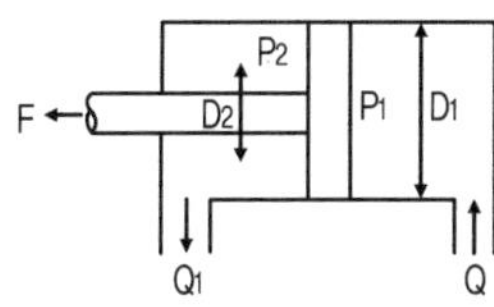

㉮ $F = \frac{\pi}{4}[D_1^2P_2 + (D_1^2 - D_2^2)P_1]$

㉯ $F = \frac{\pi}{4}[D_1^2P_1 - (D_1^2 - D_2^2)P_2]$

㉰ $F = \frac{\pi}{4}[D_1^2P_2 - (D_1^2 - D_2^2)P_1]$

㉱ $F = \frac{\pi}{4}[D_1^2P_1 + (D_1^2 - D_2^2)P_2]$

63. 그림의 실린더 A부 단면적이 4000㎟, 축 d부를 뺀 B부 단면적 3000㎟일 때 압력 P_1=30kgf/㎠, P_2 = 5kgf/㎠이면 추력 F는 몇 kgf인가?

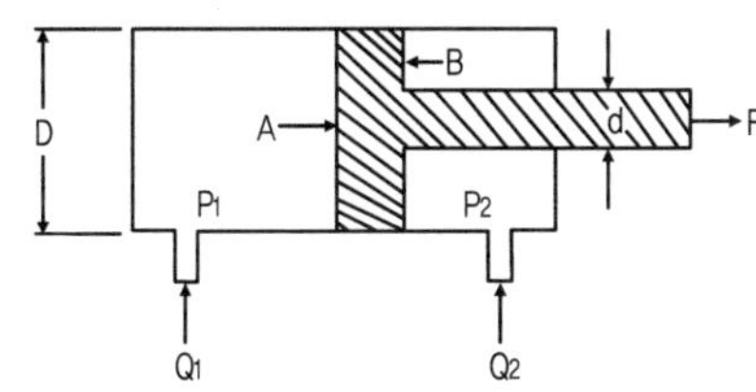

㉮ 850 ㉯ 1050
㉰ 1200 ㉱ 1350

해설 $F = 0.785 \times D^2 \times P_1 - 0.785 \times (D^2 - d^2) \times P_2$
= (40×30) - (30×5) = 1050kgf

64. 유체기계의 유압 기기의 제어 밸브의 종류가 아닌 것은?

㉮ 압력제어 밸브 ㉯ 유량제어 밸브
㉰ 방향제어 밸브 ㉱ 유속제어 밸브

해설 제어 밸브의 종류에는 압력제어 밸브, 유량조절 밸브, 방향제어 밸브가 있다.

65. 유압제어 밸브에서 압력제어 밸브에 속하지 않는 것은?

㉮ 릴리프 밸브 ㉯ 리듀싱 밸브
㉰ 체크 밸브 ㉱ 카운터 밸런스 밸브

해설 압력 제어 밸브의 종류에는 릴리프 밸브, 시퀀스 밸브, 언로더 밸브, 리듀싱 밸브, 카운터 밸런스 밸브 등이 있다.

66. 압력제어 밸브 중에서 릴리프 밸브(relief valve)의 설명으로 맞는 것은?

㉮ 회로의 일부에 배압을 발생시키고자 할 때 사용하는 밸브
㉯ 회로내의 최고 압력을 낮추어 압력을 일정하게 하는 밸브
㉰ 두 개 이상의 분기회로를 가진 회로 내에서 작동순서를 제어하는 밸브
㉱ 유량이나 입구 측의 압력크기와는 관계없이 미리 설정 한 2차측 압력을 일정하게 해주는 밸브

해설 릴리프 밸브는 회로내의 최고 압력을 낮추어 압력을 일정하게 하는 밸브이다.

67. 유체를 한쪽 방향으로만 흐르게 하여 역류를 방지하는 밸브는?

㉮ 슬루스 밸브 ㉯ 스톱 밸브
㉰ 볼 밸브 ㉱ 체크 밸브

해설 체크 밸브는 역류를 방지하며 유체를 한쪽 방향으로만 흐르게 하는 작용을 한다.

68. 유압 기기의 부속 기기 중 유압 에너지의 축적, 압력보상, 맥동제거 및 충격 완충의 역할을 하는 것은?

㉮ 증압기 ㉯ 탱크용 필터
㉰ 축압기 ㉱ 필터 엘리먼트

해설 축압기(어큐뮬레이터)는 유압 에너지의 축적, 압력보상, 맥동제거 및 충격 완충의 역할을 하는 기구이다.

69. 축압기(accumulator)의 설치 목적으로 틀린 것은?

㉮ 유압 에너지의 축적용
㉯ 충격 압력의 완충용
㉰ 유압 펌프의 맥동 흡수용
㉱ 유압 요동 액추에이터 대체용

70. 유압장치에 사용되는 유압유 저장용의 용기로 어큐뮬레이터라고도 하는 유압 부속 기기는?

㉮ 축압기 ㉯ 유압 필터
㉰ 증압기 ㉱ 유압 유닛

71. 유압장치 부속 기기류 중 유압탱크용 필터로 가장 적합한 것은?

㉮ 스트레이너 ㉯ 어큐뮬레이터
㉰ 보조 릴리프 필터 ㉱ 바이패스 필터

72. 흡입관 하부에 스트레이너(strainer)를 설치하는 이유로 다음 중 가장 적합한 것은?

㉮ 불순물 침투 방지
㉯ 유량 조절
㉰ 양정을 높이기 위해
㉱ 역류 방지

해설 흡입관 하부에 스트레이너(strainer)를 설치하는 이유는 불순물 침투 방지이다.

73. 유압 작동유의 구비조건으로 올바른 것은?

㉮ 압축성이어야 한다.
㉯ 열을 방출하지 아니하여야 한다.
㉰ 장시간 사용하여도 화학적으로 안정하여야 한다.
㉱ 외부로부터 침입한 불순물을 침전 분리시키지 않아야 한다.

해설 작동유의 구비조건
① 열을 방출하는 냉각작용이 있어야 하며, 비 압축성일 것
② 체적 탄성계수가 크고, 밀도가 작을 것
③ 장시간 사용하여도 화학적으로 안정되어야 하며, 외부로부터 침입한 불순물을 침전 분리시킬 수 있어야 한다.
④ 점도지수가 높아 하며, 물리적 및 화학적 안정성이 클 것

74. 유압 기기의 유압 작동유가 구비해야 할 성질로 올바른 것은?

㉮ 열전달율이 낮을 것
㉯ 열팽창 계수가 클 것
㉰ 압축률(압축성)이 높을 것
㉱ 증기압이 낮고, 비점이 높을 것

75. 작동유가 갖추어야 할 성질 중 틀린 것은?

㉮ 윤활성 ㉯ 유동성 ㉰ 기화성 ㉱ 내산성

해설 작동유가 갖추어야 할 성질은 윤활성, 유동성, 내산성, 부식 방지성 등이다.

76. 작동유의 압력을 0kgf/㎠에서 30kgf/㎠까지 증가시켰을 때 체적이 0.2% 감소하였다고 한다. 이때 압축률은 몇 kgf/㎠인가?

㉮ 4.24×10^{-5} ㉯ 5.46×10^{-5}
㉰ 6.66×10^{-5} ㉱ 7.24×10^{-5}

해설 $\dfrac{0.2\%}{30\text{kgf/cm}^2} = 6.66 \times 10^{-5}$

77. 유·공압 요소 중 회전 및 왕복운동 등의 운동부분의 밀봉에 사용되는 실의 총칭으로 정의되는 용어는?

㉮ 가스킷(gasket) ㉯ 패킹(packing)
㉰ 초크(choke) ㉱ 피스톤(piston)

해설 패킹(packing)은 유·공압 요소 중 회전 및 왕복운동 등의 운동부분의 밀봉에 사용되는 실의 총칭으로 정의되는 용어이다.

78. 유압용 가스켓이 갖추어야 할 필요조건과 가장 관계가 적은 것은?

㉮ 마찰계수가 적을 것
㉯ 충분한 강도를 가질 것
㉰ 유체에 의해 변질되지 않을 것
㉱ 유연성을 유지할 것

해설 가스켓이 갖추어야 할 조건은 충분한 강도를 가질 것, 유체에 의해 변질되지 않을 것, 유연성을 유지할 것 등이다.

79. 유압 회로 중 속도제이 회로인 것은?

㉮ 무부하 회로 ㉯ 미터 인 회로
㉰ 로킹 회로 ㉱ 일정 모터 구동 회로

해설 속도제어 회로에는 미터 인 회로(meter-in circuit), 미터 아웃 회로(meter-out circuit), 블리드 오프 회로(bleed-off circuit)가 있다.

80. 4포트 3위치 방향 전환 밸브의 중간 위치 형식 중 센터 바이패스형이라고도 하며, 중립위치에서 펌프를 무부하 시킬 수 있고 실린더를 임의의 위치에 고정 시킬 수 있는 것은?

㉮ 오픈 센터형 ㉯ ABR 접속형
㉰ 클로즈 센터형 ㉱ 탠덤 센터형

해설 탠덤 센터형은 4포트 3위치 방향 전환 밸브의 중간 위치 형식 중 센터 바이패스형 이라고도 하며, 중립위치에서 펌프를 무부하 시킬 수 있고 실린더를 임의의 위치에 고정 시킬 수 있다.

81. 가는 유리관을 액체 속에 세웠을 때 관을 따라 올라가거나 내려가는 모세관 현상에서 액면의 높이에 가장 큰 영향을 주는 것은?

㉮ 관의 길이 ㉯ 액체의 분량
㉰ 관의 지름 ㉱ 대기의 압력

해설 가는 유리관을 액체 속에 세웠을 때 관을 따라 올라가거나 내려가는 모세관 현상에서 액면의 높이에 가장 큰 영향을 주는 것은 관의 지름이다.

1장 해답

1	㉰	11	㉱	21	㉰	31	㉱	41	㉱	51	㉰	61	㉮	71	㉱	81	㉱	91	㉯
2	㉮	12	㉱	22	㉱	32	㉰	42	㉰	52	㉯	62	㉱	72	㉱	82	㉱	92	㉰
3	㉰	13	㉰	23	㉱	33	㉮	43	㉰	53	㉱	63	㉱	73	㉱	83	㉱	93	㉰
4	㉮	14	㉰	24	㉱	34	㉮	44	㉯	54	㉱	64	㉱	74	㉯	84	㉱	94	㉮
5	㉱	15	㉱	25	㉮	35	㉱	45	㉰	55	㉱	65	㉱	75	㉱	85	㉯	95	㉱
6	㉰	16	㉯	26	㉱	36	㉯	46	㉰	56	㉮	66	㉮	76	㉯	86	㉯	96	㉯
7	㉰	17	㉯	27	㉯	37	㉰	47	㉱	57	㉯	67	㉯	77	㉰	87	㉯	97	㉯
8	㉯	18	㉯	28	㉯	38	㉮	48	㉯	58	㉯	68	㉰	78	㉰	88	㉱	98	㉯
9	㉮	19	㉰	29	㉯	39	㉮	49	㉮	59	㉱	69	㉯	79	㉮	89	㉱	99	㉱
10	㉱	20	㉰	30	㉮	40	㉮	50	㉰	60	㉯	70	㉯	80	㉱	90	㉯	100	㉱

101	㉮

2장 해답

1	㉰	11	㉮	21	㉮	31	㉯	41	㉰	51	㉱	61	㉮	71	㉯	81	㉰	91	㉰
2	㉱	12	㉰	22	㉰	32	㉮	42	㉯	52	㉮	62	㉮	72	㉯	82	㉯	92	㉯
3	㉯	13	㉱	23	㉱	33	㉮	43	㉮	53	㉮	63	㉰	73	㉮	83	㉰	93	㉮
4	㉯	14	㉮	24	㉱	34	㉮	44	㉰	54	㉰	64	㉰	74	㉰	84	㉱	94	㉱
5	㉱	15	㉯	25	㉯	35	㉮	45	㉰	55	㉮	65	㉮	75	㉯	85	㉯	95	㉱
6	㉯	16	㉮	26	㉱	36	㉮	46	㉮	56	㉮	66	㉯	76	㉱	86	㉮	96	㉮
7	㉮	17	㉱	27	㉯	37	㉰	47	㉯	57	㉰	67	㉮	77	㉱	87	㉮	97	㉱
8	㉰	18	㉱	28	㉱	38	㉯	48	㉱	58	㉰	68	㉰	78	㉰	88	㉯	98	㉮
9	㉮	19	㉯	29	㉮	39	㉱	49	㉮	59	㉯	69	㉯	79	㉯	89	㉮	99	㉰
10	㉱	20	㉰	30	㉯	40	㉯	50	㉮	60	㉯	70	㉱	80	㉮	90	㉱	100	㉯

101	㉯	111	㉱	121	㉱	131	㉯	141	㉱	151	㉯
102	㉮	112	㉮	122	㉯	132	㉰	142	㉮	152	㉰
103	㉮	113	㉰	123	㉰	133	㉱	143	㉯	153	㉰
104	㉰	114	㉯	124	㉯	134	㉮	144	㉯		
105	㉱	115	㉰	125	㉮	135	㉮	145	㉱		
106	㉰	116	㉰	126	㉰	136	㉱	146	㉯		
107	㉱	117	㉮	127	㉯	137	㉱	147	㉱		
108	㉱	118	㉮	128	㉯	138	㉱	148	㉰		
109	㉰	119	㉯	129	㉰	139	㉰	149	㉮		
110	㉯	120	㉱	130	㉯	140	㉯	150	㉱		

3장 해답

1	㉮	11	㉰	21	㉱	31	㉮	41	㉱	51	㉰	61	㉮	71	㉱	81	㉯	91	㉱
2	㉰	12	㉰	22	㉮	32	㉮	42	㉰	52	㉱	62	㉱	72	㉮	82	㉮	92	㉮
3	㉰	13	㉰	23	㉰	33	㉮	43	㉯	53	㉮	63	㉰	73	㉯	83	㉮	93	㉮
4	㉯	14	㉰	24	㉯	34	㉱	44	㉮	54	㉯	64	㉱	74	㉯	84	㉰	94	㉯
5	㉰	15	㉱	25	㉰	35	㉯	45	㉮	55	㉮	65	㉱	75	㉮	85	㉰	95	㉱
6	㉮	16	㉮	26	㉯	36	㉮	46	㉯	56	㉱	66	㉰	76	㉯	86	㉮	96	㉮
7	㉱	17	㉯	27	㉯	37	㉰	47	㉯	57	㉰	67	㉮	77	㉮	87	㉯	97	㉮
8	㉯	18	㉮	28	㉰	38	㉮	48	㉱	58	㉮	68	㉰	78	㉰	88	㉰	98	㉱
9	㉰	19	㉱	29	㉮	39	㉯	49	㉯	59	㉮	69	㉮	79	㉮	89	㉯	99	㉯
10	㉰	20	㉰	30	㉱	40	㉰	50	㉮	60	㉮	70	㉯	80	㉱	90	㉰	100	㉮

101	㉰	111	㉱	121	㉯	131	㉯	141	㉱
102	㉱	112	㉱	122	㉮	132	㉰	142	㉰
103	㉮	113	㉰	123	㉰	133	㉮		
104	㉯	114	㉯	124	㉯	134	㉮		
105	㉯	115	㉰	125	㉱	135	㉰		
106	㉮	116	㉱	126	㉱	136	㉯		
107	㉮	117	㉱	127	㉰	137	㉱		
108	㉮	118	㉯	128	㉱	138	㉱		
109	㉮	119	㉱	129	㉯	139	㉮		
110	㉮	120	㉱	130	㉯	140	㉯		

4장 해답

1	㉮	11	㉰	21	㉮	31	㉰	41	㉰	51	㉱	61	㉮	71	㉮
2	㉰	12	㉰	22	㉱	32	㉮	42	㉯	52	㉰	62	㉮		
3	㉯	13	㉱	23	㉯	33	㉯	43	㉱	53	㉮	63	㉯		
4	㉮	14	㉱	24	㉯	34	㉮	44	㉯	54	㉮	64	㉰		
5	㉰	15	㉰	25	㉱	35	㉮	45	㉱	55	㉱	65	㉮		
6	㉮	16	㉯	26	㉰	36	㉰	46	㉮	56	㉮	66	㉮		
7	㉱	17	㉯	27	㉱	37	㉰	47	㉰	57	㉰	67	㉮		
8	㉮	18	㉱	28	㉰	38	㉰	48	㉯	58	㉮	68	㉮		
9	㉱	19	㉰	29	㉱	39	㉯	49	㉮	59	㉰	69	㉰		
10	㉰	20	㉱	30	㉯	40	㉮	50	㉯	60	㉱	70	㉰		

5장 해답

1	㉮	11	㉰	21	㉯	31	㉰	41	㉰	51	㉱	61	㉯	71	㉮	81	㉰
2	㉰	12	㉱	22	㉱	32	㉯	42	㉱	52	㉯	62	㉯	72	㉮		
3	㉰	13	㉱	23	㉰	33	㉯	43	㉯	53	㉯	63	㉯	73	㉰		
4	㉰	14	㉯	24	㉯	34	㉯	44	㉱	54	㉯	64	㉱	74	㉱		
5	㉱	15	㉰	25	㉰	35	㉯	45	㉱	55	㉮	65	㉰	75	㉰		
6	㉮	16	㉮	26	㉰	36	㉯	46	㉯	56	㉯	66	㉯	76	㉰		
7	㉮	17	㉰	27	㉮	37	㉱	47	㉯	57	㉰	67	㉱	77	㉯		
8	㉱	18	㉯	28	㉱	38	㉱	48	㉰	58	㉰	68	㉰	78	㉮		
9	㉮	19	㉰	29	㉰	39	㉰	49	㉱	59	㉰	69	㉱	79	㉯		
10	㉯	20	㉰	30	㉰	40	㉱	50	㉯	60	㉯	70	㉮	80	㉱		

저자 | 김기주

| 2002 서울대학교 재료공학부(공학박사)
| 1993-2009 쌍용자동차 기술연구소 책임연구원
| 2009-現 동명대학교 메카트로닉스공학부 교수
| 2004-現 한국소성가공학회 종신회원
| 2005-現 한국자동차공학회 종신회원, 논문심사위원
| 2007-現 한국정밀공학회 종신회원, 평의원, 논문 편집위원
| 2008-現 정보통신연구진흥원 국책과제 심의 평가위원
| 2008-現 지식경제 기술혁신 평가단 평가위원
| 2010-現 경기대진테크노파크 지역혁신기관협의회 위원
| 2011-現 한국산업인력공단 대한민국명장 심사 전문위원
| 2011-現 대학생 자작자동차대회 심사위원
| 2011-現 중소기업기술개발 지원사업 평가위원

알기쉬운 일반기계공학

지 은 이 | 김기주

펴 낸 이 | 김형근

펴 낸 곳 | 도서출판 기한재

주 소 | 경기도 파주시 회동길 56 (파주출판도시)

전 화 | 031) 955-0900~2

팩 스 | 031) 955-0100

등 록 | 1990년 3월 15일 제2-968호

발 행 | 2020년 3월 20일 1판 6쇄

정 가 | 20,000원

무단 복제 및 무단 전재를 금합니다.

Published by Kihanjae Co.

ISBN 978-89-7018-668-9

http://www.kihanjae.com

E-mail : kihanjae@hanmail.net